Practical Satellite Communication Engineering

실용 위성통신 공학

홍완표 WanPyo Hong 지음

홍릉과학출판사

본서의 출간에 대하여 저자의 만 육십년 인생과 남은 인생 여정의 주관자되시는 성부, 성자, 성령 하나님께 진심으로 감사와 영광과 찬송을 올려드립니다.

인공위성은 국방, 첩보, 통신, 방송, 기상, 우주탐사 및 연구 등에서 큰 역할을 하고 있는 훌륭한 시스템이다. 인공위성에서 얻어지고 중계되는 모든 정보는 전파를 이용하여 공간을 매개로 하여 전달된다. 그러므로 방송을 비롯한 통신신호를 중계하는 통신위성의 기능을 물론이고 모든 인공위성에는 통신이 중요한 기능을 하게 된다. 지상이나 우주의 정보를 습득하고 과정으로부터 그 정보를 지상으로 보내는 통신은 인공위성이 구비하지 하지 않으면 안되는 중요한 기능이다. 인공위성은 고도의 복합적인 과학과 기술을 바탕으로 제조되어 우주라는 특수한 환경으로 발사되어 운용되는 그야말로 첨단 과학 및 기술의 집합체이다. 그러므로 막대한 비용이 소모되고 실패했을 경우 막대한 손실을 갖게되는 것을 감내하고 추진되어야 하는 사업이다. 그러므로 인공위성 기술을 확보하여 자체적으로 인공위성을 운용할 수 있다는 것은 한 나라의 과학기술은 물론 국력을 보여주는 척도가 된다. 최근 선진국 대열에 있는 국가들은 우주개발에 많은 투자를 하고 있다. 특히 경제대국으로 거침없는 행보를 하고 있는 중국의 우주개발에 대한 투자열의는 대단한 수준을 넘어서고 있다. 우리나라도 인공위성의 발사장확보, 지속적인 인공위성의 연구개발 및 운용에 국가적으로 심혈을 쏟고 있다. 인공위성은 그 역할과 기능 및 운용위치등에 따라 다양하게 분류된다. 인공위성이 운용되는 궤도에 의해 저궤도, 중궤도, 정지궤도, 지구이탈궤도 인공위성등으로 분류되고, 기능에 따라 첩보위성, 탐사위성, 방송위성, 통신위성, 기상위성등으로 분류된다. 인공위성과 통신하는 지상단말기의 이동성여부에 의해 고정위성, 이동위성으로 분류되고 서비스제공영역에 의해 국제위성, 지역위성, 국내위성으로 분류되고 육상, 해상 및 항공통신위성으로도 분류된다.

본서는 통신방송위성을 기준으로 하여 기술되었다. 전체 12장으로 구성되어 있다.

제1장은 위성통신과 서비스 제2장은 인공위성의 궤도 제3장은 통신위성을 구성하고 있는 버스 서브시스템 제4장은 통신위성의 중계기의 주요 부분인 트랜스폰더, 제5장은 인공위성과 지상간의 무선통신링크에 대한 이론, 제6장에서 제8장까지는 각각 주파수, 시분할 및 부호분할 다원접속방식에 대하여 기술하였다. 제10장은 채널부

호중에서 길쌈부호방식에 대하여 기술하였고 제11장에서는 인공위성이 운용되는 우주환경에 대하여 기술하였다.

본서가 출간되기까지 지원과 수고를 아끼지 않으신 홍릉과학출판사 대표님과 오랜 시간 인내로 편집에 노고를 다해 주신 편집부 모든 분들께 진심으로 감사를 드린다. 본서의 출간으로 인하여 오랜동안 환로에 계신 아버지와 이를 함께 해 주시는 연로하신 어머니께서 힘을 얻으시는 기쁨이 되기를 바라마지 않는다. 가정의 행복과 자녀들의 장래와 남편을 위해 언제나 헌신의 희생을 다해 주고 있는 사랑하는 김영란 아내와 우리에게 늘 기쁨이 되어주는 하나님이 선사해 주신 인생의 최고의 선물인 귀하고 아름다운 승미, 정미, 성우와 기쁨을 함께 한다.

2016년 정초

오봉산 자락을 바라보며 정든 연구실에서

진현 홍 완표

차 례

CHAPTER 01

위성통신과 서비스 … 1

CHAPTER 02

궤도(orbit) … 89

CHAPTER 03

통신위성의 버스 서브시스템 … 141

CHAPTER 04

트랜스폰더(Transponder) … 175

CHAPTER 07

시분할 다원접속방식 … 321

CHAPTER 08

부호분할 다원접속방식 … 379

CHAPTER 09

다원접속 프로토콜 … 397

CHAPTER 10 길쌈부호 … 411

CHAPTER 11 우주환경 … 457

CHAPTER 01

위성통신과 서비스

1.1 위성통신의 개요

1.1.1 서 론

위성통신은 1965년에 도입된 이후 범세계적 또는 지역적 기반으로 새로운 전기통신 또는 방송서비스 분야의 다양성을 만들어왔다. 해저케이블이 전화회선으로 세계의 대륙을 연결하기 시작한 1956년이래 위성통신은 거리에 무관하게 어떤 형태의 지상 장애물도 극복하는 완전하게 신뢰할 수 있는 전화, 텔레비전 및 데이터 전송을 위한 통신링크가 되어 왔다. 그동안 해저광케이블 설치의 확장으로 대륙 간 위성전화망의 성장이 둔화되어 왔다. 그러나 개도국 간의 공중전화트래픽 처리 등은 위성의 특징인 위성의 유연성, 간편성 등에 의해 계속 유지될 것이다. 향후 위성통신의 미래는 다음과 같은 위성통신의 특성들을 어떻게 효과적으로 사용하는가에 달려있다고 볼 수 있다.

다원접속능력으로 점대점, 점대 다점 또는 다점대 다점접속성으로, 특히 사업 또는 사설 통신네트워크, 지방통신 등과 같은 소형이고 저비용인 지구국 간의 중소밀도 음성 또는 데이터 트래픽을 분산시키는 능력이다. 점대 다점 전송과 같은 분배능력으로 텔레비전 프로그램 방송과 기타 비디오 및 멀티미디어 응용 등이다. 그리고 사업용과 인터넷 광대역서비스를 위한 데이터 분배능력이다. 그리고 트래픽과 네트워크 구조 변경에 대한 유연성, 운용의 편리성도 위성통신의 특성이다.

최근의 위성통신의 주요한 진화요소들은 이전의 전통적인 아날로그 기술을 디지털 변조와 전송으로 완전하게 대체한 것이다. 그리고 신호처리, 하드웨어와 소프트웨어실현 등에 관한한 디지털 기술의 모든 장점을 가져온 것이다.

또한 강조되어져야 하는 것으로 지금까지의 정지궤도를 이용한 위성통신이 저궤도와 중궤도를 이용한 새로운 위성시스템으로 진화해 가고 있다는 것이다. 이 새로운 시스템은 혁신적인 광대역데이터통신서비스, 개인통신 및 고정 또는 이동과 같은 새로운 응용에 길을 열고 있다.

1.1.2 위성통신의 역사적 배경

1929년 Hermann Noordung에 의해 로켓엔진의 정지궤도의 개념을 소개하였다. 1945년 5월 유명한 물리학자이며 저술가인 Arthur C. Clarke 씨가 동기 우주국을 토대로 하는 세계통신과 방송시스템을 소개하였다. 1957년 10월, 구 소연방공화국에 의해 인공위성 Sputnik-1호가 발사되어 최초의 위성송신된 전파신호를 검색하였다.

1959년 3월, 위성통신의 가능성에 대한 Pierce의 기초논문이 발표되었다. 1960년 8월, 미국의 NASA에 의해 ECHO-1호 풍선 위성이 발사되었다. 1,600 Km고도의 원형궤도에 설치된 30 m

풍선의 금속체면에서의 반사에 의해 1 GHz 와 2.5 GHz의 전화와 텔레비전 신호가 지구국대 지구국 간 수동중계되었다. 1960년 10월, Courier-1B 위성이 1,000 Km고도에 발사되어 우주비행체 증폭기에 의해 최초의 능동 중계통신의 실험이 실시되었다.

이때 사용된 주파수는 2 GHz였다. 1962년 최초의 대서양 횡단 통신실험이 실시되었다.

실험지구국은 미국의 마린 안도버, 프랑스의 플레뮤 보듀 그리고 영국의 군힐리였다.

1963년, 최초의 위성통신 국제전파규칙이 만들어졌다. 이것은 우주와 지상 간 공유에 대한 것이었다. 1963년 7월, 최초의 정지위성인 SYNCOM-2위성이 발사되었다. 이 위성은 미국의 NASA에 의해 발사되었고 전화 300회선 TV1채널을 가지고 있었다.

1964년 8월, 19개의 초기서명 주관청에 의해 INTELSAT이 설립되었다. 1965년 4월, 최초의 상업용정지궤도위성인 INTELSAT-1호, 즉 EARLY BIRD가 발사되었다. 이 위성은 240개의 전화회선과 1채널의 TV회선을 탑재하였다. 1965년 구 소련에서 타원궤도로서 12시간의 주기를 갖는 비정지궤도 위성인 MOLNYA-1호가 발사되었다. 소형수신지구국에 TV전송을 시작하였다. 1965~1975년 사이에 29개의 몰리야 위성이 발사되었다.

1967년, 대서양과 태평양 상공에 INTELSAT-2호가 발사되었다. 이 위성은 240회선의 전화회선과 1개의 TV채널을 탑재하고 있었다. 1968~1970년 사이에 전세계를 담당하는 INTELSAT-3위성을 발사하였다. 이 위성은 전화 1,500회선 그리고 TV4채널을 탑재하였다. 1969년에는 미국 NASA에서 최초의 정지궤도위성인 ATS-5호를 발사하였다. 이 위성은 15.3 GHz와 3.6 GHz 대역의 전파실험대역을 탑재하였다.

1971년 1월, INTELSAT-5호 위성을 발사하였는데 그 통신채널용량은 전화 4,000회선 TV2채널을 탑재하였다. 1971년 11월, 구 소련과 9개기관이 INTERSPUTNIK를 설립하였다. 1972년 11월, 캐나다의 TELESAT은 최초의 국내위성통신 시스템인 ANIK-1호를 발사하였다. 1974년 4월, 미국 최초의 국내위성통신시스템인 WESTAR-1호 위성을 발사하였다. 1974년 12월, 프랑스와 구 독일연방공화국에서 최초의 3축자세 안정시스템을 가진 정지궤도 통신위성인 SYMPHONEIE-1호를 발사하였다.

1975년 1월, 알제리아에서 INTELSAT 트랜스폰더를 임대하여 상용 국내 위성시스템을 구축하였다. 1975년 9월, 20개의 트랜스폰더를 탑재하고 전화 6,000회선 이상과 TV2채널을 공급하는 INTELSAT IV A위성을 발사하였다. 이 위성은 빔의 분리방식을 사용하여 주파수 재사용을 하였다. 1975년 12월, 최초로 구 소련에서 정지궤도 위성을 발사하였다. 1976년 1월, 캐나다에서 Ku대역의 주파수를 사용하는 최초의 고출력 위성방송시스템인 CTS위성, 헤르메스를 발사하였다. 1976년 2월, 미국에서 최초의 해사통신위성인 MARISAT를 발사하였다. 1976년 7월, 개도국인 인도네시아에서 최초로 40개의 지구국으로 구성된 국내위성시스템인 PALAPA-1호를 발사하였다.

1976년 10월, 구 소련에서 최초의 상용 방송위성시스템인 EKRAN위성을 발사하였다. 1977년 6월, 17개의 서명자에 의하여 EUTELSAT기구가 설립되었다. 1977년 8월, 이탈리아에서 17/11 GHz의 주파수대역을 사용하는 최초의 실험통신위성인 SIRIO위성을 발사하였다. 1978

년 2월, 일본에서 Ku대역을 사용하는 실험방송위성 BS를 발사하였다. 1978년 5월, 유럽 ESA(European Satellite Agency)에서 hclch의 지역적 실험통신위성인 OTS위성을 발사하였다. 이 위성은 14/11 GHz 주파수대역을 사용하였다. 1977년 6월, 26개 서명자에 의하여 범 해사위성통신기구인 INMARSAT기구가 설립되었다. 1980년 12월, INTELSAT V가 발사되었다. 이 위성의 용량은 전화 12,000회선을 탑재하였다. 다원접속방식으로 FDMA와 TDMA방식을 도입하였다. 자용주파수는 C대역과 Ku대역을 사용하였다. 주파수 재사용방법으로 빔분리 및 편파분리방식을 채택하였다.

1984년 VSAT시스템이 도입되었다. 1984년 4월, 중국에서 음성, TV 및 데이터서비스를 제공하는 통신위성 STW-1호를 발사하였다. 1984년 8월, 프랑스에서 다목적 국내위성인 TELECOM-1호를 발사하였다. C대역을 사용하여 전화와 TV분배 서비스를 제공하고 X대역은 군사용으로 사용하였다. Ku대역의 트랜스폰더는 TVRO와 업무통신을 제공하였다.

1984년 11월, 미국에서 우주 왕복선을 사용하여 처음으로 통신위성을 회수하였다. 1989년, INTELSAT VI호 위성이 발사되었다. 이 위성은 SS-TDMA(Satellite-Switched TDMA)방식을 도입하였다. 디지털회선다중화장비를 사용하여 120,000전화회선을 공급하였다.

1992년 2월, 스페인에서 최초의 다목적위성인 HISPASAT-1호를 발사하였다. Ku대역 14/11~12 GHz는 분배서비스, SNG, TVRO, VSAT, 업무용서비스 등을 제공하였다. 17/12 GHz 대역은 DBS(Direct Broadcasting System) 아날로그 및 디지털 TV서비스를 제공하고 X대역의 트랜스폰더는 정부의 통신소통용으로 사용하였다. 1996년까지 9개의 INTELSAT VII, VIIA위성이 발사되었다. 1997~1998년에 INTELSAT VIII호가 발사되었다. 1998년들어 비정지궤도위성인 이리디움, 글로벌스타 등 이동위성서비스 시스템들이 발사되었다. 고정위성통신서비스 시스템으로는 텔레데직, 스카이브릿지 등이 해당된다.

1999년, INTELSAT K-TV위성이 발사되었다. 이 위성의 주파수대역은 30, 14/11~12 GHz로서 DTH(Direct To Home)서비스를 가능하게 하고 VSAT서비스를 제공할 수 있는 210개의 TV 프로그램을 공급할 수 있는 트랜스폰더를 탑재하였다.

2000년, INTELSAT IX호가 발사되어 160,000전화회선을 공급하였다.

1.1.3 위성업무 정의

1.1.3.1 고정위성업무(FSS: Fixed-satellite services)

전파규칙 RR No. S1.21에 의하면 FSS는 한 개 이상의 위성이 사용될 때 지표면상 정해진 위치간에 행하여지는 무선통신업무라고 되어 있다. 지표면상 정해진 위치에 있는 이들 국들이 FSS의 지구국이라고 불린다. 여기서 정해진 위치라고 하는 것은 특정한 지역 내에 있는 특정화된 어떤 고정점이 될 수 있다. 위성에 탑재되어 있는 국들로서 위성트랜스폰더와 안테나 등으로 구성된 것을 FSS의 우주국이라고 한다.

현재, 특별한 경우를 제외하고는 대부분의 송수신지구국 간 링크는 한 개의 위성을 통하여 구성된다. 이 링크는 상향링크와 하향링크로 구성된다. 상향링크는 송신국과 위성 간이 되고 하향링크는 위성으로부터 수신국 간이 된다.

향후 두 개의 지구국 간 링크가 지구국을 경유하지 않고 여러 개의 위성 간 접속을 통하여 이루어 질 수 있다. 위성과 위성링크를 사용하는 두 지구국 간의 이러한 링크는 다중위성링크라고 불리게 될 것이다. 위성과 위성링크는 위성 간 업무(ISS; Inter-satellite service)의 일부를 구성할 것이다.

ISS의 위성 간 링크(ISL; Inter-satellite link)는 한 영역의 서비스범위에 있는 위성과 다른 위성의 서비스범위에 있는 지구국 간을 연결하는데 사용될 수 있다. 무선통신을 제공하기 위해 함께 운용되는 우주국과 지구국 세트를 위성시스템이라고 한다.

FSS에는 인입링크(feeder link)가 있는데, 보통 특정고정점에 위치한 지구국으로부터 우주국까지의 링크로서 FSS에 대한 것 보다는 우주무선통신업무를 위한 정보를 전송하는 링크를 말한다.

특히, 이러한 종류에는 방송위성업무용 위성까지의 상향링크, 고정지구국과 이동위성업무용 위성 간의 상향링크와 하향링크가 이에 해당된다.

1.1.3.2 이동위성업무 (MSS; Mobile satellite service)

국제전파규칙 RR No.S1.25에 의하면 이동위성업무란 이동지구국과 한 개 이상의 우주국 간 또는 한 개 이상의 우주국에 의하여 이동 지구국 간에 행해지는 무선통신업무를 말한다. 해상, 항공, 육상 이동위성업무가 이에 속한다.

1.1.3.3 방송위성업무 (BSS; Broadcasting satellite service)

이 업무는 우주국에 의하여 송신되거나 재송신되는 신호가 매우 작은 안테나를 사용하여 일반 대중이 직접수신하도록 하고자 하는 업무이다. BSS용의 위성을 DBS(Direct Broadcasting Satellite)라고 한다.

이외에 무선항행위성업무, 기상위성업무 등 매우 특정한 위성응용업무들도 있다.

1.1.4 위성통신의 특성과 업무

1.1.4.1 통신위성시스템의 주요구성요소

(1) 우주부문

통신위성시스템의 우주부문은 위성과 TTC(Tracking, telemetry, telecommand) 및 위성유지를 위한 지상시설들로 구성된다.

위성은 네트워크의 중심으로 능동소자를 사용하여 우주에서 모든 통신기능을 수행한다. 위성은 여러 가지 전기통신 서브시스템과 안테나로 구성된다. 이 위성은 버스 구조, 전력공급, 자세제어, 열제어, 궤도제어 및 TTR(telemetry, telecommand, ranging)기능을 제공하기 위한 장비들로 이루어진다.

전기통신장비는 트랜스폰더들로 구성된다. 트랜스폰더에는 다른 유형이 있는데, 트랜스페어런트 (transparent) 트랜스폰더(transponder)와 온보드 프로세싱(OBP : On board processing) 트랜스폰더가 있다. 대체적으로 전자의 트랜스폰더가 많이 사용된다. 이 트랜스폰더는 무선중계기와 동일한 기능을 수행한다. 지구로부터 송신된 신호를 수신하여 증폭하고 주파수를 변환한 후에 지구국에 재전송하는 것이다. 이 트랜스폰더에 결합되는 안테나는 위성네트워크 내에 있는 지구국의 범위를 커버하도록 특수하게 설계된다.

후자의 OBP 트랜스폰더는 스위칭, 재생 및 기저대역 처리를 하는 기능을 한 개 이상 가지고 있다. 현재는 많이 사용되고 있지 않으나 향후 많이 사용될 것으로 예상되는 트랜스폰더이다. 위성은 우주인증이라는 절차를 거치면서 우주 품질의 소자들을 생산해 낸다.

현재 특별한 경우를 제외하고는 대부분의 통신위성들은 36,000 Km의 고도를 갖는 적도면상 원형궤도에서 운용된다. 그 결과 위성이 지구중심을 기준으로 하여 24시간의 주기를 갖게 된다. 즉, 위성이 지구의 회전에 동기가 이루어져서 지표면의 특정한 위치에서 위성이 움직이지 않고 고정된 위치에 있는 것처럼 보이게 된다.

이러한 특징은 위성이 정해진 영역을 영구적인 통신가능지역으로 가질 수 있음을 나타낸다. 즉, 지구국에서 큰 각속도로 이동하면서 위성을 추적할 필요가 없으므로 지구국이 간편해 지게된다. 이러한 궤도를 정지위성궤도(GSO; Geostationary-satellite orbit)라고 하며 정지위성이라고 불린다.

정지위성이 궤도에 진입하여 자리를 잡는 데는 보통 두 단계의 절차를 거치게 된다.

첫째로 발사체에 의해 위성이 타원전이궤도(elliptical transfer orbit)에 놓여진다. 이 타원전이궤도는 일반적으로 근지점 고도가 200 Km이며, 원지점 고도는 36,000 Km가 된다. 이때의 주기는 10시간 30분이 된다. 두 번째로 타원전이궤도에서 정지궤도에 진입하기 위해서, 위성은 보조 모터를 사용하는데, 대략 전이궤도의 원지점에서 점화된다. 그렇게 함으로써 궤도를 원형궤도가 되게 한다. 이 원지점 모터의 추진은 위성의 궤도면이 적도의 면과 일치할 때까지 계속 이루어진다.

이렇게 위성이 운용되어질 원지점이 만들어진 후에 위성은 천천히 움직여서 원하는 경도위치근처까지 이동하게 된다.

비정지궤도 위성시스템의 대부분은 저궤도를 사용한다. 저궤도의 고도는 통상 400~1,500 Km 사이가 된다. 일부는 중궤도를 사용하기도 하는데 중궤도의 고도는 통산 7,000~12,000 Km가 된다. 따라서 이러한 위성들은 지구의 관측자가 볼 때 고정된 것처럼 보이지 않게 된다. 즉, 하나의 위성이 특정한 영역을 지속적으로 커버할 수 없게 되는 것이다. 이러한 문제를 해결하기 위해서는 여러 개의 위성이 필요하게 된다. 이러한 위성시스템의 개념은 지상의 이동셀룰러 통신네트워크로부터 얻어진 것이다. 이 시스템의 운용원리는 휴대단말기를 가진 가입자가 세계 어느 곳에 있더라도 그 사람의 머리위로 지나가는 위성에 의해 통신이 될 수 있게 한다는 것으로 그러기 위해서는 위성 간의 링크가 이루어지게 하여야 한다.

이들 시스템의 장점을 살펴보면, 전파지연시간이 짧고 앙각이 매우 높으며, 도시지역에서 사용하는 데 많은 유용한 점을 가지고 있다. 궤도의 고도가 낮다는 것은 많은 위성이 소요된다는 것이므로 사용료가 높아질 수 있다. 또한, 운용과 네트워크 관리가 매우 복잡해진다. 그러나 위성의 크기가 작아지고 발사비용이 낮아지는 효과도 있다.

(2) 지상부문

지상부문은 통신위성시스템의 한 부분을 담당하는 것으로 위성을 상대로 하는 모든 종류의 통신신호를 송신하고 수신하는 지구국으로 구성된다. 지상부문은 지상네트워크와의 인터페이스를 형성한다.

지구국은 위성링크의 모든 단말장치를 포함한다. 이것들의 역할은 단말 무선중계국과 같다. 지구국은 일반적으로 여섯 개 부문으로 이루어진다.

첫째, 송수신안테나로서 그 크기는 50 cm에서 16 m까지 있다. 대형안테나는 통상적으로 지속적으로 위성에 초점을 맞추기 위해 자동추적장치를 갖는다. 중형의 안테나는 간단한 스텝-트랙(step-track) 추적장치를 가질 수 있다, 반면 소형안테나의 경우는 일반적으로 추적장치가 없으며 수동으로 맞추어 질 수 있다.

둘째 수신시스템으로 감도가 좋은 것이다. 저잡음증폭기 전단은 잡음온도의 범위가 30 K에서 수백 K이다. 셋째 변조, 복조, 주파수변환장치이다. 넷째, 신호처리장치이고 다섯째 송신기로서 그 전력의 범위가 수 W로부터 수백 KW가 된다. 이것은 송신될 신호의 형식이나 트래픽에 의해 결정된다.

여섯째는 지상네트워크와 연결하기 위한 인터페이스 장치이다.

(3) 주파수 대역

위성통신에서 사용되는 주파수는 ITU(International Telecommunication Union)에서 할당한다. 역사적으로 C대역의 경우 상향링크는 6 GHz이고 하향링크는 4 GHz의 쌍으로 이루어져 있다. 군사용과 정부공공용으로 사용되는 X대역의 경우에는 8/7 GHz, Ku대역의 경우는 14/11~12 GHz대역이다. Ka 대역은 30/20 GHz이다.

모든 시스템은 송수신 공용안테나를 사용할 수 있는데, 이것은 상향링크와 하향링크주파수비가 1.5이하이기 때문이다. 또한, 전파조건이 상대적으로 비슷한 것과 편파가 양링크에 상관되어질 수 있다는 장점도 가지고 있다.

1.1.4.2 시스템의 유형

통신위성시스템은 통신영역의 범위에 따라 그 유형을 구분할 수 있다.

초기의 전기통신위성은 기존의 링크구성방식과 비교할 때 그 통신영역이 단거리일 경우에는 비용면에서 유익이 없으므로 주로 장거리 통신링크에 사용되었다. 그동안 우주기술은 비용을 상당히 감소시킬 수 있도록 발전해 왔다. 동시에 위성을 구매하지 않고도 위성채널의 일부나 전부를 임대하여 사용할 수 있게 됨으로써 재정에 부담을 줄여 주게 되었다. 또한, 발사에 대한 보험의 적용으로 인하여 재정적 위험을 줄이는 효과를 얻고 있다.

이러한 원인들에 의해 위성의 지역적 또는 국내적 활용을 증진시켰다.

(1) 범세계위성통신시스템

범세계위성통신시스템은 전 세계를 대상으로 운용되는 위성통신시스템이다. 이 시스템은 1차적으로 국제통신을 처리하지만 지역이나 국내통신서비스를 제공하기 위해 사용되기도 한다. 주요한 범세계위성통신시스템 운용자는 INTELSAT이다. 그 외에 국제기구로 INTERSPUTNIK, PANAMSAT이 있고 사설 시스템으로 ORION이 있다.

1965년 이래 위성시스템의 복잡성과 성능이 지속적으로 높아져 왔다. 대부분의 지국국의 안테나는 매우 커서 C대역의 경우에는 12 m이상이 되고 자동추적장치, 극 저잡음수신기, 고출력 송신기 등 고도의 장비로 구성된다. 중소용량의 트래픽을 처리할 수 있는 3.5 m~12 m의 소형 안테나가 이용자 단말측에서 사용될 수 있지만 세계의 트래픽요구에 부합되고 영상 품질표준에 부합시키기 위해서는 큰 안테나의 사용이 계속적으로 요구된다.

위성기술의 고도화는 지구국의 크기를 계속하여 소형화시킬 것이다. 반면에 위성에서 주파수대역폭 제한 모드로의 운용이 계속될 것인데, 이것은 우주부문에 있어서 사용의 효율이 제고되게 할 것이다.

(2) 지역(Regional) 및 국내 시스템

지역통신위성시스템은 지역적으로나 문화적으로 또는 행정적으로 연관이 되는 국가들 간에 국제통신을 하도록 하는 것이다. 예를 들어 아랍지역 국가들의 ARABSAT, 유럽전기통신기구인 EUTELSAT, 스칸디나비아 3국에 대한 TELEX-X, 동남아아시아 국가들의 PALAPA, 스페인과 유럽 및 미국의 스페인어 사용지역을 커버하는 HISPASAT-1 등이다.

국내통신위성시스템은 한 개의 국가 내에서 전기통신을 제공하는 것이다. 이 시스템은 위성통신이 지상통신에 비하여 경제적인 경우의 많은 나라들에서 사용되고 있다.

위성통신의 특징은 넓게 산재되어 있는 지역에 전기통신 서비스를 제공하는 데 적합하다. 넓은 지역과 숲이 많은 지역, 산이 많은 지역 및 사막 등 자연적 통신장애물이 있는 국가들에서는 위성을 이용한 전기통신네트워크를 신속하게 구축하는 수단으로 사용될 수 있다.

보통 이러한 형태의 시스템은 한 개 이상의 기존 운용중인 위성 트랜스폰더를 임대하거나 구매하여 설정한다.

국내위성통신시스템은 대체적으로 많은 지구국을 가진다. 그러므로 지구부문의 비용이 시스템 전체비용의 많은 부분을 차지하게 된다. 그러므로 구매비용이나 운용비용을 줄이기 위해서 가능한 지구국을 간단하게 하여야 한다. 현재의 추세는 저속전화서비스나 TV수신을 할 수 있는 저가격으로 대량생산할 수 있는 간소화된 로컬 국을 사용하는 것이다.

이 형태의 지구국은 대체적으로 3~5 m의 소형이고 고정된 안테나를 사용한다. 수 W의 소출력송신기, 지상네트워크와의 접속을 위한 장비를 사용한다.

이러한 간단한 시스템은 대체적으로 고출력위성트랜스폰더를 사용하는 네트워크에 도입될 수 있다.

1.1.4.3 위성통신의 기본 특성

(1) 통신영역(coverage)

위성링크는 지구국이 위성통신가능지역의 지역에 있기만 하면 다른 중개 매체를 사용하지 않고 그 통신가능지역에 있는 어느 곳이나 통신을 할 수 있게 구성될 수 있다.

GSO위성의 경우에 있어서, 서비스가 제공되어야 할 위치가 위성에서 가시권에 있는 지구표면에 있어야 하고 위성안테나의 빔에 의해 커버되는 지리적 영역에 있어야 한다. 이러한 영역을 통신위성시스템의 통신영역(coverage)이라고 한다. 위성안테나의 빔은 특정한 통신가능지역을 형성하도록 만들어 질 수 있다.

위성은 부위성(Sub-satellite)위치라고 불리는 지구 표면으로부터 수직상 35,786 Km상에 있다. 그러므로 C대역에서 200 dB 정도의 매우 큰 자유공간손실을 갖게 된다.

지구국은 이러한 큰 손실에 대응하기 위하여 크기가 크고 고성능의 고이득 안테나를 사용하여야 한다. 안테나는 송수신겸용이다. 사용되는 안테나는 잡음과 혼신에 강한 특성을 가지고 있어야 한다. 매우 낮은 내부 잡음을 갖는 고감도 수신기와 출력이 높은 송신기를 사용한다. 이러한 지구국의 성능 조건은 위성트랜스폰더의 성능에 직접적으로 영향을 받게 된다.

(2) 다원접속

FSS에서 사용되는 큰 특징이 다원접속이다. 다원접속은 여러 개의 지구국이 동시에 동일한 위성의 트랜스폰더를 이용하여 각각의 지구국의 반송파를 송신하도록 하는 것이다. 이러한 특징은 통신가능지역안에 있는 지구국들로 하여금 하나의 위성트랜스폰더를 통하여 여러 지구국에서 송신된 반송파를 수신하도록 하는 것이다.

일반적으로 사용되고 있는 다원접속방식은 FDMA(Frequency division multiple access), TDMA(time division multiple access)이다. 스포라딕(sporadic)이 있는 링크, 저밀도 트래픽의 경우에 FDMA는 다중화하지 않고 사용될 수 있다. 예를 들어 한 개의 반송파로 한 개의 전화회선을 변조하는 것이다. 이 기술이 반송파당 한 개 채널이라고 불리는 SCPC(single channel per carrier)방식이다. 이 방식에 사용하는 변조방식은 일반적으로 아날로그 FM 또는 디지털 위상변조방식을 사용한다.

TDMA방식은 INTELSAT시스템에서 사용되고 있는 방식인데 전송속도가 120 Mbps이다.

EUTELSAT과 Telecom 1 위성시스템은 TDMA방식을 사용하도록 설계되어 있다. TDMA방식은 각 지구국에 주기적으로 동일한 반송파와 한 개의 프레임 내에서 버스트라고 하는 한 개의 시간주기가 할당된다. 이 버스트를 이용하여 디지털 신호를 전송하는 것이다. 각 지구국은 이 버스트를 수신해서 그것으로부터 원하는 디지털 신호를 추출해낸다.

TDMA는 INTELSAT시스템에 구현된 최초의 주요한 디지털 시분할다원접속방식이다.

INTELSAT TDMA 네트워크는 백업시스템, 수 개의 통신단말기 및 한 개의 위성을 포함하여 네트워크당 네 개의 기준국으로 구성되어 있다.

이 기준국들은 네트워크 타이밍을 맞추며, 통신단말기의 운용을 제어한다. 통신단말기들은 기준국의 제어하에서 운용하며 트래픽과 시스템관리 정보가 포함된 버스트를 송수신한다.

기준국들과 통신단말기는 위성에 의해 상호 접속된다.

FDMA와 TDMA방식외에 SSMA(Spread spectrum multiple access), CDMA(code division multiple access)방식이 있다. CDMA에 있어서 송신신호는 FDMA방식에서와 같이 주파수 할당에 의해 이루어지지 않고 TDMA와 같이 시간 슬롯을 할당하지 않는다. 대신에 CDMA에서는 정보신호를 가지고 있는 특성코드에 의하여 다원접속된다.

다원접속은 FDMA, TDMA, CDMA방식들이 상호 결합되어 이루어질 수 있다. 그리고 위성탑재처리기술인 OBP(On-board processing)에 의해 수행되거나 변경될 수 있다.

다원접속방식은 자원의 할당방식에 의해 두 가지로 구분된다.

첫째는 사전할당다원접속방식으로 여러 채널이 이용자들에게 영구적으로 할당되는 방식이다. 둘째는 요구할당다원접속방식(DAMA; Demand assigned multiple access)은 전송채널이 일시간 할당되는 것이다. 대부분의 위성시스템은 이 방식을 사용하고 있다. 시간에 따라 변하는 스포라딕 통신의 경우에 이 방식은 상당한 통신의 효율을 높일 수 있다.

(3) 주파수 재사용과 대역폭 이용효율화

전기통신위성은 매우 광대역의 통신용량을 중개한다. 위성에서의 주요한 에너지원은 많은 수의 트랜스폰더를 공급할 수 있다. INTELSAT-5호의 위성의 경우에는 5~10 W 전력을 갖는 50개의 트랜스폰더를 탑재하고 있다. 이들 트랜스폰더는 전체의 대역폭을 공유하게 된다. C대역과 Ku대역의 경우에는 대역폭이 500 MHz이고 각각의 트랜스폰더의 대역폭은 40또는 80 MHz이다. 이용가능한 대역폭을 여러번 재사용함으로써 전체 대역폭 효율을 높일 수 있다. 주파수를 재사용하는 방법에는 빔을 분리하여 재사용하는 방법과 편파를 분리하여 재사용하는 방법이 있다.

빔분리에 의한 주파수 재사용은 동일 주파수 대역이 지향적 그리고 공간분리 방사빔에 의한 방법으로 다른 트랜스폰더를 사용하는 위성안테나에 의해 송신된다. 편파식별에 의한 주파수의 재사용은 동일 주파수 대역이 전파의 다른 수직적 편파를 사용하는 다른 트랜스폰더를 통하여 위성안테나에 의해 송신된다.

INTELSAT-5호에서는 C대역의 500 MHz 주파수 대역을 네 번 재사용한다. 그러므로 전체 실효대역폭은 2,590 MHz가 된다. C대역의 경우에 375 MHz 대역폭이 4회 재사용되며 125MHz가 글로벌 빔에 대하여 2회 재사용된다. Ku대역의 경우에는 420 MHz 대역폭이 빔분리에 의해 2회 재사용된다.

실효대역폭이 증가하게 하는 방법으로는 주파수를 재사용하는 것외에 Ka 대역과 같은 높은 주파수를 사용하는 방법이 있다. Ka대역의 대역폭는 3.5 GHz이다. INTELSAT-6호의 경우에는 C대역을 6회 재사용하고 있고, 일본위성 CS-2의 경우에는 30/20 GHz를 사용한다.

(4) 전파지연

위성링크의 한 가지 중요한 특성은 전파지연이다. 정지위성궤도의 경우에 지구로부터 정지궤도까지의 거리 때문에 위성을 경유하여 지구국 간에 전달되는 전파시간이 대략 275 ms정도 된다. 전화를 하는 경우에 왕복전파시간이 대략 550 ms가 된다. 따라서 에코억제기나 에코 제거기는 전송품질을 확보하기 위해 기본적으로 사용된다. 현재 ITU-T의 일방향 지연에 대한 권고값이 400 ms이므로 이중도약(double hop)회선의 경우는 에코 제거 장치를 장착한 경우에 상당한 성능개선이 된다.

비정지궤도 위성시스템인 경우에 위성을 경유하는 두 지구국 간의 전파지연은 고도가 1,000 Km인 경우 10 ms이하가 된다.

(5) 유연성과 가용력

위성통신은 거리나 서비스 영역의 접근성에 관계없이 신속하게 설치되고 서비스를 제공할 수 있다. 서비스와 트래픽 계획의 변경에 대한 큰 유연성과 지구부문은 전체 변경에 대한 유연성이 매우 좋다.

위성네트워크의 지상부문의 구현이 상대적으로 간단한데, 이는 물리적인 설비의 수가 적기 때문이다. 위성네트워크를 설계하는 자는 서비스를 제공할 사이트의 위치가 어디인지만 검토하면 된다. 위성네트워크를 구축하는데 소요되는 기간은 광케이블 네트워크에 비해 수개월부터 수년 단축된다.

1.1.4.4 서비스 종류

대부분의 전기통신서비스들이 위성통신에 의해 제공될 수 있다. 위성통신서비스는 제공하는 지역, 즉 국제, 지역 또는 국내인지에 따라 전화 및 팩시밀리, 텔레비전, 비디오 및 음성, 데이터전송과 업무용 서비스, 비상통신, 케이블 재전송서비스 등이 있다.

1.1.5 위성시스템 구축

1.1.5.1 예비 기술과 경제성 분석

첫 번째로 전기통신네트워크의 성장과 경제, 산업, 사회 및 정치적 요소들 모두의 관점을 고려하여 위성시스템에 의해 부합되어질 서비스 조건들을 평가한다.

장거리 통신을 위한 위성시스템의 도입은 다음과 같은 장점들을 고려하여 계획되는 것이 일반적이다.

- 광역 통신영역
- 거리나 장애 지역에 무관한 비용, 산악지역, 섬, 사막, 숲이나 늪에 있는 위치에 대한 접속의 용이성
- 설치의 신속성과 단기, 비상 업무를 이동형 단말기를 사용하여 제공하는 능력
- 위성전송의 방송특성과 텔레비전, 라디오, 화상전화, 뉴스, 데이터 및 팩시밀리 서비스의 제공설비
- 여러 가지 트래픽 요구나 서비스 형태에 적용하기 위한 유연성
- 지상케이블과 무선링크에 대한 미디어 다이버시티 제공 능력

위성시스템의 전송계획은 이와 같은 장점들을 고려하고 국내 교환 및 전송계획과 상호 연계성을 갖도록 하여야 한다. 전체 서비스 요구조건들을 평가한 후에 여러 가지 다양한 전송 미디어를 할당하게 된다. 즉, 케이블, 무선, 광섬유 및 위성 등으로 전송매체가 구성된다.

위성네트워크와 지상네트워크 간의 비용대비 이득을 비교분석한다. 위성시스템은 수백 Km의 거리를 커버할 때 경제적일 수 있다. 시스템의 비용이 평가되고 이를 현재의 시스템가격과 비교한다.

1.1.5.2 초기 계획

(1) 트래픽 계획

위성의 설계수명은 10~14년 정도 된다. 위성을 발사하기전 위성의 규격을 준비하고 제안요청서를 만들고, 주문하고 위성을 제작하는데에 최소 3~4년이 소요된다.

이것은 위성시스템의 초기 설계 중에 트래픽 계획이 10~15년 정도 행해져야 함을 의미하는 것이다. 이 계획에는 데이터, 멀티미디어 등 향후 응용하여야 하는 부분이 포함되어야 한다.

(2) 1차 시스템 엔지니어링

트래픽 메트릭스는 위성네트워크 상에서 처리되어질 트래픽의 계획으로부터 반송파 수, 채널용량 및 요구되는 내부 접속 등이 고려되어 준비된다. 요구되는 위성트랜스폰더의 개수의 평가는 지구국과 위성의 파라미터, 전체 시스템 비용, 채널용량 및 요구되는 성능에 관한 파라

미터들을 최적화하는 것들이 포함된다. 위성에 대한 주요 파라미터는 트랜스폰더 대역폭, EIRP(Effective isotropic radiated power) 및 G/T이다. 지구국에 대하여는 G/T, 안테나송수신 이득, 시스템 잡음 온도 및 송신전력이 된다. 또한, 시스템 측면에서 중요한 것은 주파수대역의 선택, 변조방식 및 다원접속 파라미터들이다.

(3) 상세계획

선행연구에 따라서 그리고 위성시스템 제안의 개발에 따라, 계획부서는 상세 집중계획과 관련 주관청 본부에서 시스템의 구현에 대해 설정하는 것이 요구된다.

계획에 대한 기술적 및 재정적 승인, 수행, 감시 및 제어에 대한 책임이 있다. 체계적인 계획은 위성시스템의 비용을 최적화하는 데 필수적인 사항이다. 네트워크 분석, CPM(Critical path method), 프로그램 평가와 검토기술은 복잡한 프로젝트를 수행하기 위한 방법들이다.

이들 기술에 대한 프로젝트 작업이 논리적으로 각각의 요소별로 세분화된다. 그리고 이들은 네트워크 모델이나 다이어그램 상에 기록된다.

위성시스템의 계획은 넓게 두 영역으로 나누어질 수 있다. 하나는 우주부문이고 다른 하나는 지구부문이다. 이들 두 부문의 계획은 서로 다른 조직에 의해 세워질 수 있다. 이들 조직의 계획팀 간 조정을 위한 절차가 설정되어져야 한다.

1) 우주부문

우주부문의 설정은 분석, 계획 및 고도의 복잡한 기술분야에서 작업을 수행하는 데 많은 노력이 필요하게 된다.

다음은 그 절차이다.

- 이용자 요구사항을 수집하고 서비스와 목적조건들을 수집한다.
- 위성, 시간계획, 시스템 비용에 대한 여러 가지 사항들에 관한 예비 연구
- 궤도와 스펙트럼 요구조건들, 궤도슬롯의 선택 및 조정절차를 지원
- 발사체 선택
- 발사체 계약 완료
- 위성과 발사체 계약 모니터링 설정

2) 지구부문 계획

지구부문에 대한 계획의 절차는 다음과 같다.

- 서비스 요구조건, 트래픽 매트릭스의 수집, 특정 우주시스템 특성을 고려한 전송 계획완료
- 지상부문에 대한 전체 정의 준비
- 지구국장소 선정 및 전자파 영향성 조사
- 선택된 사이트 통고 및 주파수 확정

- 건설계획 준비 및 건물 건설에 대한 계약추진
- 물, 전기 및 전력주문

1.1.5.3 구축단계

위성의 건설, 지구국장비의 공급, 사이트 선정과 접근로와 건물의 건설 등은 오랜 시간이 걸린다. 동시에 구축, 운용유지를 하는 직원들에 대한 훈련에 대한 계획이 있어야 한다. 제조사에 의한 훈련장비가 장비를 주문할 때 제공될 수 있다.

건물의 건설과 장비의 설치는 개발도상국가들에 있어서는 도전적인 일이 될 수 있는데, 이는 기반, 자원 및 숙련기술자들이 부족하기 때문이다.

구축 팀은 다음과 같은 일을 수행하여야 한다.

- 건물을 건설하고 인프라 설비들을 건설
- 장비의 배치도, 다른 장비들 간 인터페이스 정의 등을 포함한 상세 엔지니어링
- 감시장비공급 주문 구축 재료의 주문
- 사이트에 장비와 자재의 수송, 공급품에 대한 물리검사, 손상을 입었거나 부족한 것들에 대하여 제조사측에 보고서 발송
- 안테나와 타워 및 감리에 대한 계약
- 장비와 전력시설에 대한 구축 및 인증 시험
- 인증절차로서 네트워크 운용제어국의 평가에 있어서의 지원
  인증시험은 안테나 방사패턴, G/T, EIRP파라미터를 포함
- 운용링크에 대한 설정
- 지상전기통신 네트워크에 회선의 집적, 트렁크 자동 및 수동교환 등 그리고 이용자에게 회선의 확장을 위해 다른 조직과 협의

(1) 운용유지

운용유지팀은 다음과 같은 역할을 수행한다.

- 위성운용, 지상국 운용 및 네트워크와 관련된 기관 간 조정절차 설정
- 지구국에 대한 관리계획설정, 책임정의
- 시동절차, 운용절차 준비 및 장비에 대한 시험일정 준비
- 감시와 제어를 위한 네트워크 운용과 제어센터 설정
- 매일, 주간 및 주말일정준비. 위성제어센터와 NOCC에 이들을 통고
- 중앙 및 지역 유지보수센터 설정, 설비의 조정, 고장제어 프로시저 등

1.1.6 위성통신시스템의 유형

1.1.6.1 국제위성시스템

(1) INTELSAT

1) 일반현황

INTELSAT는 세계에서 가장 큰 위성통신서비스 제공기구이다. 이 기구는 전지구적 위성시스템을 운용하고 있다. 텔레비전, 전화 및 데이터 분배서비스를 200개 국가 이상에 있는 이용자들에게 제공한다. 1964년에 설립되었으며 전지구적 통신가능지역과 연결능력을 갖는 최초의 기구이다.

이 기구는 지구국에 대한 기술적, 운용적 표준을 제정한다. 안테나 크기가 0.5 m~30 m가 되는 수천 개의 지구국이 위성을 액세스한다.

INTELSAT 이용자에는 전세계의 전기통신사업자가 포함되어 있다. 세계적인 주요 방송사업자인 DBS, BBC, CNN, 유럽방송연합, 아세안 방송연맹 등이 뉴스, 스포츠 및 오락프로그램을 송신한다. BT, FT, DT 등과 같은 장거리 전화사업자가 이에 해당된다. 대륙 간 예약을 위한 항공사, 신용확인과 인증을 위한 국제 은행, 다국적제조기업, 석유회사, 로이터, AFP, 러시아의 ITAR 타스, 뉴스와 재정정보 단체 등도 이에 해당된다. 헤럴드 트리뷴, 파이낸셜 타임즈, 월 스트리트 저널과 같은 국제 뉴스 분배자들이 매일 동시에 원격인쇄를 하도록 하고 있다.

재난구조기관, 지역경제기구, 국내 정부 및 국제연합 등도 이용자들이다.

2) 위성시스템 위치

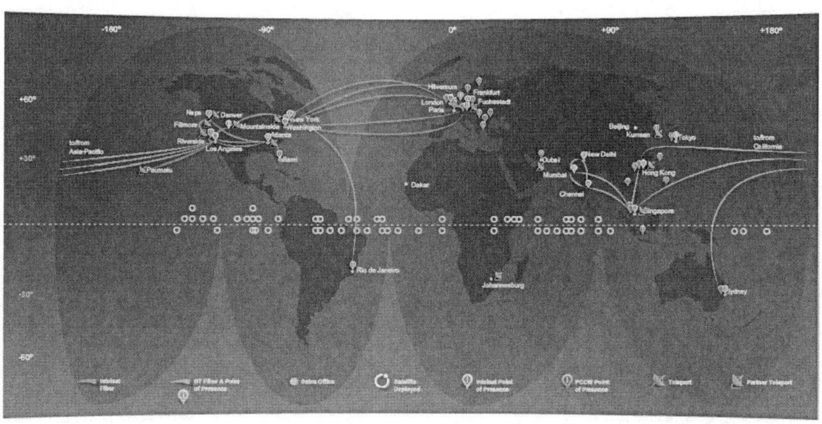

대서양상공에 있는 위성은 미국, 캐리비안, 유럽, 중동, 인도 및 아프리카를 담당하는데 동경 304.5~359° 사이를 커버한다.

인도양상공에 있는 위성은 유럽, 아프리카, 아시아, 중동, 인도 및 호주를 담당하는데, 동경 33~66° 사이를 커버한다. 아시아태평양상공에 있는 위성은 유럽, 아프리카, 아시아, 중동, 인도 및 호주를 담당하며 동경 72°에서 83° 사이를 커버한다.

3) 위성운용 현황

위 성	발사 연도	회선용량 (전화/TV)	대역폭 (MHz)	주파수 (GHz) C: 6/4 Ku: 14/12	태양전력 (W)	무게 (kg)	설계 수명(년)
I	1955	240/1	50	C	45	45	1.5
II	1966	240/1	125	C	75	45	3
III	1968	1,500/4	450	C	120	300	5
IV	1971	4,000/2	480	C	460	720	7
V	1980	12,000/2	2,144	C/Ku	1,175	970	7
V-A	1985	15,000/2	2,250	C/Ku	1,475	970	7
VI	1989	24,000/3	3,300	C/Ku	2,100	1,800	10
K	1992	/32	860	Ku	3,690	1,200	10
VII	1993	18,000/3	2,432	C/Ku	4,000	1,437	10.9
VII-A	1995	22,500/3	3,160	C/Ku	5,000	1,823	10.9
VIII	1997	22,500/3	2,550	C/Ku	5,100	1,587	10
VIII-A	1998	/325	1,512	C/Ku	5,410	1,530	10
KTV	1999	/210	1,080	Ku	7,502	1,441	12
IX	2000	32,000/8	3,456	C/Ku	8,085	1,900	13

4) 지구국

INTELSAT위성은 국제 및 국내를 대상으로 음성과 데이터전송서비스를 제공한다.

네트워크의 제공은 사설망형태, 사업용형태 및 특화된 형태를 가진다. 다양한 이용자들에게 유연성 있는 네트워크를 제공하기 위해 장단기 주문형 서비스를 제공하기도 한다.

공중교환, 통신조건들을 만족시키기 위하여 디지털, 주문형, 위성서비스를 국내 및 국제 지방네트워크에서 사용하도록 개발되어 오고 있다. TDMA서비스는 대용량 트래픽을 처리하는 이용자들에게 최대 디지털 접속성과 유연성을 제공한다.

사설망의 예로서는 베네수엘라와 콜롬비아에 대한 것으로 진보된 디지털 음성, 데이터 및 텔레비전 서비스를 1.8 m정도의 소형안테나 지구국을 통해 제공한다.

영상서비스는 전세계의 청취자들에게 올림픽게임과 월드컵 축구로부터 지역 시트콤까지 프로그램을 제공한다.

(2) INTERSPUTNIK

이 기구는 1971년 만들어졌다. 아프카니스탄, 불가리아, 카자흐스탄, 루마니아, 니카라과 등 23개 회원국으로 구성되어 있다. 위성은 러시아정부의 소유이며 위성설계는 록히드 마틴과의 합작 프레임워크로 설계되었다.

위성시스템은 7개의 궤도에 위치해 있다. 이 위성들은 미국의 ASOC 서니베일, 러시아의 두부나로부터 운용 및 관제된다. 위성에 대한 기술적 특성은 러시아 두부나, 필리핀의 수빅만, 불가리아의 쉽카 모니터링 국에서 모니터한다.

1) 위성의 기술적 특성

위성명	발사년도	수명 (년)	트랜스폰더수 및 대역폭(MHz)	EIRP (dBw)	궤도무게 (Kg)	전력 (W)
Gorizont	1981	5	C:5(36) Ku:1(36)	C:31~49.3 Ku:42.3	2,120	1,300
Gals	1994	5~7	Ku:3(27)	Ku:55	2,500	2,400
Gals-R16	1999	10	Ku:16(33)	Ku:50~54	2,570	5,000
Express	1994	5~7	C:8(36) 1(40) Ku:2(36)	C:31~48 Ku:42	2,500	2,400
Express-A	1999	10	C:11(36) 1(40) Ku:5(36)	C:36.5~48 Ku:43.5	2,600	2,540
LMI-1	1999	15	C:28(36) Ku:16(27)	C:35-37 Ku:47	1,730	7,560
LMI-2	2001	15	C:24(36) Ku:24(36,72)	C:42~45 Ku:50~54		
Yamal-90E	1999	10~15	C:10(36)	C:39~40	1,300	2,500

2) 지구국

Intersputnik 지구국은 전세계에 80개가 운용되고 있다.

지구국표준	G/T(dB(K–1))	안테나직경(m)	기본서비스 및 기능
C1 K1	≥31.0 ≥38.0	9~12 9~10	음성 영상프로그램 음성 팩스 및 텔렉스 데이터서비TM 화상전화 등 트래픽 교환
C2 K2	≥28.0 ≥35.0	6.5~7.5	
C3 K3	≥23.5 ≥30	3.5~5	음성 팩스 및 텔렉스 데이터 화상회의 TV수신
C4 K4	≥19.3 ≥25.3	2~3	음성 팩스 및 텔렉스 데이터 화상회의 TV수신

(3) INMARSAT

1) 개요

국제이동위성기구(전신 "국제해사위성기구")는 전세계를 대상으로 이동위성통신을 제공하기 위해 만들어진 국제적 협력기구이다. 1979년에 해상통신을 제공하기 위해 설립되었는데, 육상, 항공, 해상에서 상업적, 재난과 안전을 위한 전세계적 이동위성통신제공자가 되었다. 영국 런던에 본부가 있으며 회원국은 86개이다.

1998년 9월 24일 총회에서 1999년 4월부터 사유회사로 만드는 것에 모두 동의하였다. 새로운 회사는 3개의 개도국이 포함된 비상임이사 14명과 상임회원 15개로 구성되었다.

2) 우주부문

인말새트 위성네트워크는 INMARSAT-2와 INMARSAT-3위성으로 구성되어 있다. 1990~92년에 발사된 INMARSAT-2위성은 4개이며 각각의 위성은 250개의 음성회선을 가지고 있다. 1996년에 INMARSAT-3위성 다섯 개 중 첫 번째 위성이 발사되었다. 이 위성들은 전세계적인 이동단말기와 휴대형 메시징 장치에 대한 음성과 데이터통신서비스를 제공할 수 있도록 스폿빔과 고출력을 사용한다.

회선용량은 INMARSAT-2의 8배에 해당된다. 또한, GPS와 글로나스 위성항행 시스템의 정확도와 가용력 및 집적력을 고도화 하기 위해 설계된 항생 트랜스폰더 패이로드가 탑재되어 있다.

3) 지상부문

지상부문은 이동지구국, 네트워크 제어국 및 육상지구국으로 구성된다. 이동지구국은 휴대 및 이동이 가능한 단말기로서 이용자에게 다양한 서비스를 제공한다. 1999년 4월 이래 140,000개의 단말기가 시스템에 접속되어 사용되고 있다.

구 분	INMARSAT-2	INMARSAT-2
발사년도	1990~92	1996~98
발사무게(kg)	1,300	2,066
전력(kW)	1.2(초기)	2.8(수명말기)
EIRP(1.5 GHz)(dBw)	39	49(스폿) 44(글로벌)
EIRP(4 GHz)(dBw)	24	30
G/T(6 GHz)(dB(K-1))	-14	-13

육상지구국을 해상환경에서는 해안국이라고 하고 항공환경에서는 지상지구국이라고 한다.

이 국은 인말새트 위성을 국내 및 국제전기통신네트워크와 접속되게 하는 기능을 한다. 전세계적으로 30개 이상의 육상지구국이 있다. 네트워크 제어센터는 요구할당 다원접속방식에 의하여 각 운용 중인 위성을 거쳐 흐르는 트래픽의 흐름을 제어한다.

4) 주파수 대역

구　분	하향링크(MHz)	상향링크(MHz)
이동지구국에 이용되는 서비스 링크	1,525~1,544/1,545~1,559	1,626.5~1,645.5/ 1,646.5~1,660.5
육상지구국 인입링크	3,599~3,614/3,615~3,629	6,424~6,439/6,440~6,454
TT&R	3,945~3,955	6,338~6,342/6,420~6,425/ 6,170~6,180
항행패이로드	1,574.4~1,576.6/3,629.4~3,631.6	6,454.4~6,456.6

1.1.6.2 지역위성시스템

(1) APSTAR(APT)

1) 개요

이 회사는 홍콩과 뉴욕에 동시에 있는 개인회사이다. 1992년에 설립되어 국제 및 아시아-태평양 방송과 전기통신부문에 대한 고품질 위성트랜스폰더 서비스를 제공하는 것이다.

2) 우주부문

현재 궤도 내에서 3개의 위성이 운용되고 있다. 자체 위성제어센터가 홍콩에 있다. APSTAR-1위성은 24개의 C대역 트랜스폰더를 탑재하고 있다. 1994년 중국의 장정3호에 의해 중국의 시장에서 발사되었다. 위성의 궤도는 동경 138°로서 중국, 일본 및 동남아시아를 통신가능지역으로 하고 있다.

APSTAR-1A위성은 1996년 7월에 장정 3호에 의해 중국 시장 발사장에서 발사되었으며 1호와 같이 10년의 수명을 가지고 있다. 궤도는 동경 134°이며 통신가능지역은 1호와 거의 같으나 아시아 남부지역으로 통신가능지역이 확장되어 있다.

APSTAR-11R은 C대역의 28개 트랜스폰더와 16개의 Ku대역 고출력 트랜스폰더를 탑재하고 있다. 이 위성은 1997년 11월에 장정 3B에 의해 발사되었는데, 동경 76.5°에 위치하고 있다. C대역의 통신가능지역은 아시아, 유럽, 아프리카 및 호주의 100개 국가를 커버하는데, 이 지역은 전세계 인구의 75%가 있는 지역이다.

Ku대역은 중국, 홍콩, 마카오 및 대만을 통신가능지역으로 하고 있는데, 두 개의 안테나로 빔을 바꿀수 있도록 설계되었다. 빔1은 주로 VSAT용이고 빔2는 수신안테나 크기가 50 cm인 DBS방송용이다.

위 성	주파수	트랜스폰더 수 (대역폭(MHz)/ 송신전력(W))	EIRP (dBw))	G/T (dB(K^{-1}))	포화전력속밀도 (dB(W/m^2))
APSTAR-1	C	20(36 15)	34	-4	-90~-76
APSTAR-1A	C	20(36 16)	34	-4	-88~-74
APSTAR-2R	C	1(30 15)	33	-10.4	-98~-77
APSTAR-2R	C	27(30 60)	33	-10.4	-98~-77
APSTAR-2R	Ku	1(36 110)	빔1 46 빔2 45	+0.6	-98~-77

(2) Asiasat

이 회사는 1988년 아시아에서 최초로 만들어진 개인 소유 지역 위성사업자이다. 이 회사는 아시아-태평양지역에 위성전기통신과 방송서비스를 제공해 왔다. 이 회사의 대주회사는 1996년 6월 홍콩과 뉴욕 스톡시장에 상장되었다. 이 위성시스템은 전세계인구의 60%를 점유하고 있는 50개 국가 이상을 커버하고 있다.

1) 우주부문

이 회사는 현재 2개의 위성을 운용하고 있다. ASIASAT-2와 3S가 이에 해당한다. 이 두 위성은 3축자세 안정시스템이다. ASIASAT-2위성은 1995년 11월에 동경 100.5°에 발사되었다. 이 위성의 운용수명은 13년이다. ASIASAT 3S는 1999년 3월 21일 동경 105.5°에 발사되어 5월 8일에 상용서비스를 개시하였다. ASIASAT 1호를 대체하는 것으로 위성의 운용수명은 15년이다.

위성	주파수	트랜스폰더 수 (대역폭(MHz)/송신 전력(W))	eirp (dBw)	G/T (dB(K^{-1}))	포화전력속밀도 (dB(W/m^2))	통신가능지역
ASIASAT 2	C	20(36 55)	40	0	-97	아시아 중동 호주
	C	4(72 55)	40	0	-97	
	Ku	9(54 115)	53	6	-97	중국 한국 일본
ASIASAT 3S	C	28(36 55)	41	-1	-98	아시아 중동 호주
	Ku	16(54 140)	54	7	-100	빔3 중동 동남아 1개 가변빔

2) 지구국

ASIASAT 지구국의 특성은 다음과 같다.

위성	주파수대역	안테나직경(m)	안테나 형식
ASIASAT 1	C	11	스텝 추적
ASIASAT 2	C	9	전방향 구동
	Ku	6	스텝 추적
ASIASAT 3S	C	11	전방향 구동
		5	스텝 추적
	Ku	2x6	스텝 추적

(3) EUTELSAT

유럽전기통신위성기구는 EUTELSAT우주부문을 운용한다. 1985년 9월에 47개 회원국으로 구성되었다.

1) 우주부문

모든 EUTELSAT위성은 Ku대역을 사용한다. 1세대 2개의 위성인 EUTELSAT 1-F4와 F5는 각각 4개 및 3개의 트랜스폰더를 탑재하였다. 1990년과 1995년에 도입된 EUTELSAT 2위성은 대역폭이 36과 72 MHz로서 16개의 트랜스폰더를 탑재하고 있다. 1996년에 3세대 위성인 HOT BIRD와 W시리즈를 시작하였다. 전자는 동경 13°에 위치해 있는데, 오락TV서비스를 제공하며, 후자는 동경 7°에서 48°사이에 위치하여 전기통신서비스를 제공한다.

HOT BIRD 2, 3 ,4호가 96년, 97년, 98년에 발사되었는데 20개의 고출력 트랜스폰더를 탑재하고 있다. 이 위성들의 수명은 12년이다. 두 개의 송신통신가능지역을 가지고 있는데, 고출력빔과 광역빔이다. 모든 채널은 채널대 채널을 기준으로 두 개의 통신가능지역 간에 연결될 수 있다. 1998년에 발사된 4, 5호는 디지털 다중화패키지를 탑재하고 있다.

WIR, W2위성은 24개의 고출력 트랜스폰더를 탑재하고 있는데, 대역폭은 W1R이 72 MHz, W2와 W3가 각각 36과 72 MHz이다. 이들 위성의 수명은 14년이다.

12개의 트랜스폰더는 상향주파수 대역이 13.75~14.25 GHz 이며 탑재된 교환기에 의해 채널대 채널기준으로 하향링크에 접속될 수 있다. 하향링크의 주파수대역은 11.45~11.70 또는 12.50~12.75 GHz로서 제공되는 서비스에 의해 결정된다. 고정빔외에 모든 W위성은 기변 타원빔을 가지고 있다.

EUTELSAT 1세대와 2세대의 위성은 유럽과 북미 간의 서비스를 위해 서경 12.5°에 위치되었다.

1.1.6.3 국내위성시스템

(1) 아르헨티나(NAHUELSAT)

NAHUEL C시스템은 미국의 남부로부터 아르헨티나 남부까지 서비스를 제공할 목적으로 구축되었다. 3개의 빔을 이용하여 서비스가 제공된다. 빔A는 아르헨티나를 커버하고 빔B는 브라질, 빔C는 라틴 아메리카와 미국의 남부를 담당한다. 1997년 위성수명 12년으로 설계되어 서경 72°에 위치하고 있다. 3축자세 안정방식의 위성을 사용하고 있으며 궤도 내 무게는 830 Kg이고 위성말기의 전력은 3,000 W이다. 여러 형태의 지구국이 있는데 안테나 9.3 m에 G/T 35.3(dB(K^{-1}), EIRP 88 dBW이고 안테나 직경이 4.8미터의 경우에는 G/T 30(dB(K^{-1}), EIRP는 82 dBW이다.

위 성	트랜스폰더 수 (대역폭(MHz))	EIRP (dBw)	G/T (dB(K^{-1}))	포화전력속밀도 (dB(W/m^2))	통신가능지역
NAHUEL C	20(54)	A1: 50 A2: 48	A1: 5 A2: 48	A1: -94 A2: -92	아르헨티나
		B1: 51 B2: 48 B3: 38	B1: 5 B2: 2 B3: -5	B1: -94 B2: -91 B3: -84	브라질
		C1: 41	-3	-86	라틴 아메리카 미국남부

(2) 호주

호주에는 C&W에 의해 운용되는 AUSSAT위성시스템이 있다. 두 개의 1세대위성과 두 개의 2세대위성이 각각 동경 152°와 164°에 위치하고 있다. 이들 위성은 고정통신서비스, 공동방송서비스와 이동위성서비스를 제공한다. 1세대 위성의 통신가능지역은 호주와 파푸아뉴기니, 남서태평양이고 2세대위성은 뉴질랜드를 커버한다. 하향링크는 방송서비스를 위해 한 개의 국내빔이나 각각 다섯 개의 스폿빔으로 구성되어 있다. 1세대위성은 스핀자세 안정형방식을 사용하며 수명은 7년으로 1985년에 처음으로 발사되었다. 수명말기 전력은 3,500 W이며 궤도 내 무게는 550 Kg이다. 1세대위성의 운용만료시기는 1992, 2000, 2005년이다.

2세대위성은 1992년 최초로 발사되었는데 설계수명이 13.5년이다. 몸체안정방식을 사용하고 있고 궤도 내 무게는 1,300 Kg이고 수명말기 전력은 3,500 W이다. B2가 발사실패하였다. 이 시스템은 여러 형태의 지구국을 운용하고 있는데 주로 안테나 직경이 1.8~13.5 m이다. TVRO용은 0.5~1.5 m이다.

다원접속방식은 FDMA(DAMA), TDMA 또는 CDMA이다.

위 성	트랜스폰더 수 (대역폭(MHz))	EIRP (dBw)	G/T (dB(K^{-1}))	포화전력속밀도 (dB(W/m^2))	통신가능지역
A3	15(45)	36	-3	-90~-80	호주
	3(45)	34	-7	-90~-80	남서태평양
B1 B3	15(54)	40	-2	-95.5~74.5	호주

(3) 중국

중국의 위성통신네트워크 계획은 1970년대 중반에 시작되었다. 1980년대 초에 인텔새트에서 트랜스폰더를 임대하여 네트워크를 구성하였으며 1980년대 말에 자체 위성 CHINASAT를 발사하게 되었다. 3개의 위성사업자가 있는데 중국 통신방송위성사인 CHIANSAT과 함께 Chian Orient, SINOSATCOM이다.

공중서비스용 지구국은 Chian Telecom에서 운용한다. VSAT과 TVRO가 상당히 많이 구축되어 있다.

1) 위성시스템

○ ChinaSat

1988년에 최초위성이 발사되었다. 동경 115.5°에서 CHINASAT-5호와 8호가 동경 125°에 CHINASAT-6가 위치하고 있다.

항공예매, 해양기상예보, 일방향 VSAT, 재무정보, 보안과 고속데이터서비스를 제공한다.

위 성	주파수 대역	트랜스폰더 수 (대역폭(MHz))	EIRP (dBw)	G/T (dB(K^{-1}))	포화전력속밀도 (dB(W/m^2))	통신가능지역
CHINASAT-5	C	10(36)	32	-1	-87~-81	중국과 인접지역
		6(72)	33	-6		
CHINASAT-6	C	24(36)	38	-1	-88~-76	
CHINASAT-8	C	34(36)	33	-6	-96~-74	
	C	2(72)			-96~-74	
	Ku	10(36)	46	-2	-96~-74	
		6(72)			-96~-74	

○ China Orient

이 회사는 1995년에 설립되었다. 1998년에 발사된 CHINASTAR-1호가 동경 87.5°에 위치해 있다. 중국국내를 대상으로 장거리 양방향전화와 데이터서비스를 제공한다. 이들 대부분은 공중전기통신 네트워크의 일부분을 차지하고 있다. 그 외 사설위성통신서비스로 페이징, 임시 TV분배, 양방향데이터 서비스를 제공한다.

위 성	주파수대역 (GHz)	트랜스폰더 수 (대역폭(MHz))	EIRP (dBw)	G/T (dB(K^{-1}))	포화전력속밀도 (dB(W/m^2))	통신가능지역
CHINASTAR-1	C	12(36)	41	1	-97~-75	중국과 인접지역
		6(72)				
	Ku	16(36)	52	5	-92~-70	
		4(72)	54			

○ SINOSATCOM

이 시스템은 현재 1개가 운용되고 있다. 1998년 7월에 발사되었으며 동경 110.5°에 위치하고 있다.

위 성	주파수대역 (GHz)	트랜스폰더 수 (대역폭(MHz))	EIRP (dBw)	G/T (dB(K^{-1}))	포화전력속밀도 (dB(W/m^2))	통신가능지역
SINOSATCOM	C	23(36)	36	-3	-98~-80	중국과 인접지역
		1(54)				
	Ku	14(54)	46	0	-90~-70 -90~-78	

(4) 프랑스

위성통신 시작 이래, 프랑스는 위성통신분야에서 많은 역할을 해오고 있다. 1974년에 독일과 협력하여 Symphony-1호를 발사하였고 최초로 3축자세 안정방식을 도입하였다. 1979년에는 자체 전기통신위성네트워크를 구축하기로 하고 1984년 이래 프랑스 텔레콤에서 3개위성으로 구성된 1세대 위성시스템, TELECOM 1A, 1B와 IC를 운용해 왔다. 1991년과 1996년 사이에 4개위성으로 구성된 2세대 위성시스템이 발사되었다. TELECOM 1A, 2A는 서경 8°에 위치하고, 2B는 서경 5°, 2C는 서경 3°, 2D는 서경 5°에 각각 위치하고 있다.

C대역과 Ku대역의 주파수가 운용되는데, C대역은 프랑스 본토와 원양부서들 간 그리고 이들 원양부서들 간에 전화, 데이터전송 및 음성화상서비스를 제공한다. Ku대역의 주파수는 국내 광역서비스를 제공하는데, 라디오와 TV방송, 고속 및 고품질의 업무용서비스, 고정 또는 임시링크를 이용하여 사업용 TV, 생방송TV보도, 폐쇄회로 비디오전송 등의 서비스를 제공한다.

1) 우주부문

주파수대역 (GHz)	트랜스폰더 수 (대역폭(MHz))	EIRP (dBw)	G/T (dB(K^{-1}))	포화전력속밀도 (dB(W/m^2))	통신가능지역
C	2(50) 4(92)	39 36	-11.3	-70	스폿빔
	4(50)	32.5			반구빔
Telecom 2A,2B,2C 14/12 Telecom 2D 14/11	11(36)	52	7.5	-91	프랑스 본 토

2) 지구부문

국의 형태	주파수대역 및 편파	송신안테나 이득(dBi)	EIRP (dBw)	수신안테나 이득(dBi)	G/T (dB(K^{-1}))
VSAT 데이터망	14/12 14/11 선형	41~53.1	36.8~67	39.2~52	14.9~28.7
라디오 TV방송		52	71~73	36.4	13.5
기타		52	80	40~51	15.7~27.2
원양부 링크	C	47~64.5	86.2~90.2	45~61	21.7~40.4

(5) 인도

INSAT(Indian National Satellite System)은 국제 다목적 위성시스템으로 고정 및 이동통신, DBS, 음성방송전송망, 지구관측, 기상정보, 재난경고 등의 서비스를 제공한다.

1) 우주부문

위성은 FSS, BSS 및 기상위성업무를 제공한다. 1세대 INSAT-1시리즈는 1980년대에 발사되었다. INSAT-2시리즈는 1990년에 발사되어 고도의 고정 및 이동통신서비스를 제공한다.

INSAT-1D는 동경 83°, INSAT-2A는 동경 74°, INSAT-2B와 2C는 동경 93.5°, INSAT-2DT는 동경 55°에 위치하고 있다.

INSAT-1시리즈는 3축자세 안정방식을 채택하고 있고 궤도 내 무게가 650 Kg 수명말기 전력은 900 W이다. 최초위성은 1982년에 발사되었고 설계수명은 7년이었다. INSAT-2시리즈는 궤도 내 무게가 1,040 Kg이고 수명말기 전력은 1,150 W이다. 1992년 이 시리즈의 최초위성이 발사되었다. 설계수명은 7년이다. INSAT-2DT는 ARABSAT기구에서 구매한 것이다.

주파수대역 (GHz)	대역폭 (MHz)	EIRP (dBw)	G/T ($dB(K^{-1})$)	포화전력속밀도 ($dB(W/m^{-2})$)	제공서비스
6/4	36	32~36	-5	-92~-70	FSS
6/4	36	32~35	-5	-92~-70	FSS
14/11	72~77	41	-2	-90	FSS
6/2.5	20	35	-5	-92	MSS
2.6/3.7	9	30	-9	-109	MSS
5.9/2.6	36	42	-5	-95	BSS

2) 지구부문

국수와 형태(국수)		안테나직경(m)	G/T($dB(K^{-1})$)	eirp(dBw)
주국(13)		11	31.7	75~83
1차국(44)		7.2	5.7	64~71
원격국(33)		4.5	19.7	38
이동형(20)		7.1	22	76
VSAT(5700)	Mesh형	3.8	22.8	42
	Star형	1.8	15	40

(6) 이탈리아

이탈리아는 주요한 모든 위성통신기구에서 활동해 오고 있다. 1977년에 SHF 국내실험통신위성 SIRIO-1호를 발사하였다. 이후에 ITALSAT-1, 유럽최초의 Ka대역위성이 1991년에 발사되었고 1996년 8월에는 ITALSAT-2호가 발사되었다.

1) 우주부문

ITALSAT위성은 3축자세 안정방식을 사용한다. 1호의 설계수명은 최소 5년이며 궤도 내 무게는 1,120 Kg, 수명말기 전력은 1,760 W이다. 2호의 설계수명은 8년이고 궤도 내 무게는 1,200 Kg, 수명말기 전력은 2,200 W이다.

다중빔의 Ka대역 서브시스템은 6개의 재생트랜스폰더를 상호연결할 수 있는 OBP(Onboard Processing)시스템이 탑재되어 있다. 2개의 전개시킬 수 있는 원형반사안테나가 설치되어 있다.

각각의 안테나는 0.435°의 3개의 원형스폿빔폭을 갖는다. 6개의 스폿빔이 이탈리아 전역을 대부분 커버하며 SS-TDMA방식으로 처리속도가 147.456 Mbps이다. 이탈리아 전역을 커버하는 Ka대역 트랜스폰더는 3개의 단일주파수변환형 트랜스폰더가 탑재되어 있다. 사용되는 안테나는 이탈리아 전역을 커버할 수 있도록 설계된 타원반사기 안테나이다. 트랜스폰더는

TDMA와 FDMA방식을 사용하는데, TDMA의 경우 처리속도는 24.576 Mbps이다.

ITALSAT-2호에 있는 유럽이동시스템은 유럽, 북아프리카 및 터키 지역을 대상으로 하는 이동서비스를 제공하기 위한 것이다. 1.6/1.5 GHz 주파수대역을 사용하며 1개의 12 MHz트랜스폰더를 사용한다. 피더링크주파수는 Ku대역이며 한 개의 트랜스폰더를 사용한다.

주파수대역 (GHz)	트랜스폰더 수 (대역폭(MHz))	EIRP (dBw)	G/T (dB(K^{-1}))	포화전력속밀도 (dB(W/m^2))
Ka	6(110)	55.5	18.8	-84.7
Ka	3(36)	47	6.8	-77.2
1.6/1.5	1(12)	42.5	-20	-123
Ka	1(12)	32	-1.4	-97
50/40	2	28.5		

2) 지구국

ITALSAT의 FSS지구국은 3.5 m의 원형안테나 또는 3.5×7 m의 타원안테나를 사용한다.

(7) 일본

1) CS-2, CS-3, N-STAR 시스템

CS-2 위성은 일본 최초의 국내통신위성이다. CS시리즈는 회전자세안정방식을 도입하였다. 궤도 내 위성의 무게는 350~550 Kg이고 수명말기 전력은 480/840 W이다. 최초의 위성 2a가 1983년 초에 발사되었고 두 번째 2b가 6개월 후에 발사되었다. 이 위성들은 NASDA(National Space Development Agency)에 의해 발사가 추진되고 운용은 일본통신위성회사 TSCJ에서 넘겨받아 하였다.

-3a위성이 1988년 2월과 9월에 발사되었는데 설계수명은 7년이었다. 이 위성이 사용하는 주파수 대역은 C대역과 Ka대역으로 전하, 팩스, 데이터, TV신호를 전송한다. CS-3위성의 운용은 1996년에 종료되었다.

이 위성의 뒤를 이어 받은 위성이 N-STAR위성이다. 이 위성은 멀티미디어서비스를 제공하는 위성이다. N-STAR위성은 3축자세안정방식을 도입하였으며 궤도 내 무게가 2톤이고 수명말기 전력은 5 KW이다. 설계수명은 10년 이상이다. 시리즈 최초위성인 -a위성은 1995년 2월에 발사되어 동경132도에 위치하였다. 두 번째 위성 -b는 1996년 2월에 발사되어 동경 136°에 위치하였다.

N-STAR위성은 5개의 통신패이로드를 탑재하고 있는데 사용주파수 대역은 네 개로서 S대역, C대역, Ku대역, Ka대역이다.

N-STAR위성 외에 두 개의 다른 상용 위성시스템이 있는데, JCSAT와 수퍼버드위성이다.

이 위성들은 전통적인 전화중계회선 외에 데이터, 화상회의, 방송용 TV프로그램 전송, CATV 및 SNG(Satellite News Gathering) 서비스를 제공한다.

JCSAT위성은 일본위성시스템회사의 소유로서 -2, -3위성들이 각각 동경 154°, 128°, -4, 1B 위성들이 150°에 위치하고 있다.

-2위성은 회전자세안정방식을 도입하였고 궤도 내 무게가 1,370 Kg, 수명말기 전력이 2,200 W이다. 1990년에 발사되었는데 32개의 트랜스폰더가 Ku대역의 주파수를 사용한다. 반면에 -3, -4, 1B위성들은 3축자세안정방식을 도입하였으며 궤도 내 무게는 1,800 Kg 수명말기 전력은 5,200 W, 설계수명은 -3, -4위성은 12년, 1B위성은 13년이다.

-3호는 1995년에 발사되었고 -4, 1B위성은 1997년에 발사되었다. -3, -4호는 Ku대역 트랜스폰더 28개, C대역 트랜스폰더를 12개 탑재하였다. 1B위성은 Ku대역 트랜스폰더 32개를 탑재하였다.

수퍼버드 위성시스템은 우주통신회사의 소유로서 3개의 위성이 있다. 즉, SUPERBIRD-A, SUPERBIRD-B, SUPERBIRD-C위성으로 각각 동경 158°, 162° 및 144°에 위치하고 있다.

-A, -B호는 3축자세안정방식을 도입하였고 궤도 내 무게가 2,550 Kg, 수명말기 전력이 3,800 W, 설계수명은 10년 이상이다. -C호도 3축자세 안정방식을 도입하였고 궤도 내 무게가 3,100 Kg, 수명말기 전력은 4,300 W 설계수명은 13년 이상이다.

-A, -B호는 1992년에 발사되어 Ku대역 트랜스폰더 23개 Ka대역 트랜스폰더 3개를 탑재하고 있다. -C호는 1997년에 발사되었고 Ku대역 트랜스폰더 24개를 탑재하고 있다.

(8) 한국

1995년 한국최초의 상용통신위성인 KOREASAT-1호가 발사되어 동경 116°에 위치하였다. -1호와 -2호는 3축자세안정방식을 도입하였다.

설계수명은 10년이고 -3호는 15년 이상이다. 관제국은 용인과 대전에 위치하고 있다.

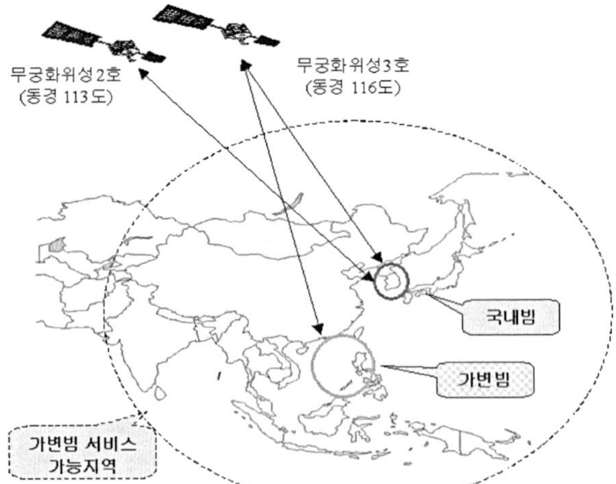

1) 우주부문

위 성	주파수 대역(GHz)	트랜스폰더 수 (대역폭(MHz))	EIRP (dBw)	G/T (dB(K^{-1}))	포화전력속밀도 (dB(W/m^2))	서비스
KOREASAT-1/-2	14~14.5/12.25~12.75 (선형편파)	12(36)	50.2	13.5	-90	FSS
	14.5~14.8/11.7~12 (원형편파)	3(27)	59.4	13	-82	DBS
KOREASAT-3	14~14.5/12.25~12.75 (선형편파)	24(36)	54.7	13.5	-90	FSS(국내)
			49.5	7.0	-84	FSS(가변형)
	14.5~14.8/11.7~12 (원형편파)	6(27)	59.4	13	-82	DBS
	30.085~30.885/20.355~21.155 (원형편파)	3(200)	55	9.3	-86	FSS

2) 지구국

지구국형태	안테나직경 (m)	EIRP (dBw)	G/T (dB(K^{-1}))	다원접속/변조방식
CATV	송신 9 수신 3.7	56	30	MCPC/QPSK
중계회선	6	50	35	TDM/QPSK
TVRO	송신 9 수신 1.8	58.5	20	MCPC/QPSK
SNG	수신 1.8 송신 9	51	37	SCPC/QPSK
VSAT	1.8	34	20	TDMA/TDM
멀티미디어	송신 9 수신 0.75	64	13	MCPC/QPSK
DBS	송신 9 수신 0.45	74	11	MCPC/QPSK

(9) 스페인

HISPASAT은 스페인 위성통신시스템이다. 이 시스템은 HISPASAT-1A와 HISPASAT-1B의 두 개의 고출력 위성을 통하여 서유럽과 미국에 국내 및 국제 서비스를 제공하기 위한 다목적 시스템으로 설립된 것이다.

시스템에 부여된 여러 가지 목적을 살펴보면 다음과 같다.

방송위성업무는 ITU BSS계획에 따라 스페인전역에 방송위성서비스를 제공하기 위한 것으로 다섯 개의 고출력 트랜스폰더를 탑재하고 있다.

고정위성업무는 16개의 대역폭이 36~72 MHz로 상이한 트랜스폰더에 의해 제공되며 주파수 재사용을 통해 유럽 광역을 대상으로 다양한 종류의 트래픽을 처리하는 것이다. 스페인과 특히 스페인어를 사용하는 아메리카의 넓은 지역 간 그리고 캐나다로부터 아르헨티나까지 서비스를 제공한다.

TV America는 두 개의 고출력 트랜스폰더에 의하여 아메리카를 대상으로 TV와 라디오 프로그램을 전송하는 것이다. 소형의 TVRO단말기에 의해 고품질의 수신을 할 수 있다. TV Return은 HISPASAT-1B에 탑재된 두 개의 FSS채널에 의해 아메리카의 어느 지역에서도 상향링크의 구성이 가능하게 하고 있다. TV와 데이터분배 네트워크로 사용된다. X대역의 트랜스폰더는 정부의 트래픽을 처리하는 네트워크를 구성하도록 한다.

이 두 개의 위성은 3축자세안정방식을 취하고 있고 궤도 내 무게가 2,150 Kg이고 수명말기의 전력은 3,500 W이다. 설계 수명은 10년이다.

위성관제센터는 마드리드 근처의 아르간다에 위치에 있고 두 개의 패이로드 모니터링 센터는 위성시스템 운용과 위성을 제어한다.

이 시스템에는 여러 형태의 지구국이 접속된다. TV/FM전송, 64 Kbps~34 Mbps의 데이터전송속도를 갖는 트래픽을 처리한다.

서비스	주파수대역 (GHz)	트랜스폰더 수 (대역폭(MHz))	EIRP (dBw)
BSS	17~17.7/12~12.25	5	56
FSS	14~14.5/11.45~11.7/12.5 ~12.75	16	50
TVA	14/10~12	1	49.5~41
TVR	14/10~12	2(54　72)	

(10) 미국

1970년대 중에 국내위성통신이 미국에서 설립되었고 C대역의 주파수가 1차위성주파수였다. 표준지구국시설의 경우 장거리 중계회선용의 경우에는 안테나의 크기가 10~30 m였다. 1980년대 초에 Ku대역의 위성이 사용되기 시작하였다. Ku대역의 주파수는 미국 연방통신위원회에 의해 할당되었다.

1980년대 들어 VSAT의 수요가 증가하자 무선국허가에 대한 업무량이 폭증하여 1986년 FCC는 허가제도를 변경하였다. 이를 위해 표준규격을 만들어 이에 맞으면 브랑켓 인증을 받을 수 있게 하였다. 이로써 각 개별 지구국에 대한 허가 필요성을 제거하였다.

1) 우주부문

미국의 국내위성인 DOMSAT이 서경 60°에서 135° 사이에 위치하게 되었다. 최초의 상업용 정지궤도위성은 Westar로서 1974년에 발사되었다. 이때 사용된 주파수대역은 C대역으로 대역폭이 36 MHz인 12개의 트랜스폰더를 탑재하였다. 교차편파 주파수재사용방법을 채용하여 두 배의 트랜스폰더 사용효율을 갖게 하였다. 최초의 Ku대역 상업용위성은 1980년 SBS에 의해 운용되었다. 이때 트랜스폰더수는 10개였고 대역폭은 각각 43 MHz였다. 후세대의 Ku대역 주파수는 교차편파를 사용함으로써 두 배의 대역폭재사용 효율을 갖게 되었다.

또한, 1980년 중반에는 한 개의 위성에 C대역과 Ku대역 트랜스폰더를 함께 탑재하게 함으로써 통신용량을 확장시켰다. FCC는 궤도의 효율적 사용을 위해 위성 간의 간격을 2°로 하는 규정을 제정하였다.

3세대의 위성 산업은 소형 지구국 안테나를 사용하여 서비스를 제공할 수 있도록 하기 위해 위성이 커지고 트랜스폰더의 출력이 높아지게 되었다.

2) 지구부문

미국의 국내위성은 자국 내 및 국경에 걸쳐 수천 개의 지구단말기가 접속되어 있다. C대역의 지구국은 그 안테나의 크기가 4~30미터이다. Ku대역의 경우에는 지구국안테나 크기가 1~7미터이다.

1.1.7 위성발사체

1.1.7.1 개요

지구 주위 궤도에 위성을 진입시키기 위해 사용된 발사체는 1950년대에 최초로 개발되었다. 이때는 고도 150~200 Km의 저지구궤도(low earth orbit)에 통신위성이나 관측시스템을 진입시키기 위한 목적이었다. 1960대들어 달과 행성에 대한 우주개발프로그램에 의해 위성을 정지궤도에 진입시킬 수 있는 강력한 로켓이 개발되었다.

최근의 괄목할 만한 관심사항은 정지위성발사체와는 매우 다른 요구조건을 갖는 비정지궤도 통신위성에 대한 것이다. 이러한 기술은 기상, 지구지도작성, 항행 등 다양한 목적을 가진 비정지궤도위성이 순조롭게 발사되면서 발전되어 왔다. 정지궤도위성 발사체는 한 개의 발사체로 한 번에 여러 개의 저궤도 또는 중궤도위성을 발사할 수 있다.

1.1.7.2 정지궤도위성용 발사체

정지궤도위성은 몇 단계의 점화로켓을 갖게 된다. 정지궤도에 진입하기 전에 전이궤도에 진입하게 된다. 전이궤도에 진입하기 위해 보통 2단계의 로켓점화 과정을 거친다. 전이궤도는 지구와 가장 가까운 근지점의 고도가 약 200 Km 정도되며 지구에서 가장 먼 원지점의 고도는 정지궤도고도 정도가 된다. 전이궤도에서 정지궤도로 진입하기 위해 위성체에 원지점 로켓 모터(ARM: Apogee Roket Motor) 또는 AKM(Apogee Kick Motor)을 장착한다. 이러한 유형의 발사체로는 ARIANE, DELTA, LLV, LONG MARCH,PROTON, TITAN, ZENIT, H시리즈, M시리즈 등이 있다. 이러한 발사체는 로켓을 재사용할 수 없는 단점이 있다. 이러한 점을 보완하고자 하는 것이 우주수송시스템이다. 미국 NASA의 Space Shuttle이 그러한 시스템으로 사람이 직접 수송선을 운전하여 위성을 저궤도까지 싣고 간다. 저궤도에 위성을 내려 놓으면 그곳에서 ARM을 사용하여 본 궤도에 진입하도록 하는 것이다.

1.1.7.3 비정지궤도용 발사체

비정지궤도 발사체 시스템의 기본개념은 정지궤도용과 비슷하다. 신뢰성을 개선하고 비용을 줄이기 위한 새로운 상용위성통신용으로는 미국의 Delta Lite, Lockheed Astria, Sea Launch, Atlas 1, 호주의 Aussroc, 스페인의 Capricornio, 유럽의 ESA/CNES 시리즈, 일본의 J시리즈, 러시아의 Soyuz/Vostok, Kosmos, 중국의 Long March CZ-1, 이스라엘의 Shavit, 브라질의 VLS 등이 있다.

1.1.7.4 현재와 미래의 발사시스템

(1) Ariane 시리즈

Ariane 4위성은 ESA와 CNES 그리고 프랑스우주연구소가 개발한 것으로 운용은 Arianespace에서 하고 있다. 이 시스템은 신뢰성 90%를 가지고 있으며 정지궤도용 전이궤도에 1,900~4,200 Kg의 위성을 진입시킬 수 있다. 발사장소는 프랑스령 Guyana Kourou이다. 이 장소의 위도는 북위 약 5°정도 된다.

(2) Atlas 시리즈

이 시스템은 1960대에 미국에서 개발된 대형발사체이다. 이 시스템은 록히드마틴 사와 몇몇 러시아 항공회사에 의해 운용되고 있다. -1, -2버전은 신뢰성이 90%에 가깝고 정지궤도용 전이궤도에 2,250~3,490 Kg을 진입시킬 수 있다.

(3) Delta 시리즈

이 시스템은 98%의 신뢰성을 가지며 오랜 역사를 갖고 있는 시스템이다. 현재 맥도널드 사에 의해 제조, 판매되고 있다. -2버전은 전이궤도에 950~1,820 Kg을 진입시킬 수 있다.

(4) H시리즈

일본에서 개발된 것으로 -2시스템은 전이궤도에 4,000 Kg을 진입시킬 수 있다.

(5) LLV시리즈

-2, -3버전은 전이궤도에 1,305~2,500 Kg을 진입시킬 수 있으며 저궤도위성발사체로 사용될 수 있다.

(6) Long March

이 시스템은 중국에서 개발한 것으로 소형 CZ-1D와 대형 CZ-2E가 있다. 전이궤도에 진입시킬 수 있는 중량은 200~3,370 Kg이다.

(7) M시리즈

이 시스템은 완전 고체연료를 사용하는 것으로 일본에 의해 개발되었다. 소형패이로드용으로 -V모델은 전이궤도에 1,215 Kg을 진입시킬 수 있다.

(8) Proton 시리즈

이 시스템은 우주에 대형 패이로드를 올리기 위해 설계된 것으로 구 소련에서 오랜 역사를 가지고 있는 것이다. 현재는 미국의 록히드마틴과 러시아의 Krunichev 사가 합작으로 운용하고 있다.

이 시스템의 전이궤도 진입 가능 중량은 5,500 Kg이다.

(9) Titan시리즈

미국에서 수 세기 전에 개발된 시스템으로 우주에 패이로드를 진입시키기 위한 대형 시스템이다. 전이궤도에 진입시킬 수 있는 패이로드의 무게는 6,350~8,620 Kg이다.

(10) Zenit 시리즈

이 시스템은 러시아의 대형 발사체를 개조한 것으로 현재는 NPO Yuznoye에 의해 우크라이나에서 제조되고 있다. 전이궤도에 진입시킬 수 있는 중량은 4,300 Kg이다. 미국의 보잉 사와 노르웨이의 Kvaerner과의 합작으로 Sea Launch 사가 적도상에 해양기름 플랫홈을 개조하여 5,400 Kg까지 진입시킬 수 있도록 하고 있다.

1.1.8 주파수분배, 혼신과 조정

1.1.8.1 개요

1992년 ITU는 세 개의 섹터로 재편되었다. 이것은 이용자와의 조정과 인터페이스를 개선하고 지속적인 전략과 계획을 검토하기 위한 것이었다. 1993년 3월 1일에 ITU-R섹터가 만들어졌다. 이것은 기존의 CCIR과 IFRB를 통합하여 만들어진 것이다. 기타 두 개의 섹터가 있는데 ITU-D와 ITU-T섹터이다. 무선통신섹터의 목적은 무선주파수 스펙트럼과 위성의 궤도의 사용을 합리적, 공평적, 효율적 그리고 경제적으로 하기 위한 것이다.

국제전기통신조약의 규정을 보충하는 전파규칙은 무선통신에 대한 국제협약을 구성하는 것이다. 세계전기통신회의(WRC: World radiocommunication conference)는 통상적으로 매 2년마다 열리는데, 이 회의에서는 전파규칙과 관련주파수할당과 분배계획을 수정할 수 있다.

전파통신국은 전파통신섹터의 업무를 구성하고 조정하며 주파수할당 및 우주업무의 궤도특성을 기록하고 등록하며 주 국제주파수 등록(MIFR: Master International Frequency Register)을 유지한다.

1.1.8.2 주파수 할당

많은 주파수대역들이 한 개 이상의 서비스에 할당된다. 이렇게 한 개의 서비스에 여러 개의 주파수대역이 할당되는 것을 공유되었다고 한다. 주파수대역의 할당은 세계를 3개의 지역으로 나누어 이루어진다. 1지역은 아프리카, 아랍국가, 유럽, 러시아연방지역이고, 2지역은 미주지역 그리고 3지역은 아시아와 오세아니아지역이다.

ITU-R에서는 주파수분배표를 발행하는데 이 표에는 주석이 있다. 이 주석은 통상적으로 주파수분배표상에서 특정국가에 대한 분배 종류를 변경하거나 삭제하는 등의 업무가 추가된다.

WRC는 여러 무선통신업무에 다양한 주파수 대역을 할당하는 것을 결정한다. 통신위성네트워크는 고정위성업무, 방송위성업무 및 이동위성업무의 틀 안에서 이루어진다. 이동위성업무에는 육상, 해상 및 항공이동위성업무를 포함할 수 있다.

고정위성업무는 신호를 송수신할 때 고정된 지구상의 위치 간에 링크를 구성하는 것이다. 이동위성업무는 이와는 달리 신호를 송수신할 때 링크가 이동되는 것을 말한다. 방송위성업무는 일반공중에 의해 수신되는 것을 목적으로 라디오와 TV방송을 전송하는 것을 말한다. 이동위성업무와 방송위성업무는 지구상의 고정위치로부터 고정위치까지에 대한 인입링크를 가질 수 있다. 그러므로 고정위성업무 내에서 운용된다. 고정위성업무에 대한 모든 주파수 할당은 인입링크에 대하여 사용될 수 있다. 그러나 인입링크를 위해 특정한 주파수 대역을 지정하는 추세가 증가하고 있다.

고정위성업무의 주파수대역과 지상의 무선중계용인 고정업무의 주파수대역이 대부분 공유가 되지만 Ka대역의 29.5~30 GHz/19.7~20.2 GHz에 대하여만은 고정업무에 할당되지 않는다.

주파수 할당에는 3가지 유형이 있는데 1차업무, 허용업무, 2차업무가 있다. 이것은 전파규칙 S5 2장에 정의되어 있다. 1차업무와 허용업무는 동일한 권한을 갖는데 1차업무가 허용업무보다 주파수 선택에 우선권을 갖는다.

2차업무는 유해한 혼신의 송수신에 대한 영향에 대하여 1차업무나 허용업무보다 낮은 권한을 갖는다. 2차업무는 후에 할당된 주파수대역을 사용하는 2차업무에서 혼신을 야기할 경우 이에 대하여만 이의를 제기할 수 있다.

전파규칙 Resolution 2에는 모든 국가에 있어서 GSO와 우주 문서통신업무에 대한 주파수의 동등권한으로 동등하게 이용하는 것에 관한 원칙이 규정되어 있다.

모든 국가는 다양한 무선통신업무에 할당된 무선주파수와 이들 업무를 위한 GSO궤도를 사용하는 데 있어서 동등한 권한을 갖는다. 무선주파수 스펙트럼과 GSO궤도는 천연자원으로 가장 효과적이고 경제적으로 사용되어져야 하는 것이다.

우주 무선통신업무에 대한 주파수 할당의 등록과 그 사용은 어떤 개별국가나 국가들에게 영구적으로 우선권을 제공할 수 없으며 다른 국가들에 의해 우주시스템을 설정하는 데 방해를 주어서는 안 된다.

어느 주파수대역이 한 개의 업무에 할당되면, 그 업무가 동일 주파수 대역에서 운용중인 업무의 다른 네트워크 간의 혼신이 허용 가능한 제한치를 초과하지 않는다는 것을 확실히 할 필요가 있다. 어느 주파수 대역이 두 개 이상의 업무에 의해 공유되어 질 때도 2차 업무의 국들이 1차 업무국에 혼신을 주진 않는다는 것을 동일한 방법으로 확인하게 된다.

이렇게 혼신여부를 판단하는 방법으로는 다음과 같은 절차에 의한 방법이 있다.

첫째 최소허용 가능한 성능 표준이 각 업무들에 대하여 정의된다. 일반적으로 이들 절차는 특정조건 하에서 측정된 최대잡음값과 회선 또는 무선링크의 수신종단에서의 최대 비트오류율을 정의한다. 예를 들어 방송업무의 경우에 이들 조건들은 업무지역의 종단에서 적용되고 국제전화회선의 경우에는 정의된 가상기준회선(HRC: hypothetical reference circuit)이나 가상기준 디지털경로(HRDP: hypothetical reference digital path)를 적용한다.

이 최대 감소값의 일부값이 시스템 내에서 발생하는 신호감소값, 즉 동일한 업무의 다른 네트워크로부터 야기되는 혼신에 그리고 다른 업무의 네트워크로부터 야기되는 혼신에 분배된다. 이러한 혼신을 허용가능한 혼신이라고 한다.

둘째로 대부분의 혼신이 제한된 수의 식별가능한 혼신국으로부터 야기된다는 것을 예상할 수 있을 때, 각 신호원으로부터의 혼신값을 결정하기 위해 주파수 조정이 행해진다. 이 조정에 의해 두 네트워크의 특성들에 대한 변경을 협상하고 필요하면 허용가능한 값으로 혼신을 감소시키는 조정을 하게 된다.

1.1.8.3 방사제한[1)]

(1) 고정위성업무의 국

1) 송신지구국

송신지구국의 방사제한 값과 관련하여 지구국의 안테나중심으로부터 바라본 수평선의 앙각

1) RR S21, S22

은 5° 또는 그 이하일 때를 적용한다. 이때의 최대 허용가능한 EIRP값은 수평선을 향한 모든 방향에 대한 값을 적용한다.

지구국 안테나는 수평면상 3°이하의 주 빔축의 앙각을 갖지 않도록 하여야 한다. 이와 같은 제한의 목적은 높은 혼신값이 발생하지 않도록 하여 주파수를 선택하기 위한 가능성과 인접국가의 지상국에 대한 위치를 부적합하게 제한 것을 방지하기 위한 것이다.

송신지구국에 의해 발생되는 최대 허용가능한 EIRP(δ)

주파수대역 f (GHz)	지구국 EIRP(dBW)	대역폭(kHz)	0도<δ≤5도 EIRP(δ)(dBW)
1<f<15	40	4	40+3.δ
f>15	64	1,000	64+3.δ

δ: 앙각

고정위성업무 지구국에 의해 방사된 탈축 EIRP제한값

(GSO의 앙각 3도내 전방향)

주파수대역 (GHz)	지구국탈축 EIRP(dBW)	대역폭(kHz)	φ	비고
6	32-25log(φ)	4	2.5도<φ≤7도	SCPC 외
14	39-25log(φ)	40	2.5도<φ≤7도	
	32-25log(φ)		2.0도<φ≤7도	VSAT
	52-25log(φ)		2.5도<φ≤7도	FM-TV

2) 송신우주국

송신우주국의 혼신은 수신지상국, 다른 위성네트워크의 수신지구국 그리고 양방향용으로 할당된 주파수대역에서 운용중인 수신우주국에 영향을 주게 된다.

지상국에 대한 혼신은 지표면에서 우주국에 의해 만들어지는 최대 전력속밀도의 제한치에 의해 제한된다.

지표면상에서 우주국에 의해 만들어지는 최대 허용가능한 전력속밀도

주파수 대역 (GHz)	최대 전력속밀도(앙각φ함수) (dB(W/㎡))				서비스
앙각	0<φ≤5	5<φ≤25	25<φ≤90	기준대역폭	
1.525~2.29	-154	-154+0.5(φ-5)	-144	4 kHz	TT&C
2.5~2.69	-152	-152+0.5(φ-5)	-147	4 kHz	GSO FSS MSS

주파수 대역 (GHz)	최대 전력속밀도(앙각φ함수) (dB(W/㎡))				서비스
앙각	0<φ≤5	5<φ≤25	25<φ≤90	기준대역폭	
2.52~2.67	-152				GSO BSS
3.4~4.2	-152	-152+0.5(φ-5)	-142	4 kHz	GSO FSS
4.5~4.8					
7.25~7.75					
5.15~5.216	-164	-164	-164	4 kHz	
6.7~6.825	-137	-137+0.5(φ-5)	-127	1 MHz대역	
6.825~7.075	-154	-154+0.5(φ-5)	-144	4 kHz	
	-134	-134+0.5(φ-5)	-124	1 MHz대역	
10.7~11.7	-150	-150+0.5(φ-5)	-140	4 kHz	GSO non-GSO FSS
11.7~12.5 12.2~12.7 11.7~12.2	-148	-148+0.5(φ-5)	-138	4 kHz	BSS GSO/non-GSO FSS
12.2~12.5 12.5~12.75	-148	-148+0.5(φ-5)	-138	4 kHz	GSO non-GSO FSS
15.43-15.63	-127	5도-20도 -127 20-25도 -127+0.56(φ-20)	25-29도 -113 29-31도 -136+25log(φ-20) 31도이상 -111	1 MHz대역	FL non-GSO MSS(FSS)
17.7-19.3	-115	-115+0.5(φ-5)	-105	1 MHz대역	GSO FSS
	-125	-125+0.5(φ-5)	-105		non-GSO FSS
19.3-19.7	-115	-115+0.5(φ-5)	-105	1 MHz대역	GSO FSS FL non-GSO MSS non-GSO FSS
37.5-40.5	-115	-115+0.5(φ-5)	-105	1 MHz대역	GSO FSS MSS

3) 지상국

송신지상국의 혼신값은 동일한 주파수를 사용하는 수신우주국에 영향을 미치고 최대 EIRP값의 제한값에 의해 규제된다. 그리고 정지위성궤도를 향하는 최대 방사방향의 제한값에 의해서도 규제된다. 고정업무나 이동업무국의 최대 EIRP값은 어떤 경우에 있어서도 55 dBW를 초과하여서는 안 된다.

GSO를 향하여 고정업무 또는 이동업무국의 안테나에 전달되는

최대 송신가능한 EIRP

주파수대역(GHz)	최대 송신가능 EIRP(GSO로부터 피해야 하는 각도δ함수)		안테나에 전달되는 최대전력(dBW)
1~10	+35	δ>2	+13
	+47+8(δ-0.5)	0.5<δ<1.5	
10~15	+45	>1.5	+10
22.25~27.5	+24	>1.5	+10
기타15이상	+55	무제한	+10

* 고정업무와 이동업무의 최대 EIRP값은 +55 dBW를 초과하여서는 안 된다.

1.1.8.4 효과적인 조정절차

우주무선통신업무에 대한 주파수할당의 조정, 통고 및 등록은 전파규칙 S9과 S11에 규정되어 있다. 두 개 유형의 주파수대역이 있는데 하나는 계획된 주파수대역으로 분배된 주파수대역이다. 다른 하나는 계획되지 않은 주파수대역이다.

전파규칙 첨부 S30B는 고정위성업무 주파수대역을 사용하는 위성네트워크 또는 위성시스템에 대한 것이다. 전파규칙 첨부 S30의 제4장과 첨부 1과 2는 방송위성업무와 방송위성업무 인입링크 계획 주파수를 사용하는 것에 대한 것이다. 또한, 전파규칙 Res.130과 538은 비정지궤도 고정위성업무시스템에서 사용되는 주파수에 대한 것이다.

(1) 정보의 사전공표(API: Advance publication of information)

전파규칙 S9, S11에 의하여 위성네트워크를 구축하고자 하는 주관청은 전파규칙 부록 S4 2A와 2B에 정보를 기재하여 무선통신국에 보내야 한다. 이 서류의 제출은 위성망의 운용개시일 2~5년사이에 제출하여야 한다.

전파규칙 S9.1과 S9.2의 규정은 위성네트워크 또는 위성시스템 API에 적용한다. 이 정보를 제출하기 위한 권고포맷은 APS4/V 또는 V1이다.

GSO 또는 non-GSO에 관련된 조정을 위한 주요정보내용은 GSO위성의 경우는 우주국의 궤도위치, 경사각, 주기, 원지점, 근지점, 위성의 수에 대한 것이고 공통적인 것은 주파수대역, 국의 종류와 서비스 특성, 운용개시일 등이다.

전파규칙 S9 제2장을 근거로 하여 조정이 의무가 아닌 non-GSO위성시스템에 대하여 우주국에서의 수신과 우주국으로부터의 송신에 대한 추가 특성들이 APS4/V의 양식으로 제출되어야 한다.

무선통신국은 이 정보를 주간회보를 이용하여 3개월 내에 공표한다. 만약 어느 주관청이 허용할 수 없는 혼신이 기존 또는 계획된 우주무선통신업무에 야기될 수 있다는 의견이 있으면,

정보가 회람된 4개월 내에 관련 주관청에 그에 대한 의견을 보내야 한다.

(2) 조정절차[2]

통상적으로 사전공표 6개월 후에 개별 위성네트워크 주파수할당에 대한 조정이 개시되어야 한다. 조정대상주관청은 주파수할당이 이미 조정 또는 통고절차 중에 있고 영향을 받게 될 주관청이 된다. 이 조정은 정지궤도위성과 교신하는 지구국이나 정지궤위성에 대하여 이루어진다.

만일 S9.30의 규정에 의한 정보(조정요구)가 무선통신국에서 API를 수신한 날로부터 2년 내에 무선통신국에 의해 수신되지 않으면, 사전공표는 취소된다.

이 단계에서 해결되어져야 할 사항은 일반적인 것으로 주로 등가위성링크잡음온도를 계산하는 것이다.

다른 네트워크 간에 조정이 요구되는지를 판단하는 기준은 전파규칙 부록 S8에 주어진 것을 근거로 하여 등가위성링크잡음온도 증가 임계기준 6%로 한다. 효과적인 조정을 위하여 전파규칙 S4 2A에 기재되어 있는 정보들이 관련다른 주관청에 보내져야 하고 무선통신국에 사본을 제출하여야 한다.

이 정보 제출을 위한 권고양식은 무선통신국의 양식 APS4/11에 포함되어 있다. 조정을 위해 제공되어질 정보는 사전공표단계에서 제공된 것보다 더 상세한 것이 된다. 추가되는 주요 정보는 APS4/11에 있는 트랜스폰더의 중심주파수와 대역폭이 될 할당주파수, 발사 종류, 각 발사종류별 및 각 할당주파수별 최대 전력속밀도와 전체 첨두 포락선 전력, 지구국과 우주국의 안테나 방사패턴, GSO위성의 경우에 해당되는 것으로 경도허용값, GSO의 가시호와 서비스호, 간단한 주파수변환 트랜스폰더를 사용하고 지구국과 더불어 운용하는 GSO우주국에 대하여 각링크와 관련 수신지구국의 송신이득등가위성링크잡음온도값과 전송이득 등이다.

무선통신국은 회람을 통하여 3개월 내에 이 조정요구정보를 공표하여야 하고 관련 주관청은 4개월 내에 동의여부를 관련 주관청과 무선통신국에 통보하여야 한다. 만약 그 시간 내에 동의가 이루어지지 않으면, 서신이나 회의에 의해 더 상세한 조정이 계속된다.

(3) 주파수할당 통고 및 등록(전파규칙 S11.2)

전파규칙 S11의 규정이 MIFR(Master international frequency register)에 주파수할당의 통고와 등록을 위한 우주무선통신업무에 적용된다.

이 통고는 전파규칙 S4에 규정되어 있는 것과 같이 처리된다. 무선통신국이 이 통고가 주파수분배표와 관련조정 규정과 일치한다고 인지되면 주파수할당이 MR(Master register)에 기록된다.

위성네트워크의 우주국에 할당주파수를 사용하도록 하는 통고일은 무선통신국이 관련정보

---

2) 전파규칙 제2장 S9, 부록S8/S5

를 수신한 날로부터 5년 내에 하여야 한다. 전파규칙 S11.44/S11.44B-1에 정해진 조건 하에서 2년이상 연장될 수 없다. 그 조건은 다음과 같다.

첫째 위성네트워크에 대하여 due diligence 정보가 제공된 경우

둘째 적용할 수 있는 효과적인 조정절차가 전파규칙 S9에 의해 시작되어진 경우

셋째 통고주관청이 연장이유가 다음과 같은 2개 이상의 특정한 환경에 있는 경우

- 주관청이나 사업자가 제어할 수 없는 발사의 실패와 지연
- 조정동의를 얻기 위해 필요한 위성설계를 변경함으로써 야기되는 지연, 위성설계특성에 의해 야기되는 문제, 무선통신국의 지원 하에서 효과적인 조정으로 인한 지연, 주관청이나 사업자의 제어밖의 재정적 환경 등

Due diligence 정보가 만료일 전에 수신되지 않으면 조정요구나 계획의 변경요구가 취소되며 MIFR상의 주파수할당에 대한 모든 기록이 무선통신국에 의해 삭제된다.

통고주관청이 기존 우주국 주파수 할당의 할당통고에 나타나 있는 원래의 운용주기를 연장하고자 한다면, 문제의 주기만료일 3년 전에 무선통신국에 통보한다.

1.1.9 GSO FSS네트워크 간의 비계획 주파수 공유

1.1.9.1 효과적 조정절차

위성네트워크 또는 위성시스템에 대한 주파수 분배에 관련한 조정절차를 시작하기 전에 주관청은 조정절차에 들어가기 전에 사전공표를 위한 자료를 ITU의 무선통신국에 제출하여야 한다. 그리고 조정정보도 사전공표정보처럼 무선통신국에 동시에 제출할 수 있다.

정보의 사전공표의 경우, 전파규칙 Nos.S9.3~S9.5의 규정은 조정절차가 요구되지 않는 위성네트워크 또는 위성시스템에 적용한다. 이 경우에 새로운 네트워크에 대한 데이터가 주간회보에 의해 무선통신국에서 발행될 때 만약 어느 주관청이 허용할 수 없는 혼신이 자신의 기존 또는 계획되어 있는 위성시스템 또는 위성네트워크에 영향을 준다고 판단되면, 영향을 받게 된다는 사실을 사전공표가 된 후 4개월 내에 사전공표를 한 주관청에 보낸다.

이와 관련된 양 주관청은 이러한 문제들을 해결하기 위해 협력적으로 노력하여야 한다. 양 주관청은 이러한 문제해결을 위해 필요한 관련정보를 추가로 교환하여야 한다. 양 주관청은 해당 네트워크를 상호 조정함으로써 문제를 해결할 수 있는 모든 방법들을 내 놓아야 한다.

또다른 정보의 사전공표의 경우는 전파규칙 Nos. S9.5B~S9.5D를 적용하는 것으로 조정절차가 부과된 위성네트워크 또는 위성시스템에 적용하는 경우이다.

이 경우에, 새로운 네트워크에 대한 정보가 주간회보를 통하여 무선통신국에서 공표될 때, 어느 주관청이 기존 또는 계획된 위성시스템이나 네트워크에 영향을 받는다고 판단될 경우 그러한 사실을 사전공표한 주관청에 알릴 수 있다. 이러한 통보정보는 후에 조정절차를 시작할 때 사용될 수 있다. 양 주관청은 이러한 문제를 해결하기 위해 상호 협력적으로 노력하여야

하며 조정에 필요한 관련정보들을 상호 교환하여야 한다.

주관청이 전파규칙 S11의 규정에 따라 무선통신국에 통고하기 전 또는 전파규칙 S9.7~S9.21에 기재되어 있는 주파수할당을 사용하기 전에 전파규칙 S9.7에 있는 다른 주관청과 조정을 완료하여야 한다.

주 등록처(Master Register)에 주파수할당의 통고 및 기록하는 것에 대하여, 송신국과 이와 관련된 수신국에 대한 주파수할당은 일반적으로 무선통신국에 통고되어져야 한다.

주파수할당을 통고할 때 주관청은 전파규칙 S4에 기재되어 있는 관련 특성들을 제공하여야 한다. 전파규칙 S11.17의 규정에 의하면 수 개의 국이나 지구국과 관련한 주파수할당은 전형적 국 또는 전형적 지구국 특성과 희망하는 지리적 운용지역의 형태로 통고되어 질 수 있다.

1.1.9.2 조정요구여부결정을 위한 계산

ITU-R 권고 S.737은 고정위성업무 내에서 기술적 조정방식의 관계를 나타내는 다이어그램을 보여 주고 있다. 이 권고에 의한 절차에 준수하기 위해 새로운 네트워크에 대한 정보가 주간회보에 의해 무선통신국에 의해 공표되었을 때, 다른 관련주관청은 자신의 기존 또는 계획된 네트워크에 임계값 이상의 높은 혼신을 야기하는지 여부를 판단하는 계산을 하게 된다. 만일 이 임계값이 초과되면, 새로운 네트워크를 구축하고자 하는 주관청과 이 네트워크로부터 영향을 모든 주관청들이 각각 조정을 필요로 하게 됨을 의미한다.

시스템을 특성하는 수 개의 파라미터들이 매우 크기 때문에 두 개의 위성네트워크 간 혼신 위험여부를 결정하는 데 간단한 방식을 도입하는 것이 유용하다.

이러한 정보들을 ITU에서 제공하고 있다.[3]

이러한 방식은 최소한 이들 위성경로의 한 개에서 할당된 주파수의 공통부분을 두개의 네트워크가 공유할 때 적용가능하다. 이러한 방식은 시스템의 잡음온도가 명백하게 증가함으로써 혼신의 영향의 원인이 된다는 개념을 토대로 하고 있다.

혼신신호는 열잡음으로 취급되어진다. 이 열잡음의 스펙트럼 전력밀도는 신호의 최대 스펙트럼 전력밀도와 등가가 될 것이다. 어느 시스템에 의해 야기되는 혼신방사의 결과로 나타나는 등가위성링크 잡음온도에서의 명백한 증가는 주석[3]으로 계산된다. 이것을 ΔT라고 한다. 혼신을 받는 네트워크의 등가위성링크 잡음온도도 동일한 방법으로 계산된다. 이것을 T라고 한다. 이 ΔT와 T의 비, 즉 $\Delta T/T$는 임계값 6%에 비교된다. 만약 이 $\Delta T/T$값이 6%이하이거나 동일하면 두 위성네트워크 간 조정이 필요하지 않지만 그 이상일 경우에는 조정이 필요한 것으로 보는 것이다.

이 $\Delta T/T$을 계산하기 위해서는 Y라고 하는 전송이득과 혼신을 받는 네트워크의 상향링크와 하향링크에 대한 잡음온도의 증가치를 사전에 예상하여야 한다.

이러한 값들은 다음과 같은 값들에 의해 결정된다.

---

3) 전파규칙 Appendix S.8. ITU-R S.738.

시스템의 상향 및 하향링크 각각에 대한 스펙트럼 전력밀도, 다른 네트워크 국들의 방향에서 각 네트워크의 지구국과 우주국 안테나 이득, 혼신국과 피혼신국 간의 경로손실 등이다. 이에 더하여 주관청이 두 네트워크 간의 편파격리에 대하여 다루기로 동의하면, 이것이 계산에 추가되어야 한다.

1.1.9.3 상세조정계산

앞에서 계산한 결과에 의해 조정이 필요하다고 판단되면 관련주관청은 좀 더 상세한 계산을 하기 위해 상대 네트워크에 대한 좀 더 상세한 자료가 필요하게 된다. 이 데이터들은 전파규칙 부록 S4에 기술되어 있는데, 이 정보를 기초로 하여 주관청은 관련권고[4]에 기술되어 있는 계산방법을 사용하여 각 네트워크에 야기되어질 혼신을 결정한다. 이와 같이 계산된 혼신값은 고정위성업무의 관련권고[5]들에 있는 허용가능한 값과 비교한다.

이와 같이 계산된 값이 허용가능한 값보다 크게 되면 그 다음에는 이것을 어떻게 해결할 것인지를 연구해야한다. 조정에 참여하였던 주관청들이 이와 같은 값에 동의할 때 조정이 완료되고 계획된 네트워크에 대한 전송주파수들이 통지되어져 등록될 수 있다.

사전공표자료와 조정요구에 대한 정보들은 모두 네트워크에 대한 것이고 각각의 지국이나 우주국에 대한 것은 아니다.

송신지구국의 경우에 있어서 매우 중요한 특성은 국의 위치, 안테나 방사패턴, 편파, 송신반송파 각각에 대한 전력 및 관련 최대전력밀도이다. 이에 더하여 각 반송파에 대하여, 더 상세한 특성들이 사용되는 변조형태, 즉 FDM-FM, PCM-PSK, FM-TV 등에 따라 주어진다. 수신지구국의 경우에 매우 중요한 특성은 국의 위치, 안테나방사패턴, 편파이다.

송신우주국의 경우에 있어서, 가장 중요한 특성은 궤도에 관한 정보, 안테나방사 패턴과 같은 것, 편파, 각반송파의 송신전력 및 관련 전력속밀도이다. 수신우주국의 경우에 있어서 가장 중요한 특성들은 궤도에 관한 정보, 안테나 방사패턴, 편파 및 전체 수신시스템의 잡음온도이다. 반송파대 혼신전력비(C/I)를 계산하는 절차가 ITU-R S.740에 나와 있다. 전화의 경우에는 기저대역 잡음전력으로 변환된다[6].

1.1.9.4 적용가능한 C/I 기준: 한개인입혼신기준

원하는 신호형태	혼신신호유형	허용가능한 값 (dB)	ITU-R권고
FM-TV	잡음	C/N+14	S.483
디지털	잡음	C/N+12	S.735 S.523

4) ITU-R S.740, S.741, SF.766
5) ITU-R S.466, S.483, S.523
6) ITU-R SF.766 Annex 1. TV의 경우에는 같은 권고 Annex2츨 참고한다.

원하는 신호형태	혼신신호유형	허용가능한 값 (dB)	ITU-R권고
SCPC-FM	잡음	C/N+14	
SCPC-FM	TV-FM	12.6+2log(δ)	S671
SCPC-디지털	TV-FM	C/N+7.6+3.5log(δ)	S671

1.1.9.5 조정방법

(1) 개요

위성네트워크를 조정하는 데는 몇 가지 방법들이 있다. 위성각의 이격각을 넓히는 방법, 가장 극심한 반송파 간에 중첩되는 것을 감소하거나 제거하는 방법, 지구국이나 위성안테나의 안테나 패턴을 개선하는 방법, ITU-R에 권고하는 것보다 더 높게 혼신값의 허용치를 높이는 방법등이 있다[7].

(2) 위성 간의 간격을 넓히는 방법

이 방법은 다른 네트워크의 위성의 방향에 있는 지구국안테나의 이득의 것과 동일한 비로 혼신값을 낮추는 것이다. 만약 초기이격각도가 θ1이고 최종이격각도가 θ2라하고 이와 관련한 혼신값이 11(dBW) 및 12(dBW)라고 할 때 다음과 같은 관계를 갖는다.

$$12-11=25\log(\theta 1/\theta 2)$$

이때의 지구국의 방사패턴은 ITU-R S.465에 따르는 것으로 가정한다.

이 방법은 우선 공칭 경도 주위의 허용치를 감소하는 것에 의해 이루어질 수 있다. 즉, 만일 두 개의 위성이 2°로 떨어져 있다면, 이때의 허용 감소치는 ±0.5°~±0.1°이다. 이것은 최소이격각을 1°에서 1.8°로 증가시킬 수 있는 것이다. 이것은 혼신값을 6.4 dB 낮추는 결과를 가져온다. 이 방법의 적용은 전적으로 궤도의 사용밀도에 달려 있다. 위성네트워크가 위치되는 지역이 매우 혼잡하게 되면 위성을 이동하게 될 경우 또 다른 위성에 영향을 주게 되기 때문이다.

(3) 네트워크 파라미터 조정

두 위성네트워크가 상호 표준 혼신점으로부터 조정될 때 한 개 또는 두 네트워크에 대한 수개의 파라미터들을 조정하여 상호 혼신을 허용가능한 값이 되도록 조정할 수 있다. 이 조정들은 전력밀도나 감도에 변화를 일으키는 링크 파라미터를 변경하여 이루어 질 수 있다. 전력속밀도를 제한하는 요소에는 다음과 같은 기본 요소가 있다. 상향링크 전력밀도(Pu), 위성수신기

---

7) ITU-R S.739, S.740을 참고

가 보되는 혼신전력밀도(Iu), 하향링크 전력 밀도(Pd), 지구국수신기가 보호되는 혼신전력(Id)이다. 만약 Pu/Iu, Pd/Id의 비가 감소되어 질 수 있으면 두 시스템 간의 혼신값이 감소된다.

만약 두 시스템의 조정 중에 혼신기준이 전체 주파수대역에 부합되지 않는 것이 발견되었을 때, 여러 형태의 반송파를 갖는 두 개 이상의 부대역으로 대역을 나눌 수도 있다.

(4) 반송파 간 중첩제거 또는 감소

이 방법은 매우 일반적으로 사용되고 있는 방법이다. 매우 간단하고, 효과적이고 선택적이기 때문이다. 이 방법은 포함되어 있는 반송파를 분리시키는 방법으로 이로 인하여 상호 혼신을 감소시키거나 제거시키게 된다. 일반적인 규칙으로 반송파에는 어떤 특정한 형태의 반송파 쌍만이 혼신을 일으키고 있는 것을 알 수 있다.

가장 잘 알려져 있는 것이 협대역반송파에 매우 혼신을 야기하는 FM-TV반송파이다. 이 반송파를 사용하고자 하는 주관청은 조정을 용이하게 하기 위하여 그리고 조정절차를 감소시키기 위해 이 반송파들에 대한 정보를 조정주관청 간에 교환하도록 하고 있다.

이러한 반송파들 간에는 서로 중첩되지 않도록 설계하여야 한다. 이 방법은 혼신값이 10 dB를 초과할 경우에는 반드시 사용되어져야 한다.

허용가능한 혼신값이 1~5 dB정도로 작을 경우에는 반송파 간 완전하게 중첩을 피할 필요는 없다.

(5) 지구국안테나 방사패턴의 개선

지구국안테나 방사패턴의 특성들은 직접적으로 혼신값에 영향을 미친다. 패턴을 개선하는 방법으로는 안테나 직경을 크게 하거나 일정한 직경으로 부엽을 감소하는 방법 등이 있다.

(6) 위성안테나 패턴의 개선

지구국안테나의 패턴과는 달리 위성안테나 패턴은 선형적으로 수신혼신값에 영향을 주지 않는다. 그러므로 이 방법이 어떤 특정한 경우에 도입되어 질 수 있는 반면에 일반적으로 사용되지는 않는다.

(7) 권고값 이상으로 혼신값을 허용하는 방법

고정위성업무의 아날로그와 디지털 전화의 경우에 있어서, ITU-R에서는 고정위성업무 내의 한 개의 네트워크로부터 그리고 고정위성업무 내의 다른 네트워크로부터 최대 허용가능한 혼신의 고정값을 정해 주고 있다.

전화채널 혼신잡음전력으로 FDM-FM전화의 경우에 최대 허용가능한 잡음값은 단일 채널의 경우 800 pW0p이고 복합채널의 경우에는 2,000~2,500 pW0p이다[8)].

디지털 8비트 PCM 부호화 전화의 경우에 있어서 비트오류율이 10(-6)일 경우의 단일 채널에 대한 최대 허용가능한 값은 6%이고 복합채널의 경우에는 20~25%이다[9].

이 값은 어떤 경우에 주관청 간의 협정에 의해 초과되어 질 수 있다. 즉, 주관청이 이 잡음값이 전체 잡음값과 상호 양립할 수 있다고 판단될 경우에는 복합 혼신값을 허용할 수 있다. 궤도가 매우 혼잡할 경우에는 복합 혼신값이 초과되지 않을 경우에는 한 개 이상의 단일채널에 대한 증가는 허용할 수 있다.

1.1.10 GSO FSS와 BSS 인입링크 간의 주파수 공유[10]

방송위성업무(BSS: Broadcasting satellite service)는 고정위성업무에 속한다. 이 두 위성업무 간을 공유함에 있어서 혼신이 발생할 수 있다. 지구대 우주 할당이 배타적으로 방송위성업무용의 피더링크에 의해 사용하는 것에 있어서 고정위성업무에 양방향으로 할당된 대역에 대하여 인입링크 지구국 혼신이 고정위성업무 수신지구국에 발생할 수 있다. 이때 방송위성업무의 인입링크 주파수 대역은 예를 들어 17.7~18.1 GHz와 18.1~18.4 GHz가 된다. 또한, 고정위성업무 우주국 혼신이 방송위성업무 수신 우주국에 또는 그 반대의 경우에 혼신이 발생할 수 있다.

방송위성업무의 인입링크 주파수 대역이 14~14.5 GHz와 24.75~25.25 GHz의 인입링크에 대하여 사용할 수 있는 고정위성업무 지구대 우주에 할당된 대역에 대하여 도 인입링크 지구국으로부터 고정위성업무 수신 우주국과 고정위성업무 상향링크로부터 방송위성업무 인입링크 수신기에 혼신을 일으킬 수 있다.

방송위성업무 인입링크 지구국으로부터 고정위성업무 수신지구국에 대한 경우에 있어서 즉 고정위성업무의 우주로부터 지구국으로 방송위성업무 인입링크의 경우에는 지구로부터 우주에 대한 경우는 다음과 같다. 방송위성업무 인입링크와 고정위성업무 수신지구국 간 공유를 위해 절차와 기준이 필요하다[11]. 다음과 두개의 혼신작용에 대한 것이 고려될 필요가 있다.

첫째는 대형 원형 대류권 혼신 수평경로에 따른 결합이고 둘째는 유속으로부터의 산란에 의한 결합이다.

고정위성업무 우주국으로부터 방송위성업무 인입링크 수신 우주국에 대한 경우, 즉 고정위성업무의 우주대 지구링크와 방송위성업무 인입링크의 지구대우주 링크에 대한 것은 다음과 같다.

이 경우에도 고정위성업무와 방송위성업무 우주국과 그 반대에 대한 절차와 기준이 요구된다. 예를 들어 17.7~18.1 GHz의 경우에 있어서 우주국이 3° 이하로 떨어져 있거나 150° 이상일때 조정이 요구된다. 또한 $\Delta T/T$가 4%증가할 때, 조정이 요구된다. 그러나 150°를 초과하는 경우에는 지구의 적도 가장자리를 향한 pdf값이 지표면상에서 -137 dB(W/㎡/24 MHz)를 초과

8) ITU-R S.466 참고
9) ITU-R S.523 참고
10) 전파규칙 부록 S30A BSS와 BSS 피더링크 계획, S30B FSS 계획 참고
11) ITU-R SF.1005, 전파규칙 부록 S7, ITU-R IS848과 IS850

하는 경우에만 요구된다[12].

방송위성업무 인입링크로부터 고정위성업무 우주국에 대한 경우로서 고정위성업무의 링크는 지구로부터 우주에 대한 경우이고 방송위성업무 인입링크는 지구로부터 우주에 대한 경우이다[13].

이 경우는 고정위성업무 상향링크 내에 있는 주파수 대역이 14~14.5 GHz가 방송위성업무의 인입링크로 사용될 수 있다. 이러한 경우에는 고정위성업무 내의 네트워크와 조정이 요구된다. 이와 같은 인입링크의 사용은 유럽 외의 국가를 위하여 유보된다. 이 대역의 사용은 두 업무 간에 잠재적 혼신을 일으킬 수 있는데, 이는 방송위성업무 궤도할당이 1, 2, 3지역 방송위성업무계획에 따라 고정되어 있고 고정위성업무에서 이 대역의 사용이 급속히 증가하고 있기 때문이다. 일반적으로 이를 방지하기 위해서는 큰 위성의 이격이 필요하게 된다.

1.1.11 GSO FSS 네트워크와 다른 우주업무 간의 주파수 공유

1.1.11.1 GSO FSS와 GSO BSS 계획 간의 주파수 공유[14]

(1) 계획된 대역 내 방송위성업무 간 주파수 공유

BSS 주파수 계획은 지역별로, 링크별로 정의되어 있다. 하향링크의 경우 1지역은 11.7~12.5 GHz, 2지역은 12.2~12.7 GHz, 3지역은 11.7~12.2 GHz이다. 인입링크의 경우는 1지역과 유럽 외 3지역에 14.5~14.8 GHz, 1지역과 3지역에 17.3~18.1 GHz, 2지역에 17.3~17.8 GHz가 할당되어 있다. 이 할당내역에는 다음과 같은 사항들이 들어 있다.

궤도위치, 주로 사용되는 원형편파, 한 개 이상의 빔, 송신전력, 송신과 수신 안테나패턴, 시험점, 그리고 참고상태라 부르는 기본적 기준 등이다.

고정위성업무 상향링크(방송위성업무 인입링크)와 다른 업무 간 공유기준

지역	주파수대역(GHz)	보호업무	적용기준
1 및 유럽 외 3지역	14.5~14.8	고정업무	전파규칙 S8
모든 지역	17.7~17.8	고정업무	전파규칙 S7
1지역과 3지역	17.8~18.1	고정업무	전파규칙 S8
		고정위성업무 하향링크	전파규칙 S7
2지역	17.3~17.8	1지역과 3지역 FSS상향링크	전파규칙S30A ΔT/T 3%
1지역과 3지역	17.3~17.8	2지역 FSS상향링크	S30A 부록1

12) 전파규칙 S40A의 부록4 참조
13) ITU-R S.1063, 전파규칙 S5.506참조
14) 전파규칙 S30, BSS 하향링크 계획과 S30A BSS FL 계획 참조

방송위성업무 하향링크와 다른 업무 간 공유기준

지역과 BSS	주파수대역(㎓)	보호업무	적용기준 (전파규칙 S30 부록1)pfd
1, 3지역 BSS계획(S30)	11.7~12.2	2지역 내FSS↓	pdf증가≤0.25 dBW ≤-138 dB/㎡/27 MHz
		2지역 FS (12.1-12.2제외)	원형편파-125 dBW/㎡/4 kHz 선형편파-128 dBW/㎡/4 kHz
		1 3지역지상업무	pdf증가≤0.25 dB
1지역 BSS계획(S30)	12.2~12.5	2지역 BSS계획	-147 dBW/㎡/27 MHz(θ<0.44) -138+25logθdBW/㎡/27 MHz (0.44≤θ≤19.1) -106 dBW/㎡/27 MHz (θ≥19.1) pdf증가≤0.25 dBW ≤-160 dB/㎡/4 kHz
2지역 BSS계획(S30)	12.5~12.7	1지역 BSS계획 3지역 FSS↓	3절 경우2s 6절 경우2s
		2지상업무 3지상업무	4절 경우1t 8a/8b 경우 2t
	12.7~12.75	3지역 BSS 1 3지역 FSS↓ 1 2지역FSS↑	3절 경우2s 6절 경우 2s 7절 ΔT/T 4%

1.2 위성인터넷멀티미디어서비스

1.2.1 서언

21세기 정보화시대를 맞이하여 급증하는 인터넷시장을 주도하고자 선진국의 위성사업자들은 1990년대 중반부터 활발하게 움직여왔다. 특히, 전세계적으로 위성인터넷 및 멀티미디어 통신을 목표로 하는 디지털위성통신망이 정보인프라 구축에 중요한 역할을 하게 되어감에 따라 고정위성서비스시스템에도 위성인터넷 서비스, 디지털 위성통신서비스 등 디지털 위성통신서비스 시스템이 증대되어 가고 있는 추세에 있다.

위성인터넷서비스의 경우 미국, 유럽, 일본 등에서는 위성인터넷 서비스 가입자 수가 전체

인터넷 가입자 수의 13%에 달하고 있음을 볼 때 우리나라의 경우에도 현재 인터넷 인구가 1,000만 명에 달하고 있으므로, 상당한 위성인터넷 가입자의 증가가 예상된다. 한편, GMPCS에 의한 신글로벌정보기반(GII)의 확대와 더불어 고정위성 시스템도 GII의 입부구조로 큰 역할을 담당하게 되어 가고 있는 실정이다.

1.2.2 초고속 위성인터넷서비스와 비정지위성시스템

정지궤도 위성망을 이용한 상업용 위성사업에서 비정지 위성시스템을 이용한 멀티미디어사업계획이 1995년 세계전파통신회의에서 미국을 주도로 본격적으로 시작되었다. 미국의 빌게이츠가 Internet-in-the-Sky를 목표로 텔레데식(Teledesic)이라는 시스템을 구축하고자 WRC-95에서 20/30 GHz 하/상향링크를 위하여 400 MHz대역을 분배받았다. 1997년 WRC회의에서는 100 MHz를 추가로 분배받음으로써 광대역서비스를 위한 기반을 마련하였다. 또한, WRC-97에서 프랑스는 정지 위성업무 및 지상업무에서 이미 많이 이용되고 있는 특정 Ku 및 Ka대역에서 주파수를 공유하여 스카이브릿지(SkyBridge)와 같은 새로운 비정지 위성시스템을 구축, 멀티미디어 인터넷사업을 하기 위한 주파수를 배정받았다. 텔레데식 시스템이 고유의 주파수 대역을 분배받은 데 반하여, 스카이브릿지 시스템은 기존의 업무와 주파수를 공유하기로 결정하였다.

WRC-97에서는 비정지 위성시스템을 이용한 고정위성업무 도입에 따른 주파수 공유연구를 위하여 결의 130, 131 및 538이 채택되었고 전담 연구반 Joint Task Group 4-9-11(JTG4-9-11)이 만들어졌다. JTG4-9-11은 5차례에 걸친 회의를 하였으며, 각국의 기고문이 수백 건에 달하여 ITU-R회의사상 가장 많은 기고문과 회의결과문서를 만들어내는 기록을 세웠다. 결의 130은 비정지 위성시스템과 정지 위성망과의 공유를 위한 연구를 목적으로 하며 WP4A에서도 연구되었다. 결의 131은 비정지 위성시스템과 지상시스템과의 공유에 관한 연구로 WP4-9S에서 중점적

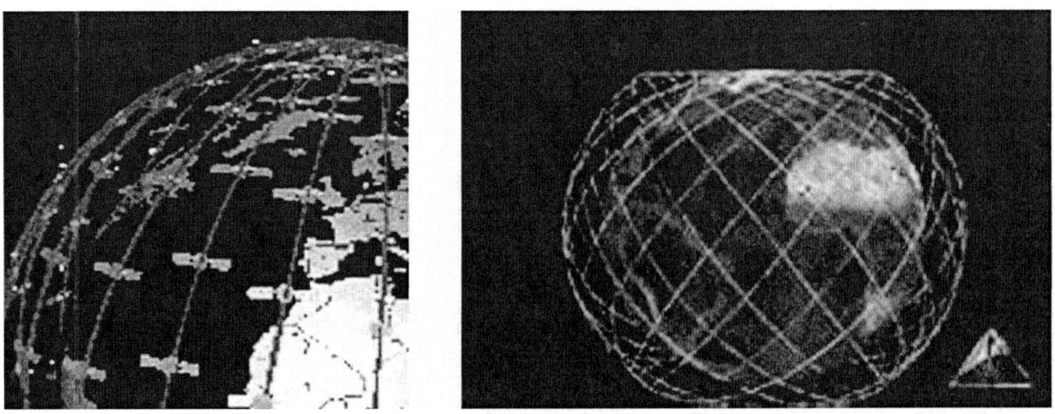

그림 1-1 Internet-in-the-Sky network와 SkyBridge Constellation

으로 연구되었다. 끝으로 결의 538은 비정지 위성시스템과 정지위성방송망과의 공유로 JWP10-11S (2000년 전파통신총회(Radiocommunication Assembly)에서 SG10과 SG11을 통합하여 SG6으로 부르기로 함에 따라 이제는 WP6S가 됨)에서도 연구되었다.

WRC-97이후에 위와 같이 ITU-R 관련 study groups의 작업반을 중심으로 이루어진 많은 기술적인 분석결과는 기존의/계획중인 정지위성업무 및 지상업무에 영향을 주지 않고 서비스를 할 수 있는 비정지 위성시스템의 전력 제한치를 WRC-2000에서 확정할 수 있는 기반을 마련하였다. 2008년 5월 8일부터 6월 2일까지 4주 동안 터키 이스탄불에서 열린 WRC-97에서 치열한 논란 끝에 특정 Ku-대역 및 Ka-대역에서의 기존망과 비정지 위성시스템과의 주파수공유를 결정하였다. 그에 대한 후속조치로서, 공유주파수대역에서 기존의 또는 계획 중인 업무에 유해한 간섭을 주지 않으면서 비정지 위성시스템의 사업을 가능하게 하는 비정지궤도 위성시스템의 전력 제한치를 확정하였다. 이에 따라, 이러한 주파수 대역에서 비정지 위성시스템을 이용하려는 위성사업자들은 관련 국가와 위성망조정회의 과정을 거치지 않고도 사업을 할 수 있는 길이 열리게 된 것이다.

1.2.2.1 WRC-2000

WRC-2000회의에서는 비정지 위성시스템을 이용한 멀티미디어서비스와 관련하여 다음 사항들을 논의하였다.

위성의 출력은 주변의 통신 및 방송시스템에 미치는 간섭의 원인이 될 수 있을 뿐만 아니라 직접적으로 기업의 이윤과 연결되어 그동안 정지/비정지 위성사업자들 간에 뜨거운 논란이 계속되었다. WRC-97이후 약 2년반에 걸친 ITU-R study groups의 연구결과를 토대로 1999년 11월의 WRC준비회의(CPM; Conference Preparatory Meeting)에서 비정지 위성시스템의 전력 제한치에 대하여 가까스로 합의 분위기가 조성되었다. WRC-2000회의 2주째를 마감하면서 드디어 비정지 위성시스템의 전력 제한치가 working group에서 승인되어 총회에 상정되었다.

지상업무를 보호하기 위하여 전파규칙 S21에 비정지 위성시스템의 전력 제한치를 규정하였다. 정지위성을 이용한 고정통신업무(GSO-FSS) 및 방송위성업무(GSO-BSS)를 보호하기 위한 비정지 위성시스템의 전력에 대한 규정은 전파규칙 S22에 포함되었다. 특이사항은 비정지 위성시스템과 관련하여 4가지 종류의 전력 제한치가 있다는 것이다. 그것은 validation limits, operational limits, additional operational limits 및 aggregate limits(결의76(WRC-2000)의 표 참조)이다. validation limits는 비정지 위성시스템을 ITU에 등록하는데 있어서 ITU BR(전파국)에서 비정지 위성시스템의 간섭유무를 확인하는데 이용되는 값이다. operational limits는 실제 비정지 위성시스템이 운용될 때, 정지위성시스템이 간섭을 주지 않기 위하여 지켜야 하는 값이다. additional operational limits는 몇몇 특정의 sensitive 정지 위성망을 보호하기 위하여 결정된 값들이다. aggregate limits는 비정지 위성시스템이 여러 개 도입될 때, 총체적으로 주는 간섭을 제어하기 위한 수단으로 도입된 값이다.

1.2.3 위성멀티미디어서비스 요소기술

1.2.3.1 DVB/MPEG-2 전송방식

DVB(Digital Video Broadcasting)/MPEG(Moving Picture Expert Group)-2 전송방식은 위성방송신호와 각종 영상신호를 전송하는 데 사용된다.

DVB는 디지털 TV신호를 전송하기 위해 전세계의 방송업체, 제조업체, 통신사업자와 관련 법제위원회가 참여한 전세계적인 기구이다. 이 기구에서 결정한 방식은 유럽, 미국, 아프리카, 아시아 및 호주 등 세계적으로 널리 적용되고 있다. 디지털 멀티미디어 정보의 크기는 상당히 큰 반면 일반적으로 사용될 수 있는 통신망의 속도는 제한되어 있기 때문에 멀티미디어통신을 위해서는 정보의 압축기술이 매우 중요하다. DVB에서는 이미 디지털 멀티미디어 정보를 압축하는 데 우수성이 입증된 MPEG-2방식을 선택하였다.

MPEG는 1990년대부터 통신 방송 저장미디어 컴퓨터분야에서 공통으로 사용하기 위한 디지털 동영상부호와 음향부호화 그리고 다중화 및 역다중화하는 방식에 관한 국제표준화기구에서 제정한 방식으로 멀티미디어의 실현에 핵심을 이루는 효율적인 압축기술이다.

MPEG는 -1, -2, -4, -7버전이 있으며 MPEG-1은 CD-ROM 한 장 분량의 전송속도에 적합한 압축방식으로서 이를 기반으로 비디오 노래방, 전자게임기 등이 개발되었다. MPEG-1 Layer Ⅱ 는 위성멀티미디어 시스템의 기본 Audio 시스템을 지원하는 데 이용되며 현재 무궁화위성의 방송채널을 이용한 DBS시스템에서 이용하고 있으며 최대 Stereo까지 조합할 수 있는 오디오 압축방식이며, Audio 전문 채널용으로 5.1 채널 MPEG-2 방식을 별도로 지원이 가능하도록 설계되었다.

MPEG-2는 방송용 압축방식으로 주로 동영상 압축에 초점을 맞추고 있고 고선명 TV를 전송하기 위해 제정된 MPEG-3은 MPEG-2에 흡수되었고, MPEG-4는 동영상의 객체지향부호와 방식으로 멀티미디어 이동통신을 겨냥하여 준비되고 있는 미래의 부호화방식이고 MPEG-7은 멀티미디어 정보를 검색하기 위한 표준으로 현재 준비단계에 있다.

1.2.3.2 위성방송과의 호환

위성멀티미디어서비스는 하나의 단말기로 동시에 위성방송도 시청할 수 있다는 것이 커다란 장점 중 하나이다. 이는 위성방송과 동일한 전송방식인 DVB/MPEG-2방식을 사용하여 기술적으로 큰 문제없이 가능하다. 위성단말기에 수신되는 주파수대역 폭을 위성방송에 맞는 1.2 GHz 광대역으로 넓혀서 위성멀티미디어서비스 단말기로 위성방송을 동시에 수신할 수 있는 것이다.

무궁화위성에서는 멀티미디어서비스의 비디오용으로 MPEG-2MP@ML(Main Profile at Main Level)방식을 채택하였는데, 2~15 Mbps의 Stream을 4:3 혹은 16:9의 화면비로 최대

720×480 해상도까지 지원 가능토록 되어 있으며 이는 위성방송과의 호환을 고려한 것이었다.

1.2.3.3 제한 수신기능

제한 수신기능이란 사용자를 자격에 따라 제한하여 수신하는 기능을 의미한다. DVB/MPEG-2에서 암호화하는 과정을 스크램블링 한다고 하는데 위성 단말기의 수신카드는 스크램블이 걸린 멀티미디어 정보를 디스크램블링 하는 기능을 수행한다. 스크램블과정 이외의 스마트카드를 이용하여 제한된 수신자만이 프로그램을 시청하고 이용한 만큼 서비스이용료를 지불하는 기능을 제한 수신기능이라고 한다.

1.2.3.4 고속인터넷 구현(RFC 1323)

RFC는 Internet Requests For Comments의 약자로 인터넷을 제공하기 위해 요구되는 프로토콜과 정책들을 정의한 국제적인 권고 안이다. RFC1323항목에는 고속인터넷을 구현하기 위한 통신망의 확장 방안에 대해 설명되어 있다.

(1) TCP윈도우의 크기 확장

TCP/IP 통신에서는 윈도우크기를 기본단위로 정보를 전송한다. 이 정보가 수신측에 안전하게 도달하면 수신측에서는 ACK신호를 보낸다. 기존 인터넷 TCP의 윈도우크기는 215바이트였지만 위성멀티미디어서비스와 같은 고속인터넷을 구현하게 되면 작은 TCP윈도우 크기를 가진 시스템은 너무 자주 ACK신호를 주고받기 때문에 오히려 전송효율이 낮아진다. 이를 해결하기 위해 위성멀티미디어서비스에서는 TCP윈도우 크기를 230바이트로 확장시켜 커졌다. 무궁화위성에서도 이 방식을 채택하였는데 그림 1-2에서 보인 바와 같이 최대 전송속도 3 Mbps를 만족시키기 위한 가입자당 TCP Window Size는 3 Mbits/sec×0.56 sec=1.68 Mbits=210 KBytes로 산

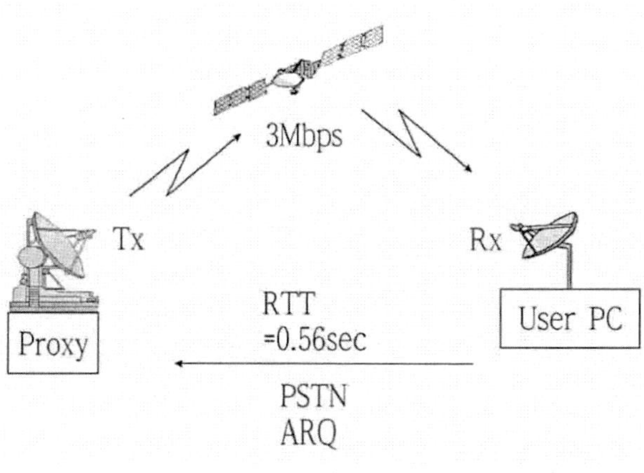

그림 1-2 **위성 PPP 개념도**

정할 수 있는데 여기서 RTT(Round Trip Time)는 NASA ACTS 정지궤도 위성링크에 쓰이는 560 ms를 적용하였으며 FC2018(TCP Selective Acknowledgment Options)을 TCP를 사용할 때 PSTN을 통한 과다한 Acknowledgment Packets에 의한 Bottleneck 현상을 해결토록 하였다.

(2) spoofing기법

ACK신호를 받는 경로 지연시간이 긴 경우에는 ACK신호를 확인한 후에 다음 순서의 인터넷 정보를 보내게 되면 전체적으로 사용자가 기다리는 시간이 길어진다. 이러한 불편함을 피하기 위하여 중심지구국과 같은 인터넷 전송구간 중간에 ACK신호를 받지 않아도 마치 신호를 받은 것처럼 인지토록 하여 사용자의 대기시간을 줄이고 계속적으로 인터넷 정보를 송신할 수 있게 하여 전송효율을 높이는 기법이다.

(3) 오류제어방식

일반적으로 통신에서는 정보가 전송되는 중에 여러 가지 원인에 의해서 정보를 잃거나 찌그러짐을 막기 위한 대책을 세우고 있다. 위성멀티미디어서비스에서는 TCP윈도우 크기를 확장하였기 때문에 강력한 오류제어 방법이 선택되었다. 한 번의 TCP윈도우로 전송되는 단위를 세그먼트라고 하는데, 오류가 생긴 세그먼트만을 골라서 데이터를 재전송하는 방법을 선택적으로 ACK신호를 전송하는 SACK(Seletive ACK)라고 한다. 또한, 최초의 전송이 이루어질 때에 전송구간의 네트워크트래픽 상태를 알 수 없기 때문에 초기에는 세그먼트의 크기를 작게 하였다가 전송성능이 양호해지면 점차적으로 세그먼트 크기를 늘려 전송효율을 늘리는 슬로우 스타트 방식을 이용한다.

(4) 최대세그먼트 수명

TCP는 재전송시간한계 이내에 ACK신호를 받지 못한다면 세그먼트를 자동으로 재전송하여 신뢰성 있는 정보전송을 보장하며 위성멀티미디어서비스의 최대 세그먼트수명은 120초이다.

1.2.4 위성멀티미디어시스템

위성멀티미디어서비스 시스템은 일반위성통신용 중앙집중제어식 VSAT시스템과 매우 유사한 형태로서 지상의 인터넷망 등과 접속되는 중심지구국, 위성중계기 그리고 이용자의 단말지구국으로 구성되는데, 단말지구국을 기준으로 하여 볼 때 상향링크와 하향링크 모두를 위성회선을 사용하는 양방향 위성회선방식과 하향링크만을 위성회선으로 구성하는 단방향 위성회선방식이 있다.

현재로서는 두 방식 모두 장단점을 가지고 있어 통신회선을 구성하는 환경에 따라 선택적으로 사용되어져야 할 것인데, 고속을 요구하는 대화형 멀티미디어서비스 이용을 주로 하고자

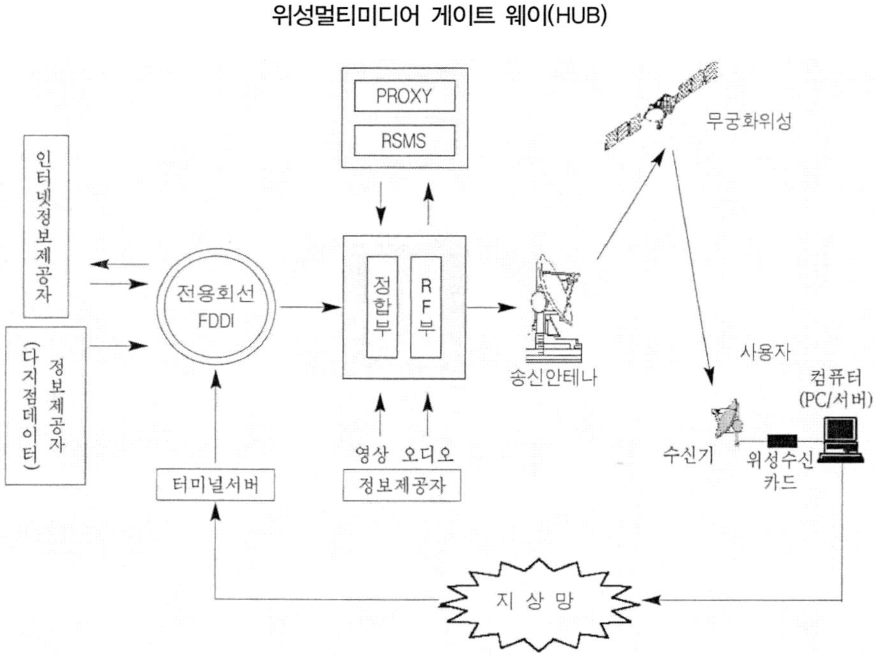

그림 1-3 **위성멀티미디어 시스템 전체구성도**

하거나 지상망의 구성이 되어 있지 않은 공사현장이나 오지 등에서 사용하고자 할 경우에는 회선구성 비용이 상대적으로 높은 단점이 있지만 양방향회선구성방식이 선택될 것이고, 비대칭형으로 상향회선이 지속으로 구성되는 경우 그리고 위성전파의 전파지연시간이 문제가 되는 경우에는 단방향 위성회선구성방식을 선택할 것이다.

양방향 위성회선구성방식의 경우 단방향 위성회선구성방식에 비해 송신부 RF부의 비용이 추가 부담이 되지만 현재 RF부의 가격이 낮아지는 추세에 있고 단방향 위성회선방식의 경우 장기적으로 지상망 사용료 부담 및 지상망 트래픽 폭주시 이로 인한 통신의 절단이나 접속지연 등을 고려해 볼 때 결코 단방향 위성회선방식이 유리하다고 볼 수 없을 것이다.

여기에서는 현재 무궁화위성을 통하여 제공중인 Ku대역 주파수를 사용하는 단방향 위성회선방식의 시스템에 대하여 설명하고자 한다.

1.2.4.1 개요

본 위성멀티미디어 시스템은 9 m급의 안테나를 갖고 지상의 인터넷망 등과 접속되는 중심지구국과 75 cm의 소형 안테나를 갖는 단말지구국으로 구성되어 있다. 이 시스템은 PSTN(Public Switched Telephone Network)을 이용한 인터넷 사용자들의 최대 불만 사항이었던 저속의 전송속도 문제를 해결하는 128~384 Kbps까지의 고속 위성인터넷 서비스를 제공하며 전국의 특징 다수지역에 동시에 2~15 Mbps의 전송속도로 Data, Audio 및 Video의 멀티미디어를 방송형태로 전송할 수 있다. 또한, 기존의 DBS(Direct Broadcasting via Satellite)와도 호환되면서 차세대 통신서비스인 ISDB(Integrated Service Digital Broadcasting)의 기반기술도 포함하고 있다.

1.2.4.2 시스템의 전체 구성도

그림 1-3은 위성멀티미디어 시스템 전체 구성도이다. 중심지구국인 HUB는 서울 위성지구국내에 설치되어 있고 혜화전화국 내의 KORNET 간의 지상망 접속은 45 Mbps급의 고속 전송로로 구성되어 있다. 중심지구국과 단말지구국을 접속하는 상향링크회선은 무궁화 위성을 통하여 구성되는 단방향위성회선방식이다.

1.2.4.3 중심지구국(HUB) 구성

그림 1-4는 중심지구국인 HUB의 구성도이다. 그림에서 m:n으로 표시한 숫자는 예비 절체용장치를 나타내는 것이다. MAC은 중심지구국 장비 전체에 대한 감시 및 제어기능의 수행장치이다. 각 Encoder들에 의해 각각의 데이터신호를 MPEG-2 TS(Moving Picture Expert Group-2 Transport Stream)로 변환한다. 이와 같이 변환된 데이터 Stream들을 Multiplexer와 Scrambler를 거쳐 단일 MPEG-2 TS로 포맷한다. 이렇게 포맷된 신호를 IF/RF(Intermediate Frequency/Radio Frequency) 단을 거쳐 안테나를 통해 위성으로 송신하게 된다.

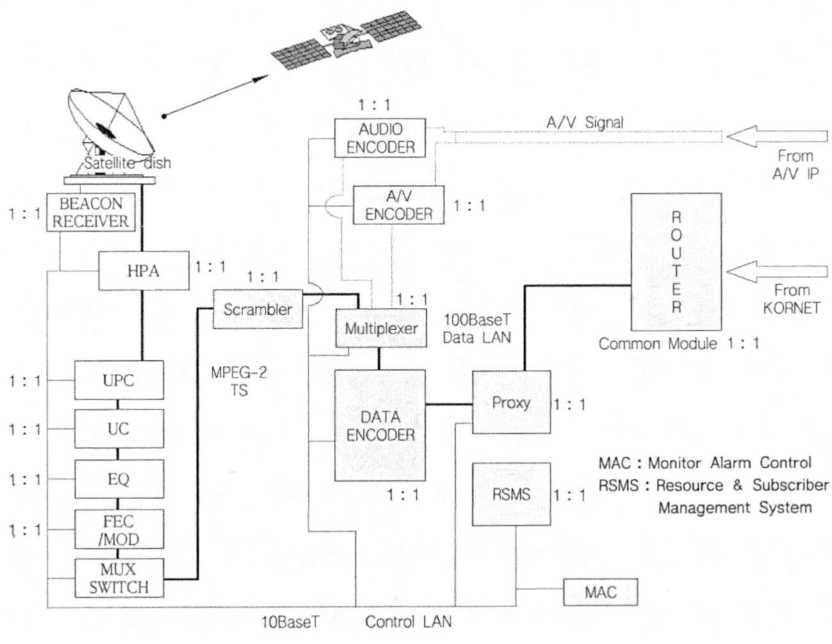

그림 1-4 위성멀티미디어 게이트웨이(HUB) 구성도

(1) RSMS(Resource & Subscriber Management System)

RSMS Server는 기본적으로 RMS(Resource Management System)와 SMS(Subscriber Management System)의 두 부분으로 나누어진다. RMS는 네트워크 자원관리 및 시스템 자원관리에 관여하며, SMS는 가입자 관리에 대한 부분으로 가입자 프로파일, 즉 접근권한과 서비스의 가입 및 해지 등에 관한 자료를 보관 처리한다. 특히, SMS 부분은 초기에 50,000명의 가입자를 대상으로 설계하였는데, 추가 용량이 요구될 시 50,000명 단위로 증설 가능하다. 또한, RSMS 내에 CAS(Conditional Access System)를 제어 및 처리할 수 있는 기능을 가지고 있어 모든 가입자에 대한 접근권한을 중앙에서 제어할 수 있다. 본 시스템에서 적용시킨 CAS는 DVB(Digital Video Broadcasting)권고를 준용하는데, 전송스트림(TS) 내에 EMM(Entitlement Management Message)과 ECM(Entitlement Control Message)을 삽입시켜 전송함으로써 가입자의 인증 자체를 제어하는 Simul-Crypt와 각 서비스 채널별로 Scrambling할 수 있는 Common-Scrambling을 동시에 적용시켜 높은 보안성을 갖도록 하고 있다.

RSMS Server는 Proxy Server나 기타 Encoder, Multiplexer 등과 같은 시스템보다 실시간 정보처리에 대한 성능은 다소 미흡할 수 있겠지만 방대한 데이터의 처리와 신뢰도 측면에서는 HUB 내의 어떤 시스템보다도 우수하여야 하므로 1:1 예비절체용의 HA(High Availability) 구조에 기초한 Hot/Stand-by 방식으로 Enterprise급 서버를 전송접속 모듈과 주 처리 모듈로 이원화하여 동작하도록 설계되어 있다.

(2) Proxy

Proxy Server는 최대 3,000 ops(Operation per Second) 이상의 처리능력을 가진 Enterprise급으로 구성되어 있다. 중계기 1기당 15,000명 가입자를 기준치로 하여 최번시 최대 3,000명의 동시 사용자 프로세스 처리가 가능하다. 또한, 주 메모리와 보조 메모리의 용량을 각각 SWAP Area를 제외한 1 GB RAM 및 80 GB RAID-5 Type 공유 Disk로 구성하여 시스템의 실시간 동작과 데이터 패치 작업에 무리가 없도록 구성되어 있다. 시스템의 신뢰도를 극대화하기 위해 동일한 성능을 지닌 Enterprise급 서버를 HA 구조에 기초한 Hot/Stand-by 방식으로 운영할 수 있게 되어 있다.

또, OS는 안정성과 범용성을 동시에 고려한 UNIX를 적용하고 있다. 최적의 운영 및 서비스 조건을 만족하도록 하기 위해 시스템 모니터링, 유지 및 보수에 필요한 도구들과 SNMP(Simple Network Management Protocol)를 가지고 있다.

1.2.4.4 단말지구국의 구성

그림 1-5는 단말지구국에 대한 구성도이다. 하향링크회선은 위성으로부터 송신된 12 GHz대의 위성통신 방송신호를 지름 75 cm크기의 안테나를 통해 저잡음 증폭단에서 수신하여 무궁화위성으로부터 송신된 위성통신방송신호의 전대역을 수신할 수 있도록 950~2,150 MHz의 광

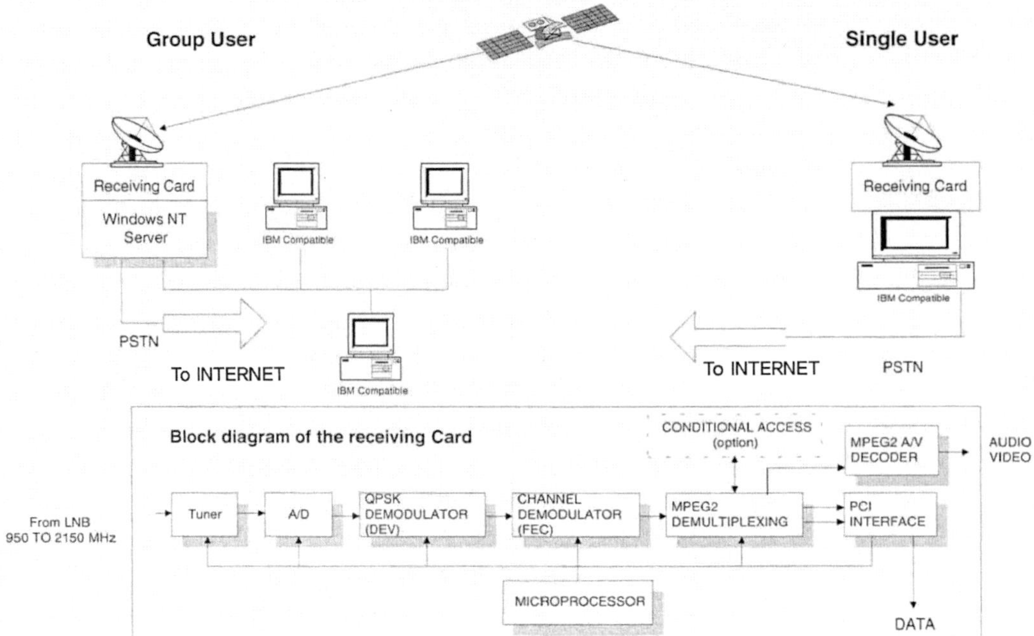

그림 1-5 **위성멀티미디어 단말지구국 구성도**

대역 중간주파수로 변환한 다음 위상복조, 채널복호화, MPEG-2 디멀티플렉싱 및 MPEG-2 A/V 디코더를 거쳐 PCI Interface Type의 PC Card 형태로 PC에 접속된다. 따라서 위성방송을 수신할 경우에는 기존의 Settop Box를 사용하지 않아 경제적으로 구성될 수 있다. 다만 하나의 PC Card를 사용하여 위성통신과 방송을 동시에 수신할 수 없는 단점이 있다. 상향링크는 전화망이나 전용회선을 통하여 지상의 인터넷에 접속된다.

1.2.4.5 트랜스폰더 1기당 전송속도 계산

샤논의 정리로부터 M-ary 방식 변조시스템의 이론적 채널용량은 $(LOG_2M)/(1+a)$ bps/Hz로 주어진다. 여기서 QPSK 방식 이용시 M=4이고, Root raised cosine filter의 roll-off factor, a=0.35를 본 시스템에서는 이용하므로 $(LOG_24)/(1+0.35)=1.481$ bps/Hz의 스펙트럼 효율을 가지게 된다. 통신용 트랜스폰더 1기에 해당하는 36 MHz 대역폭 이용시 총 전송속도는 $1.481\times36=53.316$ Mbps(대역폭 효율을 100%로 두었을 때)가 된다. 참고로 현재 DBS에서는 106% 효율을 이용하는데 이 경우는 $1.481\times27\times1.06$을 하면 총 전송속도가 된다. 이 효율은 보통 트랜스폰더 간 주파수 간격이 클 경우(예:DBS)는 100% 이상을 적용하고, 무궁화위성의 FSS(Fixed Satellite Service)같이 중계기 간 주파수 간격이 작을 경우는 100%미만을 적용하거나 특성이 매우 우수한 채널 필터를 이용하는 것이 안전하다. 다만, 이론적 단순화를 위해 100%로 두어 53.316 Mbps로 적용시키고, FEC(Forward Error Correction) Code의 영향을 고려하면, 현재 무궁화위성을 이용한 다수의 통신/방송용 서비스에서 188/204 Shortened Reed Solomon Code를 이용하므로, 53.316×188/204=49.134 Mbps가 된다. 또한, 위성멀티미디어 서비스 시스템에서는 1/2~7/8까지의 Convolutional Code(=Cb)중 평상시 2/3(우천시 1/2)를 적용시키므로, Cb=2/3이면 총 실효전송속도=47.783×2/3=32.756 Mbps가 트랜스폰더 1기의 유효전송속도가 된다. 다만, 위에서도 언급했지만 이 값은 이론적 단순화를 위한 값이므로 실제 운용시 다소 다르게 운용할 수도 있다.

1.2.4.6 전송속도에 따른 최대 가입자 수

위성멀티미디어 시스템에서 평상시 사용하는 트랜스폰더 1기 전체를 128 Kbps 급 고속 Internet 가입자 수용에 이용할 경우 최대

$$\frac{32,756 \times 10 \times 10}{128} = 25,590\text{명}$$

을 수용할 수 있다.

여기서, 첫 번째 10을 곱한 이유는 위성인터넷 전체가입자의 10%만이 동시에 접속함을 가정한 것이다. 두 번째 10을 곱한 이유는 동시에 접속한 가입자 중 10% 만이 동시에 위성을 통한 데이터 다운로드를 받고 있다고 가정한 이유에서 기인한다.

위에서 보인 수용가능 인원은 고속인터넷에만 한정하여 생각한 것인데, 실제 운용에서는 고속인터넷에 트랜스폰더 전체용량의 1/2만 할당할 예정이므로 고속인터넷 가입자의 수는 반밖에 되지 않을 것이다. 그러나 트랜스폰더의 나머지 용량을 기타 분배형 서비스에 할당함으로 인해서 결과적으로 트랜스폰더 1기당 수용 가능한 가입자 수는 가입자 관리장치의 성능 향상을 전제로 할 경우 위의 계산결과보다 더 증가할 수 있음을 알 수 있다.

1.2.5 위성멀티미디어서비스

1.2.5.1 개요

사람과 사람 사이의 의사소통을 위한 매개체로서, 인간의 감각기관으로 감지할 수 있는 정보를 제공할 수 있는 표현 수단은 문자, 음성, 그래픽, 사진, 애니메이션, 영상 등 뿐만 아니라 최근에 와서는 청각, 시각에 의한 것 외에도 후각 정보도 전달 정보로 대두되고 있고 3차원의 영상전송에 의하여 공간 정보 전송에 관한 기술도 실감통신을 위해 빠른 속도로 발전해 가고 있다. 이러한 속도로 발전해 간다면 조만간에 촉각정보도 전달할 수 있을 것으로 보이며 이와 같은 것은 인간들이 통신매체를 통하여 마치 통신상대방이 하나의 공간 안에서 대화하는 것과 같은 실감통신을 원하기 때문일 것이고 이러한 희망은 컴퓨터와 통신기술의 급속한 발전에 의

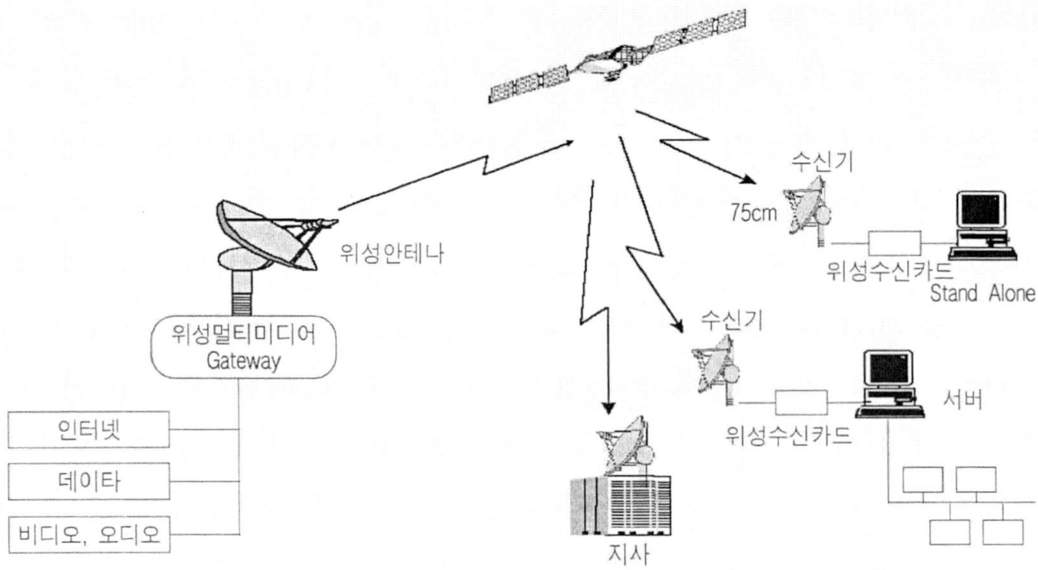

그림 1-6 **위성멀티미디어서비스 개념도**

해 더욱 가능성이 높아질 것이며 이러한 정보 전달의 완성이야말로 완전한 멀티미디어서비스의 완성이 아닐까 생각된다.

즉, 이러한 정보들을 하나로 통합하여 전달하려면 대단한 정보량의 증가를 초래할 것이고 이는 정보처리의 고속, 고도화와 전송매체의 초고속화를 더욱 부채질하게 만들 것이다.

여기서는 현재 우리가 접하고 있는 대표적인 몇 가지의 위성멀티미디어서비스에 대하여 설명하고자 한다. 위성멀티미디어서비스란 위성통신의 특징인 광역성, 동보성, 내재해성, 유연성, 광대역성을 활용하여 고속인터넷, 데이터, 영상, 오디오 등의 복합된 멀티미디어서비스를 위성을 통하여 제공하는 것이다. 그림 1-6은 위성멀티미디어서비스에 대한 개요도이다.

1.2.5.2 위성 고속인터넷서비스

위성멀티미디어 중 가장 대표적인 서비스가 고속인터넷서비스이다. 위에서 언급한 바와 같이 현재는 대부분 단방향 위성회선방식으로 데이터의 수신은 위성을 통하고, 상향링크회선은 전화망을 이용함으로써 기존 지상망을 경유한 데이터의 수신에 비해 전송속도가 매우 빠르다. 위성인터넷을 통하여 제공 가능한 서비스의 형태로는 원격의료, 원격교육, 연구정보네트워크의 구성, 재해대책 네트워크의 구성, 기업 내 네트워크, 텔레팩토리, 멀티미디어 신문, 도로 교통정보 방송, 홈쇼핑, 홈뱅킹 등 응용방법에 따라 다양하다.

고속인터넷의 수신속도는 가입자당 3 Mbps 이상까지 제공가능하며 기존의 33.6 K이나 56 K 모뎀이 수용할 수 있는 속도보다 거의 100배까지의 데이터를 수신 받을 수 있다. 표 1-1은 지상 PPP인터넷과 한국통신에서 제공하는 있는 고속위성인터넷을 비교한 것이다. 현재 전용선을 사용하는 네트워크와 같이 Router PC라고 하는 PC에서 Dial-up 모뎀으로 위성인터넷 서버로 접속을 하고 Router PC와 LAN으로 연결된 모든 Client PC들이 위성인터넷을 이용하고자 할 경우 모든 데이터는 Router PC의 모뎀을 통해 위성인터넷 서버로 송신되고 Router PC를 통해 수신되는 모든 데이터는 각각의 Client에게 전달된다. 예를 들어 10명의 내부 네트워크 사용자들이 있고 그 중에 위성수신카드와 모뎀이 설치된 Router PC에서 위성인터넷 서버에 연결될 경우 실제 위성 수신카드와 모뎀으로 연결되지 않는 나머지 9명을 Router PC를 경유하여 위성인터넷 서비스를 받을 수 있다.

표 1-1 **지상 PPP 인터넷과 고속 위성인터넷의 비교**

구 분	지상PPP인터넷	고속 위성인터넷	비 고
전송속도	28.8~56 Kbps	128 Kbps~3 Mbps	TCP 성능개선으로 3 Mbps 이상 가능
망이용 형태	대칭형 지상망	비대칭 위성지상복합망 (Asymmetric Satellite-Earth Hybrid Network)	위성인터넷은, Request는 저속 지상망으로, Answer는 고속위성망을 이용하여 인터넷과 같은 검색형 서비스에 절대 유리
기본 프로토콜	PPP, TCP/IP	PPP, TCP/IP, MPEG-2	위성으로의 전송스트림에 MPEG-2 이용
망운용형태	분산적	집중적	위성송출국 하나로 전국 Cover
동보성	불리	유리	위성의 자연적 동보메커니즘에 기인
적용 서비스	문자,음성,정지화상, 저속/저품질 동영상	고속/고품질 동영상가능	고속서비스에 기인
요금	저가	상대적 고가 (좌측 가격+20,000원/월로추정)	전송품질대 가격은 위성인터넷이 유리
단말기 장치가격 (PC 기사용자가 장치구입시)	수 만원대	50만원대	위성수신기 가격
기타부가서비스		위성방송수신가능	무궁화위성이용

한편, 삼성 SDS 사는 HNS(Hughes Network System) 사의 장비와 기술을 사용해 휴즈 사의 수신카드와 직경 66 cm크기의 위성수신 안테나로 구성된 가입자 장치를 공급하고 있다. 무궁화위성의 통신용 트랜스폰더를 사용하며 유선망은 유니텔서비스에 사용되는 「01433」 망을 이용한다. HNS에서 1995년에 개발한 위성통신서비스는 주로 400 Kbps의 고속 인터넷서비스, 기업망을 위한 대량의 자료전송서비스에 사용되며, DirecPC라고 한다.

1.2.5.3 멀티포인트 인터넷서비스

특정그룹에 가입된 가입자가 모뎀이 연결되지 않은 상태에서 고속의 파일데이터를 수신할 수 있는 기능이다. 예를 들어 어떤 A라는 회사의 본사에서 모든 지사로 10 Mbytes의 파일을 전송하고자 할 때 A라는 다지점 인터넷 그룹 및 지사라는 가입자 개념이 성립되고 A그룹에서 위성을 통해 파일을 송신할 경우 모든 지사는 동시에 파일을 10 Mbytes의 파일을 약 25초만에 받아볼 수 있다. 물론 A라는 그룹에 가입되지 않는 사용자는 파일을 받아볼 수 없다. 이러한 서비스에 요구되는 기능들은 다음과 같다.

- ○ 다지점 인터넷 그룹의 가입 및 해제기능
- ○ 그룹 강비자에 대한 제한수신 기능
- ○ IC카드에 의한 제한수신 기능제공
- ○ 수신데이터의 관리기능
- ○ 수신데이터의 수신 상황 디스플레이 기능
- ○ 수신된 파일의 종류에 따른 자동실행기능
- ○ 3 Mbps 이상의 데이터 수신기능

1.2.5.4 다지점 비디오, 오디오서비스

특정그룹에 가입된 가입자가 모뎀으로 연결되지 않은 상태에서 영상 및 오디오를 수신할 수 있는 서비스이다. 다지점 영상분배 서비스는 전국의 여러 장소로 정보제공자가 제작한 영상프로그램에 음성과 함께 위성을 이용하여 전송되는 서비스이다.

이 분배 서비스가 실시되면 클래식, 팝 및 가요 등의 전문 오디오 프로그램과 스포츠, 오락, 연예, 뉴스, 특정 사용자층에 대한 영화 및 교육 전문채널 등의 다양한 프로그램이 제공될 것으로 전망된다.

다지점 영상분배서비스는 약속된 사용자들 간에 2~12 Mbps 중 사용자가 원하는 속도에 따라 영상을 전송 받는 서비스이다. 약속된 사용자들만의 TV시청과 유사하다. 정보제공자의 스튜디오에서 제작된 영상 프로그램이 광전송로를 타고 중심지구국으로 들어오거나 위성지구국에서 서버를 직접 설치하면 미리 정해진 시간 계획에 따라 프로그램이 분배된다.

다지점 음성분배서비스는 정보제공자의 영상정보가 전용회선을 타고 위성멀티미디어게이트로 들어오는 것으로 다지점 영상분배서비스는 일종의 디지털 라디오방송과 같은 개념이지만 암호정보를 부여받아 자격이 인증된 사용자만이 청취가 가능하여 주로 폐쇄그룹위주의 서비스라고 할 수 있다. 위성멀티미디어서비스는 MPEG-2기술을 사용하여 음성압축방식은 5.1채널을 사용하므로 CD플레이어와 동일한 음질을 재생하는 입체 서라운드 방식을 구현할 수 있기 때문에 고급오디오 시스템에도 적용할 수 있다. 예를 들어, 위성을 이용하여 원격강의를 제공하는 그룹이 존재한다고 할 경우 이용자는 원격강의를 수강하기 위해 원격강의 그룹에 가입하고 가입자는 위성으로 원격강의를 서비스 받을 수 있다. 오디오도 마찬가지 개념으로 음악을 전문적으로 제공하는 그룹이 존재한다고 할 경우 그 음악그룹에 가입된 가입자만이 음악서비스를 받을 수 있다. 이러한 서비스에 요구되는 기능들은 다음과 같다.

- ○ 다지점 비디오, 오디오 그룹의 가입 및 해제에 따른 제한 서비스의 제공
- ○ IC카드에 의한 제한수신 기능 제공
- ○ 영상 overlay
- ○ 스크린 캡처
- ○ 그룹 전환기능

1.2.5.5 다지점 데이터 분배서비스

IP(Internet Protocol) Datagram을 Multicasting하는 서비스로서 주로 기업고객들의 사내 인트라넷 구성, 국가 공공기관의 통신망, 신문사 등의 원격 출판, 옥내외의 광고용 멀티비전으로의 데이터 전달, 재해시 백업(Back Up)망 구성, 원격학습 등에 이용될 수 있다.

증권회사, 보험회사, 전국에 대리점을 두고 있는 여러 회사들은 중앙본사의 지시나 주식동향을 실시간 또는 정기적으로 통지 받거나 분석하여야 한다.

본 서비스를 이용하여 사내 인트라넷을 구성하는 경우 특정 지역에 위치한 본사에서 전국에 산재한 지사에 동시에 데이터를 전달할 수 있어서 본사와 지사 간의 고속 정보전송이 가능해진다.

이 서비스에서 전달되는 멀티미디어 정보는 디지털형태의 파일이며 다지점 데이터정보는 TCP/IP기반으로 마치 인터넷 데이터처럼 IP주소를 부여받아 ISP킷을 거친 후 해당 수신자에게 전송이 된다. 이 다지점 데이터는 모든 사람에게 개방되는 것이 아니라 다지점 데이터 이용을 신청한 사람만 데이터를 해독할 수 있는 암호를 부여받아 사용할 수 있다. 또한, 다지점 분배서비스의 특징으로는 위성단말기에 연결된 컴퓨터가 서버급인 경우에는 수신된 정보를 공유하여 여러 사람이 활용할 수도 있다.

또한, 원격학습에 응용될 경우 국내에 유수한 학습지 회사의 회원들이 일반 PC 통신의 수준을 훨씬 뛰어넘는 수 Mbps의 속도로 전송되는 멀티미디어 학습교재를 전국에서 동시에 받아볼 수 있다.

1.3 위성방송 멀티미디어 서비스

1.3.1 서 론

1980년대 초까지 성장을 보이지 못하던 디지털 위성방송산업은 1980년대 후반에 접어들면서 일본과 유럽을 중심으로 그 성장의 폭을 더해 가고 있다. 오랫동안 침체기에 있던 미국의 디지털 위성방송산업도 Huges 사, USSB 사 등의 몇몇 회사에서 시스템 개발과 운용을 통해 발전의 새로운 국면을 맞이하고 있다.

또한, 위성방송의 디지털화에 따라 디지털위성방송의 핵심 기술이 되는 영상 신호의 새로운 대역 압축 기술의 국제 표준화에 발맞추어 디지털 위성전송 시스템의 개발이 세계적으로 경쟁적으로 추진 중에 있다. 이에 따라 TV 프로그램 이외의 텔리텍스트 같은 데이터 정보를 전송하기 위한 TV 프로그램 채널과는 별도의 채널을 이용하는 것이 가능해졌다. 종래의 방송 서비스 개념을 초월하여 고품질, 다기능 및 다채널의 멀티미디어 방송 서비스가 활성화 될 것이다.

따라서 이 절에서는 위성을 이용한 디지털 방송 전송 기술과 디지털 TV의 부가 서비스를 간략하게 설명하고, 일본을 중심으로 한 멀티미디어 방송 서비스인 ISDB(integrated services digital broadcasting)기술과 전망을 기술한다. 또한, 위성을 이용하여 효율적 영상 전송과 멀티미디어 방송 서비스를 위한 소요 전송 용량에 대하여 비트 오류 확률과 전송 채널수의 관계를 비교 분석 및 서비스 시현과 제공 방법을 기술하였다.

1.3.2 위성 디지털 영상 기술

1.3.2.1 아날로그와 디지털 영상 전송 방식의 비교

위성을 이용한 영상을 전송함에 있어서 전송 대역의 효율적 이용은 매우 중요하다. 디지털 영상 대역 압축 기법과 이와 관련된 VLSI칩의 발달은 기존의 아날로그 방식과 달리 하나의 위성 중계기에 다수의 채널을 제공할 수 있게 되었다. 수신 안테나의 소형화도 가능하게 되었다. 이와같은 영상 신호 압축 기술은 국내에서 뿐만 아니라 해외에서도 활발히 연구 개발 중에 있다.

영상 신호를 인공위성을 통하여 전송하는 데 있어서 감안해야 할 가장 중요한 사항은 영상 품질과 위성 중계기의 사용 효율이라 할 수 있다. 디지털 전송 방식은 아날로그 방식에 비하여 여러 가지 장점이 있다. 아날로그 방식과 디지털 방식의 비교를 표 1-2에 나타내었다.

표 1-2 아날로그 영상 전송 방식과 디지털 방식의 비교

		아날로그	디지털
전송방식		아날로그(FM)	디지털(QPSK, MSK 등)
품 질	영 상	기존TV화질	압축방식 및 비율에 따라 HDTV 화질수준
	음 성	FM음질	CD 수준의 음질
데이터 저장		VCR	VCR, Digital Disk DAP, Winchester Disk
잡 음		· 반사파, 회절파에 의한 Sparkle, Ghost현상 · SNR에 의한 수신신호 품질의 점진적 열화	· 디지털 양자화 잡음 및 영상 압축에 따른 손실존재 · 아날로그 방식에 비해 상대적으로 잡음에 강함
암호화		종류가 다양하지 못함	간단하고 다양한 방법 사용 가능
구현 기술		기본이론, 구현기술	압축방식 국제규격 진행
단 계		장비개발 완료단계	장비개발 진행 중
중계기효율		1채널/중계기	1~10채널/중계기

1.3.2.2 멀티미디어 방송 표준

멀티미디어 방송서비스와 관련한 국제 표준화 연구 동향은 크게 JPEG(Joint Photographic Experts Group), MPEG(Moving Pictures Expert Group)-1/2, MHEG(Multimedia and Hypermedia informaton coding Expert Group)의 표준화 활동과 ITU-R(Radiocommunication)의 ISDB연구 활동 및 각국의 HDTV와 DAB(digital audio broadcasting)서비스 제공을 위한 연구 사례를 들 수 있다. 이들을 서비스 관점에서 살펴보면 다음과 같다.

(1) JPEG 표준화

JPEG은 컬러 정지 화상을 위한 표준화 규격으로 대표적인 서비스 예는 팩시밀리와 같은 인쇄물에 화상을 기록하는 서비스와 비디오텍스와 같은 서비스 등에 의해 모니터에 화상을 재생하는 서비스를 예로 들 수 있으며, 전자의 경우는 순차 재생 방식을 사용하고, 후자의 경우는 점진 재생 방식을 사용한다. 이러한 JPEG 표준화 규격은 멀티미디어 방송 서비스 중 정지화 서비스에 사용될 수 있다.

(2) MPEG 표준화

MPEG-1 표준은 1.5 Mbps 대역을 목표로 한 CD-ROM이나 DAT와 같은 디지털 저장 매체를 이용한 서비스 응용 시 적합하도록 고안되었으며 데스크톱 컴퓨터나 비디오 편집/출판 등

의 서비스에 활용할 수 있다. MPEG-2 표준은 3~20 Mbps 대역에서 최적의 화질을 얻을 수 있도록 고안되었으며 응용 예는 NTSC급 이상의 TV 방송 서비스를 들 수 있으며 현재 무궁화위성 방송 시스템에서도 MPEG-2를 사용한 TV 서비스를 계획하고 있다. MPEG표준은 시스템, 오디오 및 비디오의 세 부분으로 구성되어 있으며 압축 관련 규격을 규정하고 있고 시스템부는 비디오/오디오 간의 동기와 다중화 문제를 규정하고 있으며 특히 MPEG-2에서는 여러 스트림의 다중화와 확장 기능 등이 포함되고 있다.

(3) MHEG 표준화

MHEG은 멀티미디어 정보의 실시간 상호 교환을 목표로 하는 표준화 규격으로 이들 정보의 부호화 표준 방식에 의해, 향후 개발될 다양한 서비스의 부호화 정보들을 손쉽게 공유하고 상호 교환할 수 있는 근간을 미련하고 있다. JPEG, MPEG은 일종의 모노 미디어 정보의 부호화 작업이라 볼 수 있는 반면에 MHEG은 각종 멀티미디어 정보들을 통합하는 포괄적인 서비스 제공을 목표로 표준화 할 예정이기 때문에 방송 미디어 측면에서는 멀티미디어방송 서비스와 그 기본 개념이 같다고 볼 수 있다. 따라서 효율적인 멀티미디어 방송 서비스를 위해서는 MHEG의 표준화 연구 활동을 최대한 활용하는 것이 바람직하다고 할 수 있다.

(4) ISDB 표준화

일본은 1985년부터 ISDB 연구를 시작하여 이미 ITU-R(구 CCIR)에 최초로 ISDB방식을 제안하여 현재는 국제적인 검토가 시작되고 있는 상황이고, 1994년 1월부터 일본에서는 지상 및 위성 방송을 위한 방송의 디지털화에 관한 연구회가 결정되어 방송 시스템의 지능화, 방송의 디지털화에 대한 기본 방침 및 디지털 방송 도입 시의 제 문제 등을 본격적으로 검토하고 있다. 이들의 주요 연구 동향은 다음과 같다.

- 지상 방송, 위성 방송 및 CATV 모두 ISDB를 기본 구조로 한다.
- 지상 방송, 위성 방송의 주파수 대역 할당은 종래의 할당에 구애받지 않고 장기적인 관점에서 주파수 대역을 할당한다.
- 변조 방식은 지상, 위성, CATV에 따라 최적의 방식이 틀리나 지상 방송의 경우는 이동체 수신 및 SFN(single frequency network)과 같이 주파수 이용 효율이 좋은 OFDM (orthogonal frequency division multiplexing) 방식을 적극 채택한다.
- 영상과 음성 압축 방식은 MPEG-2 방식을 따른다.

(5) HDTV와 DAB서비스

영상 및 음성 서비스는 고품질의 이동체수신이 가능한 방향으로 발달되고 있다. 이의 좋은 예가 HDTV 및 DAB 서비스를 OFDM 방식으로 전송하는 것이다. OFDM은 다수 캐리어의 사용에 의해 다경로 페이딩 현상을 극복하고 고품질의 서비스를 제공할 수 있는 방식이다. 유럽,

미국, 일본 등에서는 지상 방송 시 거의 표준으로 채택될 전망이다. 따라서 멀티미디어 방송 서비스 측면에서도 OFDM을 위성에 수용할 경우의 예상 문제점을 사전 검토하여 이동체를 대상으로 하는 영상 및 음성 서비스 제공 시 활용할 필요가 있다. 이에 의해 경쟁 미디어인 CATV의 장점을 극복할 수 있을 것으로 생각된다.

1.3.3 데이터 서비스 종류 및 특성

우선 TV 프로그램과 관계없이 별도의 채널을 이용하여 제공 가능한 방송 서비스에 대해서 서비스별로 간략하게 소개하면 다음과 같다.

1.3.3.1 프로그램 보조 서비스

프로그램 관련 보조 데이터 서비스는 TV방송에 관련된 서비스로 분류되며 다음과 같은 서비스가 있다. 프로그램 안내 서비스 프로그램 예약 및 녹화 안내 서비스, 문자 다중 방송, 캡션 데이터 서비스 등이 있다. 그러나 이러한 서비스 중 기존의 방송국에서 제공하는 서비스는 문자 다중 방송뿐이다.

(1) 프로그램 안내

TV등의 프로그램표, 방송 도중의 프로그램 안내 등을 디지털 TV의 신호와 함께 보내며, 이것을 참조하여 희망하는 프로그램을 용이하게 선택하도록 한다. 자동 수신, 자동 녹화 등의 조작도 이 프로그램에서 직접 용이하게 행해지도록 한다. 방송 신호와 동시에 전송되므로 방송 시각의 변경 등에 대해 즉석에서 대응하는 것이 가능하다.

(2) 프로그램 식별 코드방송, 인덱스 방송

프로그램 안내와 관련해서 프로그램의 경우에 식별 코드와 안내 키워드를 첨가시켜 보내는 서비스이다. 수신기에서 예약되거나 원하는 프로그램과 항목코드를 설정하여 자동적으로 프로그램을 선택하여 시청하기도 하고 녹화할 수도 있다.

(3) 자막 서비스

문자 방송 프로그램의 하나로서 자막 서비스가 있고, 이것에 의해 예를 들면 청각에 장애가 있는 사람에게 TV프로그램의 음성을 자막에 표시할 수 있도록 한다.

(4) 기타

FAX방송에서 프로그램의 텍스트 등을 보내고 프로그램에 합성된 인쇄물로써 수신 선택될 수 있고 방송 프로그램의 이용 가치가 향상된다. 이밖에 TV등의 방송 프로그램과 각종 데이터 신호를 합성한 서비스가 생각될 수 있다.

1.3.3.2 기존 TV의 부가 서비스 종류

TV 프로그램과 관계없이 별도의 채널을 통해서 제공되는 데이터 서비스를 채널 부과 데이터 서비스라고 하며, 서비스 종류에는 팩시밀리 방송, Tele S/W 방송, PCM 음악방송, Audio Graphy 방송, Tele Music 방송, 디지털 정지화 등을 들 수 있다.

현재 많은 나라에서 TV채널을 통해 TV 방송뿐만 아니라 정보 및 부가적인 서비스를 제공하고 있다. 이들 대부분은 디지털 데이터 방송을 이용한 정보 서비스이고 대표적인 것이 텔리텍스트이며 부가 서비스의 종류와 이용 예는 다음과 같다.

(1) 텔리텍스트

아날로그 TV신호의 구조 내에서 전송되는 디지털 데이터 방송 업무로 적절히 장치된 텔레비전 수신기의 스크린상의 암호 데이터로 재구성된 문자나 도형을 출력시키는 서비스로 프랑스, 영국, 캐나다, 일본에서 이를 위한 시스템을 각각 제안하였다. 우리나라는 수직귀선소거기간을 이용하여 본 서비스를 방송 중이며 수직귀선소거기간에 해당하는 1~21 라인의 용도를 살펴보면 1~10 라인은 동기용으로 사용되며 그중 주사선 1~3 라인은 등화 펄스열용, 주사선 4~6 라인은 수직 동기 펄스열용, 주사선 7~9 라인은 등화 펄스열로 사용된다. 나머지 주사선 중 10~15라인은 문자 방송용, 16라인은 모노/스테레오, 17~18라인은 방송국 간 링크용, 19~21 라인은 예비로 되어 있다.

(2) Closed Caption

개방 자막과 폐쇄 자막이 있으며, 개방 자막의 경우 화상에서 영구적으로 존재하여 이로 인해 텔레비전의 화상에 가시적인 품질을 약화시킬 수 있다. 한편, 폐쇄 자막은 시청자의 요구에 따라 자막이 표시되거나 안될 수도 있으며 현재 미국에서는 필드 2의 라인 21번을 이용하여 서비스를 제공하고 있다.

(3) 서비스 I.D 및 프로그램 I.D

MAC/Packet 계열의 EBU(European Broadcasting Union) 서비스 I.D 시스템은 디지털 음성 및 데이터 다중화 내에 지정된 데이터 채널을 이용하며 지정된 채널을 통해 전달된 정보처리는 다양한 서비스 및 각 서비스 별로 다양한 요소들을 접하도록 허용한다.

(4) 프로그램 방송

방영 예정인 프로그램 목록이나 녹음 장치 원격 제어 주문 등을 방송하는 서비스로 프랑스에서는 매우 낮은 데이터율로 텔레비전 신호에 다중화 후 송신하며, 구 서독의 경우는 라인 16과 329를 이용하여 2.5 Mbps bi-coded 데이터로 송신한다.

(5) 텔레소프트웨어

Teletext의 일부이며 현재 일부 나라에서 제공 중이다. 음성 방송으로부터 코드화된 톤(tone)을 사용하여 방송하거나 원격 제어 교환을 위해 낮은 데이터율로 전송한다.

(6) 독립적인 데이터 서비스

데이터 방송 시스템을 이용하여 여러 형태의 데이터 방송을 한다. 이와 같은 서비스에는 통신사 속보, 도난당한 신용 카드 목록, 학교를 위한 교육용 소프트웨어가 해당된다.

(7) 정지 화상

텔레비전 신호의 시간 구조를 이용하는 경우와 협대역 채널을 이용하여 정지 화상과 음성을 디지털 부호화한 후 텔레비전 신호의 필드 귀선소거 간격으로 계속 삽입하며 프로그램 판별을 위해 다기능 제어 부호 신호는 각각의 정지 화상 신호에 삽입된다.

1.3.4 디지털 TV의 부가 서비스 종류

디지털 TV 위성 방송은 하나의 위성 중계기에서 다수의 독립된 채널을 공급할 수 있으며, 수신 장치에서도 안테나의 소형화가 가능하다. 또한, 디지털 방식의 도입은 다양한 정보 서비스의 수용 용이, HDTV와 같은 고품질의 서비스로의 발전용이 등의 여러 가지 장점을 가지고 있다. 또한, 기존의 TV방식과 호환성을 가지면서 HDTV로의 개발 단계로 전환이 용이하도록 하는 중간 단계이며 디지털 TV에서 제공하는 부가 데이터 서비스는 기존 TV에서 제공되었던 서비스 이외에 새로운 방송 서비스를 제공할 수 있다. 따라서 디지털 신호로써 방송을 하게 될 경우 방송의 품질 향상과 방송의 폭이 보다 넓게 되고 프로그램 제작이나 이를 수신기에서 처리하는 새로운 기능의 실현이 가능하다. 대표적인 부가 서비스의 특성을 살펴보면 다음과 같다.

(1) 문자 방송

문자에 의한 정보는 문자의 파형에는 없는 코드를 보내고 수신측에서 문자 발생기에 의한 파형을 표시할 수 있다면 매우 효율이 좋고 다수의 프로그램을 방송할 수 있다. VLSI의 발달에 의한 문자 발생기가 간단하게 실현될 수 있게 됨에 따라 도형이나 간단한 음도 보낼 수 있게 되었다.

(2) 고기능 텔리텍스트

문자 방송보다도 다량인 동시에 상세한 프로그램을 방송하는 서비스로서 연구되고 있다. 일반적으로 정보가 많게 되면 꼭 필요한 정보를 얻게 될 경우가 어렵게 되지만 정보의 선택에 유효한 각종 인덱스를 부가시켜 방송하는 경우에 보다 편리하게 된다. 그림이나 사진도 조합되어 표시가 가능하며, 화면 구성과 휴먼인터페이스의 기능 향상 등이 연구되고 있다.

(3) 팩시밀리 방송

팩시밀리는 문자, 도형, 사진 등의 정보를 종이에 기록할 수 있는 형태로 보내고, 통신용 팩시밀리의 G3방식 등의 압축 부호화를 디지털 방식으로 처리하도록 하여 전송 시간을 단축하는 것이 가능하다. 퍼스널 컴퓨터에 일단 기록되어 화면에 표시되고 필요한 정보의 내용을 인쇄하는 소프트 수신도 가능하다.

(4) 디지털 정지화 방송

표준 방식의 정지화와 문자 부호를 조합하여 방송하는 서비스로써 카탈로그 정보 등 각종 정보의 방송에 사용할 수 있다. 제한된 전송 용량의 중간에 전송되는 정지화의 매수를 증대하기 위해 정지 화상의 고능률 부호화 방식으로서 JPEG 규격에 준한 방식을 이용하는 것이 검토되고 있다. JPEG 방식을 방송용 품질에도 대응할 수 있고 규격을 공통으로 하는 경우에 수신기를 저가격으로 구성할 수 있다.

(5) 오디오 그래픽스 방송

고선명 정지화와 고품질 음성을 조합한 프로그램을 방송하는 것으로서 사진, 회화 등의 예술 감상, 환경 비디오, 카탈로그 정보 등을 생각할 수 있다. 정지화는 수신측에서 축적되어 희망한 정보를 필요한 시기에 취하여 출력하여서 이용할 수 있다. HDTV의 고정밀한 화상을 디지털화 하고 전송하는 데 많은 용량을 필요로 하고 정지 화상으로 12 GHz의 위성 방송 데이터 채널과 12 GHz대의 멀티미디어 방송 서비스 등으로 송신될 수 있다. 다만 정지화의 경우에도 HDTV는 데이터량이 매우 많아서 데이터 채널로서 1장의 화면을 전송하는 데 1분 가까이 걸리고 프로그램으로 구성하는 데는 부적합하다. 하지만 JPEG 방식 등으로 부호화를 하는 경우에 수 초 정도로 전송하는 것이 가능해지고 매 종류마다 화상을 나누어 바꾸는 방법을 사용하고 다양한 색깔의 프로그램 표현이 가능하다.

(6) 텔리소프트웨어

시청자의 스크린에 영상을 보내지 않고 기기 조작을 위한 데이터를 방송하는 서비스이다. 가장 일반적인 예로 PC에 컴퓨터 프로그램을 제공하는 서비스로 1978년에 문자 방송의 한 부분으로 제안되었다. 또한, Radio Software라는 이름으로 이탈리아 RAI가 도입한 컴퓨터 프로그램과 데이터 파일 방송 시스템이 있는데, FM 음성채널을 통해 프로그램 대신 4,800 baud의 속도로 데이터를 보낸다. 독자적인 데이터 서비스 통신사(뉴스보도국) 게시, 거래정지 카드 목록, 학교나 학원을 위한 교육 프로그램 등을 방송하고 시청자들이 필요한 정보를 선택 및 취합하도록 하는 서비스로 대표적으로 사용하는 나라는 영국 BBC 사의 Data cast, IBA 전송망을 통한 Oracle-Aircall 서비스, 프랑스의 DIDON 시스템이다.

(7) 텔리 뮤직 방송

디지털 신호를 전송하는 방송에는 각종 기구를 직접 제어하는 코드 신호를 전송할 수 있다. 텔리 뮤직 방송은 자동 악기의 연주 정보를 부호화로서 방송하며 자동 악기가 직접 울리는 것과 같은 방송이 실현되기 때문에 피아노 콘서트, 피아노 음악 교실에 이용되는 등 새로운 효과가 있다.

(8) PCM 음악 방송

다양한 정보, 고품질의 음악 등을 동시에 여러 개 방송하는 서비스로 예를 들면 장르별 음악, 외국어 뉴스 등을 위한 서비스를 방송한다.

1.3.5 방송 멀티미디어 서비스

1.3.5.1 배경

방송 신호의 디지털화가 급속히 진행되고 있으나 아직은 종래의 아날로그 방식과 병행 또는 조합해서 방송되는 것이 많다. 수신기에서 통합처리 등의 관점에서 볼 때 하나의 전파 중에 아날로그 신호와 디지털 신호가 혼재되어 전체적으로 디지털 신호로 되는 것이 바람직하다. 이것을 가능하게 하기 위한 전파로는 우선 12 GHz(Ku 밴드)대의 위성 방송이나 지상방송의 공중 채널 등을 이용하는 것이 고려될 수 있다.

12 GHz대의 위성 방송의 전파는 주파수대역은 27 MHz이고, 이것의 중간에 QPSK(quadrature phase shift keying)나 MSK(minimum shift keying) 등의 디지털 변조방식을 사용하여 24~32 Mbps정도로 디지털 신호를 고속 전송하는 것이 가능하며, 40 Mbps정도까지 전송하기 위한 연구가 진행되고 있다.

이처럼 대용량의 디지털 전송로를 갖게 되면 이것을 이용한 각종 방송 서비스가 가능하게 된다. 예를 들면 현재의 위성 TV 방송의 음성 신호(4채널까지)는 데이터 신호와 함께 약 2 Mbps의 디지털 신호로서 전송될 수 있지만 24~32 Mbps의 속도로는 이것을 12~16개 동시에 전송할 수가 있다. 이것을 이용하여 여러 종류의 음성 신호를 동시에 다채널 PCM 음성방송이 가능하게 되고 다음에 기술되는 디지털 신호에 의한 다양한 서비스가 실현된다. 방송되는 내용에 따라 고찰해 보면 고도 정보화 사회의 발달에 따라 다양한 정보가 발생되고 통신 계열, 패킷 계열 등으로 진행되고 있고 이것을 방송할 수 있게 되면 한층 더 넓게 이용될 수 있다. 이러한 정보에는 영상, 음성뿐만 아니라 예를 들면 기상 데이터, 주가 등에서 요구되는 수치 자체의 중요한 의미가 있는 정보도 많다. 이것들은 이제까지 방송국 측에서 화면이나 음성에 직접적으로 방송되었지만 데이터 내용만을 전송, 수신 측에서 처리하여 화면에 표시할 수 있고, 정보 전송의 효율을 올릴 수 있다. 또한, 수신기 측에서 컴퓨터 처리 소프트웨어 자체를 수신하여 다양한 서비스를 제공하는 것도 고려할 수 있다. 이와 같이 다양한 데이터 신호를 보내어 디지털 신호로 하게 되면, 음성도 영상도 각종 데이터도 통일된 형태의 신호로써 방송하는 것이 편리하다. 이러한 특성을 이용하여 표 1-3에서 표시한 것처럼 각종 디지털 신호를 하나의 전파에 통합하여 전송하는 새로운 방송 서비스가 등장했다.

표 1-3 **방송 신호 전송 형식**

<table>
<tr><th>신 호</th><th colspan="2">아날로그 전송</th><th colspan="2">디지털 전송</th><th></th></tr>
<tr><td>음 성</td><td colspan="2">라디오, 중파, 단파방송, AM스테레오, FM스테레오, FM다중</td><td colspan="2">다중채널 PCM, 음성방송</td><td rowspan="5">멀티미디어 위성방송 서비스</td></tr>
<tr><td>동화상</td><td>지상 TV</td><td colspan="2">위성 TV</td><td>디지털TV</td></tr>
<tr><td>문자·도형</td><td colspan="2"></td><td colspan="2">문자방송</td></tr>
<tr><td>데이터</td><td colspan="2"></td><td colspan="2">각종 데이터방송</td></tr>
<tr><td>제어신호</td><td colspan="2"></td><td colspan="2">긴급경보방송, 프로그램 식별코드방송</td></tr>
</table>

1.4.5.2 개념 및 정의

가입자에게 제공할 부가 데이터의 가공과 처리에 대한 컴퓨터화의 증대와 다양한 새로운 정보에 대한 필요성의 증대로 고품질의 화상, 다채널 TV 프로그램, 텍스트, 음성, 데이터 등과 같은 다양한 방송서비스가 요구되고 있다. 이에 따라 방송 멀티미디어 서비스 화질의 HDTV와 고품질의 음성을 가진 다채널 텔레비전, 팩시밀리, 텔리텍스트, HDTV 정지화상 그리고 예를 들면 아날로그 TV프로그램으로 현재 할당되어 있는 단일 방송 채널을 통한 다양한 데이터 정보의 여러 종류의 서비스를 제공하는 것을 의미한다. 그림 1-7에 멀티미디어 방송서비스의 개념도를 나타내었다.

방송 멀티미디어 서비스의 연구는 1983년쯤부터 시작되었지만, 당시에는 동화면을 포함하는 텔레비전 신호를 방송품질에 따라 디지털 전송하는 것은 많은 전송 용량을 필요로 하였다. 텔레비전이 디지털 전송할 때도 하나의 전파에 한 번의 프로그램 밖에 전송할 수 없어서 수신기를 전부 교환할 때까지 디지털화하는 장점을 얻기가 어렵다. 그렇지만 최근의 고성능 디지털 부호화 기술의 발달에 따라 복수의 텔레비전 프로그램의 송신이 가능하게 되었다. 최근 중

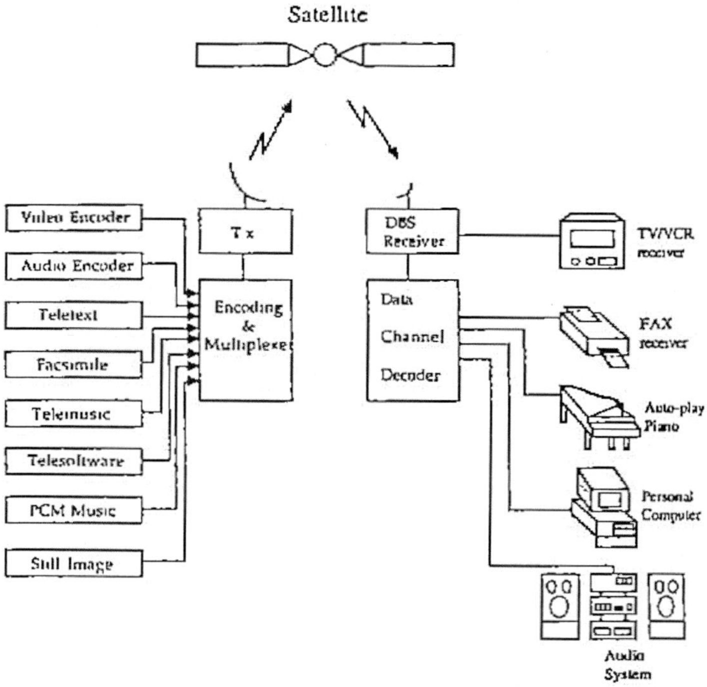

그림 1-7 **방송 멀티미디어 서비스 개념도**

요한 정보 미디어인 텔레비전과 각종 데이터를 조합한 형태로 방송 멀티미디어 서비스가 가능하게 되어 방송 멀티미디어 서비스의 세계는 크고, 넓게 될 것이다.

1.3.5.3 멀티미디어 방송의 기능

산업 및 경제 구조의 변화와 사용자 요구사항이 점차 정보의 고도화 및 다양화를 필연적으로 요구하게 되었고, 이미 PC, FAX 및 데이터 통신 서비스가 기존의 지상망을 통하여 각 가정에까지 제공되고 있는 상황이 ISDB의 출현을 더욱 가속화시켰다고 볼 수 있다. 이러한 요구사항을 반영하기 위해서는 방송 수신기 자체가 기존의 방식에서 완전히 탈피하여야 함을 의미하며, 이는 결국 TV와 컴퓨터가 결합된 형태에 부가하여 다양한 단말장치의 접속이 가능한 일종의 멀티미디어용 서비스 수신기가 되어야 함을 의미한다.

ISDB의 주요 기능으로는 TV와 컴퓨터 기능의 결합 기능, 다양한 단말장치 접속 기능, 수신 접속의 다양화 기능 및 멀티미디어 서비스 기능 등이며 이의 구현을 위해서는 다음의 기능이 요구된다.

(1) TV와 컴퓨터의 결합 기능

음성 및 영상 압축 신호의 복호용 VLSI와 컴퓨터기능의 결합에 의해 통신 및 개인 데이터베이스 처리와 음성 인식 등이 가능한 TV 수신기의 출현이 요구되며, 이에 의해 보다 친숙하고 휴먼 인터페이스가 우수한 멀티미디어 서비스 수신이 가능하다.

(2) 다양한 단말장치 접속 기능

고해상도로부터 저해상도의 영상 신호를 입력되는 대로 표시할 수 있는 개방형 수상기가 바람직하며, 멀티미디어 서비스 특성에 따라 다양한 음향기기 및 데이터 단말기의 접속이 요구되며 궁극적으로는 이동형 단말기 접속 기능에 의해 이동체 수신이 가능하도록 하는 것이 바람직하다.

(3) 멀티미디어 서비스 기능

방송 멀티미디어 서비스는 프로그램과 관련된 보조 데이터 서비스와 프로그램과 무관한 부가 데이터 서비스로 구분할 수 있다. 보조 데이터 서비스에 의해서는 수신자는 수신 영상 및 음성 신호를 편집하여 고유의 방식으로 재생할 수 있고, 특히 시청자의 나이, 청각 및 시각 장애 상태에 따라 적합한 서비스 기능을 선택적으로 시청할 수 있어서 보다 인간화된 서비스 제공이 가능하다. 이외에 다양한 부가 데이터 서비스에 의해 멀티미디어 서비스 제공이 가능하다.

(4) 수신 접속의 다양화 기능

방송 멀티미디어 서비스는 근본적으로 위성, 지상파 및 CATV 등의 방송 매체에 의해 제공이 가능하기 때문에 사용자 관점에서 볼 때 방송 매체에 관계없는 서비스 수신기능은 중요하고도 바람직한 요소이다.

1.3.5.4 멀티미디어 방송서비스의 장점

방송 멀티미디어 서비스는 여러 종류의 서비스 신호를 디지털 신호의 형태로 변환하고 동시에 전송로에 통합하여 보내는 방송서비스이다. 각각의 서비스 신호는 그 서비스를 식별하는 부호를 첨가하여 방송되고, 수신 측에서는 그 부호를 이용하여 전송로로부터 희망하는 서비스의 신호를 분리하여 수신한다. 이러한 멀티미디어 방송서비스에는 프로그램의 제작으로부터 전송, 수신 처리까지를 전부 디지털 신호로써 처리할 수 있으므로 한층 더 다른 형태의 방송이 실현된다. 방송 멀티미디어 서비스가 실현되면 다음과 같은 장점을 갖게 된다.

첫째, 서비스 운용에 관련된 장점;

- 하나의 방송 전파로서 복수의 TV신호, 음성 신호, 각종 데이터 신호를 각각의 요구 동향에 포함시켜서 효율이 좋게 전송할 수 있다. 또, 미래의 각종 방송서비스의 추가, 변경

등에도 용이하다.

둘째, 신호의 성질에 관련된 장점;

○ 오류 정정 기술을 사용하기 때문에 고품질의 정보가 누화되지 않고 전송, 기록될 수 있다.
○ 디지털화에 의해 정보의 축적과 고도의 신호처리가 용이하다.

셋째, 새로운 서비스 측면에 관련된 장점;

○ 프로그램 안내의 정보라든지 보조적 신호를 TV의 신호와 함께 보내기 때문에 다수의 프로그램으로부터 희망하는 프로그램을 쉽게 시청할 수 있다.
○ 각종 신호를 디지털화하여 동일 전송로에 보낼 수 있기 때문에 복수의 미디어를 통합한 서비스가 가능하다.
○ 각종 데이터베이스에 축적된 대용량의 정보, 각종 기구를 제어하는 신호 등이 가능하므로 종래에는 방송이 불가능하였던 데이터베이스 정보의 방송이 가능하다.

넷째, 기구와 수신기에 관련된 장점;

○ 디지털화에 의해 기구의 소형화, 고신뢰화, 저가격화가 가능하다.
○ 수신기에는 각종 방송서비스의 신호를 통일된 형태로 취급하기 때문에 수신기의 기본적 구조에 대한 대량 생산이 가능하다.

다섯째, 프로그램 제작에 관련된 장점;

○ 프로그램 소재가 디지털화된 신호로서 통일적으로 취급되기 때문에 컴퓨터 등을 이용하여 프로그램 제작이 효율적으로 행해진다.

또한, 멀티미디어 방송서비스는 아날로그 방송과 비교해서 다음과 같은 기술적 장점이 있다.

○ 전통적으로 서로 다른 다양한 신호 특성을 가진 여러 서비스들이 유일한 공통 디지털 포맷, 즉 패킷으로 취급될 수 있으며, 비티스트림 형태의 단일 전송 채널에 다중화된다.
○ 멀티미디어는 컴퓨터의 도움에 의한 화상, 음성, 텍스트의 결합으로 쉽게 실현될 수 있으며, 대화형 수신이 이루어질 수 있다.
○ 완벽한 확장성이 코딩 방법과 새로운 서비스의 도입의 변화에도 제공된다.
○ 매우 높은 양질의 서비스가 제공된다.
○ LSI와 컴퓨터 기술의 급속한 진보로 고성능으로, 모든 것이 동일한 형태의 수신기가 제조될 수 있으며, 또한 값싸고 소형 수신기들이 언제, 어느 때, 누구든지 마음대로 정보를 얻을 수 있도록 간편하고 이동형 수신이 가능하다.

1.3.5.5 전송 채널과 서비스 개요

방송 멀티미디어 서비스를 위한 전송로는 위성 방송, 지상 방송 외에 CATV 등의 유선 계열을 이용할 수 있는 가능성도 생각할 수 있다. 위성 방송은 현재 12 GHz대의 주파수로서 되어 있지만 계속하여 21 GHz와 2.5 GHz대에서 방송할 수 있는 연구가 진행되고 있다. 위성에 의한 방송 멀티미디어 서비스는 전파가 전국에 퍼지기 때문에 방송망을 건설할 필요없이 전국을 포함하는 서비스가 경제적으로 또는 동시에 실현될 수 있는 큰 장점이 있다. 12 GHz대의 위성 방송에 의한 방송 멀티미디어 서비스에는 TV가 복수 프로그램 및 HDTV정지 화상과 음성에 의한 오디오 그래픽스 방송, 다채널 PCM 음성 방송, 각종 데이터 방송 등이 동시에 방송되는 형태이다. 21 GHz대(21.4~22 GHz)는 1992년 WARC에서 광 RF 대역 HDTV용의 주파수로 분배하였다. 동화상을 포함한 HDTV신호의 품질을 보존함에 따라 12 GHz대의 위성방송의 전파 중에 디지털 전송하는 경우에는 현 상황의 부호화 기술로는 곤란하므로 보다 전송용량이 큰 21 GHz의 위성방송에 의한 방송 멀티미디어 서비스로서 실현되도록 하는 것이다. 즉, 21 GHz의 방송 멀티미디어 서비스로서는 12 GHz대의 방송 멀티미디어 서비스의 각 서비스에 첨가된 디지털 HDTV방송을 포함한 서비스가 예상된다. 2.5 GHz대는 1992년 WARC에서 위성 디지털 음성 방송용에 배분된 주파수대로서 전세계적으로 분배된 1.5 GHz대에 첨가되어서 일본 등 아시아 지역에 분배되었다. 여기에는 전국을 포함하는 이동체를 향한 고품질 음성 방송이 실현될 수 있다. 지상 방송에는 기존의 전파가 할당되어 있지만, 디지털 신호는 종래 방식의 신호보다는 송신 전력을 낮추어 방송할 수 있어서 혼신을 피하기 위해서 설계된 공중 채널을 이용하여 방송 멀티미디어 서비스를 할 수 있다. 즉, 종래의 FM 방송보다 적은 송신 전력으로 이동체 지향 고품질의 음성서비스를 행하는 지상 디지털 음성방송, 화면을 광폭(wide)화하여 지상 디지털 텔레비전 방송 등을 서로 제공하는 것이 가능하다. CATV에서도 방송 멀티미디어 서비스의 신호를 보낼 수 있으며, 앞으로는 광케이블을 통해서 100채널 정도의 디지털 텔레비전을 보낼 수가 있다. 이상에서처럼 방송 멀티미디어 서비스를 대상으로 하는 전송로는 다양하다. 이것으로부터 전송되는 전송 용량은 여러 가지로 분배되는 주파수 대역폭, 혼신 보호비에 따라 달라질 수 있지만 방송 멀티미디어 서비스에는 이러한 용량 중에 보내지는 서비스를 선택해서 방송할 수 있는 융통성이 큰 특징이 있다. 이것을 다시 다음과 같이 나누어 볼 수 있다.

종래의 방송서비스의 신호 전송을 디지털화하는 서비스

- 디지털 텔레비전
- PCM 음성 방송
- 이동체 음성 방송 등

디지털 신호의 전송으로 가능한 서비스

- 문자 방송
- 고기능 텔리텍스트
- 팩시밀리 방송
- 디지털 정지화 방송

○ Audio Graphics 방송
○ 텔리 소프트웨어 방송
○ 텔리 뮤직 방송 등

종래의 방송을 수신하기 쉽도록 하기 위해 보조적 정보를 보내는 서비스(프로그램안내 서비스 등 종래의 TV 등의 방송을 수신하기 쉽도록 하는 서비스)

○ 프로그램 안내
○ 프로그램 식별 코드 방송, 인덱스 방송
○ 자막 서비스 등

이처럼 방송을 디지털화함으로써 방송의 새로운 이용면을 열었다. 또한, 이러한 서비스 중 소요 전송용량이 적은 서비스에 의한 전용 전파를 이용하여 현재의 위성 방송에서의 데이터, 채널 TV 등의 방송을 행함에 따라 부가시켜 제공하는 서비스가 가능하게 되었으며, 앞으로는 각 방송서비스를 디지털화의 측면으로 통합될 것이다.

1.3.6 멀티미디어 위성방송서비스 전송 해석

1.3.6.1 설계 시 고려 사항

ISDB 시스템 설계에는 방송국의 프로그램 제작 설비로부터 신호의 전송, 각 가정의 수신기까지 방송 시스템 모두가 디지털화되어야 장점이 발생한다. 이들 설계 요소에 대한 평가 척도로 고려되어야 할 주요사항은 다음과 같다.

○ Interoperability: 각종 미디어 간의 상호 운용이 가능할 것
○ Scalability: 전송 용량에 따라 화질과 화면 크기의 자유로운 변경이 가능할 것
○ Flexbility: 새로운 서비스의 수용이 가능할 것
○ Extensibility: 장래의 기술 발전에 대응한 규격화가 가능할 것

특히 멀티미디어 위성 방송 서비스 측면에서도 기존의 지상 아날로그 방송에서 제공되었던 텔리텍스트 서비스를 기준으로 하여 이를 디지털 TV로 제공하는 방안을 우선적으로 고려하는 것이 바람직하며, 팩시밀리나 정지화 서비스의 제공시에도 가급적이면 기존 망에서 규격화되어 있는 서비스를 디지털 TV에 수용하는 것이 서비스 수요창출 및 DBS 서비스 파급효과 면에서 유리하리라 생각된다.

1.3.6.2 무궁화위성 1호 및 2호의 방송 멀티미디어 서비스

무궁화위성 방송 시스템에서는 MPEG-2를 근간으로 하여 최대 4채널까지의 TV서비스 제공을 목표로 하며 그림 1-8과 같은 시스템 개념 구조를 갖는다. 본 시스템은 오디오를 포함한 다채널의 TV서비스 외에 프로그램 보조데이터 서비스와 부가데이터 서비스 제공이 가능한 방송

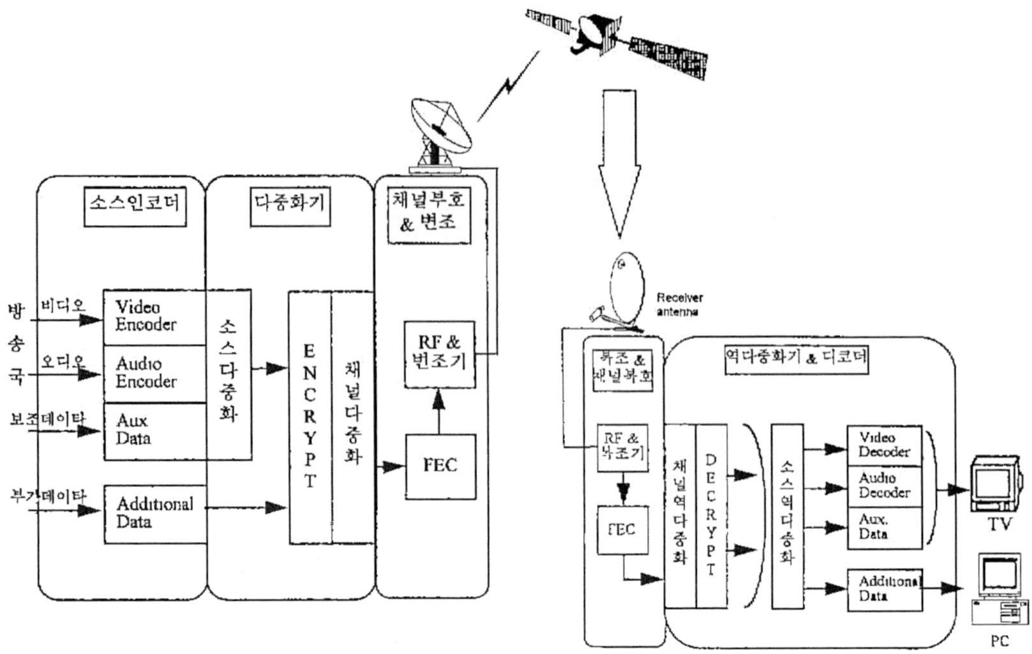

그림 1-8 **무궁화위성 1&2호 디지털 방송 시스템 구성도**

멀티미디어 서비스 시스템이다.

프로그램 보조데이터 서비스는 주 방송 프로그램에 안내를 위한 프로그램 편성표나, 프로그램 식별코드, 프로그램 예약 녹화용 데이터, 청각/시각 장애자를 위한 캡션이나 해설 음성데이터 혹은 방속국의 텔리텍스트 서비스를 예로 들 수 있다. 이러한 보조데이터 서비스는 기본적으로 방송 요구 사항에 의해 방송국에서 생성되어 전송되는 서비스로 정의할 수 있다.

부가데이터 서비스는 근본적으로 방송국에서의 처리가 가능하지만, 방송 프로그램과 직접적인 관련이 없는 지구국에서도 각종 정보 제공자나 데이터베이스와의 연동에 의해 부가데이터 서비스를 생성하여 전송할 수 있다. 이러한 부가데이터 서비스는 서비스 유형별로 크게 정지화 서비스, 음악/음성 서비스, 데이터 서비스 및 이들의 혼합 형태로 정의할 경우 ISDB 접속부는 크게 공중망 접속장치, 서비스별 처리부 및 방송 시스템 접속장치로 구분할 수 있으며, 현재 무궁화위성 방송시스템에서는 4개의 보조데이터 및 부가데이터 서비스 채널이 고려되어 있다.

다음 표 1-4에 무궁화위성의 주요 특성 및 규모를 나타내었다.

표 1-4 무궁화위성 1&2호의 주요 특성과 규모

구 분	방송용	통신용
궤도위치	동경 116도 적도 상공	
주파수대역[상]	14.5~14.8 GHz	14.0~14.5 GHz
주파수대역[하]	11.7~12.0 GHz	12.25~12.75 GHz
중계기수	3	12
중계기대역폭[MHz]	27	32
증폭기출력[W]	120	14
유효복사출력[dBW]	59.2	50.2
편파형태	좌선회원형	직선

1.3.6.3 전송 해석

현재 12 GHz대의 위성방송 회선에는 강우에 의한 수신 전계가 크게 저하되는 경우가 있으며 전송 품질을 유지하기 위해 적절한 여유를 확보하여 서비스하는 경우가 필요하다.

(1) 전송율

12 GHz대 위성방송에 의한 송신 전력은 적지만 비교적 넓은 대역의 전송로에는 디지털 변조 방식으로서, 효율이 좋은 가정용 수신기로서 용이하게 제작 가능한 QPSK와 함께 MSK를 이용하는 것이 유리하다. 이 경우에 WARC-BS에서 규정된 혼신보호비의 조건을 만족하는 범위가 된다면, 전송율은 40 Mb/s정도의 가능성도 있다. 그러나 ISDB 서비스의 한계를 넓은 범위에서 고려할 필요가 있는 경우에는 24 M~40 Mb/s정도의 전송 비트레이트의 가능성을 검토할 필요가 있다.

QPSK를 이용한 디지털 변조를 할 경우에 비트 오류의 확률은 다음과 같다.

$$C = \frac{E_s}{T_s} = \frac{E_b}{T_b} \tag{1.1}$$

$$N = N_0 B$$

여기서 C는 QPSK의 캐리어 전력을 나타내고, N은 수신 밴드폭 B(Hz)안에 잡음 전력을 나타낸다.

QPSK의 경우에 레벨의 수는 4이므로 $\log_2 4$이고 심볼당 비트의 수는 2가 된다. 따라서 C/N의 관계식은 다음 식 (1.2)와 같다.

$$\frac{E_s}{N_0} = \frac{2E_b}{N_u} = T_s\ B\ \frac{C}{N} \tag{1.2}$$

그러므로 QPSK에 대한 비트에러 평균 확률은 다음과 같은 식 (1.3)으로 표현될 수 있다.

$$\begin{aligned} P_b &= Q\left(\sqrt{\frac{E_s}{N_b}}\right) = Q\left(\sqrt{\frac{2E_b}{N_a}}\right) \\ &= Q\left(\sqrt{T_s B\frac{C}{N}}\right) = Q\left(\sqrt{2\,T_b B\frac{C}{N}}\right) \end{aligned} \tag{1.3}$$

식 (1.3)에서 전송률은 $1/T_b$이며 밴드폭은 B(27 GHz)이다. $Q(x)$의 식은 가우스 함수로서 다음 식 (1.4)로 정의된다.

$$Q(x) = \left[\frac{1}{(1-a)x + a\sqrt{x^2+b}}\right]\frac{1}{\sqrt{2\pi}} - e^{-x^2/2} \tag{1.4}$$

$$a = \frac{1}{\pi},\ \ b = 2\pi$$

(2) 오류 정정에 의한 전송 품질의 개선

위성 회선에 의한 디지털 변조를 행할 경우에 그때마다 낮은 C/N시의 전송 품질이 크게 누화되고 충분한 전송 여유를 확보할 수 없으므로 오류 정정 부호화를 사용해서 전송 품질의 개선을 행할 필요가 있다. ISDB로서 사용되는 오류 정정 부호는 높은 부호화율로서 충분한 부호화 이득이 있고, 또한 저 가격으로서 실현 가능하다. 또한, 위성통신에서 수신전력과 채널 대역폭에 의존하는 수신기에서 평균 비트 에러 확률을 최소화하는 것이 바람직하다. PSK변조에서 평균 에러 확률은 식 (1.5)와 같다. 여기서 E_b/N_0를 증가시키므로 P_b는 단조적으로 감소하게 된다.

$$P_b = Q\left(\frac{2E_b}{N_0}\right) = Q\left(\sqrt{\frac{2C}{R_b N_0}}\right) \tag{1.5}$$

만약 비트율이 R_b가 상수이면 캐리어 전력 C를 증가시켜야 하고 이것은 위성 자체 혹은 지상국의 전송 전력의 전체 전력 용량을 증가시켜야 한다는 것을 의미한다. 이것은 전력이 제한된 많은 위성 시스템에서는 불가능하다. 위성통신에서 평균 에러 확률을 감소시키기 위한 효과적인 방법은 에러 정정 코드 방법을 사용하는 것이다. 에러 정정 코딩방법은 구조화된 중복방식(structured redundancy)과 잡음평균(noise averaging) 방법이 있다. 구조화된 중복방식(Structured redundancy)은 정보 추가 혹은 여분의 심볼을 삽입시키는 방법이다. 잡음평균방식은 여분의 심볼을 여러 정보의 비트들에 의존하도록 함으로써 얻어진다.

Reed-Solomon 코드는 BCH코드의 중요한 방식으로서 이 코드는 다음과 같은 파라미터를 가지고 있다.

- ○ 심볼 길이 : 심볼당 m 비트
- ○ 코드 길이 : $n = 2m - 1$ 심볼
- ○ 정보 블록 길이 : $k = n - 2t$ 심볼
- ○ 최소 거리 : $d_{\min} = 2t + 1$ 심볼
- ○ 오류 정정 능력 : t 심볼

이 코드를 사용하여 오류를 정정할 경우에 비트 오류 확률은 다음의 식 (1.6)으로 주어진다.

$$
\begin{aligned}
P'_b &\le \sum_{i=t+1}^{n} \frac{i+t}{n} \binom{n}{i} P'^{1} (1-p)^{n-1} \\
&\le \frac{2t+1}{n} \binom{n}{t+1} P'^{\,t-1}
\end{aligned}
\tag{1.6}
$$

식 (1.6)에서 P'은 다음의 식 (1.7)로 표현될 수 있다.

$$
\begin{aligned}
P' &= Q\left(\sqrt{\frac{2E_s}{N_0}}\right) = Q\left(\sqrt{\frac{2RE_b}{N_0}}\right) \\
&= Q\left(\sqrt{2T_b B \frac{C}{N} R}\right)
\end{aligned}
\tag{1.7}
$$

여기서 $R = k/n$이면 보통 RS(255, 239) 코드가 많이 사용된다.

1.3.6.4 데이터 서비스 전송용량

데이터 서비스 전송용량은 TV 신호의 비디오나 오디오에 소요되는 전송용량과 시스템 링크설계에 크게 좌우되므로 데이터 서비스 요구사항 및 전송용량은 이를 충분히 고려하여야한다. 현재 검토되고 있는 링크 설계와 비디오 전송용량으로 살펴보면 다음과 같다.

- ○ 중계기당 가능한 전송용량 : 38 Mbps 정도
- ○ 순수 정보 데이터 전송용량 : 26.6 Mbps 정도
- ○ 4채널 TV 전송용량 : 4*(6 Mbps(V) + 384 Kbps(A))=25.54 Mbps 정도

여기에서 보조 및 부가데이터 서비스용으로 사용할 수 있는 전송용량은 방송 시스템에서 제어용 및 가입자 관리용 등으로 할당된 용량을 제외하여야 하므로 900 Kbps 정도를 4개의 보조 및 부가데이터 서비스 채널에 할당할 수 있다. 따라서 보조 및 부가데이터 채널의 전송 용

량은 채널당 110 Kbps 정도로 볼 수 있다. 이러한 가정하에서 4개의 부가 데이터채널에 의해 데이터 서비스를 제공하는 경우에 대해 고려해 본다.

- ○ 컬러 정지화(1,000 Kbit/장) 및 설명용 음성 서비스
  - 정지화 : 100 Kbps시 10초 소요
  - 음성 : PCM 및 ADPCM 사용(64~32 Kbps)
  - 필요용량 : 164~132 Kbps 정도
- ○ 음성(및 음악)방송 서비스
  - MPEG 급 :128~256 Kbps
- ○ 데이터 서비스(100 Kbps 이하)
  - 텔리소프트웨어(256 Kbit/S/W) : 20 Kbps시 13초 소요
  - G3 FAX : 20 Kbps시 25초 소요
  - 악기 연주 데이터 : 5 Kbps 정도
  - 기타
- ○ 데이터 서비스
  - 증권, 부동산, 관광, 상품 및 각종 정보 등을 텔리텍스트 형으로 제공
  - 100 Kbps~200 Kbps정도

위의 예는 서비스를 유형별로 4가지 형태로 구분한 것으로 초기 단계의 서비스는 텔리 텍스트형의 데이터 서비스를 우선 실시하고, 음악 방송과 같은 방송국과의 이해 관계가 있는 부분은 제외하는 형태가 바람직하며, 음악 대신에 화상, 문자 및 도형의 설명용 음성 데이터 서비스는 무난하리라 생각된다. 첨부로 멀티미디어 위성방송서비스의 종류를 표 1-5에 제시한다.

표 1-5 **위성방송 멀티미디어 서비스의 종류**

서비스종류	기 능	규격 · 성능	소요 전송용량	이 용 예
디지털TV	디지털 부호 압축	영상 : 운동보상DCT 음성 : 마스크효과 이용, 서브밴드부호화(1~4CH /중계기)	7~10 Mbps/ch	TV(다채널)
팩시밀리	문자,도형,사진 등의 정보방송을 종이에 인쇄하여 출력	해상도 : 8 dot/pixel 전화, 팩시밀리 G3급 방식 준용	20 Kbps/ch (20~30초/A4)	전문 뉴스,프로그램
텔리소프트웨어	S/W별 최신정보 데이터로 방송	File 전송, 오류검출 강화	10~20 Kbps	소프트전송, 각종 정보데이터

서비스종류	기 능	규격·성능	소요 전송용량	이 용 예
디지털 정지화	표준방식정지화, 문자, 음성을 조합하여 하는 정보 서비스	정지화상; ADCT 문자 : JIS 8단위 부호계	70 Kbps/ch (10초/매)	각종 카탈로그, 각종 정보
Tele Music	자동악기연주정보의 디지털 부호화 방송	연주의 고음, 음장, 음강, 발음, 시각 등을 부호화 전송	1~3 Kbps	피아노 콘서트,피아노 음악교실
고기능 텔리텍스트	문자, 도형, 정지화 등의 상세정보 서비스	표시문자수 : 약500자/장 정보선택방식 : 프로그램표, 분류별 선택	100~200 Kbps	최신뉴스 서비스,상세정보서비스
Audio Graphic	High-Vision 정지화의 PCM음성과 조합	정지화상 : ADCT 화면표시효과 : 전체지움, 부분표시	800 Kbps/ch (10초/매)	미술감상, 환경비디오, 카탈로그정보
음성	다양한 정보, 고품질의 음악 등을 동시에 여러개 방송	마스크 효과이용, 서브밴드 부호화	32~128 Kbps	장르별 음악, 외국어 뉴스
프로그램 안내	디지털 TV등의 프로그램표 등, 각 프로그램의 인덱스 방송	프로그램의 인덱스에 의한 프로그램명, 분류	10 Kbps/ch	TV자동수신, TV자동녹화, 1주간 TV 프로그램

1.4 VSAT(very small aperture terminal)시스템

1.4.1 지구국 기술의 발전 배경

전자통신기술이 급격한 발전으로 위성통신 분야에서의 디지털화가 보편화되고 지구국은 소형화, 단순화, 저가화와 더불어 다양한 서비스 적용으로 발전되고 있다. 지구국 기술 분야는 30년 전 초창기의 30 m급의 안테나와 6 KW 급의 마이크로파 증폭기를 붙여서 약 1 MW의 출력을 가진 초대형 지구국이었다. 이렇게 거대 복잡한 지구국의 건설 배경은 당시의 지구국 기술이 진보되지 못해서가 아니라 상대적으로 열악한 위성의 성능에 기인한 것이었으며 트랜스폰더의 출력은 8 W에 불과하였다. 그 당시에는 위성통신시스템은 대륙 간 장거리 통신에만 효용가치가 있는 것으로 간주되었으며 광활한 지역을 커버하기 위한 위성탑재안테나는 아주 낮은 이득을 가질수 밖에 없었다. 따라서 지구국 설계는 저출력 위성체를 고려해서 상대적으로 이득 보상을 위해 거대한 지구국 설계가 불가피하였었다. 그러나 지역 간 서비스 개념이 위성통신에 서서히 도입됨에 따라 지구국의 소형화가 이루어지기 시작하였는데, 예를 들면 1969년 캐나다에서 위성을 이용한 지역 서비스에는 직경 8 m의 TV수신용 안테나와 1 KW급 증폭기를 가진 지구국이 등장하였다. 1970년대에 들어서면서 위성 기술은 꾸준히 발전하여 트랜스폰더의 출력은 약 20 W 레벨이 되었고 잡음 온도도 1,000 K까지 떨어졌으며 유럽의 지역위성의 경우 직경 2 m의 TV 수신 안테나가 스팟빔으로 가능함을 보였다. 1980년대 초기에 지구국 성능에 일대 혁신을 가져온 저잡음 수신용 FET 증폭기와 송수신용 SSPA의 개발로 인하여 대량 생산에 의한 생산가 하락을 유도하였고, 시스템 수명과 신뢰도를 증가시키며 소형화가 본격적으로 이루어졌다.

VSAT(Very Small Aperture Terminal)의 개념은 이때부터 출발하였다고 볼 수 있는데, SSPA의 저출력화로 인하여 대역폭 축소와 저속 데이터 전송 혹은 음성 채널수에 제약을 받은 반면, 단말국의 소형화, 저가화가 가능하여 VSAT망 개념인 성형망 Two Hops통신에 대한 망 응용연구가 활발하였다. 이로 인하여 단말국의 소형 저가 방식을 극대화하기 위한 방편으로 허브(hub)중심국의 고출력, 다기능부여를 촉진하여 VSAT망을 제어 관리하는 고도의 소프트웨어를 장착하고 단말국의 모든 트래픽 할당과 통신로 개폐기능을 부여하기에 이르렀다. 주요 기능으로는 다중접속방식 및 제어, 채널 할당과 신호 관리, 망 유지보수 및 형상 관리, 과금 및 통계 관리 등이 있으며, 현재까지 Hubless VSAT를 포함하여 이러한 다양한 기능 부여는 VSAT망 설계에 기본이 되고 있다.

1.4.2 VSAT 시스템의 특성

1980년대 초 성형망 구조(Star Network Topology)의 C밴드용 초소형 지구국이 미국의 Equatorial 사에 의해 처음 소개된 후 많은 제작회사들에 의해 VSAT 시스템의 개발이 진행, 상용화되어 운영되고 있다. 국내에서는 1991년부터 한국전자통신연구소, 현대, LG, 삼성이 공동으로 VSAT 시스템을 개발 완료하였으며 INTELSAT 위성을 통한 필드 시험을 거쳐 시범망 서비스가 운영되고 있다.

VSAT이란 용어 자체의 의미와 같이 매우 작은 안테나와 그에 따른 데스크 탑 크기 정도의 소형 지구국을 말한다. 즉, VSAT은 소형 정보통신용 위성지구국의 총칭이나 일반적으로 저속 데이터 단말용 지구국을 말하며 업무용 위성 VAN을 구성하는 데 많이 사용되고 있다.

VSAT 시스템은 하나의 중심국(Hub Station)과 다수의 단말국(Remote Station)으로 구성되는 성형망로 구성되며 NMS(Network Management Svstem)를 통하여 시스템을 구성 운용할 수 있도록 하는 중앙집중제어방식을 갖도록 설계되어 있다(그림 1-9 참조).

서비스에 있어서 초기에는 데이터 전송망을 위한 것이었으나 그 수요의 증가와 다양한 사용자 요구, 위성통신 기술의 발달로 현재는 데이터뿐만이 아닌 동화상, 정지화상, 음성 서비스까지 제공되고 있다.

1.4.2.1 신호 방식

VSAT 시스템은 크게 두 가지 신호 흐름을 구분할 수 있다. 하나의 중심국에서 단말국들로 보내는 TDM(Time Division Multiplexing) 신호이고, 다른 하나는 단말국에서 중심국으로 보내는 TDMA(Time Division Multiple Access)이다. 우리는 편의상 전자를 아웃바운드(Outbound) 신호, 후자를 인바운드(Inbound) 신호라 부른다. 한편, 인/아웃바운드에 대한 주파수 할당은 주어진 밴드 내에서 운용자가 결정할 수 있으며 일반적으로 하나의 아웃바운드에 다수의 인바운드를 사용한다.

(1) 아웃바운드(outbound) 신호

아웃바운드는 TDM방식으로 보통 56 Kbps~512 Kbps 의 전송 속도를 갖는다. 이 아웃바운드

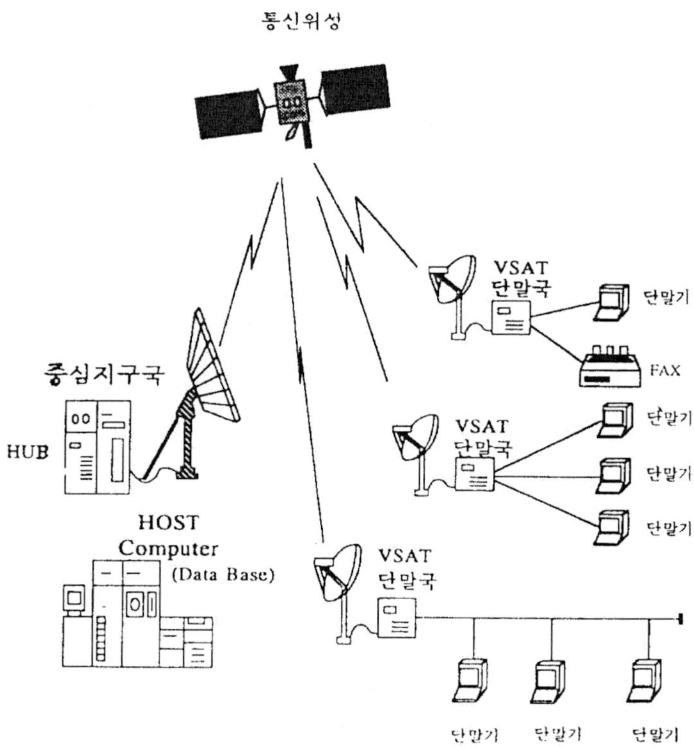

그림 1-9 VSAT 시스템 구성

는 다음과 같은 정보를 전송한다.

- 단말국의 클록 동기를 위한 SYNC정보
- TDMA 프레임 동기를 위한 타이밍 정보
- 단말국 제어를 위한 중심국으로부터의 제어명령
- 사용자 데이터

(2) 인바운드(inbound) 신호

인바운드는 TDMA 방식의 버스트 형태로 전송된다. 전송 속도는 보통 56 Kbps~256 Kbps로 프리앰블(preamble), 데이터 프레임, 포스트앰블(Postamble)의 전형적인 TDMA 버스트 구조를 갖는다.

1.4.2.2 위성 링크 연결

(1) 링크 프로토콜

전송되는 데이터에 대한 신뢰도와 효율을 높이기 위해 위성 링크 프로토콜을 사용하는데 대부분의 상용화된 제품들이 IOS(International Organization for Standardization)에서 제안하는 HDLC(High Level Data Link Control) 확장 모드 프로토콜을 위성 링크에 알맞게 수정하여 사용하고 있다. 프로토콜 형식은 주로 다음의 내용으로 구성된다.

- Frame Flag Field
- Source(HUB/RS) and Destination(RS/HUB) Address Field
- Control Information Field
- Frame Sequence Information Field
- Data Field
- Frame Error Check Field

위의 내용 중 데이터 필드의 길이는 입력되는 데이터량에 따라 변할 수 있다. 그러나 트래픽 채널의 효율상 그 최대치는 초과할 수 없으며 만일 최대치보다 큰 데이터량의 전송 요구가 있을 경우 중심국 및 단말국은 이를 임의의 크기로 분리(sliding)하여 보낼 수 있다.

(2) 채널 액세스 방식

VSAT 시스템을 개발한 회사들은 각기 고유한 채널 액세스 방식을 개발하여 사용하고 있으나 그 기본은 다음의 몇 가지로 요약할 수 있다.

1) 고정할당(Fixed Assigned)/사전할당(Pre-Assigned) TDMA

단말국 각각에 고정된 슬롯을 할당하는 방식이다. 전송할 데이터가 없을 경우에는 할당된 슬롯을 사용하지 않는다. 전송할 데이터가 발생할 경우 가장 높은 처리 능력을 가지며 주로 Predicatable, Repeatable 등에 사용된다. 그러나 적은 양 버스트 데이터에는 적합하지 못하다.

2) 예약(Reservation)TDMA

단말국의 요구 또는 중심국의 필요에 의해 중심국이 한 단말국에 독점적인(Eaclusive) 슬롯을 할당하는 방식이다. 슬롯 요구/응답에 의한 처리 시간의 소요 등으로 응답 시간이 중요하지 않은 대규모 데이터 전송에 적합하다.

3) 불규칙 접속 TDMA

전송할 데이터가 있을 경우 미리 시스템적으로 정의된 슬롯 경계(boundary)상에 동기된 버스트를 전송하는 방식이다. 한 채널상의 슬롯들을 여러 단말국들이 랜덤하게 공유하기 때문에 채널 처리율이 낮으며 또한 충돌이 발생할 수 있다. 버스트, 양방향 데이터 트래픽에 적합하다.

4) 혼합방식 TDMA

불규칙 접속 TDMA를 혼합한 방식이다. 평상시에는 불규칙 접속 TDMA로 동작하다가 트래픽 양의 증가 또는 충돌 발생 비율이 특정치 이상으로 증가할 경우 불규칙 접속 TDMA로 전환하여 데이터를 전송하고 다시 불규칙 접속 TDMA로 돌아가는 방식이다. 이러한 전환은 중심국에서 제어한다.

1.4.3 VSAT 구조와 기능

1.4.3.1 중심국의 구조와 그 기능

중심국의 그 기능상 크게 RF, IF, BBP, NMS 등의 서브시스템으로 분류할 수 있다.

(1) RF(Radio Frequency)서브시스템

이 서브시스템은 대부분 5~7 m급의 안테나와 HPA(High Power Amplifier), LNA(Low Noise Amplifier), Up/Down 변환기 및 부가적으로 안테나 트래킹 장치 등으로 구성되어 있으며 이들 장비의 상태(고장 여부, 성능 저하 여부 등)를 관찰하고 제어하기 위한 원격감시 및 제어(Monitoring & Control)장치가 있다. 또한, 도플러(Doppler) 효과에 의한 주파수 편이를 보상하기 위한 AFC(Automatic Frquency Control)장치도 여기에 속한다. RF서브시스템의 주요 기능은 다음과 같다.

- 송신신호증폭(Transmit Signal Amplification) : HPA
- 송신주파수상향변환(Transmit Frequency Up Conversion) : Up Converter
- 수신신호저잡음증폭(Received Signal Low Noise Amplification) : LNA

- 수신주파수하향변환(Received Frequency Down Conversion) : Down Converter
- 안테나 추적(Antenna Tracking)
- 자동주파수제어(AFC)

또한, Ku 대역의 경우 EFT 증폭기의 최대 출력은 5 W, Ka 대역에서는 200 mW정도이나 기술의 발전과 더불어 성능 향상이 꾸준히 늘어날 전망이다. 이렇게 되면 고속 데이터 전송이 가능해지므로 다양한 서비스와 VSAT의 응용이 뒤따를 것이다. VSAT 단말의 옥외 장치의 경우 송수신부의 단일화 연구 개발에 많은 진전이 있으며 이는 결국 가격 하락을 촉진시키게 되는데, 일례로 MMIC 기술은 단 방향 TV수신 기술에 응용되고 있고 대량 생산을 통하여 생산 단가를 줄일 수 있을 것으로 판단된다.

(2) IF(Intermediate Frequency)서브시스템

변조부, 복조부 및 부복화부가 주된 구성요소이다. 이 서브시스템의 주요 기능은 다음과 같다.

- 중심국에서 각 단말국으로 보내지는 베이스밴드 신호를 변조한다. 연속형의 변조기가 사용되며 하나의 아웃바운드에 하나의 변조기가 사용된다.
- 각 단물국으로부터의 신호를 복조한다. 버스트 형태의 복조기가 사용되며 BPSK 또는 QPSK 방식의 복조를 수행한다. 하나의 인바운드에 하나의 복조기가 사용된다.
- 데이터 전송 시 발생할 수 있는 오류들로부터 실제 데이터를 보호하고 오류 발생 시 이를 정정할 수 있도록 1/2 비율의 컨볼루션 부호기, Viterbi Decoding을 수행한다.
- Power Combine 및 Splite 기능을 수행한다.

(3) BBP(BaseBand Processor)서브시스템

BBP 서브시스템은 크게 두 부분으로 나누어 생각할 수 있다. 하나는 위성 링크 연결 및 위성 액세스 프로토콜을 관장하는 위성쪽 접속부이고, 다른 하나는 사용자 프로토콜을 처리하여 줄 수 있는 사용자 터미널쪽 접속부이다. 두 부분 모두 하나 이상의 16 또는 32비트급의 프로세서를 사용하여 구성되어 있다. BBP서브 시스템의 주요 기능은 다음과 같다.

- 위성링크접속과 종료(Satellite Link Connection/Disconnection)
- 위성링크 접속 프로세싱(Satellite Link Acess Processing)
- 패켓 라우팅(Packet Routing)
- 이용자단말기 인터페이스(User Terminal Interface)
- 위성링크 프로토콜과 이용자 단말기 프로토콜 변혼
- 시스템상황에 대한 실시간 프로세싱

IF 및 BBP 분야인 옥내 설비의 경우도 DSP칩화 기술이 발달함에 따라 IF신호 하단부를 디지털화함으로써 대량 생산시 아날로그보다 월등한 가격 성능 우위가 예견되고 있고 경량화에도 많은 영향을 미치게된다. 또한, 디지털화가 고도화 되면 모든 신호의 제어 및 처리가 컴퓨터 기반의 소프트웨어 중심으로 운영되기 때문에 소자 파라미터의 변경 및 추가, 모니터, 프린터, 음성 출력기기 등의 주변기기 혹은 LAN 등의 접속 기능이 단일 표준화를 통하여 크게 향상될 것이다.

(4) NMS(Network Management System)

VSAT 시스템을 사용하여 망을 구성할 때 그 망의 전반적인 사항을 정의하고 관리하는 역할을 수행한다. 주로 워크스테이션(workstation)상에 구현되어 있으며 관계형 데이터베이스 관리 시스템을 사용하여 모든 자료를 관리한다. 또한, 운용자의 편리상을 위해 그래픽화된 운용자 인터베이스를 제공한다. 주된 기능은 다음과 같다.

- 네트워크 구성(Network Configuration)
  단말국 구성, 중심국 구성, 주파수 할당, 위성 정보, 사용자 프로토콜 구성, 위성 프로토콜 구성 등에 필요한 파라미터를 결정한다.
- Network Component, Parameter, Event의 데이터 베이스 구축/관리
- 필요한 내부 소프트웨어, 파라미터 및 프로토콜 다운로딩
- 네트워크 장치(Network Component) 들의 감시 및 제어
  과금 및 트래픽 통계자료 수집

VSAT의 NMS와 소프트웨어 기술에 따라 성형망을 기반으로 하여 본사와 전국에 산재한 지점 간에 양방향 혹은 단방향 통신서비스로 발전되어 왔으며 그 응용폭은 예약 서비스, 재고 관리, 문의 조회, POS, 파일 전송 보고, 공중망 서비스, E메일 서비스, 단방향 음악 방송 등 매우 다양하고 넓어서 전국을 대상으로 하는 사업자에게는 활용도가 높다. 이렇게 폭넓은 응용이 가능하게 된 배경에는 VSAT 시스템에 내장된 소프트웨어 모듈들이 트래픽 제어, 유지 보수, 망형상 관리, 과금 통계 관리 등의 시스템 소프트웨어와 X.25, ASYNC, LAPB, HDLC와 같은 접속 프로토콜과 위성 다중접속 프로토콜 기능에 기안한다고 볼 수 있다. 앞으로의 VSAT은 양방향 음성, 화상 서비스로 확장하여 감에 따라 VSAT과 VSAT 단말 간의 망형(Mesh) 접속을 필요로 하게 되었고 이에 따른 제어 소프트웨어의 기능 개발이 계속 되고 있다.

1.4.3.2 단말국의 구성 및 기능

단말국은 1.2~2 m급의 안테나, 2 W 급의 SSPA(Solid State Power Amplifier), LNB(Low Noise Block Down Converter), 변조부, 복조부, IF부 제어 및 감시부, BBP 등으로 구성되어져 있으며 각각의 기능들은 중심국과 유사하다. 단말국은 중심국에서 제공하는 비트 정보를 이용하여 클록 및 프레임(슬롯) 동기 신호를 발생시킨다. 한편, 필요한 소프트웨어 및 파라미터들은 네트워크 초기화 시 중심국으로부터 다운로딩 받는다. 그림 1-10에 VSAT 단말국의 계통도를 나타내었다.

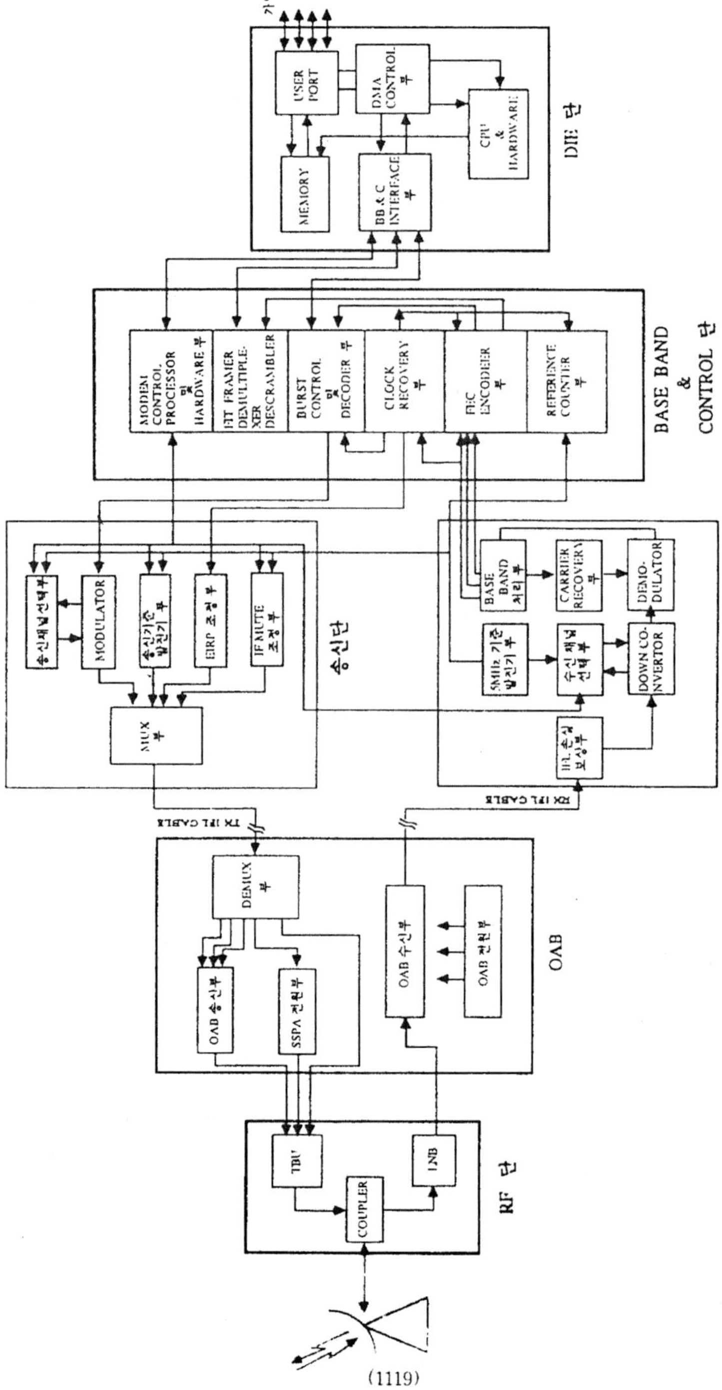

그림 1-10 VSAT 단말국 계통도

CHAPTER 02

궤도 (orbit)

2.1 개념

지구를 비롯해서 여러 개의 행성이 태양의 주위를 돌고 있고, 달이 지구 주위를 일정한 속도로 정해진 경로(route)를 따라 돌고 있다. 이와 같이 태양의 주위를 돌고 있는 행성(planet)이나 지구 주위를 돌고 있는 지구의 위성(satellite)인 달은 일정한 회전경로(route)를 가지고 있는데, 이 경로를 궤도(orbit)라고 한다.

한편, 지구를 돌고 있는 위성에는 달 이외에 인간이 만들어서 지구 주위를 돌게하고 있는 위성, 즉 인공위성(artificial satellite)이 각각의 목적에 따라 정해진 궤도에서 선회하고 있다. 행성이 태양을 한바퀴 도는 데 걸리는 기간을 1주기라고 한다. 지구가 태양을 한바퀴 도는 데 걸리는 1주기는 365일이 되고 달이 지구를 한바퀴 도는 데 걸리는 1주기는 1달이 된다. 표 2-1(a)는 행성별 태양에 대한 주기표이다.

지구를 돌고 있는 인공위성이 무게가 동일하다고 할 때 지구로부터의 궤도의 고도가 높을수록 지구를 도는 데 걸리는 1주기가 길어진다. 다시 말하면 인공위성이 지구와 가까운 궤도에서 지구를 선회할수록 속도가 빨라져서 지구에 대한 1주기가 짧아진다. 궤도는 크게 원형궤도와 타원궤도, 저궤도와 정지궤도로 구분할 수 있다. 원형궤도는 궤도의 형태가 원형으로서 지구로부터의 고도가 궤도의 어느 지점에서도 동일한 궤도이다. 극궤도(polar orbit)와 적도면 정지궤도(equatorial geostationary orbit)가 이에 해당된다. 극궤도는 지구의 적도면과 경사각이 90°로서 저궤도(lower orbit)에서 운용하면 인공위성이 지구를 매일 여러번 회전하게 된다. 이 때 인공위성이 처음 출발한 지점으로 되돌아 오는 동안 지구는 자전한다. 그러므로 다음의 궤도경로는 지구의 다른면 상공을 지나가게 되어 하루에 지구의 여러 곳의 상태를 관측할 수 있어 지구 관측용 궤도로서 이용된다. 표 2-1(b)는 원형궤도(circular orbit)에 대한 고도별 주기를 보여주고 있다. 적도면궤도(equatorial orbit)는 지구의 적도면과의 경사각이 0°로서 고도가 낮은 대기궤도(parking orbit)와 고도가 높은 정지궤도(geostationary orbit)가 이에 해당된다.

대기궤도는 달이나 행성 또는 전이궤도(transfer orbit)에 인공위성을 보내기 위해서 엔진을 재점화(refiring)하기 위한 궤도이다. 정지궤도(GSO)는 통신위성 등에 이용되는 궤도로서 인공위성의 속도가 지구의 자전속도와 같다. 그러므로 지표면에서 볼 때 항상 제 위치에 정지해 있는 것처럼 보이는 궤도이다. 타원궤도(elliptical)는 궤도의 형태가 타원으로서 지구와 가장 가까운 궤도점을 근지점(perigee), 지구에서 가장 먼 곳에 있는 궤도점을 원지점(apogee)이라고 한다. 전이궤도(transfer orbit)는 타원궤도로서 위성을 정지궤도나 특별한 궤도에 진입시키기 위하여 임시로 사용된다. 정지궤도에 진입하는 위성은 위성이 전이궤도의 원지점에 있을 때 정지궤도 진입용 로켓(Apogee Kick Motor : AKM)을 이용하여 정지궤도에 진입시킨다. 해상무선측위에 사용하는 GPS(global positioning system) 위성, NAVSTAL와 소련의 통신위성 MOLNYA 등이 타원궤도를 이용하고 있다. 이 궤도는 근지점에서 위성의 속도가 원지점에서

표 2-1 **행성별 태양에 대한 주기표 및 원형궤도에 대한 고도별 주기표**

행 성 명	자전속도	공전속도	직경(Km)	태양으로부터의 거리(millionKm)
수 성	59일	88일	4,878	58
금 성	243일	225일	12,104	108
지 구	24시간	365일	12,756	150
화 성	24시간1/2	687일	6,794	228
목 성	10시간	12년	142,800	778
토 성	10시간1/4	29년1/2	120,000	1,427
천왕성	15시간1/2	84년	51,800	2,870
해왕성	16시간	165년	48,000	4,497
명왕성	6일 9시간	248년	3,000	5,916

(a) 행성별 태양에 대한 주기표

고 도(Km)	1주기 시간	1일 주기횟수
150	1시간 27분	약 16번
200	1시간 28분	약 16번
500	1시간 34분	약 15번
800	1시간 41분	약 14번
1,500	1시간 56분	약 12번
4,000	2시간 55분	약 8번
10,000	5시간 47분	약 4번
20,000	11시간 50분	약 2번
36,000	24시간 07분	약 1번

(b) 원형궤도에 대한 고도별 주기표

보다 매우 빠르므로 위성이 대부분의 시간을 근지점 외에서 운용되는 점을 이용하여 타원궤도를 유용하게 이용한다.

본장에서는 주로 통신위성에 사용되는 정지궤도와 위성과의 관계를 설명하고자 한다. 그림 2-1(a)는 궤도의 종류에 대한 것이다. 그림 2-1(b)는 각 궤도와 적도면과의 경사각에 대한 관계를 보여주고 있다. 궤도가 적도면과 경사각이 생기면 지구면에 나타나는 위성의 궤적(subastelite point)이 8자 형태를 가지게 되며 경사각이 클수록 이 8자 모양이 커진다. 그림 (c)는 이것을 보여주는 것으로 이 경사각을 크게 함으로써 극지방에 대한 위성의 통신가능지역(coverage)을 넓게 할 수 있다.

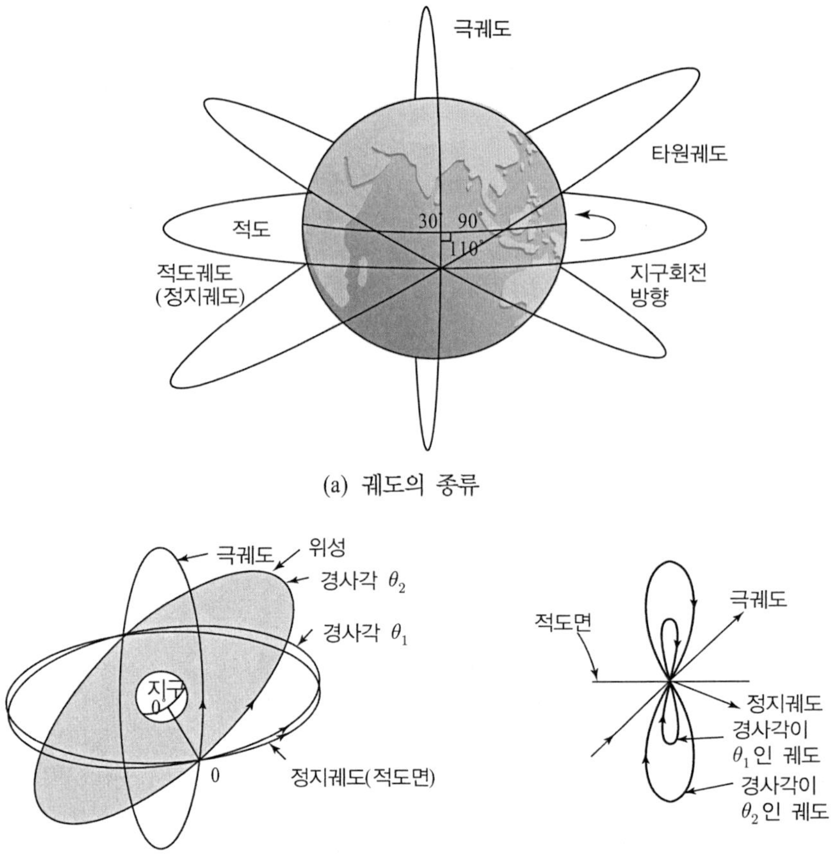

(a) 궤도의 종류

(b) 경사각과 궤도

(c) 위성의 지구면 궤적 모양

그림 2-1 **궤도 종류 및 특성**

2.2 기본 법칙

2.2.1 케플러 법칙(Kepler's law)

인공위성은 태양을 중심으로 돌고 있는 행성운동의 법칙과 동일한 법칙으로 지구를 중심으로 회전한다.

행성의 운동에 대해서는 오래 전부터 관측에 의해 많은 것들이 알려져 왔다. 케플러(Kepler)도 이들 관측 결과에 의해 경험적으로 행성의 운동을 설명하는 세 가지 법칙을 추론하였다. 뉴턴(Newton)은 1665년에 자신의 역학법칙과 중력이론에서 케플러 법칙을 유도해 냈다.

일반적으로 케플러 법칙은 중력을 통해 상호작용하는 공간내 두 물체에 작용한다. 두 물체중 큰 물체를 행성 또는 주성이라 하고 작은 다른 물체를 위성이라 한다. 케플러의 제1법칙은 행성을 중심으로 한 위성의 궤도가 타원형이라는 것이다. 이 타원은 2개의 초점을 갖게 되며 두 물체계의 무게 중심은 이 2개의 초점중에 하나가 된다.

인공위성은 지구의 무게에 비해 무게가 매우 작으므로 지구를 중심으로 한 인공위성의 타원궤도에서의 무게 중심은 항상 지구의 중앙에 있게 된다.

케플러의 제2법칙은 위성이 단위시간당 행성의 중심을 기준으로 회전한 면적은 궤도내 어느 부분에서나 동일하다는 것이다. 그림 2-2에서 위성이 초당 회전한 거리가 S_1, S_2라 할 때 면적 A_1과 A_2는 같다는 것이다.

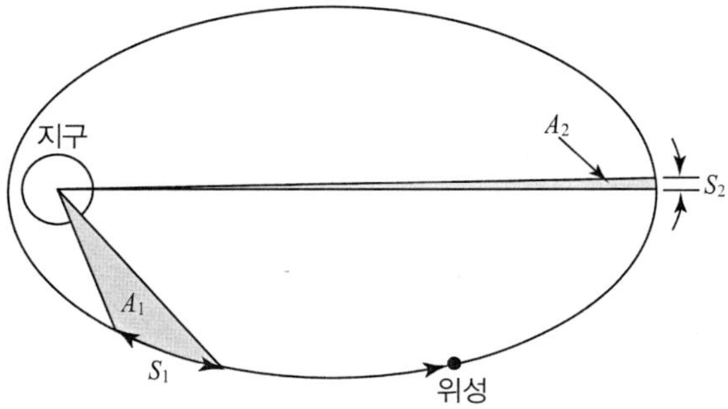

그림 2-2 **케플러 제2법칙의 시간과 면적관계**

따라서 거리 S_1과 S_2에서의 위성의 평균속도는 초당 각각 V_1과 V_2이고 이때의 면적이 동일하기 때문에 S_2 부분에서의 위성의 속도는 S_1 부분에서의 위성의 속도보다 느리게 된다.

케플러의 제3법칙은 궤도 주기시간의 제곱은 두 물체간의 평균거리의 세제곱에 비례한다는 것이다.

이때 주기시간은 궤도를 1회전하는 데 걸리는 시간이고 평균거리는 타원의 가장 긴축의 반지름으로서 주기시간을 T, 평균거리를 a라고 할 때 다음의 공식으로 나타낸다.

$$a = kT^{2/3} \tag{2.1}$$

k는 상수로서 평균거리 a의 단위가 Km, 주기시간 T의 단위가 평균 태양일(mean solarday)일 때 지구에 대해 42,241.0979가 된다.

이 공식은 지구가 완전 구체이고, 또한 인공위성이 대기저항과 같은 요란력의 영향을 받지 않는다고 가정한 이상적인 상태의 경우에만 적용된다.

이와 같은 상태에서 위성의 평균운동은

$$n = \frac{2\pi}{T}(\text{rad/일}) \tag{2.2}$$

이 된다.

2.2.2 뉴턴의 법칙

궤도역학 이론의 기초가 되는 물리의 기본 법칙은 뉴턴의 우주 중력법칙과 운동 제2법칙이다. 중력법칙은 두 물체간에 작용하는 중력은 질량 M과 m의 곱, 두 물체간 거리 $\mathbf{r}$의 제곱에 의해 변하고 이들 두 물체는 각 중심을 축으로 작용한다는 것이다.
즉 질량 m에 작용하는 힘은

$$\mathbf{F} = -\frac{GMm}{r^2}\frac{\mathbf{r}}{r} \tag{2.3}$$

여기서 G는 우주중력 정수로서 $6.67\times10^{-11}(\text{m}^3\text{kg}^{-1}\text{s}^{-2})$이다. M을 지구의 질량이라고 할 때 지구질량 M은 $5.977\times10^{24}(\text{kg})$이 된다. 뉴턴의 운동 제2법칙은 물체의 가속은 그것에 작용하는 힘에 비례하고 그 물체의 질량에 반비례 한다는 것이다.

질량을 m, 가속도를 $\mathbf{a}$라고 할 때 m에 작용하는 힘은

$$\begin{aligned}\mathbf{F} &= m\mathbf{a} \\ &= m\frac{d\mathbf{V}}{dt}\end{aligned} \tag{2.4}$$

여기서 $\mathbf{V}$는 속도이고, t는 시간이다. 벡터 $\mathbf{r}$은 M으로부터 m까지이다.

식 (2.3)과 (2.4)로부터 위성의 질량이 중심체의 질량과 비교해서 무시할 수 있을 정도로 작다고 하면 위성의 질량에 관계없이 모든 위성은 중심체로부터 동일한 거리에서 동일한 가속도를 가짐을 알 수 있다.

동일궤도내에 있는 2개의 위성은 속도가 다를 수 없다. 지구로부터 궤도까지의 거리가 모든 궤도에 걸쳐 동일한 원형궤도의 경우, 속도는 궤도반경의 평방근에 역비례한다. 만일 원형궤도내에 있는 위성이 추진기에 의해 속도증가를 일으킨다해도 그 궤도내에서 위성의 속도가 빨라져 회전주기가 짧아지지 않는다. 단지 궤도의 모양만이 타원궤도로 변한다. 이때 추진기의 힘이 발생한 위치가 궤도중 중심체에서 거리가 가장 근접한 근지점이 된다.

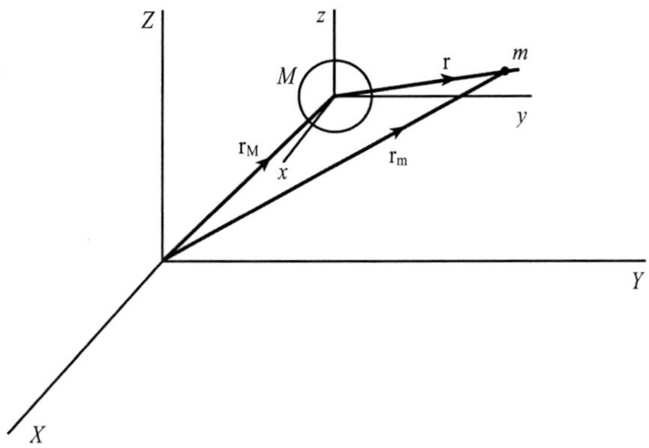

그림 2-3 중심체 M과 위성체 m의 기하도

2.2.3 행성과 위성의 상호 작용관계

그림 2-3를 이용하여 식 (2.3)과 (2.4)로부터 행성 M에 관한 위성 m의 가속을 나타내는 두 물체에 대한 기본 벡터 미분방정식을 다음과 같이 구할 수 있다. 그림에서 $\mathbf{r}$을 1차 미분하면 속도 $\mathbf{V}$가 되고 2차 미분하면 가속도 $\mathbf{a}$가 되므로 $\mathbf{r}_\mathrm{m}$과 $\mathbf{r}_\mathrm{M}$의 가속도를 $\mathbf{a}_\mathrm{m}$, $\mathbf{a}_\mathrm{M}$이라고 하면 가속도 $\mathbf{a} = \mathbf{a}_\mathrm{m} - \mathbf{a}_\mathrm{M}$이 되므로

$$m\mathbf{a}_m = -\frac{GMm}{r^2}\frac{\mathbf{r}}{r} \tag{2.5}$$

$$M\mathbf{a}_M = +\frac{GMm}{r^2}\frac{\mathbf{r}}{r} \tag{2.6}$$

$$\boldsymbol{a} = -\frac{G(M+m)}{r^3}\mathbf{r} \tag{2.7}$$

여기서 $\mathbf{r} = \mathbf{r}_\mathrm{m} - \mathbf{r}_\mathrm{M}$

이 된다. 이것은 질량 M인 물체에 대해 질량 m인 물체의 가속을 특징짓는 두 물체 간에 대한 미분방정식이다. 식 (2.7)의 결과 케플러의 "주기제곱이 반장축의 세제곱에 비례한다"는 제 3법칙이 "주기제곱이 반장축의 세제곱과 두 질량의 합에 비례"하게 됨을 알 수 있다.

인공위성에 대해서는 지구질량 M이 인공위성질량 m에 비해 매우 크므로 식 (2.7)에서 m을 무시할 수 있으므로

$$\mathbf{a} = -\frac{GM}{r^3}\mathbf{r} \tag{2.8}$$

로 나타낼 수 있다. 이 식에서 GM은 케플러 정수 μ로 나타낼 수 있다. 지구에 대한

$\mu = GM = 398{,}600.5\text{Km}^3/\text{s}^2$이다.

또한, M으로부터 m까지의 단위벡터 $U_r = \dfrac{\mathbf{r}}{r}$이므로 식 (2.8)은 다음과 같이 나타낼 수 있다.

$$\mathbf{a} = -\frac{M}{r^2}U_r \tag{2.9}$$

식 (2.9)는 인공위성의 연구에 이용되는 기본 미분방정식으로 이 식에 의해 케플러 법칙을 증명하고, 몇 가지 유용한 결과를 얻을 수 있다.

2.3 궤도역학

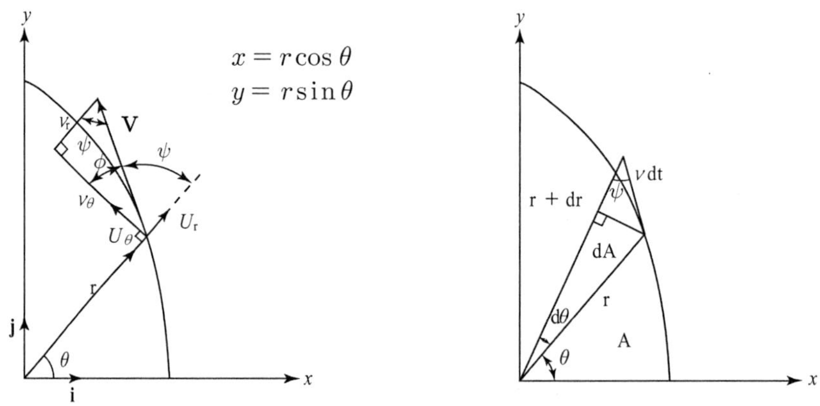

(a) 위치벡터 $\mathbf{r}$과 속도 $\mathbf{V}$의 방향 (b) 면적 dA

그림 2-4

2.3.1 각운동량(angular momentum)

식 (2.9)의 벡터 미분방정식 양면에 $\mathbf{r}$로 벡터교적을 하면 벡터의 교적은 0이 되기 때문에

$$\mathbf{r}\times\mathbf{a} = -\frac{\mu}{r^3}\mathbf{r}\times\mathbf{r} = 0 \tag{2.10}$$

이 된다.

여기서 거리 $\mathbf{r}$과 속도 $\mathbf{V}$의 벡터교적 $\mathbf{r}\times\mathbf{V}$를 시간 t로 미분하면

$$\begin{aligned}\frac{d}{dt}(\mathbf{r}\times\mathbf{V}) &= \mathbf{r}\times\frac{d\mathbf{V}}{dt}+\frac{d\mathbf{r}}{dt}\times\mathbf{V}\\ &= \mathbf{r}\times\mathbf{r}+\mathbf{V}\times\mathbf{V}\\ &= 0\end{aligned} \tag{2.11}$$

즉, $\mathbf{r}\times\mathbf{V}$는 상수벡터로서 단위질량당 각운동량이며 이를 벡터 $\mathbf{h}$라고 하고 단위질량당 각운동량의 크기 h는

$$\begin{aligned}h &= r\nu\sin\psi = r\nu_\theta = \sqrt{\mu a(1-e^2)}\\ &= r^2\frac{d\theta}{dt} = 2\frac{dA}{dt}\end{aligned}$$

여기서 ψ는 $\mathbf{r}$과 $\mathbf{V}$간의 각이고 $\nu_\theta=\nu\sin\psi$이다.

$\mathbf{A}$는 면적으로서 중심체의 중심으로부터 위성을 잇는 직선을 기준으로 위성이 시간 t만큼 비행했을 때의 면적이다.

각 ϕ는 각 ψ에 대한 여각으로서 위성의 비행경로각이다. 즉, $\phi=90°-\psi$가 된다.

2.3.2 위성의 운동면

단위질량당 각운동량 $\mathbf{h}$는

$$\mathbf{h}=\mathbf{r}\times\mathbf{V} \tag{2.12}$$

이다. 이 식 양변에 $\mathbf{r}$로 스칼라적을 하면 수직 벡터의 스칼라적은 0이 되기 때문에

$$\mathbf{h}\cdot\mathbf{r}=(\mathbf{r}\times\mathbf{V})\cdot\mathbf{r}=0 \tag{2.13}$$

이 된다. 따라서 $\mathbf{r}$은 항상 $\mathbf{h}$에 수직이 된다. 즉, 모든 운동은 중심체의 원점을 통과하는 평면 내에서 발생하고 항상 각운동량 $\mathbf{h}$에 수직이 된다.

따라서 위치벡터 $\mathbf{r}$을 2차원 평면 내에서 직각벡터 성분으로 나타낼 수 있다.

즉,

$$\mathbf{r} = x\mathbf{i} + y\mathbf{j}$$
$$= \sqrt{x^2 + y^2}\ U_r \tag{2.14}$$

이 식에서 x와 y를 극좌표 $(r,\ \theta)$로 나타내면

$$x = r\cos\theta,\ \ y = r\sin\theta \tag{2.15}$$

가 된다.

2.3.3 중심 중력장 내 운동방정식

$\mathbf{r}$방향에 대한 단위벡터 U_r과 U_r에 수직이고 θ가 증가하는 방향에 대한 단위벡터 U_θ를 구하면

$$U_r = \frac{1}{r}\mathbf{r}$$
$$= \cos\theta\,\mathbf{i} + \sin\theta\,\mathbf{j} \tag{2.16}$$

$$U_\theta = K \times U_r$$
$$= -\sin\theta\,\mathbf{i} + \cos\theta\,\mathbf{j} \tag{2.17}$$

식 (2.16)과 (2.17)에 대한 시간 도함수는

$$\frac{dU_r}{dt} = -\sin\theta\frac{d\theta}{dt}\mathbf{i} + \cos\theta\frac{d\theta}{dt}\mathbf{j}$$
$$= \frac{d\theta}{dt}U_\theta \tag{2.18}$$

$$\frac{dU_\theta}{dt} = -\cos\theta\frac{d\theta}{dt}\mathbf{i} - \sin\theta\frac{d\theta}{dt}\mathbf{j}$$
$$= -\frac{d\theta}{dt}U_r \tag{2.19}$$

따라서 $\mathbf{r} = r\,U_r$이므로 속도 $\mathbf{V}$는

$$\begin{aligned}\mathbf{V} &= \frac{d\mathbf{r}}{dt} = \frac{dr}{dt}\,U_r + r\frac{dU_r}{dt} \\ &= \frac{dr}{dt}\,U_r + r\frac{d\theta}{dt}\,U_\theta \end{aligned} \tag{2.20}$$

식 (2.20)을 미분해서 가속도 $\mathbf{a}$를 구하면

$$\begin{aligned}\mathbf{a} &= \frac{d\mathbf{V}}{dt} \\ &= \left[\left(\frac{d^2r}{dt^2}\right) - r\left(\frac{d\theta}{dt}\right)^2\right] U_r + \left(r\frac{d^2\theta}{dt^2} + 2\frac{dr}{dt}\,\frac{d\theta}{dt}\right)U_\theta \end{aligned} \tag{2.21}$$

따라서 식 (2.9)의 운동방정식은 다음과 같이 쓸 수 있다.

$$\begin{aligned} a_r &= \frac{d^2r}{dt^2} - r\left(\frac{d\theta}{dt}\right)^2 \\ &= -\frac{\mu}{r^2} \end{aligned} \tag{2.22}$$

그리고 식 (2.21)에서

$$\frac{1}{r}\,\frac{d}{dt}\left(r^2\frac{d\theta}{dt}\right) = r\frac{d^2\theta}{dt^2} + 2\frac{dr}{dt}\frac{d\theta}{dt} = 0 \tag{2.23}$$

이 된다. 식 (2.22)와 (2.23)은 중심 중력장 내 운동에 대한 운동 미분방정식이 된다. 이 식은 각각 가속의 반경과 역 성분을 나타내고, 이들 해는 위성운동 이론의 기초가 된다. 식 (2.23)과 $h = r^2\dfrac{d\theta}{dt}$에서 미분을 하면

$$\frac{1}{r}\,\frac{dh}{dt} = \frac{1}{r}\,\frac{d}{dt}\left(r^2\,\frac{d\theta}{dt}\right) = r\,\frac{d^2\theta}{dt^2} + 2\frac{dr}{dt}\frac{d\theta}{dt} = 0$$

이것은 다시 한 번 h와 $\dfrac{d\theta}{dt}$가 일정하다는 것을 나타내고 따라서 케플러 제2법칙이 확인된다. 즉, 동일 시간에 동일 면적을 지나간다는 것이다. 케플러 제2법칙은 각운동량 보존법칙과 등가이고 모든 중심력에 적용한다.

2.3.4 궤도 공식

궤도 공식을 만들기 위해 $r = \frac{1}{u}$ 이라고 하자.

이에 따라 속도 V는

$$
\begin{aligned}
\mathrm{V} &= \frac{dr}{dt} \\
&= -\frac{1}{u^2}\frac{du}{dt} \\
&= -\frac{1}{u^2}\frac{du}{d\theta}\frac{d\theta}{dt} \\
&= -r^2\frac{d\theta}{dt}\frac{du}{d\theta} \\
&= -h\frac{du}{d\theta} \qquad (2.24)
\end{aligned}
$$

또한, 가속도 a는

$$a = \frac{d\,\mathrm{V}}{dt} = -h\frac{d}{d\theta}\left(\frac{du}{dt}\right)\frac{d\theta}{dt} = -h^2u^2\frac{d^2u}{d\theta^2} \qquad (2.25)$$

이 식을 식 (2.22)에 대입하면 궤도 공식이 다음과 같이 구해진다.

$$\frac{d^2u}{d\theta^2} + u = \frac{\mu}{h^2} \qquad (2.26)$$

2.3.5 원뿔곡선 극(polar) 방정식

u는 초기조건에 의해 결정되는 2개의 적분상수 C와 θ_0에 의해 다음과 같이 쓸 수 있다.

$$u = C\cos(\theta - \theta_0) + \frac{\mu}{h^2} \qquad (2.27)$$

따라서

$$
\begin{aligned}
r &= \frac{1}{u} \\
&= \frac{1}{1+e\cos(\theta-\theta_0)} \cdot \frac{h^2}{\mu} \\
&= \frac{P}{1+e\cos(\theta-\theta_0)}
\end{aligned} \tag{2.28}
$$

여기서 $e=\frac{h^2}{\mu}C$로서 이심률이다.

식 (2.28)을 파라미터 P와 이심률 e인 원뿔곡선 극(polar) 방정식이라 한다. 여기서 이심률에 따라 궤도의 모양이 정해지는데 이심률이 <1 이하일 때에 타원, =1일 때 파라볼라, 1> 이상일 때 쌍곡선 그리고 0일 때 원이 된다. 인공위성의 경우에는 이심률이 <1인 경우가 중요하게 다루어진다.

케플러 제1법칙에서 행성이나 위성의 궤도는 한쪽점에서의 중심체에 대해 타원이다. 인공위성에서 $e<1$에 대한 타원해(elliptical solution)는 항상 존재하게 되므로 매우 중요하다.

2.3.6 타원궤도 방정식

타원은 각 초점으로부터 곡선상 어느 점까지의 거리 d_1과 d_2의 합은 일정하다는 특성이 있다. 따라서 a가 타원의 반장축일 때 $d_1+d_2=2a$이므로 반단축 $b=a\sqrt{1-e^2}$, 파라미터 $P=a(1-e^2)$이 된다.

또한, $\theta_0=0$이고, x축을 타원의 장축이라고 할 때
타원 방정식은

$$
r=\frac{a(1-e^2)}{1+e\cos\theta} \tag{2.29}
$$

이 식에서 $\cos\theta=1$일 때 r이 최솟값을 가지며 이것을 r_p라 하면

$$
r_p=a(1-e) \tag{2.30}
$$

또한, $\cos\theta=-1$일 때 r이 최댓값을 가지며 이것을 r_a라 할 때

$$r_a = a(1+e) \tag{2.31}$$

가 된다. 인공위성의 경우 r_p일 때, 위성과 지구의 거리가 가장 짧아 이점을 근지점이라 하고 r_a일 때 가장 멀므로 이점을 원지점이라고 한다.

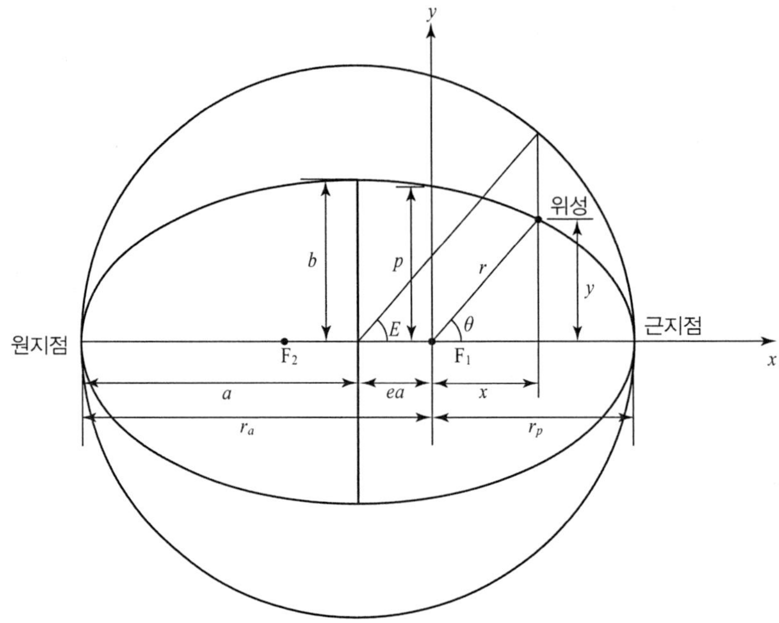

그림 2-5 **궤도면상 궤도 파라미터**

초점을 기준으로 하는 데카르트 좌표 (x, y)로 타원 방정식을 표현하면

$$\frac{(x+ea)^2}{a^2} + \frac{y^2}{h^2} = 1 \tag{2.32}$$

그림 2-5에서 $x+ea = a\cos E$

$$\begin{aligned} y &= b\left[1-\frac{(x+ea)^2}{a^2}\right]^{\frac{1}{2}} \\ &= b\sin E \end{aligned} \tag{2.38}$$

따라서

$$\begin{aligned} x &= r\cos\theta \\ &= a(\cos E - e) \end{aligned} \tag{2.34}$$

$$\begin{aligned} y &= r\sin\theta \\ &= a\sqrt{1-e^2}\,\sin E \end{aligned} \tag{2.35}$$

이 식에 의해 r을 구하면

$$r = a(1 - e\cos E) \tag{2.36}$$

따라서

$$\cos\theta = \frac{\cos E - e}{1 - e\cos E} \tag{2.37}$$

$$\sin\theta = \frac{\sqrt{1-e^2}\,\sin E}{1 - e\cos E} \tag{2.38}$$

2.3.7 실근점이각 θ와 이심률 근점이각 E

실근점이각 θ는 이심률 e와 이심률 근점이각 E에 의해 구할 수 있다. 식 (2.37)을 이용하여

$$\begin{aligned} \tan^2\frac{\theta}{2} &= \frac{1-\cos\theta}{1+\cos\theta} \\ &= \frac{(1+e)(1-\cos E)}{(1-e)(1+\cos E)} \\ &= \frac{1+e}{1-e}\tan^2\frac{E}{2} \\ &= \tan\frac{\theta}{2}\sqrt{\frac{1+e}{1-e}}\tan\frac{E}{2} \end{aligned} \tag{2.39}$$

이 식은 가우스 공식이라고도 한다.
따라서 이심률 근점이각 E는

$$\cos E = \frac{(\cos\theta + e)}{(1 + e\cos\theta)} \tag{2.40}$$

2.3.8 평균 근점이각 M

동일주기 T의 원형궤도에서 실근점이각이 되는 평균근점이각 M은 어느 시간 t에서

$$M = n(t-\tau)$$
$$= n(t-t_e)+M_0 \quad \text{(rad)} \tag{2.41}$$

여기서 n은 평균운동으로 $2\pi/T$이고, τ는 근지점 통과 시간, t_e는 임의시대(epoch)내 시간, M_0는 시대내에서의 평균근점이각이다. 기하학적으로 평균근점이각은 위성이 지구를 중심으로 운동하는 각속도가 일정할 때 근지점으로부터의 각이므로

$$M = n\int_{\tau}^{t} dt$$
$$= \frac{n}{h}\int_{0}^{\theta} r^2\, d\theta \tag{2.42}$$

이 식을 이심률 근점이각 E에 대하여 정리하기 위해 적분변수 θ를 E로 바꾸고 다음 식들을 식 (2.42)에 대입하면

$$dt = (r^2/h)d\theta$$
$$r = a(1-e\cos E)$$
$$n = (\frac{\mu}{a^3})^{1/2}$$
$$h = [\mu a(1-e^2)]^{1/2}$$
$$M = \frac{1}{\sqrt{1-e^2}}\int_{0}^{E}(1-e\cos E)^2\frac{d\theta}{dE}\,dE \quad \text{(rad)} \tag{2.43}$$

식 (2.37)을 미분하고 식 (2.38)을 이용해서

$$\frac{d\theta}{dE} = \frac{\sqrt{1-e^2}}{1-e\cos E} \tag{2.44}$$

식 (2.44)를 식 (2.43)에 대입하여 적분하면

$$M = E - e\sin E \quad \text{(rad)} \tag{2.45}$$

가 된다. 여기서 M과 E는 라디안으로 나타낸다.

2.3.9 타원궤도의 주기

타원궤도의 주기 T는 타원의 면적 A에 의해 계산할 수 있다. 타원의 면적 A는 반장축을 a, 반단축을 b라 할 때 $A = \pi ab$가 된다.

따라서

$$\begin{aligned}\frac{dA}{dt} &= \frac{A}{T} \\ &= \frac{\pi ab}{T} \\ &= \frac{\pi a^2\sqrt{1-e^2}}{T}\end{aligned} \tag{2.46}$$

또는

$$\begin{aligned}\frac{dA}{dt} &= \frac{1}{2}h \\ &= \frac{1}{2}\sqrt{\mu p} \\ &= \frac{1}{2}\sqrt{\mu a(1-e^2)}\end{aligned} \tag{2.47}$$

이므로 이들 공식을 결합하면

$$\frac{\pi a^2\sqrt{1-e^2}}{T} = \frac{1}{2}\sqrt{\mu a(1-e^2)}$$

$$T\sqrt{\mu a(1-e^2)} = 2\pi a^2\sqrt{1-e^2}$$

$$\begin{aligned}T &= \frac{2\pi a^2\sqrt{1-e^2}}{\sqrt{\mu a(1-e^2)}} \\ &= \frac{2\pi a^2}{\sqrt{\mu a}}\end{aligned}$$

$$T^2 = \frac{4\pi\, a^4}{\mu\, a}$$
$$= \frac{4\pi^2}{\mu} a^3$$
$$T = 2\pi \sqrt{\frac{a^3}{\mu}} \tag{2.48}$$

이 된다. 이것이 케플러 제3법칙으로서 회전주기의 제곱은 반장축의 세제곱에 비례함을 나타낸다. 이 공식으로부터 평균운동 n은 다음과 같다.

$$n = \frac{2\pi}{T} \sqrt{\frac{\mu}{a^3}}$$

2.4 궤도요소

타원궤도의 성질을 완전하게 특징짓기 위해서는 5개의 파라미터가 필요하다. 궤도 내 위성의 위치를 결정짓기 위해서는 타원궤도의 성질을 특징짓는 5개의 파라미터 반장축 a, 이심률 e, 평균근점이각 M, 근지점각 ω, 경사각 i 및 상승 노드의 오른쪽 상승각 Ω에 근지점 통과시간 t_e를 더해 6개의 파라미터가 필요하다. 반장축 a는 궤도의 크기, 이심률 e는 궤도의 모양을

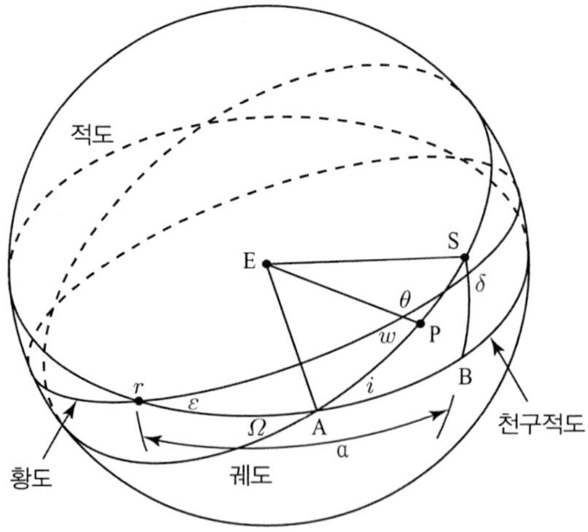

그림 2-6 **천구상의 궤도 요소**

결정하는 것이다. 근지점각 ω는 상승노드 A로부터 근지점 P까지의 각, 경사각 i는 적도면과 궤도면 사이의 각, 상승노드의 오른쪽 상승각 Ω는 춘분점 r과 상승노드 A 사이의 각이다.

그림 2-6은 천구상에 투영된 위성궤도에 의해 이들 요소들을 나타내고 있다. 이 그림에서 기준점은 지구중심 E, 위성 S, 상승 노드 A, 근지점 P 및 춘분점 γ이다.

춘분점 γ은 지구의 적도면과 황도면과 만나는 점 중에서 춘분기에 지구와 태양과의 벡터 방향에 있는 점을 말한다.

적도면과 황도면의 각인 ε은 23.44°이다. 따라서 지구가 태양을 돌 때 오른쪽으로 23.44°만큼 경사진 상태로 회전하게 된다. 이에 의해 계절별로 지구의 지역에 따라 일조량이 다르게 나타나게 된다.

2.5 궤도의 종류

2.5.1 개요

인공위성의 궤도는 궤도의 모양에 의해 원형궤도와 타원궤도로 구분할 수 있다. 궤도의 지상으로부터의 고도에 의해 저궤도(LEO : low earth orbit), 중궤도(MEO : medium earth orbit), HEO(Highly elliptical orbit) 그리고 정지궤도(GEO : geostationary earth orbit)로 구분할 수 있다.

이들 궤도 중에서 통신용 인공위성에 대한 궤도는 주로 원형 정지궤도와 경사각 i가 큰 타원궤도를 주로 이용하여 왔다. 정지궤도는 적도 상공 36,000 Km 상공에 인공위성이 위치하여 지구의 자전속도와 같은 속도로 회전한다. 그러므로 지상에서 이 위성을 볼 때 항상 정지해 있는 것과 같이 보이는 궤도이다.

정지궤도 위성은 통신영역이 넓고 24시간 통신이 가능한 점 등 장점이 있는 반면 자속밀도의 감쇠가 크고 전파지연 시간이 긴 단점이 있다.

저궤도(LEO)는 일반적으로 고도가 750~1,500 Km이다. 정지궤도와 비교할 때 장점으로 위성의 저전력화, 안테나 크기 소형화, 전파지연시간 축소, 측위용 도플러 효과의 이용력, 시스템 증설능력 그리고 소형 위성들을 이용한 전체 시스템의 저비용화 등의 장점이 있다.

대표적인 예로서 STARSYS는 전세계를 대상으로 한 데이터 메시지 및 측위용시스템으로 휴대용 또는 이동용 단말기에 24시간 양방향 서비스를 제공하는 것이다.

이 시스템은 고도 1,300 Km로서 경사각이 60°이고 24개의 위성으로 구성된다. 6개의 궤도면을 가지며 1개의 궤도면당 4개의 위성이 설치된다. ORBCOMM은 고도 970 Km의 원형궤도 내에 20~24개의 위성을 설치하는 시스템이다. 3개의 궤도면은 경사각이 40°이고 각 궤도면당

6개의 위성을 설치하며 90°의 경사각을 가진 2개의 궤도면에 각각 1개의 위성을 설치한다.

GLOBALSTAR 시스템은 경사각이 52°이고 고도는 1,389 Km로서 6개의 궤도면을 갖고 1개의 궤도면에 8개의 위성을 설치하여 총 48개의 위성을 갖는다. 인접궤도면의 노드간 간격은 45°이며 서비스 영역은 위도 ±69°이다. 저궤도의 특별한 경우로 극궤도는 경사각이 90°로서 원형궤도이다. 저궤도 고도 범위에서 극궤도는 다른 경사각을 가진 저궤도에 비해 적은 수의 위성으로 광역 서비스를 제공할 수 있다. 극궤도는 지구가 편원이어서 발생하는 궤도편이가 일어나지 않는다.

이 궤도를 이용하여 제안된 시스템은 모토로라 사가 제안한 IRIDIUM으로 고도는 765 Km, 최초 제안시의 인공위성수는 화학원소 "IRIDIUM"의 원자 개수인 77개였고 궤도는 7개로서 1궤도면당 7개의 위성을 설치하는 것이었으나 수정된 계획에 의하면 6개의 궤도면에 위성수는 66개로 발표되었다. 그림 2-8은 IRIDIUM 위성배치 계획도이다. 이 위성망은 휴대 전화를 위한 이동위성 서비스를 제공하는 것이다.

IRIDIUM과의 경쟁관계 시스템으로서 ARIES가 있다. 이 시스템은 고도가 1,019 Km이며, 위성수는 48개로서 4개의 궤도면에 각각 12개의 위성을 설치하는 것이다.

중궤도는 고도가 10,000~20,000 Km이다. 이동위성 서비스 제공 목적인 ODYSSEY는 고도 10,355 Km에 12개의 위성을 설치하는 것으로 회전주기는 5.98시간이다. 각 위성은 1일 4회 지구를 선회하고 3개의 궤도면에 각각 4개의 위성을 설치한다. 궤도면의 경사각은 55°이다.

미국방성의 GPS(Global Positioning System)는 고도 20,182 Km의 12시간 원형궤도에 위성을 설치하는 것으로 경사각은 55°이다. 이 시스템은 항행, 측위와 표준연구소간 시간전달을 목적

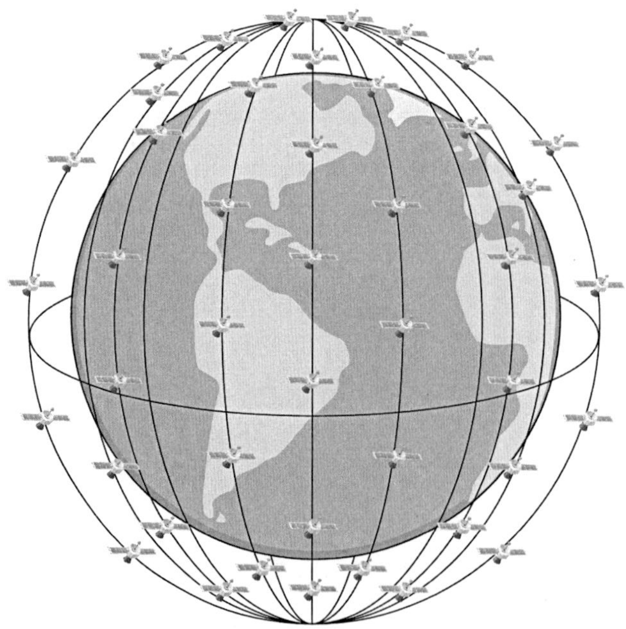

그림 2-7 IRIDIUM 위성 배치 개념도

으로 하는 것으로 6개의 궤도면에 4개의 위성을 설치한다. 이 중 3개는 예비용이다. 이중 적어도 4개의 위성은 항상 지상의 어느 곳에서도 보이며 각각의 위성은 세슘과 루비디움 원자 시계세트를 장착한다. 이것은 시간과 주파수의 높은 안정도를 위해서이다. 4개의 위성으로부터 수신되는 의사 불규칙잡음 신호의 동시 측정으로 3차원 위치측정이 가능한다. 그 정확도는 군사용은 10 m이내, 상업용 및 민간용은 100~300 m이내이다.

소련의 GLONASS(Global Orbit Navigation System)는 이와 유사한 시스템으로 회전주기는 11.255 시간이고, 경사각은 64.8°인 원형궤도이다. 이 시스템은 3개의 궤도면내에 각각 8개의 위성을 설치한다.

타원궤도중 원지점이 정지궤도 정도의 고도에 위치하는 궤도(HEO : Highly Elliptical Orbit)는 특정지역 위에 위성이 머무르는 시간을 최대로 하기 위해 이용될 수 있다.

케플러 제2법칙에 의해 위성의 회전속도가 근지점에서 가장 빠르고 원지점에서 가장 느리다. 원지점과 근지점에서의 속도비는 근지점과 원지점내 궤도 반경비와 같다. 이때 반경은 지구중심으로부터 측정된 것이다.

이 궤도를 이용하는 대표적인 것이 소련의 Molnya 위성이다. 이 궤도는 경사각이 63.4°이고 주기는 12시간이다. 원지점이 북반구에 있으며 10시간을 이 북반구상에 위치하고 2시간만 남반구상에 위치한다. 이 궤도의 원지점 고도는 39,360Km이고 근지점 고도는 1,000Km이다.

독일의 LOOPUS(Loopus in Orbit Occupied Permanently by Unstationary Satellites)궤도의 경사각은 63.4°이고 원지점 고도는 41,450 Km, 근지점 고도는 5,784 Km이다. 이 시스템은 3개의 궤도면에 각각 3개의 위성을 설치하고 유럽, 북미 및 아시아 지역을 대상으로 상시 서비스를 제공한다. ELLIPSO 시스템의 궤도는 경사각이 63.4°, 이심률은 0.154, 근지점 고도 426 Km, 원지점 고도 2,903 Km이다. 이 시스템은 4개의 궤도면에 각각 6개의 위성을 설치하여 총 24개의 위성으로 구성된다.

2.5.2 정지위성궤도

2.5.2.1 개요

정지위성궤도는 경사각이 0°로서 적도면상에 존재한다. 이심률이 0으로서 원형의 형태를 갖는다. 위성의 각속도는 지구의 각속도와 같고 방향도 같다. 위성의 궤적이 적도 상공의 한점에 나타나고 위성은 이 지점에 수직하게 영속적으로 존재한다. 따라서 지상에서 볼 때 위성이 상공에 고정되어 있는 것처럼 보인다. 정지궤도의 케플러 궤도 특성은 반장축 $a=r$로서 42,164.2 Km, 위성속도는 $V=\sqrt{a^3/\mu}$로서 3,075 m/s, 위성고도 R_s는 35,786.1 Km, 적도반경 R_E는 6,378.1 Km이다.

정지위성궤도는 몇 가지 원인에 의해 궤도가 변경된다. 주요한 원인으로는 태양과 달의 인력에 의해 1년에 약 0.75°~0.95° 정도 기울기에 변화가 있다. 또한, 지구의 편원에 의해 동-

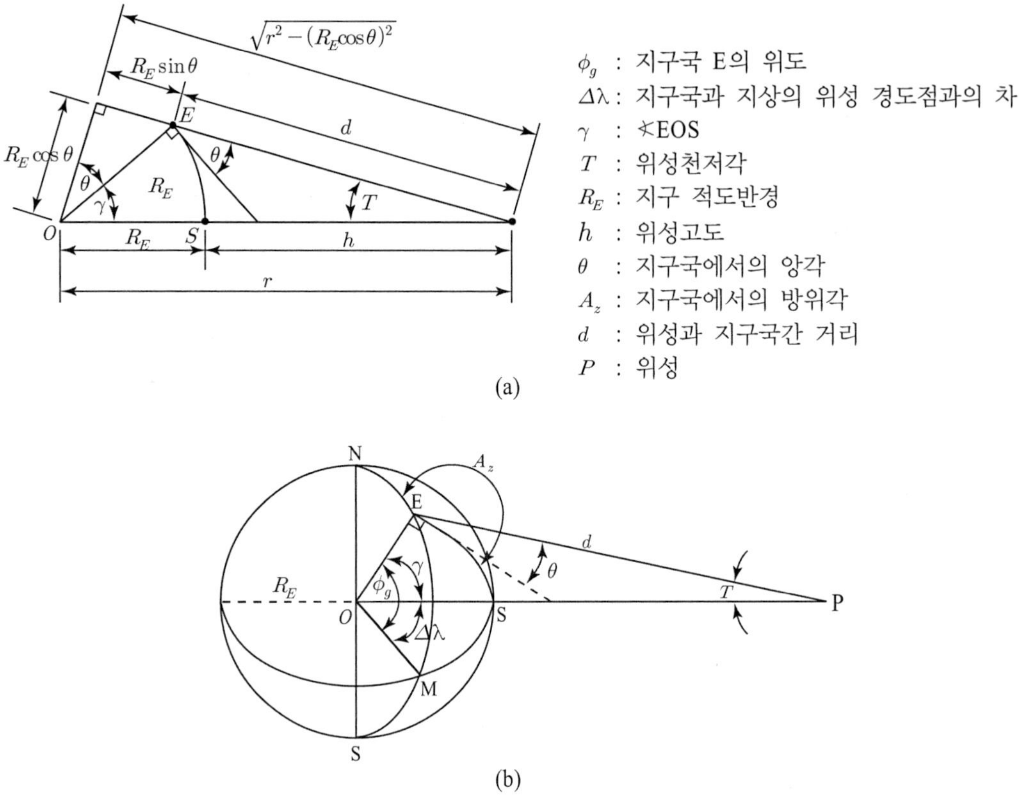

그림 2-8 **위성과 지구국 간 기하도**

서 편이가 발생하여 궤도의 경로가 변경된다. 태양 방사압력에 의해 이심률이 0이 되지 않아 궤도가 타원의 형태로 변한다. 정지궤도는 지구로부터 먼거리에 있으므로 지구 중력에 의한 영향은 크지 않은 반면 태양방사 압력에 의한 영향이 크다.

2.5.2.2 지구로부터 위성까지의 거리

그림 2-9에서

$$\begin{aligned} d &= \sqrt{R_E^2 + r^2 - 2R_E r \cos\gamma} \\ &= \sqrt{h^2 + 2R_E(R_E+h)(1-\cos\phi_g \cos\Delta\lambda)} \end{aligned} \tag{2.49}$$

여기서 $r = R_E + h$, $\Delta\ \lambda = E$와 S 간 경도차

2.5.2.3 앙각

앙각 θ는

$$\cos\theta = \frac{r}{d}\sin\gamma = \frac{r\sin\gamma}{\sqrt{R_E^2 + r^2 - 2R_E r\cos\gamma}} \tag{2.50}$$

$$\cos\theta = (R_E + h)\sqrt{\frac{1-\cos^2\phi_g\cos^2\Delta\lambda}{h^2 + 2R_E(R_E+h)(1-\cos\phi_g\cos\Delta\lambda)}} \tag{2.51}$$

식 (2.49)에서 앙각 θ를 알 경우의 거리 d는

$$\begin{aligned} d &= \sqrt{r^2 - (R_E\cos\theta)^2} - R_E\sin\theta \\ &= \sqrt{h^2 + R_E h + {R_E}^2\sin^2\theta} - R_E\sin\theta \end{aligned} \tag{2.52}$$

또한, 중앙각 γ는

$$\begin{aligned} \cos(\theta + \gamma) &= \frac{R_E}{r}\cos\theta \\ &= \frac{\cos\theta}{1 + (h/R_E)} \end{aligned} \tag{2.53}$$

이므로 앙각 θ를 알면 다음과 같이 중앙각 γ를 구할 수 있다.

$$\gamma = \cos^{-1}\left(\frac{R_E}{h}\cos\theta\right) - \theta \tag{2.54}$$

2.5.2.4 방위각

방위각 A_z는

$$\begin{aligned} \sin A_z &= \frac{\sin\Delta\lambda}{\sin\gamma} \\ &= \frac{\sin\Delta\lambda}{\sqrt{1-\cos^2\phi_g\cos^2\Delta\lambda}} \end{aligned} \tag{2.55}$$

2.5.2.5 천저각

천저각 T는 위성의 지상 직하점(subastellite point)과 지구국 간의 각으로서 위성에서 측정

된 각이다.

$$\sin T = \frac{R_E}{r}\cos\theta$$
$$= \frac{R_E}{d}\sin\gamma \qquad (2.56)$$

그림 2-9(b)에서 $T+\gamma+\theta=90°$

2.5.2.6 전파 지연시간

전파 지연시간 P_{dt}는 최소 238 ms, 최대 278 ms이다.

$$\text{최소}\ P_{dt}=2\left(\frac{h}{c}\right)\ ;\ 2h=71{,}572.2\ \text{Km} \qquad (2.57)$$

$$\text{최대}\ P_{dt}=[2(h+R_E)\cos 8.7°]/C\ ;\ 2(h+R_E)\ =\ 83{,}357.6\ \text{Km} \qquad (2.58)$$

여기서 C는 전파속도로 3×10^8 m/s

2.5.2.7 가시범위

가시범위는 지구국과 안테나 앙각의 지리 좌표에 의해 정해진다. 이론적으로 가장 낮은 앙각은 0°이나 실제에 있어서는 지구로부터의 초과잡음 수신을 피하기 위해 가장 낮은 값으로 5°가 택해진다. 그림 2-9(a)에서 T가 $90+\theta$가 95°일 때의 위성에 대한 각이라고 하면

$$\sin T = \frac{R}{R_E+h}\sin 95 \qquad (2.59)$$

여기서 $R=R_E\left(1-\dfrac{\sin^2\phi_g}{298.257}\right)$

$$\text{중앙각}\ \gamma=180-95-S$$
$$=85-S \qquad (2.60)$$

여기서 $\cos\ \gamma=\ \cos\phi_g\cos B \qquad (2.61)$

이므로

$$\cos B = \frac{\cos\ \gamma}{\cos\ \phi_g} \tag{2.62}$$

여기서

$$B = \psi_E - \psi_S \tag{2.63}$$

로서 ψ_E는 지구국 경도, ψ_S는 위성의 지상 직하점 경도이다. 식 (2.62)에 의해 B값이 구해지면 식 (2.63)에 의해 ψ_S가 구해진다. 식 (2.63)의 B값은 ±값을 가지며 $B>0$일 때 +, $B<0$일 때 −값이 된다. 이렇게 $\pm B$ 값을 식 (2.63)에 대입하여 ψ_S를 구했을 때의 2가지 값의 범위가 위성의 통신구역이 된다.

2.5.2.8 위성좌표

그림 2-9에서 ϕ_g가 지구국 위도, $\Delta\ \lambda$가 지구국 경도라고 할 때 그리고 d를 위성에서 지구국까지의 거리, R_E를 지구반경이라고 할 때

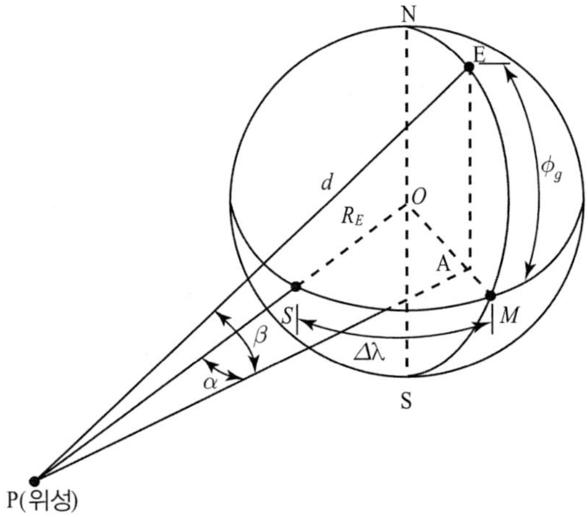

그림 2-9 **위성을 중심으로 한 구면좌표**

$$\sin\beta = \frac{R_E}{d}\sin\phi_g \tag{2.64}$$

$$\sin\alpha = \frac{R_E}{d}\frac{\cos\ \phi_g \sin\ \Delta\ \lambda}{\cos\ \beta} \tag{2.65}$$

그림 2-8(a)의 삼각형 AEP에서 천저각 T는

$$\sin T = \frac{R_E}{d}\sin\gamma$$
$$= \frac{R_E}{d}\sqrt{1-\cos^2\phi_g\cos^2\Delta\lambda} \tag{2.66}$$

이상의 관계는 안테나 포인팅(pointing) 각을 결정하고 측정 지구국의 안테나 이득을 계산하는 데에 유용하다. 특정 안테나의 통신구역을 계산할 때에는 주로 역변환이 유용하다. 예를 들어 안테나의 상수이득 지형선의 구면좌표(α, β)가 주어지면 그 지형선은 변환을 이용하여 위도 ϕ와 상대경도 $\Delta\lambda$의 함수로써 지구상에 그려질 수 있다.

$$\gamma = \sin^{-1}\left(\frac{h+R_E}{R_E}\sin T\right) - T \tag{2.67}$$

$$\sin\phi = \frac{\sin\gamma}{\sin T}\sin\beta \tag{2.68}$$

$$\cos\Delta\lambda = \frac{\cos\gamma}{\cos\phi} \tag{2.69}$$

여기서 γ는 위성의 지구직하점과 지형선상 문제의 점 간의 대원호와 같다.

2.5.3 경사각이 0이 아닌 원형 동기궤도

이 궤도의 이심률 e는 0이다. 궤도주기는 상승노드 편이의 영향에 의해 태양일(solar day)로부터 미세한 차이가 있다. 따라서 평균운동 n도 지구 각속도 Ω_E로부터 미소차가 있다. 노드의 각 이격 u는 $\Omega_E t$값을 갖는다. 이 궤도내에서의 위성 이동은 일정한 각속도에 의한다. 한

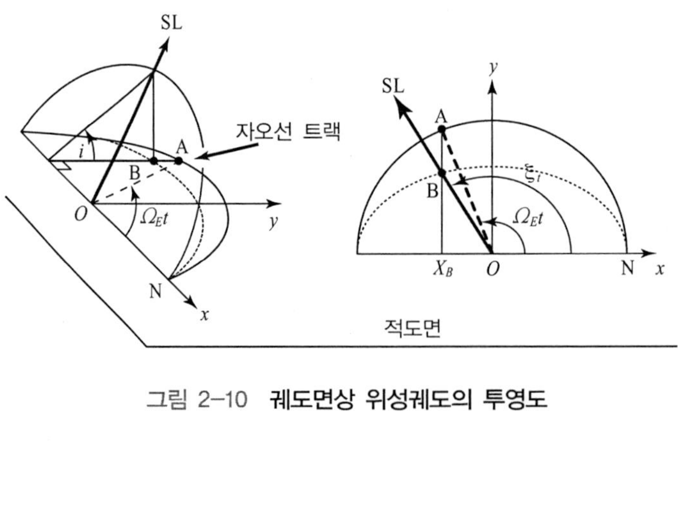

그림 2-10 **궤도면상 위성궤도의 투영도**

편, 적도면상 이 이동의 투영은 일정한 속도에 의하지 않는다.

즉, 지구표면상 기준 자오선에 대해 위성의 이동이 발생한다. 그림 2-10은 궤도면상 위성궤도의 투영이 점선곡선에 의해 나타나 있다.

점 A의 투영은 노드선에 수직이고, 이것은 이 곡선을 점 B에서 자른다. 적도면내에서의 B의 좌표는 Ox는 노드선이고, Oy는 Ox에 수직이므로

$$X_B = R_E \cos \Omega_E t,\ \ Y_B = R_E \sin \Omega_E t \cos i$$

따라서

$$\tan(\xi_t) = \frac{Y_B}{X_B} = \cos i\ \tan(\Omega_E t)$$

이 식으로부터

$$\Omega_E t = \arctan\left[\left(\frac{1}{\cos i}\right)\tan(\xi_t)\right]$$

이것을 시간으로 미분하면

$$\begin{aligned}\Omega_E &= \frac{d(\Omega_E t)}{dt} \\ &= \frac{R[1+\tan^2(\xi_t)]}{\cos i + [\tan^2(\xi_t)/\cos i]}\end{aligned} \tag{2.70}$$

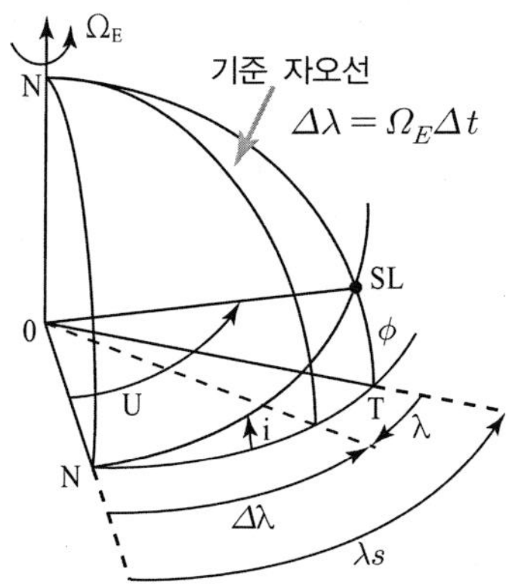

그림 2-11 **위성의 궤적 정의**

노드 근처에서 ξ_t는 $\Omega_E = (\frac{1}{\cos i})\xi$로부터 0에 달한다. 그러므로 $\xi = \Omega_E \cos i$이고 이때 위성 자오선의 각속도는 기준 자오선의 각속도 이하이고, 위성은 서쪽으로 편이한다.

최대 위도점 부근에서 ξ_t는 $\Omega_E = \xi \cos i$에서 $\pi/2$에 달하고, 따라서 $\xi = \Omega_E / \cos i$가 된다. 위성 자오선의 각속도는 기준 자오선의 각속도 보다 크고, 이에 따라 위성은 동쪽을 향하여 편이한다.

기준으로 상승노드를 거쳐 통과하는 위성의 자오선을 취하면 이때의 경도 λ는 그림 2-11에서

$$\begin{aligned}\lambda &= \lambda_s - \Delta\lambda \\ &= \sin^{-1}\left(\frac{\tan\phi}{\tan i}\right) - \Omega_E \Delta t\end{aligned} \tag{2.71}$$

여기서 λ_s는 기준 자오선에 관한 경도, $\Delta\lambda$는 $\Omega_E \Delta t$이며 Ω_E는 지구의 각속도, $\Delta t = (t_s - t_0)$로서 t_s는 위성이 근지점을 통과한 시간, t_0는 기준 자오선의 시발점을 통과한 시간, ϕ는 위성의 위도, i는 경사각이다.

그러므로

$$\lambda = \sin^{-1}\left(\frac{(\cos i \ \sin u)}{\sqrt{(1 - \sin^2 i \sin^2 u)}}\right) - u \tag{2.72}$$

또는

$$\lambda = \tan^{-1}[(\tan\ u)(\cos\ i)] - u \tag{2.73}$$

위도 ϕ 값은

$$\phi = \sin^{-1}(\sin i\ \sin u) \tag{2.74}$$

u가 0~360°로 변하므로 위성의 궤적은 여러 경사각 i에 의해 그림 2-12에서 보여주고 있다. 최대 위도 ϕ_m은 궤도의 경사각 i값과 같다. 관련 경도는 기준 자오선에서 0이다. 기준 자오선에 관한 최대 경도이동 λ_{max}는 $d\lambda/du = 0$에 대해 얻어진다.

이때

$$\tan u = \frac{1}{\sqrt{\cos i}}$$

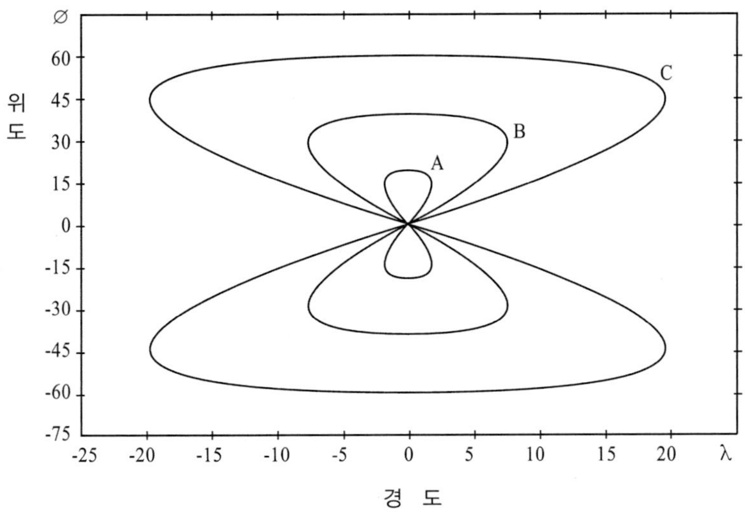

그림 2-12 **경사각 A=20°, B=40°, C=60° 에 대한 원형 동기궤도 궤적**

또는

$$\sin u = \frac{1}{\sqrt{1+\cos i}} \tag{2.75}$$

이것으로부터

$$\begin{aligned} \lambda_m &= \tan^{-1}\sqrt{\cos i} - u \\ &= \cos^{-1}\left(\frac{1}{\sqrt{1+\cos i)}}\right) - \sin^{-1}\left(\frac{1}{\sqrt{1+\cos i}}\right) \end{aligned} \tag{2.76}$$

따라서

$$\begin{aligned} \lambda_m &= \sin^{-1}\left(\frac{1-\cos i}{1+\cos i}\right) \\ &= \sin^{-1}\left(\frac{\sin^2(\frac{i}{2})}{\cos^2(\frac{i}{2})}\right) \end{aligned} \tag{2.77}$$

최대 경도이동 λ_{max} 에서의 관련 위도 ϕ_m 은

$$\phi_m = \sin^{-1}(\sin i \ \sin u)$$
$$= \sin^{-1}\left(\frac{\sin(\frac{i}{2})}{\sqrt{2}\cos(\frac{i}{2})}\right)$$

따라서

$$\phi_m = \sqrt{2}\sin\left(\frac{i}{2}\right) \tag{2.78}$$

경사각 i가 작을 때

$$\lambda_{max} = \frac{i^2}{4}$$
$$\phi_m = \frac{i}{\sqrt{2}} \quad \text{(rad)} \tag{2.79}$$

2.5.4 경사각이 0이 아닌 타원궤도(HEO : Highly Elliptical Orbit)

2.5.4.1 개념

타원궤도의 속도는 원지점에서 가장 느리고 근지점에서 가장 빠르다. 따라서 정해진 주기에 대해 위성은 근지점에서 보다 원지점 부근에서 장시간 머무르게 된다.

경사각이 90°일 때 극궤도라고 하며 정지위성궤도에서 서비스를 제공할 수 없는 고위도 지방에 서비스를 제공할 수 있다. 이 궤도는 근지점 편각의 편이가 0이면 항상 동일 반구상에 궤도의 원지점이 위치하게 된다. 경사각이 63.45°일 때 근지점의 편각편이가 0이 된다. 위성이 원지점 근처에 수시간 머무르기는 하지만 결국 지구에 대해 이동하게 되므로 지구국의 통신영역에서 벗어나게 된다.

따라서 회선설정을 영속적으로 유지하기 위해서는 유사궤도내에 적당한 간격으로 위성을 수 개 설치하여 한 개의 위성이 통신영역을 벗어나면 동시에 다른 위성이 통신영역에 들어오게 해야 한다. 따라서 위성간 링크가 필요하게 된다. 이 궤도를 이용하는 대표적인 시스템은 MOLNYA, TUNDRA, 그리고 LOOPUS 등이다.

2.5.4.2 HEO의 장·단점

HEO의 장점으로는 앙각이 매우 크다는 것이다. HEO궤도의 주요한 응용은 큰 앙각으로 고위도 지역에 서비스를 제공하는 것이다. 고앙각은 이동체 통신 시스템을 포함한 응용에 특히 요구된다. 건물이나 나무들에 의한 방해로부터 위성의 빔이 차단되는 것이 최소화 된다.

여러 장애물에 의한 연속반사로 야기되는 다중경로들이 저앙각에서 운용되는 정지궤도 위성 시스템에 비해 감소된다. 위성의 이동 속도가 느리고 이에 따른 장시간의 통신능력 때문에 위성의 추적이 용이하다. 또한, 지상으로부터 지구국 안테나에 의해 잡히는 잡음이나 타 지상 무선 시스템으로부터의 혼신에 의해 야기되는 잡음이 고앙각에 의해 최소화된다.

단점으로는 궤도내의 한 개 이상 위성이 정해진 지역을 대상으로 연속적인 서비스를 제공하기 위해 필요하다. 또한, 주기적으로 트래픽을 한 위성에서 다른 위성으로 스위칭하는 것이 필요하다. 이들 절차는 제어 센터에 운용부담이 되고 스위칭 중에 용량을 감소시킨다. 이것은 또한 동시에 2개의 위성에 대한 통신을 위해 각 지구국에 2개의 안테나가 필요할 수 있다. 또한, 저고도의 근지점을 가진 궤도에서는 지상중력 전위의 비대칭에 의해 강하게 영향을 받는다. 그리고 저고도 부분이 VAN ALLEN 대역을 통과하게 되면 태양전지와 트랜지스터 등 반도체 소자를 열화시킨다. 이것은 이 대역에서 높은 에너지 방사가 일어나기 때문이다.

2.5.5 경사각이 0인 동기 타원궤도

이 궤도의 주기는 태양일과 같으며 상승노도의 편이가 발생하지 않는다. 위성의 평균운동 n은 지구의 각속도 Ω_E와 같다. 위성의 경로는 적도면에 있고 근지점내 위성의 위치를 나타내는 경도점 λ_p에 관해 주기적인 발진이 된다.

$$\begin{aligned} L &= \lambda - \lambda_P \\ &= u - \Omega_t \\ &= \cos^{-1}[(\cos E - e)\ (1 - e\cos E)^{-1}] - (E - e\sin E) \end{aligned} \tag{2.80}$$

여기서 E는 이심률 근점이각이다.

최대 이동 $L_{\max}$는 $\dfrac{d(\lambda - \lambda_p)}{dE} = 0$에 대해 얻어진다.

$$\cos E_m = [1 \pm (1 - e^2)^{1/4}]e^{-1} \tag{2.81}$$

그림 2-13은 경도의 크기($L_{\max}$)와 이심률 e의 함수로서 이 점에 도착하는 데 필요한 시간 t이다.

이심률이 0.4 이하인 경우

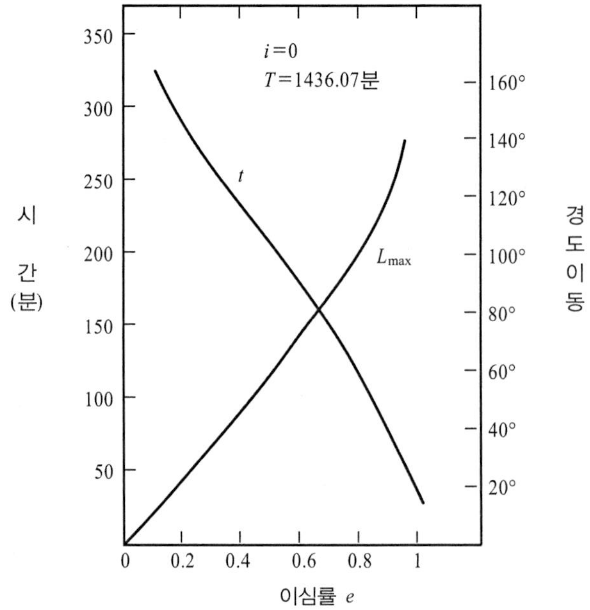

그림 2-13 **동기적도 위성의 경도크기(L_{max})와 이 크기가 궤도의 이심률 함수로서 얻어진 후의 시간 t**

$$L_{max} = 2e \ (\text{rad}) \\ = 144e \qquad (2.82)$$

만일 이심률이 10^{-3} 정도로 작으면, $6h(\frac{Te}{4})$후에 최대가 된다. 이 시간은 이심률이 클 때 감소한다.

2.6 위성의 궤도진입

2.6.1 개념

위성을 원하는 궤도에 진입시키기 위해서는 몇 가지 과정을 거치게 된다.

발사대에서 발사된 인공위성이 지구의 중력(gravity)를 극복하고 계속 비행하기 위해서는 시간당 17,500마일의 속도를 필요로 한다. 그런데 지구 상공에는 인공위성의 비행에 장애물로 작용하는 대기권이 존재하므로 인공위성의 비행 속도가 감소된다. 대기권내를 시간당 17,500마일의 속도로 비행하면 대기권과의 마찰에 의해 위성이 타버리게 된다. 따라서 대기권내를 비행할 때에는 17,500마일 이하의 속도로 비행하면서 궤도가 완전히 형성될 때까지 점차로 속도를 증가시켜 완전히 궤도내로 진입할 때에 17,500마일/시간의 속도로 비행한다. 이때 위성이 대기권내에서 감소된 속도로 비행하지만 콩코드 제트기의 속도보다 빠르다. 한편, 위성이 중력의 초월 속도 17,500마일/시간을 초과해서 24,000마일/시간의 속도에 도달하면 위성이 궤도에서 이탈해서 지구의 중력권 밖으로 나가게 되는데, 이때의 속도를 이탈속도(escape velocity)라고 한다.

위성이 대기권층이 얇은 고도 90마일 상공에 있는 궤도에 진입될 때에는 대기권이 위성의 비행에 제동(break) 작용을 함으로써 결국 궤도에서 위성의 속도가 감소된다. 따라서 위성이 궤도에서 이탈해서 지구의 중력에 의해 지상으로 낙하하게 되어 낙하중 대기와의 마찰에 의해 타버리게 된다.

위성이 대기권층이 아주 얇은 고도 250마일 상공에 있는 궤도에 진입되어도 지구중력, 대기와 태양의 활동 등으로 결국 수년 후에는 궤도의 고도가 낮아져서 대기권이 두꺼운 층내로 궤도가 형성되어 결국 대기와의 마찰로 타버리게 된다. 예를 들면, 1958년 1월에 발사된 미국 최초 위성 Explorer 1호는 초기궤도가 고도 224마일 근처였는데, 약 12년이 지난 1970년 3월에 고도가 100마일 이하로 감소되어 위성이 타버렸다. 이와 같이 대기권의 영향 때문에 위성이 궤도에 진입할 때에 대기권이 두꺼운층에서는 저속으로 비행하게 된다. 이와 같은 이유로 위성에 사용하는 궤도는 대기권에서 멀수록, 즉 고도가 높을수록 안전한 궤도가 된다. 위성을 궤도에 진입시키기 위한 비행속도를 얻기 위해서 로켓이 요구된다. 원하는 궤도에 위성을 진입시키기 위한 로켓의 추진력과 이 로켓의 추진력을 얻기 위한 사용 연료량이 위성을 발사하는 장소에 따라 다르므로 인공위성의 발사장소가 적정해야 한다. 정지궤도에 진입시키기 위한 적절한 장소로는 적도면에 위치한 곳이 좋다. 그림 2-14는 각 나라의 인공위성 발사대가 있는 장소를 보여주고 있다. 그림 2-15(a)는 각 나라별 로켓과 각 로켓이 운반할 수 있는 인공위성의

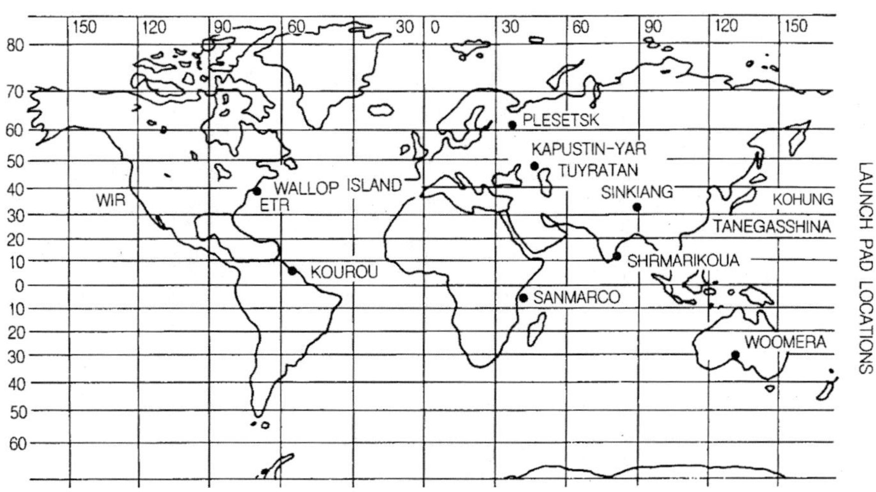

그림 2-14 **위성의 발사대 설치 장소**

패이로드(payload) 무게를 궤도별로 보여주고 있다. 그림 2-16(a)에서 알 수 있듯이 운반해야 할 패이로드 무게가 무거울수록 대형의 로켓이 필요하다.

					패이로드 운반 무게		
로켓	국명	전체중량	단수	연료	저궤도(Kg)	정지궤도(Kg)	이탈(Kg)
SLV3	India	17.5t	4	4S	50	-	-
Scout	USA	21.3t	4	4S	230	55	35
Mu 3S	Japan	54t	3+8SRB	3S	300	60	40
C2	USSR	100t	2	2L	1,500	-	-
N2	Japan	135t	3+9SRB	2L+1S	1,900	700	470
Long March3	China	200t	3	3L	4,000	1,400	-
Delta3914	USA	190t	3+9SRB	2L+1S	2,500	950	640
Delta3920PAM	USA	193t	3+9SRB	2L+1S	3,000	1,247	830
AtlasF	USA	140t	1	1L	1,400	-	-
AtlasGCentaur	USA	150t	2	1L+1C	5,100	2,360	1,465
F2	USSR	185t	3	3L	7,000	7	7
Ariane 3	EUROPE	237t	3+2SRB	2L+1C	6,000	2,580	1,500
A 2-e	USSR	312t	2	2L	7,500	2,400	1,800
Titan 34D	USA	635t	3+2SRB	3L	12,250	4,500	3,200
DI-e	USSR	1,000t	3	3L	22,000	9,000	6,350

S=Solid propellent

L=Liquid propellent

C=Cryogenic propellent

SRB=Solid rocket booster

(a) 각종 로켓의 궤도별 패이로드 운반 무게

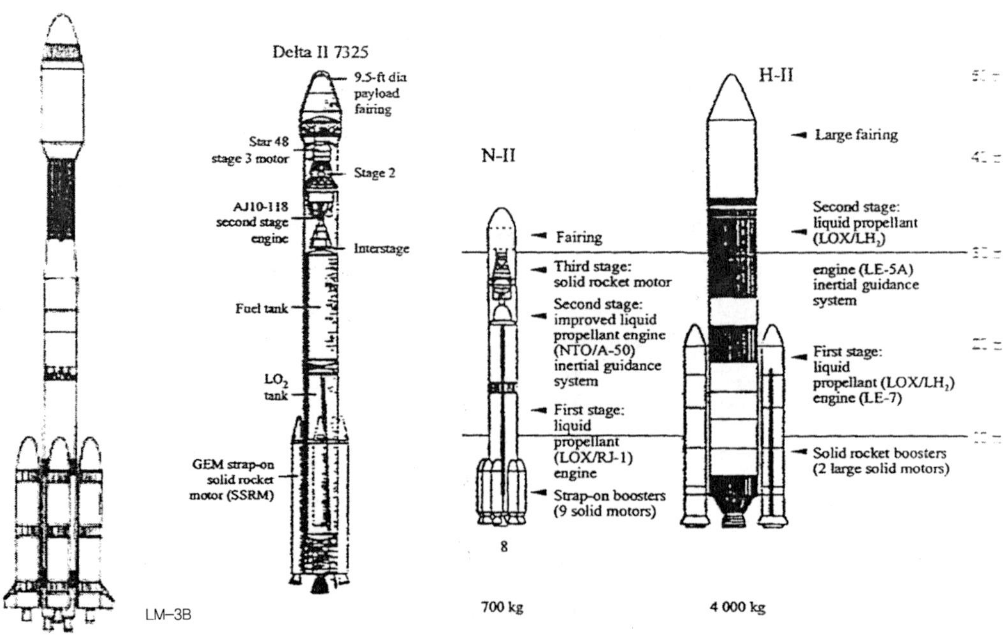

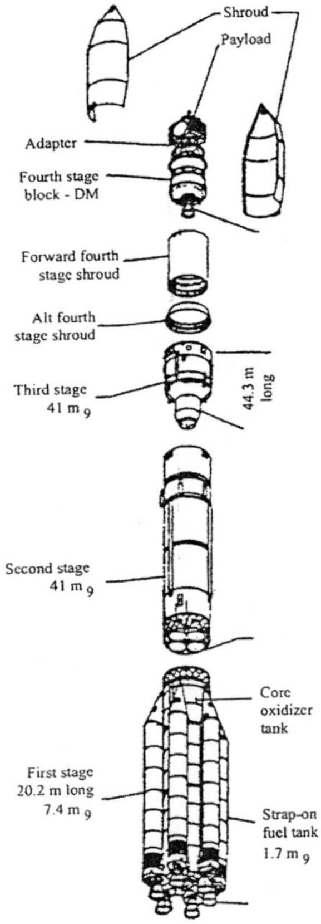

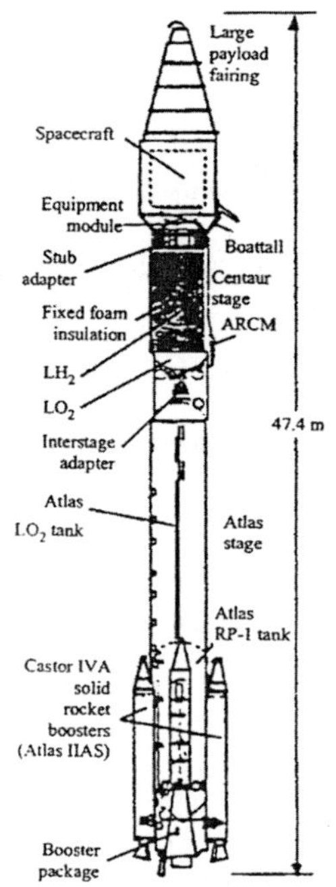

Atlas 발사체

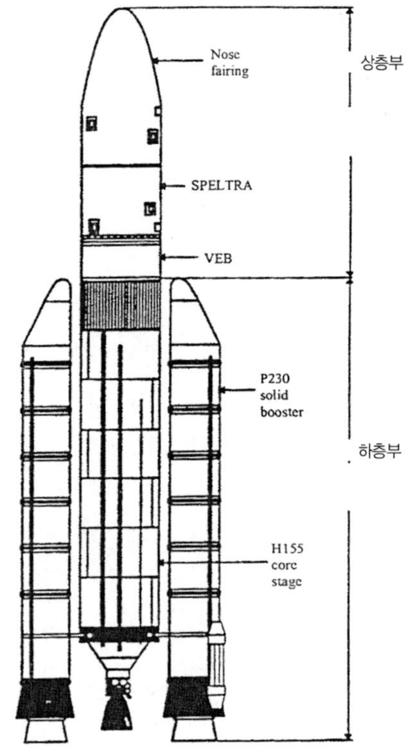

Ariane5 발사체

Sat/C6-35

proton D-1 발사체

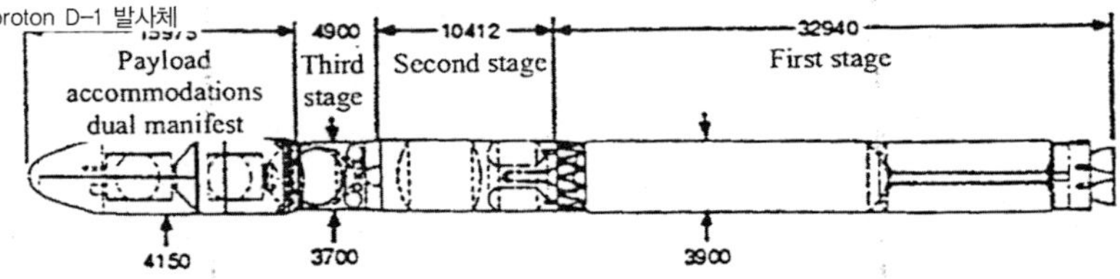

Zenit3 SL 발사체

(b) 각종 로켓 단면도

그림 2-15

그림 2-15(b)는 로켓의 단면도를 보여주고 있다. 이 로켓은 한 번 사용하면 재사용할 수 없으므로 인공위성을 발사할 때마다 많은 경비가 소요되었다. 최근에는 우주 왕복선, 스페이스 셔틀(space shuttle)을 이용하여 로켓을 재사용하고 있다.

2.6.2 위성의 궤도진입 과정

위성을 궤도에 진입시키기 위한 로켓의 추진력과 로켓의 추진에 필요한 연료의 사용량을 적게 하는 것이 좋다. 이를 위해 위성의 발사대를 가능한 한 목적하는 궤도의 경사각과 동일한 위도에 위치한 장소에 설치한다. 따라서 궤도와 적도면과의 경사각이 0°인 정지궤도(GEO)에 대해서는 위성의 발사대를 적도면 가까이에 설치하는 것이 좋다. 그림 2-16은 위성이 정지궤도에 진입되는 과정을 보여주고 있다. 발사대에서 발사된 위성은 정지궤도에 진입하기 위해 전이 궤도(GTO : geostationary transfer orbit)에 진입되든지, GTO에 진입되기 전에 대기궤도(parking orbit) 또는 저고도 원형궤도(low altitude circular orbit)에 진입된다. GTO는 타원궤도로서 원지점의 고도가 GEO의 고도와 동일한 궤도이다. GTO에 진입된 위성은 패이로드의 자체 준비를 위한 실험을 위해 GTO에서 1회이상 선회할 수 있다. 실험이 끝나고 위성이 GTO의 원지점에 오면 원지점 모터(AKM : Apogee Kick Motor)를 사용해서 GEO에 진입된다.

이때 GTO의 기울기는 발사대가 위치한 위도와 같든지 이보다 크다. 정지위성을 발사할 때에는 발사방향을 동쪽을 향하여 하는 것이 경사가 적게 된다. 동쪽을 향해서 위성을 발사하게 되면 지구의 회전방향과 동일한 방향이 되어서 지구 회전에 의해 궤도에서 발생하는 속도의 감소를 방지할 수 있다.

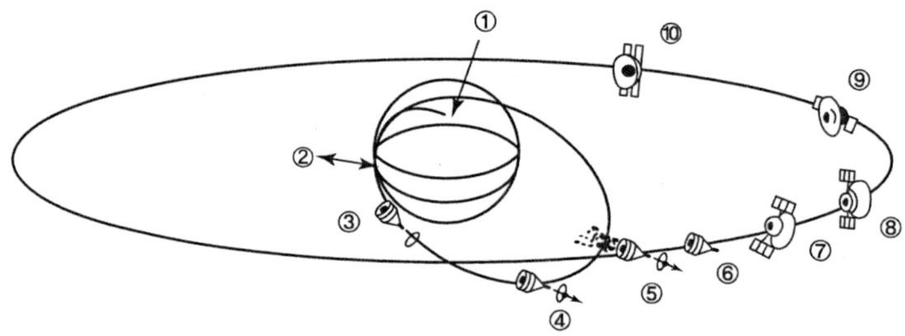

궤도진입 순서

① 발사	⑥ 역회전
② 유선체 분리(centaur separation)	⑦ 태양전지판과 안테나 전개
③ 초기회전(60 rpm)	⑧ 태양인지
④ AKM점화를 위한 방향재설정(Apogee-3hr)	⑨ 지구인지
⑤ AKM점화	⑩ 피치축 직립(erect)

(a) 위성의 궤도진입 과정

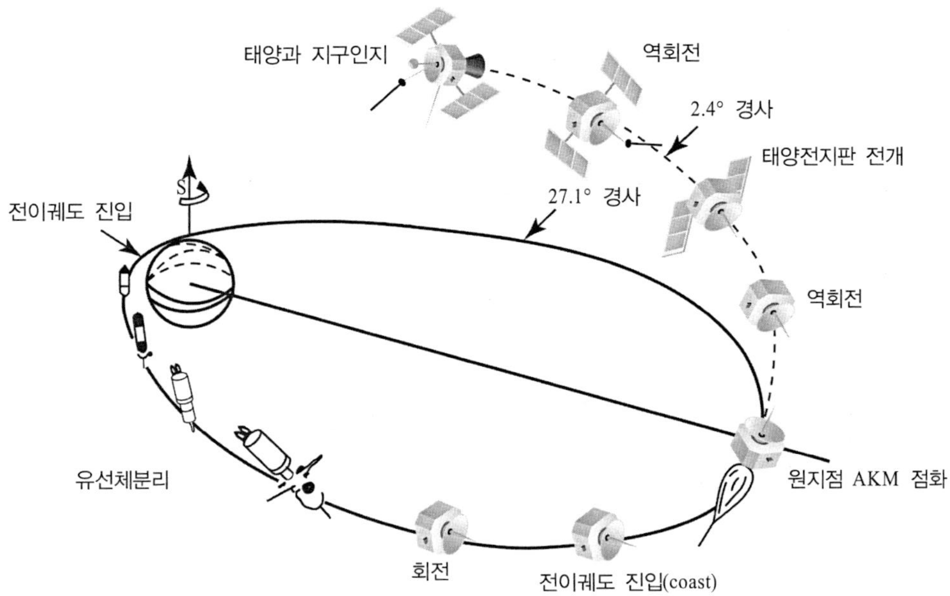

(b) 전이궤도에서 정지궤도에 진입시까지의 과정

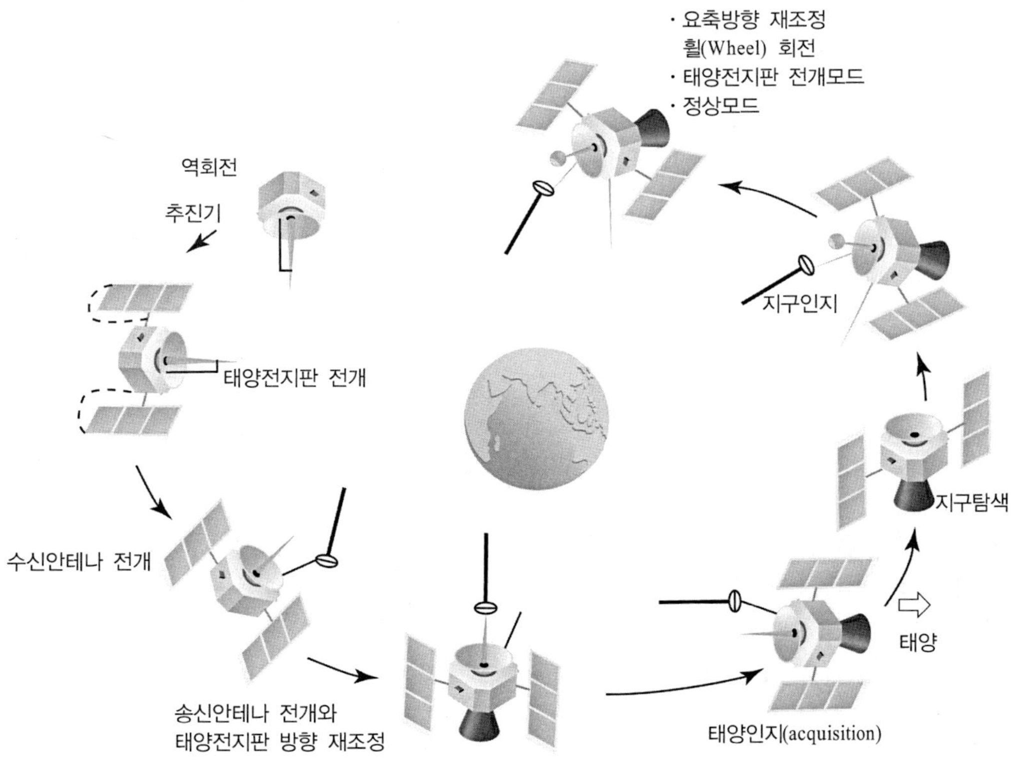

(c) 정지궤도에서 위성의 전개과정

그림 2-16

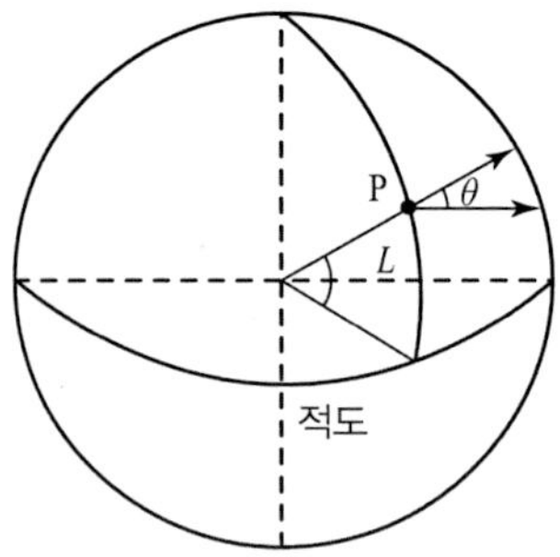

P : 발사대
θ : 동쪽을 기준으로 한 발사각도
L : 발사대의 위도

그림 2-17 **위성의 발사대 위치와 발사방향**

그림 2-17에서 θ는 동쪽방향에 대한 발사각으로서 θ가 0°일 때 발사방향이 정동이 된다. P는 발사대이고 L은 발사대의 위도를 나타내고 있다. θ와 L로부터 경사각 i를 구하면

$$\cos i = \cos\theta \cdot \cos L \tag{2.83}$$

이 된다.

이와 같이 위성이 GTO에서 GEO에 진입되면 그림 2-18(c)와 같이 위성의 목적하는 궤도 지점에서 위성을 운용하기 위한 전개과정이 진행된다. 이때 대기궤도에서 GTO로, GTO에서 GEO로 위성이 이동하기 위해 필요한 위성의 속도가 요구된다. 이 요구되는 속도의 변환을 속도 증가(velocity increment)라고 한다. 이것을 단계별로 정리해 보면, 제1단계는 발사단계로서 이륙해서 GTO에 진입때까지이고 제2단계는 발사단계로서, GTO 진입에서부터 GEO에 진입할 때까지이다. 제3단계는 패이로드 전개단계로서 GEO에 진입시부터 위성을 정해진 위치(nominal station)에 고정시킬 때 까지이다.

한편, 우주 수송 시스템(STS : space transportation system)의 경우에는 우주 수송선이 대기궤도까지 인공위성을 운반한다. 대기궤도의 고도는 290Km이고 궤도의 면은 전이궤도 GTO의 면과 같고 적도면과의 경사각 i는 28°이다.

그림 2-18(a)는 이 진행 과정을 보여주고 있다. 우주 수송선에 의해 대기궤도에 운반된 인공위성은 대기궤도에서 그림 2-18(b)와 같이 저장된 창고(cargo bay)로부터 전개된다. 이때 위성을 화물창고에서 전개시키는 방법은 스프링에 의해 밖으로 튀어나오는 방법(spring ejection)을 사용해서 이루어진다. 이렇게 해서 대기궤도에서 전개된 위성은 제1단계 점화에 의해 필요한 증가속도를 얻어 GTO에 진입한다.

GTO 진입은 GTO가 적도면과 교차하는 근지점에서 행해진다. GTO에 진입된 위성은 GEO와 교차지점 직전에 로켓을 분리시키고, 원지점 모터에 의해 원지점에서 제2차 점화를 실시하여 GEO에 진입하기 위한 증가속도를 얻어 GEO에 진입한다.

이때 GTO와 GEO의 경사각이 28°로서 매우 크므로 원지점에서 GEO에 진입하는 데 속도를 많이 증가해야 하기 때문에 연료 소모량이 많아진다.

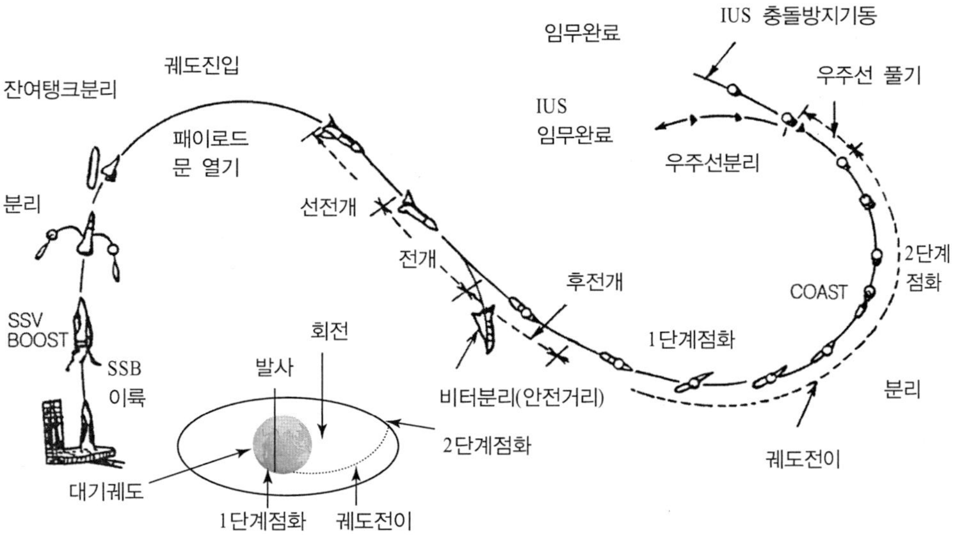

(a) 우주 수송선에 의한 위성의 궤도진입 과정

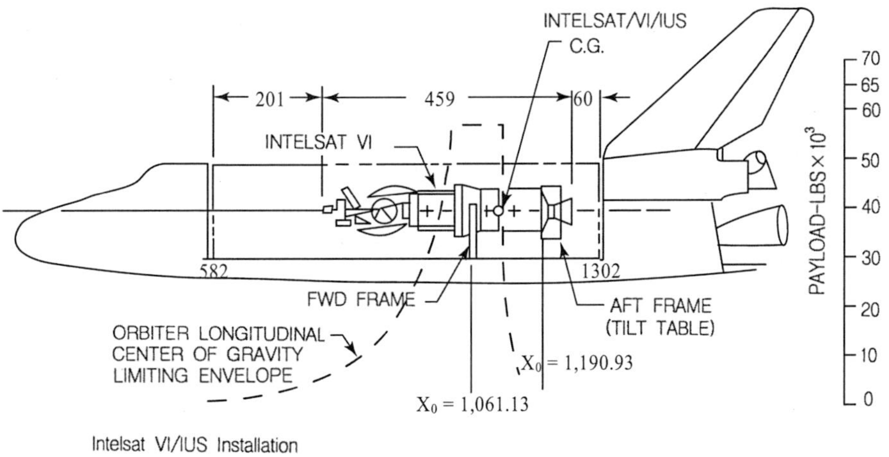

(b) 우주 수송선 탑재 통신위성 INTELSAT VI

그림 2-18

2.6.3 궤도의 전이(transfer)와 속도 증가(velocity increment)

인공위성의 속도 증가량은 궤도의 전환방법에 따라 다르게 된다. 궤도의 전환에는 각 궤도의 궤도면이 서로 상이할 때 대기궤도에서 GTO로, GTO에서 GEO로 전환하는 것이다. 이 경우 대기궤도를 거치지 않고 위성이 GTO로 진입한 다음 GTO에서 GEO로 전환하는 것 또는 궤도면이 같을 때에 GTO에서 GEO로 궤도를 전환하는 것 등이 있다. 각 궤도의 전환방법에 따라 위성의 속도 증가량이 다르게 된다. 위성이 발사된 후에 대기궤도를 거치지 않고 직접 GTO에 진입할 때에는 지구와 GTO의 거리가 가장 근접한 근지점에서 GTO에 진입한다. 이때 근지점에서의 속도를 V_p(perigee velocity)라 하면

$$V_p = [\frac{2\mu}{(R_e + h_p)} - (\frac{\mu}{a})]^{1/2}$$

$$\mu : 3.986 \times 10^{14}\ \mathrm{m^3/s^2} \tag{2.84}$$

이 된다. 여기서 h_p는 근지점 고도(perigee altitude)가 되고 a는 반장축(semimajor axis)으로서

$$a = \frac{(h_p + h_a)}{2} + R_e$$

h_a : 원지점 고도(apogee altitude)

R_e : 지구반경(6,378 Km) (2.85)

가 된다. 식 (2.84)에서 근지점 고도 h_p가 클수록 그리고 타원반경 a가 클수록 근지점에서 타원궤도 GTO에 진입하는 데 필요한 속도 V_p는 적어도 됨을 알 수 있다.

이것은 근지점이 지구에서 멀수록 중력의 영향을 적게 받아 이 중력을 극복하기 위한 속도가 낮아도 됨을 의미한다. 한편, 대기궤도와 GTO가 동일한 궤도면을 가지고 있을 때 대기궤도에서 GTO로 진입하는 데 필요한 속도는 대기궤도내에서의 위성의 속도와 GTO궤도내로 직접 진입시 필요한 속도 V_p와의 차이 만큼 속도를 증가시켜야 한다. 대기궤도내에서의 속도를 V_k라고 하면

$$V_k = \left(\frac{\mu}{R_e + h_k}\right)^{1/2} \tag{2.86}$$

h_k : 대기궤도의 고도

가 되어 대기궤도의 고도 h_k가 높을수록 대기궤도에서의 위성의 속도가 느림을 알 수 있다. 따라서 대기궤도에서 GTO로 진입하는 데 요구되는 추가 증가속도 ΔV_p는

$$\Delta V_p = V_p - V_k \tag{2.87}$$

이 된다. 한편, GTO와 GEO의 궤도면이 같아서 궤도면을 수정하기 위한 속도가 필요 없을 경

우에는 GTO에서 GEO로 진입하는 데 필요한 증가 속도는 GEO내에서의 위성의 속도에서 GTO의 원지점에서의 위성의 속도에 대한 차이만큼 요구된다.

여기서 GEO내에서의 위성의 속도를 V_s라고 하면

$$V_s = \left(\frac{\mu}{R_e + h_g}\right)^{1/2} = 3{,}075 \text{ m/s} \tag{2.88}$$

h_g : 정지궤도의 고도(35,786 Km)

가 되고 GTO 원지점에서의 속도를 V_A라 하면

$$V_A = \left(\frac{2\mu}{R_e + h_A} - \frac{\mu}{a}\right)^{1/2} \tag{2.89}$$

h_A : 원지점 고도

$a : \dfrac{h_p + h_A}{2} + R_e$

가 된다. 따라서 GTO에서 GEO로 진입하는 데 필요한 증가 속도는 식 (2.88)과 식 (2.89)에 의해

$$\Delta V = V_S - V_A \tag{2.90}$$

가 된다. 즉, 식 (2.90)에서 정지궤도내에서의 위성의 속도 V_s는

$$V_s = V_A + \Delta V \tag{2.91}$$

가 된다. 한편, GTO와 GEO의 궤도면이 서로 틀릴 경우에 GTO에서 GEO로 진입하는 데 필요한 증가 속도는 원지점에서 궤도면을 일치시키는 데 필요한 속도가 GTO와 GEO의 궤도면이 같지 않은 경우에 비해 더 요구된다. 이 경우에 요구되는 증가 속도를 ΔV_A라 하면 그림 2-19에 의해 경사각이 i일 때

$$\Delta V_A = (V_s^2 + V_A^2 - 2 V_A V_s \cos i)^{1/2} \tag{2.92}$$

가 된다. 표 2-2는 ARIANE과 STS(space transportation system)에 대한 증가 속도를 보여주고 있다. 이 그림에서 ARIANE은 대기궤도를 사용하지 않고 GTO와 GEO 궤도면의 경사각이 STS에 비해 대단히 적으므로 증가 속도값이 STS에 비해 적다. 따라서 연료의 소모량이 적게 된다.

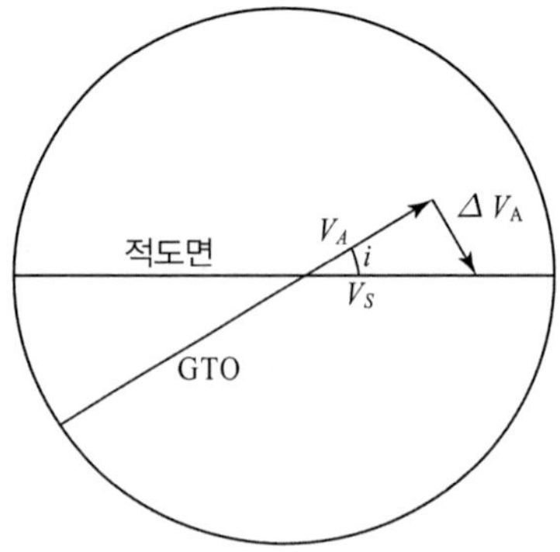

그림 2-19 **궤도의 경사각 i와 위성의 증가 속도와의 관계**

[표 2-2] **ARIANE과 STS의 궤도전환 속도**

로켓	대기궤도(km)	GTO(km)	V_P	V_K	ΔV_P	V_A	ΔV_A
ARIANE		200~35,786(i=8°)	10,239	-	-	1,597	1,510
STS	290	200~35,786(i=8°)	10,160	7,732	2,430	1,607	1,820

2.7 정지궤도 위성에 대한 궤도유지(station keeping)

2.7.1 개념

위성에 대한 궤도유지라 함은 운용중에 위성이 정해진 궤도내에서 이탈되지 않도록 하거나 또는 궤도에서 이탈했든지 위성의 자세에 변동이 있을 때 이것을 제어해서 본래의 궤도를 유지하도록 하는 것을 말한다. 위성을 본래의 정해진 궤도로부터 이탈되도록 하는 데는 몇 가지 원인이 있는데, 주요 요인을 들면 다음과 같다.

첫째 지구가 완전구체(sphere)가 아니기 때문에 위치에 따라 지구의 중력전위가 궤도내에 있는 위성에 미치는 영향이 달라서 발생한다. 둘째, 태양과 달의 인력이 위성의 이동에 영향을 미침으로써 발생하는 것이다. 저궤도(lower orbity)에서는 태양과 달의 인력이 위성에 미치는 영향이 지구중력이 주는 영향에 비해 무시할 수 있다. 그러나 위성이 정지궤도상에 있을 때에는 태양의 인력이 지구인력의 1/37, 달의 인력이 지구인력의 1/6800만큼 영향을 미침으로 1년에 1도 정도 궤도 기울기를 변화시킨다. 셋째 태양방사 압력에 기인되는 것으로 지구위성과 같이 표면적이 큰 위성에 영향이 크다.

넷째 지구대기(atmosphere)에 의해서 영향을 받는 것으로 저궤도에서 운용되는 위성은 지구대기에 의해서 이동에 제동을 받게 된다. 대기밀도, 위성의 형태, 위성의 속도 등에 따라 그 영향의 정도가 상이하다. 이 대기의 영향으로 타원궤도의 원지점이 낮아져서 타원궤도가 점차 원형이 된다. 이와 같은 이유로 궤도에 변동이 발생해서 실제 궤도는 케플러 법칙에 의한 궤도와 다르게 된다. 즉, 케플러 법칙은 이상에서 설명한 궤도 변동요인이 없을 경우에만 성립한다. 다음은 궤도에 영향을 미치는 지구의 중력전위, 태양과 달의 중력전위 그리고 태양방사 압력에 대한 계산방법을 설명하고 이로 인해서 궤도에 미치는 영향에 대해서 설명하고자 한다.

2.7.2 지구의 편원에 의한 중력전위 계산과 위성궤도에 미치는 영향

2.7.2.1 중력전위(gravitational potential)의 계산

지구가 완전한 구체일 때의 중력전위 P_u는

$$P_u = \frac{GM}{r} \tag{2.93}$$

이 된다. 그러나 실제 지구는 완전구체가 아닌 편원(oblateness)이므로 실제위성의 궤도에 영향을 주는 지구의 중심전위(gravitational potenital) P_{ur}은

$$P_{ur} = \frac{\mu}{r}[1 - \sum_{n=2}^{\infty}(R_e/r)^n J_n P_n(\sin l) + \sum_{n=2}^{\infty}\sum_{q=1}^{\infty}(R_e/r)^n J_{nq} P_{nq}(\sin l)\ \cos q(L - L_{nq})] \tag{2.94}$$

J_n : 지구의 편원에 의한 하모닉(zonal harmonics)

J_{nq} : 적도의 타원 형태로 인한 하모닉(tesseral harmonics)

P_n : n차 Legendre 다항식

$$P_n = \left[\frac{1}{(2^n n!)}\right]\frac{d^n}{dx^n}(x^2-1)^n \tag{2.95}$$

P_{nq} : Legendre 조합함수

$$P_{nq} = (1-x^2)^{q/2}\frac{d^q}{dx^q P_{n(x)}} \tag{2.96}$$

l : 위도(latitude)

L : 경도(longitude)

$J_2 = 1.0827 \times 10^{-3}$: $J_n(n>2) < 10^{-6}$

$$J_{22} = 1.803 \times 10^{-6} \ : \ J_{nq}(n>2) < 10^{-6}$$
$$L_{22} = -14.91°$$

으로, 식 (2.94)에서 정지궤도인 경우 $i = 0°$가 되고 $\frac{R_e}{r}$이 작으므로

$$P_{ur} = \frac{\mu}{r}[1 + (R_e/r)^2 \{J_2 + 3J_{22} \cos 2(L - L_{22})\}] \tag{2.97}$$

여기서 $L_{22} = 14.91°$가 된다. 식 (2.93)과 식 (2.94)에서 지구의 편원으로 발생된 중력전위차 P_D를 구하면

$$\begin{aligned} P_D &= P_{ur} - P_u \\ &= P_{ur} - \frac{GM}{r} \end{aligned} \tag{2.98}$$

이 된다.

2.7.2.2 지구의 편원에 의한 중력전위가 위성궤도에 미치는 영향

지구의 편원에 의해 기인되는 궤도의 장기편이(longterm drift)는 궤도의 파라미터중에서 근지점 편각(argument of perigee) ω와 상승노드(ascending node)의 오른쪽 상승각 Ω 그리고 평균 근점이각(mean anomaly) M에 영향을 줌으로써 궤도에 변화를 일으킨다. 이 파라미터의 변화는 시변(time varying)하므로 이것을 식으로 나타내면 다음과 같다.

$$\frac{d\omega}{dt} = \left(\frac{3}{4}\right) n_0 A J_2 (5\cos^2 i - 1) \tag{2.99}$$

이 되고, 상승각 Ω의 편이는

$$\frac{d\Omega}{dt} = -\left(\frac{3}{2}\right) n_0 A J_2 \cos i \tag{2.100}$$

이 되고 평균 근점이각 M의 편이는

$$\frac{dM}{dt} = n_0 [1 + \frac{3}{4} A (1-e)^{1/2} J_2 (3\cos^2 i - 1)] \tag{2.101}$$

이 된다. 이 식에서

ω : 근지점 앙각

$$A = \frac{Re^2}{a^2}(1-e^2)^2 \tag{2.102}$$

n_0 : 평균 각속도(위성의 평균이동)

$$= \sqrt{\frac{\mu}{a^3}} = \frac{2\pi}{T} \tag{2.103}$$

M : 평균 근점이각

$$= n_0(t-t_p)$$
$$= E - e \cdot \sin E \tag{2.104}$$

t_p : 근지점 시간

E : 이심률 근점이각

$$= \cos^{-1}\frac{(e+\cos\nu)}{(e \cdot \cos E - 1)} \tag{2.105}$$

ν : 실제 근점이각(true anomaly)

$J_2 : 1.0827 \times 10^{-3} = J_n(n>2) \times 10^{-6}$

이 된다. 식 (2.99)에서 $i=63.4°$일 경우 근지점 편각 ω의 변화는 0이 된다.

러시아의 통신위성 MOLYNA와 GPS 위성이 이 궤도에서 운용됨을 앞에서 설명했다. 경사각 i가 63.4°인 궤도는 지구편원에 의한 중력전위의 영향이 근지점 편각 ω에 영향을 주지 않음을 뜻한다. 식 (2.99)에서 $i=98°$일 때 고도가 800 Km인 원형궤도에서 상승각 Ω의 편이는 $\frac{d\Omega}{dt} = 360°/$ 1년이 되어 태양동기 궤도가 됨을 알 수 있다. 한편, 우주 수송 시스템(STS)의 경우에 고도가 290 Km, 원형궤도일 때 상승각 Ω가 1일 7.5°씩 편이된다.

2.7.3 태양과 달의 중력전위의 계산과 위성에 미치는 영향

2.7.3.1 태양과 달의 중력전위의 계산

태양과 달의 중력전위는 케플러 정수 μ와 지구-위성벡터에 의해 계산된다. 태양과 달의 중력전위를 P_{usm}이라고 하면

$$P_{usm} = \mu\left[\frac{1}{r_p - r} - \frac{r_p \cdot r}{|r_p|^3}\right] \tag{2.106}$$

r_p : 지구-위성 간 벡터

가 된다.

2.7.3.2 태양과 달의 중력전위 P_{usm}이 위성에 미치는 영향

태양과 달의 중력전위는 위성의 궤도 기울기, 즉 경사각 i를 시변시킨다. 따라서 정지궤도의 경사각 $i=0$이 중력전위의 영향을 받아 $i \fallingdotseq 0$이 된다. 경사각 i의 변화는 변화폭이 0.0035°일 때 그 주기가 13.66일이 되고 변화폭이 0.023°인 경우에는 주기가 182.65일이 된다. 그림 2-20에서 O는 지구 중심, Ω는 춘분점(vernal point)과 적도면이 접하는 점 사이의 각, 즉 상승각이고, ω는 적도면과 궤도면이 접하는 점과 근지점 사이의 편각, i'는 경사 벡터, e는 이심률 벡터이다. 태양과 달의 중력전위가 경사각 i에 영향을 미치는데, 그림에서 경사 벡터 i'는

$$\begin{aligned} i' &= \sqrt{ix^2+iy^2} \\ &= \sqrt{(i'\cos\Omega)^2+(i'\sin\Omega)^2} \end{aligned} \tag{2.107}$$

가 된다. 또한, 태양과 달의 중력전위에 위한 장기편이(longterm drift)는 다음과 같다.

$$\frac{di'x}{dt} = H = \frac{(-3.6\sin\Omega_M)\times 10^{-4°}}{1\text{일}} \tag{2.108}$$

$$\frac{di'y}{dt} = K = \frac{(23.4+2.7\cos\Omega_M)\times 10^{-4°}}{1\text{일}} \tag{2.109}$$

여기서 Ω_M은 달의 경사점 경도이고 다음과 같이 구해진다.

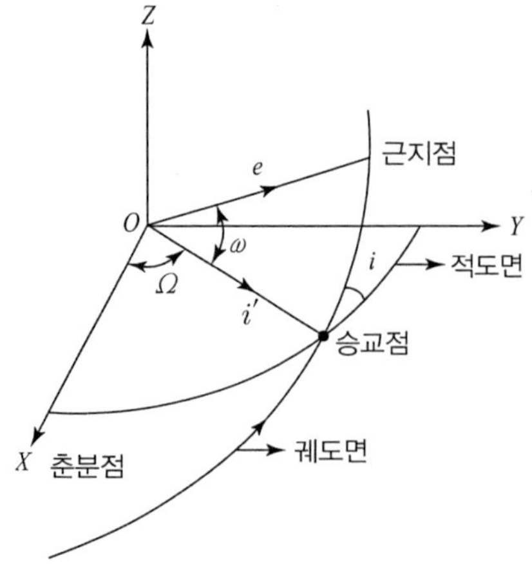

그림 2-20 **궤도 파라미터**

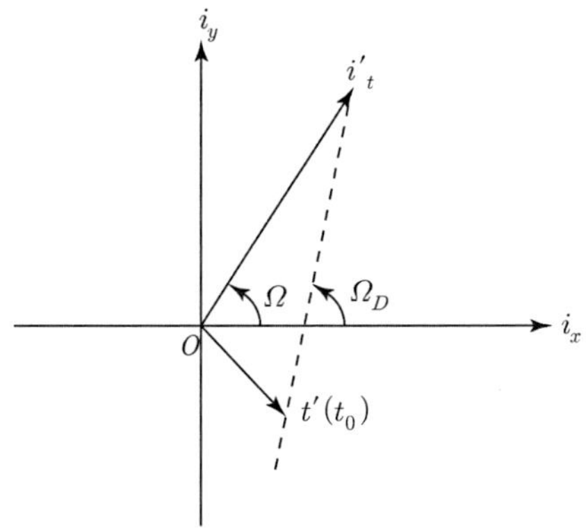

그림 2-21 **상승각 Ω와 경사각 i와의 관계**

$$\Omega_M = 12.111 - 0.052954\,T \tag{2.110}$$

T : 1950년 1월 1일부터의 날짜를 나타낸다.

그림 2-21에서

$$\cos \Omega_D = \frac{H}{\sqrt{H^2 + K^2}} \tag{2.111}$$

$$\sqrt{H^2 + K^2} = \Delta i / \Delta t$$

가 되고 Ω_D는 Ω_M의 18년 주기내에서 시변에 따라 81.1°~98.9°까지 변화한다. $\Delta i/\Delta t$는 매년 0.75°~0.95° 만큼 변화한다. 이렇게 해서 위성이 본 궤도에서 이탈하게 되므로 위성자체 추진기에 의하여 궤도를 수정해 주어야 한다.

2.7.4 태양방사 압력의 계산과 위성의 궤도에 미치는 영향

2.7.4.1 태양방사 압력의 계산

태양방사 압력은 위성의 표면적, 표면에서의 반사율 등에 의해 결정된다. 지금 위성의 표면에 미치는 힘, 즉 태양방사 압력을 F_s라고 하면

$$F_s = (1 + \rho) \cdot W/C \cdot \cos^2 \theta \tag{2.112}$$

가 된다. 이것은 단위 면적 ds당 받는 힘이다. 여기서 ρ는 반사율로서 약 0.5이고, W는 표면 단위당 태양력(solar power), C는 빛의 속도, θ는 경사각을 말한다. 이 식에서 $W/C = 4.51 \times 10^{-6}$ N/m^2(1 IAU : International Astronomic Unit)가 된다.

2.7.4.2 태양방사 압력이 위성의 궤도에 미치는 영향

태양방사 압력은 궤도의 이심률을 발생시킨다. 그림 2-22에서와 같이 원형궤도를 타원궤도로 변형시킨다. 따라서 정지궤도가 되지 않아 언제나 동일한 지역을 위성이 담당하지 못하게 된다. 이심률 벡터 e'는 그림 2-23에서와 같이 반경이 r인 원을 1년으로 하여 계산된다. 그림에서 이심률 벡터 e'는

$$e' = \sqrt{e_x^2 + e_y^2} \tag{2.113}$$
$$e_x : e \cdot \cos(\omega + \Omega)$$
$$e_y : e \cdot \sin(\omega + \Omega)$$

이고, 원의 반경 r은

$$r = \frac{3}{2}\ \frac{\sigma}{a}\ \frac{1}{n_{sa}\,\omega_{sun}} \tag{2.114}$$
$$= 1.115 \times 10^{-2} \rho\ (\mathrm{s/m})$$

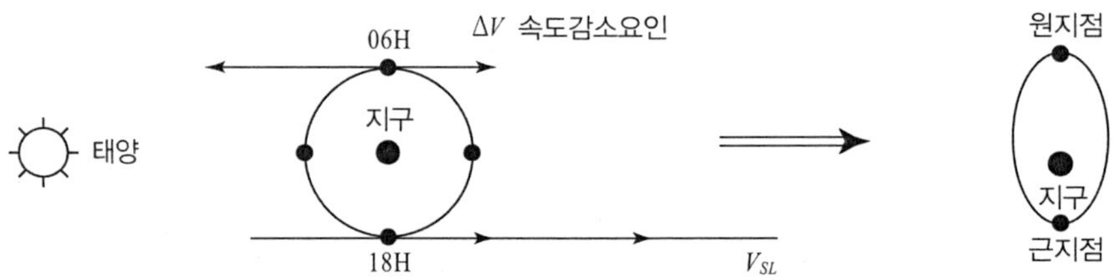

그림 2-22 **태양방사 압력에 의한 궤도의 찌그러짐**

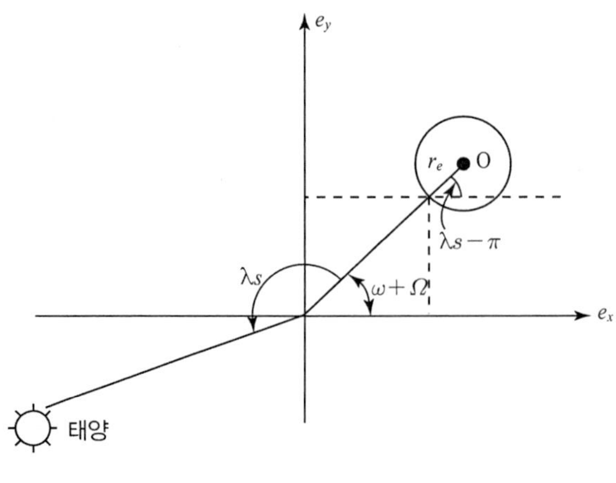

그림 2-23 **태양방사 압력과 궤도의 이심률과의 관계**

ω_{sun} : 태양의 각속도(0.9856° /1일)

n_{sa} : 위성의 평균 각속도

으로 나타낸다.

이 식에서 σ는

$$\sigma = \rho \cdot \frac{s}{m} \cdot \frac{W}{C} \tag{2.115}$$

ρ : 반사율(약 1.5)

s : 태양을 향한 위성의 표면적(m^2)

m : 위성의 질량(Kg)

이다. 참고로 인공위성 TDF－1에 대한, $r_e = 7 \times 10^{-4}$이고, TC－1에 대한 $r_e = 4 \times 10^{-4}$이다.

2.7.5 궤도의 변경으로 발생하는 영향과 궤도의 교정

궤도가 변경되었다는 것은 이심률과 경사각이 변화했음을 뜻한다. 이심률은 위성의 동－서에 대한 위치, 즉 경로를 변경시키고 경사각의 변경은 위도와 경도를 변경시킨다. 이심률이 0이 아니면 위성의 궤도가 근지점에서 지구면에 비치는 위성의 위치, 즉 위성의 지구 궤적(subsatellite point)에 대해 주기적 운동을 한다. 즉, 1주기가 24시간인 궤도가 된다. 그림 2-26에서와 같이 정지궤도인 경우 t_0점에서 6시간이 지났을 때 위성이 90°의 지구선상에 있는데, $e \fallingdotseq 0$인 타원궤도에서는 근지점 t_0에서 6시간이 지났을 때 지구선상 약 150°에 위치하고 있게 되어 동일한 시간에 위성이 위치하는 경도가 상이함을 알 수 있다. 이것은 $e \fallingdotseq 0$인 경우, 근지점에서 위성의 속도가 $e = 0$인 경우에 비해 빠르기 때문이다. 이와 같이 $e \fallingdotseq 0$인 경우 이심률이 변하면 하루중에 오직 2번만 정지궤도와 같은 경도상에 있게 되는데, 12시와 24시가 이에 해당된다. 이심률이 변동함에 따른 경도의 최대 변화값을 다음과 같이 구한다.

경도의 최대 변화값을 ΔL_{max}라고 하면, 이심률 e가 0.001일 때

$$\begin{aligned} \Delta L_{max} &= 114e \\ &= 0.1° \end{aligned} \tag{2.116}$$

가 된다. 그림 2-24에서 보면 ΔL_{max}는 근지점 t_0에서부터 6시간이 경과한 점 $t_0 + 6_H$와 근지점 t_0에 들어오기 전 6시간 점 $t_0 + 18_H$가 이에 해당한다.

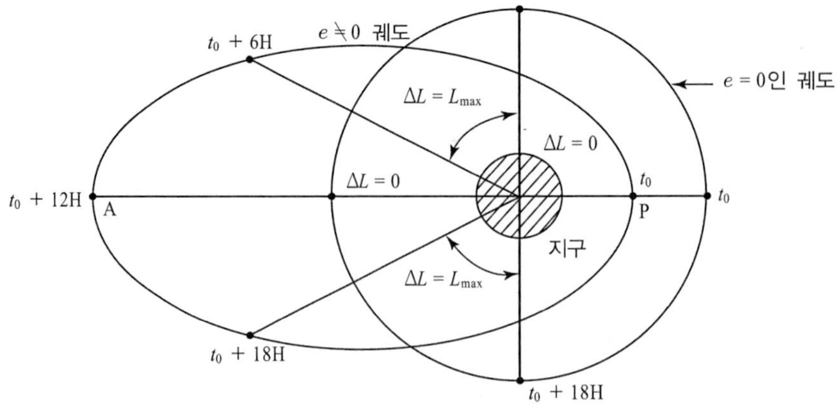

그림 2-24 **정지궤도와 정지궤도에 이심률이 발생한 경우의 경도 차이**

그림 2-24에서 보면 목적하는 경도에서부터 동-서 방향으로 ΔL_{max}만큼 경도에 차가 발생했음을 알 수 있다. 한편 정지궤도에서 경사각 i가 변하면 지구표면에 나타나는 위성의 지구면 직하점(subsatellite point)이 그림 2-25에서와 같이 목적하는 지점에 있지 않고 8자 모양의 궤적을 가지게 된다. 이것은 정지궤도시에는 일정한 주기를 갖는 위성의 궤적이 발생하지 않지만 이심률이 발생해서 타원궤도가 되면 위성이 8자 모양의 궤적을 갖게 되어서 그림 2-25과 같은 모양을 갖게 된다. 경사각 i가 변동됨으로써 생기는 경도와 위도의 최대 변화각을 보면 다음과 같다. 경사각 i가 주어졌을 때 최대 경도 변화각 ΔL_{max}는

$$\Delta L_{max} = 4.36 \times 10^{-3} \cdot i^2 \tag{2.117}$$

이 되고, 최대 위도 변화각 Δl_{max}는

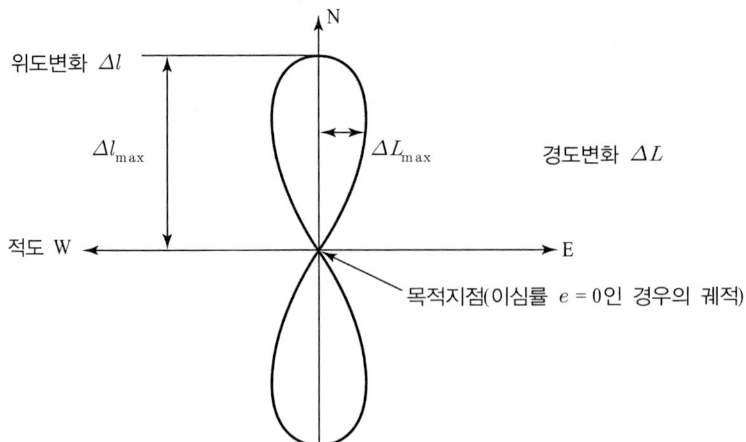

그림 2-25 **정지궤도에 이심률이 발생한 경우의 위성의 궤적**

$$\Delta l_{\max} = i \tag{2.118}$$

가 된다.

보통 경사각 i는 0.05° 내로 유지되어야 하기 때문에 이 한계가 유지되면 $\Delta L_{\max}$는 $10^{-5°}$가 되어 다른 편이와 비교할 때 무시될 수 있다. 이심률과 경사각은 매일 변동되므로 위성은 자체 추진 시스템을 사용해서 항상 정해진 궤도내에 위치하도록 궤도를 조정해야 한다. 전형적으로 경도와 위도의 최대 변화각 $\Delta L_{\max}$, $\Delta l_{\max}$는 0.1°를 벗어나지 않도록 조정한다. 그림 2-26은 이심률 e가 0.001인 경우의 경도와 위도의 변화 범위를 보여주고 있다. 이 그림에서와 같이 정사각형(window라고 한다) 중심에 위성이 있다고 할 때 중심으로부터 동-서로 그리고 남-북으로 37.5 Km 범위를 벗어나지 않도록 해야 하고, 지구를 중심으로 전·후로 42.5 Km 범위를 위성이 중심점에서 벗어나지 않도록 해야 한다. 그림 2-27은 경사각 i에 대한 변동을 교정하는 것을 보여주고 있다. 이 그림에서는 경사각 $i(t_0)$에서 $i(t_1)$로 Δi만큼 변동된 것을 말하며, Δi만큼 변동된 경사각을 교정하기 위해서 증가 속도 $\Delta V_n = |\Delta i| \cdot Vs$만큼이 필요하게 된다. 여기서 Vs는 위성의 속도이다.

이 그림에서

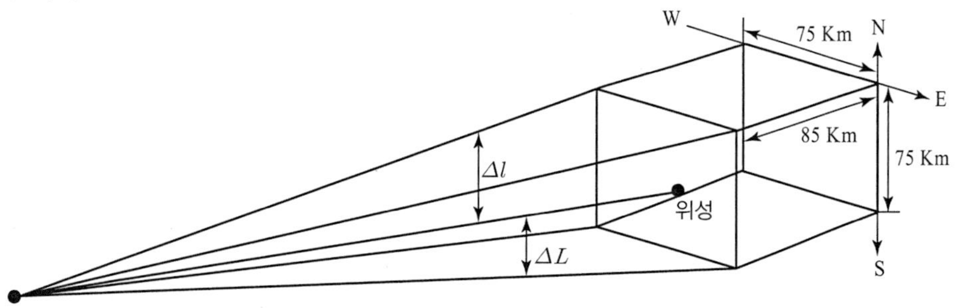

그림 2-26 **경도와 위도변화 ΔL, Δl의 변화가 0.1° 일 때의 위성의 위치변동 범위**

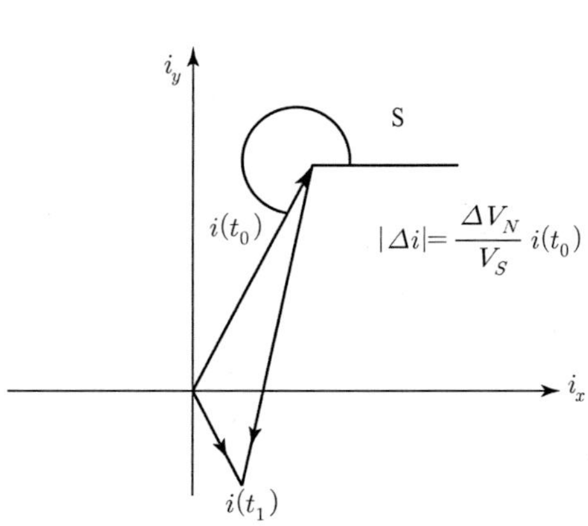

그림 2-27 **경사각 i의 변동에 대한 교정도**

$$\Delta i_x = \Delta V_N \cos \frac{S}{V_S} \tag{2.119}$$

$$\Delta i_y = \Delta V_N \sin \frac{S}{V_S} \tag{2.120}$$

이 된다. 이 식에서 S는 $\Omega + W + M$으로서 위성의 우측 상승각이 된다.

이때

$$|\Delta i| = 0.01863 |\Delta V_N| \tag{2.121}$$

$$|\Delta V_N| = 53.7 |\Delta i| \tag{2.122}$$

$$\Delta V : [\mathrm{m/s}]$$

$$\Delta i : [\,^\circ\,]$$

가 된다.

CHAPTER 03

통신위성의 버스 서브시스템

3.1 개념

통신위성 시스템은 크게 페이로드(payload) 시스템과 버스시스템(bus system)으로 구성된다. 페이로드 시스템은 중계기(repeater)와 안테나로 구성된다. 중계기는 1개 이상의 트랜스폰더(transponder)로 구성된다. 버스시스템은 자세·궤도제어 서브시스템(AOCS : Attitude and Orbit Control Subsystem), 추진 서브시스템(propulsion subsystem), 열제어 서브시스템(thermal control subsystem), 전원공급 서브시스템(electric power supply subsystem), TTC(Telemetry-Tracking and Command) 서브시스템으로 구성된다. 그림 3-1은 통신위성 시스템에 대한 개요도이다. 본장에서는 버스시스템에 대해서 간단히 설명하기로 한다.

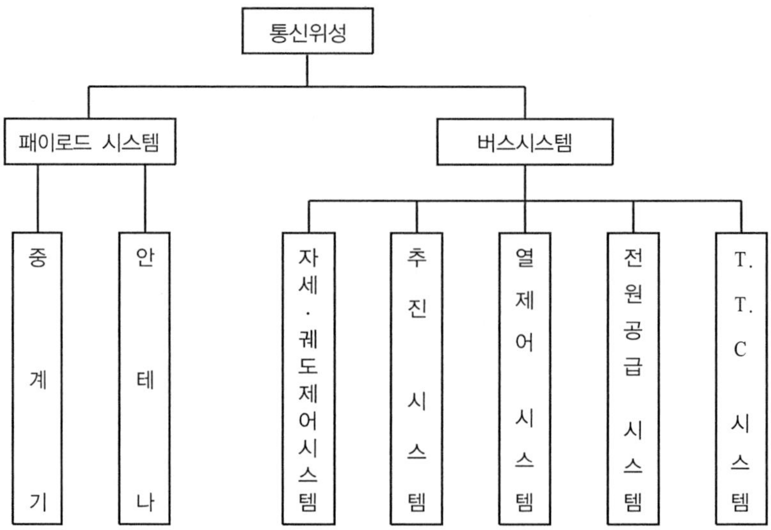

그림 3-1 **통신위성 시스템 개요도**

3.2 자세·궤도제어 서브시스템(AOCS)

3.2.1 개념

자세·궤도제어 서브시스템은 제2장에서 설명한 것과 같이 태양방사 압력, 태양·달의 중력전위의 영향을 받아 위성이 본 궤도에서 이탈했을 때 위성을 제어해서 궤도를 바로잡고 이 때 발생한 위성의 자세 불안정을 조정한다. 또한, 인공위성이 발사되어 위성이 운용궤도(예를 들면 정지궤도)에 정확하게 진입하도록 하는 것이다. 궤도제어에 대해서는 제2장에서 설명했으므로 본장에서는, 위성의 자세조정에 대해서 설명하기로 한다.

위성의 자세를 제어하기 위해 위성에 3개의 기준축이 설정된다. 그림 3-2는 이 기준축을 보여주고 있다. 그림에서와 같이 지구의 방향을 기준으로 해서 피치축(pitch axis)은 남쪽 방향, 롤(roll)축은 동쪽 방향으로 궤도에서 위성이 원심력을 가지는 방향이다. 요(yaw)축은 위성에서 지구의 중심을 향하고 있는 것이다. 이 세 개의 축 방향이 규정된 기준축 범위에서 벗어났을 때 이것을 제어해서 규정된 기준축에 일치시키는 것이 자세 제어 서브시스템이다. 자세 안정 제어방법에는 회전 안정화(spin stabilization)방식 그리고 추진기를 이용한 자세 안정법이 있다. 추진기를 이용한 자세·궤도 안정법에 대하여는 설명을 생략하고자 한다.

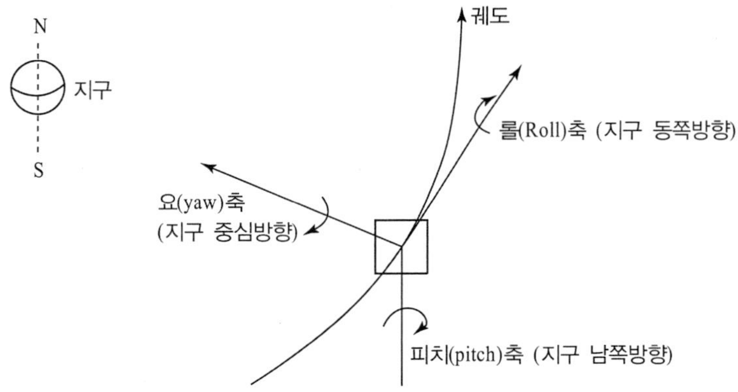

그림 3-2 **위성의 기준축에 대한 개요도**

3.2.2 중력 기울기 안정법(gravity gradient stabilization)

중력 기울기 안정법은 지구중력의 기울기를 이용해서 위성의 자세를 제어하는 방법으로 위성에 지구중심축 방향과 수직으로 양단에 추를 가진 긴봉을 설치해서 이 봉의 수직 복원력을 이용하여 위성의 축이 항상 지구 중심을 향하도록 자세를 제어하는 방법이다.

3.2.3 회전 안정화(spin stabilization)방식

회전 안정화 방식에 의한 위성의 자세 안정법은 회전체의 회전유지(gyroscopic) 성질을 이용한다. 위성자체를 회전시킴으로써 회전축 방향을 방해하는 제동력을 제거한다. 이로 인해 위성이 일정한 방향을 유지하도록 하는 방법이다. 다시 말하면 팽이에 회전 방향으로 계속해서 힘을 가하면 안정된 회전축으로 계속해서 회전하는 원리와 같다. 정지궤도상에 있는 위성은 회전축 방향이 지구의 남북 방향이 된다. 이때 위성체 전체를 회전시키게 되는데, 이 경우에 안테나가 지구 방향으로 계속해서 방향을 유지해야 하기 때문에 안테나는 전방향에 대해 전파를 방사하는, 즉 무지향성(환상 방사패턴) 안테나를 사용하든지 위성의 회전 방향과 역회전하는 안테나(despun antenna)를 사용해야만 한다. 이 경우 무지향성 안테나를 사용하면 혼(horn) 안테나나 반사형 안테나의 역회전 안테나를 사용할 때보다 이득이 떨어지게 된다. 역회전 안테나를 사용하는 경우에는 안테나만 역회전 시키는 방법과 안테나 플랫폼(platform)을 회전시키는 방법이 있다. 그림 3-3은 회전 안정법에 대한 것으로 (a)는 무지향성 안테나를 사용한 경우로써 안테나가 위성자체와 함께 회전하고 (b)는 안테나만 역회전 하는 경우 (c)는 안테나 플랫폼 자체가 역회전하는 것을 보여주고 있다. (c)의 경우에는 보통 통신 페이로드가 안테나 플랫폼과 함께 회전한다.

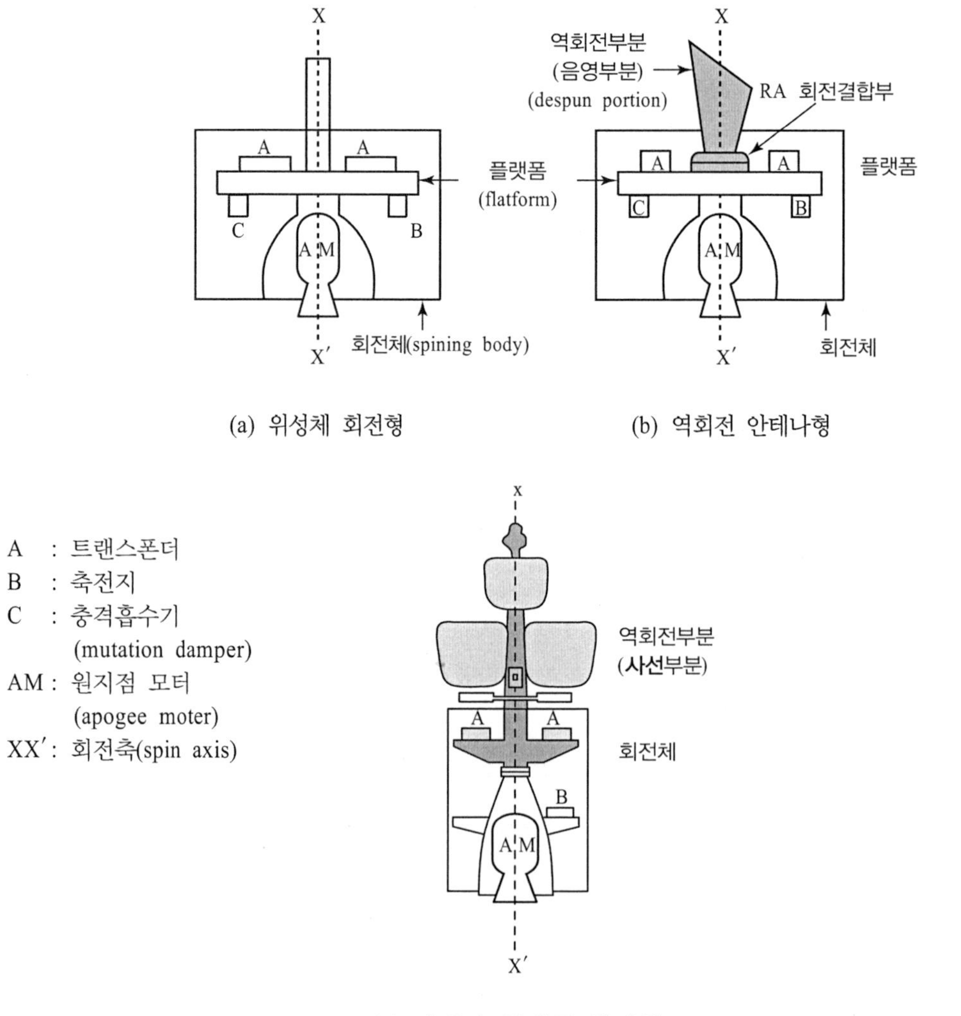

(c) 안테나 플랫폼 회전형

그림 3-3 **회전 안정화방식**

3.2.4 동체 고정안정화(body fixed stabilization)방식

동체 고정안정화방식에는 바이어스-모멘텀(bias-momentum) 안정화방식과 3축 안정화방식(3-axis stabilization) 또는 영-모멘텀안정화(zero-momentum stabilization)방식이 있다. 이 방식은 모멘텀-휠(momentum-wheel)을 이용하여 위성이 지구에 대해 고정된 자세를 유지하도록 하는 것이다. 위성은 이 안정화방식을 사용함으로써 대형 안테나와 태양전지판(solar array panel)을 설치할 수 있는 장점이 있다. 그림 3-4의 INTELSAT V호는 이 방식을 사용하고 있는 것 중의 하나이다.

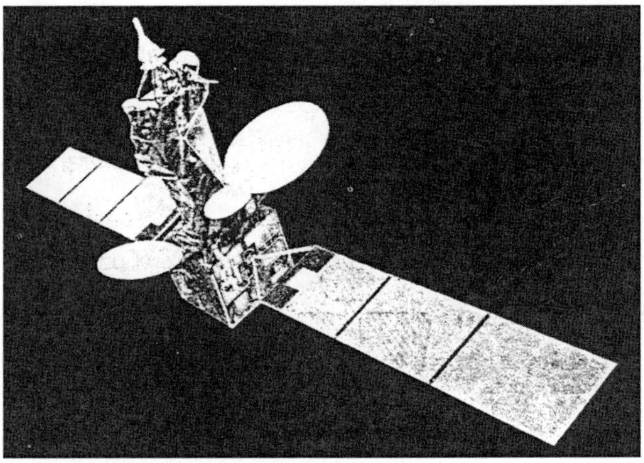

그림 3-4 INTELSAT V호

3.2.4.1 바이어스-모멘텀 안정화(bias-momentum stabilization)방식

그림 3-5는 바이어스-모멘텀 안정화방식에 대한 것을 보여주고 있다. 이 안정화방식에는 모멘텀-휠(momentum-wheel)을 한 개 이상 사용한다. 그림 3-5(a)는 모멘텀 휠을 1개 사용하는 경우로서 피치축에 설치된 바퀴(wheel)를 위성의 회전 방향, 즉 지구의 자전 방향으로 회전시키면 회전 안정화방식에서 위성을 회전시킬 때와 같이 피치축이 지구축과 평행을 유지하게 된다. 이때 피치축의 제어는 바퀴의 속도변화에 의해 반작용 토크(reaction torque)를 발생시켜 이루어진다. 한편, 피치축에 설치된 바퀴를 돌려서 나타나는 자이로스코픽 성질은 위성의 피치축만 원하는 방향으로 유지하게 되므로 롤축과 요축에 오차가 생기게 된다. 이 오차값이 커져서 한계치에 달하면 추진기나 자기 토크(torque) 등의 보조장치를 이용해서 교정한다. 그림 3-5(b)는 모멘텀-휠을 2개 사용한 경우에 대한 것으로 피치축을 제어하는 전체 운동힘이 각 바퀴에 대한 운동힘의 합성(벡터)이 된다.

따라서 각 바퀴의 속도를 조정해서 원하는 피치축 방향으로 위성의 자세를 조정할 수 있다. 바이어스-모멘텀 안정화방식은 ECS, RCA, Telecom 1 등에서 널리 이용되고 있는 방식이다.

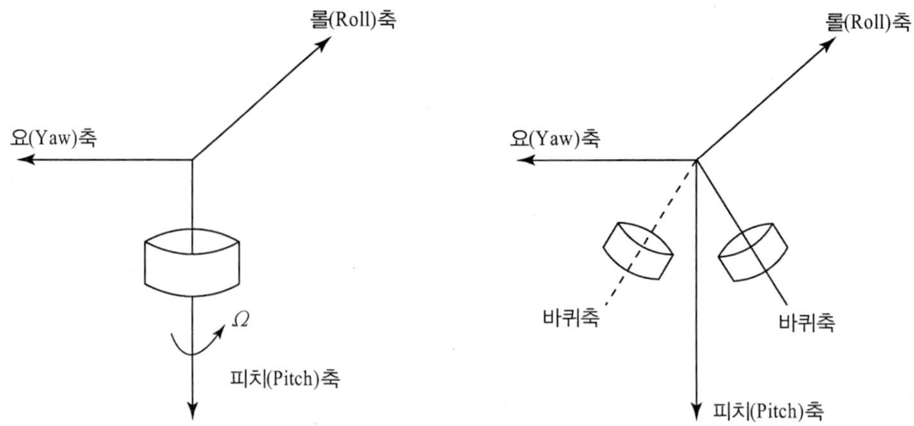

(a) 모멘텀 휠(wheel) 1개를 이용한 안정화 (b) 모멘텀 휠 2개를 이용한 안정화

그림 3-5 **바이어스 모멘텀 안정화방식**

3.2.4.2 3축 안정화(3-axis stabilizatin)방식

그림 3-6은 3축 안정화방식에 대한 것이다. 세 개의 각 축마다 각각 바퀴를 장치해서 자세를 조정한다. 자이로스코픽 성질을 이용하지 않고 각 축에 오차가 발생했을 때 이 오차를 극복할 수 있을 만큼의 운동힘을 각 해당하는 바퀴를 회전시켜 발생시킨다.

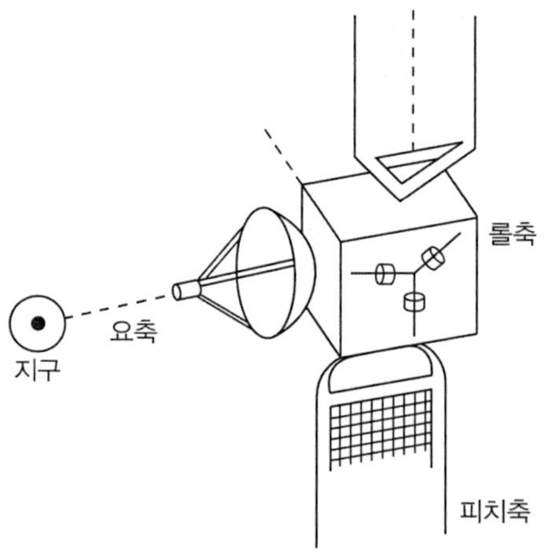

그림 3-6 **3축 안정화(영-모멘텀 형)방식**

자세안정화 과정은 위성이 전이궤도에서 원지점 모터(AKM)를 이용해 정지궤도에 진입한 다음부터 시작된다. 원지점 모터에 의해 정지궤도 진입시에 발생한 위성의 회전을 정지시키기 위해 위성을 역회전(despun)시킨다. 역회전은 지상명령에 의해 추진기를 동작시켜서 요축을 역회전시킴으로써 이루어진다. 요축을 역회전시켜서 위성을 정지시킨 다음에 그림 3-7에 보이

고 있는 지구 감지기에 위해 롤축과 피치축의 오차 여부를 측정한다. 이 측정된 값에 의해 지상에서 위성에 명령을 보내서 오차를 교정하기 위해 롤축과 피치축의 바퀴를 회전시켜 오차를 교정한다. 이때 요축의 바퀴를 계속 회전시켜서 요축이 계속해서 지구의 방향을 향해 있도록 한다. 이렇게 해서 위성의 자세를 교정하고 나면 태양 전지판을 전개(deployment)시킨다. 태양 전지판의 전개는 전기 폭발 장치(electric explosive device)에 의해 이루어지고 북쪽면을 전개시킨 다음에 남쪽면을 전개시킨다.

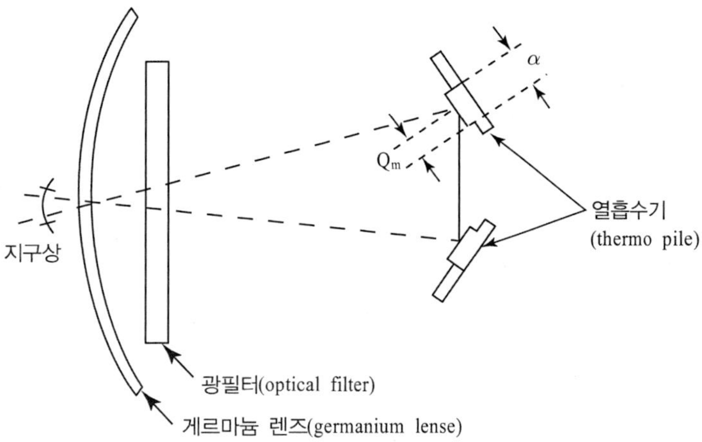

(a)

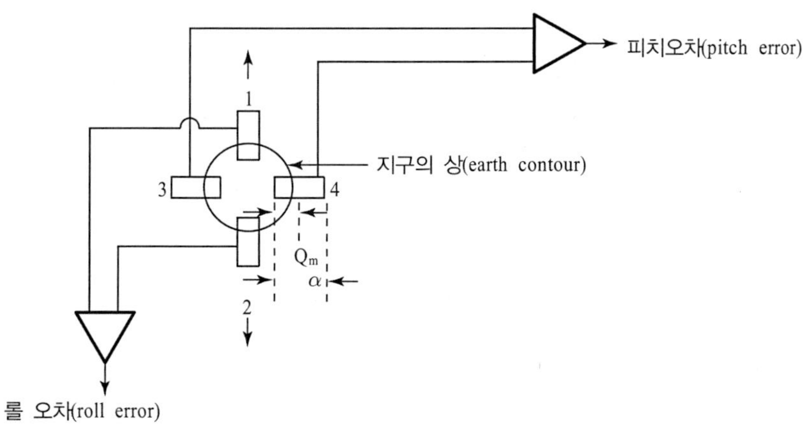

(b)

그림 3-7 **자세제어용 지구 감지기(earth sensor)의 기본원리**

태양전지판이 전개되고 나면 롤축에 오차가 생기므로 정해진 값에 의해 롤축 자세를 제어를 위한 추진기를 동작시킨다. 롤축이 맞추어진 다음에 요(yaw)축을 제어하기 위해서 태양 감지기와 요축의 추진기를 이용한다. 요축의 교정이 끝나면 3축 모두의 추진기에 의해 위성의 자세가 마지막으로 교정되고 그 다음 정상상태의 운용상태가 시작된다.

한편, 송수신 안테나의 전개는 태양전지판이 태양 감지기에 의해 방향을 조정하기 전에 전개된다. 이상의 진행과정을 정리해 보면 다음과 같다.

① 원지점 모터 점화로 정지궤도에 진입
② 회전하면서 지구 감지기에 위해 롤축과 피치축 오차 측정(요축은 지구 방향유지)
③ 오차 측정후 역회전에 의해 위성의 회전을 정지시킨다(3축 안정화 진행시작).
④ 완전 정지후 롤축과 피치축 제어 추진기에 의해 롤축과 피치축을 정해진 범위내로 조정(1차)
⑤ 제1차 자세 제어후에 정해진 시간내에 태양전지판을 전개(태양 전지판을 전개시키기 위해 전기 폭발 장치를 이용하는데, 이 장치를 동작시키기 위해 열이 요구됨으로 역회전이 끝난 후 일정 시간내에 태양전지판을 전개시킨다.)
⑥ 송·수신 안테나 전개
⑦ 태양전지판을 재조정한 다음, 태양 감지기에 의해 태양에 방향을 맞춤(sun acquisition)(정오에 실시)
⑧ 롤(roll)축의 재조정
⑨ 태양 감지기와 요축 제어 추진기에 의해 요축을 지구에 맞춤(earth acquisition)
⑩ 3개 축에 대한 추진기를 사용해서 마지막으로 위성의 자세 교정
⑪ 정상 운용상태 시작

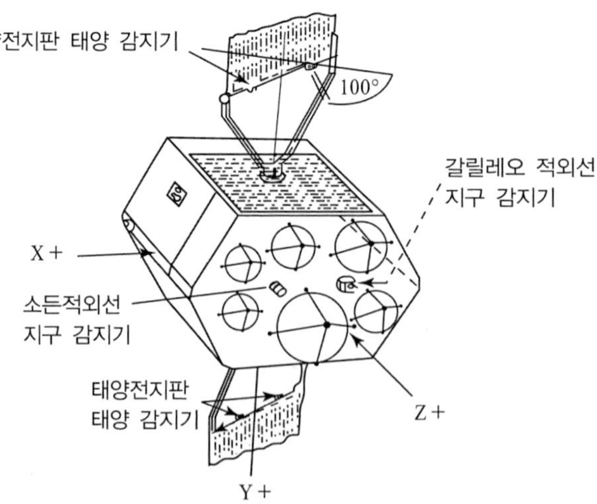

그림 3-8 OTS의 지구 감지기와 태양 감지기

그림 3-7은 위성의 자세제어에 사용되는 지구 감지에 대한 기본원리를 보여주는 것이다. 그림 3-7(b)에서 지구의 모양이 원안에 잡혔을 때 상하좌우의 어느 방향으로 치우치지 않고 나타나면 위성의 자세가 정확히 지구에 동조된 것으로 간주되어 롤축과 피치축의 오차 측정값이 0이 된다. 그림 3-8은 OTS 위성에 설치된 지구 감지기와 태양 감지기의 설치 위치를 보여주고 있다.

3.3 추진 서브시스템

3.3.1 개념

인공위성의 추진 시스템은 두 개가 있다. 하나는 위성이 발사 로켓으로부터 분리된 다음에 전이궤도에서 정지궤도에 진입할 때 사용되는 원지점모터이다. 다른 하나는 위성이 궤도내에서 자세를 교정하고 궤도유지를 하는 데 사용되는 시스템을 말한다. 추진 시스템은 액체연료 시스템(liquid propellants), 고체연료 시스템(solid propellants) 그리고 전기적 추진 시스템(electric propulsion)이 있다. 액체연료 시스템은 화학작용에 의해 제트 추진을 하기 위한 기동력을 제공하는 에너지를 만드는 것으로서 세 가지의 기본적인 시스템으로 구분된다. 단일연료 시스템(mono propellant), 이중연료 시스템(bipropellant) 그리고 하이브리드 연료 시스템(hybrid propellant)이 이에 속한다. 단일연료 시스템은 연료를 화합물이나 용액의 한 가지 액체를 사용하는 시스템이다. 이중연료 시스템은 연료로서 기름(fuel)과 산화물(oxider)을 사용한다. 이 두 연료를 각각 별도로 저장했다가 엔진에서 혼합시키는 시스템이다. 이때 기름(fuel)을 에너지원(source of energy)이라 하고 산화물(oxider)을 작용물질, 즉 확장 에너지(expanding energy)라고 한다.

하이브리드 연료 시스템은 추진 에너지원으로 액체연료를 사용하고 작용물질로는 고체재료 연료를 사용한다. 액체연료는 장기간 사용할 수 있도록 로켓 안에 저장시킬 수 있어 여러번에 걸쳐 연료를 사용하는 이동체에서 사용하기에 편리한 연료이다.

그림 3-9는 액체연료에 대한 물리적인 특성을 보여주고 있다. 고체연료 시스템은 통상의 온도에서 고체상태로 상호 공존할 수 있는 산화물질과 분해물질의 혼합연료인 고체연료를 사용하는 시스템이다. 엔진이 시동되면 연료가 타서 뜨거운 가스를 발생시킨다.

고체연료는 통상적으로 에너지원인 기름, 작용물질인 산화물 그리고 첨가제의 세 가지 기본 성분으로 구성된다. 에너지원인 기름은 탄화수소, 탄화수소 파생물로 합성수지, 합성고무 등이고, 작용물질인 산화물은 암모늄과 염소산 칼륨, 암모늄과 질산칼륨 등이다. 첨가제는 광범한 물질에서 선택되는데, 촉매(catalyst)나 억제기(suppressor)가 연소율을 증감시킨다. 전기 추진

연료	끓는점(°C)	냉각점(°C)	밀도(g/ml)	특성 임펄스(SI)
단일연료(monopropellants)				
아세틸렌(acetylene)	−84	−82	0.62	265
하이드라진(hydrazine)	113	2	1.01	194
에칠렌산화물(ethylene oxide)	11	−111	0.88	192
수소과산화물(hydrozen-peroxide)	142	−11	1.39	170
이중연료(bipropellant)				
수소(hydrozen)	−253	−259	0.07	
수소−불소(hydrozen fluorine)	−188	−218	1.54	410
수소−산소(hydrozen oxygen)	−183	−219	1.14	390
질소−4산화물(nitrogen tetroxide)	21	−11	1.49	−
질소−4산화물 하이드라진	113	2	1.01	290
적질산(red nitric acid)	40	−62	1.58	
적연질산(red-fumingnitric acid)	63	−57	0.78	275

그림 3-9 **액체연료의 물리적 특성**

시스템은 전기 추진기에서 이온화된 질량이 전자계나 정전계에서 가속화되어 추진력을 발생시킨다. 이 시스템은 특성 임펄스(specific impulse)가 1,000에서 10,000(s)일 때 0.1[N] 이하의 낮은 추진력을 낸다. 추진을 하기 위해서 mN당 전력이 25[W]~50[W]가 요구된다. 전기 추진기에는 플라스마(plasma) 추진기와 10[N] 추진기가 있다. 추진 서브시스템는 저추진 모터와 고추진 모터가 있다. 저추진 모터는 위성의 반작용을 제어하는 시스템으로서 위성의 자세와 궤도를 제어하는 데 사용되는 것으로 추진력이 10^{-3}[N] ~ 20[N]까지이다. 고추진 모터는 GTO에 위성을 진입시키는 데 사용되는 근지점 모터(perigee kick moter)와 GTO에서 GEO에 위성을 진입시키는 데 사용하는 원지점 모터(apogee kick moter)가 있는데, 400[N]~50,000[N]까지의 추진력을 발생시키는 것이다.

3.3.2 액체연료 추진 서브시스템

3.3.2.1 이중 액체연료 추진 서브시스템 (bipropellant propulsion subsystem)

그림 3-10은 이중 액체연료 추진 서브시스템의 개요도이다. 이 시스템은 에너지원인 기름탱크와 작용물질인 산화물탱크가 각 1개, 반작용 제어추진기(reaction control thrusters)가 16개, 액체 원지점 엔진(liquid apogee engine)이 1개, 헬륨 압력탱크가 4개, 파이로테크닉(pyrotechnic) 밸브가 9개 있다. 9개 중에 4개는 통상 개방되어 있고 5개는 통상 폐쇄되어 있다. 충방전 밸브(fill/drain valve)가 11개, 압력조절기 1개, 역류방지 밸브(non return valve) 4개, 압력변환기(transducer) 5개, 필터 2개, 회복 밸브(relief valve) 1개, 유량제어판(flow control orifice) 1개, ΔP관 1개 그리고 1개의 다기관(manifold)과 파이브 세트로 구성되어 있다.

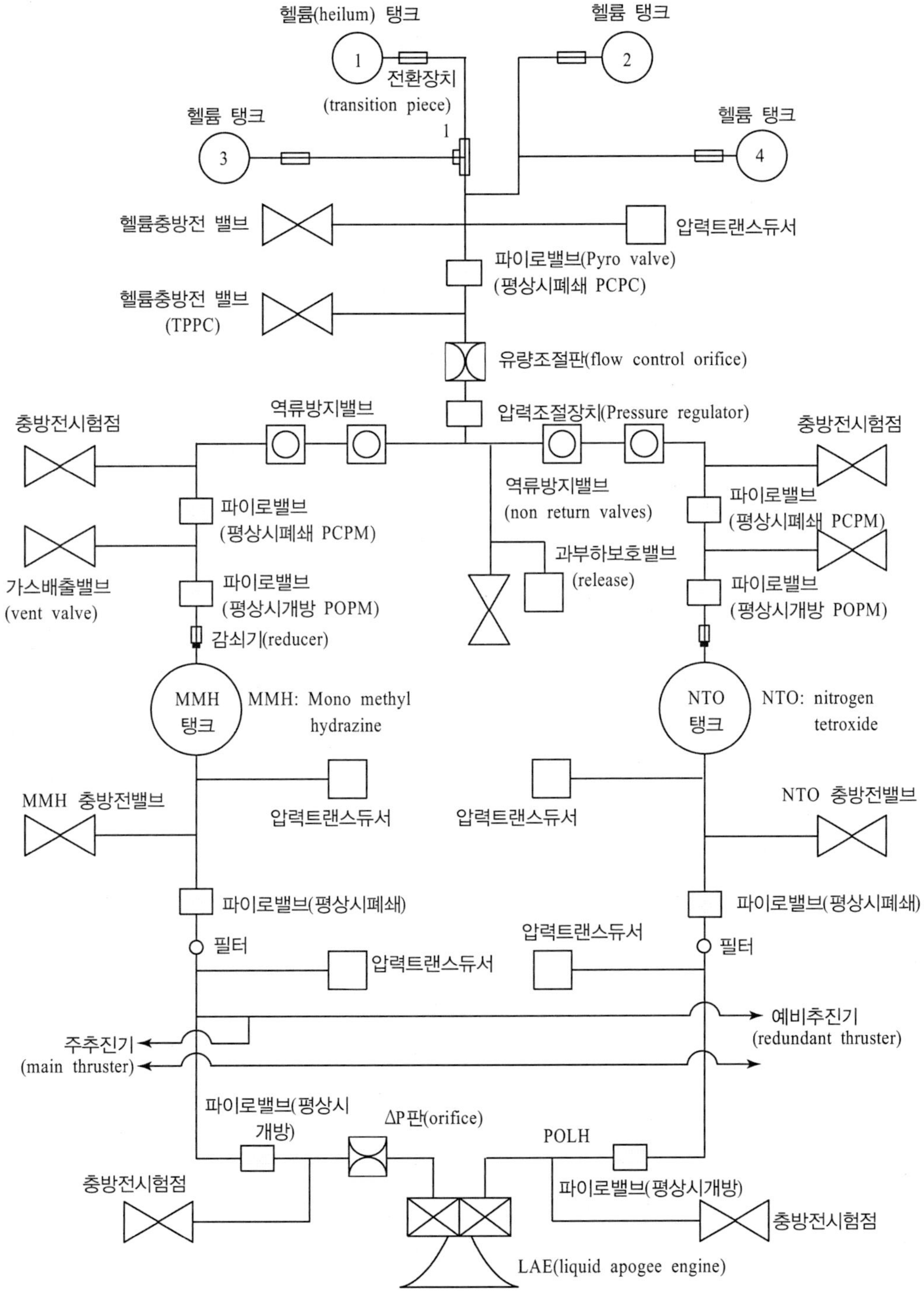

그림 3-10 **이중연료 시스템(bipropellant system) 개요도**

다음은 이들 각 구성부분의 기능과 동작원리에 대해서 설명하고자 한다.

(1) 각 부의 기능(function)

• **헬륨 압력탱크** (helium pressure tank)

4개의 헬륨 압력탱크에는 헬륨가스가 276[bar]의 압력으로 저장된다.

• **헬륨 충·방전 밸브** (helium fill/drain valve)

헬륨 충방전 밸브는 헬륨 압력탱크와 연결된 매니폴드(manifold)를 제어한다.

• **압력 트랜스듀서** (pressure transducer)

압력 트랜스듀서는 압력을, 이에 상응하는 크기를 가진 전기적인 신호로 출력시킨다. 텔레메트리(telemetry)에 의해 위성에서 송신된 이 값을 지구국에서 수신해서 분석한다. 이 분석 결과에 의해 위성에 제어 명령신호를 송신한다. 이 신호는 헬륨 충방전 밸브를 제어하고 헬륨 압력탱크에서 적정한 압력을 배출한다. 압력 트랜스듀서는 헬륨 탱크 매니폴드에 부착된 0~305[bar]의 고범위 압력 트랜스듀서 탱크와 산화물탱크의 출력측에 각각 부착된 0~20[bar]의 저범위 압력 트랜스듀서가 있다. 연료탱크측에 부착된 2쌍의 트랜스듀서중에 한 쌍은 연료탱크에서 바로 출력되는 압력을 측정하고, 다른 한 쌍은 엔진과 추진기에 입력되는 압력을 모니터한다.

• **통상 폐쇄 파이로테크 밸브** (normally closed pyrotech valve)

폐쇄 파이로테크 밸브는 3가지의 기능을 수행한다. 첫째, 위성이 발사되기 전 또는 추진 서브시스템이 동작하지 않는 경우에 고압의 헬륨탱크와 압력제어장치간을 격리시킨다. 둘째, 연료탱크들의 압력 라인에서 가스 시스템내로 연료나 연료기체가 유입되는 것을 방지한다. 세째, 연료탱크의 출력측에 있는 폐쇄 파이로틱 밸브는 원지점 모터와 추진기에 연료탱크내의 연료가 들어가는 것을 방지한다. 추진 시스템이 정상상태로 동작할 때에는 연료탱크 입력측에 있는 세 개의 폐쇄 파이로테크닉 밸브를 점화시켜서 개방상태로 만든다.

• **통상 개방 파이로테크 밸브** (nomally opened pyrotech valve)

개방 파이로테크 밸브는 위성이 본궤도에 진입했을 때 그리고 추진 시스템의 운용이 필요 없을 때에, 이 밸브를 점화시켜서 압력 조절장치에서 연료탱크를 격리시키고 원지점 엔진을 격리상태로 만든다. 이 밸브는 그림에서와 같이 연료탱크의 압력선(line)과 원지점 엔진에 기름과 산화물을 공급하는 선(line)에 설치된다.

• **압력 조절장치** (pressure regulator)

압력 조절장치는 압력 15.7[bar]로 헬륨탱크에서 출력되는 고압력 가스를 제어한다.

• **역류방지 밸브** (non return valve)

압력 조절장치의 출력이 압력 조절장치로 역류되는 것을 방지하며 연료탱크의 기체가 공통 매니폴드에서 혼합되는 것을 방지하는 밸브이다.

• **연료** (propellant)**의 충·방전 밸브** (fill/drain valve)

연료의 충·방전 연료탱크의 출구에 가장 가까이 있는 충·방전 밸브에 의해 수행된다.

• **가스배출 밸브** (vent valve)

가스배출 밸브는 연료의 충전중에 발생하는 가스를 배출시켜 주기 위해 탱크 상측에 설치된다.

• **연료탱크** (propellant tank)

2개의 원형 연료탱크에는 에너지원(source)인 기름(fuel)과 작용물질인 산화물(oxider)이 각각 별도로 저장된다. 기름으로는 단일 메틸하이드라진(mono methyl hydrazine : MMH)이 사용되고 산화물로는 질소4산화물(nitrogen tetroxide : NTO)이 사용된다.

• **액체 원지점 엔진** (liquid apogee engine : LAE)

액체 원지점 엔진은 위성이 GTO의 원지점에서 정지궤도에 진입할 때 사용되는 엔진으로서 추진력이 약 490[N]이 된다.

• **반작용 제어추진기** (reactional control thruster)

위성이 본 궤도에서 운용중에 자세교정이나 궤도수정을 할 때 사용하는 추진기로서 추진기 한 개의 추진력은 22[N] 정도된다. 그림 3-10에서 볼 때 예비용 추진기를 합쳐 총 16개의 추진기가 있다.

• **래칭 밸브** (latching valve)

래칭 밸브는 연료탱크로부터 추진기에 기름과 산화물을 공급하는 데 사용된다. 또한, 주(main) 추진기에서 예비(spare) 추진기로 전환 할 때나 그 반대의 경우에 래칭 밸브를 스위칭 해서 이루어진다.

(2) 동작원리

그림 3-10의 액체 추진 서브시스템에 대한 동작원리를 보면 다음과 같다. 추진 서브시스템이 가동되면 폐쇄 파이로 밸브가 점화되어 개방상태로 된다. 그림에서 네 개의 원형탱크에 276[bar]의 압력으로 저장된 헬륨 압력 가스가 공통 매니폴드에서 한 개의 헬륨 충·방전 밸브에 의해 제어되어 추진 서브시스템 가동과 함께 개방된 폐쇄 파이로 밸브, PCPC를 통해서 유량제어관(flow control orifice)에 입력되면 이곳에서 적당한 유량으로 제어되어 압력 제어장치(pressure regulator)에 입력된다. 압력 제어장치에 입력된 276[bar]의 압력은 압력 제어장치에서 15.7[bar]의 압력으로 조절된다. 이와 같이 제어된 15.7[bar]의 압력이 역류방지 밸브(non return valve)를 거쳐 폐쇄 파이로 밸브 PCPM과 PCPN을 거친다. 이때 PCPM와 PCPN도 PCPC와 같이 추진 서브시스템이 가동되면서 개방상태로 된다. 압력 제어장치의 출력을 최대로 하고 압력이 초과되는 것을 방지하기 위해 PCPC보다 PCPH와 PCPN을 먼저 개방시킨다.

이와 같이 PCPM과 PCPN을 거친 압력이 개방 파이프로 밸브 POPH와 POPN을 거쳐 연료탱크에 입력된다. 이 개방 파이로 밸브 POPM과 POPN은 추진 시스템이 가동되지 않을 때에는 연료탱크와 압력 조절장치간을 격리시킨다. 원지점 엔진의 입력측에 있는 POPM과 POPN은 원지점 엔진을 사용하지 않을 경우에도 점화되어 연료가 원지점 엔진으로 누수되는 것을 방지한다. 한편, 역류방지 밸브와 압력 제어장치 사이에 있는 제거 밸브(relief valve)는 압력 조절장치의 출력이 15.7[bar]을 넘을 경우에 연료탱크에 초과 압력이 입력되는 것을 방지하는 것이다.

이상과 같이 연료탱크에 압력이 입력되면 연료충방전 밸브에 의해 연료탱크에 저장된 연료가 폐쇄 파이로 밸브, 필터, 개방 파이로 밸브 그리고 ΔP관을 거쳐 원지점 엔진에 공급된다. 이렇게 해서 두 연료가 원지점 엔진에서 접촉되어 추진력이 발생한다. 위성이 궤도에 진입해서 원지점 엔진이 동작을 중지하면 개방 파이로 밸브 POLH를 점화시켜 원지점 엔진과 연료탱크를 격리시킨다. 한편, 연료 충방전 밸브에 의해 연료탱크에 연료공급을 할 때에는 연료탱크에 차는 가스를 가스 배출 밸브(vent valve)로 배출시킨다. 또한 연료탱크에 압력을 공급할 때 그리고 엔진에 연료를 공급할 때의 압력은 각 해당 압력 트랜스듀서에서 텔레메트리에 의해 지상에서 확인, 제어한다. 정지궤도에 진입한 다음에 자세교정이나 궤도수정을 위해 추진기를 사용하고자 할 때에는 래칭 밸브를 동작시켜서 추진기에 연료를 제공한다.

3.3.2.2 단일액체연료 추진 시스템(monopropellant propulsion subsystem)

그림 3-11은 단일 액체연료 시스템에 대한 개요도이다. 이 시스템은 액체연료 N_2H_4와 압력 가스가 한 개의 탱크내에 저장되어 있다. 탱크를 블래더(bladder)로 상하를 분리시키고 연료를 엔진에 공급할 때에 압력 가스 N_2로 연료에 압력을 준다. 이중액체연료 시스템에서는 압력가스로서 헬륨(He) 가스를 사용하지만 단일액체연료 시스템에서는 질소가스 N_2를 사용하고 있다. 그림에서 압력가스와 액체연료가 각 해당 밸브에 의해 충전되면 필터를 통해 엔진제어 밸

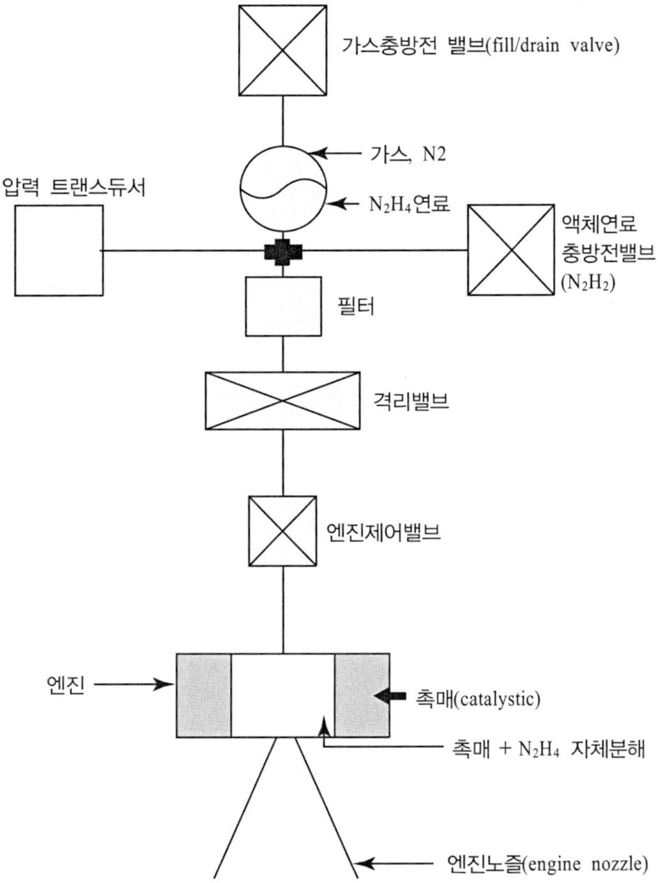

그림 3-11 **단일액체연료 추진 시스템(monopropellant propulsion system) 개요도**

브에 의해 연료가 적당한 압력으로 엔진에 주입된다. 엔진에 연료가 주입되면 엔진내에 있는 촉매와 작용하여 추진력을 발생시킨다. 다시 말하면 액체연료 N_2H_4가 엔진에 적당한 압력으로 입력되면 엔진내의 촉매와 결합해서 자체 분해되면서 고열의 가스를 발생한다. 이 가스가 엔진 노즐을 거쳐 배출됨으로써 이 배출력에 의해 반작용힘이 발생한다. 즉, 위성이 배출되는 가스의 방향과 정반대 방향으로 움직이게 하는 추진력이 발생하게 된다.

3.3.2.3 추진기 (thruster)

(1) 개념

추진기는 위성이 궤도에 진입한 후에 자세교정과 궤도수정을 하기 위해 사용된다. 그림 3-12는 추진기 구성도의 일예로서 추진기를 점화시킬 때 래칭밸브에 의해 추진기에 연료를 제공한다. 그림 3-13은 텔레콤(TELECOM 1)에 설치된 추진기의 위치와 용도를 보여주고 있다.

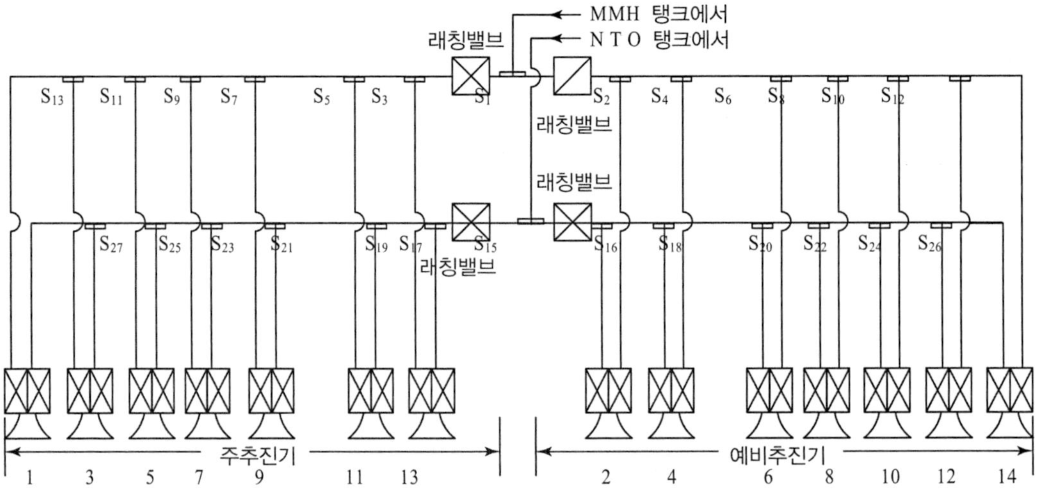

그림 3-12 **추진기 구성도의 간단한 예**

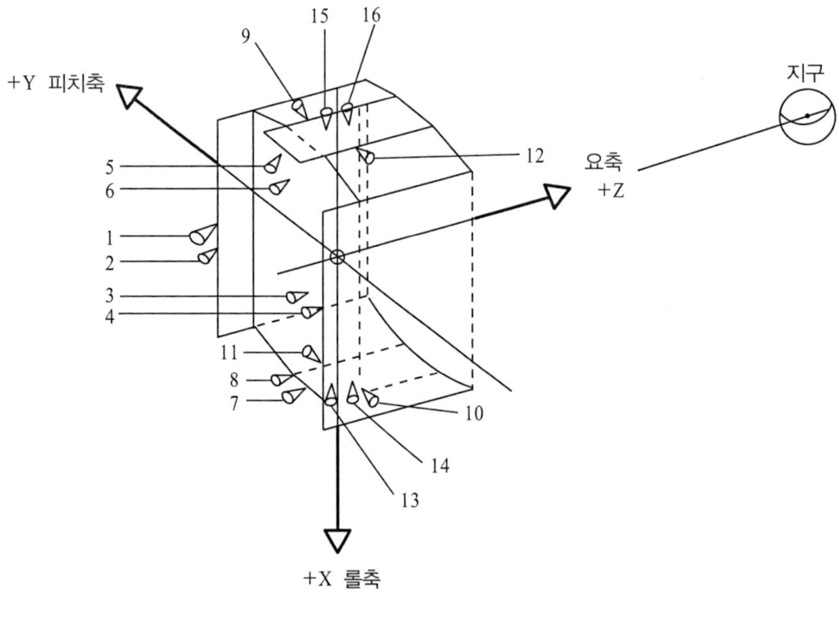

(a) 추진기 배치상태

위성의 기동	사용 추진기
스핀(spin)축 재조정	5번과 7번 또는 6번과 3번
자세조정(attitude acquisition) -롤축 -피치축 -요축	 1번과 3번 또는 2번과 4번 5번과 7번 또는 6번과 8번 9번과 11번 또는 10번과 12번
궤도조정(station acquisition) -동/서 -북/남	 43번과 15번 또는 14번과 16번 9번과 11번 또는 10번과 12번
정상 MCCE 운용	1-3-9-11번 또는 2-4-10-12번
동-서 궤도유지(station keeping)	13번과 15번 또는 14번과 16번

(b) 용도별 사용 추진기

그림 3-13 **텔레콤(Telecom) 1위성의 추진기**

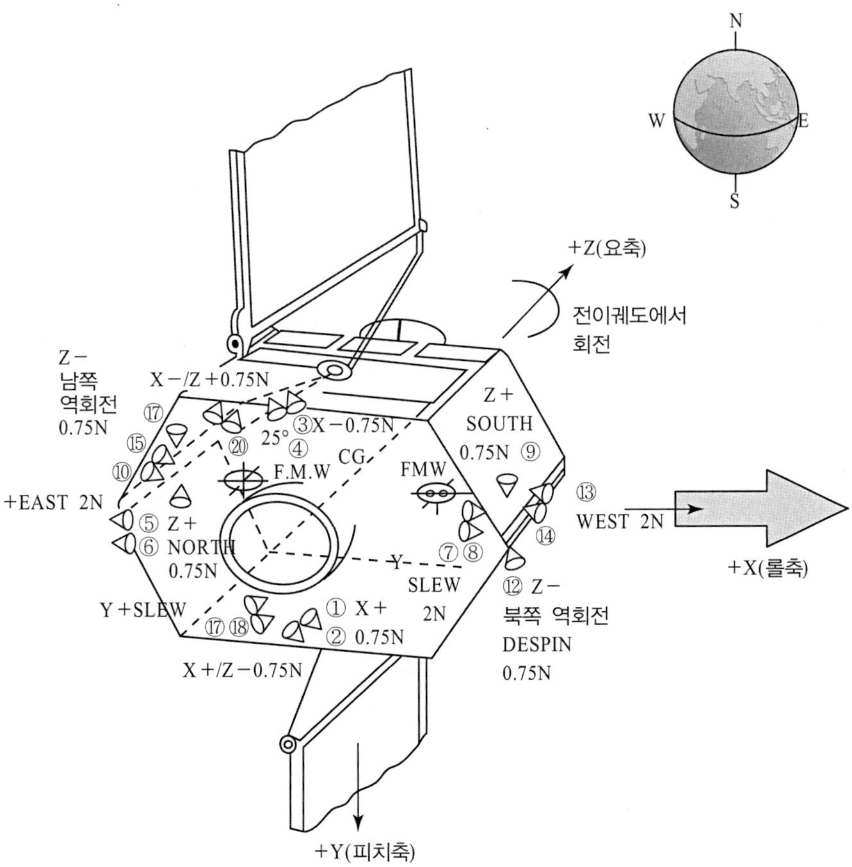

그림 3-14 **OTS의 추진기 위치와 용도**

그림 3-14는 OTS에 설치된 추진기의 위치와 용도를 보여주고 있다. 이 경우에는 추진기가 20개임을 알 수 있다. 그림 3-13(a)에서 E(East)-W(West) 궤도유지를 하고자 할 때에는 13과 15번 추진기를 사용하든지 14번과 16번 추진기를 사용해서 궤도유지를 한다. 이와 같이 각 해당하는 추진기를 사용해서 자세교정과 궤도유지를 한다. 추진기에서 추진해야 될 힘, 추진력을 위성의 증가 속도 ΔV(m/s)라 할 때 그림 3-15는 궤도요란교정, 궤도유지 그리고 자세교정에 필요한 증가 속도를 보여주고 있다. 추진기(thruster)는 자체추진 특성과 사용하는 연료의 특성 임펄스(specific impulse)에 의해 특성이 결정된다. 그림 3-15와 같이 필요한 증가 속도를 얻고자 할 때 연료의 특성 임펄스(specific impulse)가 크면 필요한 연료량을 감소시키게 된다. 자체 추진 특성이 좋으면 추진기의 동작시간(operating time)을 짧게 한다. 여기서 연료량(mass of propellant : MP)과 특성 임펄스 Isp와의 관계를 다음 식으로 설명할 수 있다.

$$MP = M_S[1 - \exp(-\frac{\Delta V}{G} \cdot Isp)] \tag{3.1}$$

M_S : 추진기가 점화되기전 위성의 무게

G : 중력정수

ΔV : 필요한 증가 속도

Isp : 특성 임펄스

속도증가 이유	필요한 증가 속도ΔV(m/s)
궤도요란교정(drift orbit correction)	30~100 m/s
궤도유지(station-keeping)	
－남-북(년간)	50 m/s
－동-서(년간)	2~12 m/s
자세교정(attitude correction)(년간)	2 m/s

그림 3-15 **위성의 궤도요란교정, 궤도유지 및 자세교정에 필요한 증가 속도, ΔV(m/s)**

그림 3-16은 각종 추진기에 대한 특성 임펄스 Isp를 보여주고 있다. 액체연료 추진기와 전기 추진기에 대해서는 액체연료 추진 시스템과 전기 추진 시스템에서 설명하기로 하고 여기서는 하이드라진(hydrazine) 추진기와 이중연료 추진기에 대해서 설명하고자 한다.

추진 시스템	특성 임펄스(ISP), S
단일연료하이드라진 (monopropellant hydrazine)	220S
전자가열 하이드라진 (electro-heated hydrazine)	280S

추진 시스템	특성 임펄스(ISP), S
이중연료(bi-propellant) -압력형(pressurrized mode) -폭발형(blow-down)	 320S 320S
고체연료(solid propellant)	290S
전기(electric)시스템	1,000~10,000S

그림 3-16 **각종 추진 시스템에 대한 특성 임펄스**

(2) 하이드라진 추진기(hydrazine thruster)

1) 전형적인 하이드라진 추진기

하이드라진 추진기에는 단일연료 하이드라진 추진기(monopropellant hydrazine thruster)인 전형적인 하이드라진 추진기와 전자열 하이드라진 추진기(electro thermal hydrazine thruster : EHT)가 있다. 하이드라진 추진기의 기본원리는 추진 서브시스템의 연료탱크에 저장되어 있던 로켓 연료용 하이드라진이 추진기에 주입되어 추진기내에 저장된 작용물질 또는 촉매(catalyst)와 결합될 때 분해된다. 이때 온도 900°C 정도의 고온가스를 발생시킨다. 고온가스는 질소(nitrogen), 수소(hydrogen), 암모니아(ammonia)의 혼합이다. 이 추진기가 공칭 추진력을 발생하기 위해서는 시간이 걸리고 따라서 폭발형에서 동작되었을 때는 특성 임펄스 Isp가 감소한다. 이 추진기의 추진력은 0.5[N]~수[N] 정도이고 특성 임펄스는 220[s]이다.

2) 전자열 하이드라진 추진기

전자열 하이드라진 추진기, EHT는 전기 에너지(electric energy)를 사용해서 연료탱크로부터 추진기에 주입된 하이드라진이 촉매작용에 의해 분해된 후에 노즐(nozzle)을 통해 배출되기 전에 가스의 온도를 1,900°C까지 증가시키는 것이다. 이 추진기의 특성 임펄스는 295~300(s) 정도이다. 그림 3-17은 하이드라진 추진기에 대한 개요도이다.

(3) 이중연료 추진기(bipropellant thruster)

이중연료 추진기는 두 개의 독립된 연료탱크로부터 기름으로 사용되는 단일 메틸(monomethyl) 하이드라진과 산화물로 사용되는 질소4 산화물이 추진기에 주입된다. 이 두 개의 연료가 만남으로써 생기는 자연연소(spontaneous combustion)에 의한 추진력을 얻는 것을 말한다. 따라서 이중연료 추진기는 2개의 독립된 탱크가 필요하게 된다. 이 추진기의 특성 임펄스는 압력가스와 연료를 별도의 탱크에 저장하고, 동작할 때에 압력의 공급을 제어해 주는 압력제어 동작형(regulated pressure operation mode)에서는 310(s) 정도이다. 압력가스가 연료와 동일한 탱크내에 저장되어 있어서 연료가 소모됨에 따라 압력이 감소되는 배출동작형(blowdown operation mode)에서는 290(s) 정도가 된다. 이 추진기의 추진력은 수 [N]~500[N] 정도이다.

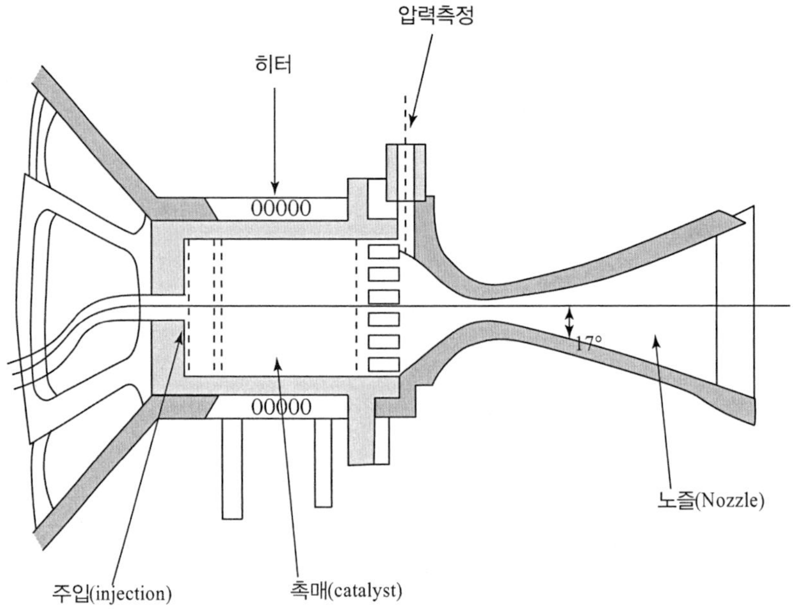

그림 3-17 **하이드라진 추진기 개요도**

3.3.3 고체연료 추진 서브시스템(solid propellant propulsion subsystem)

고체연료 시스템은 현재 가장 널리 사용되고 있는 추진 시스템이다. 통상 온도에서 고체기름과 고체산화물이 혼합되어 탱크내에 저장된다. 이 고체연료가 점화기로 점화됨으로써 연소되고, 이때 발생하는 고온의 가스가 노즐을 통해 배출되어 추진을 하는 것이다. 고체연료 시스템의 특성 임펄스는 약 290(s) 정도다. 그림 3-18은 원지점이나 근지점에서 사용되는 여러 고체연료 모터에 대한 특성을 보여주고 있다.

특성 임펄스 Isp는

$$Isp = I_{bf} \cdot \sec / I_{bm} \tag{3.2}$$
$$= (\mathrm{N} \cdot \sec/\mathrm{kg}) \times 1/9.807$$
$$1\ I_{bf} : 4.448\ [\mathrm{N}]$$
$$1\ I_{bm} : 0.4536\ [\mathrm{kg}]$$

이다. 그림 3-18에서 MAGE 1은 기상위성, METEOSAT 1과 MAGE IS는 지구관측 위성, GIOTTO-HIPPARCOS 그리고 MAGE Ⅱ는 ECS-TELECOM 1에서 사용하는 것이다. 고체연료 시스템 모터는 모터케이스, 연료탱크, 연소고, 노즐 그리고 시동 시스템을 기본 구성소자로 하고 있다. 그림 3-19는 MAGE 2모터에 대한 단면도이다.

명칭	전체무게(Kg)	연료적재량 (최대), Kg	임펄스 10^6N-sec	최대추진 (진공), N	ISP (sec)
MAGE 1	368	335	0.767	28.500	287.6
MAGE IS	447	410	1.168	33.400	290.7
MAGE 2	529	490	1.440	46.700	293.8
STAR 30C	621	585	1.645	31.730	285.2
STAR 48	2,115	1,998	5.695	67.820	290.0
AEROJET 62	3,605	3,310	9.310	149.965	286.7
AEROJET 66	7,033	6,256	17.596	268.335	286.7
MINUTEMAN 111	9,085	8,390	23.100	206.400	286.6
U.T.SRM-1	10,390	9,750	28.100	192.685	295.5

그림 3-18 **각종 고체연료 모터에 대한 특성**

모터 케이스는 열절연(thermal insulation)용의 티타늄(titanium)이나 케블러(kevlar)-에폭시드(epoxyde) 케이스를 사용한다. 연료탱크에는 접촉제로 탄소기 처리된 다탄화 수소가스(CTPB : carboxyl terminated polybutadience)나 질소기(hydroxyl) 처리된 다탄화 수소가스(HTPB)가 적절하게 혼합된 다음 연료탱크에 주입된다. 여기서 CTPB1612라고 하는 것은 이 연료의 성분에는 72%의 암모늄 과염산소, 12%의 CTPB 접착제 그리고 16%의 알루미늄 분말이 들어있음을 말한다. 노즐(nozzle)은 노즐목과 배출구(exit cone)로 구성된다. 시동 시스템은 모터시동이 모터연소고내의 유리상자내에 있는 작은 연료에 의해 발생된 고온가스에 의해 이루어진다. 이 시동기(igniter)는 예비 파이로테크닉 카트리지(catridge)에 의해 시작되어진다. 즉, 위성의 전력공급장치에서 공급되는 전류펄스에 의해 점화된다. 연소고(propellent chamber)는 시동장치에 의해 모터가 점화되면 이에 따라 연료가 연소되는 곳을 말한다.

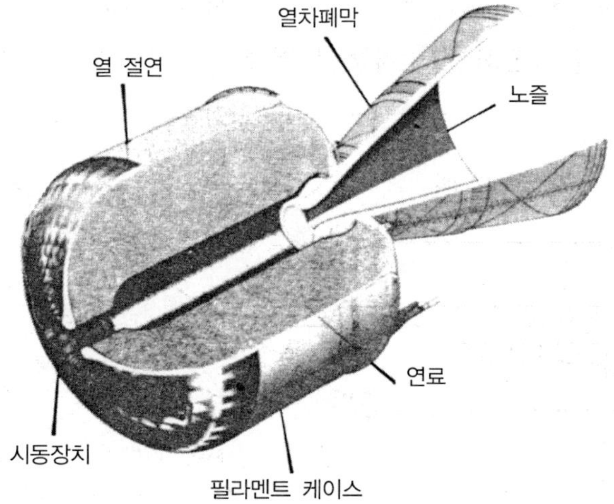

그림 3-19 **MAGE 2의 단면도**

3.3.4 전기 추진 서브시스템

전기 추진 서브시스템은 전기 추진기(electric thruster)내에서 이온화된 질량(ionised mass)이 정전계나 정자계에서 가속화된다. 이에 따라 추진력이 발생하는 것이다. 전기 추진 서브시스템의 특성은 높은 특성 임펄스(1,000~10,000s)로 0.1[N] 이하의 낮은 추진을 하는 것이다. 이 시스템은 추진을 하는 데 mN당 전력이 25~50[W]가 요구된다. 전기 추진 시스템에서 사용하는 추진기에는 플라스마 추진기와 이온(ion) 추진기가 있는데, 플라스마 추진기는 특성 임펄스 1sp가 1,000~5,000s 정도이고 고체 에너지봉(solid fule rod), 테플론(teflon)의 표면층을 커패시터(capacitor) 내에서 이온화하고, 이때 이온화된 질량을 자생(self generated) 계(field)에 의해 가속화시키는 것이다. 이온 추진기(ion thruster)는 특성 임펄스 1sp가 2,000~10,000s 정도로써 충전된 소립자(charged particle)들이 고압 그리드 시스템(high voltage grid system)에 의해 가속화되고 중성자(neutralizer)는 이온빔 중성화(ion beam neutralization)를 위해 전자원(source of electron)을 공급한다.

이온 추진기는 충전된 소립자를 만드는 방법에 따라 계방사이온(field emission ion)과 전자충격이온(electronic bombardment ion) 또는 무선주파수 여기이온(radio frequency exitation ion) 추진기가 있다. 계방사이온 추진기는 특성 임펄스 Isp가 8,000~10,000s 정도이다. 동작원리는 강력한 전계상태에 놓여있는 날카로운 전극(sharp electrode)의 끝에서, 첨두효과(peak effect)에 의해 얻어진 액체금속, 세슘(cesium)의 원자들이 이온화된다. 이 이온화된 원자들이 전계에 의해 가속되어지는 것이다.

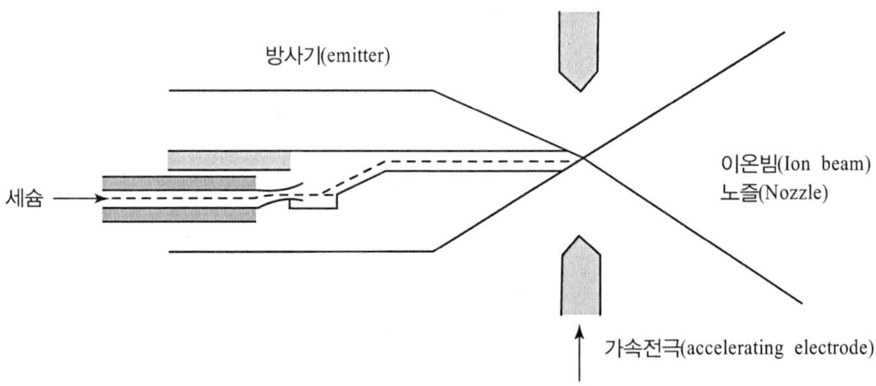

그림 3-20 **계방사이온 추진기의 단면도**

그림 3-20은 계방사이온 추진기에 대한 개요도이다. 이와 같이 계방사이온 추진기에서는 이온화하는 과정에서 외부전원이 필요 없다. 세슘의 경우 28.5°C에서 녹으므로 이온방사기(ion emitter)가 순환온도(ambient temperature) 정도에서 동작하는 장점이 있다. 전자충격이온 추진기는 전자충격에 의해 수은(mercury)이나 크세논(xenon)을 이온화한다. 그리드 시스템에 의해

이것을 가속화시키는 것이다. 이 방법은 특성 임펄스 Isp가 2,000~3,000s 정도이다. 따라서 이 방법은 전자충격 이온화에 필요한 아크(arc) 전원이 필요하다. 전기 추진 시스템을 구성하는 소자(elements)는 태양전지, 축전지 또는 핵 발전기 등 발전기가 필요하다. 전력 분배장치(power conditioning unit), 중성기(neutralizer)를 가진 엔진 세트, 엔진 부착대와 추진 벡터제어 장치가 필요하다. 짐발(gimbal), 연료 저장고, 연료주입 시스템 그리고 연료로 구성된다. 전기 추진 시스템의 특성을 보면 초당 30,000 m의 높은 배출속도(exhaust velocity), 추진력 mN당 35[W]의 높은 전력과 ±1,500VDC의 높은 동작전압이 필요하다. 액체 이중연료 추진 시스템과 개량형 고체연료 추진 시스템보다 10% 이하의 낮은 연료량만 요구된다. 전력원(eletric power source)의 양을 적게 유지하기 위해 추진 레벨이 낮다. 낮은 추진 특성으로 인하여 불가피하게 운용시간이 길어지고 전력변환과 제어, 전력 분배장치(power conditioning unit)를 필요로 하는 특성 등을 가지고 있다.

그림 3-21은 전기 추진 시스템들에 대한 공칭 추진력과 특성 임펄스 그리고 사용연료 등에 대해서 보여주고 있다. RITA-10은 저추진(low thrust)에서 사용 가능한 제1세대 시스템이다. 이 시스템에서 이온(ion)은 수정방전실(quartz discharge chamber)에서 중성 연료 원자(neutral propellant atom)의 전자충격에 의해 발생된다. 이 전자들은 자체 에너지를 고주파수(high frequency) 전계로부터 추출(derive)한다. 그림 3-22는 이 시스템에 대한 엔진의 외관을 보여주고 있다.

시스템	형 식	연 료	공칭 추진력 mN	특성 임펄스 ISP	사용전력 (W/mN)
RITA-10	무선주파수 (radio-frequency)	수은 또는 크세논(xenon)	10	수은 : 3,000 크세논 : 3,500	35 45
FEEP	계방사 (field emission)	세슘(cesium)	이중방사기당 5	6,000	65
MPD	마그네토-플라스마 다이내믹(magneto plasma dynamic)	테플론 (teflon)	10	3,000	35
RITA-35	무선-주파수 (radio frequency)	수은	160	3,200	30

- RITA-10, RITA-35 : 정전하 이온엔진(electrostatic ion engine)
- FEEP : 계방사 이온엔진
- MPD : 펄스화된 플라스마엔진(pulsed-plasma engine)

그림 3-21 **각종 전기 추진 시스템에 대한 특성**

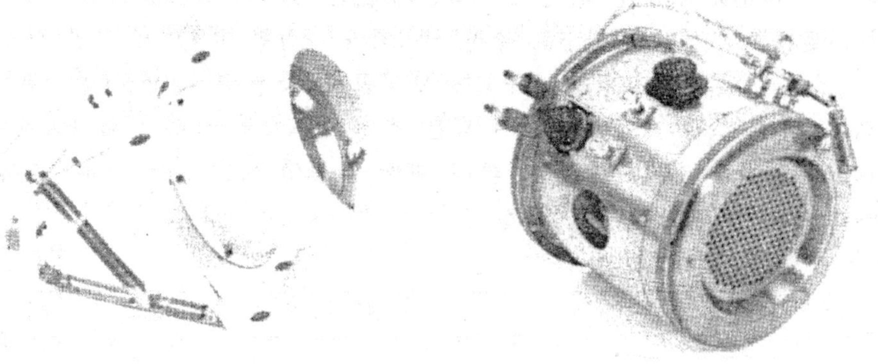

(a) 외관

그림 3-22 RITA-10 추진 시스템 엔진외관

FEEP는 제2세대 시스템이다. 이 시스템은 이온을 가스나 금속성 증기(metallic vapour)의 전자충격(eletric bombardment)에 의해 만드는 것이 아니고 진공중에 노출된 액체금속(liquid metal)의 표면으로부터 직접 만든다. 이때에는 방사장치(emitting unit)에 고전계(high electric field)를 가하여 액체표면을 하나의 예리한 연속원추형으로 만들어 이온을 만든다.

MPD는 제3세대 전기 추진 시스템으로 기계적, 전기적으로 매우 간단해지는 장점을 가진다. 전계하에서 10 mN 추진 엔진이 연료로서 고체 테플론을 사용한다. 고체연료봉의 면이 엔진 방전실에 주입되고 여기서 고전압 아크방전(high voltage arc discharge)이 고체연료봉을 플라스마 형태로 만든다. 즉, 고체 연료봉이 가스로 변한다. 이 중성의 플라스마가 전자계를 거쳐서 추진력을 내기 위해 엔진 방전실 밖으로 가속된다. 이 시스템은 RITA-10과 FEEP 시스템에서와 같이 연속 추진 모드(continuous thrust mode)로 동작하지 않고 MPD 추진기가 1ms의 ON 상태, 999 ms의 OFF 상태를 갖는 펄스 모드(pulsed mode)로 동작한다.

RITA-35 시스템은 고에너지 태양계내의 우주탐사(mission)를 위한 제1기 추진 시스템이다. 고에너지 태양계내의 우주탐사(high energy interplanetary space mission)는 특성 임펄스가 적은 화학적 추진으로는 달성할 수 없다. 그림 3-21에서 보이고 있는 시스템들은 ESA(european space agency)에서 후원하고 있는 것이다. RITA-10은 독일에서 자금을 공급한 것으로 Eureca-1에 설치되고 FEEP(Field Emission Electric Propulsion)는 프랑스의 SEP에 산업화되고, MPD(Magneto-plasma-Dynamic)는 이탈리아에서 그리고 RITA-35는 화성과 목성의 궤도 사이에 산재한 소행성(asteroid) 탐사선 AGORA에서 사용될 목적으로 독일에서 RITA-10의 기술을 기본으로 해서 개발한 추진 시스템이다.

3.4 열제어 서브시스템

3.4.1 개념

위성의 각 서브시스템은 장기간에 걸쳐서, 온도에 대해 안정한 동작을 할 수 있도록 규정된 온도 범위내에서 운용되어야 한다. 이와 같이 각 서브시스템이 규정된 온도내에서 운용되도록 열을 제어하는 장치를 열제어 서브시스템이라고 한다.

장 비	유 지 온 도
축 전 지	0 ~ 20°C
연료(fuel)	10 ~ 35°C
전자장치	−20 ~ 50°C
태양전지	−100 ~ 50°C

그림 3-23 **장치별 운용온도 범위**

그림 3-23은 축전지, 연료, 전자장치, 그리고 태양전지판에 대한 운용온도 범위를 보여주고 있다. 연료를 제어하는 방법에는 능동적인 제어(active thermal control)방법과 수동적인 제어(passive thermal control)방법으로 구분된다. 능동적인 제어방법은 그림 3-24와 같이 각 시스템을 저온으로부터 보호하기 위해 히터(heater)를 사용하는 것이다. 수동적인 제어방법은 그림 3-25에서와 같이 고온으로부터 각 시스템을 보호하기 위해서 위성에 반사판을 설치한다든지 위성의 표면을 방열 페인트로 페인팅을 하는 방법을 말한다.

3.4.2 능동적인 열제어 방법

능동적인 열제어 방법은 히터를 제어함으로써 이루어진다. 각 서브시스템의 구동에 필요한 열을 제공하기 위해 히터를 사용하고, 이 히터는 신뢰성을 높이기 위해서 예비용 히터를 가지고 있다. 그림 3-24는 히터의 기능별 설치장소를 보여주고 있다. 패이로드 히터는 각 트랜스폰더의 동작에 필요로 하는 열을 공급한다. 각 트랜스폰더에서 공칭 채널수 이하로 운용될 때는 히터에 의해 발생되는 열을 감소시켜서 실제 패이로드 운용상태에 관계없이 위성전체의 온도가 높아지는 것을 방지한다. 또한, 패이로드 히터에는 백오프(back-off) 히터가 있다. 진행파관증폭기(TWTA)에서 발생하는 상호변조적(IM : Intermodulation)을 줄이기 위해 증폭기 동작점을 백오프시킬 때 이 백오프 히터를 사용한다. 증폭기의 동작점 백오프로 인한 패이로드 출력

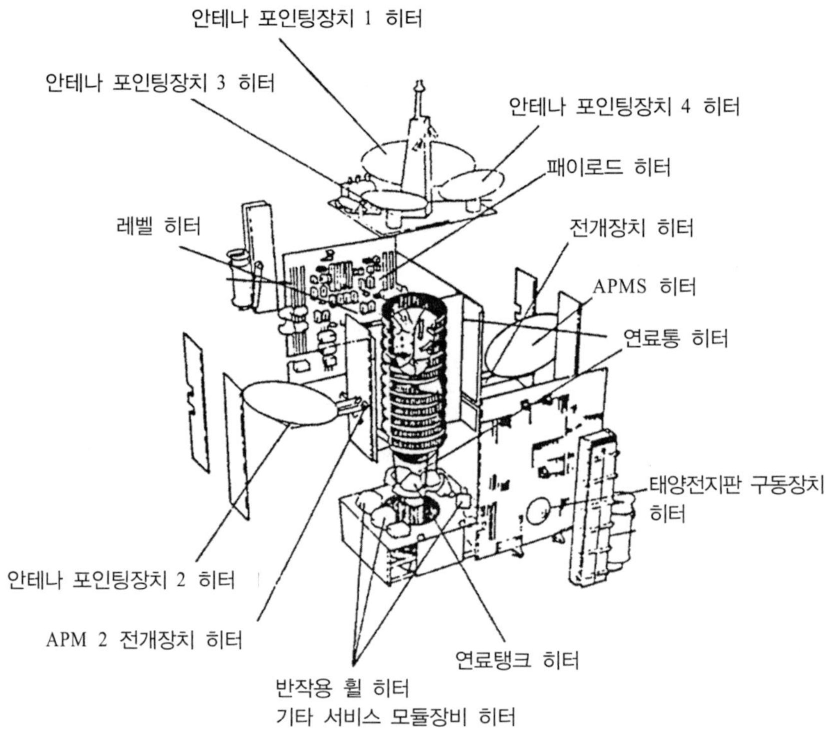

그림 3-24 **능동 열제어 소자**

이 낮아지는 것을 보상한다. 진행파관 증폭기를 사용하지 않을 때에는 히터를 사용하지 않는다.

각 패이로드의 진행파관(TWT)에 대한 히터전력은 부스터(boost) 히터 장치에서 공급된다. 추진 서브시스템 히터 장치에서는 연료탱크, 반작용 제어추진기 밸브, 액체 원지점 엔진(LAE), 액체 원지점 밸브 등에 히터전력을 공급한다. 장비(equipment) 히터 장치는 NiCd과 NiHz 축전지, 안테나 포인팅 장비(APM : antenna pointing mechanism), 안테나 전개장치(ADM : antenna deployment mechanism), 적외선 지구 감지기(infra-red sensor), 태양감지기, 반작용바퀴(reaction wheel), 태양전지판 구동장치에 히터전력을 공급한다. 레벨 히터(level heater)는 일반 레벨 히터장치에 의해 공급되는데, 어떤 주기동안 플랫폼 온도 대역폭에 해당하는 히터전력을 공급한다. 한편, 일식(eclipse) 기간중에 운용되는 일식 히터도 있다. 이상의 각 히터는 서미스터(thermistor)를 사용해서 온도가 모니터링되고 이 모니터링된 서미스터 출력값이 텔레메트리(TM : telemetry)에 의해 지구 제어국에서 수신되면 이 정보에 따라 히터를 제어해서 장비 온도를 제어한다. 따라서 열 서브시스템의 히터는 지상에서 송신하는 텔레커맨드(TC : telecommand)에 의해 제어된다. 위성에서는 이 텔레커맨드를 수신하면 데이터제어 인터페이스 장치(data control interface unit)나 히터제어 인터페이스 장치(heater control interface unit)를 통해 히터를 제어한다.

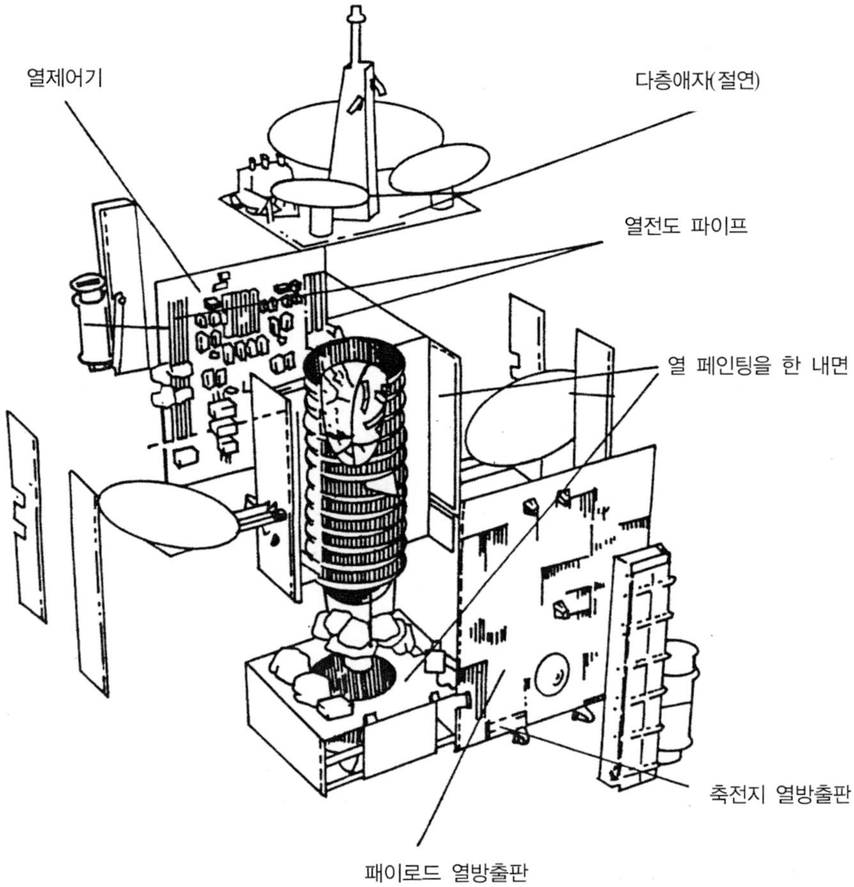

그림 3-25 **수동 열제어소자**

3.4.3 수동적인 열제어 방법

위성에서 수동 열제어 방법은 위성과 위성의 환경간을 결합시키고 있는 복사(radiative), 장치와 위성구조물간을 결합하고 있는 복사(radiative)와 전도(conductive)를 제어함으로써 열을 제어하는 방법이다. 그림 3-25는 수동 열제어소자들을 보여주고 있다.

- **열방출판**(radiator panel)

위성의 남쪽과 북쪽면을 열에 대해서 흡수율이 낮고 방사율이 높은 2차면거울(second surface mirror)과 태양광선 방사기(optical solar reflector)로 싼다. 이것은 고전력 증폭기에서 발생한 열을 우주공간으로 방출하는 역할을 하기 때문에 위성에서 이 열방출판의 허용면적에 따라 RF 전력을 증가시키는 데 영향을 받게 된다.

• **열분산기** (thermal doubler)

열분산기는 열분산작용을 하는 알루미늄판을 여러겹으로 겹쳐서 국부적으로 표면을 두껍게 하여 이 다층 알루미늄판에 열을 분산시키는 것이다.

• **다층절연** (multilayer insulation)

열방사판으로 덮이지 않은 모든 노출된 면을 싸서 위성의 구조물을 원지점 엔진(LAE), 추진 시스템 라인(line), 연료탱크 그리고 축전지 등과 격리시킨다.

• **방사판** (radiator plates)

페이로드와 축전지 등을 직접 복사판이나 방사판(radiator plates)에 부착시켜서 위성의 구조물로부터 전도적으로 분리시킨다.

• **고전도 인터페이스 필러** (high conductivity interface filler)

장비와 위성의 구조물간에 열로(heat path)를 설치해서 이 장비에 발생하는 열을 방사시킨다.

• **방열 페인트**

위성의 구조물이나 장비에 방열 페인트를 칠해서 위성에서 받는 온도 영향을 최소화 한다.

• **열전도 파이프** (thermal transfer pipe)

열전도 파이프는 진행파관 증폭기(TWTA)와 같이 열이 발생하는 장소와 위성의 남쪽과 북쪽면에 설치된 열방출판에 설치된다. 그림 3-26은 열전도 파이프에 의한 열전도 방법을 보여주고 있다. 이 그림에서 보듯이 열발생원에서 발생된 열이 열전도 파이프로 전달되면 이 열이 증기상태로 파이프를 거쳐서 방사벽쪽으로 전달되며 파이프 종단에서 냉각기에 의해 증기가 액체로 되고 이때의 열이 열방출판쪽으로 전달되고 이 전달된 열을 열방출판에서 방사시키는 것이다. 이 파이프의 열제어구간(adiabative zone)에서는 열손실이 거의 없다. 따라서 이 구간의 시간과 종단에서의 온도차는 거의 없어서 열발생원에서 발생되어 열전도 파이프에 전달된 거의 대부분의 열이 방사벽을 통해 외부로 방사되는 것이다.

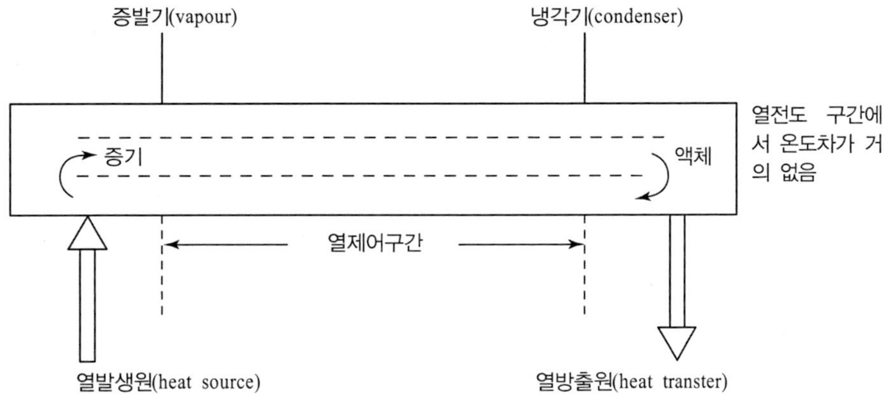

그림 3-26 **열 파이프를 이용한 열방출 장치 개요도**

3.5 T & C 서브시스템

3.5.1 개념

위성의 T&C 서브시스템은 위성의 각 서브시스템에 대한 정보를 지상국에 송신하는 텔레메트리 그리고 지상으로부터 송신된 커맨드(command) 신호를 수신해서 이 명령을 수행하는 서브시스템이다. 그림 3-27은 T&C 서브시스템에 대한 개요도이다. 일반적으로 이 시스템은 주파수 대역을 S밴드를 사용한다. 그림의 수신기의 기능은 지구국에서 송신된 S밴드의 상위 링크 신호를

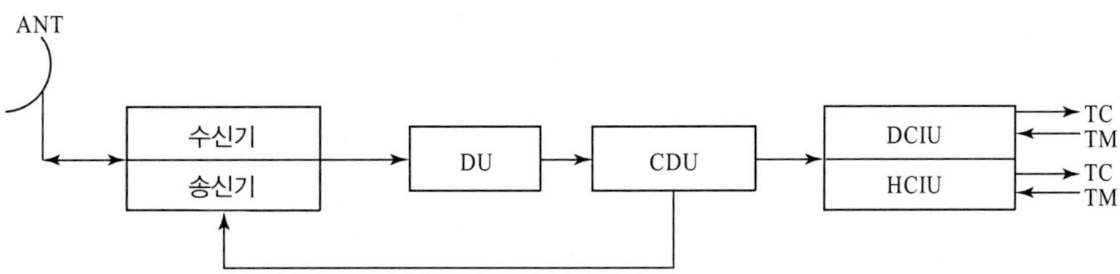

DU : decoder Unit
CDU : Center Data Unit
HCIU : Heater Control and Instrumentation Unit
TC : Telecommand
TM : Telemetry

그림 3-27 **T&C 서브시스템 개요도**

수신하여 TC 신호를 검파한다. 다음 이 검파된 비디오(vidio) PCM/PSK TC(telecommand) 신호를 디코더(DU : decoder unit)에 보낸다. 디코더에서는 이 신호가 지정된 부반송파(subcarrieer)의 신호의 하나인지를 확인하여 지정된 부반송파 신호의 하나인 것이 확인되면 이 신호를 복조한다. 이 복조된 신호가 유효한 데이터인지를 확인하여 이 신호가 유효한 데이터라고 확인되면 이 데이터를 디코딩해서 직렬 데이터의 형태로 중앙 데이터 장치(CDU)에 보낸다. CDU는 DU로부터 받은 명령 데이터를 버스를 통해 해당하는 장치에 보낸다. 데이터·제어 인터페이스 장치(data and control interface unit : DCIU)에서는 CDU에서 받은 명령에 의해 해당하는 장치를 제어한다. 이 수신기능이 TC(telecommand)의 기능이다. 한편, 송신기능은 TM(telemetry)의 기능이 된다. DCIU나 HCIU(heater control interface unit)는 각 장치로부터 받은 텔레메트리 값을 CDU에 보낸다. CDU에서는 이 데이터를 코딩해서 비디오(vidio) PCM/PSK 신호로 변조한 다음 송신기에 보낸다. 송신기에서는 이 신호를 하향링크 주파수로 변조해서 증폭한 다음 안테나를 통해 송신한다.

3.5.2 텔레메트리 기능

텔레메트리 기능은 위성을 제어하기 위해서 위성에 있는 각 장치에 대한 상태를 나타내는 데이터(house-keeping data)와 온도 감지기(thermistor)에 의해 감지된 열에 대한 정보를 전기적인 신호로 바꾸어서 지구국에 송신하는 것이다. 텔레메트리 정보의 주요 내용은 주로 각 장치의 전류·전압값 등을 나타내는 하우스 키핑(House Keeping) 데이터, 위성 추진 시스템의 가스 압력값, 열제어 시스템에서의 온도 감지기의 출력값 그리고 명령에 대한 확인 데이터 등이 된다. 그림 3-27에서 DCIU와 HCIU에 의해 TM 데이터가 인지되면 이 데이터를 DCIU와 HCIU에서 다중화시킨다. 이 다중화된 데이터가 CDU에서 포매팅(formating)된다. 이와 같이 포매팅된 데이터가 3.5.1 개념에서 설명한 과정을 거쳐서 송신된다.

3.5.3 텔레커맨드 기능

텔레커맨드 기능은 위성의 상태 또는 각 서브시스템의 제어를 위해서 지구국에서 송신된 데이터를 수신해서 주어진 명령을 수행하는 것이다. 보통 텔레커맨드에 의해 제어되는 내용은 트랜스폰더 TWT(Traveling Wave Tube)의 ON/OFF, 추진 서브시스템의 점화(boost), 열제어 시스템의 히터제어 그리고 각 예비장치로의 전환 등 각 장치에 대한 것들이 있다. 명령은 지구국에서 TC 메시지로 포매팅되어 전송된다. 메시지 내용은 타이밍(Timing) 비트, 인지(acguisition) 비트, 어드레스(address) 그리고 동기워드(syncronous word)가 메시지 도착지를 식별하기 위해 추가된다. 또한, 명령을 확실히 하기 위해 지정된 워드(assigned word)와 데이터 워드를 동일한 포맷(format)으로 연속해서 재송할 수 있다. 그림 3-28은 프레임이 한 개로 구성된 TC와 프레임이 다중(multiple frame)으로 구성된 TC를 보여주고 있다. (a)에서와 같이 어드레스와 동기워드 그리고 모드, 데이터 워드가 연속해서 반복 송신됨을 알 수 있다. (a)는 한 개의 프레임에 의해 한 개의 내용만 제어하는 것이다. (b)는 한 개의 프레임 내에 제어할 내용이 몇 개 있는 경우이다. 3.5.1 개념에서 설명한 것처럼 그림 3-27의 수신기에 TC신호가 입력되면 TC비디오 PCM/PSK 신호를 검파하여 디코더 장치에 보낸다. 디코더 장치의 프레임 동기 유닛에 의해 프레임의 동기를 맞춘다. 동기 유닛 출력이 디코딩되어 제어에 필요한 파형과 타이밍을 가진 펄스로서 CDU에 입력된다. CDU에서는 이 데이터를 해당 제어장치로 보내서 DCIU로 하여금 이 펄스를 받아 명령을 수행하도록 한다.

128비트	16	4	4	12	12	12	12	12	12	16
TAB	ASW	MD	MR	DW1	RW1	DW2	RW2	DW3	RW3	ASWR

(a) 단일 프레임 TC

128	16	4	4	12	12	12	12	12	12	16	4
TAB	ASW	MD	MR	DW1	RW1	DW2	RW2	DW3	RW3	ASWR	MD

MR	DW1 ···	ASW	MD	MR	DW1	RW1	DW2	RW2	DW3	RW3	ASWR
4	12	16	4	4	12	12	12	12	12	12	16

(b) 다중 프레임 TC

TAB : Timing and Acquisition bit(1로 시작해서 1과 0을 교대로 반복)
ASW : Address and Sync Word
MD : Mode
MR : Mode Repeated
DW : Data Word
RW : data Word Repeated
ASWR : ASW Repeated

그림 3-28 **TC 프레임 포매팅**

3.6 전원공급 서브시스템

위성의 전원공급 서브시스템은 위성에서 필요로 하는 전력을 생산하여 각 장치에서 필요로 하는 전원을 공급하는 시스템이다. 전원공급 시스템에서 제1차 전원공급원은 태양전지(solar battery)이고 예비용 전원인 제2차 전원은 축전지가 사용된다.

3.6.1 태양전지

태양전지는 전원공급 서브시스템과 열제어 서브시스템의 히터에 전력을 공급하는 제1차 전원공급원이다. 태양전지의 원리는 광전변환(photo volteric) 기술을 사용하는 것이다. 태양에서 방사된 양자(photon) 에너지를 특수 반도체를 이용하여 전기적 에너지로 변환한다. 일반적으로 광전기 변환에 사용되는 소자(element)를 태양전지라고 한다. 이것은 P형의 실리콘상에 N형의 게르마늄의 얇은 층을 형성시킨 것이다. 이렇게 함으로써 N형의 게르마늄상에 P형의 실리콘층을 형성시키는 것보다 양자 에너지의 흡수율을 높일 수 있다. 일반적으로 태양전지는 크기가 1Cm×2Cm인 직사각형이거나 2Cm×2Cm인 정사각형의 셀(cell)을 직렬 또는 병렬로 연결해서 필요로 하는 전류와 전압을 얻는다. 태양전지는 셀이 태양면에서 폭발해서 방출된 방사(radiation), 작은 운석(micro-meteorites) 그리고 고분자 에너지와 온도변화에 의해 효율이 감소된다. 셀이 손상되는 것을 방지하기 위해서 셀면이 몰텐(molten) 수정으로 만든 광 필터나 방사방지 필름으로 작용하는 산화코팅(oxide coating)을 한다. 셀은 얇은 절연 필름으로 쌓인 태양전지판 위에 설치된다.

3.6.2 축전지

축전지는 예비용 2차 전원공급으로 사용된다. 위성이 지구나 달에 의해서 발생하는 일식기간중에는 태양전지를 사용할 수 없기 때문에 일식기간중에도 위성의 운용을 지속시키게 하기 위해서는 화학 축전지를 사용하여 전원을 공급한다.

화학 축전지로는 니켈 카드늄이나 니켈 하이드로겐 축전지가 가장 많이 사용된다. 이중에서 위성통신에 가장 널리 사용되는 것은 니켈 카드늄 축전지이다. 이 축전지는 충전효율이 높고 과방전이나 과충전에 강하며, 외부로 가스가 거의 방출하지 않는 장점이 있다. 전해물로는 부식(corrosive)이 되지 않는 알카라인(alkaline)이 사용된다. 이에 따라 전해물을 추가로 공급할 필요가 없어 축전지는 우주에서 고진공(high vaccum) 상태에 견딜 수 있도록 밀봉된다. 축전지는 일식기간중을 제외하고는 태양전지에 의해 충전 상태에 있게 된다.

3.6.3 전원공급 서브시스템

그림 3-29는 위성에서 사용되는 전원공급 서브시스템에 대한 개요도이다.

SDM(shunt dump module)은 MCU(mode control unit)의 제어를 받아서 태양전지에서 발생된 전력의 초과분을 단락(shunt)시킨다. 블록킹(blocking) 다이오드와 함께 구성된다. 블록킹 다이오드는 일식기간중 등에 태양전지가 기전력을 발생하지 않을 때, 태양전지에 역전류가 흐르는 것을 방지한다. SDM은 열제어 시스템 히터용 전원을 공급하고 MCU의 제어를 받아서 각 서브시스템에 대한 주전원을 출력시킨다.

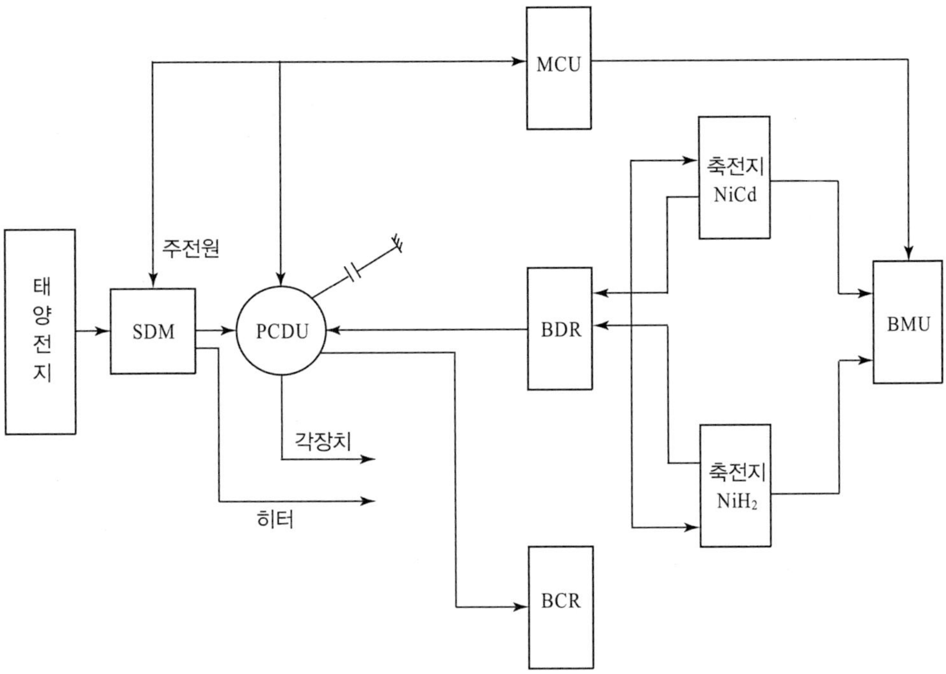

SDM : Shunt Dump Module
PCDU : Power Collection and Distribution Unit
MCU : Mode Control Unit
BDR : Battery Dischage Regulator
BCR : Battery Charge Regulator
BMU : Battery Management Unit

그림 3-29 **전력 시스템 개요도**

이 주전원은 PCDU(power collection and distribution)에 입력되어 MCU의 제어를 받아서 각 서브시스템에 필요한 전원을 공급한다. 여기서 MCU는 SDM에서 주전원을 모니터하여 SDM에 연속제어신호를 보내어 태양전지의 초과 기전력을 단락시킨다. 또한, BMU(battery management unit)에 제어신호를 보내서 BCR(battery charge regulator)과 BDR(battery discharge regulator)에서 주전원이 지정된 범위내로 유지되도록 필요한 제어를 한다. MCU는 축전지의 사용을 끝냈을 때 전원을 태양전지로 전환시키며 충전에 대한 제어를 지상의 명령없이 자동으로 수행하도록 한다. BCR(battery chage regulator)은 축전지 충전용 안정기로서 위성을 발사하는 기간내 그리고 일식중에 축전지에 충전전류의 공급을 중지시킨다.

BCR은 위성이 태양광선이 있는 곳에서 운용중이라고 하는 지시가 계속되는 동안 축전지에 충전전류를 공급해서 축전지를 충전시킨다. 이때 위성이 일식으로 진입하는 단계에서 태양전지가 받는 태양광선 에너지가 약해진다. 즉, 태양전지의 출력이 약해진다. SDM은 출력 가능한 최대전력을 PCDU에 공급된다. 위성이 점점 일식으로 인한 영향이 커져서 태양전지의 전력이 위성의 전체 부하전력을 공급할 수 없게 되면, BCR은 축전지의 충전을 더 이상 계속하지 않는다. 즉, 위성이 일식이 시작 되었음을 뜻하는 것이다. 이와 동시에 BDR(battery discharge regulator)에 의해 출전지로부터 PCDU를 거쳐서 각 서브시스템에 전원을 공급한다. PCDU는 성형제어점으로 동작한다. 모든 전원이 PCDU를 경유하고 각 서브시스템의 주전원 이용장치가 모두 이곳에 접속된다. 이 PCDU 내에는 콘덴서가 있는데, 이것은 전력 서브시스템 장비의 스위칭 동작에 의해 발생되는 맥동(ripple)을 감소시키는 역할을 하는 것이다. 다시 말하면 PCDU에는 태양전지 전력과 축전지 전력이 모두 접속되고 MCU의 제어에 의해 필요할 때마다 각 장치에 필요한 전력을 공급하는 것이다. BMU(battery management unit)는 축전지의 수명을 연장시키는 목적을 가지고 있다. 축전지의 충방전을 제어하여 과방전이나 과충전이 되지 않도록 하고, 각 축전지의 상태가 역의 상태로 되지 않도록 한다. 즉, BMU는 축전지의 전압전류를 모니터링하고 이 정보에 의해 축전지의 충·방전전류를 제어하며 축전지의 재개 및 부하단락(load shed)에 대한 기능을 수행하는 장치이다.

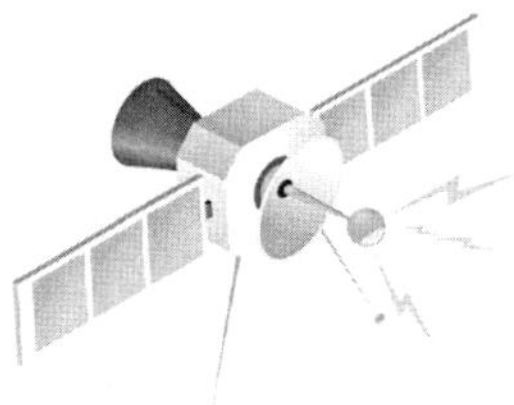

CHAPTER 04

트랜스폰더 (Transponder)

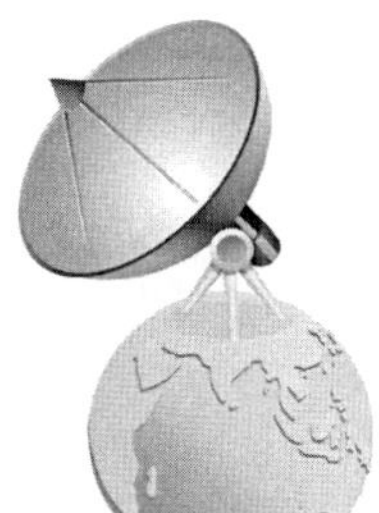

4.1 개념

위성의 중계기(repeater)는 1개 이상의 트랜스폰더(transponder)로 구성된다. 트랜스폰더는 송·수신장치이다. 지구국으로부터 송신된 상향링크 신호를 수신하여 저잡음증폭기(LNA : low noise amplifier)에서 증폭한다. 그리고 하향링크 주파수로 변환시켜 고주파증폭기(r·f amplifier)에서 고전력 증폭하여, 송신 안테나를 통하여 지구국에 송신한다.

트랜스폰더는 신호처리방식과 주파수 변환횟수에 따라 두 가지로 구분할 수 있다. 신호처리방식에서 수신된 신호를 단순히 하향링크 주파수로 변환하여 송신하는 일반적인 중계형 트랜스폰더와 수신된 신호를 검파해서 기저대역으로 변환하여 처리한 다음 다시 변조하여 송신하는 재생 트랜스폰더(regenerative transponder)가 있다.

주파수 변환횟수에 따라 수신된 주파수를 직접, 하향링크 주파수로 변환하여 송신하는 단일주파수 변환(single frequency conversion)형 트랜스폰더와 수신된 주파수를 중간주파수(i·f)로 변환한 다음 증폭시켜서 하향링크 주파수로 변환하는 이중주파수 변환(double frequency conversion)형 트랜스폰더가 있다.

그림 4-1은 단일주파수 변환형 트랜스폰더와 이중주파수 변환형 트랜스폰더의 개요도이다. 이와 같이 주파수를 상향링크 주파수에서 하향링크 주파수로 변환하는 이유는 송·수신 주파수를 격리시켜서 송·수신 신호간의 혼신을 피하기 위한 것이다. 이중변환형에서 수신된 상향링크 주파수를 중간주파수로 변환한 다음 다시 하향링크 주파수로 변환하는 것은 단일변환으로서 필요한 종단증폭기의 이득이 출력되지 않을 때 중간주파 증폭단에서 필요한 이득을 얻기 위한 것이다. 또한, 위성에서 신호를 스위칭(SS/TDMA 방식 등)하고자 할 때 r·f를 스위칭하기가 어려움으로 r·f를 i·f로 변환해서 스위칭하고자 할 때에도 이중변환형 트랜스폰더가 사용되는 이유가 된다. 일반적으로 단일주파수 변환형 트랜스폰더의 사용 주파수 대역은 6 GHz(상향링크) / 4 GHz(하향링크)와 14 GHz(상향링크) / 12 GHz(하향링크)를 사용한다. 이중변환형 트랜스폰더는 30 GHz / 20 GHz에서 많이 사용되고 있다. 그림 4-2는 위성별 사용 주파수 대역에 대한 예를 보여주고 있다.

본장에서는 트랜스폰더의 간단한 동작원리와 각부 구성소자의 기능에 대해서 설명하고자 한다.

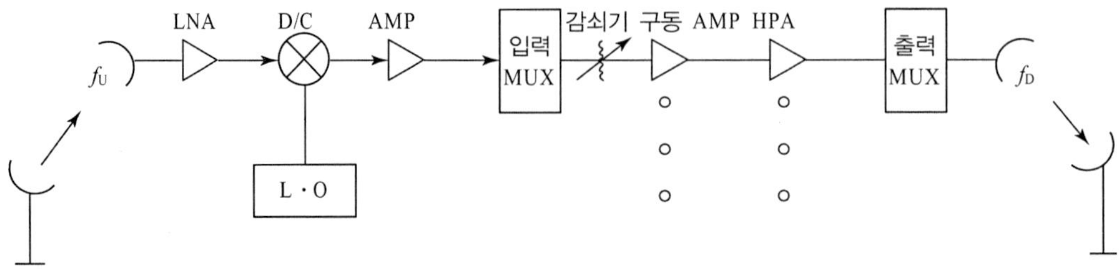

(a) 단일주파수 변환형 트랜스폰더

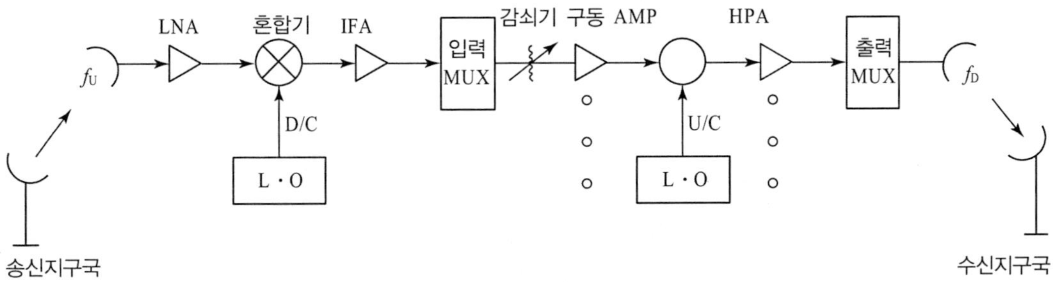

LNA : lower noise AMP
IFA : intermediate frequency AMP
HPA : high power AMP
f_U : uplik frequency
f_D : downlink frequency

D/C : down converter
U/C : up converter
L · O : local oscillator

(b) 이중주파수 변환형 트랜스폰더

그림 4-1 **트랜스폰더(transponder)의 개요도**

방식	단일주파수 변환형 트랜스폰더		이중주파수 변환형 트랜스폰더	
주파수 대역	6/4 GHz	14/12 GHz	14/12 GHz	30/20 GHz
위성명	INTELSATⅣ, ⅣA	SBS	ECS	CS2
	TELECOM 1	TELECOM 1	INTELSAT Ⅵ	–
	INTELSAT Ⅴ, Ⅵ	KOREASAT Ⅰ, Ⅱ, Ⅲ	OLYMPUS 1	–
			KOREASAT Ⅴ	KOREASAT Ⅴ

그림 4-2 **각종 위성통신에 대한 사용 주파수대역과 트랜스폰더 형식**

4.2 동작원리

4.2.1 단일주파수 변환형 트랜스폰더

그림 4-1(a)에서 지구국에서 송신된 상향링크(uplink) 신호가 안테나에 수신되면 저잡음 증폭기(LNA : low noise amplifier)에서 증폭된다. 이 증폭된 상향링크 신호 주파수가 국부발진기(LO : local oscillator)에서 출력되는 국부발진 주파수와 혼합(mixed)되어 하향링크 주파수

(down link frequency)로 변환된다. 이 변환 주파수가 증폭기에서 증폭되어 입력 멀티플렉서(multiplexer)에 입력된다. 이와 같이 수신된 신호가 입력 멀티플렉서에 입력되기 전단계까지는 광대역 수신기로서 트랜스폰더에서 처리가능한 모든 주파수가 통과된다. 일반적으로 트랜스폰더 1개의 대역폭은 36MHz이다. 입력 멀티플렉서는 필터로 구성되는데, 이 필터에 의해 각 신호 채널에 해당하는 송신 트랜스폰더로 변환 주파수가 각각 입력된다. 송신 트랜스폰더에 입력된 신호는 구동 증폭기(drive amp)에서 고전력증폭에 적합한 신호값으로 증폭된다. 이 신호는 송신기 종단증폭기인 TWTA에서 고전력증폭되어 출력 필터로 구성된 출력 멀티플렉서에 의해 다중화되어 안테나를 통해 송신된다.

4.2.2 이중주파수 변환형 트랜스폰더

그림 4-1(b)에서 트랜스폰더에 수신된 신호는 저잡음 증폭기에서 증폭된다. 이 신호는 제1차 혼합기 또는 변환기에서 국부발진 주파수에 의해 주파수가 변환된다. 이때 변환된 주파수가 그림 (a)에서와 같이 하향링크 주파수가 되는 것이 아니고 중간 주파수(IF : intermediate frequency)로 변환된다. 이때 하향링크 주파수로 직접 변환시키지 않고 중간주파수로 변환시키는 것은 고전력 증폭기(HPA : high power amplifier)의 특성상 고전력 증폭기에서 하향링크 주파수를 증폭시켰을 때 충분한 증폭이득을 얻을 수 없기 때문이다. 따라서 하향링크 주파수보다 낮은 주파수에서 이득을 높여서 고전력증폭을 하여 필요한 종단전력을 얻고자 하는 데 목적이 있다.

따라서 중간 주파수로 변환된 신호는 중간주파 증폭기(IFA)에서 증폭되어 입력 디멀티플렉서(demulitiplexer)에 입력된다. 이 입력은 각 채널 신호에 해당하는 송신 트랜스폰더에 접속되어 제2차 변환기에서 하향링크 주파수로 변환된다. 이 신호는 고전력 증폭기에서 고전력 증폭되어 출력 멀티플렉서에서 다중화 되어 안테나를 거쳐 송신된다. 이때 제1차 변환기를, 수신된 상향링크 주파수보다 낮은 중간 주파수로 변환시킨다고 해서 주파수 하향 변환기(down converter)라고 한다. 제2차 변환기는 중간 주파수를 이보다 높은 하향링크 주파수로 변환한다 해서 주파수 상향 변환기(up converter)라고 한다.

한편, 위성에서 사용되는 주파수의 효율적 이용을 위해서 각 트랜스폰더의 송・수신단에 직교모드 변환기(OMT : orthogonal mode transduser)를 설치한다. OMT는 하나의 주파수로 2개의 상이한 신호를 상호 혼신을 주지않고 송・수신할 수 있게 한다. 이것은 주파수의 편파성질을 이용한 것으로 지구국에서 수직편파나 수평편파(horizontal or vertical polarization)를 송신하면 위성의 트랜스폰더에서는 수신 안테나 직후에 설치된 편파분리기, 직교모드 변환기(OMT : orthogonal mode transduser)에 의해 수평편파 신호는 수평편파 담당용 트랜스폰더에 접속되고, 수직편파는 수직편파 담당용 트랜스폰더에 접속된다. 트랜스폰더를 거친 신호들은 출력 멀티플렉서에서 다중화되는데, 직교모드 변환기를 사용할 때에는 송신 안테나의 직전에 직교모드 변환기(OMT)를 설치해서 다중화된 신호를 다시 수평편파나 수직편파로 만들어서

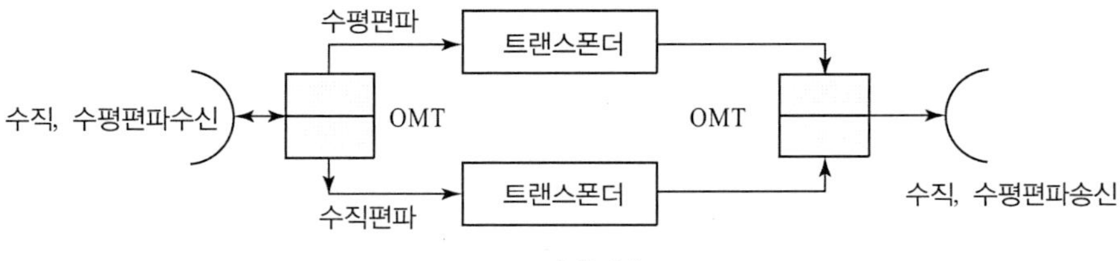

(a) 광대역용

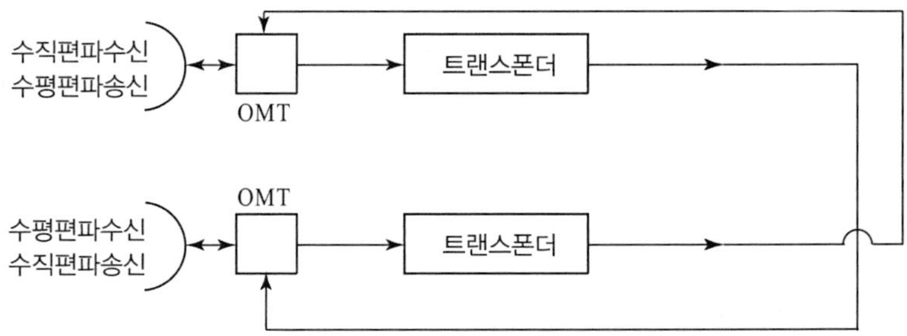

(b) 스포트(spot) 빔용

※ OMT(orthogonal mode transduser)

그림 4-3 **직교모드 변환기를 사용한 트랜스폰더 구성도**

안테나를 거쳐 송신한다. 그림 4-3(a)는 이것을 보여주고 있다. 그림 4-3(b)는 직교모드 변환기를 사용해서 송·수신 안테나를 겸용하고 있는 것을 보여주고 있다. A지구국에서 수평 편파모드로 신호를 송신했다면, 위성의 A 직교모드 변환기의 수평편파 통로를 경유해서 트랜스폰더의 수신기에 입력되고, 주파수 변환되어 고주파 증폭된 다음, A 직교모드 변환기의 수직편파 통로에 연결된 후, 수직편파 모드가 되어서 A 안테나에서 송신된다. 또한, B 지구국에서는 A 지구국과 동일한 주파수로 신호를 전송하는데, 편파모드를 수직편파모드로 하면 A 지구국의 신호와 혼신을 피하게 된다. 이 신호가 위성의 B 안테나에 입력되어 직교모드 변환기의 수직편파 통로를 거쳐 수신기에 연결되고 주파수변환되어 고주파 증폭된 다음, B 안테나의 수평편파모드 직교변환기의 통로를 통해 송신됨으로써 A 안테나에서 송신된 신호에 혼신을 발생하지 않는다.

4.3 트랜스폰더 구성소자의 기능

4.3.1 입력 필터

입력 필터는 수신 안테나의 직후에 설치된다. 입력필터에서 수신신호의 삽입 손실(insertion loss)이 발생하면 신호대 잡음비(S/N)가 감소하므로 삽입 손실이 크지 않도록 필터를 제조해야 한다. 필터는 수신을 목적으로 하고 있는 이외의 신호에 대한 주파수는 모두 제거되어야 한다. 특히 위성에서 송신되는 하향링크 주파수와 이 주파수에 의해 발생되는 제2, 제3고조파(harmonic)에 대한 제거를 완전히 할 수 있어야 한다.

4.3.2 저잡음 증폭기(LNA : low noise amplifier)

저잡음 증폭기는 수신기 전단(front end)의 등가 잡음온도(equivalant noise temperature) 값을 낮추어서 수신기의 성능지수를 나타내는 G/T값을 원하는 값의 범위내로 유지시키든지 또는 그 이상 증가시키는 역할을 한다. LNA는 시스템의 효율을 증가시키고, 안테나의 크기를 작게 해서 위성의 무게와 경비를 경감시키게 된다. 트랜스폰더의 수신기 성능지수, G/T_e에서 안테나 이득값 G는 지구국 송신기의 출력이 일정할 때 위성에서 수신되는 자속밀도 값에 따라 설계된 안테나 크기에 의해 그 값이 정해진다. 이때 만약 안테나 이득 G값을 더 크게 하고자 하면, 안테나의 크기를 크게 해야 되는데, 위성에 설치하는 수신 안테나의 크기는 위성의 구조상 제약을 받게 된다. 따라서 성능지수 G/T_e값을 증가시키기 위해서는 등가 잡음온도값 T_e를 감소시켜야 한다. 수신기 전단의 이득이 높고 잡음이 적은 저잡음 증폭기를 사용하지 않으면 주파수 변환기에서 발생하는 잡음과 중간주파 증폭기에서 고이득의 증폭을 하여야함으로 발생하는 잡음의 증가로 수신기 전체의 잡음지수(noise figure)가 증가해서 등가 잡음온도 T_e 값이 증가하게 되어 수신기 성능지수 G/T_e값이 감소하게 된다. 여기서 잡음 지수 NF(Noise Figure)와 등가 잡음온도 T_e와의 관계를 보면 다음과 같다.

$$T_e = T_0(NF-1) \tag{4.1}$$

T_0 : 켈빈 온도 계수, 290°K

이 식에서 알 수 있는 것처럼 잡음지수 값 NF를 감소시킴으로써 등가 잡음온도 T_e값이 감소된다. 저잡음 고이득 증폭기를 수신기 전단에 사용하면 성능지수 $\frac{G}{T_e}$값을 높이게 된다. 저잡음 증폭기에는 파라메트릭(parametric) 증폭기, 전계효과 트랜지스터(FET) 증폭기, 터널 다이오드(tunel diode) 증폭기, 저잡음 TWTA, MASER 증폭기가 있다. 여기서는 저잡음 TWTA

와 MASER 증폭기에 대한 설명은 생략한다.

4.3.2.1 파라메트릭 증폭기

파라메트릭 증폭기는 바렉터 다이오드(varactor diode)의 특성을 이용해서 수신신호를 저잡음으로 증폭시키는 것이다. 바렉터 다이오드에 펌핑(pumping) 전압이 공급되면 다이오드의 커패시턴스 C값이 다음과 같이 된다.

$$C = C_0 + C_1 \cos \omega_p t \tag{4.2}$$

이 식에서 C_1 / C_0를 커패시턴스 변조율 또는 파라미터 여자율이라고 한다. 이것을 r이라고 하면 일반적인 다이오드에 대한 여자율은 $r < 0.4$ 이하가 된다. 다이오드에 바이어스 전압을 항복전압까지 공급하면 $Q = \frac{1}{wCR}$의 일정한 값이 된다. 이때의 변하지 않는 주파수를 차단 주파수라고 하며 차단 주파수 f_C는 다음과 같이 된다.

$$f_C = \frac{1}{2\pi\ C_{\min}\ R} \tag{4.3}$$

이 식에서 R은 부성저항으로서

$$R = \frac{\omega_p - \omega_s}{2C_1} \tag{4.4}$$

ω_p : pumping ω

ω_s : source ω

이다. 즉, 식 (4.3)에서 C값이 작을수록 차단 주파수 f_C는 커진다.

다이오드의 성능지수 M은

$$M = \frac{Q \cdot r}{2} \tag{4.5}$$

이다. $r < 0.4$의 영역에서 다이나믹 Q값과 같게 된다.

그림 4-4는 PARAMP의 한 예를 보여주고 있다. 펌핑원(pumping source)은 전계효과 트랜지스터(FET)를 사용하고 있다. 이 펌프 발진기는 11 GHz의 펌프(pump) 발진 주파수를 출력시킨다. 이 출력을 체배시켜서 88 GHz까지 체배시킨다. 이 체배된 주파수에 의해 바렉터 다이오드에 주기적으로 일정한 전압을 공급함으로써 바렉터 다이오드의 용량을 가변시켜 수신신호를 증폭시킨다. 펌핑 발진기(pump generator)에 사용되는 소자는 FET 외에 클라이스트론 또는 건(gunn) 다

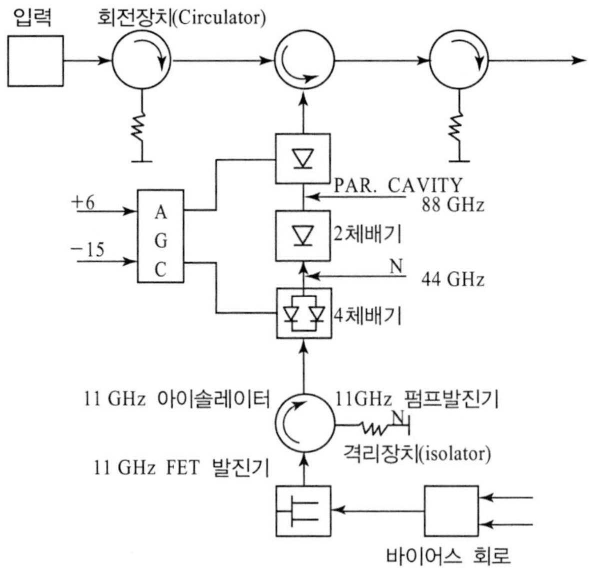

그림 4-4 30 GHz용 PARAMP의 개요도

이오드, 임패트(impatt) 다이오드를 사용하기도 한다. mm파의 반사형 클라이스트론은, 안정도는 높지만 수명이 짧고 사람이 직접 유지보수를 해야하는 단점이 있다. 다이오드를 사용하면 출력 레벨이 충분하게 증폭되지 않는 단점이 있지만 신뢰성이 높고 소형경량의 장점이 있다.

4.3.2.2 전계효과 저잡음 증폭기

그림 4-5는 전계효과 트랜지스터 증폭기로 구성된 저잡음 증폭기에 대한 개요도이다. 4단증폭기로서 격리기(isolator)에 의해 2단씩 분리되어 있다. 각단의 증폭기가 서로 영향을 주지 않기 위해 각단 사이에 격리회로를 삽입하면 격리회로의 삽입 손실로 인해서 잡음온도를 증가시킬 뿐 아니라 경비가 증가하게 된다.

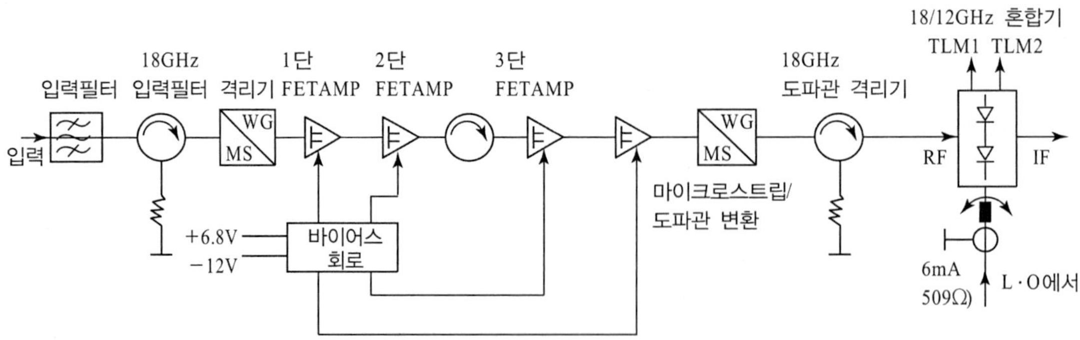

그림 4-5 전계효과 트랜지스터(FET)로 구성된 저잡음 증폭기

이와 같은 격리회로의 손실을 방지하기 위해서 격리회로를 사용하지 않고 4단을 직렬로 직접 연결하면 손실과 경비면에서 어느정도 유리하겠지만 4단이 모두 최적인 상태로 동작하도록 구성시키는 것은 매우 어려운 일이다. 그림에서 WG/MS와 MS/WG는 도파관(wave guide)/마이크로스트립(microstrip) 변환기 그리고 마이크로스트립/도파관 변환기이다. 마이크로스트립은 복사손실이 없고 TEM모드에 사용되는 것으로서 도체와 유전체로 구성되어 있다. 이 저잡음 증폭기의 출력이 격리회로를 통해 다음단 혼합기에 입력된다. 그림 4-6은 PARAMP와 FETAMP에 대한 잡음지수를 주파수 대역별로 비교한 것이다. FETAMP가 PARAMP보다 주파수가 높아질수록 잡음지수가 높아짐을 알 수 있다. 따라서 높은 주파수대역에서 수신기의 성능지수가 높은 통신을 하고자 할 경우에는 파라메트릭 증폭기가 좋다.

잡읍도 \ 주파수 / 증폭기	6 GHz	14 GHz	30 GHz
파라메트릭 LNA	–	3 dB	4 dB
FET LNA	3 dB	4 dB	8 dB

그림 4-6 **파라메트릭 증폭기와 FET 저잡음 증폭기의 잡음지수**

4.3.2.3 저잡음 증폭기의 일반적 특성

저잡음 증폭기는 출력 주파수와 잡음온도에 대해서는 다음과 같은 특성을 가지고 있다. 저잡음 증폭기의 출력 주파수는 펌핑전력 레벨과 펌핑 주파수의 변화에 대해서 대단히 민감하다. 이에 대한 대책으로써 펌핑전력의 자동 레벨 조정장치의 설치, 펌핑회로의 항온조내 설치, 그리고 펌핑도파관 손실에 대한 온도 특성을 감소시킨다. 저잡음 증폭기의 잡음온도에 대해서는 펌핑 주파수를 높게하고 Q가 높은 다이오드를 선택하며 불필요한 회로에 대한 부하 임피던스를 감소시킨다. 또한, 저잡음증폭기 자체의 잡음을 발생시키는 잡음온도를 줄이기 위해 자체 증폭기에 대한 냉각장치를 설치한다.

그림 4-7은 냉각장치를 설치한 저잡음 증폭기의 개요도이다. 파라메트릭 증폭기는 열차폐용 진공관(vaccum vessel)내에 설치되어 있다. 항온조내에 자동 레벨 조정장치(ALC:Automatic Level Control)와 펌핑원(pumping source)이 설치되어 있다. 위성통신에서 널리 사용되는 주파수대역 4GHz용의 파라메트릭 증폭기와 전계효과 트랜지스터 증폭기는 냉각장치 시스템에 따라 크라이오제닉 냉각형(cryogenically cooled type), 전기적 온도 냉각형(thermo-electrically cooled type) 그리고 냉각장치가 설치되지 않은 형(uncooled type)의 3가지로 구분된다. 위성통신 시스템에서는 대부분 사용되어 왔던 크라이오제닉 냉각형은 유지보수의 곤란 등 여러 이유로 특별한 경우를 제외하고는 현재 거의 사용되지 않는다.

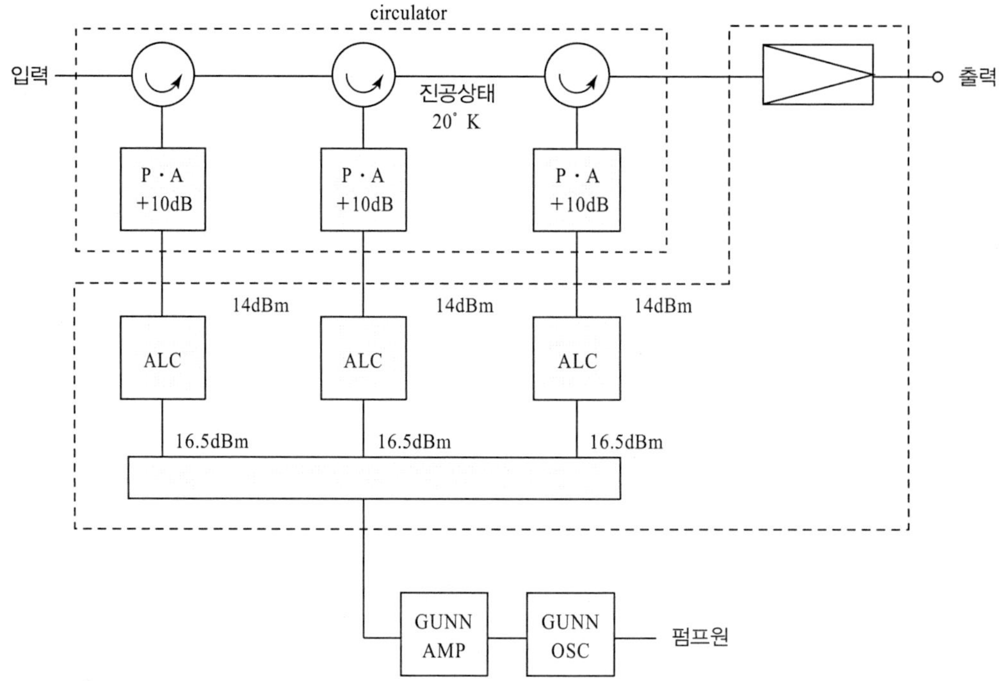

이 득 : 10 dB × 3
잡 음 온 도 : 14°K(Ta = 20°K)
단일 주파수 : 3.7～4.2 GHz
펌핑 주파수 : 32.8 GHz

그림 4-7 **냉각장치를 가진 저잡음 증폭기의 개요도**

파라메트릭 증폭기의 전기적 온도냉각형과 무(無) 냉각장치형은 INTELSAT에서 주로 사용되고 때때로 국내위성(domestic satellite) 시스템의 주요 지구국에서 사용되기도 한다. 파라메트릭 증폭기에서 사용되는 바렉터 다이오드의 개량과 펌프 주파수의 증가로 인해 이 증폭기들이 크라이오제닉 냉각장치형보다 더 낮은 잡음온도를 갖게 됐다.

한편, 전계효과 트랜지스터 저잡음 증폭기는 전반적으로 전기적 온도 냉각장치형과 무(無) 냉각장치형인데 크라이오제닉 냉각장치형은 특별한 경우에만 사용한다. 그림 4-8은 4GHz 대역의 저잡음 증폭기에 대한 잡음온도를 냉각장치형에 따라 보여주고 있다. 그림 4-6에서와 같이 FET LNA이 PARAMP보다 잡음온도가 큰 것을 알 수 있다.

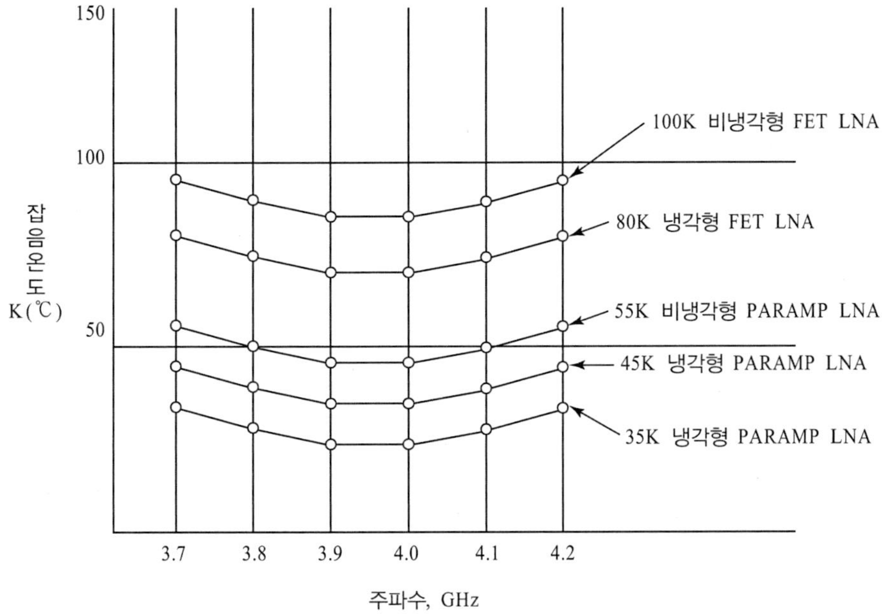

그림 4-8 **주파수별 저잡음 증폭기에 대한 잡음온도 특성**

4.3.2.4 터널 다이오드 증폭기(TDA : tunnel diode amplifier)

(1) 개념

그림 4-1(a)의 단일주파수 변환형 트랜스폰더(single frequency conversion transponder)는 수신기가 광대역으로 운용되므로 저잡음증폭기로서 광대역 마이크로웨이브 증폭기가 필요하게 되었다. 터널 다이오드 증폭기는 최초로 소개된 광대역용 증폭기로서 상업용 통신위성 등에서 이용되고 있는데, INTELSAT Ⅱ, INTELSAT Ⅳ, INTELSAT ⅣA에서 저잡음 증폭기로 터널 다이오드 증폭기(TDA)를 사용하고 있다. TDA는 4 GHz와 6 GHz에서 10~15 dB의 이득을 쉽게 얻을 수 있는 광대역이고 소형·경량이며, 저잡음, 고신뢰성, 저소비 전력일 뿐 아니라 동작속도가 빠른 장점이 있다. 한편, 온도변화에 민감하고 출력전압의 변동폭이 적은 단점이 있다.

(2) TDA의 기본원리

TDA는 터널 다이오드의 부성저항 특성을 이용한 것이다. 터널 다이오드는 제조시에 불순물 농도를 짙게 함으로써 다이오드에 순방향 전압을 걸면 초기에는 전류가 급격히 증가하지만 어느정도 이상 순방향 전압을 높이면 그이상 전류가 증가하지 않고 오히려 감소한다. 이것은 불순물 때문에 전자가 존재할 수 없는 에너지대가 형성되기 때문으로 이 영역을 부성저항영역이라고 한다. 이때 계속해서 전압을 가하면 확산에 의해 무한히 많은 전류가 흐르기 시작하는데, 이때 흐르는 전류를 확산전류라고 한다. 다시 말하면 보통 PN 다이오드의 불순물 농도는 10^{-8} 정도로 이때 PN 접합부의 공간전하층 두께는 5㎛ 정도인데 불순물 농도를 10^{-3} 정도

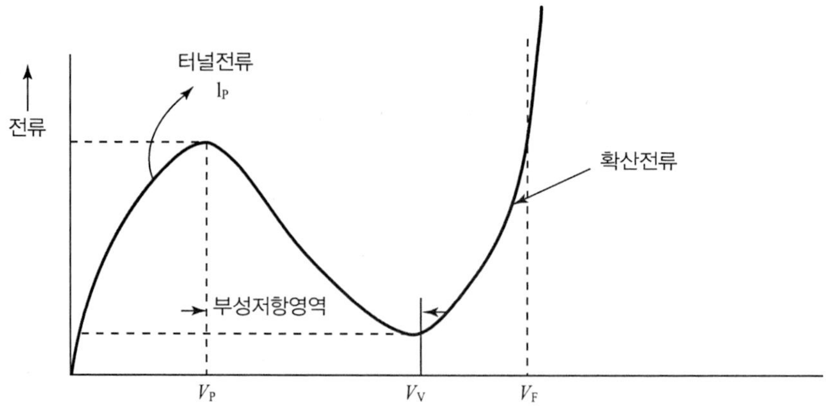

그림 4-9 **터널 다이오드의 전류 전압 특선**

높이게 되면 접합부의 특성이 완전히 변한다. 그림 4-9는 터널 다이오드에 대한 전류·전압 특성을 보여주고 있다.

터널 다이오드에 순방향이 아닌 역방향 전압을 걸면 다이오드가 5[Ω] 정도의 저항성분을 가져 실제 도체와 같은 성질을 갖게 된다. 또한, 순방향 전압이 아주 작은 경우에도 역시 도체 성격을 띠며 부성저항 영역이 끝나서 확산영역으로 진입하면 그때부터 PN 다이오드의 특성과 같이 된다. 터널 다이오드를 에사키(Esaki) 다이오드라고도 하는데, 이의 특성을 처음 발견한 일본 물리학자의 이름을 따른 것이다. 그림 4-9에서 첨두(peak) 전류, I_p까지를 터널 전류라고 하고 이 기간중에는 전자가 광속도로 PN 접합의 공간 전하층을 지나서 이동한다. 이 특성을 이용해서 광대역 주파수, 즉 높은 주파수를 수용할 수 있는 특성을 가지게 된다. 전류가 최대가 되는 점 I_p점에서의 순방향전압 V_p는 G_e가 55[mV], Si가 65[mV]가 되고 전류가 최소가 되는 계곡전압, V_v는 G_e가 0.35[V], Si가 0.42[V]가 되며 순방향전류가 다시 첨두(peak)전류 I_p로 증대하는 전압 V_F는 G_e가 0.5[V], Si가 0.7[V]이다. 터널 다이오드에서는 저항성분에 의한 열잡음, PN 접합전류에 의한 산란잡음이 발생하는데, 열잡음은 냉각장치로 감소될 수 있으나 산란잡음은 환경온도와 무관하므로 냉각장치의 사용으로 감소될 수 없다.

4.3.3 주파수 감소 변환기(D/C : down converter)

주파수 감소 변환기는 수신된 상향링크 주파수를 중간 주파수나 하향링크 주파수로 변환시키는 장치를 말한다. 이 장치는 혼합기(mixer)와 국부 발진기로 구성되는데, 그림 4-10에서와 같이 저잡음 증폭기의 출력 주파수와 국부 발진 주파수가 혼합기(mixer)에서 혼합되면 상측파대 성분이 제거되고 하측파대 성분만 출력된다. 그림 4-10은 혼합기와 국부 발진기로 구성된 D/C의 개요도이다. 혼합기는 보통 쇼트키(Schottky) 다이오드를 사용하며 혼합기는 변

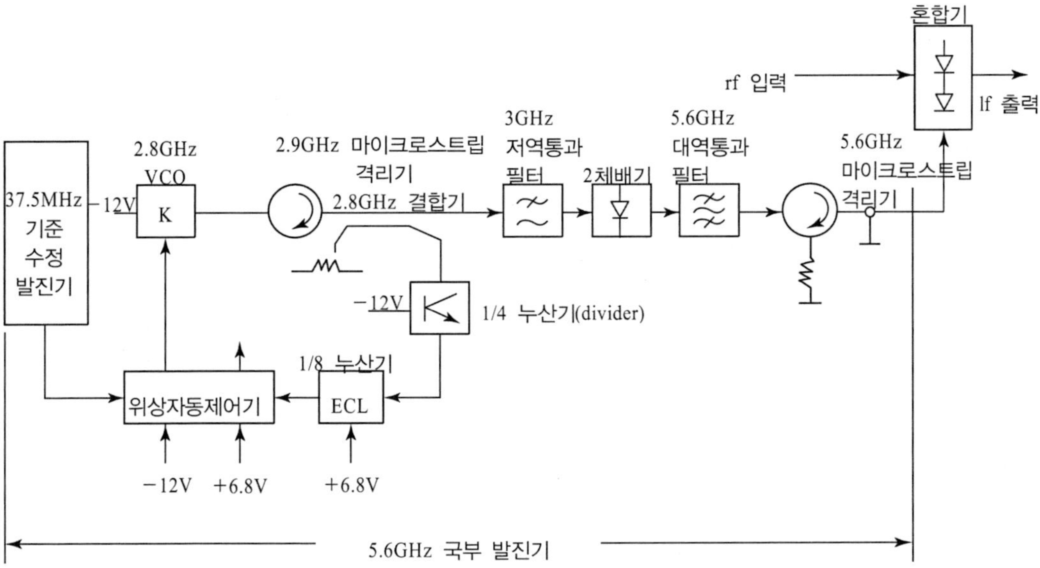

그림 4-10 **주파수 감소 변환기(D/C)의 개요도**

환손실이 작아야 하고 잡음지수가 낮아야 하는데, 대개 5 dB~7 dB를 기준으로 하고 있다. 국부 발진기는 수정 발진기에서 기본 주파수를 출력시키고 이것을 체배해서 국부 발진기의 주파수를 출력시킨다.

4.3.3.1 국부 발진기 (LO : local oscillator)

국부 발진기는 VCO(voltage controled oscillator), 저역통과 필터(LPF), 체배기, 대역통과 필터(BPF) 그리고 위상검파기(phase locked loop) 회로로 구성된다. PLL 회로는 기본 주파수를 출력시키는 수정 발진기의 출력 주파수의 위상과 VCO의 출력 주파수의 위상을 비교하여 위상검파기에서 그 위상차를 구한다. 위상차에 해당하는 전압을 VCO에 보내어 VCO를 구성하고 있는 가변용량 다이오드(varactor diode)의 용량값을 변화시킨다. 이로써 VCO의 발진주파수 값을 변화시켜서 국부 발진 주파수값이 항상 안정된 값을 유지하도록 하는 것이다. 국부 발진기에 대한 주파수 안정도는 일반적으로 장기간은 10^{-5}이하이어야 하고 주파수편이는 단기인 경우 5Hz~100Hz 대역폭내에서 평균 수 Hz정도여야 한다.

여기서는 PLL회로와 VCO회로에 대해 설명하기로 한다.

(1) PLL (phase locked loop)

1) 개념

PLL은 궤환 시스템(feedback system)으로서 궤환신호를 이용하여 PLL의 출력 주파수와 위상을 PLL의 입력 주파수와 위상에 맞추는 것을 말한다. 다시 말하면 PLL의 출력 주파수가 항상 PLL의 입력 주파수와 동일하도록 일치시키는 것을 말한다. 이 기법은 1932년에 무선신호의 검파에 처음 사용된 것으로 알려져 있다. 1960년 미국항공우주국 NASA에서 위성에서 송신된 신호를 검파하는 데 사용됐다. 이 기법을 사용한 목적은 위성에서 송신된 주파수가 도플러(Doppler) 편이나 위성의 발진기에서 발진 주파수에 오차가 발생하므로 이 주파수를 지구국에서 수신했을 때 이 수신신호의 주파수가 실제 수신해야 할 주파수로부터 수 KHz의 편차가 생긴다. 수신기에서 이 신호를 수신하기 위해서 수신대역폭을 넓게 해야만 했다. 수신대역폭을 넓히면 수신기 잡음전력이 증가한다. 이것을 방지할 목적으로 PLL을 사용하여 수신 주파수를 송신 주파수에 맞추어서 수신 대역폭을 줄임으로써 수신잡음전력을 감소시켰다. PLL은 필터, 주파수의 변·복조, 주파수 신디사이저 등 많은 분야에서 응용되고 있고 IC의 개발로 저렴한 가격으로 통신회로중 가장 많이 사용되는 회로가 되었다.

2) PLL의 기본원리

그림 4-11은 PLL의 기본구조를 보여주고 있다. 위상검파기(phase detector)에는 입력신호(기준신호) $\theta_r = A_r \sin \omega_0 t$와 위상차를 가진 신호 $\theta_d = A_i \sin(\omega_0 t + \psi)$가 입력된다. 여기서 ϕ가 위상차가 된다. 위상검파기 출력 θ_e는 기준신호 θ_r와 분주입력신호 θ_d의 위상차에 대한 함수로서 출력신호 θ_e는

$$\begin{aligned} \theta_e &= \theta_d - \theta_r \\ &= \frac{A_i A_r}{2} k \cos\psi - \frac{A_i A_r}{2}(2\omega_0 t - \psi) \end{aligned} \tag{4.6}$$

가 되며 k는 위상 검파기의 이득률이다. 이 위상 검파기의 출력신호가 저역통과 필터에서 2차항이 제거되고 1차항 성분만 VCO에 입력된다. 식 (4.6)에서 1차항 성분이 $\frac{A_i A_r}{2} k \cos\phi$인데, 여기서 ψ가 $\frac{\pi}{2}$이면 θ_e가 0인 것은 VCO의 바렉터 다이오드에 가해지는 전압이 0(V)인 것이다. 여기서 기준신호 위상과 분주 입력신호 위상간의 차이가 작을 경우에는

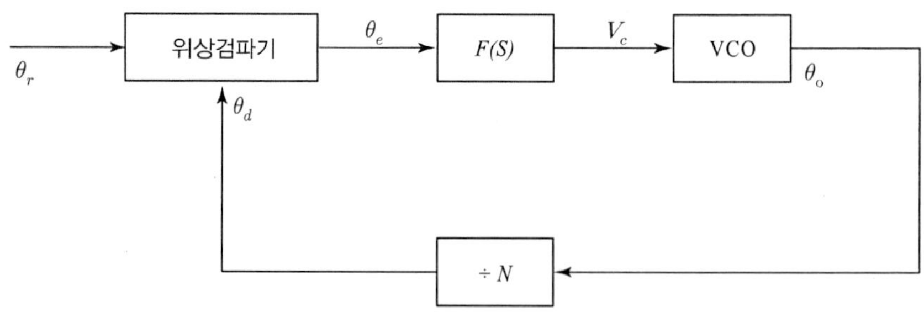

그림 4-11 PLL의 기본 원리도

$$\theta_e = \frac{A_i A_r}{2} k \cos\left(\frac{\pi}{2} + \triangle\psi\right) \tag{4.7}$$
$$= \frac{A_i A_r}{2} k \sin\phi$$
$$= \frac{A_i A_r}{2} k \triangle\psi$$

가 되고 이것은

$$\theta_e = k_d(\theta_r - \theta_d) \tag{4.8}$$
$$\left(k_d : \frac{A_i A_r}{2} k\right)$$

가 된다. 이때 위상차 θ_e가 클 경우에는

$$\theta_e = k_d \sin\triangle\psi \tag{4.9}$$

가 되어 θ_e와 ψ가 비선형적이 된다. 여기서 기준 주파수를 f_r, VCO의 출력 주파수를 f_0라 하면 분주기출력 주파수, 즉 위상 검파기의 입력 주파수 f_d는

$$f_d = \frac{f_0}{N} (N : \text{분주수}) \tag{4.10}$$

이 된다. 이때 $\theta_e = 0$이면 $f_d = f_r$이 된다. 이때 분주기가 없으면 $N = 1$이 된다. 이와 같이 위상차가 없어서 VCO 바렉터 다이오드에 위상 검파기로부터 전압이 가해지지 않을 때 VCO에서 출력되는 주파수를 자유운용 주파수(free-running frequency)라 한다. 그림 4-11에서 $F(S)$는 저역통과필터의 전달함수이다.

3) PLL의 선형(linear)모델

PLL은 위상 검파기 출력이 비선형이다. PLL 자체도 비선형이지만, 위상 검파기에 입력되는 두 개의 비교신호간에 위상차가 작을 때는 선형장치로 간주할 수 있다. 선형적 해석을 위해서 위상 검파기 출력이 전압이라고 가정하자. 이 전압은 위상 검파기에 입력되는 두 개 신호간의 위상차의 선형함수라고 하면, 즉 위상 검파기 출력전압을 V_a라고 하면

$$V_a = K_d(\theta_d - \theta_r) \tag{4.11}$$

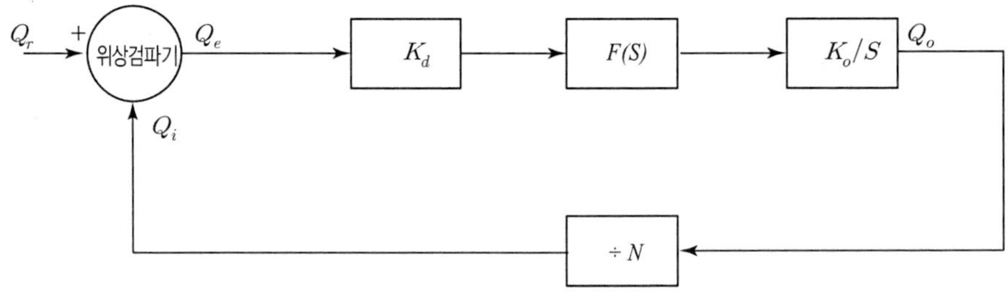

그림 4-12 PLL 소신호 선형 모델의 개요도

가 된다. K_d는 위상 검파기의 이득률로서 단위가 volt/radian이다. VCO도 선형장치로 간주할 때 VCO의 입력전압을 V_c, VCO의 이득률을 K_0라고 하면, 이때의 주파수 변동값 $\Delta\omega$는

$$\Delta\omega = K_0 V_c \tag{4.12}$$

가 된다. 여기서 K_0의 단위는 rad / s / V이다. 따라서 이때 VCO의 출력 주파수 ω_0는 VCO의 자유운용 주파수(free-running frequency) ω_c와 주파수 변동치 $\Delta\omega$의 합이 된다. 즉 ω_0는

$$\begin{aligned}\omega_0 &= \omega_c + \Delta\omega \\ &= \omega_c + K_0 V_c\end{aligned} \tag{4.13}$$

가 된다. 그림 4-12는 PLL의 소신호 선형모델에 대한 개요도이다. $F(S)$는 저역통과 필터에 대한 전달함수이다. 여기서 순방향 전달함수를 $G(S)$라 하고 궤환전달함수를 $H(S)$라고 하면 출력위상 $\theta_0(S)$에 관한 선형전달함수와 입력위상 $\theta_r(S)$에 대한 선형 전달함수에는 다음의 관계가 있다.

$$\theta_0(S) = G(S) = K_d K_0 F(S)/(S) \tag{4.14}$$

$$\theta_r(S) = 1 + G(S)H(S) = 1 + K_d K_0 F(S)/N \cdot S \tag{4.15}$$

이 식 (4.14)와 (4.15)에서 시스템 전체에 대한 전달함수를 구하면

$$\frac{\theta_0(S)}{\theta_r(S)} = \frac{G(S)}{1 + G(S)H(S)} = \frac{K_d K_0 F(S)/S}{1 + K_d K_0 F(S)/S \cdot N} \tag{4.16}$$

이 된다. 식 (4.15)와 (4.16)에서 궤환전달함수 $H(S)$는 $1/N$이 된다. 이때 저잡음 필터를 사용하지 않고, 궤환전달함수 $H(S)$가 1이라면

$$\frac{\theta_0(S)}{\theta_r(S)} = \frac{G(S)}{1+G(S)} = \frac{K_d K_0}{S+K_d K_0} \tag{4.17}$$

이 된다.

(2) 전압제어 발진기(VCO : voltage controlled oscillator)

VCO는 회로내에서 바렉터 다이오드가 있어서 외부에서 바렉터 다이오드에 전압을 가하면 바렉터(varactor) 다이오드의 용량성분이 변화된다. 이에 따라 발진 주파수가 변경되는 발진기로 VCO가 수정제어형일 때 이것을 VCXO(voltage controlled cristal oscillator)라고 한다. 그림 4-13의 VCO회로는 외부에서 바렉터 다이오드에 전압을 가하지 않으면 L과 C값에 의해 자유운용 주파수(free-running frequency)를 발진한다. 이때는 위상 검파기의 출력이 0인 경우이고 위상 검파기에서 위상차에 위한 전압, $V_c(t)$를 바렉터 다이오드에 공급하면 바렉터 다이오드내의 용량값이 변한다. 이에 의해 VCO의 발진 주파수가 공급전압에 선형적으로 변한다. VCO는 전압-주파수 전달특성이 선형적이어야 하는데, 회로설계상 완전한 선형성을 얻기가 곤란하다.

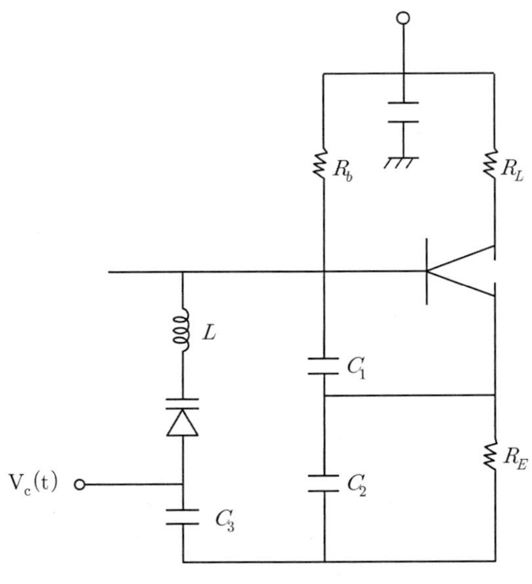

그림 4-13 **VCO 회로**

그림 4-14는 VCXO에 대한 회로도이다. 바렉터 다이오드에 전압이 공급되면 다이오드의 커패시턴스 값이 변하여 직렬 공진 주파수가 변하게 된다. 그림 4-14에서 증폭기는 트랜지스터 증폭기로서 궤환회로의 직렬 공진 주파수에서 동작되는 것으로 주파수에 무관한 이득 A를 갖는 전압 증폭기이다. 이 증폭기의 이득이 주파수에 영향을 받아 변동이 일어나게 되면 다이오

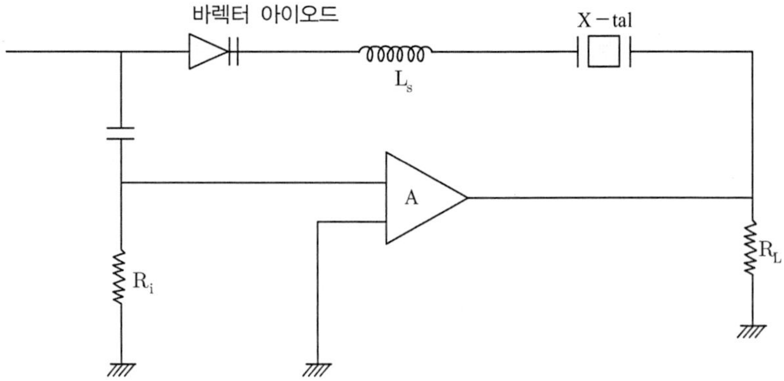

그림 4-14 VCXO 회로

드의 용량이 변하게 되어 출력 주파수가 안정되지 않는다.

VCO의 주파수 대역폭을 계산하면

$$\frac{f_{max}}{f_{min}}=\frac{\sqrt{C_{D\max}+C_s}}{\sqrt{C_{D\min}+C_s}} \tag{4.18}$$

C_s : 단락 커패시턴스(VCO의 내부 커패시턴스와 외부 커패시턴스의 합)

C_D : 바렉터 다이오드 커패시턴스

이고 f_{min}은

$$f_{min}=\frac{1}{2\pi\sqrt{L(C_{D\max}+C_s)}} \tag{4.19}$$

$$f_{max}=\frac{1}{2\pi\sqrt{L(C_{D\min}+C_s)}} \tag{4.20}$$

L : 가변 인덕턱스

C_D : 위상 검파기에서 공급되는 직류 전압치의 함수

4.3.4 중간주파 증폭기

주파수감소 변환기에서 출력된 주파수는 트랜스폰더의 형에 따라 두 가지로 나뉜다. 단일주파수 변환형에서는 변환 주파수가 하향링크 주파수가 되고, 이중주파수 변환형에서는 중간 주파수가 된다. 그림 4-15(a)는 단일주파수 변환형 트랜스폰더의 변환기 출력 주파수를 증폭시키는 증폭기의 개요도이고, 그림 4-15(b)는 이중변환용 트랜스폰더에서 중간 주파수를 증폭시키는 증폭기이다. 중간주파 증폭기의 사용목적은 앞에서 설명하였으므로 여기서는 생략하기로 한다.

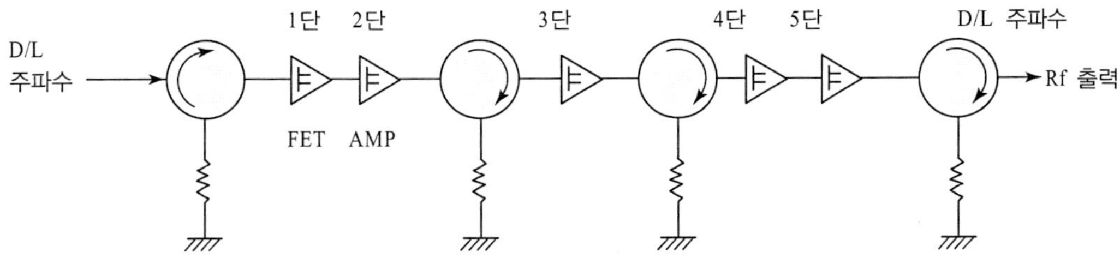

(a) 단일주파수 변환 트랜스폰더의 주파수변환기 출력증폭기

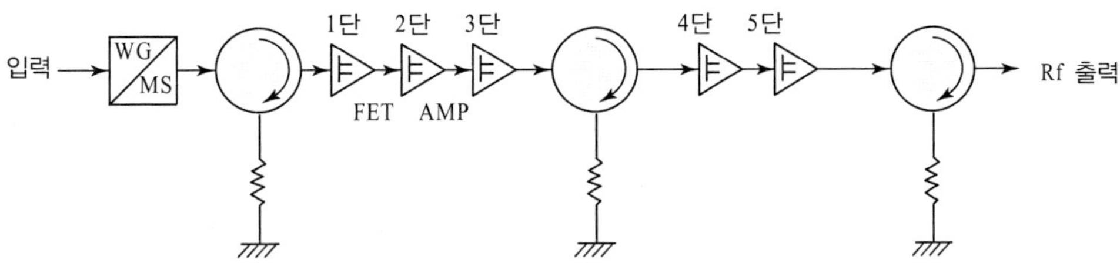

(b) 이중주파수 변환 트랜스폰더의 중간주파수 증폭기 개요도

그림 4-15

주파수감소 변환기에서 출력된 주파수는 트랜스폰더의 형에 따라 두 가지로 나뉜다. 단일주파수 변환형에서는 변환 주파수가 하향링크 주파수가 되고 이중주파수 변환형에서는 중간파수가 된다. 그림 4-15(a)는 단일주파수 변환형 트랜스폰더의 변환기 출력 주파수를 증폭시키는 증폭기의 개요도이고, 그림 4-15(b)는 이중변환용 트랜스폰더에서 중간 주파수를 증폭시키는 증폭기이다. 중간주파 증폭기의 사용목적은 앞에서 설명하였으므로 여기서는 생략하기로 한다.

4.3.5 입력 멀티플렉서

입력 멀티플렉서(Input Multiplexer)는 필터들로 구성된다. 입력 멀티플렉서를 구성하고 있는 필터를 채널 필터라고 한다. 그림 4-15(a)와 (b)의 증폭기의 출력이 여러 채널을 가지는 광대역 주파수로 구성된다. 이 채널 주파수를 해당하는 송신 트랜스폰더에 연결시키기 위해 대역통과 필터(band pass filter)를 사용한다. 각 필터에서 정해진 채널 주파수 대역만 통과시키는 것을 입력 멀티플렉서라고 한다. 그림 4-16은 순환회로(circulator)를 사용하여 하이브리드를 거쳐서 입력 멀티플렉서에 입력되는 광대역 주파수를 대역통과 필터에 내부 접속시킨다. 이 필터에 의해 각 채널을 각 채널용 하향링크 송신 트랜스폰더에 접속시키는 입력 멀티플렉서에 대한 개요도이다. 단일주파수 변환형 트랜스폰더에서는 그림 4-15(a)의 증폭기 출력이 입력 멀티플

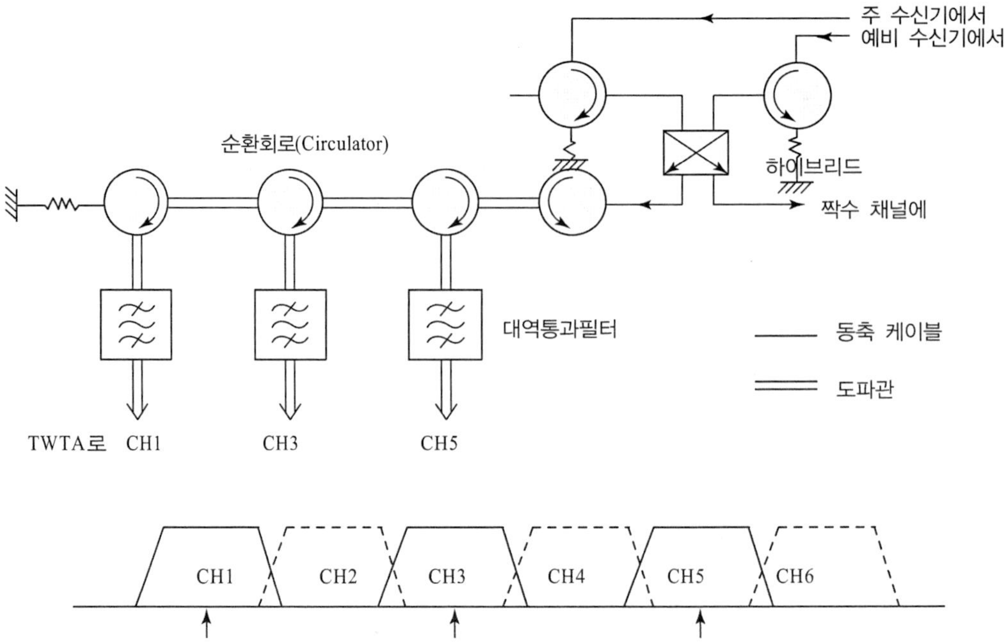

그림 4-16 **입력 멀티플렉서 개요도**

렉서를 거쳐서 각 채널별로 해당하는 TWTA의 구동증폭기에 연결된다. 이중주파수 변환형 트랜스폰더에서는 그림 4-15(b)에서와 같이 중간주파 증폭기의 출력이 입력 멀티플렉서를 거쳐서 해당 채널별로 각 해당 구동증폭기를 거쳐서 TWTA에 연결된다. 이와 같이 각 송신 주파수 대역의 채널이 비선형 특성을 가진 TWTA에 입력되기 때문에 전력증폭을 할 때에 발생하는 신호의 찌그러짐을 방지해야 한다. 이를 위해 채널 주파수 대역내에서의 신호는 진폭이 심하게 변하지 않아야 하고, 채널 주파수 대역 외에 대한 감쇠는 가능한 커서 채널들이 서로 겹치는 것(overlapping)을 방지해야 한다.

4.3.6 채널 증폭기 또는 구동 증폭기

채널 증폭기는 입력 멀티플렉서의 출력을 TWTA에 적합한 출력으로 증폭시키는 것이다. 그림 4-17은 채널 증폭기에 대한 개요도이다. 각단의 증폭기는 이득을 가변시킬 수 있다. 자동레벨 제어장치(ALC : automatic level control)에 의해 ALC 검파기에서 신호를 검파하여 프리앰프(pre-amp)로 증폭한다. 이 신호를 ALC 제어장치에 보내면 ALC에서 이 신호세기에 따라 각단의 이득을 자동으로 제어한다. 채널증폭기의 각단 구성증폭기 이득을 고정한 상태로도 운용할 수 있는데, 이에 대한 제어는 제어지구국에서 명령(TC)을 송신하여 이루어진다.

이 그림에서 각 단간을 연결시키고 있는 순환회로에서 손실(−0.5dB)이 발생한다.

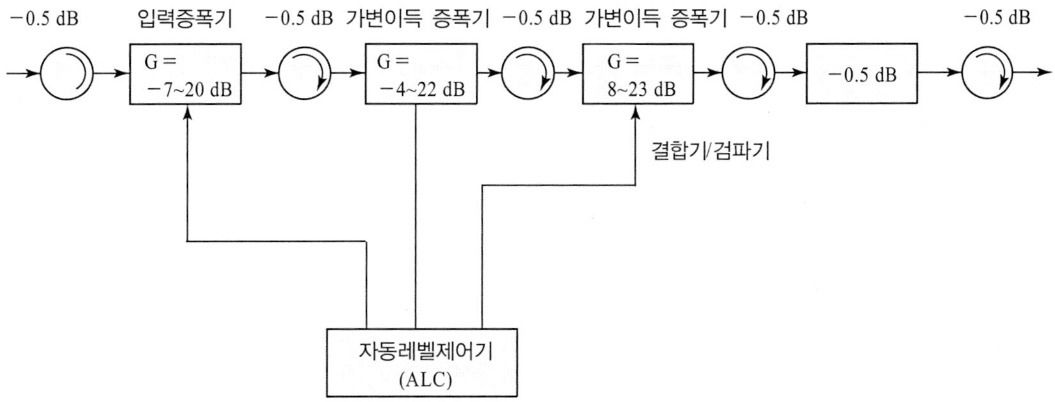

그림 4-17 **4 GHz 채널 증폭기**

4.3.7 주파수 증가변환기(U/C : up convertor)

주파수 증가변환기는 이중 트랜스폰더에서 중간 주파수를 하향링크 주파수로 변환시키는 것이다. 이것은 U/C용 국부 발진기에서 출력되는 국부발진 주파수가 채널증폭기를 거친 중간 주파수의 혼합기(mixer)에서 혼합된다. 혼합 주파수 대역의 상·하측파대중에서 상측파대가 제거되고 하측파대 성분만이 하향링크 주파수로 고전력증폭기(HPA)에 접속된다.

그림 4-18은 주파수 증가변환기에 대한 개요도이다.

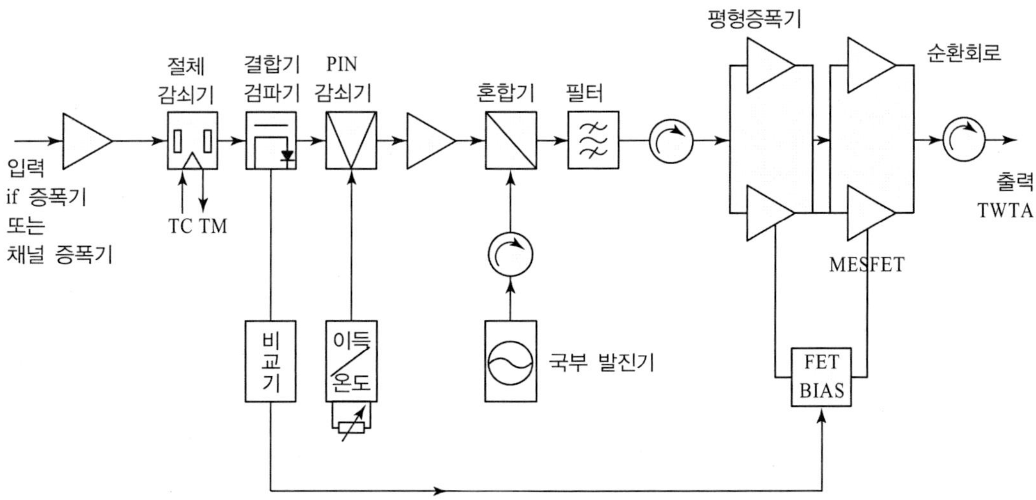

그림 4-18 **상향 주파수 변환기(U/C : Up-Converter) 개요도**

4.3.7.1 PIN 다이오드 감쇠기

PIN 감쇠기는 출력신호 레벨이 연속적으로 변화될 필요가 있을 때 사용된다. 바이어스 전류나 전압에 의해서 PIN 다이오드의 임피던스를 변화시킴으로써 전력을 제어한다. PIN 감쇠기는 반사기형과 흡수형이 있다. 반사기형은 입력되는 신호의 일부를 입력단으로 반사시켜서 반사손실에 의한 송신출력 전력을 감쇠시키는 것이다. 흡수기형은 입력되는 신호전력의 일부를 감쇠기 회로자체에서 흡수함으로써 흡수한 전력만큼 송신 출력전력을 감쇠시키는 것이다. 그림 4-19(a)는 반사기형이고 (b)는 흡수기형이다. (c)는 PIN 다이오드를 바이어스 전류에 의해 제어할 때의 특성 곡선이다. (d)는 전압으로 제어하는 경우의 특성곡선이다. (e)는 (a)와 (b)에 대한 특성을 보여주고 있다. (b)는 온도 제어장치가 있다. 그림 (a)에서 C_1, C_2 그리고 L값은 다음과 같이 구해진다.

$$C_1(p_f) = \frac{20}{F_{\min}(\mathrm{GHz})} \tag{4.21}$$

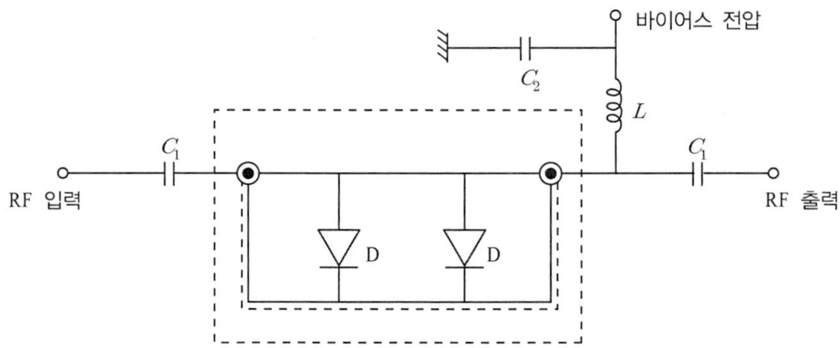

(a) 반사기형 감쇠기

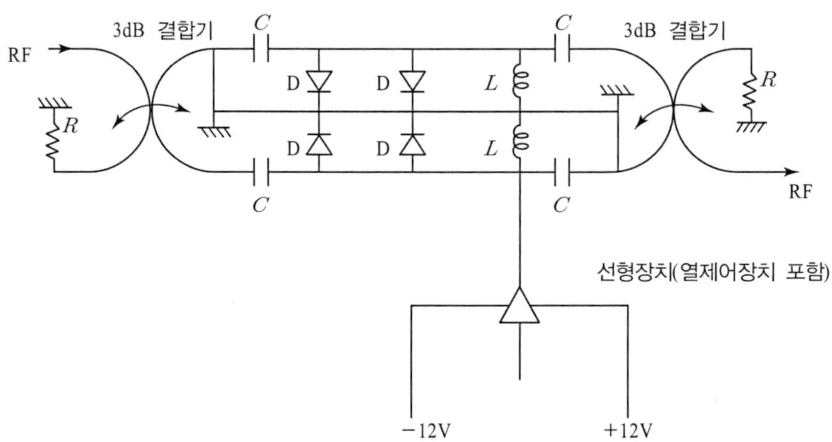

(b) 흡수기형 감쇠기

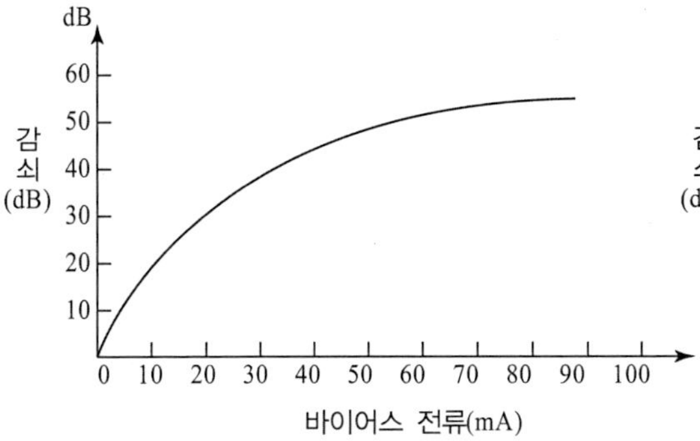

(c) 바이어스 전류제어 특성곡선

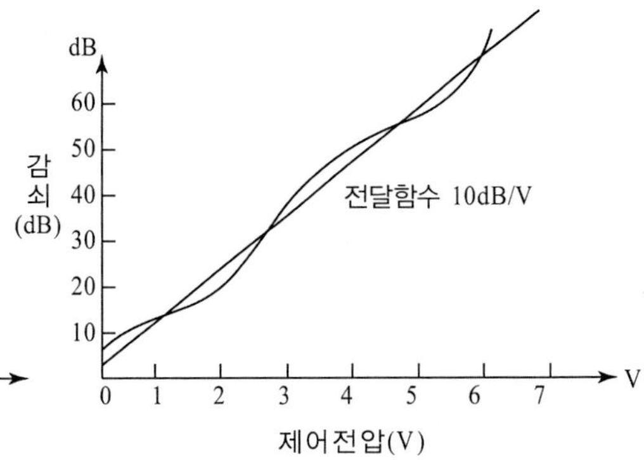

(d) 전압제어 특성곡선

특 성	반사기형 감쇠기	흡수기형 감쇠기
주 파 수 범위	0.5~18 GHz	표준대역폭~18 GHz
감쇠제어 범위	48 dB	60 dB

(e) 그림 (a)와 (b)의 특성표

그림 4-19 **PIN 다이오드 감쇠기**

$$C_2(p_f) = \frac{100}{F_{\min}(\mathrm{GHz})}$$

$$L(nH) = \frac{20}{F_{\min}(\mathrm{GHz})}$$

4.3.7.2 평형 증폭기(balance amplifier)

그림 4-20은 MESFET로 구성된 평형 증폭기에 대한 개요도이다. 그림 4-18의 혼합기에서 변환된 주파수 대역중에 하측파대 성분만이 필터를 통해 평형 증폭기의 3dB 하이브리드 결합기에 입력된다. 이와 같이 입력된 신호는 하이브리드를 거쳐 MESFET 증폭기의 상・하단에 입력된다. 이 증폭기에서 증폭된 2개의 신호는 출력측의 3dB 하이브리드 결합기에서 재결합해서 하나의 하이브리드 단자에서 출력된다. 이 출력은 먼저 단에서와 같이 하이브리드에 입력되고 다시 다음단 MESFET 증폭기의 상・하단에 입력되어 다음단의 고전력 증폭기의 구동에 필요한 전력으로 증폭시킨다. 그 이후 하이브리드 결합된다. 이것은 하이브리드 결합기의 하나의 단자로 출력되어 고전력 증폭기에 접속된다. 평형 증폭기의 특징은 MESFET가 모두 특성이 비슷할 때에 입・출력간 임피던스결합이 잘되어 잡음지수가 적고 출력전력을 최적으로 할 수 있다. 위상이 선형적이고 상호변조가 감소하여 개방・단락회로가 안정하다.

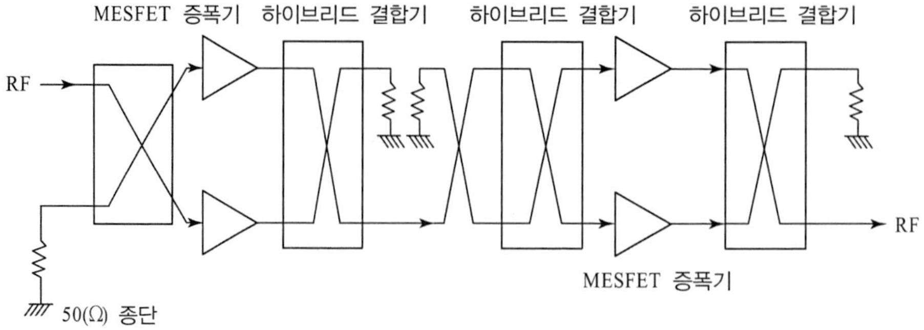

그림 4-20 MESFET 평형증폭기 개요도

한편, 평형 증폭기를 구성하고 있는 MESFET는 다음과 같은 특성을 가지고 있다. 마이크로 웨이브용의 반도체 소자로서 주파수 2 GHz 이상에서 저잡음이다. 전력증폭에 적합하다. 실리콘 쌍극성(bipolar) 트랜지스터에 비해 잡음지수가 낮다, 마이크로웨이브에서 이득이 더 크고 최대 발진 주파수도 더 높다. 또한, 3차 상호변조에 의한 찌그러짐이 더 적을 뿐만 아니라 입·출력 분리도가 좋다. 한편, 주파수 4 GHz 이상에서는 쌍극성 트랜지스터보다 전력증폭기 효율이 높고, 2차 항복이 일어나지 않으며 입력 임피던스가 매우 큰 특징이 있다.

4.3.8 고전력 증폭기

4.3.8.1 진행파관 증폭기(TWTA : travelling wave tube amplifier)

위성의 트랜스폰더는 많은 채널을 증폭시킬 수 있는 고전력 광대역 증폭기가 필요하다. 고전력 증폭을 할 수 있는 진공관에는 클라이스트론(klystron)과 진행파관이 있다. 소비전력과 경비면에서는 클라이스트론이 좋으나 클라이스트론은 협대역(narrow band)용으로서 많은 채널을 수용할 수 없다. 진행파관은 전력소모가 크지만 광대역 특성을 가지고 있어서 위성의 트랜스폰더에서 사용되고 있다. 진행파관의 주파수 대역은 500MHz이다. 전형적으로 TWTA의 포화출력은 8.5[W]~20[W]이다. 직접 방송위성(DBS : direct broadcasting system)에서 사용하는 TWTA의 포화출력은 150[W]~250[W]이다. 포화이득(saturation gain)은 55[dB] 정도이고 포화상태에서 반송파대 잡음비$(C/N)_{IM}$은 10~12[dB]이다. 진행파관 증폭기는 비선형 특성을 가지므로 포화상태에서 운용하면 상호변조적(intermodulation product)에 의한 전력의 감쇠와 혼신을 야기하므로 포화상태 이하에서 동작시켜야 한다. 이와 같이 동작점을 포화상태 이하로 내리는 것을 백오프(back off)라고 한다.

(1) 상호변조적(intermodulation product)

상호변조적이라 함은 여러 개의 반송파가 하나의 비선형증폭기에 입력될 때 이중에 한 개의 반송파는 그 출력에서 기본 반송파뿐만 아니라 상호변조적이라고 하는 수 개의 다른 주파수 성분을 갖게 되는 것을 말한다. 한 개의 반송파를 F_m 이라고 하면

$$F_m = M_1F_1 + M_2F_2 + M_3F_3 + \cdots\cdots + M_nF_n \tag{4.22}$$

M : 정 또는 부의 적분기(integer)

가 된다. 여기서 전체 상호변조적의 항은 다음과 같이 정의된다.

$$M_T = |M_1| + |M_2| + \cdots\cdots + |M_n| \tag{4.23}$$

식 (4.23)에서 셋째항 IM적과 다섯째항 IM적만이 상호변조적으로 간주되는데, 그림 4-21은 이것을 보여주고 있다. 이중에서도 트랜스폰더 출력에서 상호변조적에 의한 혼신에 가장 영향을 주는 것은 셋째항에 대한 상호변조적이다. 상호변조적에 의해 발생된 잡음이 신호를 검파했을 때 어느 정도의 크기를 갖게 되는가를 결정하는 요소들은 다음과 같다.

첫째, 입력신호의 전력 스펙트럼으로서 이것은 3차항의 상호변조적 전력 스펙트럼의 모양을 결정한다.

둘째, 입력신호들에 대한 대역폭 분배 형태로서 대역폭 분배 형태에 따라 수신대역내에 상호변조적에 의해 발생된 잡음전력 스펙트럼의 존재여부가 결정된다. 따라서 트랜스폰더가 사용 가능한 대역폭이 어느 정도인가에 따라서 상호변조적에 의한 영향의 정도가 정해진다. 사용 대역폭이 많지 않으면 상호변조적에 의한 영향이 크게 된다.

셋째, 신호의 변조특성, 넷째, 트랜스폰더의 비선형 전달함수, 다섯째 검파후에 RF의 혼신전력이 상호변조 잡음으로 변환하는 것 등이다. 상호변조 스펙트럼과 상호변조를 계산하는 방법을 부록에 수록하였다.

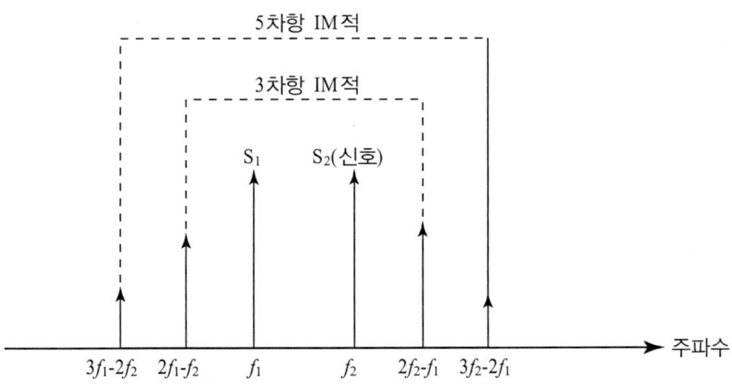

그림 4-21 **반송파 f_1과 f_2에 대한 상호변조적**

(2) 진행파관의 구조와 동작원리

그림 4-22는 진행파관의 구조를 보여주고 있다. 이 진행파관은 헬릭스(helix)형으로서 캐소드(cathode)와 애노드(anode)로 구성된 전자총을 가지고 있다. 필라멘트는 캐소드를 가열시켜

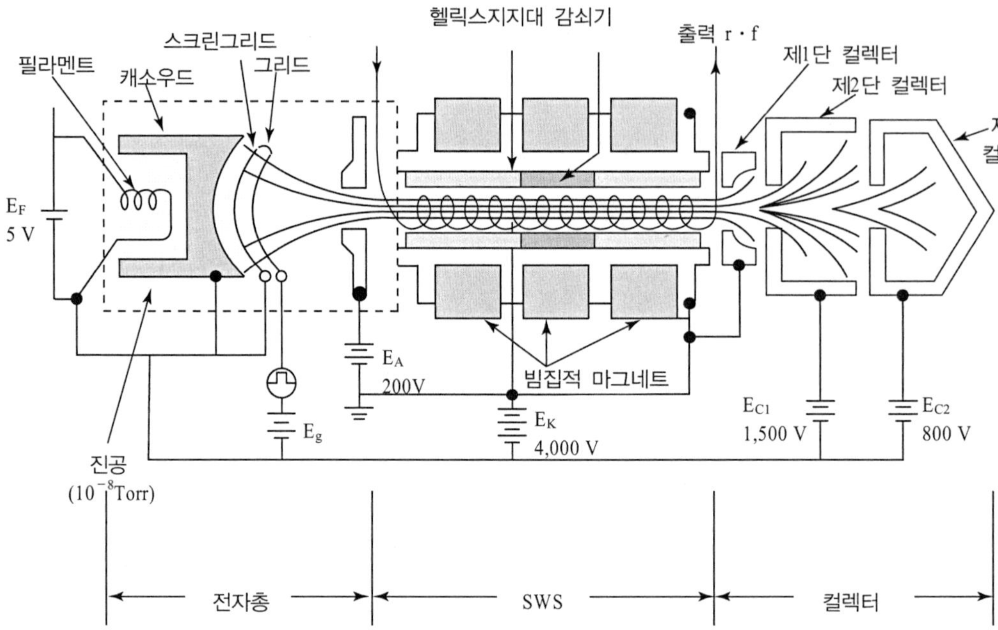

(a) 헬릭스(helix)형 진행파관 단면도

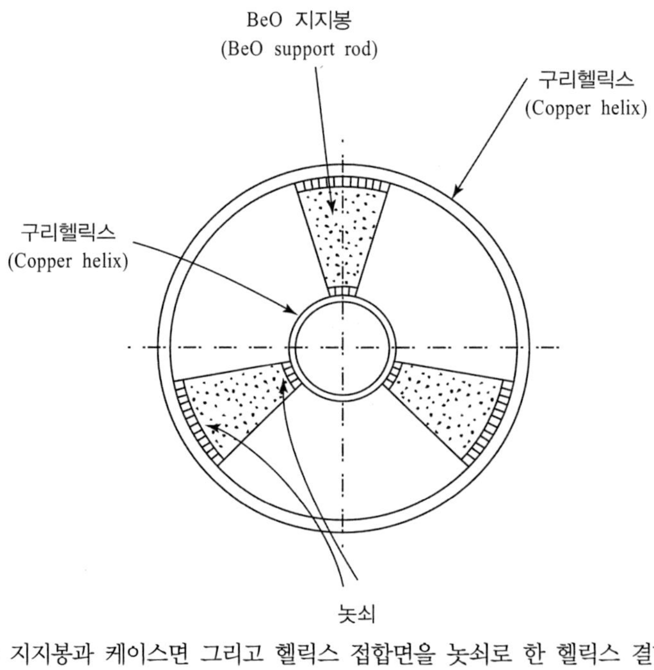

(b) 지지봉과 케이스면 그리고 헬릭스 접합면을 놋쇠로 한 헬릭스 결합방식

길이 : 67 cm
지름 : 25 cm
무게 : 30 Kg
헬릭스 전압 : 약 10 KV
빔전류 : 850 mA
컬렉터 전압 : 6 KV
효율 : 30%

(c) 지구국용 고출력 TWT의 외면도(TOP 1487B : 톰슨 사)

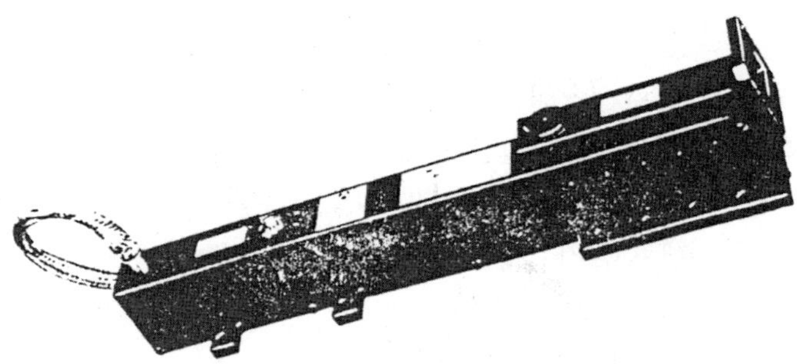

(d) 위성용 TWT의 외면도(TH3626 : 톰슨 사)

그림 4-22 **헬릭스(Helix)형 진행파관**

서 전자를 방출하게 한다. 캐소드에 가하는 열은 필요한 전자전류(electron current) 밀도를 전달하고 또한 진공관의 수명을 오래 유지할 수 있도록 가장 낮은 온도여야 한다.

그리드(grid)는 캐소드에서 방사된 전자를 집적시켜서 전자빔이 형성되도록 한다. 애노드(anode)는 캐소드에서 방사된 전자를 가속시키고 지름이 1 mm 이내인 연속 전자빔을 형성하도록 한다. 컨트롤 애노드와 제2차 애노드를 사용할 때에는, 컨트롤 애노드는 궤환루프(feedback loop)에 의해 캐소드전류를 진공관 동작중에 일정하게 유지하도록, 제2차 애노드는 캐소드에서 방사된 전자를 가속시킨다. 지름 1 mm이내의 연속 전자빔을 형성하도록 한다. 이와 같이 애노드에 의해 가속되어 형성된 전자빔은 주기적인 슬로-웨이브(slow-wave)통로 또는 지연선(delay line)을 따라 컬렉터에 도착한다. 진공관내는 전자가 충돌함이 없이 자유롭게 이동할 수 있도록 하기 위해 10^{-8}(torr) 정도의 진공상태를 유지하도록 해야 한다. 진공관이 동작중, 진공관내에서 많지는 않지만, 가스가 발생함으로 진공이온펌프를 함께 동작시켜야 한다. 또한 진공관을 장기간 사용하지 않았다가 동작을 시킬 경우에는, 항상 먼저 진공 이온펌프를 동작시켜야 한다.

진공관내의 연속 전자빔은 RF 신호가 입력되면 이 신호에 의해 변조된다. RF 신호는 진공관내에 입력되면 전자파를 유도한다. 전자파의 위상속도를 전자빔의 속도와 같든지 이보다 조금 느리게 하는 기능을 가진 지연선이나 SWS(Slow-Wave Structure)을 통해 전자빔과 함께 전파한다. RF 신호를 전자빔 속도에 맞추는 것은 전자빔과 에너지의 교환을 할 수 있도록 하기 위한 것이다. 지연선을 전파하는 RF 신호는 신호의 위상에 따라 전자를 가속시키거나 감속시킨다. 이 작용으로 인해 전자빔의 번칭(bunching)이 발생한다. 예를 들어, RF 신호속도가 전자빔 속도보다 조금 느리다면 RF 신호장(field)과 전자빔의 번칭에 의해 생긴 전자빔장이 반대가 되므로 전자가 느려지게 된다. 이것은 에너지가 전자빔에서 진행중인 RF 신호파로 옮겨진 것을 의미한다. 한편, 전자빔의 번치가 되지 않은 부분이 RF 신호의 전계를 따라 진행하면 속도가 빨라진다. 이것은 전자빔이 RF 신호에서 에너지를 흡수했기 때문이다. 이 번치된 부분과 번치되지 않은(debunch) 부분에서의 전자수의 차이가 RF 신호의 진행파를 크게 한다. 즉, TWT에서의 증폭은 지연선이나 SWS를 따라 전파하는 번치된 전자빔과 신호 간의 에너지의 전달로 이루어진다. 이렇게 증폭된 RF 신호는 RF 출력으로 진공관 밖으로 출력된다. 이때 사용된 전자는 컬렉터에서 열로 변환시켜 중화시킨다. 한편, 전자빔이 지연선을 따라 진행하는 동안 정전력(electrostatic forces)에 의해 전자빔이 분산되는 것을 방지하기 위해 자계밀도가 2,000가우스(gauss) 정도인 영구자석을 설치해야 한다. 이것을 빔분산방지 시스템이라고 한다. 또한, 컬렉터의 효율을 최대로 하기위해 빔 속도가 늦은 것은 컬렉터에서 열로 변환시켜서 없애는데, 다단의 컬렉터를 설치하고 속도가 가장 늦은 것은 제1단에서 수집하고, 속도가 가장 빠른 것은 맨 마지막단에서 수집해서 없애버린다. 진행파관은 고전압이 요구되고 안정한 전력공급이 요구되며 전력효율이 높지 않다. 따라서 전력공급 장치가 커지는 경향이 있지만 광대역 특성은 다른 마이크로웨이브 진공관에 비해 매우 좋다.

4.3.8.2 고체 전력증폭기(SSPA : solid state power amplifier)

SSPA는 전력증폭기이다. 반도체 전력증폭기는 GaAs FET를 이용한다. 주파수 2 GHz 이상에서 저잡음, 고전력증폭에 적합하고 입출력간 분리도가 높고 내부변조왜곡을 감소시킨다. 4 GHz 이상에서는 다른 반도체증폭기보다 효율이 좋고 C－밴드에서 출력전력이 10 W, 포화상태에서 $(C/N)_{IM}$이 14~18 dB 정도이다. 그림 4-23은 SSPA에 대한 개요도이다. SSPA는 무게가 가볍고 보다 선형적이며 신뢰성면에서 매우 좋다. 따라서 신뢰성의 개선은 트랜스폰더의 통신처리용량을 증가시키게 된다. 그림 4-24는 SSPA와 TWTA를 비교한 것으로 상호변조적에 의한 영향이 SSPA가 적음을 보여주고 있다. 채널 용량은 SSPA가 많아짐을 알 수 있다.

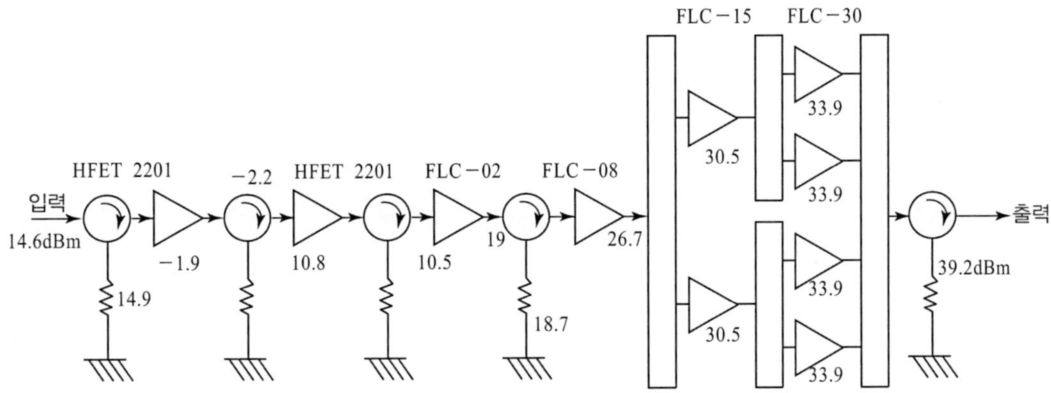

그림 4-23 **고체 전력증폭기(SSPA)의 일례**

상대입력 레벨(dB)	신호대 상호변조적비(dB)	
	SSPA	TWTA
−3	14.4	10~11
−10	27.3	16~17
−17	43.0	25

(a) 신호대 상호변조적비

변조 방식	SSPA대 TWTA의 채널 용량 증가비(%)
단일접속 FDM	4
2반송파 다원접속 FDM	10
6반송파 다원접속 FDM	25
반송파당 단일채널(SCPC)	50

(b) SSPA대 TWTA의 채널용량 증가비(%)

그림 4-24 **SSPA와 TWTA의 비교**

4.3.9 출력 멀티플렉서

출력 멀티플렉서는 대역통과 필터와 순환회로 또는 도파관으로 구성된다. TWTA에서 출력된 각 채널 신호는 출력 멀티플렉서에서 해당 필터를 거쳐서 안테나에 접속된다. 순환회로와 필터로 구성된 경우에는 각 채널별로 각각 필터가 동작하므로 설계가 용이하지만 최상위 채널에서는 특히 손실이 많다. 도파관을 구성소자로 하면 손실이 적고 설계를 완벽하게 할 수 있고 각 필터간의 상호작용으로 동작이 최적화 된다. 그림 4-25(a)는 필터와 순환회로로 구성된 것이고 (b)는 도포관내에 필터가 설치된 경우이다. 출력 필터는 비선형증폭기에 의해 발생된 스펙트럼의 분산을 막고 인접 채널에 영(zero) 임피던스를 가진다. 출력 멀티플렉서는 고전력

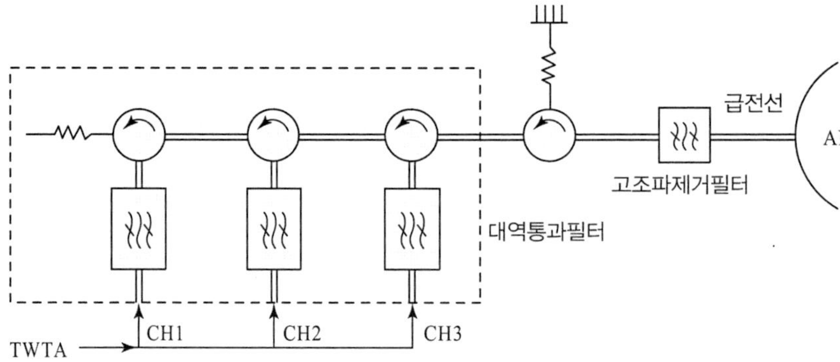

(a) 필터와 순환회로로 구성된 경우

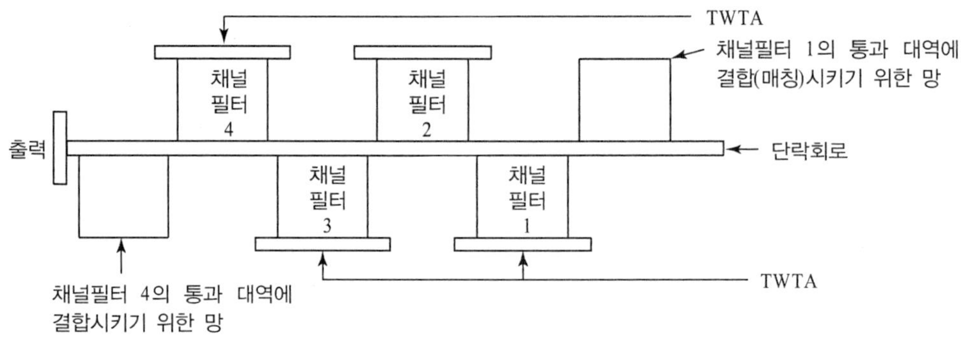

(b) 도파관내에 필터가 설치된 경우

그림 4-25 **출력 멀티플렉서**

에서 동작하므로 이곳에서 전력의 삽입손실이 발생하면, 이것은 실효 방사전력 EIRP가 감소하게 되므로 손실이 발생하지 않도록 설계해야 한다.

4.3.10 순환회로(circulator)

그림 4-26은 순환회로로서 입력과 출력신호를 분리시키는 것이다. 즉, 입력이 ①에 접속되면 출력은 ②로, 다음 입력은 ②에 접속되고, 출력은 ③에 접속되므로 ①→②, ②→③, ⓝ→①과 같은 화살표 방향으로 인접 단자에 손실이 없이 전력을 전송하는 회로이다. 그림 (b)는 이 순환회로에 대한 예이다. 3개의 포트(port)를 가지고 있는 회로인데, 이 경우 1번 포트로 입력된 전계는 자계가 없을 때 점선과 같이 형성된다. 이때에는 포트 2와 포트 3에 모두 이 신호전계가 나타난다. 그런데 영구자석에 의해 페라이트 디스크에 자계를 공급하면 페라이트 디스크(마그네틱판)에서 전자가 회전하게 되므로 전자파와 자계파의 하나에 전파지연이 발생하므로 전계가 점선의 모양에서 실선의 모양으로 변한다. 이때 전계가 3번 포트에서는 0이 됨을 알 수 있다. 즉, 2번 포트에만 출력이 나타나게 된다. 왜냐하면 선형적으로 분극된 파는 역으로 회전하고 있

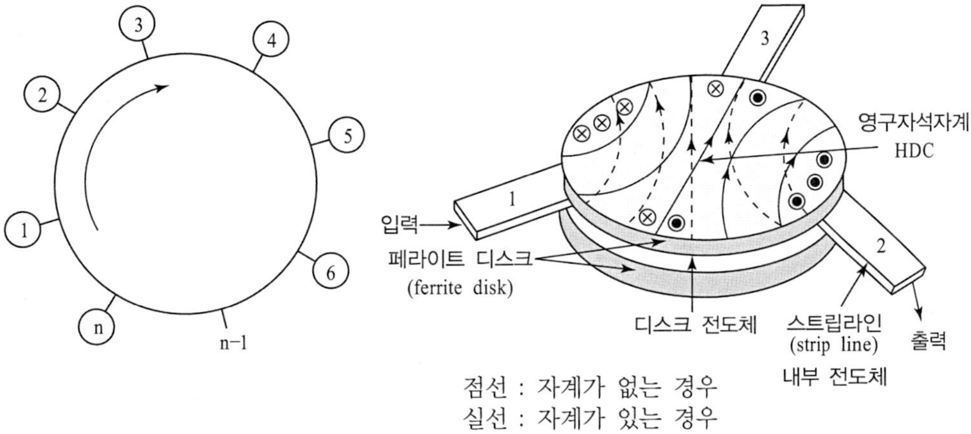

(a) 순환회로 개요도　　　　(b) 순환회로의 예(3－포트)

그림 4-26

는 두 분극의 파의 합이라고 할 수 있다. 이것은 전파가 전파하기 위해서는 전계와 자계의 방향이 직각을 뜻한다. 그림에서 ⊕와 ◉는 자계의 방향으로, 자계를 가하기 전에는 전계가 포트 2와 3에서 자계 방향과 반대의 방향이다. 외부에서 임의의 자계를 가함으로써 마그네틱판에서 전자가 시계 반대방향으로 회전한다. 전계가 포트 3에서는 자계와 동일한 방향으로 진행하므로 전기력과 자기력이 상쇄되어 포트 3에는 진행파가 나타나지 않는다. 결국 이것은 출력이 나오지 않는 것이다. 마그네틱판은 재질이 Yttrium Iron Garnet(YIG) 페라이트로 저온에서 0.2[dB]이상의 전송 손실이 생긴다. 즉, 순환회로를 많이 사용하면 전송 손실이 증가하게 된다.

부록

1 고전력 증폭기 비선형특성에 의해 발생하는 상호변조 스펙트럼의 제3차항에 대한 계산

동일한 전력을 가진 2개의 FM-TV 채널이 트랜스폰더의 중심 주파수 ω_0에 대해서 대칭적으로 배열되어 있다고 가정하면 TWT의 입력신호는 다음과 같이 나타낼 수 있다.

$$Y_1(t) = A_1 \sin[\omega_0 t + \omega_1 t + \rho_1(t)] \tag{4.24}$$

$$Y_2(t) = A_1 \sin[\omega_0 t - \omega_1 t - \rho_2(t)] \tag{4.25}$$

ω_0 : 트랜스폰더의 중심각 주파수, $2\pi f_0$

$2f_1 = \omega_1/\pi$: 무변조 반송파간 주파수 간격

$\rho'_1 = \dfrac{d\rho_1(t)}{dt}$, $\rho'_2 = \dfrac{d\rho_2(t)}{dt}$: 기저대역의 FM 변조신호

식 (4.24)와 (4.25)의 신호에 대한 3차항 상호변조적, IM은

$$Z_1(t) = A_3 \sin[\omega_0 t + 3\omega_1 t + 2\rho_1(t) - \rho_2(t)] \tag{4.26}$$

$$Z_2(t) = A_3 \sin[\omega_0 t - 3\omega_1 t - 2\rho_2(t) - \rho_1(t)] \tag{4.27}$$

이들 상호변조적의 전력 스펙트럼은 $Z_1(t)$와 $Z_2(t)$ 컨볼루션(convolution) 함수의 푸리에(Fourier) 변환으로 구해진다. 여기에서는 $\rho_1(t)$와 $\rho_2(t)$가 무관하고 2개의 동일한 원하는 신호 $Y_1(t)$와 $Y_2(t)$가 카손(Carson)의 법칙에 따라 완전하게 직사각형 RF 대역폭 B를 점유한다고 가정한다. 이때의 대역폭 B는

$$B = \Delta F_{PP} + 2f_r \tag{4.28}$$

F_{PP} : $Y_1(t)$와 $Y_2(t)$의 첨두(peak) 주파수 편차

f_r : 최대 변조 주파수

가 된다. 그림 4-27은 제3차항(third order) 변조적의 전력밀도 P, 신호 대역폭 B에 대해서 보여주고 있다. 이 그림에서와 같이 3차항 상호변조적은 $2\Delta F_{PP}$와 $2f_r$의 전체 RF 대역폭 $B+B'$를 점유하고 있는 마름모 전력밀도 스펙트럼을 가진다. 여기서

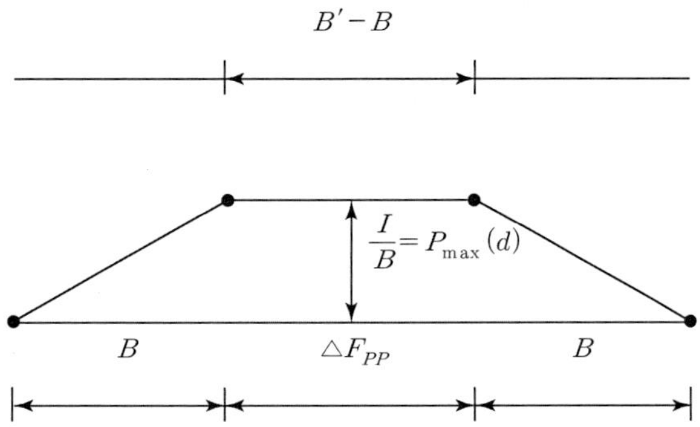

그림 4-27 **제3차항(third order) 변조적의 전력밀도**

$$B' + B = 2B + \Delta F_{PP} \tag{4.29}$$

$$B' = 2\Delta F_{PP} + 2f_r \tag{4.30}$$

이 된다. 따라서 마름모 대역내에서 3차항 상호변조적의 최대 전력밀도, $P_{\max}(d)$는

$$P_{\max}(d) = \frac{I}{B} \tag{4.31}$$

가 되며 이 식 (4.31)에서 I는 각 3차항 상호변조적의 전체전력으로서 식 (4.26)과 식 (4.27)에서

$$I = \frac{(A_3)^2}{2} \tag{4.32}$$

가 된다.

2 상호변조적에 의한 혼신전력의 계산

수신을 목적으로 하는 신호에 대한 대역폭 B내에서 상호변조적에 의해 야기되는 혼신전력의 크기 정도는 목적하는 신호가, 사용할 수 있는 대역폭내에서 어떻게 분배되는가에 따라 결정된다. 그림 4-28은 마름모형의 스펙트럼으로 세 가지의 가능한 상태를 나타내고 있다. 그림 (a)는 상호변조적에 의해 발생된 혼신 대역폭이 목적하는 수신 대역폭밖에 있음을 나타내고 있는 경우이다. 그림 (b)는 자체 채널 대역폭내에는 혼신을 주지 않고 있지만, 혼신 대역폭내에서 사용되고 있는 타 채널에 혼신을 발생시키게 된다. 이와 같이 타 채널에 혼신을 주는 혼신 대역폭의 주파수가 출력 멀티플렉서에서 제거되어야 한다. 그림 (c)는 상호변조적의 스펙트럼이 수신 대역폭내에 있는 경우로써 자체 수신 대역폭내에서 혼신을 발생시키는 경우이다. 이 상태를 식으로 나타내면 다음과 같다.

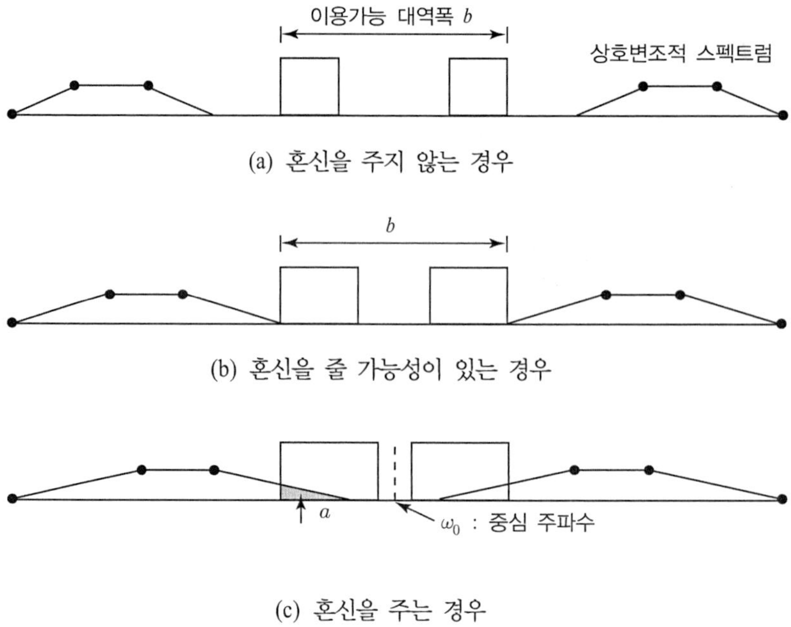

그림 4-28 **신호 대역폭과 상호변조적 스펙트럼**

$$2f_1 < \frac{3B}{2} < \frac{\Delta F_{PP}}{2}(f_1 \ : \text{수신 주파수}) \tag{4.33}$$

이 식에서 식 (4.28)의 $\Delta F_{PP} = B - 2f_r$을 대입하면

$$f_1 < B - \frac{f_r}{2} \tag{4.34}$$

가 된다.

그림에서 수신 대역폭과 상호변조 스펙트럼이 겹치는 지역 a는 다음과 같다.

$$a = \frac{B}{2} + (B + \frac{\Delta F_{PP}}{2}) - 2f_1 \tag{4.35}$$

이 식 (4.35)에 식 (4.28)의 $\Delta F_{PP} = B - 2f_r$을 대입하면

$$a = 2B - f_r - 2f_1 \tag{4.36}$$

이 된다. 이상과 같은 조건이 성립하기 위해서는 2개의 원하는 수신 채널 대역폭이 사용 대역폭 b내에 존재해야 한다. 이것을 식으로 표현하면

$$b > 2f_1 + B \tag{4.37}$$

이 된다. 식 (4.37)에서 $f_{1\max}$ 값이 얻어진다.

$$f_{1\max} = \frac{b-B}{2} \tag{4.38}$$

이 $f_{1\max}$값은 식 (4.36)에서 수신 채널 대역폭과 상호변조적의 스펙트럼이 겹치는 것을 조정할 수 있는 값이다. 즉, B값에 따라 $f_{1\max}$값을 정해 주어서 겹치는 지역, a를 최소화하여 결국 상호변조혼신을 최소화하게 된다. 식 (4.36)과 (4.37)에서 상호변조 혼신영역이 최소인 값 $a_{\min}$을 구하면

$$a_{\min} = 3B - b - f_r \tag{4.39}$$

가 된다. 그림 (c)에서 상호변조 스펙트럼과 수신 대역폭이 겹치는 삼각형 영역이 a에 해당된다. 이 영역에서 상호변조 스펙트럼에 의해 수신 채널에 혼신전력을 발생시킨다. 이때 혼신전력을 X라고 하면

$$X = \frac{1}{2}\frac{a_{\min}^2 I}{BB'}$$
$$B < \frac{b+f_r}{2} \tag{4.40}$$

이 되며 이 식 (4.40)에 식 (4.29), (4.30)과 (4.39)를 대입하면 식 (4.40)의 혼신전력 X는

$$X = \frac{9}{4}\frac{[B-\frac{1}{3}(f_M+b)]^2}{B[B-f_M]} \cdot I \tag{4.41}$$

이 된다.

3 제3차항 상호변조적의 전체 전력 계산

식 (4.26)의 제3차항 상호변조적 $Z_1(t)$의 전력밀도 함수 S_{Z1}은 $Z_1(H)$, $R_{Z1}(\tau)$의 컨볼루션 함수의 푸리에 변환에 의해 다음과 같이 된다.

$$S_{Z1}(U_3) = \frac{1}{2\pi}\int_{-\infty}^{+\infty} R_{Z1}(\tau)e^{-jU_3\tau}d\tau \tag{4.42}$$

$$U_3 : \omega - (\omega_0 + 3\omega_1)$$

$$R_{Z1}(\tau) = \frac{A_3^2}{2}e^{-R2\,\rho_1 - \rho_2^{(0)}}\ e^{-R2\,\rho_2 - \rho_1^{(\tau)}} \tag{4.43}$$

이때 $R\rho_1(\tau)$와 $R\rho_2(\tau)$가 서로 관계 없는 함수라면 함수 $2\rho_2(t) - \rho_1(\tau)$의 컨볼루션 $R2\rho_2 - \rho_1(\tau)$은 다음과 같이 된다.

$$R2\rho_2 - \rho_1(\tau) = 4R\rho_2(\tau) + R\rho_1(\tau) \tag{4.44}$$

$R2\rho_2 - \rho_1(\tau)$, $R\rho_1(\tau)$: $\rho_2(t)$, $\rho_1(t)$의 컨볼루션 함수

이 식 (4.33)은 식 (4.44)에 의해 다음과 같이 표현할 수 있다.

$$R_{Z1}(\tau) = \frac{A_3^2}{2}\quad [e^{-4R\rho 2(0)}e^{-4R\rho 2(\tau)}]\ [e^{-4R\rho 1(0)}e^{-4R\rho 1(\tau)}] \tag{4.45}$$

이 식 4.45에서 계수

$[e^{-4R\rho 1(0)}e^{-4R\rho 1(\tau)}]$를 단위 전력 신호의 컨볼루션 함수로 나타내면

$$X_1(t) = \sqrt{2}\,\sin[\omega_0 t + \rho_1(t)] \tag{4.46}$$

으로, 이 식 (4.45)에서 계수 $[e^{-4R\rho 2(0)}e^{-4R\rho 2(\tau)}]$를 단위전력 신호의 컨볼루션 함수로 나타내면

$$X_2(t) = \sqrt{2}\,\sin[\omega_0 t + 2\rho_2(t)] \tag{4.47}$$

이 된다. 이 식 (4.46)과 (4.47)에 의해 식 (4.45)를 다음과 같이 표현할 수 있다.

$$R_{Z1}(\tau) = \frac{A_3^2}{2} \cdot R_{X1}(\tau) \cdot R_{X2}(\tau) \tag{4.48}$$

따라서 전력밀도 함수 S_{Z1}은

$$\begin{aligned} S_{Z1} &= [\omega - (\omega_0 + 3\omega_1)] \\ &= \frac{A_3^2}{2} [S_{X1}(\lambda) \otimes S_{X2}(\omega + \lambda)] \end{aligned} \tag{4.49}$$

$\otimes$: 컨볼루션을 뜻함.

여기서 FM 변조신호의 전력밀도를 가정하면 식 4.46의 $X_1(t)$ 신호가 ΔF_{PP}의 첨두치 주파수 편차로 변조되었을 때 다음과 같은 대역폭 B에 걸쳐서 분산된다. 이 대역폭을 카슨(carson) 법칙이라 하고 이 대역폭 B는 $\Delta F_{PP} + 2f_r$이다. 한편, 식 (4.47)에서와 같이 첨두치 주파수 편차 $2\Delta F_{PP}$를 가진 신호 $X_2(t)$는 다음과 같은 대역폭 B에 걸쳐서 분산될 것이다.

$$B = 2\Delta F_{PP} + 2f_r \tag{4.50}$$

식 (4.49)의 상호변조적의 전력밀도 함수는 2개의 직사각형 함수 $S_{X_1}(\lambda)$와 $S_{X_2}(\omega + \lambda)$의 컨볼루션에 의해 얻어져서 마름모 형태의 스펙트럼을 갖게 되고, 이때 최대 전력밀도 $P_{\max}(d)$는

$$P_{\max}(d) = \frac{I}{B} \tag{4.51}$$

이 된다. 여기서 I는 식 (4.32)에서 설명한 것처럼 제3차 상호변조적의 전체 전력으로 다음과 같이 된다.

$$I = \frac{A_3^2}{2} \tag{4.52}$$

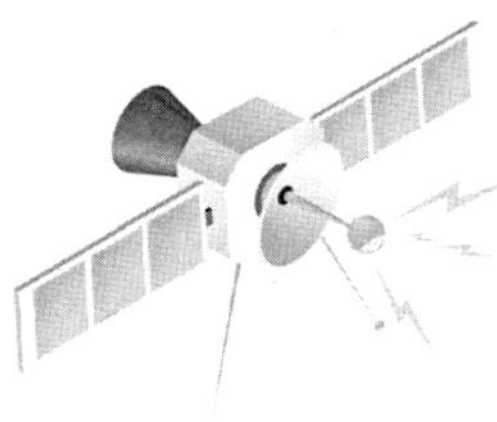

CHAPTER 05

위성통신 시스템 링크

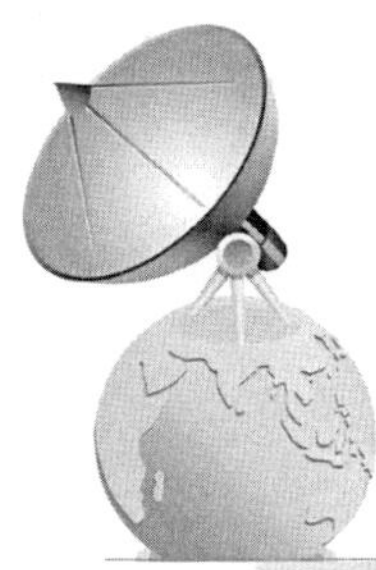

5.1 개요

위성통신 링크는 시스템내의 각 지구국간을 위성체의 패이로드를 통해 상호연결되도록 하는 신호의 전송경로를 구성하는 것이다. 따라서 위성통신 링크의 구성은 패이로드, 지구국 및 이들을 매개하는 대기와 우주로 구성된다. 링크는 상향링크와 하향링크로 구분할 수 있다. 상향링크는 지구국의 송신기와 패이로드의 수신기간, 하향링크는 패이로드의 송신기와 지구국의 수신기간을 말한다.

그림 5-1은 위성통신 시스템 링크에 대한 개요도이다. 모든 통신 시스템에서와 같이 위성통신 시스템의 최대 목표는 가능한 한 위성통신 링크에서 지구국간에 송수신되는 신호를 경제적이면서도 고신뢰 및 고품질로서 접속되게 하는 것이다.

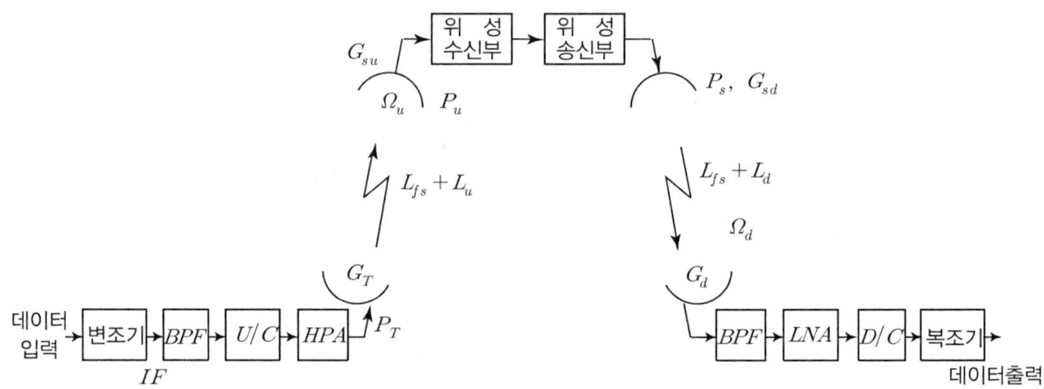

BPF : 대역통과필터

IF : 중간주파수(일반적으로 70 MHz $\pm\Delta f$ 또는 140 MHz $\pm\Delta f$)

U/C : *UP Converter*

HPA : 고전력 증폭기

P_T : 지구국 *HPA*의 송신전력

G_T : 송신지구국 안테나이득

L_{fs} : 자유공간손실 $\left(\dfrac{4\pi R_u}{\lambda_u}\right)^2 = \left(\dfrac{4\pi f_u R_u}{C}\right)^2$

L_u : 상향링크 기타 손실(대기손실 등)

L_d : 하향링크 기타 손실

P_u : 위성 수신된 신호전력

Ω_u : 위성수신기 자속밀도

G_{su} : 위성수신 안테나 이득

P_s : 위성 송신 전력

G_{sd} : 위성 안테나 이득

Ω_d : 지구국 수신 자속밀도

G_d : 지구국 수신 안테나 이득

LNA : 저잡음 수신기

D/C : *Down Converter*

그림 5-1 **위성통신 시스템 링크 개요도**

따라서 지구국에서 송신된 신호는 품질을 저하시키는 어떤 잡음원에서도 상관없이 일정한 목표값을 확보할 수 있는 신호값으로 수신 지구국에서 수신되어야 한다.

소위 반송파대 잡음비라고 하는 RF 반송파대 잡음전력비, C/N은 기저대역 수신신호를 측정하는 하나의 파라미터이다. 반송파대 잡음비 C/N은 수신변조 반송파의 전력대 모든 잡음원의 누적 잡음전력으로서 링크버짓(Link budget)의 목표는 이 값을 계산하는 것이다. 주파수 변조기법을 사용하는 아날로그 위성시스템의 FM 변조기 음성채널 출력 신호대 잡음비는 신호의 충실도를 측정하는 기준으로서 위성 링크상 반송파대 잡음비의 함수가 된다.

디지털 위성시스템에서는 평균비트 오류 확률에 의해 지구국에서 수신된 신호의 성능을 측정한다. 평균비트 오류 확률은 반송파대 잡음비, 정보전송속도와 위성 채널의 잡음대역폭 B의 함수이다. 정보전송속도가 일정하게 정해져 있을 때 신호의 품질은 디지털 변조방식과 반송파대 잡음비에 의해 정해진다. 상향링크의 품질은 신호가 지구국에서 송신될 때의 강도와 위성에서 이 신호를 수신하는 방법에 의해 정해진다. 하향링크의 경우는 위성에서 송신되는 신호 강도와 이 신호를 수신하는 지구국의 수신방법에 의해 정해진다. 정지궤도상에서 운용되는 위성은 신호전달 거리가 매우 장거리이기 때문에 신호강도의 감쇠량이 커서 위성에서 수신된 상향링크 신호와 지구국에서 수신되는 하향링크 신호강도가 매우 약해지기 때문에 백색 가우션 잡음에 의해 손상되기가 쉽게 되어 있다. 한편, 상향링크 신호는 다른 지구국으로부터 인접 위성을 향해 송신한 신호에 의해 방해를 받고, 하향링크 신호는 인접 위성으로부터 송신되는 신호에 의해 방해를 받게 된다. 이외에 위성통신 링크상에 있는 대기내에서는 주파수가 10GHz 이상인 경우 강우 등 강수에 의해 신호손실이 발생된다. 본장에서는 시스템 링크에 영향을 주는 요인들과 링크 파라미터인 실효 방사전력(EIRP), 지구국수신 성능지수(G/T) 등에 대하여 설명하기로 한다.

5.2 안테나의 기본 파라미터

5.2.1 등방성 안테나(isotrophic antenna)

등방성 안테나는 송신전력 P_t를 고르게 사방으로 방사하는 안테나이다. 이러한 안테나를 무지향성 안테나라고 한다. 등방성 안테나는 방사이득 G_r이 1로서 안테나를 비교하는 기준 안테나로 사용한다. 등방성 안테나의 실효면적(effective area)을 A_e라고 하면

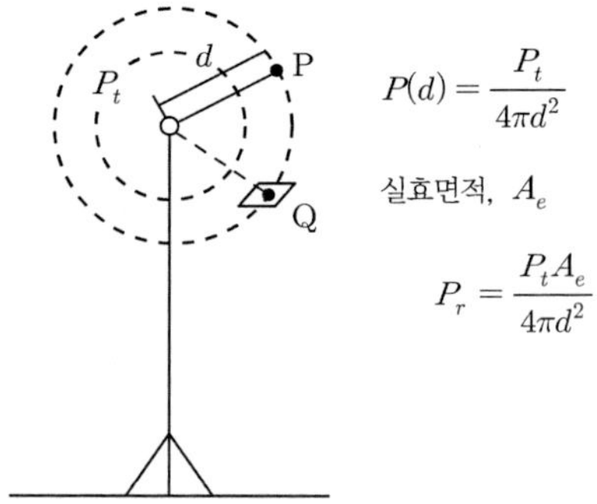

그림 5-2 **등방성 안테나의 방사모양과 수신전력 P_r**

$$A_e = \frac{\lambda^2}{4\pi} \tag{5.1}$$

가 된다. 이 식에서 λ는 파장으로서, $1/f$가 된다. 그림 5-2는 등방성 안테나의 방사모양과 점 P에서의 수신전력밀도 $P(d)$를 보여주고 있다. 이 그림에서 수신전력 $P(d)$는 다음과 같이 나타낸다.

$$P(d) = \frac{P_t}{4\pi d^2}[\mathrm{W/m^2}] \tag{5.2}$$

P_t : 송신기 출력전력
d : 송신점과 수신점 간의 거리

따라서 등방성 안테나로 송신기 고주파 증폭기의 출력 P_t를 전자파로 공간으로 방사하면 사방으로 거리 d만큼 떨어진 점에서 수신전력밀도 $P(d)$가 같게 된다. 이 식 (5.2)는 점 수신전력밀도를 나타내는 것으로서 $P(d)$가 거리 d만의 함수이지만 그림의 P점과 같은 거리상에 있는 Q점에서 실효면적이 A_e인 수신 안테나로서 송신기에서 방사된 전력을 수신하면, 이때의 수신전력 P_r은 다음과 같이 된다.

$$P_r = \frac{P_t \cdot A_e}{4\pi d^2} \tag{5.3}$$

이 식 (5.3)에서 보듯이 등방성 안테나의 수신전력 P_r은 안테나 실효면적 A_e에 비례하고 거리 d의 제곱에 반비례한다. 이것은 송신전력 P_t가 일정하고 수신점까지의 거리가 정해져 있을 때 안테나의 실효면적 A_e를 크게 함으로써 수신전력을 증가시켜 수신감도를 크게 할 수 있다는 의미이다.

5.2.2 지향성 안테나

지향성 안테나의 경우는 그림 5-3과 같이 θ와 ψ값에 따라 방사전력 P값이 정해진다.

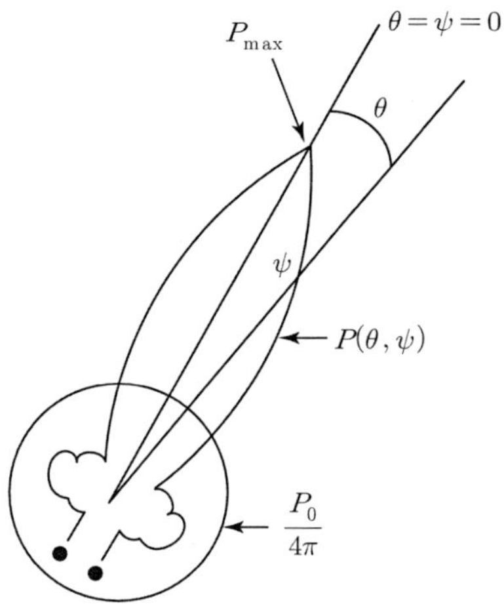

그림 5-3 **송신 안테나 방사전력**

안테나 이득 $G(\theta,\ \psi)$는

$$G(\theta,\ \psi)=\frac{P(\theta,\ \psi)}{(P_0/4\pi)}\ (\omega) \tag{5.4}$$

여기서 P_0는

$$P_0=\int_0^{2\pi}\int_0^{\pi}P(\theta,\ \psi)\sin\theta\ \ d\theta\ d\psi\ (\omega) \tag{5.5}$$

안테나의 최대이득 G_{max}는

$$G_{max}=\frac{P_{max}}{(P_0/4\pi)}\ (\omega) \tag{5.6}$$

이 값은 통상 안테나 이득으로 간주된다. 이것을 다음과 같이 데시벨(decibel)로 나타낼 수 있다.

$$10\ \log G_{max}(\mathrm{dB}) \tag{5.7}$$

이와 같은 송신 안테나에 대한 정의는 수신 안테나에도 동일하게 적용할 수 있다.

5.2.3 안테나의 면적과 이득

원거리의 송신점으로부터 전파되어 온 신호가 안테나에 접하면 안테나는 실효면적 A_e 내에 있는 신호전력을 모은다.

손실이 없는 안테나일 경우 실효개구면적 A_e는 안테나 실제면적 A_p와 같다고 볼 수 있다. 실제면적 A_p는

$$A_p = \pi \times \frac{D_2}{4} \tag{5.8}$$

그러나 실제 안테나 개구는 안테나의 재질, 모양 등에 의해 완전한 균질성을 갖지 못하므로 실효면적 A_e는 다음과 같이 된다.

$$A_e = \eta \times A_p \tag{5.9}$$

여기서 η는 안테나 효율로서 1 이하가 된다. 혼(horn) 안테나는 이 값이 0.75, 파라볼라 반사경 안테나는 0.55정도이다.

안테나 최대이득 $G_{\max}$와 실효면적 A_e와의 관계는 다음과 같다.

$$G_{\max} = 4\pi \times \frac{A_e}{\lambda^2} \tag{5.10}$$

여기서 λ는 파장이며

$$\lambda = \frac{c}{f}$$

가 된다. c는 전파속도로서 광속과 같은 3×10^8(㎧)이고 f는 주파수(Hz)이다. 따라서 안테나 이득 $G_{\max}$는

$$G_{\max} = 4\pi \times \eta \times \frac{A_p}{\lambda^2} \tag{5.11}$$

지름이 D인 원형개구에 대하여

$$G_{\max} = \eta \times (\pi \times \frac{D}{\lambda})^2 \tag{5.12}$$

이것을 dBi로 나타내면

$$G = 10\log\ G_{\max} \qquad (5.13)$$

$$= 9.94 + 10\log\ \eta + 20\log(\frac{D}{\lambda})$$

안테나 이득이 최대인 경우 $\theta,\ \psi = 0$이므로 $G_{\max} = 4\pi \times A_e/\lambda^2$이나 다음과 같이 일반화될 수 있다.

$$G(\theta,\ \psi) = 4\pi \times \frac{A_e(\theta,\ \psi)}{\lambda^2} \qquad (5.14)$$

여기서 $A_e(\theta,\ \psi)$는 방향 $(\theta,\ \psi)$에 대한 실효면적이 된다.

등방성 안테나에 대하여 실효구경 A_i는

$$A_i = \frac{\lambda^2}{4\pi} \qquad (5.15)$$

따라서

$$G(\theta,\ \psi) = \frac{A_e(\theta,\ \psi)}{A_i} \qquad (5.16)$$

$$A_{e\ \max} = A_e(\theta = \psi = 0)$$

$$G_{\max} = \frac{A_{e\ \max}}{A_i}$$

그림 5-4는 각종 안테나 실효면적과 이득을 보여주고 있다.

안 테 나 종 류	이득, G	실효면적, A_e
등방성 안테나	1	$\lambda^2/4\pi$
다이폴 안테나	1.5	$1.5\lambda^2/4\pi$
반파다이폴 안테나	1.64	$1.65\lambda^2/4\pi$
혼 (HORN) 안테나	$10\ A/\lambda^2$	6.81A
파라볼라 안테나	$6.2\sim7.5A/\lambda^2$	0.5A~0.6A
광대역 안테나	$4\pi A/\lambda^2$	A

그림 5-4 **각종 안테나의 실효면적과 이득**

5.2.4 방사패턴과 빔폭

방사패턴은 안테나의 지향특성을 나타내는 것으로 그림 5-5는 이것을 나타내고 있다. θ_0는 반치폭으로서

$$\theta_0 = k(\frac{\lambda}{D}) \tag{5.17}$$

여기서 k는 고효율 지구국 안테나의 경우 65°가 된다. 송신 또는 수신전력이 10분의 1로 감소되는 방향사이의 각인 10 dB 빔폭은

$$\theta_{10\mathrm{dB}} = k'(\frac{\lambda}{D}) \tag{5.18}$$

여기서 $k' = 112°$

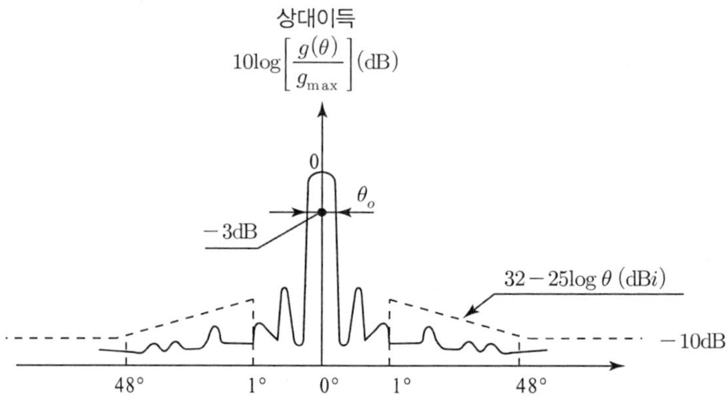

그림 5-5 **안테나 방사패턴과 빔폭**

5.2.5 안테나 부엽(sidelobe)

안테나에서 방사되는 대부분의 전력은 방사패턴의 주엽내에 있게 된다. 그러나 일부 잔여 전력이 부엽으로 방사된다. 수신 안테나 이득과 방사패턴은 주파수가 같을 때 송신 안테나 이득 방사패턴과 일치하므로 수신중에 안테나 부엽에 의해 원치 않는 전력이 수신될 수 있다.

부엽은 안테나 방사에서 완전히 제거시킬 수는 없다. 안테나의 고장 등에 의해 발생할 수 있는 부엽은 안테나 설계를 적정히 함으로써 최소화 시킬 수 있다.

5.3 실효 방사전력(EIRP)

safellite communications

실효 방사전력(EIRP : Effective Isolated Radiation Power)은 지구국이나 위성의 송신전력을 표현하는 데 통상적으로 사용되는 것으로 링크버짓 계산시 중요한 파라미터가 된다. 지구국 EIRP의 경우 고전력 증폭기 출력에 지구국 안테나 이득을 곱한 것이 된다. 이 값은 고전력 증폭기 출력을 지구국 안테나 인입부에 접속시키는 전송회선(도파관)의 손실을 고려한 것이다. 송신전력 P_t는 송신기의 종단 고주파증폭기(RF amplifier)의 출력으로서 송신기의 변조방식과 부호방식에 따라 TWT(Traveling Wave Tube)를 포화점까지 동작시키면 TWT의 비선형(non-liner) 특성으로 인해 인접 채널에 상호 변조적을 발생시킬 수 있게 된다. 따라서 TWT를 포화동작점 이하(back off)에서 운용할 경우, 최대치까지 전력을 증폭시킬 수 없게 되어 송신전력이 감소한다. 진행파관(TWT)의 애노드(anode) 전압을 E_a, 애노드 전류를 I_a라고 하고 진공관의 효율을 η라고 하면 고주파 전력증폭기의 출력 P_t는

$$P_t = E_a I_a \times \eta(\%) \tag{5.19}$$

가 된다.

파라볼라 안테나에 대한 등방이득 G_t는

$$G_t = \eta(\frac{\pi D}{\lambda})^2 \tag{5.20}$$

여기서 f(GHz)는 반송주파수, D(m)는 반사기 직경, η는 개구효율로서 전형적인 효율값은 0.55이다. 안테나 피드에 입력되는 전력을 P_t라 하고 송신 안테나 이득을 G_t라 하면 실효 방사전력 $EIRP$는 다음과 같다.

$$EIRP = P_t \cdot G_t \tag{5.21}$$

이 식을 dB로 나타내면

$$EIRP(\text{dB}) = P_t[\text{dB}\,W] + G_t[\text{dB}] \tag{5.22}$$

가 된다. 예를 들어 송신전력 P_t가 23[dB W]이고 안테나이득 G_t가 64[dB]라면 $EIRP$는

$$EIRP = 23[\text{dB}W] + 64[\text{dB}] \\ = 90[\text{dB}] \tag{5.23}$$

가 된다. 등방성안테나의 경우는 G가 1이므로 0[dB]가 되어

$$EIRP = P_t \tag{5.24}$$

가 되므로 다른 안테나에 비교해서 G에 해당하는 만큼 실효 방사전력 $EIRP$가 감소된다.

5.4 손실

손실이라 함은 신호의 일부가 목적하는 전파 경로에서 벗어나거나 분산 또는 반사되어 수신신호의 전력이 감소되는 것을 말한다.

5.4.1 자유공간 손실(free space loss)

원의 중심으로부터 거리 d에 대한 구면은 $4\pi d^2$이다. 최대 방사방향에 대한 자속밀도는 면적으로 나눈 $EIRP$이다. 즉 거리 d의 자속밀도 ψ는

$$\psi = \frac{EIRP}{4\pi d^2} \tag{5.25}$$

가 된다.

이로부터 수신기 입력에서의 전력 P_R은

$$P_R = A_e \times \psi \\ = A_e \times \left(\frac{EIRP}{4\pi d^2}\right) \tag{5.26}$$

가 된다.

모든 안테나에 있어서 송신 모드의 이득과 수신 모드의 실효면적 간에는 일정한 관계를 갖는다.

수신 안테나의 이득을 G_R이라고 하면 실효면적 A_e는

$$A_e = G_R \times (\frac{\lambda^2}{4\pi}) \tag{5.27}$$

따라서 수신기 입력에서의 전력 P_R은

$$\begin{aligned} P_R &= A_e \times \frac{EIRP}{4\pi d^2} \\ &= \frac{\lambda^2 G_R}{4\pi} \cdot \frac{EIRP}{4\pi d^2} \\ &= EIRP \cdot G_R (\frac{\lambda}{4\pi d})^2 \\ &= EIRP \cdot G_R (\frac{1}{L_{fs}}) (\mathrm{W}) \end{aligned} \tag{5.28}$$

이것을 데시벨로 나타내면

$$[P_R] = [EIRP] + [G_R] - [\frac{1}{L_{fs}}]\ (\mathrm{dB}) \tag{5.29}$$

이 식에서 L_{fs}를 자유공간 손실이라고 한다.

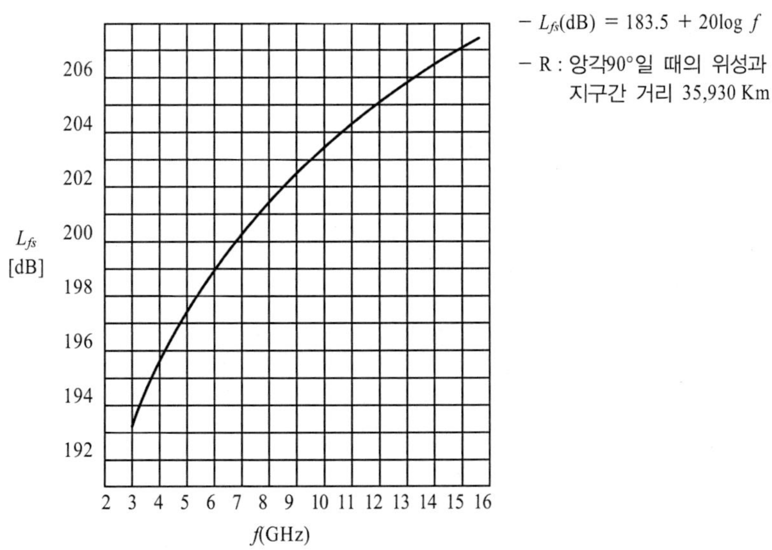

그림 5-6 **주파수대 자유공간 손실과의 관계**

그림 5-6은 주파수대 자유공간 경로(free space path)에서의 자유공간 손실과의 관계를 보여주고 있다. 지구국에서 위성을 보는 앙각(elevation angle), E이 90°일 때 위성까지의 거리 R이 35,930 Km라고 하면 이때의 자유공간 손실은

$$L_{fs}[\mathrm{dB}] = 183.5 + 20\log f[\mathrm{GHz}] \quad (5.30)$$

가 된다.

그림 5-7은 앙각 E와 거리 R과의 관계를 보여주고 있다. E값이 작아질수록 R값이 커짐을 알 수 있다.

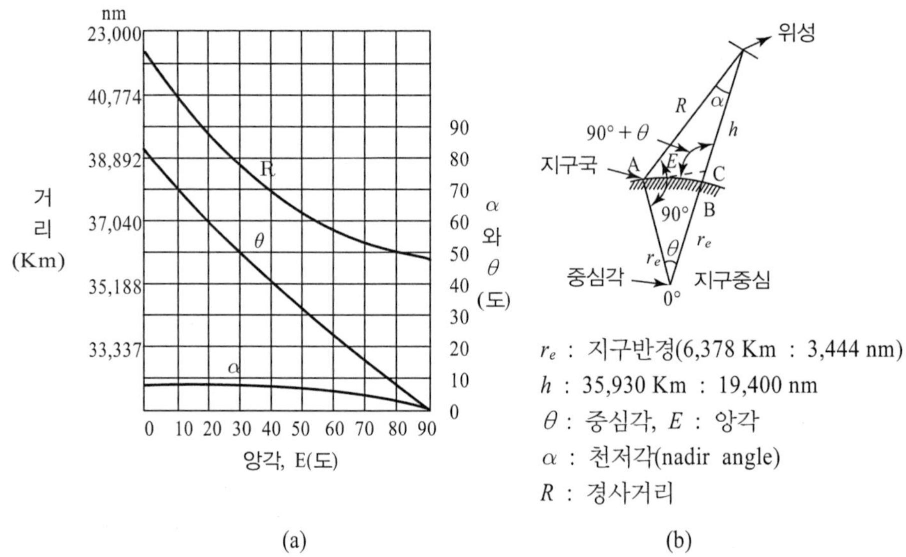

그림 5-7 **정지궤도에 대한 중심각 θ, 천저각 α 과 앙각 E 그리고 경사거리 R와의 관계**

여기서 경사거리 R은 그림 5-6에서

$$R = \sqrt{(r_e + h)^2 + r_e^2 - 2r_{ecre} + h)\cos\theta} \quad (5.31)$$

r_e : 지구 반경 6,378 Km

h : 지표면에서 위성 직하점까지의 고도

θ : 지구 중심각

이다. 이 식에서 지구 중심각 θ값이 0°가 되면 $R = h$가 된다. 이때가 R값이 최솟값인 31,486 Km가 된다. 한편 θ값이 90°가 되면 R은

$$R = \sqrt{(r_e + h)^2 + r_e^2} \tag{5.32}$$

이 된다. 이때가 R값이 최대가 된다.

5.4.2 피더(feeder)손실

피더손실은 수신기의 저잡음 증폭기와 수신 안테나 사이에서 발생한다. 수신기와 안테나 사이는 도파관 또는 동축 케이블, 필터, 결합기들이 존재하므로 이들에 의해 야기되는 손실이 된다. 송신 부분에서는 송신기의 고전력 증폭기와 안테나 사이에서 발생하는 손실이 된다.

5.4.3 안테나 손실(포인팅 손실)

일반적으로 안테나 이득을 말할 때에는 송신 안테나와 수신 안테나가 상호 정확한 방향으로 일치되게 설치되었다고 본 것이다. 따라서 송신 안테나와 수신 안테나의 방향이 정확히 맞추어지지 않으면 손실이 발생되는데, 보통 수십분의 1(dB)이 된다.

그림 5-8은 이것을 보여주는 것이다.

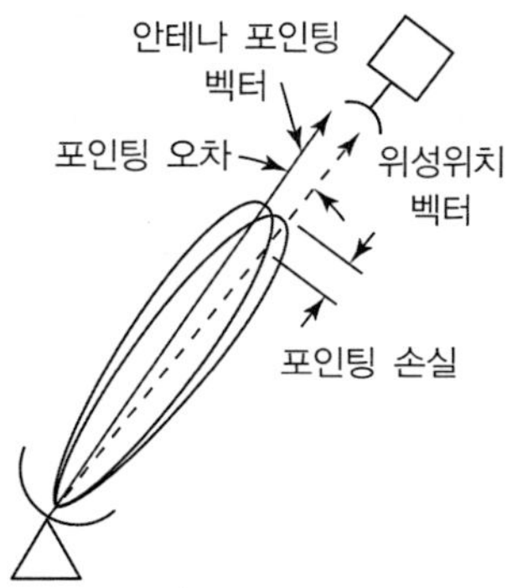

그림 5-8 **안테나 포인팅 손실**

안테나 포인팅 손실은 탈축각도(off-axis angle) θ의 함수인 안테나 이득 패턴에 의해 평가된다.

구경지름이 D인 파라볼라 안테나의 경우 균일 구경 분포에 대한 이득 패턴은 다음과 같이 구해진다.

$$G_{n,u}(\theta) = 4 \left| \frac{J_1(U)}{U} \right|^2 \tag{5.33}$$

여기서 $U = \frac{\pi D}{\lambda} \sin\theta$

θ는 탈축각, $J_1(\cdot)$은 베셀(Bessel) 1차항 함수.

파라볼라 구경 안테나 이득 패턴은

$$G_{n,p}(\theta) = 64 \left| \frac{J_2(U)}{U^2} \right|^2 \quad (5.34)$$

$J_2(\cdot)$: 베셀 2차항 함수

균일구경 분포에 대한 반치폭은 $G_{(n,u)}(\theta) = \frac{1}{2}$의 θ값의 2배가 된다.

파라볼라 안테나의 구경 분포에 대한 이 값은 $1.02 \times \lambda / D(\text{rad})$ 또는 $58.5 \times \lambda / D°$이다. 실제로 안테나 포인팅 확도는 통상 반치폭의 3분의 1이내가 된다. 예를 들면 균일구경 분포인 20m 카세그레인(cassegrain) 안테나의 반치폭은 14.25 GHz에서 0.062°이다. 만일 포인팅 에러가 0.02°내로 유지되면 이득은

$$G_{n,u}(0.02)° = 0.757$$

이득 손실은 $-10\log 0.757 = 1.2\text{dB}$ 이하가 된다. $\theta = 0$일 때 첨두이득은 1이 된다. 지구국 안테나의 풍압에 의한 영향, 위성의 궤도내 편이 때문에 안테나 추적 시스템은 포인팅 오차를 최소화하기 위해 대형의 안테나가 필요하게 된다.

안테나 추적 시스템은 위성 비콘 신호세기에 의해 안테나 포인팅 벡터를 구하는 데 통상적인 시스템으로 스탭트랙(step track) 방식이 사용된다. 이 방식은 추적 안테나가 안테나 빔축을 중심으로 사각형으로 움직인다. 그림 5-9는 스텝트랙 방식의 원리를 보여주는 것으로서 사각형 A, B, C, D 각각에서 수신된 비콘신호의 크기는 같게 된다.

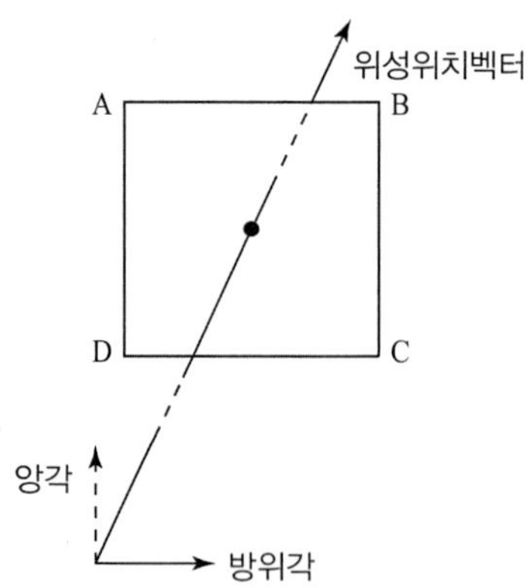

그림 5-9 **스텝트랙(step track)의 원리**

앙각오차는 위치 A와 B에 대한 탈축각 θ에 의해 야기된다. A와 B에서의 수신신호의 평균 크기를 C와 D의 것과 비교해서 $G_{n,u}(\theta)$와 $G_{n,p}(\theta)$의 탈축각 θ의 면적과 비례하기 때문에 옵셋 각도나 앙각 오차의 차가 정해진다.

이러한 방법으로 A와 D의 평균 크기를 B와 C의 것과 비교해서 천정각 오차를 구한다. 스텝트랙 시스템은 반치폭의 1/5~1/3의 추적확도를 제공할 수 있는데, 이 값은 포인팅 손실로는 0.5 dB~1.5 dB이 된다.

5.4.4 전리층 손실

위성과 지구국간을 전파하는 전파는 전리층을 통과하여야 한다. 전리층은 주로 태양방사에 의해 이온화 되어있는 지구대기의 상층부에 존재한다. 전리층에 있는 자유전자는 그 분포가 균일하지 않고 층을 형성한다. 더욱이 전자구름이 전리층을 통과할 수 있으며 이로 인하여 신호요란을 일으킨다.

이것은 요란 이외에 신틸레이션(scintillation), 흡수, 분산, 방향변경, 전파지연, 주파수변이와 편파변경을 일으킨다. 이러한 영향들은 사용주파수를 높임으로써 그 영향을 감소시킬 수 있다. 위성통신에서는 편파변경과 신틸레이션이 주요사항으로 고려된다. 이 중에서 편파회전은 패러데이(Faraday) 회전이라고도 하며 선형편파가 전리층을 통과할 때 이온층에서 자유전자를 움직이게 한다. 이 자유전자는 지구 자기장내에서 움직이게 되므로 힘을 받게 된다.

따라서 전자운동 방향이 신호의 전자장과 병렬로 유지되지 않고 전자들이 이에 따라 신호파에 반작용을 일으키게 되어 신호의 편파를 편이시키게 된다. 이의 영향정도는 이온층내 지구자장의 강도 및 전자밀도, 전리층내 경로길이에 의해 결정된다. 이 회전은 주파수 평방근에 반비례한다. 따라서 주파수 10 GHz 이상에서는 중요하게 간주되지 않는다.

수신 안테나가 패러데이 회전이 일어나지 않을 때 최대 수신이 되도록 설치되어있고 이때 전계를 E라고 하자. 이때 패러데이 회전에 의한 각도가 θ_F라고 하면 수신신호는 θ_F에 의해 감쇠된 $E\cos\theta_F$가 된다.

이와 동시에 편파손실이 발생할 때 교차편파 성분이 $E\sin\theta_F$와 같게 나타난다. 수직 선형편파를 사용하는 시스템에서는 패러데이 회전은 교차편파를 증가시키고 반면 혼합편파 성분은 감소시킨다. 혼합편파 성분을 일으키는 효과는 교차편파에 대한 격리값을 $20\log\cot\theta_F$만큼 감소시킨다.

전리층 신틸레이션은 시간상 변화하는 전리층내 불규칙성에 의해 야기되는 전파의 크기, 위상, 편파 수신각의 변화로서 주요 영향은 신호의 페이딩을 발생시키는 것이다. 이 페이딩의 영향은 상당히 심하게 수분간 지속될 수 있다. 이 영향을 링크 전력 버짓 계산시에 적정한 마진으로 고려해야 한다.

5.4.5 대기손실

대기의 고도는 지상으로부터 20 Km 정도이다. 정지 궤도상에 설치된 통신위성까지의 전파 경로인 36,000 Km에 비해 매우 적은 부분이지만 신호에 대한 레벨을 감소시키고 잡음성분을 유발시키는 주요요인으로 작용한다.

따라서 전자파가 대기를 통과할 때에는 대기중의 미분자 산소, 수증기, 비, 안개와 구름, 눈과 진눈개비 그리고 자유전자에 의해 흡수되거나 산란되어 손실과 잡음이 발생된다. 전자의 2가지 성분은 상대적으로 일정하지만 나머지 후자 4가지는 기상 및 대기 조건과 함께 상당히 큰 폭으로 변한다.

대기내에는 이외에도 N_2, O, SO_2, O_3, NO_2 그리고 NH_3와 같은 가스가 존재하지만 밀도가 낮기 때문에 이에 의한 영향은 무시할 수 있다. 산소 등 가스에 의한 감쇠는 대기밀도에 선형적으로 변화하므로 대기압 변화와 직접적인 관계를 갖게 되어 고도의 함수가 된다. 수증기에 의한 감쇠는 상대습도, 온도, 대기압 및 고도에 따라서 변한다.

비, 안개와 구름 등에 의한 감쇠는 강우 셀이나 구름의 밀도, 빗방울이나 안개같은 물분자의 크기와 더불어 변한다. 여기서 안개의 물방울 직경은 0.01 cm 이하이고 빗방울은 0.01 cm 이상으로 간주된다.

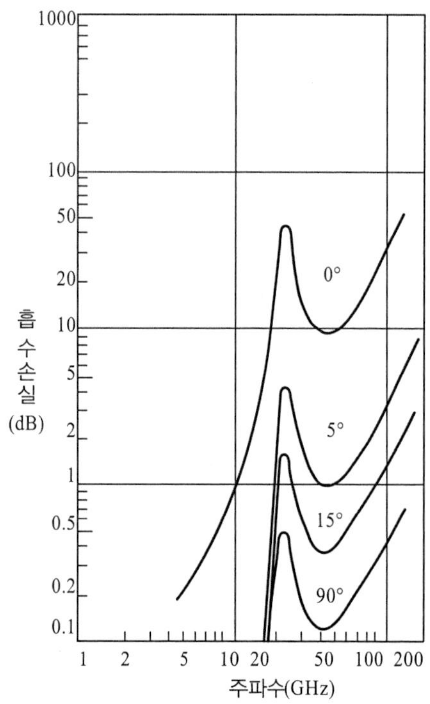

그림 5-10 **비농축수증기에 의한 대기 흡수손실**

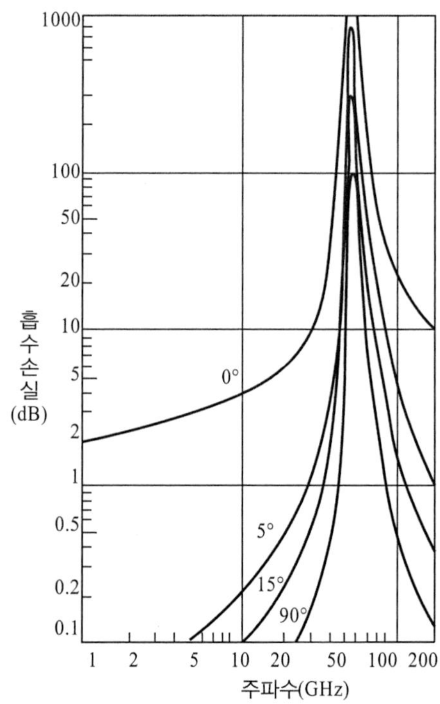

그림 5-11 **산소에 의한 대기 흡수손실**

또한, 대기에는 자유전자가 있다. 전자파가 이것과 충돌하면 전자파 에너지가 이 전자에 전도되어 흡수된다. 이온 전자밀도는 야간에는 크게 감소하기 때문에 흡수량도 상당히 감소된다.

자유전자에 의한 흡수영향은 주파수 100 MHz 이하에서 일어나므로 UHF대와 SHF 대역에서는 무시할 수 있다. 실제 정해진 링크에 대한 전체 전송 손실을 계산할 경우에는 안개와 산소를 제외한 가스들에 의한 감쇠는 무시되고 수증기와 산소에 의한 감쇠는 합하여 대기감쇠로 취급된다.

그림 5-10은 농축되지 않은 수증기에 의해 야기되는 대기내에서의 흡수손실을 보여주는 것으로 21 GHz에서 손실이 첨두값을 갖게 됨을 알 수 있다.

그림 5-11은 산소에 의해 야기되는 대기내 전자파의 흡수손실에 대한 것으로 60 GHz에서 첨두값을 갖게 됨을 알 수 있다. 이 2개의 그림에서 알 수 있듯이 안테나의 지향앙각이 작을수록 손실이 커짐을 알 수 있다. 이것은 대기내에서 전자파의 전파경로가 앙각이 클때보다 길어지기 때문이다.

그림 5-12는 자유전자, 분자산소와 비농축 수증기에 의해 야기되는 손실을 합하여 보여주는 것이다. 앙각에 따라 손실에 차이가 있다. 앙각이 5°인 경우에는 300 MHz~4 GHz, 앙각이 15°인 경우에는 300 MHz~12 GHz, 수직경로인 경우에는 300 MHz~약18 GHz에서 손실이 적으며 60 GHz정도에서 첨두값을 갖게 됨을 알 수 있다.

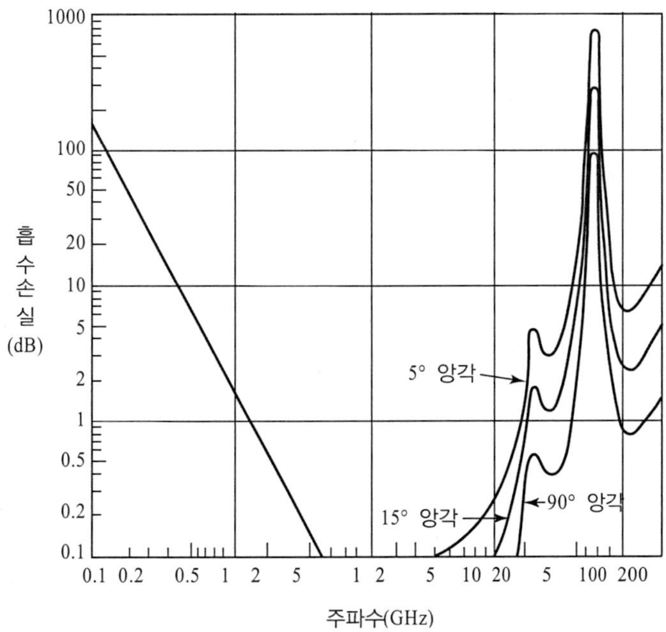

그림 5-12 **전자, 분자산소와 비농축 수증기의 혼합 흡수손실**

그림 5-13은 지표면의 특정 고도로부터 대기 정상까지의 수직방향에 대한 것이다. 지표면에서의 수증기 함유량이 7.5 g/cm^{3}인 경우의 수증기와 산소에 의해 발생하는 흡수손실을 보여주는 것이다. 이 그림에서 보듯이 수증기에 의한 손실은 22 GHz, 산소에 의한 손실은 60 GHz와

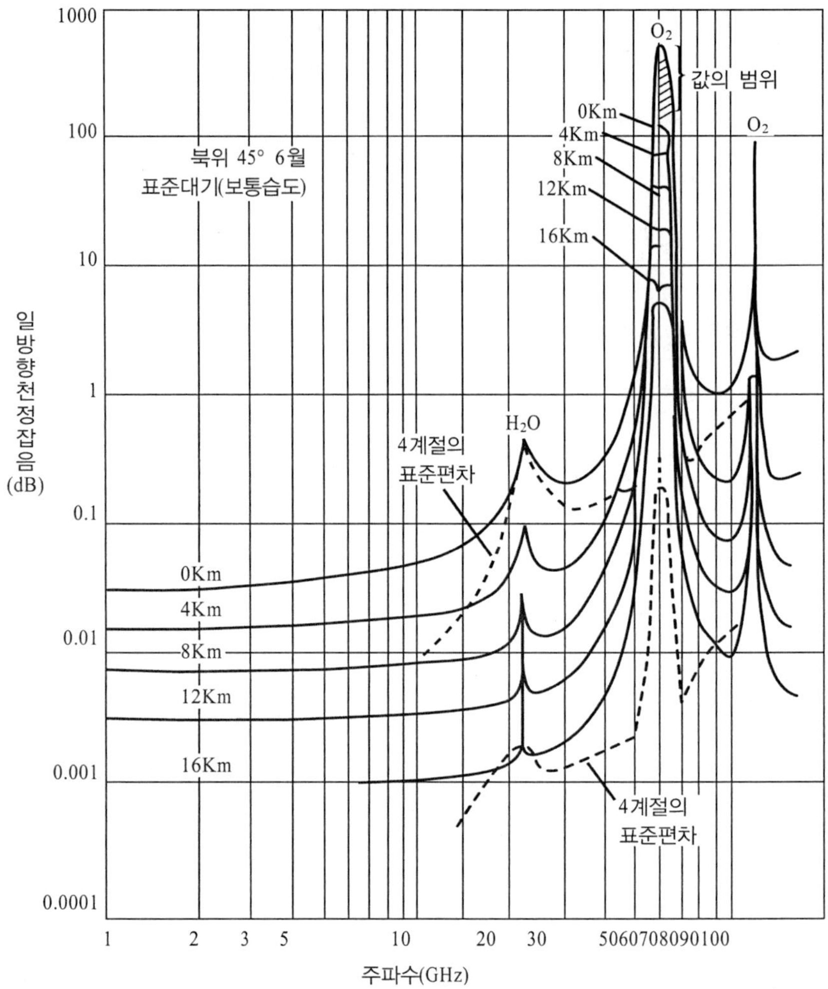

그림 5-13 **천정잡음대 주파수**

120 GHz정도에서 첨두값을 가지며 이 값은 비와 구름에 의한 손실은 포함하고 있지 않은 것이다. 이 그림에서도 1~20 GHz내에서 손실이 적고 20 GHz 이상의 고주파수대에서 감쇠가 큼을 알 수 있다. 또한, 이 요소들은 고주파수 대역에서 잡음을 유발시켜 통신 시스템의 신호대잡음비를 떨어뜨리는 요인으로 작용한다.

5.5 잡음

잡음은 원하지 않는 신호 에너지가 링크에 인입되거나 링크내에서 열잡음이 발생되는 것을 말한다.

5.5.1 시스템 잡음

위성 링크에서 수신되는 전력은 매우 작다. 잡음이 없는 경우에는 증폭에 의해 일정 목적값까지 신호 강도를 크게 할 수 있다. 잡음 세기가 신호 세기보다 크게 입력될 때에는 잡음도 신호와 함께 증폭되기 때문에 증폭의 효과가 없게 된다. 시스템에서는 통상적으로 전기적 잡음이 입력에 나타난다. 이 잡음의 주요원은 수신기내의 여러 능동소자 또는 저항성 소자내의 전자가 불규칙 운동을 함으로써 발생한다. 또한, 열잡음은 안테나의 손실 성분들에서 발생되고 이 열잡음이 안테나에 의해 수신된다.

열잡음원으로부터의 영향을 주는 잡음전력은

$$N_S = k \times T_N \times B_N \tag{5.36}$$

여기서 T_N은 등가 잡음온도, B_N은 등가 잡음대역폭, k는 볼쯔만상수 1.38×10^{-23}J/°K이다. 잡음 전력을 와트(W)로 나타낼 때 온도는 k, 대역폭은 Hz이다. 열잡음의 주요특성은 단위대역폭당 잡음전력이 평탄 주파수 스펙트럼을 갖는 것이다. 이 잡음을 백색잡음이라고 한다.

단위 대역폭당 잡음전력을 잡음-전력 스펙트럼 밀도라 한다. 이것을 N_0라고 하면

$$N_0 = \frac{N_S}{B_N} = k \times T_N(\mathrm{J}) \tag{5.37}$$

5.5.1.1 안테나 잡음

수신 안테나는 위성 회선내에 잡음을 발생시키고 위성과 지구국 안테나 모두에서 발생된다. 잡음의 물리적 원은 비슷하지만 그 영향의 정도는 상당히 다르다. 안테나 잡음온도는 크게 2가지로 분류할 수 있다. 안테나 손실에 의한 잡음과 우주잡음이다.

우주잡음은 전 우주에 걸쳐서 나타나는 마이크로웨이브 방사를 설명하는 데 사용되는 용어이다. 일정한 온도에서 모든 형태의 물체로부터 발생된다. 실제 이와 같은 방사는 마이크로스펙트럼보다 넓은 스펙트럼을 갖는다.

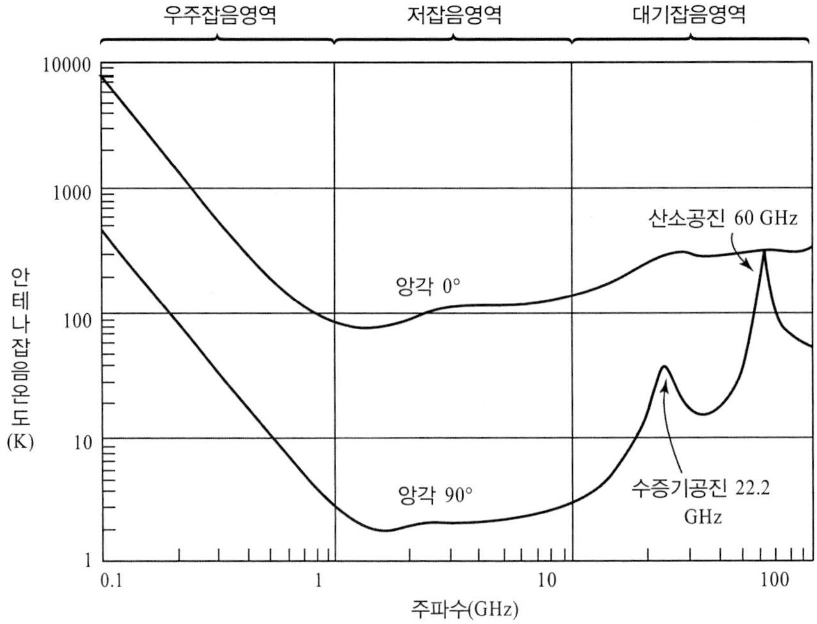

그림 5-14 **안테나 잡음온도**

그림 5-14는 안테나 잡음온도와 주파수와의 관계를 보여주고 있다. 위쪽의 곡선은 안테나 방향이 수평면으로 향하게 한 것으로 앙각이 0°인 경우이고 아래쪽 곡선은 천정(90°)을 향하도록 안테나 방향이 잡혀 있는 경우이다.

안테나 방향이 수평면인 경우에는 잡음이 지구의 열방사에 의해 증가된다. 실제 이 최저 앙각은 C대역의 경우 5°, Ku대역을 사용하는 경우 10°로 제한되고 있다. 위성의 안테나 방향은 지구를 향하게 되어 있으므로 지구에서 방사되는 열을 모두 수신하게 된다.

이 경우 안테나 손실을 포함해서 안테나의 등가 잡음온도는 대략 290°K가 된다. 지상 안테나의 경우 청명한 날씨의 잡음온도 합계는 전형적으로 C대역 안테나의 경우 60°K, Ku대역 안테나의 경우는 80°K가 된다.

5.5.1.2 잡음지수와 잡음온도

지상의 마이크로웨이브 시스템에서 발생된 잡음전력은 잡음지수로 표시된다. 지구국-위성 링크에서는 잡음버짓을 데시벨로 계산하여 실험적으로 그 값을 구해야 한다. 위성 시스템이 대형으로서 다수의 지구국이 있는 경우에 링크 계산과 시스템 성능에서 1dB 오차가 발생할 경우 불필요하게 많은 비용을 소모하게 된다. 위성 시스템에서 잡음온도는 저잡음증폭기(LNA)와 주파수변환기(frequency converter)에 의해 결정된다. 잡음지수는 주 수신장치에 의해 결정된다.

(1) 잡음지수

잡음지수는 시스템의 입력 S/N대 출력 S/N비를 말한다.

$$F = \frac{(S/N)_i}{(S/N)_0} \quad (5.38)$$
$$= \frac{N_0}{N_i}$$
$$= \frac{N_{in} + N_{ai}}{N_{in}}$$
$$= 1 + \frac{N_{ai}}{N_{in}}$$

여기서 N_{ai}는 증폭기내 잡음이다.

이 공식은 잡음이 없는 이상적인 증폭기 출력과 N_{ai}의 잡음이 발생하는 증폭기의 출력비라고도 할 수 있다.

이 경우 $N_{in} = G \cdot k \cdot T_S \cdot B$, $N_{out} = (G \cdot k \cdot T_S \cdot B) + N_{ai}$로 나타낼 수 있다. 이때 G는 증폭기 이득, T_S는 잡음원의 잡음온도로서 켈빈온도(290°K)이다. B(Hz)는 시스템의 양측파대 대역폭, k는 볼쯔만 상수로서 $1.38 \times 10^{-23}(\text{J/°K}) = -198.6\ \text{dBm/Hz} = -228.6\ \text{dBW/Hz}$이다.

$$N_{out} = G \cdot k \cdot B\left(T_S + \frac{N_{ai}}{G \cdot k \cdot B}\right) \quad (5.39)$$
$$= G \cdot k \cdot B(T_S + T_e)$$

여기서 $N_{ai}/G \cdot k \cdot B = T_e$로서 등가 잡음온도이다. N_{ai}는 수신기 또는 증폭기의 등가 잡음온도 T_e의 잡음원에 의해 발생된 것으로 간주될 수 있다.

여기서 $T_S + T_e$를 시스템 잡음온도라고 한다.

위 식을 정리하면 잡음지수 F는

$$F = \frac{N_{out}}{N_{in}} = \frac{(G \cdot k \cdot T_s \cdot B) + N_{ai}}{G \cdot k \cdot T_S \cdot B} \quad (5.40)$$
$$= 1 + \frac{T_e}{T_S}$$

즉, 등가 잡음온도 T_e는

$$T_e = (F-1)T_S \quad (5.41)$$
$$= (F-1)290°K$$

가 된다.

따라서 잡음지수가 증가하면 등가 잡음온도 T_e가 증가한다. 무잡음 증폭기의 경우 잡음지수는 1(0 dB)이 된다.

수신기에서 저잡음 증폭기를 사용하면 주 수신기에서 높은 잡음온도를 발생하여도 이에 대한 영향을 감소시킬 수 있다.

그림 5-15는 시스템의 실효온도를 분석하는 것이다. 시스템 실효온도 T_S는

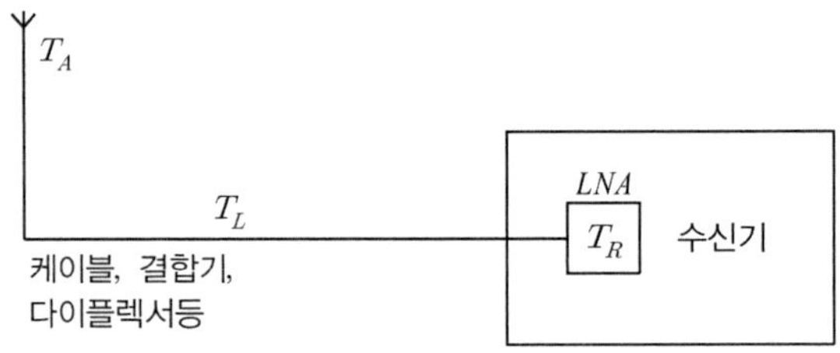

그림 5-15 **시스템 실효온도 T_S 분석**

$$T_S = T_A + T_L + L \cdot T_R \quad (5.42)$$
$$= T_A + (L-1)290 + L(F-1)290$$
$$= T_A + (L \cdot F - 1)290$$

여기서 L은 잡음지수와 같이 다루어질 수 있는 케이블 손실이다.

$$L = 1 + \frac{N_{Li}}{N_i} \quad (5.43)$$
$$N_i = k \cdot T_0 \cdot B \qquad N_{Li} = k \cdot T_L \cdot B$$
$$T_L = (L-1)290°K$$

"예1" 저잡음 증폭기가 없는 경우

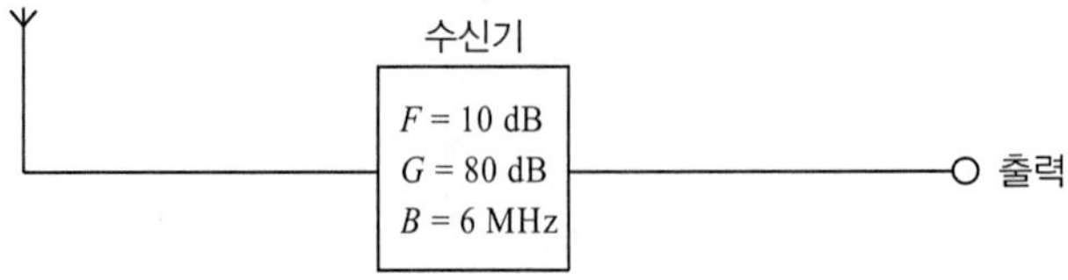

그림 5-16 **저잡음 증폭기가 없는 시스템**

입 력 부		출 력 부	
T_A S_i N_i $N_i(ref)$	150K $1\mu\mu W$ $K\cdot T_A\cdot B$ $K\cdot T_0\cdot B$	S_{out} N_{out}	$10^8(10^{-12})=100\,\mu\mu W$ $G(K\cdot T_A\cdot B+K\cdot T_R\cdot B)$ $=G\cdot K\cdot T_S\cdot B\cdot N_{out}$

문 T_R, T_S, N_{OUT}, $(S/N)_{OUT}$를 계산

해 $$F=1+\frac{N_{ai}}{(N_{iref})}=1+\frac{k\cdot T_R\cdot B}{k\cdot T_0\cdot B}=1+\frac{T_R}{T_0} \tag{5.44}$$

$$T_R=(10-1)290=2{,}610°K$$

$$T_S=T_A+T_R=150+2610=2{,}760°K$$

$$N_{out}=G\cdot k\cdot T_A\cdot B+G\cdot k\cdot T_R\cdot B \tag{5.45}$$
$$=G\cdot k\cdot T_S\cdot B$$
$$=10^8(1.38\times10^{-23})(150)(6\times10^6)+10^8(1.38\times10^{-23})(2610)(6\times10^6)$$
$$=1.2\,\mu W+21.6\mu W=22.8\mu W$$

$$(S/N)_{out}=100\mu W/22.8\mu W$$
$$=4.38\mu W\,(6.4dB)$$

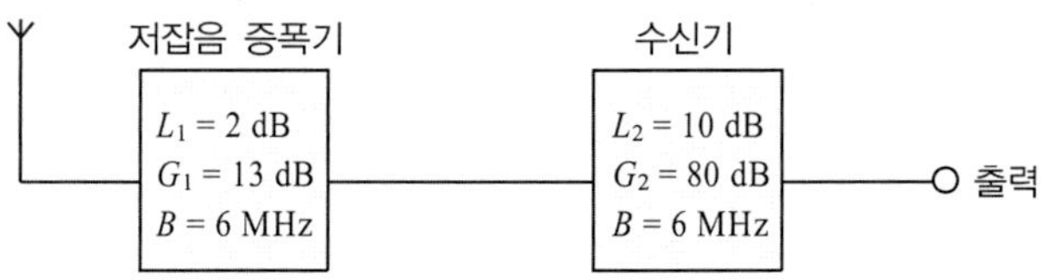

그림 5-17 **저잡음 증폭기가 있는 시스템**

"예 2" 저잡음 증폭기가 있는 경우

입 력 부		출 력 부	
T_A S_i N_i F_i	150K $1\mu\mu W$ $K\cdot T_A\cdot B$ $1+T_{R1}/T_0$	S_{out} N_{out}	$20(10^8)(10^{-12})$ $=2{,}000\mu W$ $G\cdot K\cdot T_S\cdot B$
$T_{R1}=(2-1)290=290°K$ $T_{R2}=(10-1)290=2{,}610°K$			

문 T_{comp}, T_S, F_{comp}, N_{out}, $(S/N)_{OUT}$를 계산

해 $T_{comp} = T_{R1} + T_{R2}/G_1 = 290 + (2610)/20 = 420.5°K$

$T_S = T_A + T_{comp} = 150 + 420.5 = 570.5°K$

$F_{comp} = F_1 + (F_2 - 1)/G_1 = 2 + 9/20 = 2.45$

$N_{OUT} = G \cdot k \cdot T_S \cdot B = (20)(10^8)(1.38 \times 10^{-23})(570.5)(6 \times 10^6)$

$= 94.5\ \mu W$

$(S/N)_{OUT} = 2000\ \mu W / 94.5\ \mu W = 21.2\ \mu W\ (13.3\ dB)$

"예1"과 "예2"를 비교해보면 저잡음증폭기를 추가할 경우 출력잡음은 22.8㎼에서 94.5㎼로 증가되지만 시스템 온도가 더 낮아져서 SNR이 6.4dB에서 13.3dB로 개선되었다. 안테나 잡음온도 T_A값이 커질수록 SNR의 개선값이 작아진다.

5.5.1.3 잡음밀도

잡음밀도 N_d는 시스템내의 잡음전력이 N_i이고 시스템내 잡음 대역폭이 ω_n인 경우에 다음과 같이 나타낸다.

$$N_d = \frac{N_i}{\omega_n} \tag{5.46}$$

이 식 (5.46)에서 N_i는 $k \cdot T_e \cdot \omega_n$이므로

$$N_d = \frac{k \cdot T_e \cdot \omega_n}{\omega_n} = k \cdot T_e \tag{5.47}$$

로 나타낼 수 있다. 따라서 잡음밀도 N_d는 식 (5.46)에서 잡음 대역폭 ω_n에 반비례하고, 식 (5.47)에서 등가 잡음온도 T_e에 비례함을 알 수 있다.

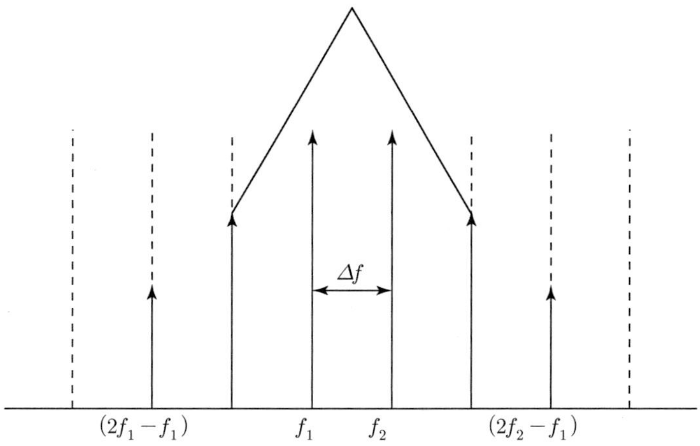

그림 5-18 **3차항 상호변조적**

5.5.2 상호변조 잡음

상호변조는 비선형 특성을 가진 소자에 반송파가 통과할 때 발생하는 것이다. 위성통신 시스템에서는 비선형적 진폭과 위상특성을 모두 갖는 변조적에 의해 다중 반송파가 증폭된다. 따라서 상호변조 잡음은 위성 트랜스폰더내에서 발생하는 상호변조적에 의해 일어난다.

그림 5-18에서 반송주파수가 f_1과 f_2일 때 두 주파수간의 간격이 Δf라고 하자. 이들에 의해 3차항 주파수인 $\Delta f = f_1 - f_2$이므로 이들 2개의 상호변조적을 $f_2 + \Delta f$와 $f_1 + \Delta f$로 쓸 수 있다.

따라서 상호변조적은 인접 반송주파수에 나타나게 되며 트랜스폰더 주파수 대역에 걸쳐 잡음으로 나타나게 된다.

이 잡음을 감소시키기 위해 TWT의 동작점은 곡선의 선형부분에서 정해져야 한다. 결과적으로 입력전력을 낮추는 것이므로 이것을 입력 백오프(back-off)라고 한다. 이 입력 백오프값은 동작점의 반송파 입력과 단일 반송파 운용에 요구되는 포화입력간의 차이가 된다.

한편, 출력전력을 감소시켜 상호변조 잡음을 줄이도록 하는 것을 출력 백오프라 한다. 이로 인하여 하향링크 시스템을 제한하게 되어 트랜스폰더의 용량이 감소되는 결과를 초래하게 된다. 이러한 이유 때문에 트랜스폰더당 또는 채널당 한 개의 반송파를 사용하는 SCPC-TDMA 시스템에 관심을 갖게 된다. TDMA 시스템은 위성의 동작점을 하향링크에 대하여 최대 EIRP를 제공할 수 있게 포화점에 둘 수 있기 때문이다. 상호변조 잡음은 FDMA 시스템에 대한 사항으로 링크버짓시 이에 대한 백오프값을 설정해야 한다.

5.5.3 시스템 내 혼신잡음

여러 다른 주파수들의 반송파가 동일 트랜스폰더에 할당될 때 각 신호의 분리 및 반송파 상호간 혼신을 방지하기 위해 대역통과 필터링이 요구된다. 이러한 필터링은 완전히 이루어지지 않으므로 어느 정도의 혼신이 발생하게 된다.

이 잡음은 상호변조 잡음에 추가된다. 주파수를 재사용하는 시스템에서는 이 재사용 반송파들간에 혼신을 야기시킨다. 안테나 빔분리, 편파분리 등이 불완전할 경우에 발생된다.

또한, 타위성 서비스로부터의 혼신잡음도 고려해야 된다. 이것은 인접 위성 링크들에 의한 것이 가장 중요하게 다루어진다.

즉, 인접 지구국 안테나의 부엽방사에 의한 것, 인접 위성 안테나의 부엽 방사 등에 의해 일어난다. 이들 혼신들은 시스템 내 혼신으로 합칠 수 있다. 이용자 측면에서 볼 때 열잡음과 같은 특성은 갖지 않으나 그 결과는 비슷하게 나타난다.

5.5.3.1 교차 편파 혼신잡음

수직, 수평 선형 편파 또는 왼쪽, 오른쪽 방향 편파를 이용하는 주파수 재사용 시스템은 주요 혼신원이 될 수 있다.

이것은 지구국과 위성 안테나의 교차편파 식별력에 제한성이 있기 때문이다. 품질이 좋은 안테나인 경우 안테나 축상으로 30~40dB의 교차편파 판별을 할 수 있다. 위성 링크의 순수 교차편파 판별은 하향, 상향 양 링크에 대하여 지구국과 위성 안테나의 결합 효과가 된다.

지구국과 위성 안테나의 교차편파 판별을 X_e와 X_s라 할 때 최소 순수 링크 교차편파 판별은 다음과 같다.

$$X_{\min} = \frac{1}{2}(X_e^{-1} + X_s^{-1})^{-1}$$

예를 들어 $X_e = 33\text{dB}$이고 $X_s = 33\text{dB}$일 때 $X_{\min}$은 27dB가 된다. 이것은 최악의 경우에 대한 반송파대 교차편파 판별 혼신비를 나타낸다.

5.5.3.2 인접 채널 혼신잡음

위성 링크에서의 또다른 혼신원은 인접채널 또는 인접 트랜스폰더 혼신으로서 대역제한 위성 채널에서 발생한다.

예를 들어 다음과 같은 QPSK 디지털 신호의 전력 스펙트럼 밀도가 그림 5-19와 같다고 하자.

$$S(f) = C\times T_b\left[\frac{\sin 2\pi(f-f_c)\times T_b}{2\pi(f-f_c)\times T_b}\right] + \left[\frac{\sin 2\pi(f+f_c)\times T_b}{2\pi(f+f_c)\times T_b}\right] \tag{5.48}$$

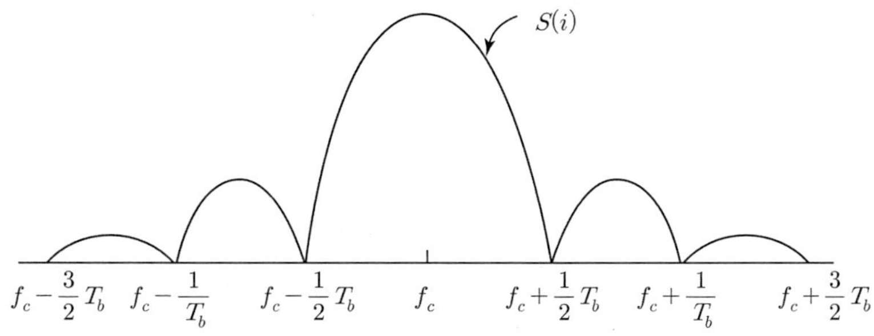

그림 5-19 **QPSK 반송파 전력 스펙트럼 밀도**

여기서 C=무한대역폭내 반송파 전력

T_b =비트주기$(1/R_b)$

f_c =반송파 주파수

이 그림에서 대부분의 에너지가 집중되어 있는 주엽은 대역폭 $B=1/T_b$에 포함되어 있다.

그러나 실제 QPSK 신호는 통상대역제한 채널 때문에 대역폭 $B=0.6/T_b$로 필터된다. 이 혼신은 그림 5-20에서와 같이 채널 필터의 겹치는 진폭 특성 때문에 대역제한 에너지의 일부가 인접 채널로 겹치기 때문에 발생한다. 이 현상은 지구국의 HPA와 위성 TWTA가 포화 동작될 때 QPSK 변조를 사용하는 SCPT−TDMA 시스템내에서 일층 심하게 된다. 이들 전력 증폭기의 비선형 특성은 QPSK 스펙트럼의 부엽을 만들고 이에 의해 인접 채널에 혼신을 야기시킨다.

이러한 현상을 스펙트럼 분산이라고 한다. 그림 5-21은 이것을 보여주고 있다. 스펙트럼 분산의 정도가 백오프의 정도, 즉 동작점에 따라 상이함을 알 수 있다. 지구국 스펙트럼 분산은 HPA 백오프로 감소될 수 있는 상향링크 인접 채널 혼신량으로 정해진다. 위성 TWTA 스펙트럼 분산은 위성 출력 멀티플렉서의 대역외 제거에 의해 제어될 수 있는 하향링크 인접 채널 혼신량에 의해 정해진다.

2개의 인접 채널 혼신에 대한 상향링크 반송파대 인접 채널 혼신비는

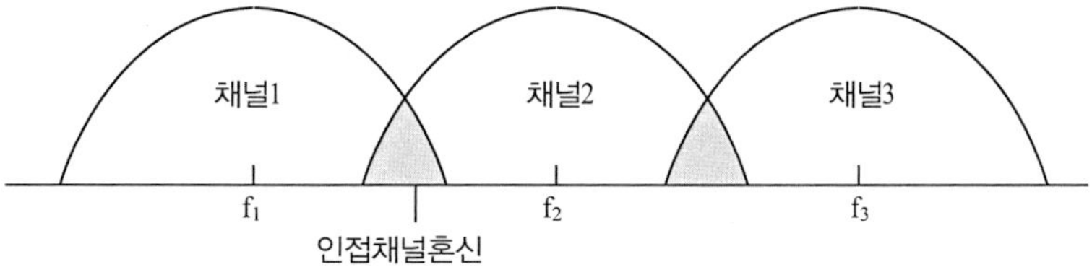

그림 5-20 **인접 채널 혼신의 개념**

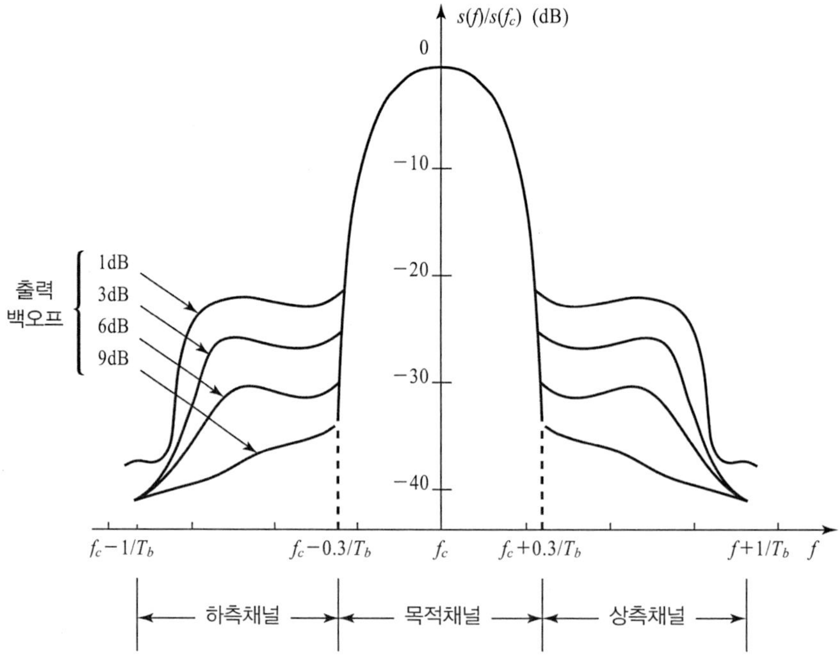

그림 5-21 **HPA 비선형에 의한 스펙트럼 확산**

$$(\frac{C}{I})_u = \frac{\int_{f_c - B/2}^{f_c + B/2} S_u(f)df}{2\int_{f_c - \Delta}^{f_c + B/2 - \Delta} S_u(f)df}$$

여기서 $S_u(f)$는 지구국 HPA 출력에서의 QPSK 반송파 전력 스펙트럼 밀도(W/Hz)이고 Δ (Hz)는 인접 반송파 주파수간의 분리정도를 나타내는 것이다. 하향링크 반송파대 인접 채널 혼신비는

$$(\frac{C}{I})_d = \frac{\int_{f_c - B/2}^{f_c + B/2} S_d(f) \mid H(f) \mid^2 df}{2\int_{f_c - \Delta}^{f_c + B/2 - \Delta} S_d(f) \mid H(f) \mid^2 df}$$

여기서 $S_d(f)$는 위성 TWTA에서의 QPSK 반송파 전력 스펙트럼 밀도 (W/Hz)이다. $H(f)$는 위성출력 멀티플렉서의 진폭응답이다. 그림 5-21에서 반송파대 인접채널 혼신비를 25 dB 이상 얻기 위해서는 HPA 출력 백오프가 5~6 dB은 필요하다.

5.5.4 인접 위성 시스템 간 혼신잡음

지구국에 의해 인접 위성에 발생시키는 혼신은 안테나의 부엽에 의해 일어난다. 지구국의 안테나가 소형인 경우 EIRP를 규정치로 유지하기 위해서는 송신기 출력을 높게 해야 된다. 이 경우 안테나가 작기 때문에 빔폭이 커져서 인접 위성에 혼신을 주게 된다. ITU-R에서는 인접 상향링크로부터의 혼신을 최소화 하기 위한 송신 안테나의 패턴을 규정하고 있다. 그림 5-22는 이것을 보여주고 있다.

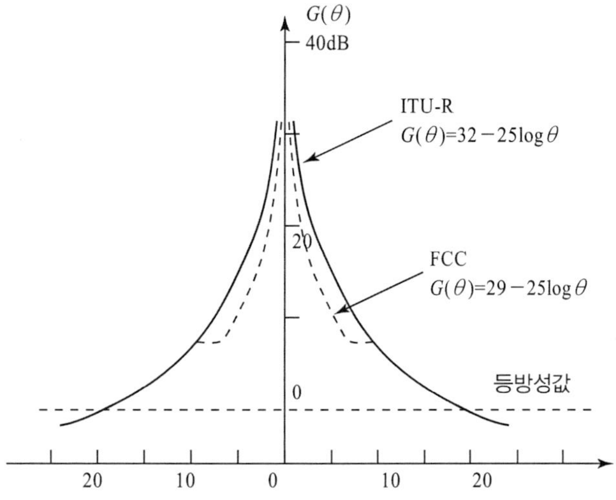

그림 5-22 **송신 안테나의 패턴**

$G(\theta) = 32 - 25\log\theta$에서 θ는 1이하이다. 이 패턴에 대한 위성 간 궤도간격은 3°이다. 점선은 미국의 FCC 규정에 의한 것으로 θ값이 7이상일 경우에는 ITU-R의 패턴과 같게 되어 있다. 이 규정에 의한 것으로 θ가 4일 경우 부엽의 포락선 값은 17dB을 초과해서는 안된다. 즉, 안테나 최대 이득이 $(\theta = 0)$ 40dB일 때 $\theta = 4$에서 부엽의 값이 23dB 이하이어야 한다. 안테나 부엽으로 인한 혼신영향을 알기 위해서는 지구국에서 본 두 위성 간의 이 각 θ를 알아야 한다.

그림 5-23에 의해 이 각 θ를 구해보면

$$d^2 = d_A^2 + d_B^2 - 2d_A d_B \cos\theta \tag{5.49}$$

$$\begin{aligned} d^2 &= 2r^2 - 2r^2\cos\beta \\ &= 2r^2(1-\cos\beta) \end{aligned}$$

이 두 식에 의해 θ를 구해보면,

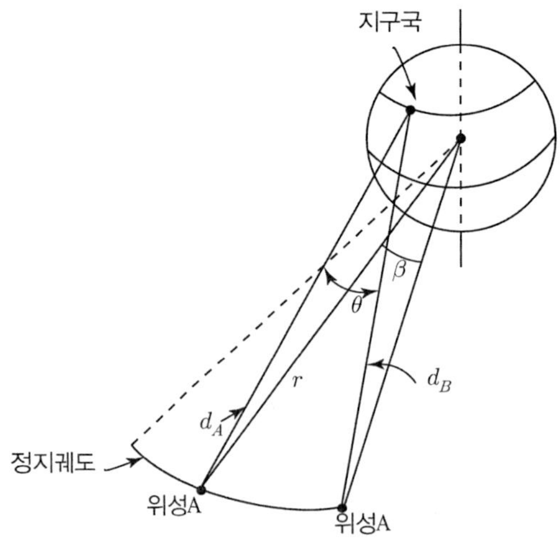

그림 5-23 **두 위성 간의 이격 기하도**

$$\theta = \cos^{-1}\left[\frac{d_A^2 + d_B^2 - 2r^2(1-\cos\beta)}{2d_A d_B}\right] \tag{5.50}$$

여기서 r은 지구 중심에서 위성까지의 거리이다. β는 두 위성 간의 경도차, d는 두 위성 간의 이격거리이다.

그림 5-24에서 중간지구국의 목적 반송파 C는

$$C = E - L_{dw} + G_4(0) \ (\mathrm{dB}\,W) \tag{5.51}$$

여기서 E는 목표 반송파 전력 EIRP(dB W), L_{dw}는 목표위성의 자유공간손실(하향링크)(dB), $G_4(0)$는 목표위성에 대한 지구국 이득(dB)이다.

혼신 반송파 전력 I는

$$I = e - L_{di} + G_4(\theta) \ (\mathrm{dB}\,W) \tag{5.52}$$

여기서 e는 혼신 EIRP, L_{di}는 혼신위성 공간손실, $G_4(\theta)$는 혼신위성에 대한 지구국 이득(dB)이다.

따라서 하향링크의 반송파대 혼신비 $\frac{C}{I}$는

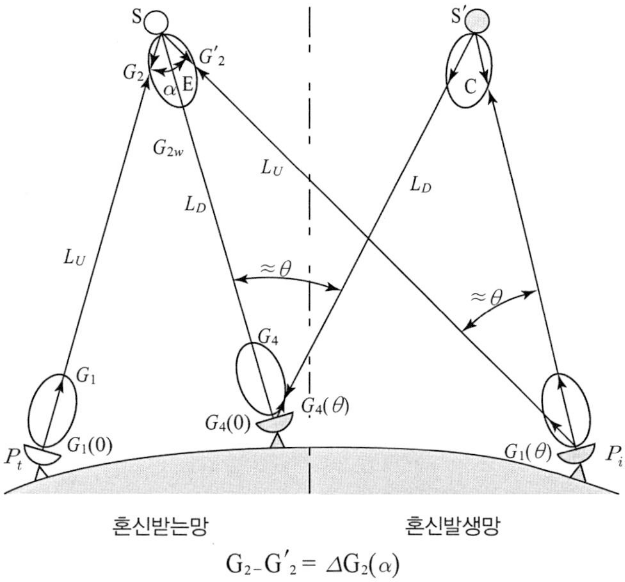

그림 5-24 **위성 혼신 기하도 : 실선 : 목표경로, 점선 : 혼신신호경로**

$$(\frac{C}{I})_d = E - e - (L_{dw} - L_{di}) + G_4(0) - G_4(\theta)(\text{dB } W) \tag{5.53}$$

상향링크에 대한 $(\frac{\mathrm{C}}{\mathrm{I}})_u$는

$$\begin{aligned}(\frac{C}{I})_u = &[P_t + G_1(0)] - [p_t + g_1(\theta)] - (L_{uw} - L_{ui}) \\ &+ (G_{2w} - G_{2i}) - M_u(\text{dB } W)\end{aligned} \tag{5.54}$$

여기서 P_t는 목표지구국 송신전력, p_t는 혼신지구국 송신전력, $G_1(0)$는 목표지구국 송신 안테나 이득, $g_1(\theta)$는 혼신지구국 송신 안테나 이득, G_{2w}는 목표 지구국에 대한 위성 수신 안테나 이득, M_u는 상향링크 마진이다.

전체 반송파대 혼신비 $(\frac{C}{I})_T$는,

$$(\frac{C}{I})_T = \left[\left(\frac{C}{I}\right)_u^{-1} + \left(\frac{C}{I}\right)_d^{-1}\right]^{-1} \tag{5.55}$$

이 된다.

5.5.5 대기잡음

무선계에서 외부 잡음원은 지구, 태양, 달, 행성과 우주잡음, 공간 및 대기잡음과 인공잡음이 있다. 위성 안테나의 방향이 온도가 100,000°K이상인 태양을 향하게 될 경우 신호의 왜곡이 커진다. 태양으로부터 방사되는 잡음은 그림 5-25와 같이 태양의 활동에 따라 변하게 된다. 행성잡음은 행성 내의 전파별에서 방사되는 잡음으로서 고주파수대역에서 급격히 감소되어 1 GHz이상에서는 이에 의한 영향을 무시할 수 있다.

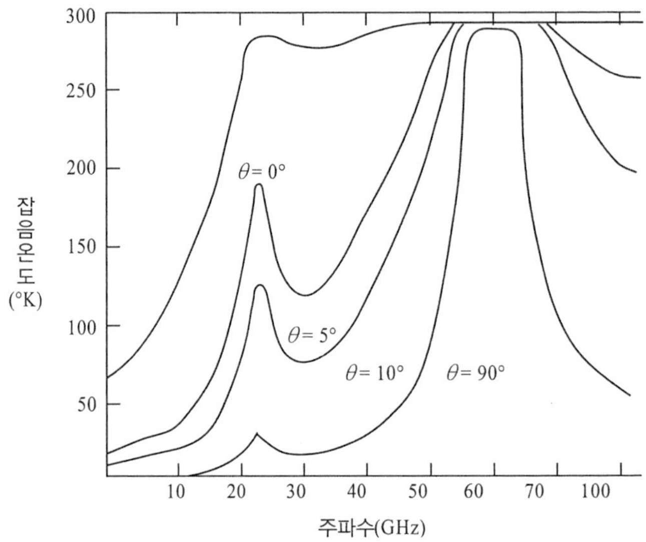

그림 5-25 **태양잡음**

우주잡음은 외부 우주로부터 오는 다른 전파잡음이다. 이것도 또한 1GHz 이상에서 적어진다. 대기잡음은 산소와 수증기 분자 등으로부터 전자파를 흡수하여 이것이 재방사됨으로써 발생된다. 이 잡음은 대기 흡수가 높은 주파수대에서 앙각이 작을수록 커진다. 그림 5-26은 대기 내의 산소 분자와 수증기에 의해 야기되는 잡음온도를 보여주고 있다.

그림 5-27은 지구국 안테나에서 수신되는 전형적인 잡음을 보여주는 것이다. 강우, 안개 그리고 구름에 의한 영향은 고려하지 않은 것이며 점선은 지상에서 발생된 잡음으로 위성에서 수신되는 잡음을 보여주고 있다. 지상에서 발생된 잡음은 전 주파수대에 걸쳐 평탄한 특성을 가짐을 알 수 있다.

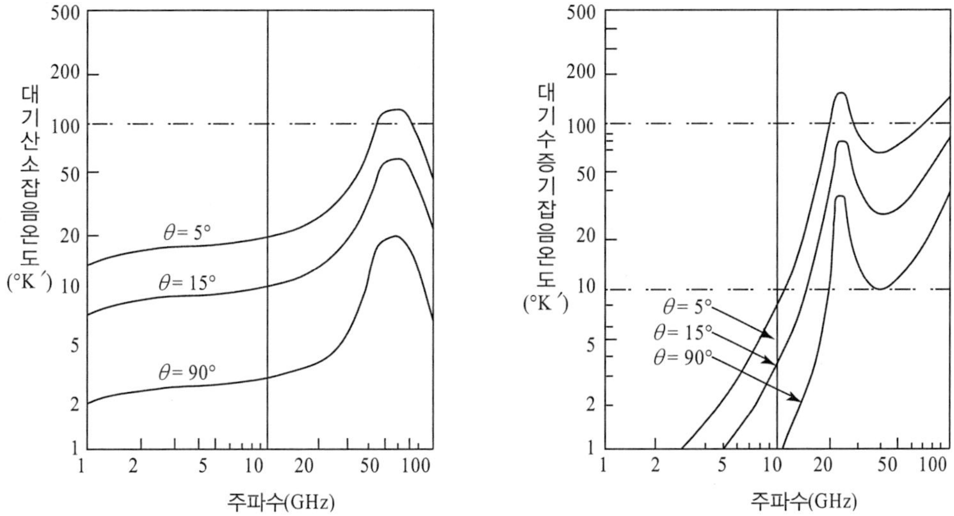

(a) (b)

그림 5-26 **해면을 기준으로 대기 내의 산소분자와 수증기에 의해 야기되는 잡음**

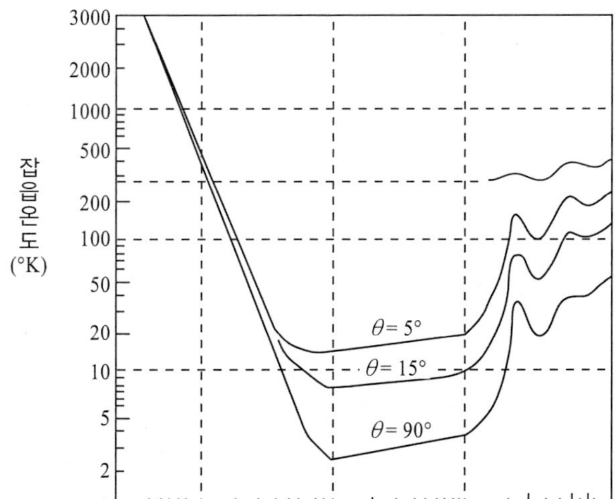

그림 5-27 **비, 안개와 구름에 의한 영향을 제외한 지구국 안테나에서 수신된 전형적인 잡음도**

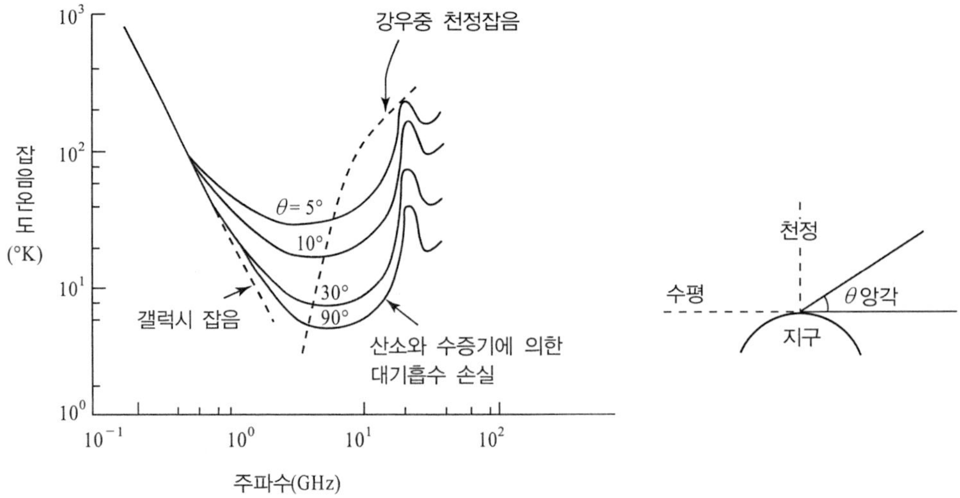

그림 5–28 **공간 잡음온도대 주파수와의 관계**

강우는 지구국에서 다른 모든 잡음원의 값을 합한 잡음보다 큰 잡음을 일으킨다. 그림 5-28은 산소와 수증기에 의한 대기흡수 그리고 비에 의한 공간 잡음온도대 주파수와의 관계를 보여주고 있다. 산소와 수증기로부터 대기흡수로 인한 잡음은 1 GHz~12 GHz대에서 대체로 작고 완만한 감소, 증가 특성을 가진다. 비에 의한 감쇠는 3 GHz 이상에서 급격히 증가함을 보여주고 있다. 즉, 3 GHz 이하의 주파수에서는 비에 의한 흡수손실이나 잡음에 의한 감쇠영향을 무시할 수 있으나 18 GHz 이상에서는 이 강우 감쇠값이 다른 요인에 의한 감쇠값보다 크게 됨을 알 수 있다. 따라서 우주-지상링크 서브시스템인 텔레메트리, 트래킹, 제어시스템에서 사용하는 주파수대는 1.8~2.4 GHz대역을 주로 사용하고 있다.

5.6 비트 에너지대 잡음전력 밀도비

비트 에너지대 잡음전력 밀도비는 시스템이 여러 가지 전송속도로 데이터를 전송할 때 시스템을 비교해서 비트 에러율 P_b을 정하는 기준으로 사용한다. 비트 에너지 E_b는 반송파 전력 C_o에 비트주기 T_b를 곱한 것, 즉

$$E_b = C_o \times T_b \tag{5.56}$$

가 된다. E_b/N_o값은 데이터의 변조방식이나 부호방식에 따라 다르다. 비트 오류율 P_b가 크면 비트당 에너지 E_b값을 작게 하여도 오류 없이 데이터를 검파할 수 있으므로 E_b/N_o값을 측정하므로써 현재의 시스템 링크 상태를 제어할 수 있다. 예를 들어 초기값이 $(E_b/N_o)_f$였는데 데이터를 실제 수신한 결과 $(E_b/N_o)_r$로써 후자값이 전자값보다 컸다면 현재의 시스템 링크에 여유가 생긴 것이므로 더 많은 데이터를 고속으로 전송할 수 있게 된다. 이때 시스템 링크에 생긴 여유를 링크 마진(link margin)이라고 하며 다음과 같이 식으로 나타낸다.

$$M(\mathrm{dB}) = \left(\frac{E_b}{N_o}\right)_r - \left(\frac{E_b}{N_o}\right)_f \tag{5.57}$$

디지털통신 시스템에서는 시스템 성능을 E_b/N_o, 즉 비트 에너지 전력대 잡음밀도비로 나타낸다. 상향링크 및 하향링크의 비트 에너지 전력은

$$E_{bu} = C_u \times T_b \tag{5.58}$$

$$E_{bd} = C_d \times T_b \tag{5.59}$$

따라서

$$\frac{E_{bu}}{N_{ou}} = \frac{C_u}{N_{ou}} \times T_b \tag{5.60}$$

$$\frac{E_{bd}}{N_{od}} = \frac{C_d}{N_{od}} \times T_b \tag{5.61}$$

즉, 전체 비트 에너지대 잡음밀도비는

$$\left(\frac{E_b}{N_o}\right)_T = \frac{1}{(N_{ou}/E_{bu}) + (N_{ou} + E_{bd})} \tag{5.62}$$

가 된다.

이 공식들은 재생(regenerative) 위성 트랜스폰더를 사용하는 경우에는 적용되지 않는다.

5.7 성능지수, $\frac{G}{T_e}$

5.7.1 개요

성능지수(figure of merit) $\frac{G}{T_e}$는 수신기의 성능을 나타내는 것이다. 위성통신 시스템에 가장 중요한 파라미터중의 하나이다. G는 안테나 이득이고, T_e는 등가 잡음온도로서 수신전력과의 관계를 보면 다음과 같다.

$$P_r = \frac{P_t \cdot G_t}{4\pi d^2} \cdot A_{er}$$

각 항을 잡음전력 밀도 N_o로 나누면

$$\begin{aligned} \frac{P_r}{N_o} &= \frac{P_t \cdot G_t}{(4\pi d)^2} \frac{\lambda^2}{N_o} \qquad (5.63) \\ &= \frac{P_t \cdot G_t}{L_s \cdot k \cdot T_e} \qquad \left(L_s = \left(\frac{4\pi d}{X}\right)^2,\ N_o = k \cdot T_e\right) \\ &= \frac{P_t}{L_s \cdot k} \cdot \frac{G_t}{T_e} \end{aligned}$$

여기서 $\frac{P_r}{N_o} = \frac{C}{N_o} = \frac{S}{N_o}$ 이다.

5.7.2 $\frac{G}{T_e}$를 구하는 방법

성능지수 $\frac{G}{T_e}$ 값을 구하는 방법은 실험실의 모델을 이용하는 방법, 지상의 대형 안테나를 이용하여 행하는 방법 그리고 전파별을 이용하여 행하는 방법을 들 수 있다. 측정 안테나가 대형인 경우, 실험실에서 성능지수를 구하기는 적합하지 않다. 지상에 대형 송신 안테나를 설치하고 전파를 발사해서 이 전파를 수신하므로써 행하는 경우, 지형 등에 의한 전파의 반사로 인해 오차가 많이 발생한다. 여기에서는 현재 성능지수 $\frac{G}{T_e}$를 측정하는 데 가장 좋은 방법으로 알려지고 있는 전파별(radio star)을 이용하는 방법에 대해서 설명하고자 한다. 전파별을 이용한 성능지수 측정방법에는 간접측정과 직접측정 방법이 있다.

5.7.2.1 직접측정 방법

성능지수의 측정에 사용되는 전파별(radio star)에 대한 사항을 그림 5-29(a)에서 보여주고 있다. 그림 5-29(b)는 이 전파별들에 대한 자속밀도 스펙트럼을 보여주고 있다. 이중에서 cassiopeia−A(CAS−A), cygnus−A(CYG−A) 그리고 taurus−A(TAU−A)의 세 별이 자속밀도가 높아서 안테나의 이득과 성능지수를 측정하는 데 가장 유용한 것들이다. 전파별들은 시험용 안테나의 빔폭이 10° 이상이면 점원(point source)으로 간주될 수 있다. 전파원이 대기잡음과 지상의 잡음에 영향을 받지 않기 위해서는 앙각(elevation)이 최소한 20° 이상이 되어야 한다. 그림 (a)에서 보듯이 대부분의 전파별들이 가시지역 내에서 수평선으로부터 최소한 20°

전파별	위치	크기	가시범위	스펙트럼지수 α
	RA^h DEC°	RA′ × DEC′	북위~남위	
Cas−A	23.4 58.6	4 × 4	90° ~ 11°	0.787
Tau−A	5.5 22.0	3.3 × 3.5	90° ~ 48°	0.263
Orion−A	5.5 −54	1.6 × 1	65° ~ 75°	0
Cyg−A	20.0 40.6	1 × 1.8	90° ~ 29°	1.205
Virgo−A	12.5 12.7	<0.3	73° ~ 57°	0.853
DR−21	20.6 42.2		90° ~ 28°	1.75 − 0.13

RA(right asension) : 적경
DEC(declination) : 적위

(a) 위치와 가시범위

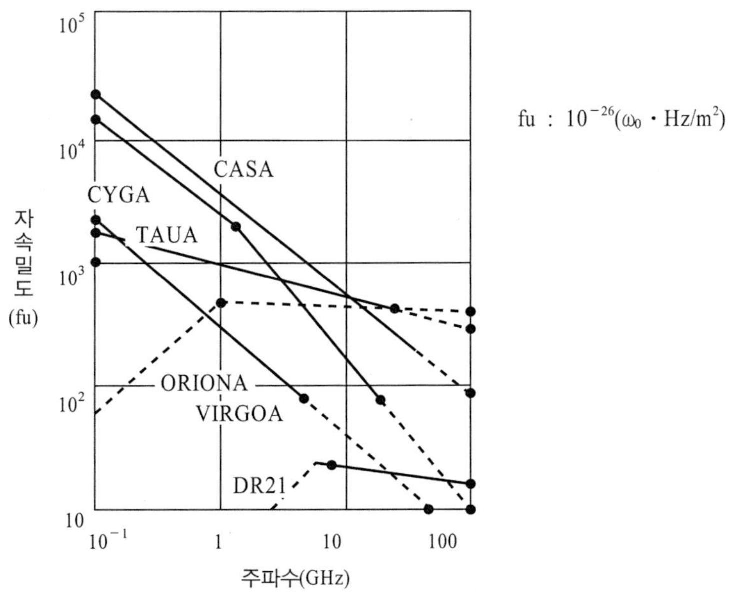

(b) 자속밀도 스펙트럼

그림 5-29 **전파별에 대한 위치와 가시범위 및 자속밀도 스펙트럼**

이상의 앙각을 가짐을 알 수 있다.

이것은 전파별들이 대기잡음이나 지상의 잡음에 영향을 받지 않는 충분히 높은 하늘에 있음을 의미한다. 한편, cassiopeia－A는 매년 자속밀도가 0.9±0.1씩 감소한다. TAU－A는 자속밀도가 주파수대역에 걸쳐 매우 선형적으로 발생한다. CYG－A는 자속밀도의 발생이 주파수대역내에서 굴곡을 갖는 특성을 가지고 있다. 수신안테나가 전파별에 맞추어졌을 때 수신된 전력, P_R은 다음과 같이 된다.

$$P_R = \frac{S \cdot A_e}{2} = \frac{S \cdot \lambda^2 \cdot G_T}{8} \quad (\text{Watt Hz}^{-1}) \tag{5.64}$$

S : 전파별의 전력자속밀도(W/m²/Hz)

A_e : 안테나 실효면적

G_T : 이득

이때 전파별에서 방사된 잡음전력이 불규칙하게 편파된다고 할 때 편파효율(polarisation efficiency)은 1/2이다. 수신된 잡음전력 P_R은 $k \cdot T_e$에 해당된다. 여기서 k는 볼쯔만 상수이다. T_e는 안테나 종단과 비교된 전파별의 실효 잡음온도이다. 따라서 안테나이득 G_T는 다음과 같이 된다.

$$G_T = \frac{8\pi \cdot k \cdot T_e}{S \cdot \lambda^2} \tag{5.65}$$

이 식 (5.65)에서 성능지수 G_T / T_e를 구할 수 있으므로

$$\frac{G_T}{T_e} = \frac{8\pi \cdot k}{S \cdot \lambda^2} \tag{5.66}$$

이 된다.

이상에서 설명한 것을 기초로 해서 좀 더 자세하게 성능지수 $\frac{G}{T_e}$를 구하는 방법을 설명하기로 한다. 그림 5-30과 같이 수신기의 저잡음증폭기 출력에 감쇠기를 설치하고 이 감쇠기의 출력을 일정한 값에 고정시킨다. 그 다음 안테나를 전파별에 정확히 동조시킨 다음, 그때의 수신기 잡음전력 P_{nt}를 구한다. P_{nt}를 구한 다음에 안테나를 전파별에 동조시키지 않은 상태에서, 그때의 수신된 잡음전력 P_{nd}를 구한다.

이렇게 해서 P_{nt}와 P_{nd}가 구해지면 이 두 값에 대한 비를 계산한다. 이 두 값의 비를 R이라고 하면,

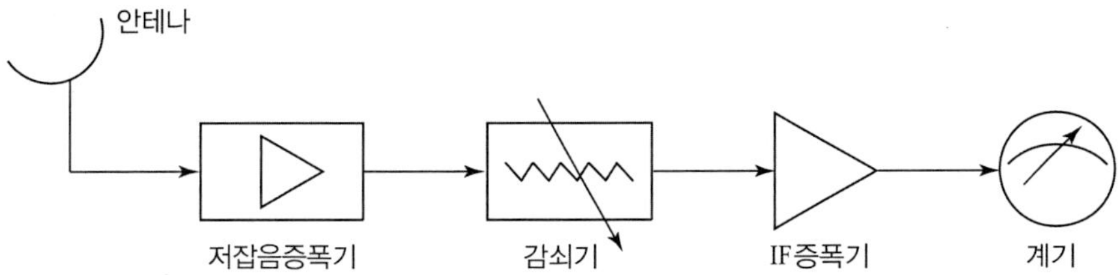

그림 5-30 $\frac{G}{T_e}$의 간접측정 방법

$$R = \frac{P_{nd} + P_{nt}}{P_{nt}} \tag{5.67}$$

가 된다. 저잡음증폭기 입력에 대한 안테나 이득 G를

$$G = (R-1)\frac{8\pi \cdot k \cdot T_e}{S \cdot \lambda^2} \tag{5.68}$$

이라고 하면 이 식에서 성능지수 $\frac{G}{T_e}$값이 직접 구해진다. 즉,

$$\frac{G}{T_e} = (R-1)\frac{8\pi \cdot k}{S \cdot \lambda^2} \tag{5.69}$$

이 된다. 이 경우는 대기잡음이 없고 전파별이 점원(point source)인 경우이다. 이와 같이 안테나를 전파별에 맞추었을 때의 수신 잡음전력과 맞추지 않았을 때의 수신 잡음전력의 비 R을 구하여 바로 성능지수 $\frac{G}{T_e}$를 구하는 것을 직접측정 방식이라고 한다. 이 경우 P_{nt} 대신에 시스템 잡음온도 T, P_{nd} 대신에 전파별의 실효 잡음온도 T_{st}를 사용할 수 있다. 직접측정 방법은 안테나의 빔폭이 아주 좁으면 대기의 불안정(turbulence)에 의한 에너지 분산의 영향이 예상치보다 크게 나타나는 것으로 되어 있다. 그림 5-31은 전파별의 각도분산에 대한 교정률(correcting factor) 곡선이다. 이 그림에서 보는 바와 같이 안테나 빔폭이 작을수록 교정계수(correcting coefficient) k값이 커짐을 알 수 있다. 즉, 이것은 앞에서 설명한 대로 안테나 빔폭이 적을 경우에는 대기의 동요로 인한 에너지 분산의 영향이 크므로 이 영향에 대한 교정값이 커야 하기 때문이다. TAU－A와 CAS－A는 안테나 빔폭이 0.1이하에서는 교정계수 k값이 무한대가 되므로 성능지수 측정에 TAU－A와 CAS－A를 이용할 수 없음을 알 수 있다.

따라서 식 (5.69)에 의해

$$\frac{G}{T_e} = L_a \times L_s(Y-1)\frac{8\pi \cdot k}{S \cdot \lambda^2} \tag{5.70}$$

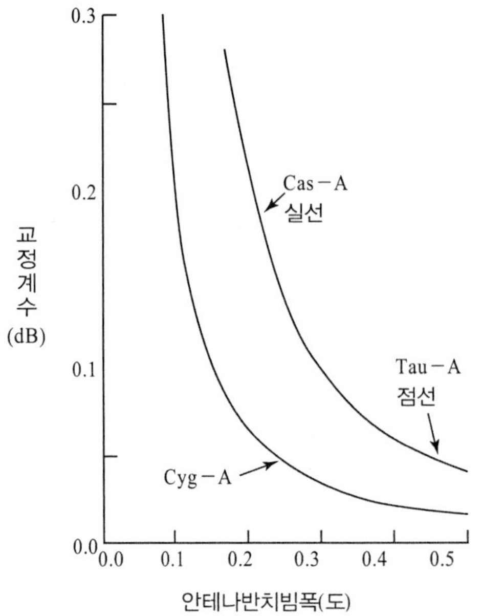

그림 5-31 **전파별 각도 확장 교정계수**

주파수 (GHz)	고도(Km)				
	0	0.5	1.0	2.0	4.0
10	0.053	0.047	0.042	0.033	0.02
15	0.084	0.071	0.061	0.044	0.023
20	0.28	0.23	0.18	0.12	0.05
30	0.24	0.19	0.16	0.10	0.045
40	0.37	0.33	0.29	0.22	0.135
80	1.30	1.08	0.90	0.62	0.30
90	1.25	1.01	0.81	0.52	0.22
100	1.41	1.14	0.92	0.59	0.25

평균표면조건 : 21°C, 7.5g/m^3 H_2O, US.std. atmos, 45N. July.

그림 5-32 **천정감쇠값 La′ (dB)**

여기서 L_a는

$$L_a = \frac{L_{a'}(\mathrm{dB}) + b\,\rho\,(\rho_o - 7.5\ \mathrm{g/m^3}) + C_T(21°\mathrm{C} - T_0)}{\sin E}(\mathrm{dB}) \tag{5.71}$$

여기서 $L_{a'}$는 표면온도가 21°C, 표면수증기가 7.5g/m^{3}인 경우의 일방향 천정감쇠 b_ρ는 수증기 밀도 교정계수, C_T는 온도 교정계수, ρ_o는 표면수증기 밀도(g/m^3), T_0는 표면온도, E는 앙각이다.

여기서 표면수증기 밀도 ρ_o는

$$\rho_o = \frac{h \cdot E_s}{0.461(T_0 + 273)} \tag{5.72}$$

여기서 h는 상대습도로서 70%일 때 0.7이 된다. E_s는 지역 표면온도 T_0(℃)에 관련된 포화 수증기 압력(N/m^2)으로서 206.43 exp (0.035T_0(°F))이다. L_s는 전파별의 광도 분포와 안테나 이득 패턴 함수이다.

전파별 타우르스의 경우 주파수 3.95 GHz에서 공칭 자속밀도가 716.9×10^{-26}(W/m^2/Hz)로서 시간상 변함이 없는 것으로 관측되고 있고 스펙트럼 지수는 0.25이다.

카시오페아 A의 경우 자속밀도가 1964. 9월 중순경 주파수 4.08 GHz에서 $1{,}086 \times 10^{-26}$(W/m^2/Hz)였다.

이 카시오페아 A의 자속밀도는 연간 1.1% 감소된다. 따라서 측정일의 자속밀도는 다음과 같이 계산한다.

$$S = S_0(1-\beta)^y \tag{5.73}$$

$$S_0 = 1{,}086 \times 10^{-26}(\mathrm{W/m^2/Hz}), \qquad \beta(\text{스텍트럼 지수}) = 0.011 \tag{5.74}$$

y는 1964년 8월로부터 측정일까지의 연수이다. 시그너스 A의 공칭 자속밀도는 주파수 3.95 GHz에서 494.8×10^{-26}(W/m^2/Hz)로서 시간상 변하지 않으며 스펙트럼 지수는 1.19이다.

주파수(GHz)	수증기밀도교정, b_ρ	온도교정, C_T
10	2.10×10^{-3}	2.60×10^{-4}
15	6.34×10^{-3}	4.55×10^{-4}
20	3.46×10^{-2}	1.55×10^{-3}
30	2.37×10^{-2}	1.33×10^{-3}
40	2.75×10^{-2}	1.97×10^{-3}
80	9.59×10^{-2}	5.86×10^{-3}
90	1.22×10^{-1}	5.74×10^{-3}
100	1.50×10^{-1}	6.30×10^{-3}

그림 5-33 **수증기 밀도 교정계수 b_ρ 및 온도 교정계수 C_T**

5.7.7.2 간접측정 방법

간접측정에 의한 $\frac{G}{T_e}$의 측정방법은 안테나 이득 G와 등가 잡음온도 T_e값을 각각 별도로 측정해서 구하는 방법이다. 직접측정에서와 같이 식 (5.67)에 의해 R값을 구한다. 또한, 안테나를 포함한 수신 시스템의 등가 잡음온도 T_e값을 구해서 식 (5.68)에 대입하면 안테나 이득, G값이 구해진다. 이때 전파별에 대한 안테나의 앙각을 여러 값으로 변화시키면서 측정하면 이 앙각의 변화에 따라 수신 잡음전력의 비 R값이 변화하므로 $\frac{G}{T_e}$값이 변화한다. 안테나의 전파별에 대한 앙각이 클수록 전파별의 자속밀도를 수신할 수 있는 안테나 면적이 커진다. 즉, 자속밀도의 수신전력 $P_R = k \cdot T_e$값이 커져서 안테나 이득 G값이 커지고 따라서 $\frac{G}{T_e}$값이 커진다.

전파별에 대한 안테나 앙각이 90°일 때 $\frac{G}{T_e}$값이 최대가 된다. 이와 같이 앙각의 변화에 대한 $\frac{G}{T_e}$값의 변화는 직접측정시에도 같지만 직접측정과 간접측정했을 때의 $\frac{G}{T_e}$값은 서로 다르다. 왜냐하면 직접측정시의 $\frac{G}{T_e}$값은 식 (5.69)에서와 같이 R값의 함수가 된다. 이 R값은 대기의 영향으로 인한 손실이나 지표에서의 반사 등에 의해 영향을 받는다. 그러나 간접측정은 $\frac{G}{T_e}$값 중에서 G값만이 R값의 영향을 받으므로, T_e값은 대기손실이나 지표반사에 의한 영향을 받지 않는다. 즉 R값의 영향을 받지 않아 직접측정시보다 정확한 $\frac{G}{T_e}$값을 구할 수 있다. 따라서 간접측정 $\frac{G}{T_e}$값 > 직접측정 $\frac{G}{T_e}$값의 관계를 가진다. 직접측정시의 T_e값의 계산방법은 MIYA의 "satellite communicaion"을 참고하기 바란다.

5.8 강우감쇠

이 절에서는 강우에 의한 초과 감쇠값 계산 방법들을 설명하고 강우에 의한 초과 감쇠가 링크에 미치는 영향을 보상하기 위한 방법들을 설명하였다.

5.8.1 개요

위성통신용으로 사용되는 주파수대역은 1~13 GHz대역이다. 이 주파수대역 중에서 10 GHz 이상의 주파수를 사용하는 경우에는 10 GHz 이하의 주파수에서는 거의 무시될 수 있는 강수에 의한 신호의 감쇠영향을 많이 받는다.

위성통신에서의 전파전파 경로는 크게 대기와 우주로 나눌 수 있다. 이 경로의 대부분은 우주부분이므로 위성통신 링크상에서의 전파 자속밀도의 감쇠는 주로 전파전파 거리에 의해 우주부분에서 일어나게 된다. 우주부분에서 발생하는 감쇠값은 거리에 비례한 일정한 감쇠값을 갖게 되나 전파가 대기중을 통과 할 때에는 대기를 형성하고 있는 여러 요인들에 의해 그 값이 변동된다. 이와 같이 링크버짓시 정해진 고정 감쇠값을 초과하여 발생되는 감쇠값을 초과감쇠값이라고 한다.

대기내에서 초과감쇠를 일으키는 주요 요인으로는 수증기, 안개, 산소, 강우 및 그 외 여러 종류의 가스들이다. 이중에서 특히 강우로 인하여 발생되는 감쇠값이 가장 크다. 따라서 시스템을 설계할 때에는 초과감쇠가 링크에 미치는 영향을 고려해야 한다. 그 방법으로 링크버짓시 초과 감쇠값 만큼 송신기 출력을 높이는 방법, 안테나 크기를 크게 하여 실효 방사전력을 높이는 방법, 그리고 고성능 저잡음 수신기 등을 사용하는 방법이 있다. 즉, 시스템의 성능을 개선하여 실효 방사전력을 높이는 효과를 얻는 최적의 고전력 시스템을 고려하여야 한다. 즉, 최적의 시스템을 설계하기 위하여는 초과 감쇠값을 정확히 예측하여야 한다. 여기에서는 위성통신 링크상에서 발생될 강우에 의한 초과 감쇠값을 예측하는 방법과 이에 대한 보상방법을 설명하고자 한다.

5.8.2 강우와 신호 감쇠

5.8.2.1 강우의 특성

강우가 위성통신 링크의 성능에 미치는 영향의 정도를 알기 위해서는 빗방울의 모양, 크기 분포 및 낙하 종단 속도 등을 알아야 한다.

빗방울의 모양은 반경이 최대 4 mm를 넘지 않는 범위내에서 다양한 크기를 갖는다. 빗방울의 반경이 4 mm 이상이 되면 빗방울은 유체역학적으로 불안정하게 되어 결국 부서지게 된다. 실험에 의하여 반경이 1.0 mm 이상인 빗방울은 밑면이 평평한 타원의 모양을 가짐을 보여주고 있다.

종단 낙하 속도는 대기압, 습도와 온도에 의해 정해진다. Gunn과 Kinzer는 종단속도 실험에서 빗방울의 단말속도는 빗방울 크기의 함수라는 것을 발표했다. 그림 5-34는 종단속도와 빗방울의 반경에 대한 관계를 보여주는 것이다.

빗방울의 낙하속도는 빗방울의 크기가 커지면서 빨라진다. 그 증가율은 빗방울 반경이 1.0mm를 초과하면서 점차 감소한다. 낙하속도는 대략 2.5mm에서 최대치에 달하고(~9m/s) 빗방울 크기가 그 이상 커지면 낙하속도에 의해 빗방울이 부서진다.

낙하 빗방울 온도는 주위 공기의 온도, 압력, 습도에 대해 수은주 온도에 근접한 온도를 갖는다. 작은 액체 물방울은 대류성폭풍의 상승기류지역과 초냉각된 안개에 존재할 수 있다.

평균적으로 강우감쇠를 일으키는 액체물방울의 상당수가 0°C의 등온선고도와 지표면 사이에서 발생한다. 빗방울의 크기 분포는 강우율과 강우 활동형태의 함수이다. 일반적으로 이용

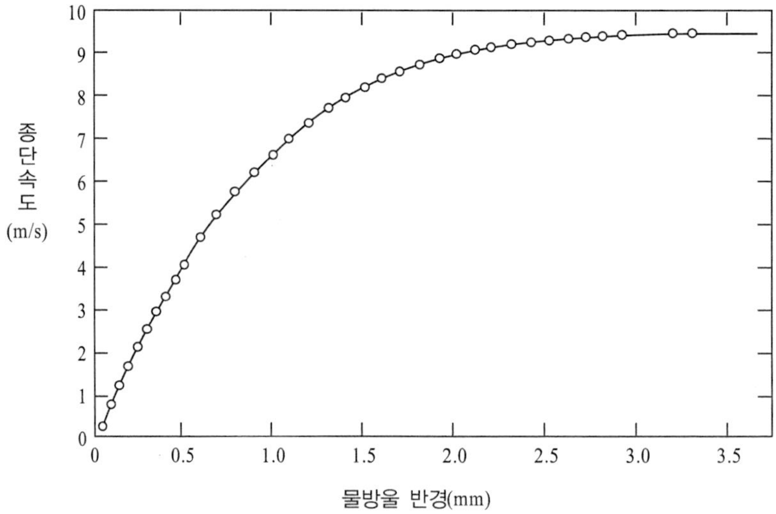

그림 5-34 **빗방울의 종단속도와 물방울 반경과의 관계**

되는 분포는 Laws and Parsons (L−P), Marshall−Palmert (M−P) Joss−Thunderstorm (J−T)와 Drizzle (J−D)이다. 여기서 일반적으로 L−P는 설계목적을 위해 많이 사용되는데, 이것은 낮은 강우율과 높은 강우율에 대한 측정을 비교해서 광범위하게 시험되었기 때문이다.

빗방울 크기 분포를 측정하는 데에 크게 흡수지방식과 분말방식을 예로 들 수 있다. 1985년 Wiesner는 흡수지방식에 의해 빗방울 크기 분포를 측정했다. 이 방식은 물감이 들어있는 필터 종이를 이용한 것으로 물방울이 떨어졌을 때의 얼룩의 크기를 측정하는 방식이다.

Law와 Parson은 분말방식에 의하여 깨끗한 분말이 담긴 판에 떨어진 빗방울에 의해 생긴 분말 덩어리의 크기나 무게를 측정하여 빗방울의 크기 분포를 측정하였다. 이 측정 결과에 의하면 동일한 강우율이라도 비가 올 때마다 크기 분포가 상당히 변하기 때문에 각 강우율에 대한 분포를 평균한 것으로 되어 있다. 따라서 이 측정에서 실제 도표화 한 것은 빗방울의 전체 체적 퍼센트이고 이 체적 퍼센테지는 $m(a)\,da$이다.

여기서 a는 빗방울 반경(mm)이고 da는 $a-(da/2) \sim a+(da/2)$ 범위내의 크기사이이다. 전파전파 특성분석에 필요한 양은 범위 da에서 반경 a로서 공간내에서의 단위체적당 빗방울 수이다.

이 분포 $n(a)da$는 빗방울의 낙하속도 $V(a)(\mathrm{m/s})$로부터 지상의 $m(a)da$에 의해 다음과 같이 계산한다.

$$n(a)da = \frac{10^3 \cdot R \cdot m(a)da}{4.8 \cdot \pi \cdot a^3 \cdot V(a)}\ (\mathrm{m}^{-3}) \tag{5.75}$$

여기서 R은 강우율로서 다음과 같다.

$$R = 4.8 \cdot \pi \cdot 10^{-3} \int V(a) \cdot a^3 \cdot n(a)da \tag{5.76}$$

Marshall－Palmer (M－P)는 자신들이 행한 측정과 L－P의 측정을 토대로 하여 (－)지수관계를 제시했다.

$$n(a)da = N_0 \cdot \exp(-A \cdot a)da \tag{5.77}$$

$$N_o = 1.6 \cdot 10^4 \, (\mathrm{m}^{-3},\ \mathrm{mm}^{-1})$$

$$A = 8.2R^{-0.21} \, (\mathrm{mm}^{-1})$$

이들 두 관계는 비에 의한 감쇠와 산란을 계산하는 데 가장 자주 이용되는 것이다. Joss *et al* (1968)은 Switzerland, Locarno에서 행한 1년 동안의 측정을 기초로 해서 강우 종류에 따라 N_o와 A간에 상당한 변화가 있음을 발견했다. 그림 5-35는 이 지수적 크기 분포의 파라미터를 보여주고 있다.

비의 종류	$N_o(\mathrm{m}^{-3},\ \mathrm{mm}^{-1})$	$A(\mathrm{mm}^{-1})$
이슬비	6×10^4	$11.4R^{-0.21}$
광역비	1.4×10^4	$8.2R^{-0.21}$
뇌 우	2.8×10^3	$6R^{-0.21}$

그림 5-35 **지수크기 분포의 파라미터**

5.8.2.2 강우와 신호 감쇠

(1) 흡수와 산란에 의한 감쇠

무선통신 시스템에서 마이크로웨이브와 mm파 주파수대역을 사용하는 경우에는 전자파 에너지가 빗방울의 크기와 파장과의 관계에 의해 빗방울에 흡수되거나 빗방울에 의해 산란된다. 따라서 신호세기가 감쇠되거나 동일주파수를 사용하는 타통신에 혼신을 주는 요인으로 작용하고 있다.

강우에 의한 신호 감쇠계수는 강우강도(rainfull rate)(mm/h)와 관계가 있다. 이 강우량비와 감쇠간의 이론적 관계를 구하기 위한 일반 절차가 Ryde & Ryde에 의해 개발되었다. 빗속을 통과하는 평면파에 대하여 전파방향 Z의 파강도 I의 변화에 대한 공식은 다음과 같다.

$$\frac{dI}{dZ} = -(\Sigma Q_t) \cdot I \tag{5.78}$$

여기서 Q_t는 빗방울의 전체 단면으로서 흡수단면 Q_a와 산란단면 Q_s의 합으로 단위평면파로부터 손실되는 전체전력을 나타내는 것이다. 즉, Q_t는 송신신호의 감쇠와 직접적으로 관계가 있는 것이다.

여기서 Q_a는 신호전력이 단위면적당 단위전력의 평면파에 의해 방사되어 질 때 강우에 의해 흡수되는 전력과 등가이다. Q_s는 신호전력이 동일한 단위평면파에 의해 방사되어 질 때 강우로부터 모든 방향으로 산란되는 전력과 등가이다.

따라서

$$\Sigma Q_t = \int Q_t(a) \cdot n(a) da \tag{5.79}$$

가 되고 여기서 $n(a)\ da$는 강우율의 함수이다.

이 공식에서 미소 두께인 dz 내에서의 파강도 감소율은 이 영역내에 있는 빗방울에 의한 흡수나 산란에 비례한다.

여기서

$$I = I_0 \cdot e^{-(\Sigma Q_t)z} \tag{5.80}$$

가 되며 I_0는 $z=0$에서의 강도를 나타낸다.

이와 같은 공식을 이용하여 비에 의한 신호세기의 특정 감쇠값 A를 구하는 공식은 신호가 1Km의 빗속을 통과할 때에 다음과 같이 된다.

$$A = 4.343 \cdot 10^3 \cdot \int Q_t(a) \cdot n(a) da (\text{dB/Km}) \tag{5.81}$$

이 식은 송수신 안테나의 편파가 같다고 가정한 것이다. 만약 빗방울이 찌그러진 경우에는 단면 Q_t는 편파에 따라 영향을 받게 되어 결국 감쇠값 A도 이의 영향을 받게 된다.

그림 5-36에서 알 수 있듯이 특정 감쇠는 찌그러진 빗방울에 수평편파 신호가 입사되는 경우가 수직편파 신호가 입사되는 경우보다 큼을 알 수 있다.

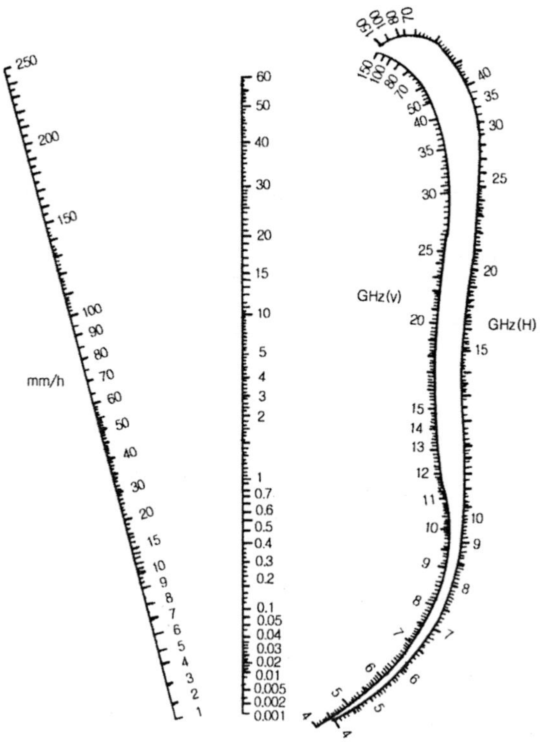

(V) : 수직편파 (H) : 수평편파

그림 5-36 **강우에 의한 특정감쇠**

그림 5-37은 L－P분포의 여러 강우량 강도에 대한 특정 감쇠대 주파수와의 관계를 보여주고 있다. 이 그림에서 보듯이 특정 감쇠값은 강우량이 많고 주파수가 높을수록 커짐을 알 수 있다. 약 100 GHz까지는 모든 강우량에서 감쇠가 급격히 증가한다. 그 이상에서는 거의 증가하지 않고 오히려 200 GHz 이상에서는 서서히 감소함을 알 수 있다. 특정 감쇠값을 계산하는 데에는 일반적으로 다음의 전력법칙을 이용하는데, 이 공식의 이론적 배경은 Oslen *et al*에 의해 시험되었다.

$$A = aR^b,\ \ R : \text{강우강도 (mm/h)} \tag{5.82}$$

이 식에서 a와 b는 상수이다. 이 a와 b값은 그림 5-38을 이용하여 다음과 같이 구한다.

$$a = [a_H + a_V + (a_H - a_V)]\cos^2\theta \cdot \cos 2\tau]/2 \tag{5.83}$$

$$b = [a_H \cdot b_H + a_V \cdot b_V + (a_H \cdot b_H - a_V \cdot b_V)\cos^2\theta \cdot \cos 2\tau]/2 \tag{5.84}$$

여기서 θ는 경로 앙각, τ는 수평을 기준한 편파 경사각으로, 순환편파는 45°, 수평편파는 0°, 수직편파는 90°이다.

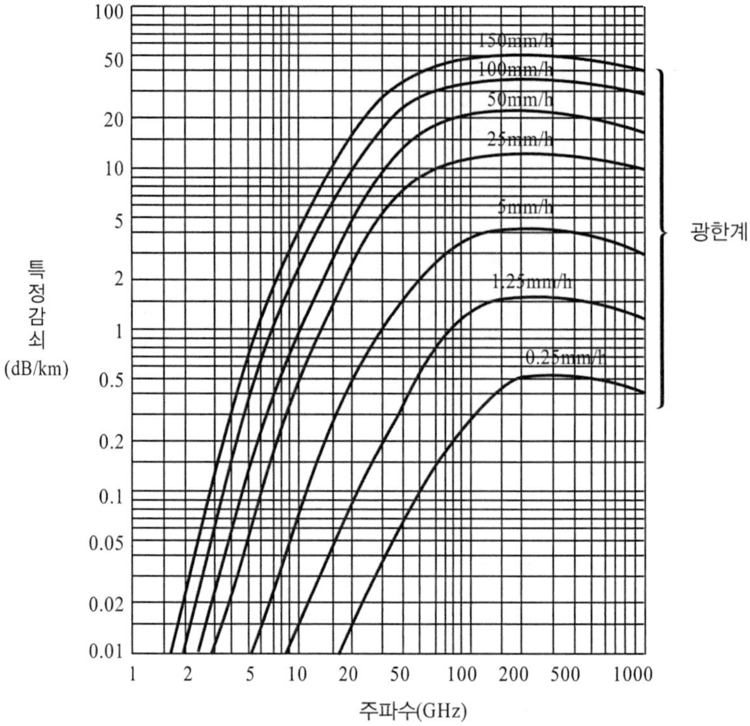

그림 5-37 L-P 분포에 의한 특정 감쇠대 주파수 관계

주파수 (GHz)	a_H	a_V	b_H	b_V
1	0.0000387	0.0000352	0.912	0.880
2	0.000154	0.000138	0.963	0.923
4	0.000650	0.000591	1.12	1.07
6	0.00175	0.00155	1.31	1.27
8	0.00454	0.00395	1.33	1.31
10	0.0101	0.00887	1.28	1.26
12	0.0188	0.0168	1.22	1.20
15	0.0367	0.0347	1.15	1.13
20	0.0751	0.0391	1.10	1.07
25	0.124	0.113	1.06	1.03
30	0.187	0.167	1.02	1.00
35	0.263	0.233	0.979	0.963
40	0.350	0.310	0.939	0.929
45	0.442	0.393	0.903	0.897

주파수 (GHz)	a_H	a_V	b_H	b_V
50	0.536	0.479	0.873	0.868
60	0.707	0.642	0.826	0.824
70	0.851	0.784	0.793	0.793
80	0.975	0.906	0.769	0.769
90	1.06	0.999	0.753	0.754
100	1.12	1.06	0.743	0.744
120	1.18	1.13	0.731	0.732
150	1.31	1.27	0.710	0.711
200	1.45	1.42	0.689	0.690
300	1.36	1.35	0.688	0.689
400	1.32	1.31	0.683	0.684

※ V : 수직편파, H : 수평편파

그림 5-38 **편파별 특정감쇠계수 a와 b**

그림 5-38에서 감쇠값이 계산되지 않은 주파수들에 대하여도 기 계산된 주파수의 감쇠값을 이용하여 다음과 같이 계산할 수 있다.

$$A_2 = \frac{g(f_2)}{g(f_1)} \cdot A_1(\mathrm{dB}) \tag{5.85}$$

$$g(f) = \frac{f^{1.72}}{1 + 3 \cdot 10^{-7}(f^{1.72})^2} \tag{5.86}$$

(2) 신호편파 왜곡에 의한 감쇠

강우감쇠는 주로 물의 체적에 의해 결정된다. 그러므로 강우강도로부터 적용 가능한 정확도로 예측할 수 있다. 그러나 신호편파의 왜곡은 빗방울의 크기, 모양과 방향 분포에 예민하게 영향을 받기 때문에 감쇠를 분석하는 것보다 매우 어렵다. 이 편파의 왜곡은 수직성분보다 수평성분이 감쇠가 더 심하다. 파를 재구성하기 위해서 어느 시점에 수평성분과 수직성분을 혼합하면 이 편파가 수직방향으로 회전되었음을 알 수 있다. 이것은 신호에 교차편파 성분이 있음을 나타내는 것이다.

이 교차편파의 판별(XPD－cross polarization discrimination)은 감쇠값 $A(\mathrm{dB})$에 의해 다음과 같이 계산할 수 있다.

$$XPD = U - V\log_{10}\ (ACDB) \tag{5.87}$$

$$U = 30\log_{10} f - 40\log_{10}\cos\theta - 20\log_{10}[\sin(2\tau)]$$

θ＝경로 앙각

τ = 수신전계와 지평면 간의 각도(원편파 45°, 수평편파 0°, 수직편파 90°)
f = GHz

(3) 안테나 잡음온도 상승에 의한 감쇠

강우는 전파의 자속밀도 감쇠와 편파왜곡 이외에 지구국 안테나 잡음온도를 증가시킴으로써 위성통신 시스템의 성능을 저하시킨다. 강우시에 안테나는 빗방울에서 방사되는 열을 수신하게 되며 이것을 T_b라 할 때

$$T_b = 285[1 - \exp(-A/4.34)] \ \mathrm{K°} \tag{5.88}$$

A : 강우감쇠(dB)

이 값은 강우내에서의 C/N을 계산할 때 청명한 날씨의 안테나 잡음온도에 더해야 한다. 이 식에서 285는 강우의 실효온도라고 하며 실제 산란이나 안테나 효과 때문에 270~290K°의 범위를 갖는다. 보통 안테나 잡음온도가 58K°정도 증가하면 1dB의 강우손실이 생긴다.

5.8.3 강우감쇠 예측 모델

5.8.3.1 The Global 모델과 SAM 모델

위성 링크에서의 강우 감쇠값을 계산하는 모델로는 RICE-HOLMBERG model, Dutton-Dougherty model, The GLOBAL model, The two component model, Piecewise Uniform Rain Rate model, The ITU-R model, The LIN model, SAM 모델 및 LEITAO & WATSON 모델 등이 있다.

(1) The Global 모델

Global 모델은 감쇠값을 계산하는 데에 두 가지의 기법을 제시하고 있다. 첫째 기법은 지구국에서 대기의 얼음형태의 강수가 존재하는 점까지의 거리를 가정해 놓고 이 거리를 강우강도 R_p와 함께 평균경로 요소를 구하여 감쇠값을 계산하는 것이다. 둘째 기법은 계절, 지역 및 연평균 강우강도에 의해 0°C 등온선고도가 변화한다. 이에 따라 감쇠 경로 길이가 변화하게 되기 때문에 감쇠값 계산을 위한 경로길이에 이 여러 0°C 등온선고도를 고려한 것이다. 이 기법을 가변 등온선고도 기법이라 하며 시스템설계에는 이 기법이 주로 사용된다.

첫째 기법인 평균경로 강우강도 기법에 의한 감쇠값 A는

$$A = (H_o/\sin\theta)\, a(f) \cdot \gamma(D) \cdot R_P^{b(f) - \delta(D)} \tag{5.89}$$

H_o : 0°C 등온선고도(Km) (그림 5-39 참조)

θ : 앙각(>10°)

R_p : 강우강도(mm/h)

D : 경로 수평투영길이(Km)

승수 γ(D), 지수 $\delta(D)$: (그림 5-40 참조)

승수 $a(f)$, 지수 $b(f)$: (그림 5-41 참조)

여기서 특정 감쇠가 0°C 등온선 아래의 고도 높이에 대해 통계적으로 독립된 것이라고 가정하면 특정 감쇠 또는 평균경로 강우강도를 계산하는 데 그림 5-40을 이용할 수 있다.

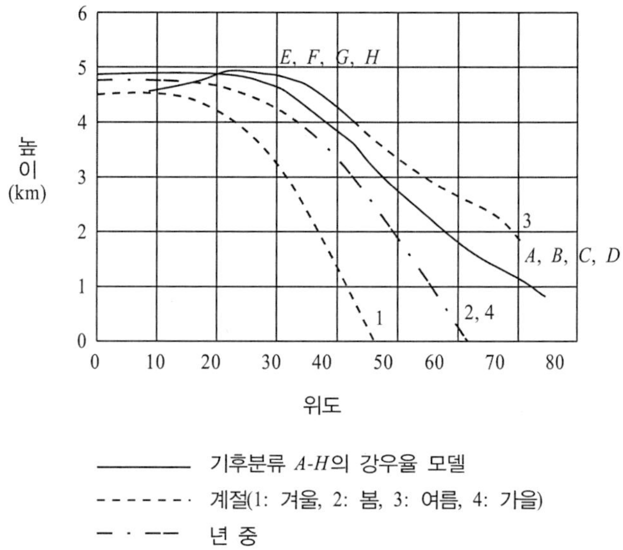

그림 5-39 **0° C 등온선고도**

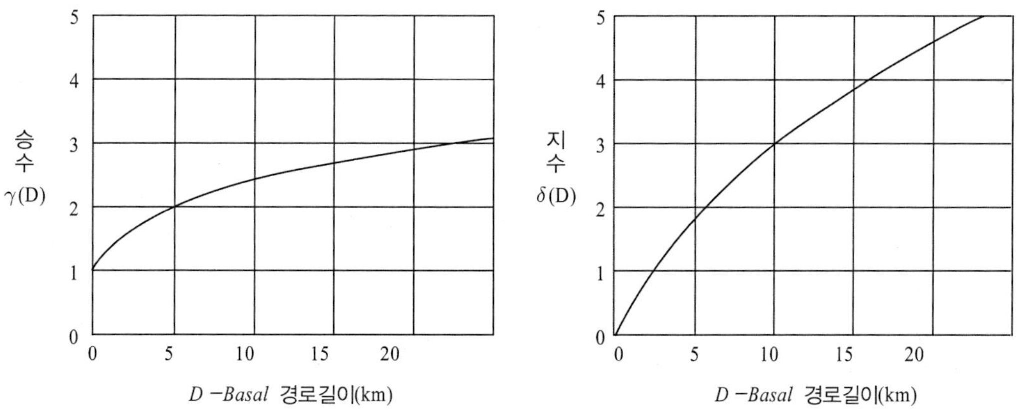

(a) 승수 (b) 지수

그림 5-40 **경로평균 모델 계산용 승수 γ(D)와 지수 δ(D)**

주파수 (GHz)	승수 $a(f)$	지수 $b(f)$
1	0.00015	0.95
4	0.00080	1.17
5	0.00138	1.24
6	0.00250	1.28
7.5	0.00482	1.25
10	0.0125	1.18
12.5	0.0228	1.145
15	0.0357	1.12
17.5	0.0524	1.105
20	0.0699	1.10
25	0.113	1.09
30	0.170	1.075
35	0.242	1.04
40	0.325	0.99
50	0.485	0.90
60	0.650	0.84
70	0.780	0.79
80	0.875	0.753
90	0.935	0.730
100	0.965	0.715

그림 5-41 **특정 감쇠계산용 파라미터(0° C, L-P분포)**
(Crane-1966)

두 번째 기법인 가변 등온선고도 기법에 의한 감쇠값 A는

$\theta \geqq 10°$인 경우

$$A = \frac{aR_P^b}{\cos\theta}\left[\frac{e^{UZb}-1}{Ub} - \frac{X^b e^{YZb}}{Yb} + \frac{X^b e^{YDb}}{Yb}\right] \tag{5.90}$$

$$U = \left(\frac{1}{Z}\right)[\ln(X \cdot e^{YZ})] \tag{5.91}$$

$$X = 2.3R_p^{-0.17} \tag{5.92}$$

$$Y = 0.026 - 0.03 \cdot \ln R_p \tag{5.93}$$

$$Z = 3.8 - 0.6 \cdot \ln R_p \tag{5.94}$$

$\theta < 10°$인 경우

$$A = \frac{L}{D}\, aR_p^b\left[\frac{e^{UZb}-1}{Ub} - \frac{X^b e^{YZb}}{Yb} + \frac{X^b e^{YDb}}{Yb}\right] \tag{5.95}$$

여기서

$$L = [(E+H_g)^2 + (E+H_0)^2 - 2(E+H_g)(E+H_o)\cos\psi]^{\frac{1}{2}} \tag{5.96}$$

$$= [(E+H_g)^2 \sin^2\theta + 2E(H_0 - H_g) + H_o^2 - H_g^2]^{\frac{1}{2}} - (E+H_g)\sin\theta$$

경로수평 투영길이, D는

$$\theta \geq 10° \,;\, (H_o - H_g)/\tan\theta \tag{5.97}$$

$\theta < 10° \,;\, E \cdot \psi(\psi:\ \mathrm{rad})$

H_o : 0°C 등온선고도(Km)

H_g : 지구국 해발고도(Km)

θ : 경로 앙각

E : 지구등가반경(8,500 Km)

$$\psi = \sin^{-1}\left\{\frac{\cos\theta}{H_o+E}[(H_g+E)^2\sin^2\theta + 2E(H_o - H_g) \right. \tag{5.98}$$

$$\left. + H_o^2 - H_g^2]^{\frac{1}{2}} - (H_g+E)\sin\theta\right\}$$

$$= \cos^{-1}\left[\frac{\cos\theta}{H_o+E}(E+H_g)\right] - \theta$$

가변 등온선 기법은 감쇠를 일으키는 매체의 실효길이가 강우량의 형태에 따라 변한다는 사실을 이용하는 것이다. 그림 5-42는 강우강도와 등온선고도와의 관계를 위도에 따라 보여주고 있다.

이 식에 의하여 감쇠값을 계산하기 위하여는 사전에 위성 앙각, 사용주파수 및 지구국의 위치에 관한 데이터를 알아야 한다.

1단계로는 그림 5-43에서 강우강도 기후지역을 선택(우리 나라=D지역)한다. 2단계로 그림 5-44에서 연간 초과강우 시간율에 의하여 강우강도(mm/h)를 택한다. 3단계로 그림 5-39에서 지구국 위도에 따라 해당 등온선고도를 결정한다. 4단계부터는 다음과 같이 계산한다.

경로의 수평투영 길이 계산

$$D = \frac{H_o - H_g}{\tan\theta}(\mathrm{km}), \tag{5.99}$$

$D > 22.5(\mathrm{km})$이면 초과발생확률 P를 다음과 같이 P'로 다시 계산

$$P' = \frac{D}{22.5} \tag{5.100}$$

5단계

그림 5-41을 이용하여 a와 b값 계산

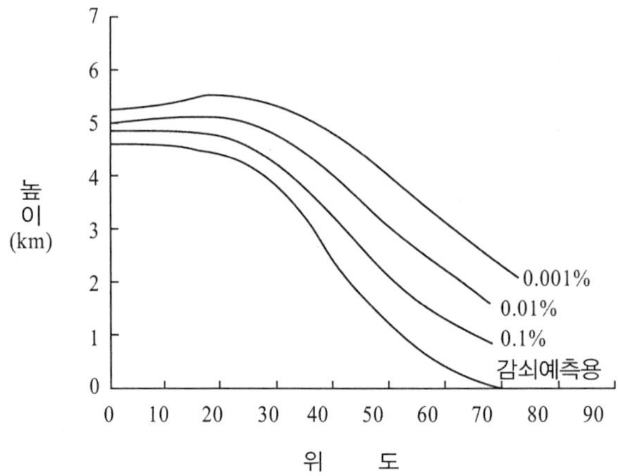

그림 5-42 초과 강우시간율과 등온선관계

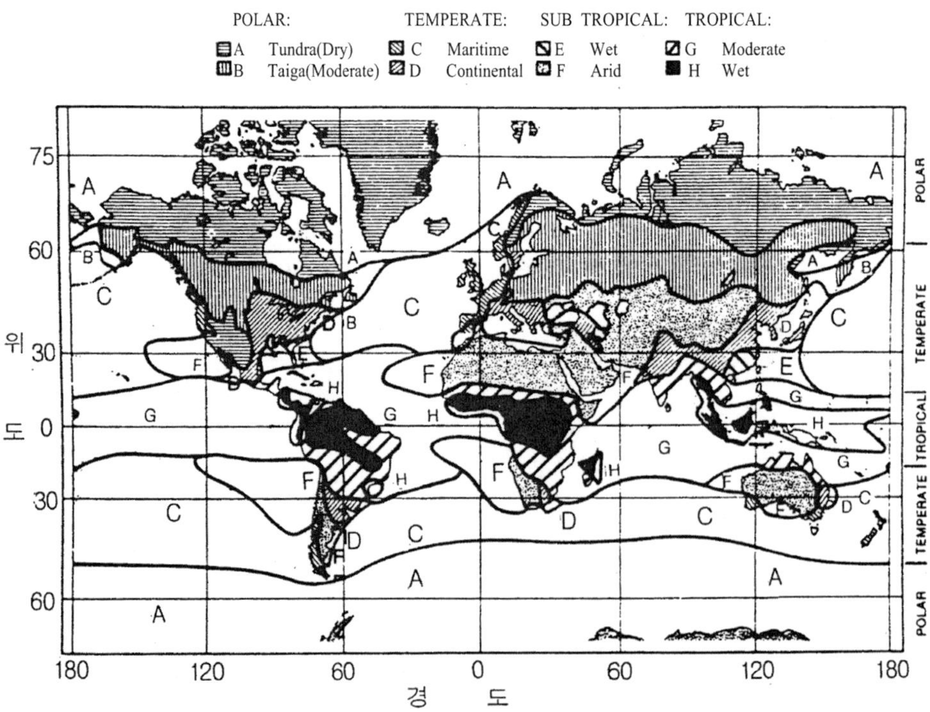

그림 5-43 THE GLOBAL 모델 초과 강우강도 지형도

% / 년	강우 기후 지역												분/년	시간/년
	A	B_1	B	B_2	C	D_1	$D=D_2$	D_3	E	F	G	H		
0.001	28.5	45	57.5	70	78	90	108	126	165	66	185	253	5.26	0.09
0.002	21	31	44	54	62	72	89	105	144	51	157	220.5	10.5	0.18
0.005	13.5	22	28.5	35	41	50	64.5	80.5	118	34	120.5	178	26.3	0.44
0.01	10.0	15.5	19.5	23.5	28	35.5	49	63	98	23	94	147	52.6	0.88
0.02	7.0	11.0	13.5	16	18	24	35	48	78	15	72	119	105	1.75
0.05	4.0	6.4	8.0	9.5	11	14.5	22	32	52	8.3	47	86.5	263	4.38
0.1	2.5	4.2	5.2	6.1	7.2	9.8	14.5	22	35	5.2	32	64	526	8.77
0.2	1.5	2.8	3.4	4.0	4.8	6.4	9.5	14.5	21	3.1	21.8	43.5	1052	17.5
0.5	0.7	1.5	1.9	2.3	2.7	3.6	5.2	7.8	10.6	1.4	12.2	22.5	2630	43.8
1.0	0.4	1.0	1.3	1.5	1.8	2.2	3.0	4.7	6.0	0.7	8.0	12.0	5260	87.7
2.0	0.1	0.5	0.7	0.8	1.1	1.2	1.5	1.9	2.9	0.2	5.0	5.2	10520	175
5.0	0.0	0.2	0.3	0.3	0.5	0.0	0.0	0.0	0.5	0.0	1.8	1.2	26298	438

그림 5-44 GLOBAL모델 강우강도 분포값(mm/h)

6단계

X, Y, Z, U값 계산

$$X = 2.3\ R_P^{-0.17} \tag{5.101}$$

$$Y = 0.026 - 0.03\ \ln R_P \tag{5.102}$$

$$Z = 3.8 - 0.6\ \ln R_P \tag{5.103}$$

$$U = \frac{\ln[X\ e^{YZ}]}{Z} \tag{5.104}$$

7단계

전체 감쇠값 A(dB) 계산

- $D \geqq Z,\ \theta \geqq 10°$

$$A = \frac{aR_P^b}{\cos\theta}\left[\frac{e^{UZb}-1}{Ub} - \frac{X^b e^{YZb}}{Yb} + \frac{X^b e^{YDb}}{Yb}\right] \tag{5.105}$$

- $D<Z$

$$A = \frac{aR_P^b}{\cos\theta}\left[\frac{e^{UDb}-1}{Ub}\right] \tag{5.106}$$

- $D=0(\theta = 90°)$

$$A = (H_o - H_g)(a\ R_P^b) \tag{5.107}$$

2단계에서의 강우강도 R_p(mm/h)는 1분간 평균 강우강도(mm/h)이다. 이 값은 10분간의 강우강도 또는 연간 총강우량(mm)을 이용하여 다음과 같이 구할 수 있다. 10분간 강우율 R'(mm/h)에 의한 산출은

$$R_1\% = R'1(\text{mm/h}) \tag{5.108}$$

$$R_{0.1}\% = 1.08\ \ R'0.1(\text{mm/h}) \tag{5.109}$$

$$R_{0.01}\% = 1.16\ \ R'0.01(\text{mm/h}) \tag{5.110}$$

연간 총강우량 R_y(mm)에 의한 산출은

$$R_1\% = 0.00738\ \ R_y^{0.868}(\text{mm/h}) \tag{5.111}$$

$$R_{0.1}\% = 0.0182\ \ R_y^{0.925}(\text{mm/h}) \tag{5.112}$$

$$R_{0.01}\% = 0.380\ \ R_y^{0.654}(\text{mm/h}) \tag{5.113}$$

(2) SAM 모델(Simple Attenuation Model)

이 모델은 NASA의 지원으로 개발된 것으로 계산을 쉽게 하고자 한 것이다. 이것은 점 강우강도만의 함수로서 강우강도가 초과되는 시간 %의 함수는 아니다. 이 모델의 계산공식은 $R_p \leqq 10$mm/h인 경우와 $R_p > 10$mm/h인 경우로 구분하여 계산한다.

$R_p \leqq 10$mm/h인 경우

$$A(R_p) = a\ \ R_p^b \cdot L \tag{5.114}$$

$R_p > 10$mm/h인 경우

$$A(R_p) = a\ \ R_p^b \cdot \left[\frac{1-\exp[-\gamma \cdot b \cdot \ln(R_p/10) \cdot L \cdot \cos\theta]}{\gamma \cdot b \cdot \ln(R_p/10)\cos\theta}\right] \tag{5.115}$$

여기서

$$L = \frac{H_R - H_g}{\sin\theta}\ \ (\text{Km}) \tag{5.116}$$

H_R : 실효 강우고도

H_g : 지구국 해발고

θ : 앙각

γ : 1/22(실험산출량)

0°C 등온선고도를 H_o(Km)라고 할 때

$R_p \leq$ 10mm/h일 때

$$H_R = H_o \tag{5.117}$$

$R_p >$ 10mm/h일 때

$$H_R = H_o + \log\left(\frac{R_p}{10}\right) \tag{5.118}$$

여기서 $H_o = 4.8(\text{Km}), \qquad \psi < 30°$

$H_o = 7.8 - 0.1 \cdot \psi, \qquad \psi > 30°$

ψ : 위도

로 계산한다.

a와 b값은 그림 5-38, 그림 5-41에서 얻을 수 있으며 주파수 범위에 의해 다음과 같은 개략값으로 계산할 수도 있다.

$$a = 4.21 \times 10^{-5} f^{2.42} \text{ ; } 2.9\text{GHz} \leq f \leq 54\text{GHz} \tag{5.119}$$

$$= 4.09 \times 10^{-2} f^{-0.699} \text{ ; } 54\text{GHz} \leq f \leq 180\text{GHz} \tag{5.120}$$

$$b = 1.41 f^{-0.0779} \text{ ; } 8.5\text{GHz} \leq f \leq 25\text{GHz} \tag{5.121}$$

$$= 2.63 f^{-0.272} \text{ ; } 25\text{GHz} \leq f \leq 164\text{GHz} \tag{5.122}$$

5.8.3.2 ITU-R 모델

ITU-R 모델은 실효 경로길이의 개념을 이용하는 것으로 평년의 0.01%에 대한 점 강우강도 R_p를 기준으로 한 것이다.

그림 5-45는 ITU-R 모델의 지구-우주 경로에 대한 기하도이다. H_g는 지구국의 해발고(Km), H_R은 실효 강우고도, L_s는 강우고도 아래의 경사 경로길이, A는 결빙된 강우가 존재하고 B 이하 C에서는 액상강우가 존재하게 된다. D는 지구-우주 경로를 나타내는 것이고 θ는 앙각이다. 앙각 θ값에 따라 L_s값에 차이가 생기고 실효 강우고도 H_R값은 지구국의 설치위도(ψ)에 따라 다음과 같이 구해진다. 여름동안의 평균 0°C의 등온선고도 H_o는

$$3.0 + 0.028 \cdot \psi(\text{Km}) \text{ ; } \qquad 0 < \psi < 36° \tag{5.123}$$

$$4.0 - 0.075(\psi - 36)(\text{Km}) \text{ ; } \qquad \psi > 36° \tag{5.124}$$

비가 내리는 상태에서의 0°C 등온선고도 H_o는

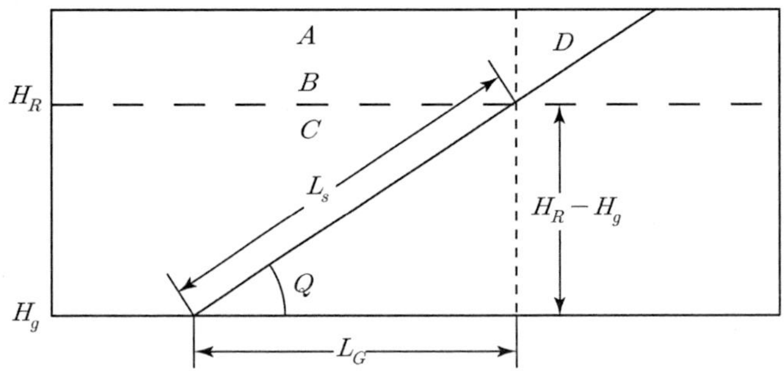

그림 5-45 ITU-R 모델 지구-우주 경로 기하도

$$0 < \psi < 23° \ : \ 5(\text{Km})$$
$$\psi \geqq 23° \ : \ 5 - 0.075(\psi - 23)(\text{Km}) \quad (5.125)$$

의 근사값을 갖으며 적도 부근에서 5 Km, 위도 35°에서 약 4 Km로 감소하며 위도 60°에서 약 2 Km로 감소한다. 실효 강우고도 H_R은 그림 5-42의 등온선고도를 사용해도 된다.

경사 경로길이 L_s는

$Q \geqq 5°$인 경우

$$L_s = \frac{(H_R - H_g)}{\sin\theta} \ (\text{Km}) \quad (5.126)$$

$Q < 5°$인 경우

$$L_s = 2\frac{(H_R - H_g)}{\left[\sin^2\theta + \frac{2(H_R - H_g)}{E}\right]^{\frac{1}{2}} + \sin\theta} \ (\text{Km}) \quad (5.127)$$

여기서 E는 지구의 등가 반경으로 8,500 Km이다.

다음 경사 경로길이 L_s에 대한 기본적인 감쇠계수 γ_p는

$$\gamma_p = \frac{1}{(1 + \frac{L_G}{L_0})} \quad (5.128)$$

$$L_0 = 35 \cdot e^{(-0.015 * R_{0.01})} \quad (5.129)$$

이상에서 설명한 것을 토대로 하여 전체적으로 식을 정리하면 초과감쇠값은 $A = aR_p^b \cdot L_s \cdot \gamma_p$로 구해지며

앙각 $\theta \geqq 5°$인 경우 (5.130)

$$A_{0.01} = a\, R_{0.01}^b \; \frac{(H_R - H_g)}{\sin\theta} \cdot \frac{L_G}{L_G + (\frac{L_G}{L_o})\left[\frac{(H_R - H_s)}{\sin\theta}\right] \cdot \cos\theta}$$

앙각 $\theta < 5°$인 경우 (5.131)

$$A_{0.01} = a\, R_{0.01}^b \cdot \frac{2(H_R - H_g)}{\left[\sin^2\theta + \frac{2(H_R - H_g)}{E}\right]^{\frac{1}{2}} + \sin\theta} \cdot$$

$$L_G \cdot \frac{\left[\sin^2\theta + \frac{2(H_R - H_o)}{E}\right] + \sin\theta}{L_G + (\frac{L_G}{L_o}) \cdot [2(H_R - H_g) \cdot \cos\theta]}$$

가 된다.

$A_{0.01}$외의 평년 백분율에 대한 감쇠값은 $A_{0.01}$값을 이용하여 다음과 같이 계산할 수 있다.

$$A_p = A_{0.01} \cdot 0.12 \cdot P^{-(0.546 + 0.043\ \log P)} \tag{5.132}$$

여기서 인자는 1%, 0.1%, 0.01%, 0.001%에 대해 각각 0.12, 0.38, 1.0 및 2.14를 사용한다. 이것은 다음 식에 의해서도 계산할 수 있다.

$$A_p = C \cdot A_{0.01}(P\ /\ 0.01)^{-a} \tag{5.133}$$

$0.001 \leqq P \leqq 0.01$; $C = 1.0,\ a = 0.33$

$0.01 \leqq P \leqq 0.1$; $C = 1.0,\ a = 0.41$

$0.1 \leqq P \leqq 1.0$; $C = 1.3,\ a = 0.50$

이상의 식에서 a와 b값은 각각 그림 5-38의 값에 해당된다. 특정감쇠 aR_p^b는 그림 5-36 또는 그림 5-37, 초과 강우강도는 그림 5-46과 그림 5-47을 이용하여 구한다.

이상의 식에 의하여 감쇠값을 계산하는 절차는 1단계로 그림 5-46에서 기후대, 그림 5-47에서 강우강도 R_p를 택한다. 2단계로 그림 5-42 또는 다음 식에 의해 지구국 위도 ψ로부터 강

우 실효 고도 H_R을 결정한다.

$$0 < \psi < 36° \ ; \ 3.0 + 0.028 \cdot \psi(\mathrm{Km}) \tag{5.134}$$
$$\psi \geqq 36° \ ; \ 4.0 - 0.075(\psi - 36)(\mathrm{Km}) \tag{5.135}$$

$$H_R = H_g \cdot \rho_p$$
$$\psi \leqq 20° \ ; \ \rho_p = 0.6 \tag{5.136}$$
$$20° < \psi < 40° \ ; \ \rho_p = 0.6 + 0.02(\psi - 20) \tag{5.137}$$
$$\psi \geqq 40° \ ; \ \rho_p = 1.0 \tag{5.138}$$

또는 $H_R = 5.1 - 2.15 \log[1 + 10(\psi - 27)/252]$

3단계부터는 다음과 같이 구한다.

경사 경로길이와 이 길이의 투영 및 감소요소 결정

$$\theta \geqq 5°$$
$$L_s = \frac{(H_R - H_g)}{\sin\theta}[\mathrm{Km}] \tag{5.139}$$
$$\gamma_p = \frac{90}{(90 + 4 \cdot L_G)}(\gamma_p \ : \ \text{감쇠계수}) \tag{5.140}$$
$$L_G = L_S \cos\theta \tag{5.141}$$

4단계

그림 5-38에서 특정 감쇠계수를 구해서 a와 b값 계산

$$a = [a_H + a_V + (a_H - a_V)\cos^2\theta \cos 2\tau]/2 \tag{5.142}$$
$$b = [a_H + b_H + a_V b_V + (a_H b_H - a_V b_V)\cos^2\theta \cos 2\tau]/2 \tag{5.143}$$

※ τ : 편파형태(원편파 45°, 수평편파 0°, 수직편파 90°)

5단계

연평균 0.01%를 초과하는 감쇠계산

$$A = aR^b \cdot L_s \cdot \gamma_p \tag{5.144}$$

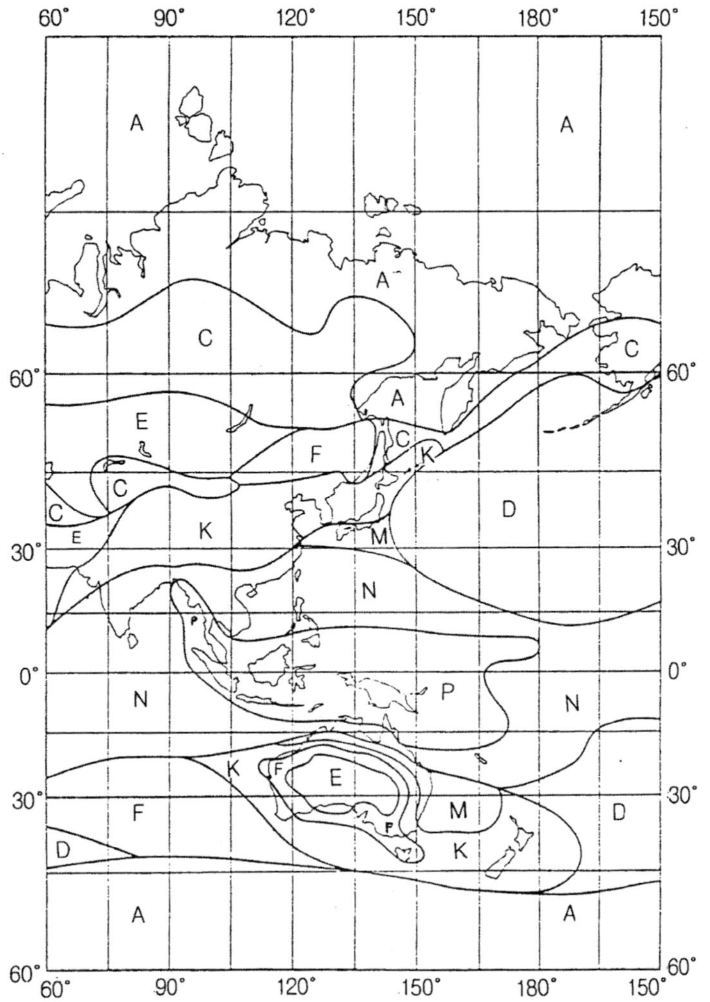

그림 5-46 ITU-R 모델 초과 강우강도 지형도

시간율 (%)	A	B	C	D	E	F	G	H	J	K	L	M	N	P	Q
1.0	0.1	0.5	0.7	2.1	0.6	1.7	3	2	8	2.5	2	4	5	12	24
0.3	0.3	2.0	2.8	4.5	2.2	4.5	7	4	13	4.2	7	11	15	34	49
0.1	2	3	5	8	6	8	12	10	20	12	15	22	35	65	72
0.03	5	6	9	13	12	15	20	18	28	23	33	40	65	105	96
0.01	6	12	15	19	22	28	30	32	35	42	40	63	95	145	115
0.003	14	21	26	29	41	54	45	55	45	70	105	95	140	200	142
0.001	22	32	42	42	70	78	65	83	55	100	150	120	180	250	170

그림 5-47 ITU-R 모델 강우강도 분포값(mm/h)

6단계

연평균 P%를 초과하는 감쇠계산

$$A_p = C \cdot A_{0.01} \left(\frac{P}{0.01}\right)^{-a} \tag{5.145}$$

$0.001 \leqq P \leqq 0.01$; $C = 1.0,\ a = 0.3$

$0.01 \leqq P \leqq 0.1$; $C = 1.0,\ a = 0.41$

$0.1 \leqq P \leqq 1.0$; $C = 1.3,\ a = 0.50$

또는

$$A_p = A_{0.01} \cdot 0.12 P^{-(0.546 + 0.043 \log P)} \tag{5.146}$$

5.8.3.3 Leitao & Watson 모델

그림 5-48은 이 모델에 의해 제시된 강우감쇠 값을 계산하기 위한 모델상수로서 주파수, 편파 및 강우의 유형별로 되어 있다.

이 모델의 기본식은

$$A = \frac{\gamma \cdot H_R}{\sin\theta} \text{(dB)},\ H_R : \text{강우고도} \tag{5.147}$$

주파수(GHz)	편파	s	t	u	v	w
100	H	0.277	−0.295	1.307	−0.475	1.298
	V	0.248	−0.248	1.239	−0.456	1.258
11	H	0.366	−0.238	1.263	−0.455	1.267
	V	0.329	−0.267	1.255	−0.440	1.234
12	H	0.464	−0.238	1.259	−0.449	1.249
	V	0.420	−0.217	1.215	−0.433	1.214
17	H	1.07	−0.191	1.180	−0.456	1.193
	V	0.978	−0.202	1.162	−0.420	1.144
20	H	1.53	−0.212	1.171	−0.509	1.200
	V	1.39	−0.198	1.135	−0.470	1.147
24	H	2.28	−0.198	1.151	−0.497	1.173
	V	2.06	−0.212	1.131	−0.492	1.135
30	H	3.64	−0.166	1.118	−0.413	1.13
	V	3.28	−0.182	1.094	−0.430	1.088

(a) 광역비(wide area rainfall)의 경우

주파수(GHz)	편파	s	t	u	v	w
100	H	0.449	−0.634	1.587	−0.563	1.318
	V	0.375	−0.567	1.490	−0.563	1.287
11	H	0.562	−0.624	1.553	−0.553	1.289
	V	0.474	−0.559	1.468	−0.538	1.45
12	H	0.684	−0.597	1.510	−0.561	1.277
	V	0.578	−0.572	1.454	−0.531	1.221
17	H	0.949	−0.537	1.429	−0.545	1.241
	V	0.800	−0.496	1.353	−0.534	1.192
14	H	1.39	−0.472	1.341	−0.553	1.218
	V	1.17	−0.447	1.277	−0.515	1.148
20	H	1.90	−0.441	1.290	−0.486	1.162
	V	1.58	−0.417	1.222	−0.444	1.094
24	H	2.66	−0.414	1.237	−0.445	1.114
	V	2.24	−0.394	1.181	−0.452	1.075
30	H	3.92	−0.398	1.180	−0.410	1.051
	V	3.38	−0.375	1.134	−0.428	1.028

(b) 소낙비의 경우

그림 5-48 LEITAO & WATSON 모델 상수값

$R_p < 20$ mm/h인 경우에는

$$\gamma = a\left(\frac{R_p}{20}\right)^x \cdot \frac{H_R}{\sin\ \theta}\ \text{(dB/Km)} \tag{5.148}$$

$R_p \geqq 20$ mm/h인 경우에는

$$\gamma = a\left(\frac{R_p}{20}\right)^y \cdot \frac{H_R}{\sin\ \theta}\ \text{(dB/Km)} \tag{5.149}$$

이다. 주파수와 기후조건만을 고려할 때 a, x 및 y값은

$$a_{H,\ V} = \frac{S_{H,\ V}}{1+0.01\ L_G} \tag{5.150}$$

$$x_{H,\ V} = t_{H,V}\ \log_{10}\ (L_G+1) + u_{H,\ V}\ ; \tag{5.151}$$

$$y_{H,V} = v_{H,V}\ \log_{10}\ (L_G+1) + w_{H,\ V}\ ; \tag{5.152}$$

이다. 이 조건에 앙각과 편파를 고려할 때의 a, x와 y값은

$$a = [a_H + a_V + (a_H - a_V)\cos^2\theta\cos 2\tau]/2 \tag{5.153}$$

$$x = [a_H x_H + a_V x_V + (a_H x_H - a_V x_V)\cos^2\theta\cos 2\tau]/2a \tag{5.154}$$

$$y = [a_H y_H + a_V y_V + (a_H y_H - a_V y_V)\cos^2\theta\cos 2\tau]/2a \tag{5.155}$$

τ : 수평을 기준으로 한 편파각(원 편파 45°, 수평편파 0°, 수직편파 90°)

θ : 앙각

가 된다. 그림 5-49는 이 모델에 대한 경사경로 기하도이다. 그림 5-48에 없는 주파수에 대하여 감쇠값을 계산하고자 하는 경우의 a, x 및 y값은 다음과 같이 계산할 수 있다. 여기서 f는 사용을 원하는 주파수이다.

$$\log a_{H,V} = (\log a''_{H,V} - \log a'_{H,V})\frac{\log f - \log f'}{\log f'' - \log f'} + \log a'_{H,V} \tag{5.156}$$

$$x_{H,V} = (x''_{H,V} - x'_{H,V})\frac{\log f - \log f'}{\log f'' - \log f'} + x'_{H,V} \tag{5.157}$$

$$y_{H,V} = (y''_{H,V} - y'_{H,V})\frac{\log f - \log f'}{\log f'' - \log f'} + y'_{H,V} \tag{5.158}$$

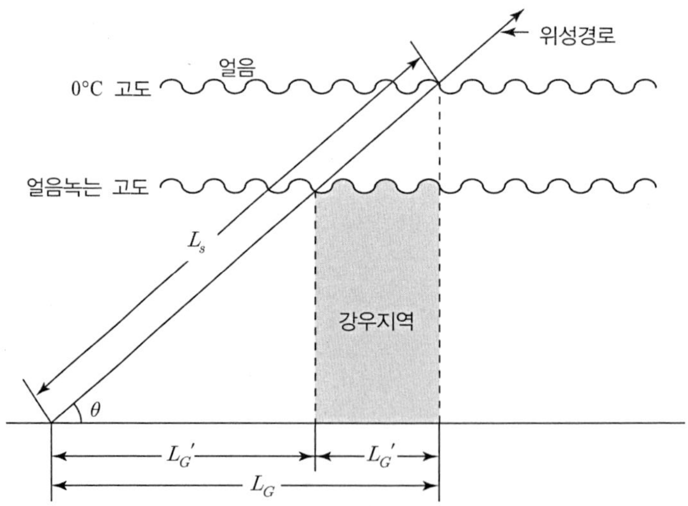

그림 5-49 경사경로 기하도

5.8.4 주요 모델의 실효 경로길이 요소비교

이상에서 언급한 이외의 The Rice−Holmberg(R−H) 모델, Dutton−Dougherty 모델, The two−component 모델, piecewise Uniform Rain Rate 모델 및 The Lin 모델들은 주로 경사경로 길이 값에서 차이를 가지고 있다. 여기서는 이 중 몇 가지 모델에 대한 실효 경로길이를 비교해 보기로 한다.

5.8.4.1 Global 모델

(1) 평균경로 기법

$$L_e = \frac{H}{\sin\theta}\gamma(D)R_p^{-\delta(D)} \tag{5.159}$$

R_p : 점 강우율

H : 0°C 등온선고도

D : Bascal 경로 길이

γ, δ : 평균경로 요소 (그림 5-40 참조)

(2) 가변 등온선기법

식 (5.105)로부터

$$L_e = \frac{1}{\cos\theta}\left[\frac{e^{Uzb}-1}{Ub} - \frac{X^b e^{Yzb}}{Yb} + \frac{X^b e^{YDb}}{Yb}\right] \tag{5.160}$$

L_e값은 U, X, Y와 Z값이 R_p의 함수이므로 이것도 R_p의 복소함수가 된다.

5.8.4.2 LIN 모델

$$L_e = \frac{4}{\sin\theta}\left[1 + \frac{4(R_p - 6.2)}{2636\sin\theta}\right]^{-1} \tag{5.161}$$

$$= \frac{2636}{659\sin\theta + R_p - 6.2}$$

$\theta = 45°$ 에서

$$L_e = 2636\ (460 + R_p)^{-1} \tag{5.162}$$

5.8.4.3 IPPOLITO 실험측정값

$$L_e = \frac{9.065}{\sin\theta}R_p^{-0.296} \quad \text{(Km)}$$

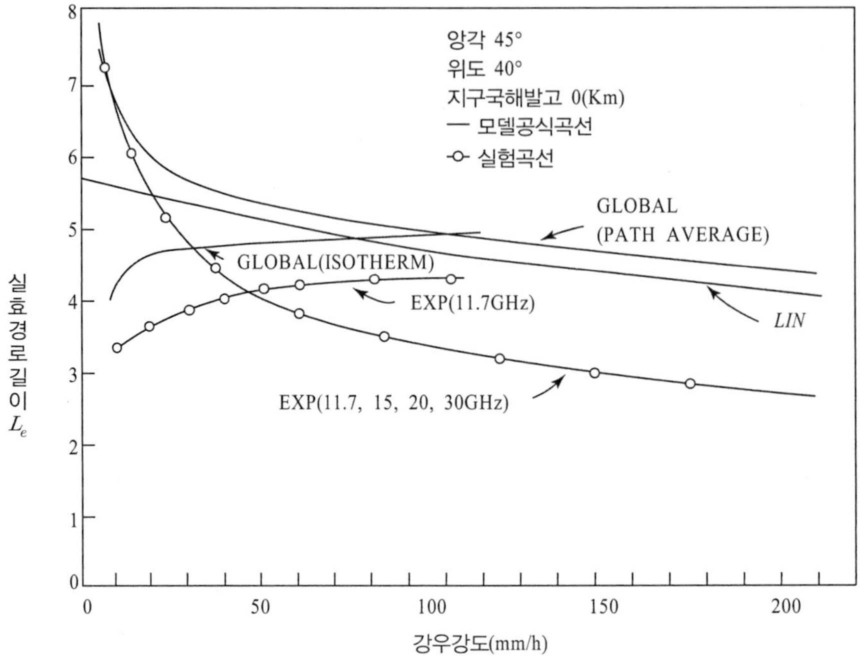

그림 5-50 **주요 모델의 실효 경로길이의 비교**

(1) 실험데이터

- 주파수, f : 11.7, 15, 20 및 30GHz
- 앙각, θ : 20~90°

(2) 45° 앙각에 대한 L_e 값은

$$L_e = 12.82 \cdot R_p^{-0.296} \tag{5.163}$$

그림 5-50은 실효 경로길이와 강우강도와의 관계를 보여주는 것이다. 대체로 강우강도의 증가와 함께 L_e값이 적어짐을 알 수 있는데, 이것은 강우율이 높을 수록 강우 셀이 작아짐을 나타내고 있다.

강우 셀의 실효직경을 D_c라 하면

$$D_c = 3.3 \cdot R^{-0.08} \text{ (Km)} \tag{5.164}$$

5.8.5 강우감쇠 보상방법

5.8.5.1 개요

강우로 인한 전파 자속밀도의 초과감쇠를 보상하는 방법에는 송신기의 출력, 안테나 등을 조정하여 실효 방사전력을 감쇠값 만큼 올리는 고전력(high-EIRP) 시스템방법과 초과감쇠를 일으키는 경로를 이의 영향을 받지 않는 다른 경로로 전환하는 경로(path) 다이버시티(diversity) 방법 또는 강우의 영향이 적은 주파수로 전환하는 주파수(frequency) 다이버시티 방법 등이 있다. 초과감쇠 보상방법은 시스템 설계시 경제성과 신뢰성을 함께 고려하여 선택하여야 한다. 시스템의 신뢰성만 고려하면 경제적인 면이, 경제성만 고려하면 신뢰성이 저하될 수 있기 때문이다.

5.8.5.2 경로 다이버시티 방법

(1) 개요

1968년 Hogg는 위성통신 링크에 대하여 경로 다이버시티 방법을 사용할 것을 제안했다. 이 제안은 감쇠를 크게 일으키는 강우셀이 매우 제한적이고, 또한 이 강우셀은 다른 셀에 근접하여 동시에 발생하지 않는다는 것을 가정하고 있다. 따라서 두 경로에서는 동시적으로 감쇠가 발생할 확률이 적은 것이다. 이 가정은 1970년에 서로 독립된 경로에서의 강우감쇠를 결정하기 위해 무선측위 잡음발사 측정을 이용하여 Wilson에 의해 시험되었고, 1974년 Hodge에 의해 실제 위성통신 경로에 의해 시험되었다. 이들 실험에 의해 경로 다이버시티가 강우감쇠 현상중에서 시스템 신뢰성을 개선하는 데 효과적인 기법으로 확인되었다.

주파수 다이버시티 방법은 강우감쇠에 영향을 받지 않는 주파수를 기초로 한 것이다. 이 경우에는 동일 시스템에 10 GHz 이상과 10 GHz 이하의 채널이 할당되어 있다. 강우의 경우에는 우선순위가 높은 트래픽이 강우감쇠의 영향이 낮은 주파수로 전환되어진다. 따라서 채널용량은 그 트래픽의 부분에 대한 신뢰성을 유지하기 위해 감소되어진다. 즉, 이것은 우선순위가 높은 모든 트래픽은 낮은 주파수로 할당하고 우선순위가 낮은 채널은 10 GHz 이상을 할당하는 것이다.

이외에 각도(angle) 다이버시티는 하나의 지구국에서 서로 떨어진 궤도상에 위치한 위성으로 지구국-위성간 서로 다른 경로를 갖는 방식이다.

따라서 강우 셀이 지구국으로부터 어느 정도의 거리밖에 있는 경로상에서 발생하면 경로 다이버시티와 같은 효과를 얻을 수 있지만 강우 셀이 지구국 근처에서 발생하면 개선효과가 떨어진다. 이 방식은 여러 개의 위성을 이용하여 다경로의 구성이 가능할 경우에 최대 효과를 얻는다.

(2) 경로(path) 다이버시티 이득 G_D와 다이버시티 개선도 I_D

그림 5-51은 경로 다이버시티 방법에 대한 구성도이다. 수 Km로 떨어져 있는 2개의 지구국은 동일한 트랜스폰더(transponder)를 사용한다. 지형적으로 "셀"이 작은 강우 발생시에 강우가 동일 시간에 양쪽 지구국 모두에 같은 영향을 줄 확률이 적으므로 동시에 2국이 같은 값의 강우감쇠를 받지 않는다. 그림에서 시간 t에 1번의 지구국 A에서 받는 감쇠를 $A(t)$, 지구국 B가 받는 감쇠를 $B(t)$라고 하면 결합감쇠 $A_{div}(t)$는

$$A_{div}(t) = [A(t),\ B(t)]\ \text{(dB)} \tag{5.165}$$

단일 지구국에 대한 평균 강우감쇠를 $A_{ave}(t)$라 할 때

$$A_{ave}(t) = \frac{[A(t),\ B(t)]}{2}\ \text{(dB)} \tag{5.166}$$

가 된다. 경로 다이버시티 방법을 이상적으로 운용하기 위해서는 양 지구국에서 수신되는 하향링크 신호를 모니터 해서 이중 수신강도가 큰 쪽을 운용 모드로 선택하게 된다. 따라서 다이버시티 시스템은 지구국 한 개의 시스템으로 운용시 보다 대처 능력이 크다.

이때의 개선되는 능력의 정도는 다이버시티 이득 G_D와 다이버시티 개선도 I_D에 의해 측정

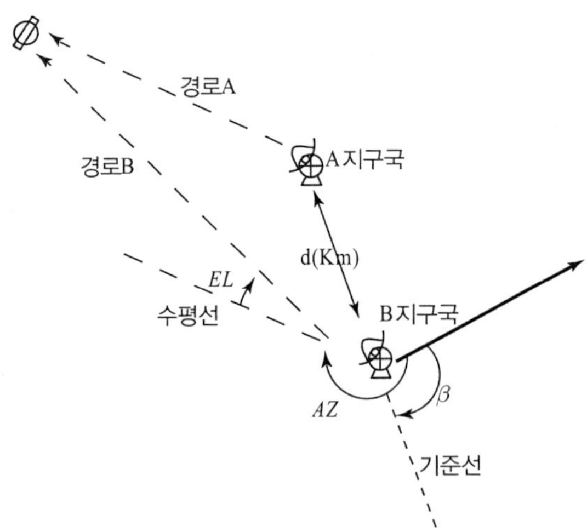

EL : elevation (앙각)

AZ : azimuth (방위각)

d : 지구국 간 거리

그림 5-51 **경로 다이버시티 구성도**

된다. 다이버시티 이득 $G_{D(p)}$는 단일 지구국 평균 강우감쇠 $A_{ave}(p)$와 결합 강우감쇠 $A_{div}(p)$간의 차가 된다. 괄호안의 p값은 초과 시간율을 나타낸다. 다이버시티 이득 $G_{D(p)}$는

$$G_{D(p)} = A_{ave}(p) - A_{div}(p) \ \text{[dB]} \tag{5.167}$$

다이버시티 개선도 I_D는 단일경로의 초과 시간율 $T(A)$대 이 경로의 결합 초과 시간율 $T_{div}(A)$의 비를 나타내는 것으로 주어진 강우 값에 대한 것이다.

$$I(A) = \frac{T(A)}{T_{div}}(A) \tag{5.168}$$

즉, I_D는 경로 다이버시티를 사용하므로써 감쇠시간이 특정 감쇠값에서 어느 정도 개선되었는지를 나타내는 요소이다.

그림 5-52는 다이버시티 이득 G_D와 개선도 I_D와의 관계를 보여주고 있다. 위에서 보여준 식 G_D와 $I(A)$는 실험 데이터 분석을 위해 다음과 같이 일반화 된다.

$$G_D(A) = A_{ave}(t) - A_{div}(t) \tag{5.169}$$

$$I(A) = \frac{T_{ave}(A)}{T_{div}(A)} \tag{5.170}$$

여기서 $A_{ave}(t)$는 시간율 t를 초과하는 단일 지구국 평균감쇠이고 $T_{ave}(t)$는 감쇠값 A를 초과하는 지구국 평균감쇠 시간율이다.

(3) 경로 다이버시티 설계요소

경로 다이버시티 설계요소는 지구국간 이격거리, 기준선방향, 경로 앙각, 접속링크 및 사용주파수이다. 다이버시티 이득은 지구국의 이격거리 d와 매우 밀접한 관계를 가진다. 이 이득은 d가 10 Km 증가할 때까지 급격히 커지고 통상 10~30 Km 정도의 최대값에 도달할 때까지 서서히 증가한다.

평행 경로간의 수직적인 이격은 지구국이 지표면 상에 있는 경로의 투영에 수직인 기준선 방향상에 위치하게 될 때 가장 크게 된다. 이 배열은 경로가 동일한 강우 셀을 통해 지나가는 확률을 최소화 한다.

정해진 다이버시티 이득값을 얻기 위해 요구되는 이격거리는 경로 앙각이 작아지면 멀어져야 한다. 이것은 앙각이 낮은 경우에 강우 셀에 경로가 교차하는 근사치가 증가되기 때문이다. 즉, 다이버시티 이득은 앙각이 작아질수록 적어진다.

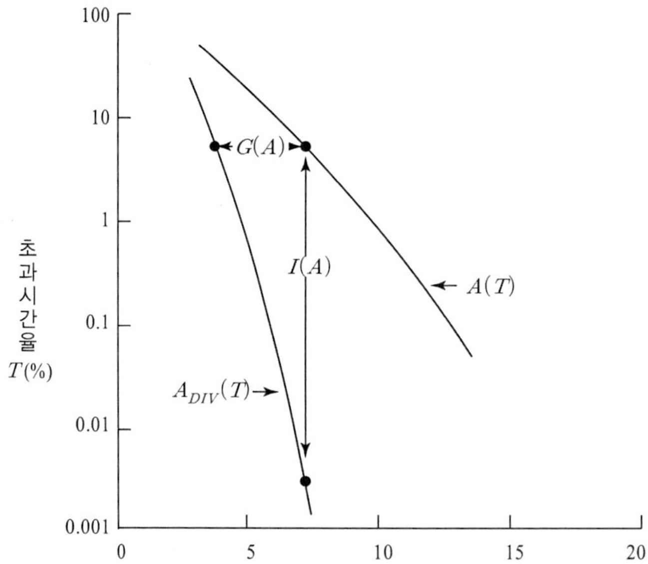

그림 5-52 **다이버시티 이득 G_D와 개선도 I_D**

경로 다이버시티 시스템에서는 2개의 지구국간에 무선이나 유선에 의한 연결링크를 구성해야 한다. 유선에 의해 구성하면 기상에 의한 영향은 받지 않는다. 10 GHz 이상의 무선주파수를 사용할 경우에는 그 영향을 고려해야 한다. 그러나 이 감쇠 정도는 기준선이 매우 길거나 기준선 방향이 위성 전파경로와 평행인 경우를 제외하고는 매우 작게 나타난다.

단일 경로상에서 초과되는 정해진 감쇠값의 확률은 주파수와 매우 관련이 있지만 다이버시티 이득은 단일 지구국과 다이버시티 감쇠값 간의 차를 기초로 한 조건적 통계이기 때문에 주파수와는 거의 무관하다. 실험적 측정결과 10~35 GHz 주파수 범위의 링크 주파수에 대하여 다이버시티 이득은 경미한 역비례 관계를 보여주고 있는 것으로 되어 있다. 30 GHz 이상의 주파수에서는 균일 강우 시스템에 의해 양 경로 상에서 동시에 나타나는 감쇠는 중대하게 될 수 있다. 즉, 이것은 다이버시티 이득에 주파수 임계치가 있음을 나타내는 것이다.

(4) 다이버시티 이득 계산 실험 모델

다이버시티 이득 G_D의 계산은 단일 지구국 감쇠 A와 지구국간 이격 거리 d에 의해 다음 식으로 계산된다.

$$G_D = a' \quad (1 - e^{(-b' * d)}) \tag{5.171}$$

여기서 a'와 b'는 단일 지구국 감쇠에 의해 결정되는 것으로 다음과 같다.

$$a' = A - 3.6 \cdot [1 - e^{(-0.24 * A)}] \text{ (dB)} \tag{5.172}$$

$$b' = 0.46 \cdot [1 - e^{(-0.26 * A)}] \text{ (dB)} \tag{5.173}$$

이 모델은 단일 지구국 감쇠 A와 이격거리 d 이외에 다음과 같은 요소를 포함시켜 개선된다.

링크주파수 : f
앙각 : θ
기준선대 경로각 : Δ

여기서 변수 Δ는 지구국간 기준선과 위성의 지상 투영경로 간의 각도이다. 그림 5-51에서 $\Delta = |AZ - \beta|$가 된다.

개선된 모델에서 다이버시티 이득 G_D는 $G_d \cdot G_f \cdot G_e \cdot G_\Delta$가 되며 여기서 G_d는 개선전 모델의 이득과 같고 회귀계수는 다음과 같다.

$$a = 0.64 \cdot A - 1.6\left(1 - e^{(-0.11 * A)}\right) \tag{5.174}$$

$$b = 0.585 \cdot \left(1 - e^{(-0.98 * A)}\right) \tag{5.175}$$

나머지 요소들은

$$G_f = 1.64 \cdot e^{(-0.025 * f)} \tag{5.176}$$

$$G_e = 0.00492 \cdot \theta + 0.834 \tag{5.177}$$

$$G_\Delta = 0.00177 \cdot \Delta + 0.887 \tag{5.178}$$

이 식에서 d는 Km, A는 dB, f는 GHz, θ와 Δ는 °의 단위를 갖는다. 그림 5-53은 이 모델에 대한 a, b, G_f, G_e와 G_Δ를 보여주고 있다.

5.8.5.3 고전력 시스템 이용방법

(1) 고전력 시스템의 원리

고전력 시스템에서는 송신전력 다이버시티 방법과 안테나이득 다이버시티 방법이 있다. 송신기전력 다이버시티 방식은 위성에서의 수신전력을 규정값으로 유지시키기 위해 지구국의 송신출력을 조정하거나 지구국에서 이 수신전력을 규정값으로 유지하기 위해 위성 트랜스폰더의 송신출력을 조정하는 방법이다. 이를 위해 지구국과 위성 트랜스폰더는 2개의 송신시스템 또는 기능을 구비해야 한다. 이것은 low-EIRP와 high-EIRP 시스템으로서 날씨가 청명한 평상시에는 low-EIRP 시스템을 운용하고 강우로 인하여 초과감쇠가 발생하면 high-EIRP 시스템을 사용한다. high-EIRP 시스템을 운용하면 위성운용에 소요되는 전력에 제한을 받아 트래픽 처리용량에 제한을 받게 된다. 또한, 채널과 상호변조적이 발생하여 혼신을 야기시키게 된다. 많은 지역에서 비가 내려 초과 감쇠가 발생할 경우 여러 지구국에서 high-EIRP 시스템 사용이 요구될 수 있다. 이에 따라 시스템 사용이 포화되어 통신을 할 수 없게 되는 상태를 룩-아웃(look-out) 상태라고 한다.

안테나이득 다이버시티는 일시 또는 부분적으로 발생하는 감쇠 변화를 보상하기 위해 고이득 안테나를 이용하는 방법이다. 이 방법을 위성에서 사용하는 경우에는 안테나 설치를 위해 고성능의 하드웨어가 요구된다.

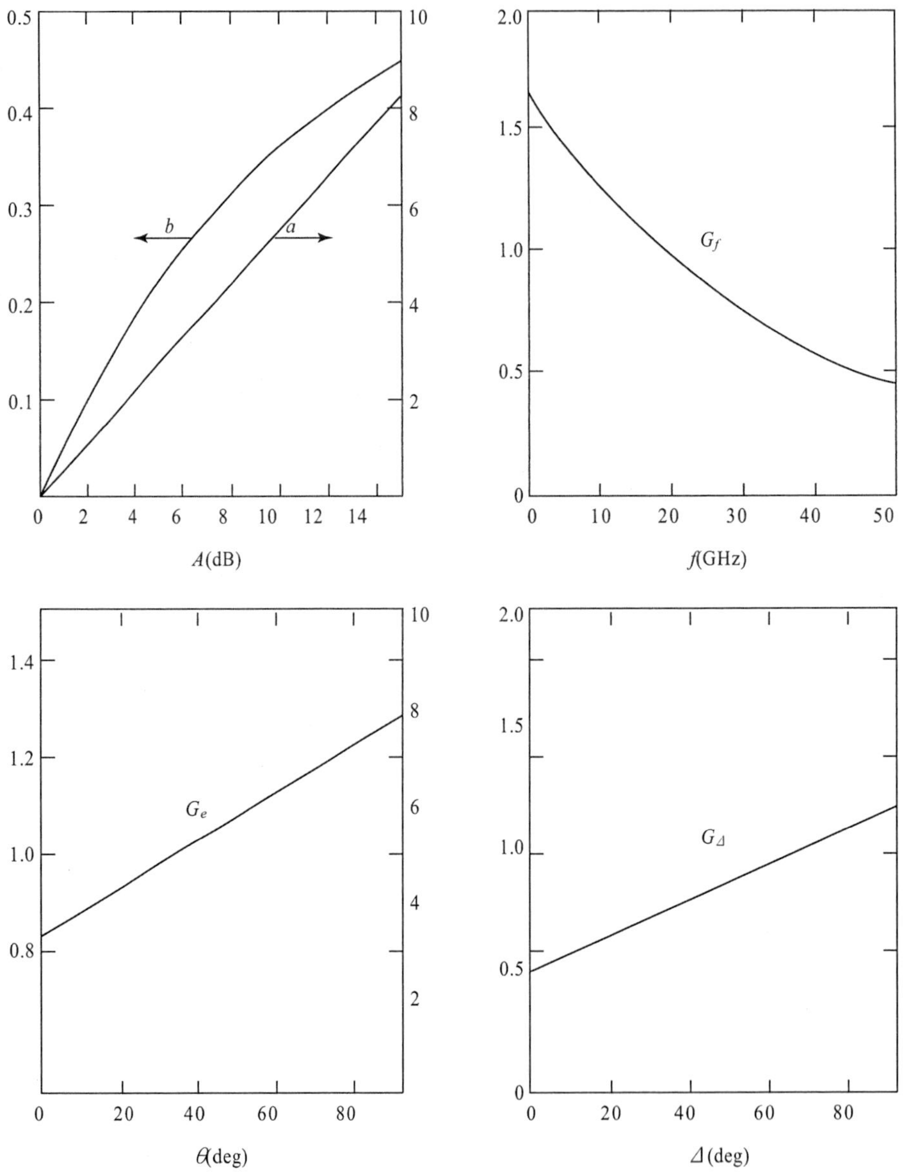

그림 5-53 **개선된 다이버시티 모델 변수**

(2) 지구국의 고전력 시스템 이용방법

지구국의 high-EIRP 시스템은 지구국에서 송신한 반송 자속밀도가 강우에 의해 감쇠되어 신호의 세기가 감쇠되었을 때에 지구국 송신기의 송신출력을 감쇠량만큼 증가시켜주는 시스템을 말한다. 그림 5-54(a)에서 A국은 정상적인 운용상태에서 위성으로부터 송신된 신호레벨을 측정한다. 이 값이 강우에 의한 영향으로 기준값 이하가 되면 이 차이값만큼 송신기 출력을 보정시켜 주어 항상 정상적인 EIRP가 유지되도록 한다. 한편 A국의 하향링크에서 감쇠가 발생한 때에는 지상망이나 위성의 오더 와이어(order wire) 채널을 이용하여 B국에 이 사실을 통보한다. 이 통보를 받은 B국은 감쇠된 신호레벨만큼 송신전력을 증가시킴으로써 A국에 대한 B국의 신호레벨을 일정하게 유지시킨다.

이때 A국에서 B국에 송신기 출력의 증가에 필요한 정보를 보내는 대신 B국에서 A국의 신호레벨을 측정해서 기준값에 대한 차이만큼의 감쇠량에 대한 자국 송신기 출력을 증가시킬 수도 있다. 한편, 그림 5-54(b)는 A국과 B국의 양지역에서 비에 의한 영향을 받는 경우이다. 이때에는 A국은 B국의 신호를 수신해서 기준값과의 차에 대한 정보를 B국에 통보한다. B국도 A국에서 송신한 신호를 수신해서 기준값과의 차에 대한 정보를 A국에 통보한다. A국과 B국은 송신전력을 높여서 EIRP를 항상 규정치대로 유지시킨다. 그림 5-55는 위성으로부터 송신된 비콘(beacon) 신호를 수신해서 비가 오지 않을 때의 정상운용상태에 대한 비콘레벨을 측정한다. 이 측정값을 기준값으로 정한 다음 이 기준값과 비콘을 수신해서 측정되는 값을 마이크로프로세서에서 비교하며 이에 대한 차이값에 따라 핀다이오드(pin diode)로 구성된 가변감쇠기(variable attenuator)를 제어해서 고전력증폭기에 입력되는 상위 주파수변환기(up converter)의 출력을 조정하여 송신기 출력을 조정하는 개요도이다.

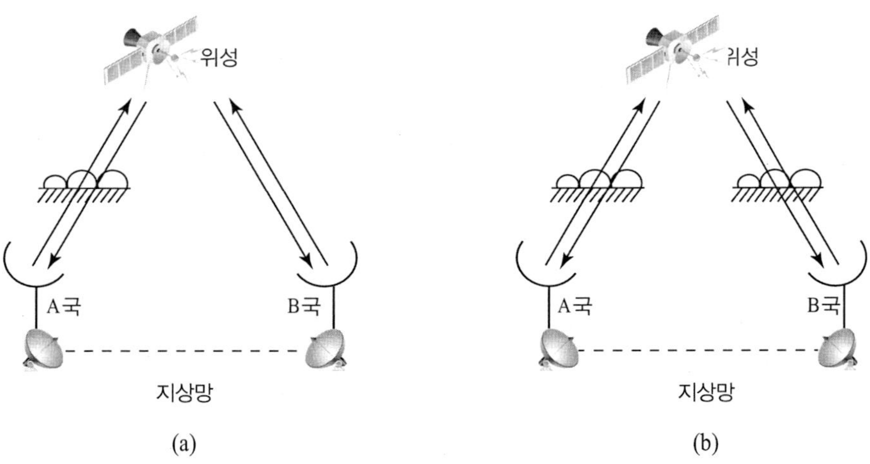

그림 5-54 **지구국 High-EIRP 시스템을 운용할 때의 개요도**

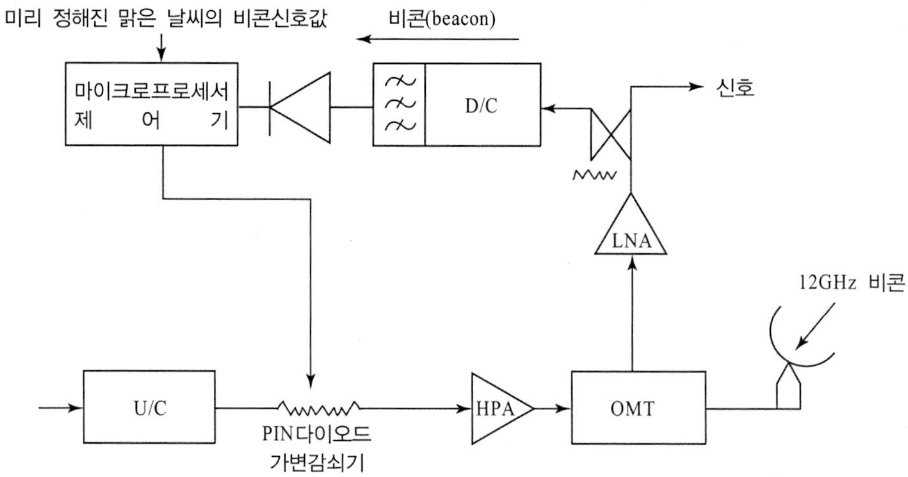

그림 5-55 High-EIRP 시스템 제어방법의 예

(3) 위성 고전력 시스템 이용방법

1) 개념

위성 고전력 시스템은 위성에 low-EIRP 시스템과 high-EIRP 시스템을 설치한다. 정상상태에서는 low-EIRP 시스템으로 운용하고, 비가 내려서 반송 자속밀도가 감쇠할 때에 high-EIRP 시스템을 운용하는 방식이다. low-EIRP의 기본 트랜스폰더로 구성된 중계기에 필요한 만큼의 high-EIRP 트랜스폰더를 설치하든지 고이득(high-gain) 안테나를 별도로 설치하여 비에 의한 영향을 받을 때 기본 사용안테나에서 전환시켜 사용한다. 따라서 위성에 high-EIRP 시스템을 설치함으로써 위성의 파라미터(parameter)를 결정하는 데 주요 요소인 위성의 무게와 경비(cost)에 영향을 주게 된다.

즉, high-EIRP 시스템을 설치함으로써 이에 소요되는 전력이 증가한다. 따라서 추가 소요 전력을 공급하기 위한 태양전지 시스템, 태양전지를 사용할 수 없을 때 사용하는 축전지 시스템 그리고 추가전력의 소모로 인해서 발생되는 열을 제어하기 위한 열제어 시스템 등에 대한 무게와 경비가 증가하게 된다. 또한, 평상시 운용중인 low-EIRP 시스템에서 high-EIRP 시스템에로의 전환 그리고 high-EIRP 시스템에서 low-EIRP 시스템에로의 복귀를 위한 스위칭장치와 이것을 제어하기 위한 텔레커맨드, 텔레메트리 시스템 등이 추가되어야 한다. 이와 같은 사항을 염두에 두고서 몇가지 high-EIRP 시스템에 대해서 설명하고자 한다.

2) 고전력증폭기를 사용하는 high-EIRP 시스템

고전력증폭기를 사용하는 high-EIRP 시스템은 중계기를 구성하고 있는 low-EIRP 트랜스폰더에 high-EIRP 트랜스폰더를 추가 설치한다. 평상시에는 low-EIRP 트랜스폰더에 의해 정상운용하다가 강우 등에 의해 반송 자속밀도에 감쇠가 발생하면 high-EIRP 트랜스폰더를 사용하는 방식이다. 이 시스템은 각 low－EIRP 트랜스폰더마다 고전력증폭기를 가지는 완전 고전력증폭기 high－EIRP 시스템, 중계기에 1개 이상의 고전력증폭기를 설치해서 필요할 때마다 해당하는 low－EIRP 트랜스폰더를 high－EIRP 시스템의 트랜스폰더에 접속시키는 부분 고전력증폭기 high－EIRP 시스템 그리고 low－EIRP 시스템에서 사용되는 주파수 대역과 별도의 주파수대역으로 고전력 증폭기 high－EIRP 시스템을 운용하는 대역외 고전력 증폭기 high－EIRP 시스템이 있다.

그림 5-56은 고전력증폭기를 이용하는 high－EIRP 시스템에 대한 개요도이다. 이 그림에서 수신국의 지역에서 비가 내려 수신된 신호의 감도가 약해지면, 수신국에서 지상의 데이터링크(data link)나 위성의 서비스채널(Service Channel : SC)을 통해 제어국(control station)에 이 사실을 통보한다. 제어국은 텔레커맨드에 의해 현재 사용하고 있는 low－EIRP 트랜스폰더를 high－EIRP 트랜스폰더로 전환시켜 위성의 송신출력을 증가시킴으로써 비에 의한 신호세기의 감쇠를 보상하는 것이다.

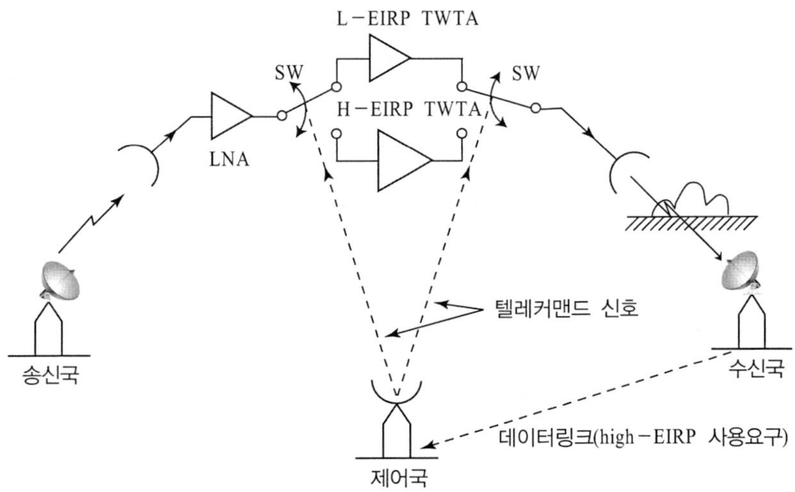

그림 5-56 **위성 고전력증폭기를 이용하는 high-EIRP 시스템 개요도**

① 고전력증폭기 high－EIRP 시스템에 대한 제어방법

정상적인 상태에서 운용되고 있던 low－EIRP 시스템을 필요할 때마다 high－EIRP 시스템으로 전환시키고, high－EIRP 시스템의 사용이 더 이상 필요없는 정상상태가 되었을 때 high－EIRP 시스템에서 low－EIRP 시스템으로 전환시키기 위한 방법은 다음과 같은 세 가지 방법이 있다. 첫째, 제어국(control station)에서 제어하는 방법이다. 각 지구국이 지상의 데이터링크나 위성의 서비스채널을 통해 자국 송신기의 자동이득 제어장치(automatic gain controller)의 레벨, 반송파대 잡음비(C/N) 등을 제어국에 통보한다. 제어국은 이 정보에 의해 이미 정해진 각 지구국의 기준값과 비교해서 감쇠가 발생한 지구국의 사용중인 low－EIRP 시스템을 high

－EIRP 시스템으로 전환시키기 위한 텔리커맨드(TC)를 송신한다. 위성으로부터 송신된 이에 대한 텔레메트리(TM)를 수신해서 이 전환 명령이 수행되었는지 여부를 확인한다. 이때 부분(part) 고전력증폭기 high－EIRP 시스템을 사용하는 경우는 다음과 같다. 제어국이 각 지구국의 수신레벨을 측정한 결과, 수개국에서 동시에 감쇠현상이 발생한 경우에는 어느 지구국에 high－EIRP 시스템 사용에 대한 우선권을 주어야 하는지 그 기준이 정해져 있어야 한다. 한편, high－EIRP 시스템을 사용하는 지구국 상황이 정상상태로 되어 이 지구국에서 수신된 수신레벨이 기준치 이상이면 정상상태로의 복귀 명령을 송신해서 low－EIRP 시스템으로 전환시킨다. 이때에도 텔레메트리에 의해 전환상태를 확인할 수 있다. 둘째 방법은 모든 지구국(all station)이나 수개 지구국에서 제어하는 방법으로서 모든 지구국이나 수개 지구국에 시스템을 제어할 수 있는 TM과 TC설비를 설치하여야 한다. 어느 국에서 수신출력에 감쇠가 발생한 것을 인지하면 TC에 의해 위성에 high－EIRP의 사용에 대한 요구신호를 전송한다. 이 요구신호를 수신한 위성에서는 이 요구에 응할 수 있는지의 여부를 결정해야 한다. 이 결정에 필요한 정보는 제어국에서 전체 시스템의 트래픽에 따라 주기적으로 변경시킬 수 있다. 셋째 방법은 위성자체에서 제어하는 방법으로서 모든 지구국이 서비스채널에 의해 자국의 감쇠에 대한 측정값을 위성에 송신하면 위성에서는 이 측정값에 의해 저장된 프로그램에 따라 어느 채널을 high－EIRP 시스템에 접속해야 하는지를 결정한다. 이 결정에 따라 위성에서 즉시 해당 채널에 high－EIRP 시스템을 접속하는 방법이다.

② 고전력증폭기 high－EIRP 시스템의 입력과 출력접속방법

고전력증폭기 high－EIRP 시스템의 입력은 i・f에 접속되는 방법과 r・f에 접속되는 방법이 있다. 단일 주파수 변환형 트랜스폰더의 경우에는 i・f를 접속시키기 위해서 i・f변환용 D/C(Down Converter)가 부가되어야 하므로 r・f를 직접 스위칭한다. 이중 주파수 변환형 트랜스폰더의 경우에는 r・f나 i・f 어느 것에 대해서도 경비와 무게의 면에서 큰 차이가 없다. 단지 i・f의 접속인 경우 버스바(bus－bar)로서 다중스위치 출력을 접속시킬 수 있는 장점이 있다. 그림 5-57(a)는 i・f high－EIRP 시스템에 접속되는 방법이다. 그림 (b)는 r・f가 접속되는 방법을 보여주고 있다. 한편, 고전력증폭기 high－EIRP 시스템의 출력을 트랜스폰더 출력부에 접속시켜서 신호를 전송하는 방법에는 high－EIRP 시스템의 전용 안테나에 직접 접속시키는 방법, high－EIRP 시스템의 출력을 다이플렉싱(diplexing)하여 안테나에 접속시키는 방법, high－EIRP 시스템의 출력을 스위칭해서 안테나에 접속시키는 방법이 있다. 그리고 high－EIRP 시스템용의 주파수대역(c－band)을 이용하여 현재의 low－EIRP 시스템의 출력을 계속 출력시키면서 동시에 high－EIRP 시스템의 출력도 송신하는 대역외(out band) 주파수에 의한 접속방식이 있다.

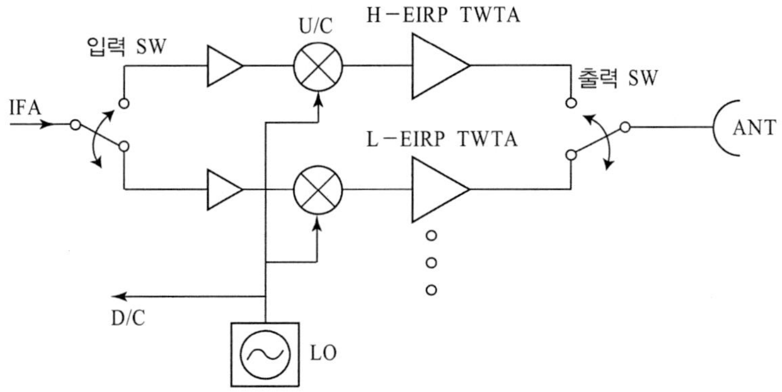

(a) i·f 스위칭 방식

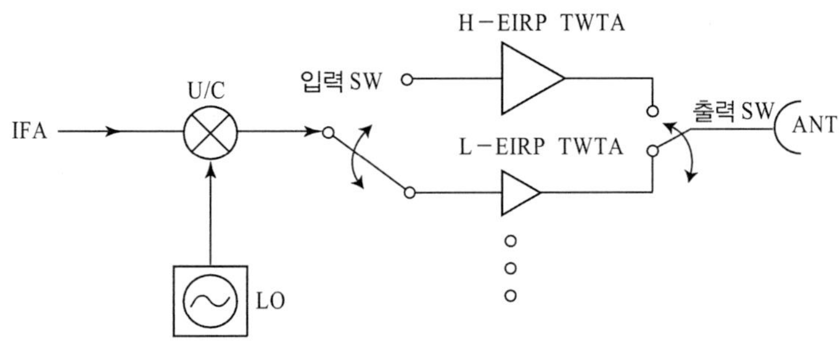

(a) r·f 스위칭 방식

그림 5-57 **입력부 스위칭 H-EIRP 방식**

③ 대역외 주파수(C－band)를 이용하는 high－EIRP 방식

이 방식은 정상운용상태에서 송신되는 채널의 주파수와는 상이한 별도의 주파수를 이용해서 high－EIRP 신호전송을 한다. 이를 위해서 high－EIRP의 상위주파수 변환기(U/C)를 구동하는 국부발진기가 필요하게 된다. 이 국부발진기는 어떠한 중간주파수라도 C주파수 대역내에 있는 한 개의 r·f채널로 편이시킬 수 있는 것이다. 이와 같이 low－EIRP 시스템과 독립된 주파수로 high－EIRP 시스템을 운용함으로써 low－EIRP 시스템의 전송이 방해를 받지 않고 계속 진행될 수 있어 시스템 전체의 운용효율을 높일 수 있다. 이것을 위해 입력단에 전력분배기(power splitter)가 설치된다. 한편, 지구국에서는 C－대역을 수신할 수 있는 별도의 수신기를 설치해야 한다. 제어국에서는 정확한 시간에 low－EIRP 시스템에서 high－EIRP 시스템으로 전환시키고 동시에 이 시간에 정확히 맞추어서 지구국의 수신기를 high－EIRP 수신용 수신기로 전환되도록 위성과 지구국에 명령을 전송해야 하므로 high－EIRP 제어시스템이 복잡해진다.

그러나 이 방식은 위성의 출력부에서 low－EIRP 시스템을 high－EIRP 시스템에 접속시키기 위한 멀티플렉싱 문제가 매우 간단해진다. 그림 5-59는 C－대역 스위칭을 위한 명령과 제어시스템에 대한 개요도이다. 이 그림에서 A국에서 송신한 신호를 수신한 B국은 비에 의해서

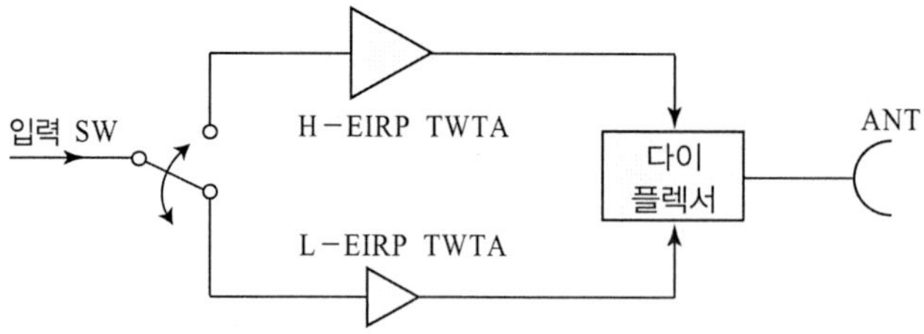

(a) 다이플렉싱(diplexing) 방식

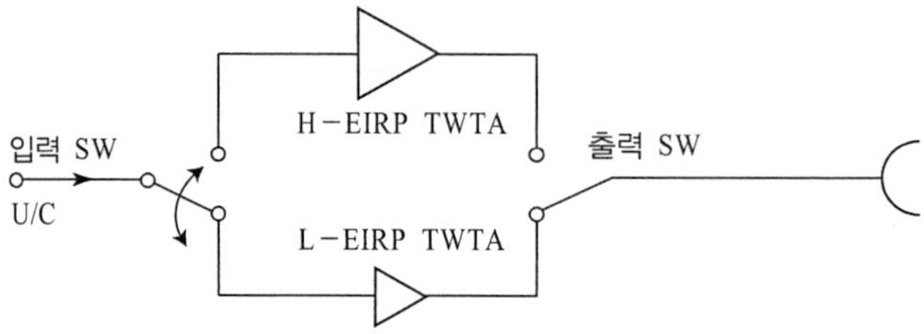

(b) r·f 스위칭 방식

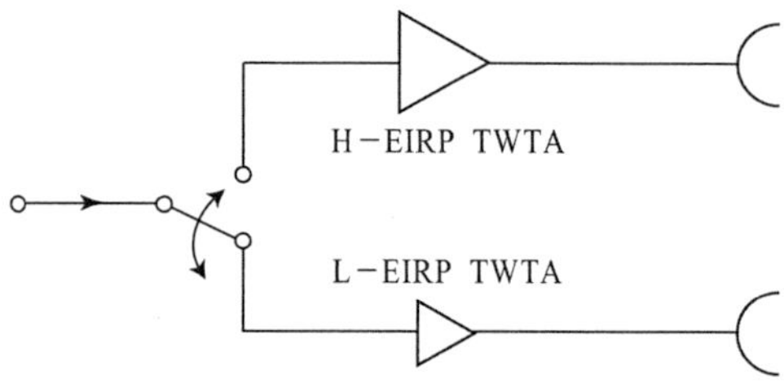

(c) 독립 안테나 사용방식

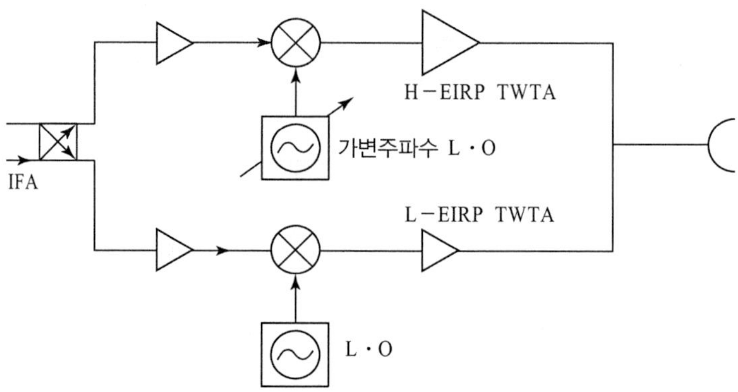

(d) 대역외 주파수(C－band) 사용방식

그림 5-58 **출력부 스위칭 high-EIRP 방식**

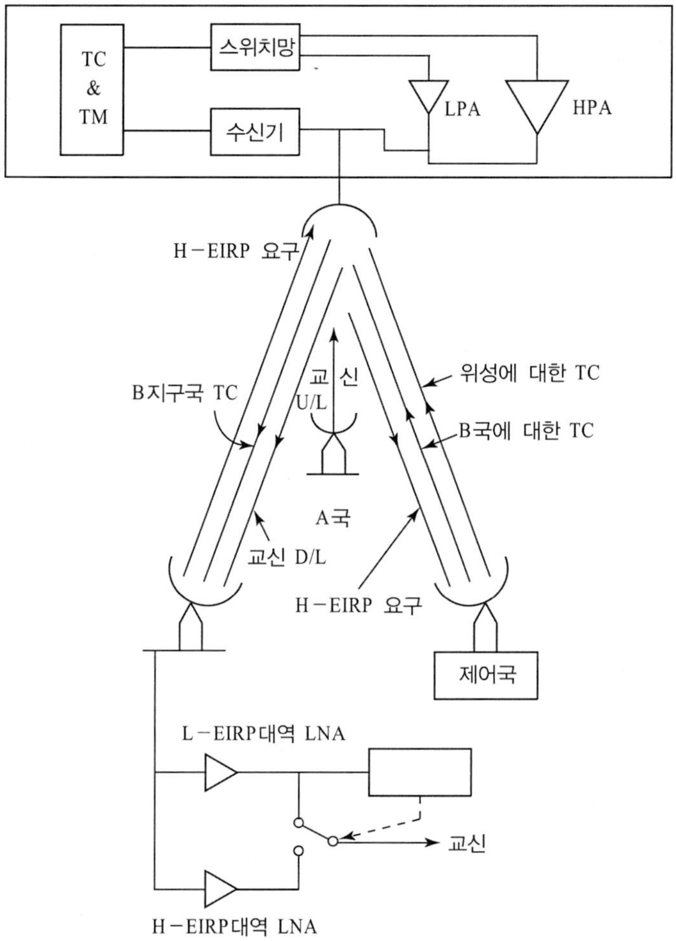

그림 5-59 **C-밴드 스위칭을 이용한 명령과 제어시스템 개요도**

감쇠된 신호를 수신한다. 이에 따라 제어국에 high-EIRP 시스템의 사용을 요구한다. 제어국은 위성의 high-EIRP 시스템을 접속시키기 위해 명령(TC)을 위성에 송신하고 동시에 B국의 수신기를 C-대역 수신기로 전환하도록 B국에도 명령을 보낸다.

이때 제어국과 지구국 간에 교환되는 정보는 위성의 서비스채널이나 지상의 데이터링크를 통해 이루어진다.

④ 완전(full) 고전력 증폭기 high-EIRP 시스템방식

이 방식은 low-EIRP의 트랜스폰더마다 각각 high-EIRP 시스템을 가지는 방식이다. 이 방법에는 2개의 전력레벨을 갖는 고전력 진행파관(Two-Power-Level TWT)을 사용하는 방법, low-EIRP와 high-EIRP를 최적으로 얻을 수 있도록 설계된 쌍헬릭스 TWT(Twin-helix TWT)를 사용하는 방법 그리고 한 쌍의 low-EIRP용 TWT를 병렬로 배치해서 정상상태에서

는 하나의 low-EIRP의 TWT만 사용하고 high-EIRP 시스템을 사용하고자 할 때에는 2개의 low-EIRP의 TWT를 접속시킨다. 이 방법은 low-EIRP 시스템 사용시보다 3 dB 높은 출력을 가지는 병렬 TWT(parallen-TWT) 방식이다. 2개의 전력레벨을 갖는 고전력 진행파관을 사용하는 방법은 효율이 high-EIRP에서 최적이고 보통 high-EIRP가 low-EIRP보다 3 dB 높은 효율로 운용된다. 그림 5-60은 병렬 TWT 완전 고전력증폭기 high-EIRP 시스템방식에 대한 개요도이다. 평상시에는 high-EIRP 제어장치에 의해 그림과 같이 하나의 TWTA(Traveling Wave Tube Amplifier)를 사용한다. high-EIRP 시스템을 사용할 필요가 있을 때 2개의 TWTA 출력을 매직티(mazic tee) 전력혼합기(power mixer)에 접속시켜서 3dB 높은 출력으로 신호를 송신한다.

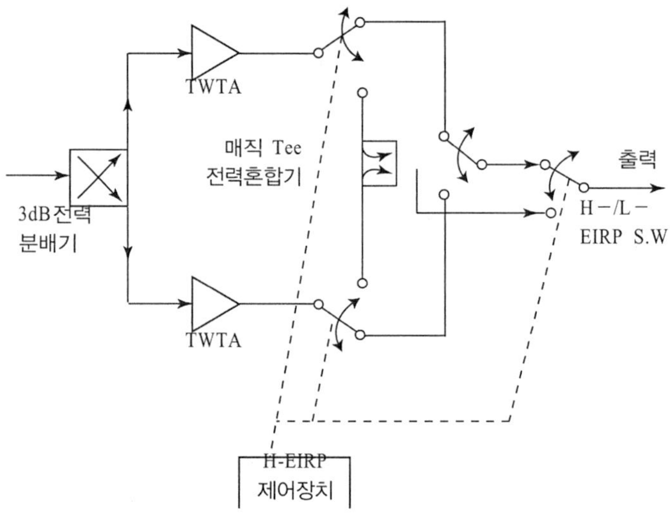

그림 5-60 **병렬 TWTA를 이용한 high/low-EIRP 시스템 개요도**

3) 고이득 안테나 high-EIRP 시스템 방식

고이득 안테나를 이용한 high-EIRP 시스템은 high-EIRP를 위해서 고전력의 TWT를 사용하는 대신에 고이득이며 방향을 제어할 수 있는 안테나를 사용하는 방식이다. 그림 5-59는 이 방식에 대한 개요도이다. 수신지구국에서 지상의 데이터링크나 위성의 서비스채널을 통하여 제어국에 high-EIRP 시스템의 사용을 요구한다. 제어국은 TC와 안테나 제어신호를 송신해서 low-EIRP 시스템을 high-EIRP 시스템용 고이득 안테나에 접속시키고 고이득 안테나의 방향을 해당 수신국쪽으로 조정한다. 이때 low-EIRP 시스템용 안테나는 high-EIRP 안테나보다 서비스지역이 광역이다. high-EIRP를 사용함으로써 low-EIRP 시스템 안테나가 담당하고 있는 지역내에서 비의 영향을 받지 않는 지구국에 서비스를 제공할 수 없게 될 수도 있다. 왜냐하면 low-EIRP와 high-EIRP에 대한 트랜스폰더의 TWTA 출력이 동일하므로 안테나 이득을 높여 high-EIRP를 얻어야 하는데, 이 경우 high-EIRP을 얻기 위해 안테나 이득을 높이려면 안테나의 빔폭을 좁게 해야 한다. 따라서 high-EIRP의 서비스지역이 축소되기 때문이다. 따라서 이 경우에는 low-EIRP 시스템과 high-EIRP 시스템을 동시에 운용하지 않으면 안된다. 이때 low-EIRP 시스템과 high-EIRP 시스템에서 동일한 주파수를 사용하면 low-EIRP 신호가 high-EIRP 신호에 혼신을 주지 않도록 high-EIRP 안테나의 이득이 충분히 커야 하고 low-EIRP 신호도 high-EIRP 신호의 부엽에 위한 혼신을 피할 수 있을 만큼 low-EIRP 안테나 이득이 커야 한다. 이와 같이 동일 주파수를 사용함으로써 발생되는 문제를 피하기 위해 앞에서 설명한 대역외(out of band) 주파수 사용방법을 고려할 수 있는데, 이 경우 이미 설명한 것처럼 대역외 주파수용 국부발진기가 필요하고 지구국에서도 대역외 주파수에 대한 전용 수신기가 필요하게 된다.

다른 한 가지 방법은 위성에 버스트스위칭(burst switching)이나 공간분할 다원접속(SDMA : space division multiple access)에 사용하는 TDM(time division multiplex) 스위치 매트릭스가 있을 경우에 이 스위치 매트릭스의 일부를 이용해서 low-EIRP를 사용할 채널을 시분할 접속시켜 채널간 혼신을 피할 수 있다.

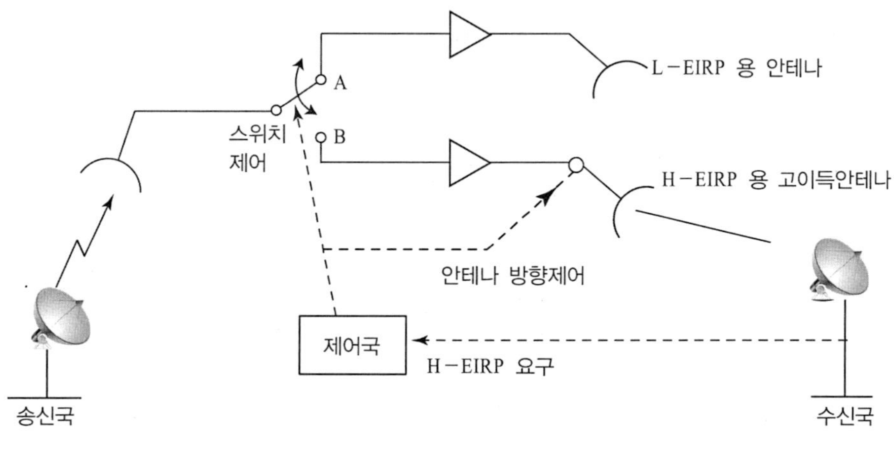

그림 5-61 **고이득(High-Gain) 안테나를 사용한 high-EIRP 시스템 개요도**

5.9 링크 방정식

5.9.1 상향링크

위성수신 안테나에서의 자속밀도 F는 다음과 같다.

$$F = \frac{P_t G_t}{4\pi R_u^2} \times L_u (\mathrm{W/m^2}) \tag{5.198}$$

이때 위성에서 수신된 변조 반송파 전력 P_u는

$$\begin{aligned} P_u &= F \times A_s \\ &= F \times G_s \times \frac{\lambda_u^2}{4\pi} (\mathrm{W}) \end{aligned} \tag{5.199}$$

여기서 A_s는 위성 안테나의 실효면적, G_s는 위성 안테나 이득, λ는 상향링크파장이다. 따라서 상향링크의 반송파대 잡음밀도비는

$$\frac{G_u}{N_{ou}} = \frac{P_u}{N_{ou}} = \frac{P_u}{k \times T_e} \tag{5.200}$$

여기서 T_e는 실효입력 잡음온도(°K)이다.

이 식을 단위 dB로 나타내면

$$\left[\frac{C_u}{N_{ou}}\right] = [EIRP] + [FSL] + [G/T] + [ALU] - [k] \tag{5.201}$$

$EIRP = 10\log P_t G_t (\mathrm{dBW})$, 지구국 $EIRP$

$FSL = 20\log \frac{(4\pi \times R_u)}{\lambda_u} (\mathrm{dB})$, 자유공간손실

$G/T = 10\log \frac{G_s}{T_s} (\mathrm{dB/k})$, 위성성능지수

$ALU = 10\log L_u (\mathrm{dB})$, 기타 손실

$k = 10\log \ k = -228.6 (\mathrm{dB \cdot J/k})$

이 식을 $\frac{C}{T_e} (k \times \frac{C}{N_0})$로 나타내면

$$\frac{C_u}{T_{eu}} = 10\log\ P_t G_t - 20\log\frac{4\pi \times R_u}{\lambda_u} + 10\log\frac{G_{su}}{T_s} + 10\log L_u - 228.6[\mathrm{dB}\cdot\mathrm{J/k}] \tag{5.202}$$

5.9.2 하향링크

상향링크와 같은 방법으로

$$\frac{C_d}{N_{ou}} = 10\log\ P_s G_{sd} - 20\log\frac{4\pi \times R_d}{\lambda_d} + 10\log\frac{G_d}{T_d} + 10\log L_d - 10\log k \tag{5.203}$$

R : 위성－지구국간 거리(Km)
λ_d : 하향링크 파장
G_d : 지구국 수신 안테나 이득

5.9.3 시스템 전체 반송파 전력대 잡음밀도비

위성 시스템에서 지구국에서의 전체 반송파 전력대 잡음밀도비 $(C/N_o)_T$는 상향링크 및 하향링크 반송파 전력대 잡음밀도비의 합이 된다. 즉,

$$\left(\frac{C}{N_o}\right)_T = \frac{1}{\frac{1}{(C/N)_u} + \frac{1}{(C/N)_d}}$$

5.10 시스템 링크 요소 값 계산

위성통신 시스템에서 지구국 안테나에서 방사되는 실효 방사전력(EIRP), 위성의 트랜스폰더 안테나에서 방사되는 실효 방사전력(EIRP), 지구국 수신기와 위성 트랜스폰더 수신기에 대한 성능지수 G/T_e 그리고 대기손실(atmospheric loss) 등은 시스템 링크에 영향을 주는 요소 중의 일부이다.

구분	지구국→위성	위성→지구국
Gaussian $\sigma^2 = \frac{1}{36}(b-w)^2$	대기손실 위성 G/T 위성시스템 잡음	대기손실 지구국 G/T 지구국 시스템잡음
삼각 $\sigma^2 = \frac{1}{24}(b-w)^2$	지구국 송신전력 지구국 회로손실 지구국 안테나이득 위성 회로 손실 변조 손실 위성 수신기 PLL, B.W Rg트랜스폰더 B.W	위성 송신전력 위성 회로손실 위성 안테나이득 지구국 회로 손실 변조 손실 지구국수신기 PLL, B.W TM복조기술 손실
정 4각 $\sigma^2 = \frac{1}{12}(b-w)^2$	지구국 EIRP 지구국 포인팅 손실 위성 포인팅 손실	위성 EIRP 위성 포인팅 손실 지구국 포인팅 손실

b : best　　w : worst

그림 5-62 **링크버짓에서 사용되는 분배함수**

이 요소들을 분배함수(distribution function)라고 하는데, 그림 5-62는 분배함수들을 보여주고 있다. 분배함수값은 데시벨로 계산되는데 EIRP는 dB W, 성능지수 G/T_e는 dB/k, 시스템잡음은 dB W/Hz, 안테나이득 G는 동방성 안테나를 기준으로 하여 dBi, 손실은 dB로 계산한다.

ESA(European Space Agency)에서는 분배함수로서 특별히 정해진 데이터가 없을 경우 그림 5-62의 분배함수를 링크버짓(link budget)의 기준으로 하도록 하고 있다.

링크버짓은 이 분배함수들의 값에 의해 정해지는 것으로서 시스템 운용에 대한 기준이 된다. 예를 들어 실효 방사전력 EIRP값을 필요 이상 과다하게 계산하면, 다시 말하면 손실이나 잡음에 대한 감쇠치를 필요 이상으로 과다하게 계산하여 산정하면, 송신기 출력이 증가되고 안테나 크기 등의 증가로 시스템 운용경비가 증가하게 된다. 반대로 적정치 이하로 손실이나 잡음에 대한 감쇠치를 산정하면, 다시 말해서 송신기 출력을 약하게 하든지 안테나 크기를 작게하면 전송하는 데이터에 오류가 발생하게 되어서 원활한 통신을 할 수 없게 된다.

따라서 링크버짓은 시스템의 효율적 운영에 중요한 요소가 됨으로 링크버짓을 결정하는 데 주의하여야 한다. 다음은 링크버짓에 대한 몇 가지 원칙이다.

첫째, 분배함수값이 서로 다른 시스템은 링크버짓을 시스템별로 각각 계산해야 한다. 예를 들어 지구국의 종류가 서로 달라 각 EIRP값이 다르다든지 위성의 안테나들이 종류가 다르다든지 또는 데이터 비트의 전송속도가 서로 다른 시스템은 시스템별로 각각 링크버짓을 계산해야 한다. 둘째, 시스템이 결정되면 이 시스템에 대한 링크버짓은 위성에서 가장 원거리에 있는 지구국과 가장 근거리에 있는 지구국을 기준으로 해서 링크버짓을 계산해야 한다. 셋째, 링크버짓에 관계되는 각 분배함수값은 공칭값, 최악의 경우에 대한 값, 가장 좋은 경우에 대한 값, 즉 3가지 값을 계산해야 한다. 공칭값은 공칭의 조건하에서 얻어질 수 있는 분배함수값이다. 최악의 경우에 대한 값은 최악의 온도상태, 최악의 전압상태, 수명의 말기 등 최악의 상태에서 예상된 분배함수값이다. 보통 이 최악의 경우에 대한 값이 설계기준값이 된다. 가장 좋은 경우에 대한 값은 적정한 환경상태, 수명의 초기, 최근 보수된 장비상태 등에서 예상된 분배함수값으로서 기준값보다 장비가 어느 정도 잘 동작하는가를 보이는 예상값이 된다. 넷째, 각 분배함수마다 가장 좋은 경우의 값과 가장 나쁜 경우의 값에서 평균치와 차이를 계산해야 한다. 다섯째, 공칭값과 최악의 경우에 대한 값에서 델타평방근값(Δn^2 =(공칭치－최악치)^2)을 계산한다. 여섯째, 공칭치, 최악치, 최량치, 평균치, 평균－3σ치 그리고 최악치 RSS를 토대로 하여 마진(margin)을 계산하여야 한다. 평균－3에 대한 마진은 요소평균치에 대한 마진으로 다음과 같이 계산한다.

$$-3\sqrt{\sum_{0}\sigma n^2} \tag{5.204}$$

최악치 RSS마진은 요소들의 공칭값에 대한 마진으로 다음과 같이 계산한다.

$$-\sqrt{\sum_{o}^{n}\Delta n^2} \tag{5.205}$$

식 (5.204)의 σn^2은 그림 5-62에서 구할 수 있다. Δn^2값은 앞서 설명한(공칭치－최악치)^2 값을 말한다. 일곱째, 다른 분배함수를 가지고 있는 요소들의 차의 합에서 마진의 차를 계산하는 것은 오직 모든 차가 거의 비슷한 크기의 경우만 유효하다. 만일 어떤 한 개의 차가 뚜렷하면 이에 대한 통계치는 별도로 취급해야 한다.

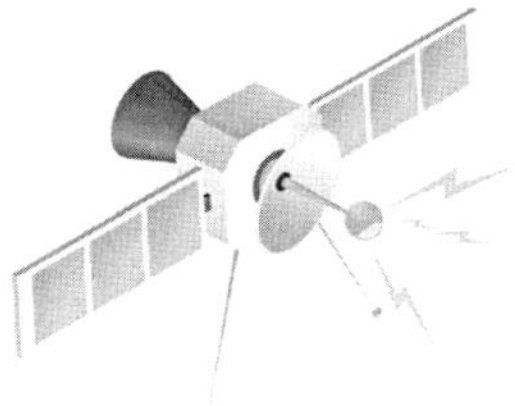

CHAPTER 06

주파수분할 다원접속방식

6.1 개념
6.2 주파수분할 다중방식(FDM)
6.3 통신위성시스템과 FDMA
6.4 SPADE
6.5 SCPC-QPSK-FDMA 전치 시스템 방식
6.6 SPADE-DAMA방식, SCPC-PSK-FDMA 전치할당 방식과 FDM-FM-FDMA방식의 비교

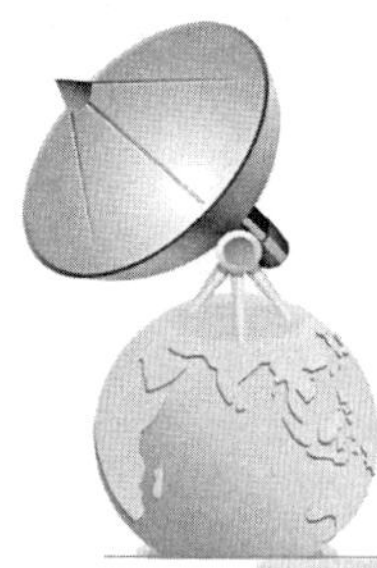

6.1 개념

여러 가입자나 터미널이 동일한 성질을 가진 음성신호나 데이터를 하나의 회선을 통해서 동시에 전송하면 상호간에 혼신을 야기시켜서 교신을 할 수 없게 된다. 이때 상호혼신을 주지 않고 교신을 하기 위해서는 회선의 사용시간을 각자에게 정해주어서 각 정해진 시간에만 신호를 전송하든지 회선을 증설시켜서 각자에게 회선을 할당해 주지 않으면 안된다. 첫째 방법처럼 회선의 사용시간 대역을 정해주면 충분한 시간동안 통화를 할 수 없거나 데이터를 전송할 수 없다. 즉, 회선사용에 대한 목적을 달성할 수 없게 된다. 또한, 이 사용시간 대역에만 회선을 사용해야 하므로 원하는 시간에 통화를 할 수 없게 된다. 트래픽량이 증가하면 이러한 문제가 더욱 많이 발생하게 되어 결국 회선을 사용하지 못하는 가입자나 터미널이 발생하게 된다. 둘째 방법처럼 각 가입자나 터미널마다 회선을 제공할 경우, 트래픽량이 폭주하게 되면 수많은 회선을 증설해야 하므로 이 회선에 대한 선로 설비가 크게 증가하게 된다.

이러한 문제를 해결하여 하나의 회선에 많은 가입자나 터미널에 대한 신호를 상호간에 혼신을 주지 않고 전송하기 위해 기본신호주파수(base band)를 이보다 더 높은 다른 주파수(carrier frequency)로 각각 변환 송신한다. 이와 같이 기본신호주파수를 반송주파수로 변조하여 송신하는 것을 주파수변조라고 한다. 다시 말하면 한 회선이 처리할 수 있는 주파수의 대역폭을 세분해서 이 세분된 반송주파수로 기본신호주파수를 변조하여 하나의 회선에 많은 신호를 전송하는데 이것을 주파수분할다중방식이라고 한다. 이때 하나의 회선에 동시에 많은 신호를 전송하는 방식을 다중방식이라 하고 이 다중방식에 의해 원거리에 산재해 있는 복수이상의 가입자나 단말기가 상호간에 혼신을 주지 않고 하나의 교환기를 통하여 동시에 상호통신을 하는 것을 다원접속통신방식이라고 한다. 위성통신에서 원거리에 산재한 복수이상의 지구국이 하나의 통신위성을 이용해서 동시에 지구국 상호간에 통신하는 방식을 말한다.

한편, 기본신호를 시간을 분할해서 전송하는 방식을 시분할다중방식이라고 하고 시분할다중방식에 의한 다원접속방식을 시분할다원접속방식이라고 한다. 한편, 전송신호의 시간대역을 세분하고 이 세분된 시간대역마다 서로 다른 반송주파수로 기본신호를 변조해서 송신하든지 또는 정해진 시간대역마다 각자가 전송하는 반송주파수를 틀리게 해서 동일한 시간대역에 여러 신호를 전송하는 방식을 부호분할 다중방식이라 하고 이 방식에 의한 다원접속방식을 부호분할다원접속방식이라고 한다.

6.2 주파수분할 다중방식 (FDM : Frequency Division Multiplexing)

주파수분할다중방식이라 함은 다수의 신호원을 서로 다른 반송주파수로 변조하여 하나의 회선에 동시에 전송하는 방식을 말한다. 이때 변조된 각각의 주파수는 반송주파수를 중심으로 해서 일정한 대역폭을 갖게 되는데 이것을 채널이라고 한다.

그림 6-1은 주파수분할방식에 의한 채널의 포맷을 나타내는 것이다. 각 채널 간에는 일정한 완충지역(buffer zone)이 존재하며 이것을 채널 보호대역(guard band)이라고 한다. 보호대역의 목적은 인접한 채널 간에 발생하는 혼신을 방지하기 위한 것이다. 보호대역이 많아지면, 즉 일정한 주파수대역폭 내에서 채널수가 많아지면 주파수대역폭의 효율적 이용을 감소시키게 된다. 이에 대해서는 다음에 설명하기로 한다.

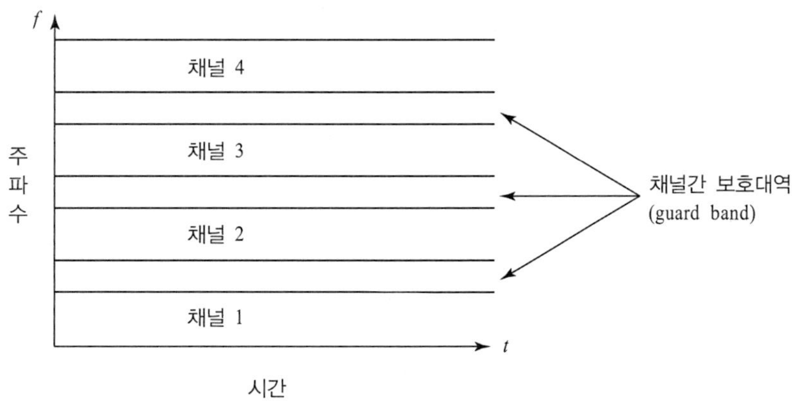

그림 6-1 **주파수분할방식의 기본원리**

6.2.1 주파수분할다중방식의 기본원리

그림 6-2(a)는 TV신호 3개에 대한 주파수분할다중방식의 개요도이다. f_s는 TV신호의 기저대역 주파수이고, f_c는 반송주파수로서 국부발진기에서 출력된다. f_m은 f_s와 f_c의 혼합주파수 즉, 변조주파수가 된다. 그림 6-2(b)에서

$$f_s = \cos A$$
$$f_c = \cos B$$

일 때 변조주파수 f_m은 다음과 같이 된다.

$$
\begin{aligned}
f_m &= f_s \times f_c \\
&= \cos A \times \cos B \\
&= \frac{1}{2}[\cos(A+B) + \cos(A-B)]
\end{aligned}
\tag{6.1}
$$

이 된다.

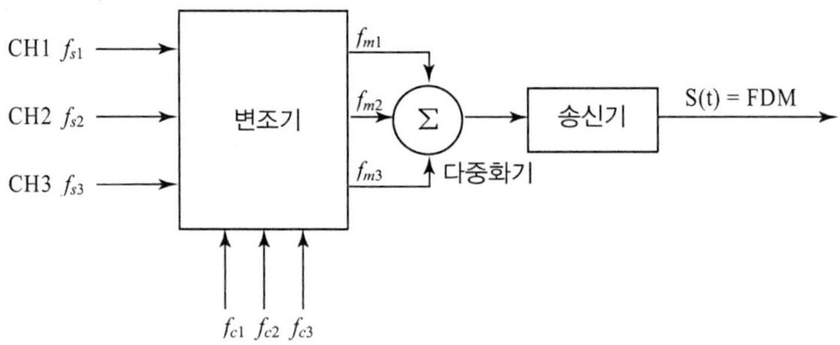

(a) 주파수 분할 다중방법

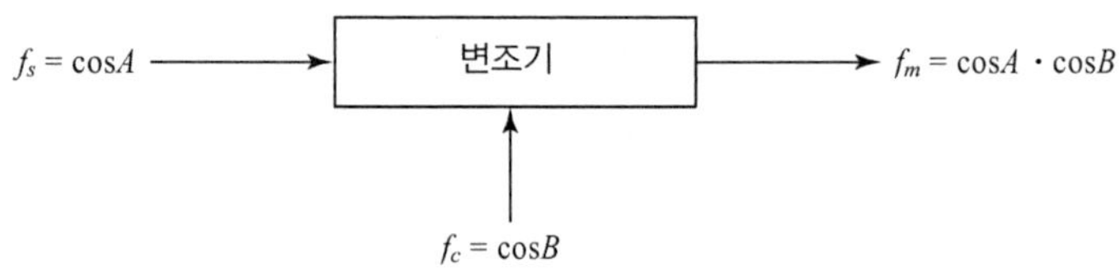

(b) 신호주파수와 반송주파수에 의한 변조주파수 출력방법

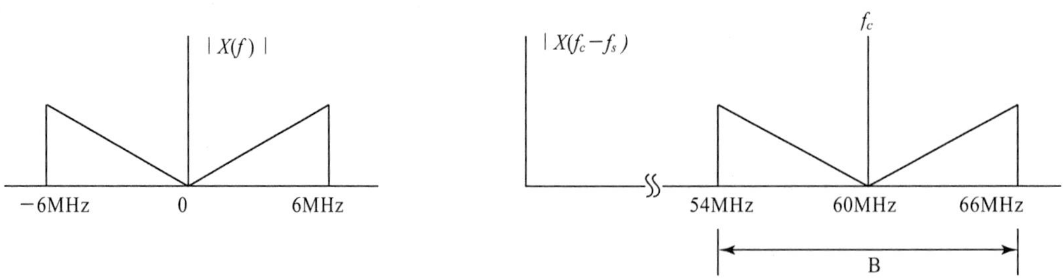

(c) TV기저대역 신호에 대한 변조파 스펙트럼

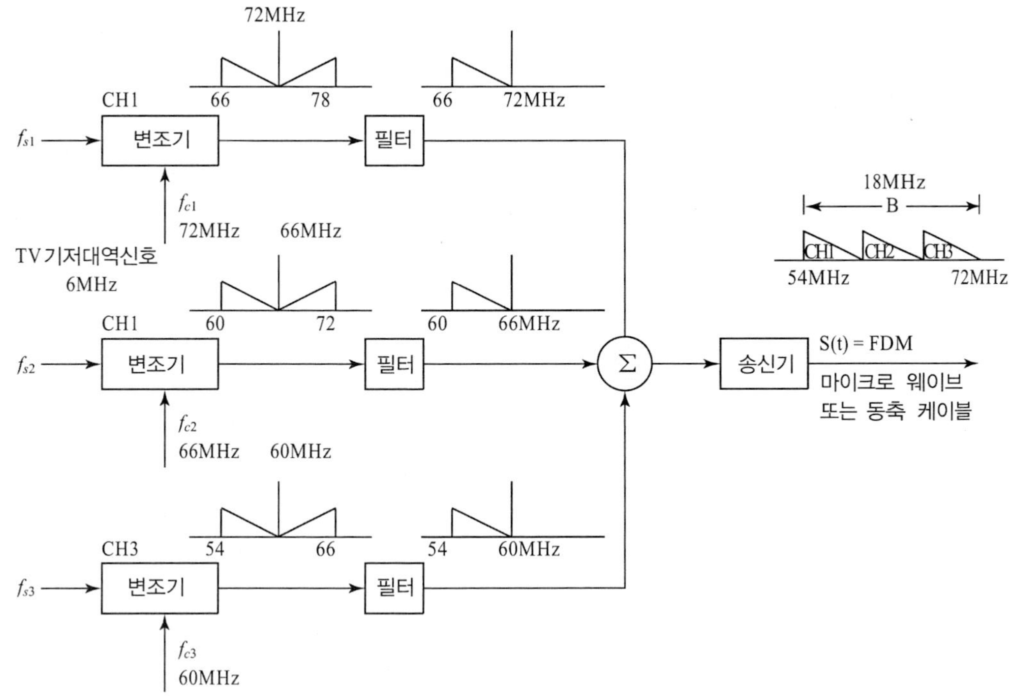

(d) 3개의 반송주파수에 의한 3개 TV 기저대역신호의 주파수분할다중방법

그림 6-2 **주파수분할다중방식**

그림 6-2(c)는 이것을 그림으로 나타낸 것으로 변조주파수 f_m은 반송주파수 f_c 60 MHz을 중심으로 하여 상·하로 66 MHz와 54 MHz의 스펙트럼을 갖게 된다. 60 MHz~66 MHz의 주파수대역을 상측파대(upperside band), 60 MHz~54 MHz의 주파수대역을 하측파대(lowerside band)라고 한다. 변조주파수의 상하측파대의 이 2개의 신호성분이 모두 같아서 이중에 한쪽 측파대를 필터로 제거하고 하나의 측파대만 전송하게 되면 제거된 측파대에 해당하는 대역을 다른 기저대역의 전송에 이용할 수 있게 되어 주파수대역의 효율적인 이용을 할 수 있다.

그림 6-2(d)는 3개의 기저대역 신호가 3개의 다른 반송파에 위해 다중화되는 것을 보여주고 있다. 이 그림에서는 변조주파수의 상측파대 성분을 필터로 제거하고 하측파대 성분만 송신기를 거쳐서 전송로에 출력시키고 있다. 이와 같이 하나의 측파대를 제거하고 하나의 측파대로 신호를 전송하는 방식을 단일측파대(SSB:Single Side Band) 통신방식이라고 하며 양측파대를 모두 이용해서 신호를 전송하는 방식을 양측파대(DSB:Double Side Band) 통신방식이라고 한다.

SSB방식은 DSB방식에 비해 주파수 대역폭과 사용전력의 효율을 높일 수 있지만 수신기에서 송신시 제거된 측파대를 재생시켜야 하므로 수신기가 복잡해진다. 이와 같이 출력된 변조주파수들을 광대역증폭기를 가진 송신기를 통해서 동축 케이블이나 마이크로웨이브를 이용해서 송신한다.

6.2.2 주파수분할다중방식의 표준반송파

그림 6-3은 음성대역의 채널을 주파수 분할방식에 의해 다중화되는 경우의 반송주파수와 변조주파수의 채널을 보여주고 있다. 음성대역의 채널이 6개의 반송주파수에 의해서 변조되어 12개의 채널로 구성된 기초군(basic group)으로 구성된다. 기초군의 주파수대역은 60~180 KHz로서 주파수 대역폭이 48 KHz가 된다.

기초군은 군 부반송주파수(group subcarrier) 5개에 의해서 60개의 채널로 구성된 기초초군(basic super group)으로 구성되는데 기초초군의 주파수대역은 312~552 KHz가 된다. 따라서 주파수 대역폭은 240 KHz가 된다. 즉, 하나의 기초초는 5개의 기초초군으로 구성된다. 이때에 통상 트래픽량이 많을 경우에는 기초군으로 음성대역을 다중화하지 않고 직접 기초초군으로 다중화할 수 있으며, 이렇게 하면 다중화로 인한 경비를 감소시킬 수 있다. 그림 6-4는 미국과 유럽(CCITT) 방식의 주파수 분할 다중화용 표준반송파와 음성 채널수를 보여주고 있다.

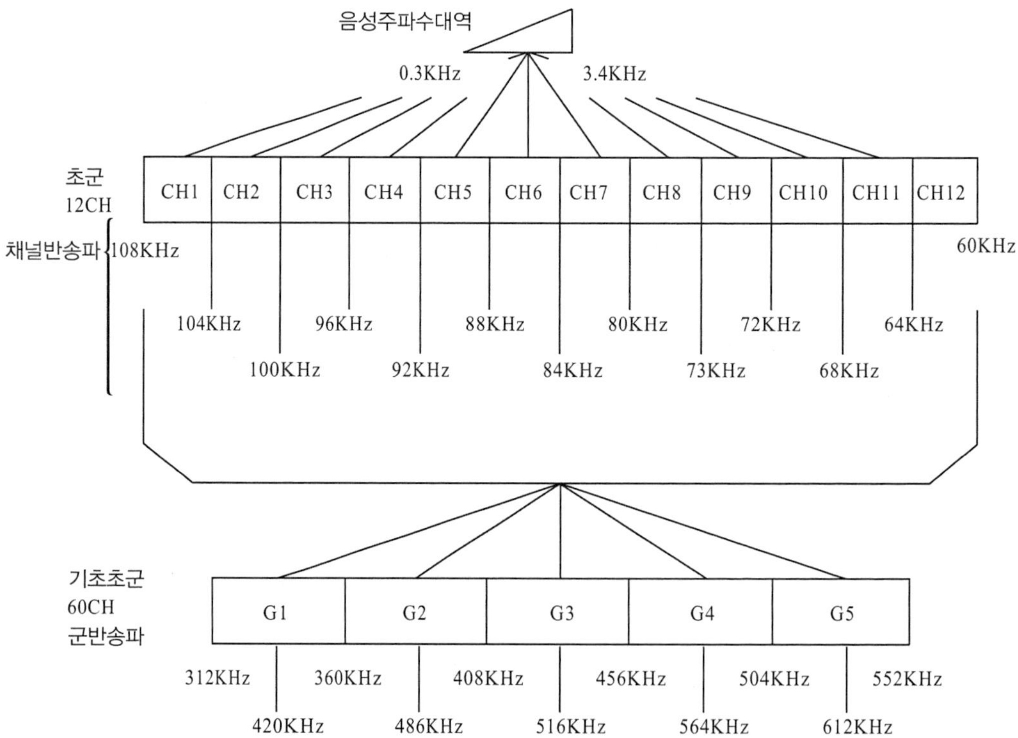

그림 6-3 주파수분할방식의 다중화 과정

음성채널수	주파수 스펙트럼	대역폭	미국	유럽	비고
12	60~108KHz	48KHz	초 군		초 군 : basic group 초초군 : basicsuper group 주 군 : master group 초주군 : super master group
60	312~552KHz	240KHz	초초군		
300	812~2,044KHz	1,232MHz		주 군	
600	564~3,084KHz	2,520MHz	주 군		
900	8,516~12,388KHz	3,872MHz		초주군	

그림 6-4 **주파수분할 다중화용 표준반송파**

6.3 통신위성시스템과 FDMA

지구표면으로부터 36,000 Km의 상공에 있는 정지궤도상에서 운용되고 있는 통신위성과 타원궤도상에서 운용되고 있는 대부분의 통신위성시스템은 1개 이상의 트랜스폰더로 구성된 비재생 중계기(non-generate repeater)나 재생 중계기(regenerate repeater)로 구성되는데, 비재생중계기는 지구국으로부터 송신된 신호를 수신해서 지구국에서 수신할 주파수로 변환하여 고전력증폭기로 증폭한 다음 송신하는 것을 말한다.

재생중계기는 지구국으로부터 송신된 신호를 수신해서 검파한다. 이 검파된 기저대역 신호를 프로세싱한 다음 이 기저대역 신호를 다시 지구국에서 수신할 주파수로 변조해서 고전력증폭시킨 후에 송신하는 것을 말한다. 위성에서 사용하는 중계기는 지상에서 사용하는 마이크로웨이브 중계기에 비교해서 소형경량이고 소비전력이 작으며 신뢰성이 높아야 한다. 중계기에 대해서는 트랜스폰더를 설명할 때 자세히 설명하고자 한다.

일반적으로 위성의 중계기는 12개의 트랜스폰더로 구성되어 있는데, 트랜스폰더 한 개가 처리할 수 있는 주파수대역폭은 36 MHz이다. 상업용 통신위성에서 사용되고 있는 주파수 C-밴드의 상향링크 주파수는 60 GHz이고 위성에서 송신하는 주파수인 하향링크 주파수는 4 GHz이다. 이 주파수대역을 사용하는 통신위성 시스템에 500 MHz의 주파수 대역폭이 할당되는데, 이 대역폭내에서 각 트랜스폰더의 사용 주파수대역을 정하고 트랜스폰더에 할당된 대역폭을 각 지구국이나 트랜스폰더를 사용하는 사용자에게 할당하여 줌으로써 FDMA 시스템의 채널을 포맷한다. 이와 같이 할당된 채널을 이용해서 지구국이나 사용자가 트랜스폰더를 액세스하여 통신을 한다.

일반적으로 주파수대역폭이 36 MHz인 트랜스폰더는 FDM/FM/FDMA 다원착지 방식(multidestination mode)으로 운용된다. 이 방식은 각 지구국에서, 지상망에서 입력되는 기저대역 신호(baseband signal)를 주파수분할 다중화한 후에 위성의 트랜스폰더를 액세스할 수 있도록 자국에 할당된 채널 반송파로 주파수 변조하여 송신하는 주파수 분할 다원접속방식을 말한다.

그림 6-5는 INTELSAT Ⅳ 통신위성에 대한 주파수대역폭의 할당방법을 보여 주고 있다. 이 그림에서 보면 12개의 트랜스폰더중에서 각 트랜스폰더에 할당된 대역폭은 36 MHz이고 각 트랜스폰더간에는 4 MHz의 주파수 격리대역(buffer zone) 또는 보호대역(guard band)이 존재한다. 전체 500 MHz 대역 중에서 1~6CH, 7~12CH은 각각 송・수신용으로 분배된다.

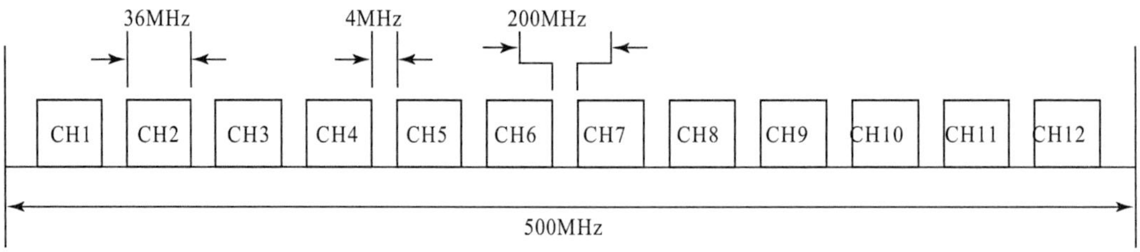

그림 6-5 INTELSAT TV 통신위성 트랜스폰더의 주파수 대역폭 할당방법

한편, 상・하 주파수대역 사이에도 20 MHz의 주파수 격리대역을 두고 있다. 따라서 시스템에 할당된 500 MHz의 주파수 대역폭은 다음과 같이 포맷된다.

트랜스폰더	36 MHz × 12개 = 432 MHz
상・하측파대 격리대역	= 20 MHz
트랜스폰더 보호대역 4 MHz × 12개	= 48 MHz
	500 MHz

6.3.1 FDMA 시스템에 대한 채널 포매팅

FDMA 시스템에 대한 채널을 포맷하는 것은 그림 6-5와 같이 각 트랜스폰더의 주파수대역폭을 이 시스템을 사용하고자 하는 지구국이나 사용자에게 할당하는 것을 말한다.

이와 같이 채널을 포맷할 때에는 인접 채널간의 혼신, 전송신호의 왜곡(distortion)정도 그리고 트랜스폰더의 비선형 특성에 의해 기인되는 상호변조적(intermodulation products)에 의해 발생되는 영향 등을 고려해야 한다.

6.3.1.1 채널 보호대역의 설정

채널을 포맷할 때에 인접 채널간의 혼신을 방지하기 위해서 채널간에 채널 보호대역을 설정해야 하는데, 보호대역을 필요이상 넓게 설정하면 사용가능한 대역폭의 불필요한 소모가 많아져서 주파수대역폭의 효율적인 이용을 저해하게 된다. 따라서 전송신호의 잔류측파대의 정도, 위성의 트랜스폰더와 지구국에서 주파수 변환을 위해 사용하는 국부발진기의 발진주파수 변동과 그리고 전송중 발생하는 도플러(Doppler)편이의 영향에 의한 주파수편이 등을 고려해서 적절하게 설정해야 한다.

트랜스폰더 채널수	반송파대역폭	반송파당 기저대역채널수	트랜스폰더당 기저대역채널수
1	36MHz	900	900
4	10MHz × 3 5MHz × 1	132 60	456
7	5MHz	60	420
14	2.5MHz	24	336

그림 6-6 **트랜스폰더 채널수와 기저대역신호 채널수와의 관계**

6.3.1.2 트랜스폰더의 채널수와 주파수 이용에 대한 효율성

그림 6-6에서 보듯이 트랜스폰더의 대역폭을 포맷할 때에 트랜스폰더당 채널수가 많아지면 각 채널간에 존재하는 보호대역이 차지하는 대역폭이 넓어지게 되어서 실제 전송해야 할 기저대역의 신호채널수가 감소하게 된다. 또한, 위성의 트랜스폰더에서 많은 반송파가 증폭되면 고전력증폭기의 최대동작영역에서 발생하는 비선형 특성으로 인해서 상호변조적이 발생한다. 이로 인해서 고전력증폭기(TWTA)의 동작영역을 선형영역으로 하기 위해 고전력증폭기의 동작영역을 최대점으로부터 일정한 레벨로 감소시켜서(back-off) 선형영역에서 동작시키게 되는데, 이와 같이 동작점을 낮추면 고전력증폭기의 전력을 모두 사용할 수 없게 되고 이로 인해 결국 감소된 전력에 해당하는 만큼 채널수를 감소하지 않으면 안된다.

다시 말하면 채널수가 많아지면 주파수대역폭을 효율적으로 이용할 수 없게 된다. 그림 6-6에서 보듯이 채널수가 1개로서 트랜스폰더의 36 MHz 대역폭 전체를 하나의 채널로 사용하는 경우도 있지만 트랜스폰더를 4개 또는 그 이상으로 채널을 포맷하는 경우는 모든 지구국의 트래픽량이 트랜스폰더 전체의 대역폭 36 MHz를 항상 사용할 만큼 많지 않을 때, 대역폭을 여러 채널로 포맷해서 각 지구국에 채널을 할당하는 것이 주파수 대역폭을 효율적으로 이용하게 된다.

6.3.2 FDM/FM/FDMA의 예

FDMA 시스템은 각 지구국이 자국에 할당된 주파수를 이용하여 신호를 전송하는 방식이다. 이 경우에 각 지구국이 각각 서로 다른 반송주파수에 의해 각국에 신호를 전송하며 1개국이 여러 국에 신호를 전송하기 위해 각국에 할당된 주파수로 전송해야 한다. 이렇게 되면 각국에서 많은 반송주파수를 고전력증폭기에서 증폭해야 한다. 위성의 트랜스폰더의 고전력증폭기에서는 지구국에서 보다 더욱 많은 반송주파수를 증폭시켜야 하므로 상호변조적에 의한 혼신발생 문제가 생기게 된다. 이 경우에 트랜스폰더에서 증폭해야 할 반송주파수를 살펴보자. 가령 이 시스템에 참여하는 지구국수가 m이라고 하면 각국은 자국의 고전력증폭기에서 $m-1$개의 반송파를 증폭해야 하고 위성의 트랜스폰더에서는 $m(m-1)$개에 해당하는 반송파를 고전력증폭기에서 증폭해야 한다.

따라서 상호변조적의 발생으로 인한 혼신의 영향이 크게 된다. 이 문제를 해결하기 위해 개선된 방식이 그림 6-7과 같은 INTELSAT Ⅲ과 INTELSAT Ⅳ의 통신위성에 적용한 전치다원착지(Preassigned multi-destination) FDM/FM/FDMA 반송파 시스템이다.

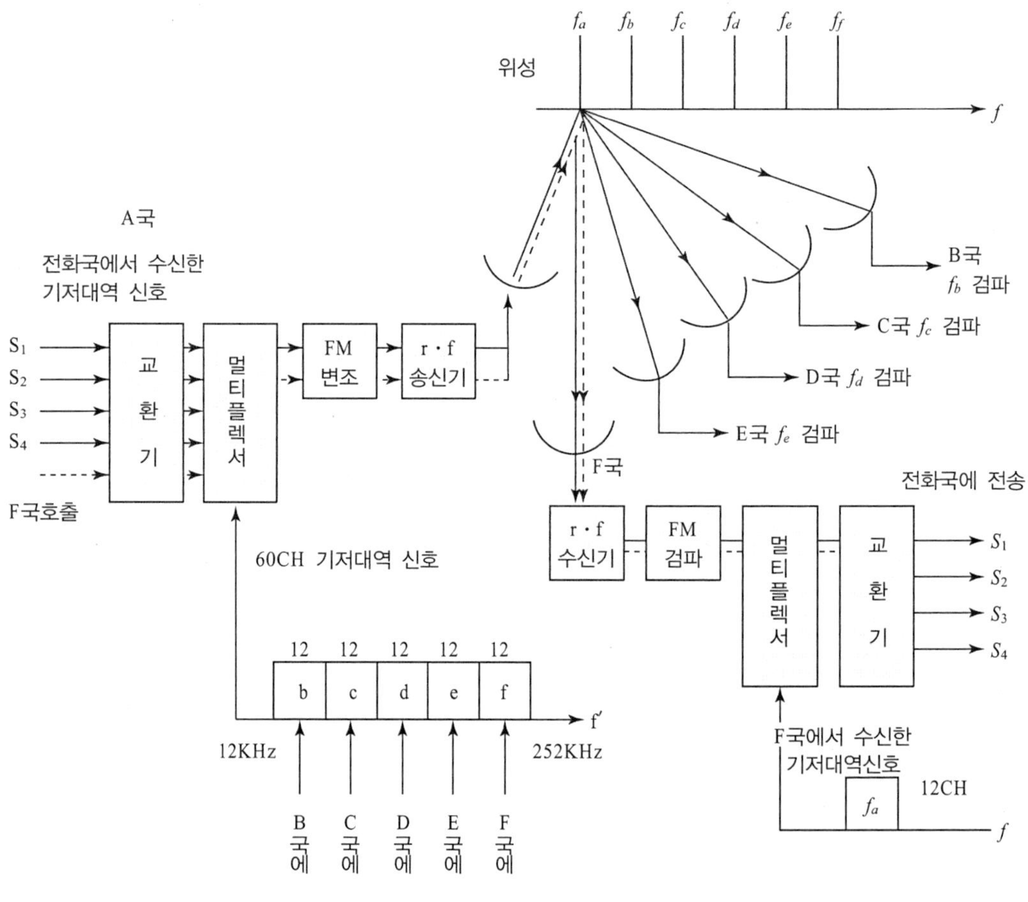

그림 6-7 **전치다원착지(Preassigned Multidestination) FDM / FM / FDMA 시스템 개요도**

6.3.2.1 시스템의 기본원리

이 시스템은 하나의 지구국에서 다른 모든 국에 송신하는 전화채널을 하나의 반송주파수로 변조해서 위성에 송신하는 방식이다. 수신지구국들은 송신국에서 송신된 반송주파수가 위성에서 하향링크 주파수로 변환되어 송신된 반송주파수를 수신해서 검파한 다음 자국에 해당되는 채널만 검출하는 것이다. 이렇게 함으로써 각 지구국은 신호의 전송을 위해서 하나의 반송주파수만 사용하고 위성의 트랜스폰더도 이 시스템에 참여하는 지구국수 m개의 반송주파수만 고전력증폭기에서 증폭하게 되므로 상호변조적의 영향을 감소시키게 된다.

6.3.2.2 시스템의 동작원리

그림 6-7에서 A국의 교환기에 각 전화 사업자로부터의 신호가 전화국을 거쳐서 도착하면 이 음성대역의 신호들은 멀티플렉서에 의해 다중화된다. 최초에 1개의 그룹이 12개의 채널로 구성되는 초군(basic group)으로 다중화되고, 이 초군이 다시 5개 그룹이 되어 60개의 채널로 구성되는 초초군(basic super group)으로 다중화된다. 이 초초군의 대역폭은 240 KHz가 되고 이 초초군의 신호가 자국에 할당된 트랜스폰더를 액세스 할 수 있는 반송주파수 F_a에 의해서 하나의 채널로 주파수 변조되어 고전력증폭기를 거쳐 위성에 송신된다. 트랜스폰더는 이 신호를 수신해서 수신지구국에서 수신하는 하향링크 주파수로 변환시켜 송신한다. 모든 수신국은 이 신호를 수신·검파하고 자국에 해당하는 신호만 선택해서 해당하는 전화국으로 전송한다. 이때 송신국에서 다중화된 초군의 신호군 중에는 각 해당 수신국을 지정해 주는 정보가 들어 있어 수신국에서는 이 정보에 의해 자국에 해당하는 채널을 인지하여 선택한다. 이 방식은 그림에서와 같이 각국에 12개의 채널을 보낼 수 있도록 기저대역 신호를 수용할 수 있는 반송주파수가 할당되어 있는데, 이 반송주파수는 해당국에 가는 신호가 없어도 각국의 상향링크 반송주파수에 의해 변조되어 송신한다. 따라서 기저대역 신호 채널수가 적은 국에 가는 채널은 전력이 적게 필요하게 된다. 이처럼 전력이 상이한 채널이 위성의 트랜스폰더에서 함께 증폭될 경우에 상호변조적의 발생원인이 된다.

따라서 이것을 방지하기 위해 하나의 반송주파수가 수용할 수 있는 최대 채널수를 제한하든지 트래픽량이 많아서 채널수가 많은 국에 하나의 단일 반송주파수나 다중 반송주파수를 할당한다. 또한, 전 주파수대역에 걸쳐서 채널이 많은 국과 채널이 적은 국이 혼합되어 있으므로 주파수 관리를 하여 소모전력이 많은, 즉 채널수가 많은 국이 사용하는 주파수는 전체 사용 주파수대역의 종단에 위치하도록 주파수를 할당한다. 이 시스템은 현재 많이 사용되고 있는 것으로서 신뢰성이 높으나 위에서 설명한 것처럼 트랜스폰더에서 많은 반송파를 증폭해야 한다. 따라서 상호변조적의 영향을 받아 전력을 최대로 사용할 수 없고 다음에 설명하는 채널이 필요할 때 사용요구를 해서 할당받아 신호를 전송하는 채널요구지정방식(channel demand assigment mode)으로 사용할 수 없는 단점이 있다. 이 방식은 반송파 한 개당 여러 채널을 송신한다 하여 MCPC(multi chanel per carrier) 방식이라고 한다.

6.4 SPADE(Single Channel Per Carrier PCM Multiple Access Demand Assignment Equipment)

6.4.1 개념

SPADE는 반송파 한 개당 하나의 채널만 가지는 PCM-PSK-FDMA 시스템으로 각 지구국이나 사용자는 각자에게 할당된 반송파를 장기간 전용하지 않는다. 신호의 전송을 위해 반송파를 사용하고자 할 때마다 반송파의 할당을 요구하고 신호의 전송이 끝나면 사용했던 반송파를 반납해서 필요한 다른 국 또는 사용자가 사용할 수 있도록 하는 방식을 말한다. 이 방식은 완전 가변가능한 방식(complete variable mode)으로서 트래픽량이 많지 않은 지구국이나 사용자가 많을 때 적합한 방식이다.

이 시스템이 개발된 주된 동기는 FDM 방식의 MCPCMA(multi channel per carrier multiple access)에서 트래픽량이 작을 때나 트래픽량이 없을 때에도 1개의 반송파로 전 채널의 주파수대역폭이 동시에 변조되어 송신되기 때문에 신호가 없는 채널의 반송파대역폭이 불필요하게 사용되는 것을 방지하기 위한 목적에서 비롯되었다. 다시 말하면 트래픽량이 많지 않은 국에 장기간 반송파 대역폭을 할당해 줌으로써 발생되는 주파수대역폭의 비효율적인 사용을 피하기 위한 목적으로 개발된 시스템이다. 이 시스템은 STAR(Satellite Telecommunication Automatic Routing) 시스템과 유사한 방식으로서 STAR 시스템은 시스템제어국(control station)이 1개국 뿐이지만 SPADE 시스템은 이 시스템에 참여하는 모든 국이 TDMA 시스템의 반송파를 공통신호방식(CCS : Common Channel Signaling)에 의해 사용함으로써 트래픽에 대한 정보를 교환하거나 채널을 할당하는 것이다. 전 참여국이 제어국이 될 수 있는 점이 두 시스템간의 차이점이다.

한편, 이 두 개의 시스템은 통화중에 음성이 있을 때에만 반송파를 전송하는 반송파 스타트-스톱(start-stop) 방식을 채택하여 위성에서 전력을 효율적으로 사용하고 있다. SPADE 시스템의 목적을 좀더 자세히 설명하면 다음과 같다. 첫째, 링크가 지정된 중용량의 트래픽링크에서 트래픽이 오버플로(overflow)되었을 때 오버플로된 트래픽을 처리하고 둘째, 소용량의 트래픽 링크에서 효율적으로 서비스를 제공하기 위한 것이며 셋째, 요구가 있을 때 동일지역에 있는 어느 한 지구국에서 다른 지구국으로 링크를 설정해 주고 넷째, 요구에 의해 개별적으로 회선을 지정하여 줌으로써 위성의 용량을 효율적으로 이용하고 공통 신호방식을 이용함으로써 현재 운용중인 지구국의 장비를 최적으로 사용하고자 하는 데 목적이 있다.

6.4.2 시스템의 구성도와 동작원리

그림 6-8은 SPADE의 장비에 대한 간단한 개요도이다. 지상 인터페이스 장치(TIU : Terrestrial Interface Unit)는 교환기능을 가진다. 지상망과 위성통신 시스템을 연결시켜 주는

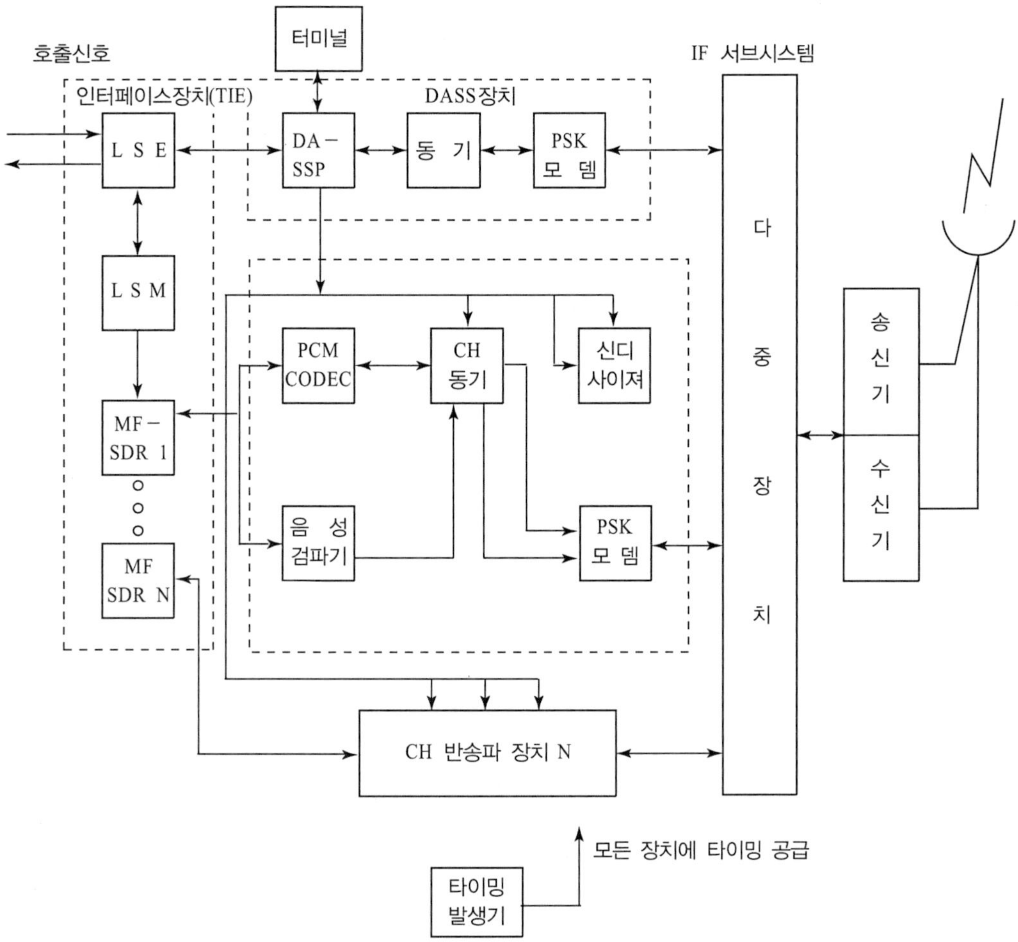

LSE : Line Switch Equipment

LSM : Line Switch Marker

MFSDR : Multifrequency Sender and Receiver

DASSP : Demand Assigment Signaling and Switching Processor

PSK : Phase Shift Keying

CH : Channel

그림 6-8 **SPADE 시스템 터미널기능 개요도**

장치이다. 전화국으로부터 호(call)가 인터페이스 장치에 도착하면 인터페이스 장치의 내부에 있는 회선신호 장치(LSU : Line Signal Unit)에서 이 호출신호를 검출해서 요구지정에 사용되는 시그널링과 스위칭을 제어하는 프로세서 DASSP(Demand Assignment Signaling and Switching Unit)와 회선스위치 마커(LSM : Line Switch Marker)에 보낸다.

이 호출신호를 받은 DASSP에서는 유휴중인 채널반송 장치를 선택하고 이 호출신호를 받은 DASSP에서는 유휴중인 채널반송 장치를 선택하고 이 호출신호에 해당하는 시그널링을 공통 신호 채널을 통해 송신한다.

또한, LSM에서는 선택된 반송장치에 해당하는 다주파 송·수신기(MFSDR)를 선택해서 상대국에 호가 연결되면 음성신호를 PCM 코덱(codec:coder decoder)에 보낸다. PCM 코덱은 음성신호를 부호화시켜서 위상편이키잉(phase shift keying)모뎀에 보내서 데이터를 위상변조해서 송신기를 거쳐 송신한다.

음성검파기(voice detector)는 보통 트래픽량이 많고 통화가 많아서, 통화가 많은 경우라 해도 음성채널이 동시에 동작되는 것은 전체사용채널의 40% 정도 밖에 되지 않는 점을 감안해서 음성이 있을때에만 반송파를 송신함으로써 사용전력을 최소 4 dB 정도 평균전력의 이득을 볼 수 있도록 하는 것이다.

이때에 음성검파기는 대화가 재개되었을 때에 반송파가 대화의 재개와 동시에 복구되어야 한다. 만약 반송파의 복구시간이 늦으면 이 늦은 시간만큼 음성이 변조가 되지 않아 이 부분의 음성이 송신되지 않는다. 따라서 최소한 음성비트 최초의 10 bit 이내에 반송파가 복구되도록 해야한다. 이를 위해서 부호열(code train)을 구성할 때에 음성 PCM 부호의 앞부분(head)에 반송파-동기회복용(carrier bit recover)으로 120 bit의 프리앰블(preamble)을 추가하고 있다. 한편, 이 음성검파기를 사용함으로써 위성의 트랜스폰더에서 동시에 많은 반송파를 증폭시키지 않아도 되므로 상호변조적의 발생으로 인한 영향을 감소시키는 효과도 얻게 된다.

6.4.3 SPADE 시스템의 주파수할당 방법

6.4.3.1 개념

그림 6-9는 SPADE 시스템에서 사용하는 주파수 스펙트럼을 보여주고 있다. 이 그림은 위성의 트랜스폰더의 주파수대역폭이 36 MHz인 경우인데 각 채널의 대역폭은 45 KHz이다. 이 45 KHz의 채널 대역폭은 채널보호대역 7 KHz를 포함하고 있으므로 실제 채널대역폭은 38 KHz가 되는 것이다. 다시 말하면 실제 음성신호 한 채널이 점유하는 QPSK의 신호대역폭은 38 KHz가 되는 것이다. 따라서 트랜스폰더의 전체 대역폭은, 800개의 음성채널을 가질 수 있는 전체대역폭을 상·하 그룹으로 나누어서 상위그룹과 하위그룹에서 각각 400채널씩 사용하고 있다. 따라서 상·하그룹의 각 대역폭은 18 MHz가 되며 상위그룹에 있는 하나의 채널과 하위그룹의 이에 대응하는 채널간의 간격은 18.045 MHz가 된다. 하나의 음성대역에 대한 채널은 상위그룹채널과 이에 대응되는 하위그룹의 채널로 구성된다. 다시 말하면 음성대역의 상·하측파대를 상위그룹과 하위그룹으로 분리해서 사용하는 것이다. 이 그림에서 채널 1-1', 2-2' 그리고 마지막 채널 400-400'가 일반상업용으로는 사용되지 않으므로 실제 사용가능한 전체 채널수는 794채널이 된다. 각 채널간의 보호대역을 7 KHz로 한 것은 위성의 트랜스폰더

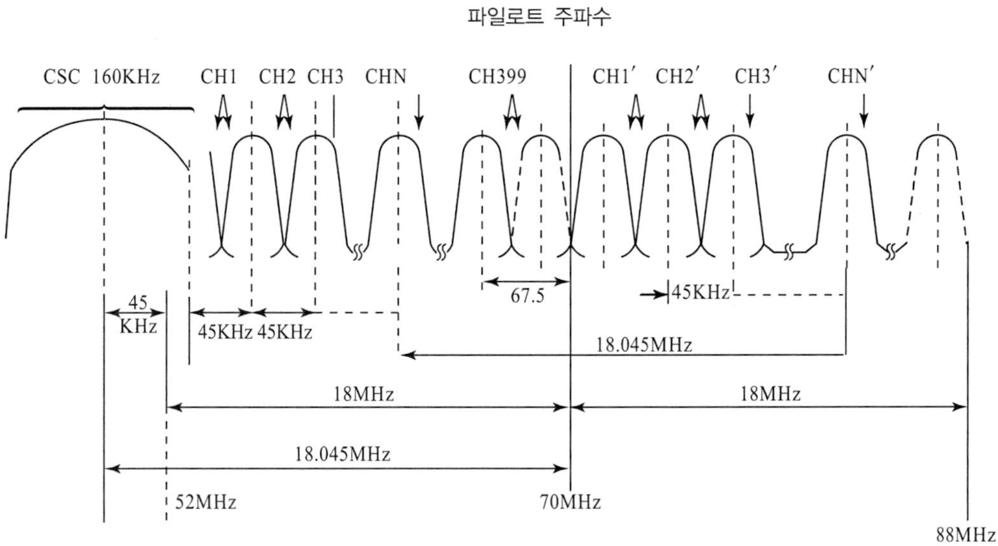

그림 6-9 **36 MHz 트랜스폰더에 대한 주파수 스펙트럼**

에서 발생하는 주파수변환용 국부발진기의 주파수편차를 고려해서 정해진 것이지만 제어지구국에서 상위그룹과 하위그룹의 중간경계에 파일럿 음(pilot tone)을 송신함으로써 각국이 이 기준 파일럿 음을 수신해서 위성의 트랜스폰더에서 발생하는 주파수편차와 신호의 전파중에 발생하는 도플러편이를 보상한다. 실제 기저대역 신호의 채널로 사용되지 않는 채널중에서 채널 2를 이용해서 지국국 간의 엔지니어링 서비스(engineering seervice) 통신에 사용된다. 한편, 채널사용을 요구하고 이 요구에 따라서 채널을 지정하는 데 사용되는 공통신호 채널(CSC)은 주파수대역중에서 가장 낮은 대역을 점유하고 있는데, TDMA 방식에 의해서 128 Kbps의 BPSK 신호를 시분할로 전송한다. CSC용 주파수 대역폭은 160 KHz이다.

6.4.3.2 음성신호 채널의 부호열 구성

그림 6-8에서 지상망의 전화국을 통해 가입자의 호출신호가 TIU에 입력되어 DASSP에 의해 사용하고자 하는 채널이 지정되고 음성신호가 채널반송 장치에 입력되면 음성대역 4 KHz를 초당 8,000번 샘플링(7bit/샘플)하여 56Kbit/s의 비트레이트로 부호화(coding)한다. 이 부호신호는 채널동기기(CH SYN)에서 반송파복구용(carrier recovery) 및 비트동기용(BIT SYN)으로 120 bit, SOM(Start Of Message)부호 32 bit로 구성된 프리앰블과 음성 PCM 부호 224 bit의 부호열로 구성되고, 다음 부호열로부터는 SOM 부호, 음성 PCM 부호순서로 부호열이 계속된다.

그림 6-10은 이것을 보여주고 있다. 이 그림에서 보듯이 음성신호 7 bit에 SOM 부호 1비트가 추가되어 부호열 샘플당 8 bit로 구성되어 부호어의 비트레이트는 반송파복구 및 비트동기용 비트를 포함해서 64.12 Kbps가 된다.

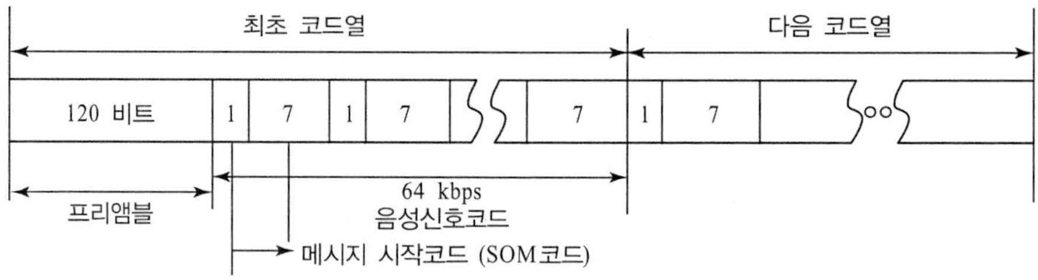

그림 6-10 **음성신호 채널의 부호열 구성방법**

6.4.3.3 공통 신호채널(CSC : Common Signaling Channel)

시스템에 참여하는 모든 지구국은 CSC를 이용해서 사용하고자 하는 채널의 유휴여부를 검색한다. 또한 채널의 현재상태를 DASSP에 계속해서 메모리시킴으로써 이 메모리된 정보를, 신호를 전송하고자 할 때에 검색해서, 사용하고자 하는 채널의 유휴여부를 검색한다. 이 검색된 정보에 의해 사용하고자 하는 채널이 유휴중일 때에 채널의 사용을 요구한다. 동시에 이에 대한 사항을 CSC를 통해서 관련된 모든 지구국에 통보한다. 이 통보를 받은 모든 국은 이 사항을 자체 DASSP에 메모리시킨다. 채널의 사용이 종료했을 때에도 역시 CSC를 통해 이 사실을 모든 국에 통보하고 이 통보를 받은 국은 자체 DASSP의 메모리 내용을 수정시켜서 사용가능한 채널목록에 이 채널을 기록시켜 자국의 채널사용 요구시에 참고로 한다. 그림 6-9에서와 같이 CSC의 주파수대역은 트랜스폰더 주파수 대역폭의 가장 낮은 부분을 점유하고 있는데, 점유주파수 대역폭은 160 KHz가 되고 비트레이트는 128 Kbps로서 BPSK TDM 채널로 TDMA 방식에 의해 전 지구국 사이에 시분할 된다. TDMA방식은 다음 장에서 설명하기로 한다. CSC의 프레임은 기준버스트(RB : Reference Burst)와 데이터버스트(Data Burst)로 구성된다. 각 버스트의 시간대역(time slot)은 1 ms이며 각 지구국은 자국에 지정된 이 1 ms의 시간대역을 이용하여 채널의 사용을 요구하거나 교신종료시에 채널을 재개한다. CSC의 프레임은 50 ms의 시간대역을 갖게 되는데 이에 따라 이 시스템에 참여할 수 있는 국은 49개국이 된다.

그림 6-11은 CSC의 버스트 구성도이다. 기준버스트는 프리앰블(preamble)만으로 구성된다. 데이터버스트내의 48 bit의 시그널링 유닛정보는 대개가 NO.6 전화 시그널링 시스템에 대한 정보이며 이 정보에는 에러교정용 부호도 포함되어 있다.

어느 지구국이 데이터버스트를 이용해서 채널의 사용을 요구했을 때에 피호출국으로부터 이에 대한 응답을 수신하는 데에는 전파의 왕복전파시간 240 ms와 장비내에서의 지연시간, 약 40 ms 등 전체 약 280 ms의 시간이 소요됨을 고려해야 한다. 그림 6-12는 TDMA-CSC의 특성을 보여주고 있다. SPADE 시스템을 설치한 지구국간에는 국내의 시그널링 방식이 다른 경우에도 신호의 전송과 변환이 가능하다.

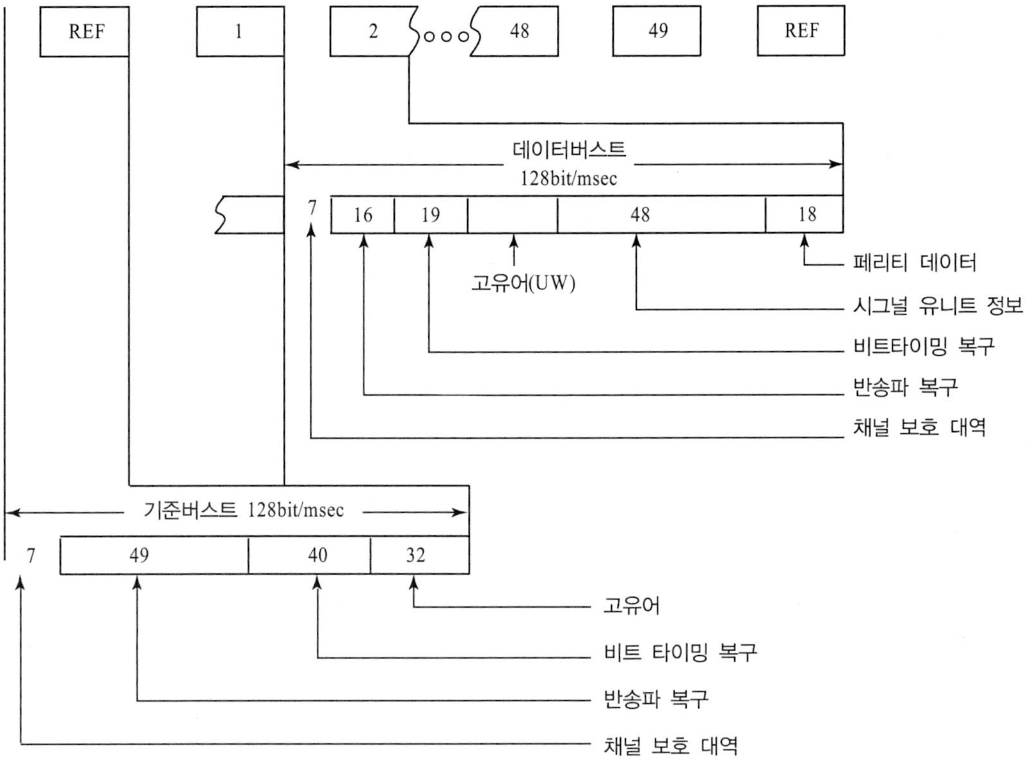

그림 6-11 **공통 신호채널(CSC)의 버스트 구성도**

내 용	규 격
변조방식	DBPSK
비트레이트	128Kbit/S
프레임길이	50 ms
버스트길이	1 ms
최대참가국수	49
비트에러율	10^{-9}

그림 6-12 **TDMA-CSC의 특성**

6.5 SCPC－QPSK－FDMA 전치 시스템 방식

SCPC－QPSK－FDMA 전치 시스템 방식(preassigned single channel per carrier FDMA System)은 반송파 하나에 하나의 채널이 지정되는 방식으로서 필요할 때마다 반송파의 사용을 요구하는 요구지정(demand assignment) 기능을 제외하고는 앞에서 설명한 SPADE시스템과 유사한 방식이다.

이 시스템은 반송파를 64 Kbps의 음성 PCM 부호로 구성된 데이터나 전진에러 정정부호(forward error correction code)를 가진 데이터를 QPSK 방식으로 변조한다. 신호의 프로세싱은 음성 PCM 부호를 QPSK 방식으로 변조한 다음에 FDMA 방식에 의해서 신호를 전송하는 것이다. 이 시스템은 SPADE 방식에 비교해서 시스템 터미널 내의 제어기능이나 로직기능이 대단히 간단해서 지구국의 경비를 절감할 수 있는 장점이 있다.

그림 6-13은 이 시스템에 대한 개요도이다. 이 시스템은 세 가지의 주요기능을 가지고 있다. 첫째 음성채널 장치에서 음성신호를 64 Kbps로 PCM 부호화하는 기능이고, 둘째 64 Kbps의 음성 PCM 부호를 3/4 길쌈 부호화(convolutional coding)하여 48 bit/s나 56 Kbs의 디지털데이터를 출력시키는 것이고, 셋째 64 Kbps의 음성 PCM 부호를 8/7 길쌈 부호를 해서 56 Kbps의 디지털데이터를 출력시키는 것이다.

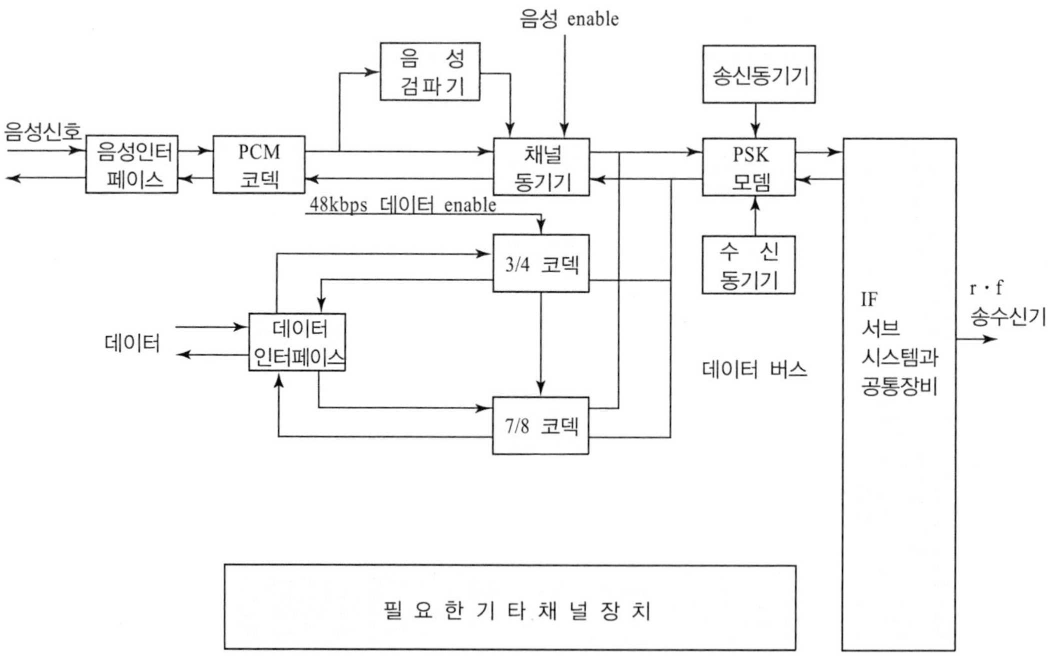

그림 6-13 INTELSAT SCPC 전치(Preassigned) 시스템 개요도

이 그림에서 데이터코덱(data codec)의 기능은 전진오류 교정용 패리티비트(parity bit)를 만들고 변조기와 인터페이스하는 기능을 가진다. 또한, QPSK의 검파신호를 수신해서 동기를 정확하게 맞추고 오류정정을 위해서 패리티비트 정보를 사용하는 것이다. 그림 6-14(a)는 데이터 부호기, 그림 (b)는 데이터 복호기에 대한 개요도이다.

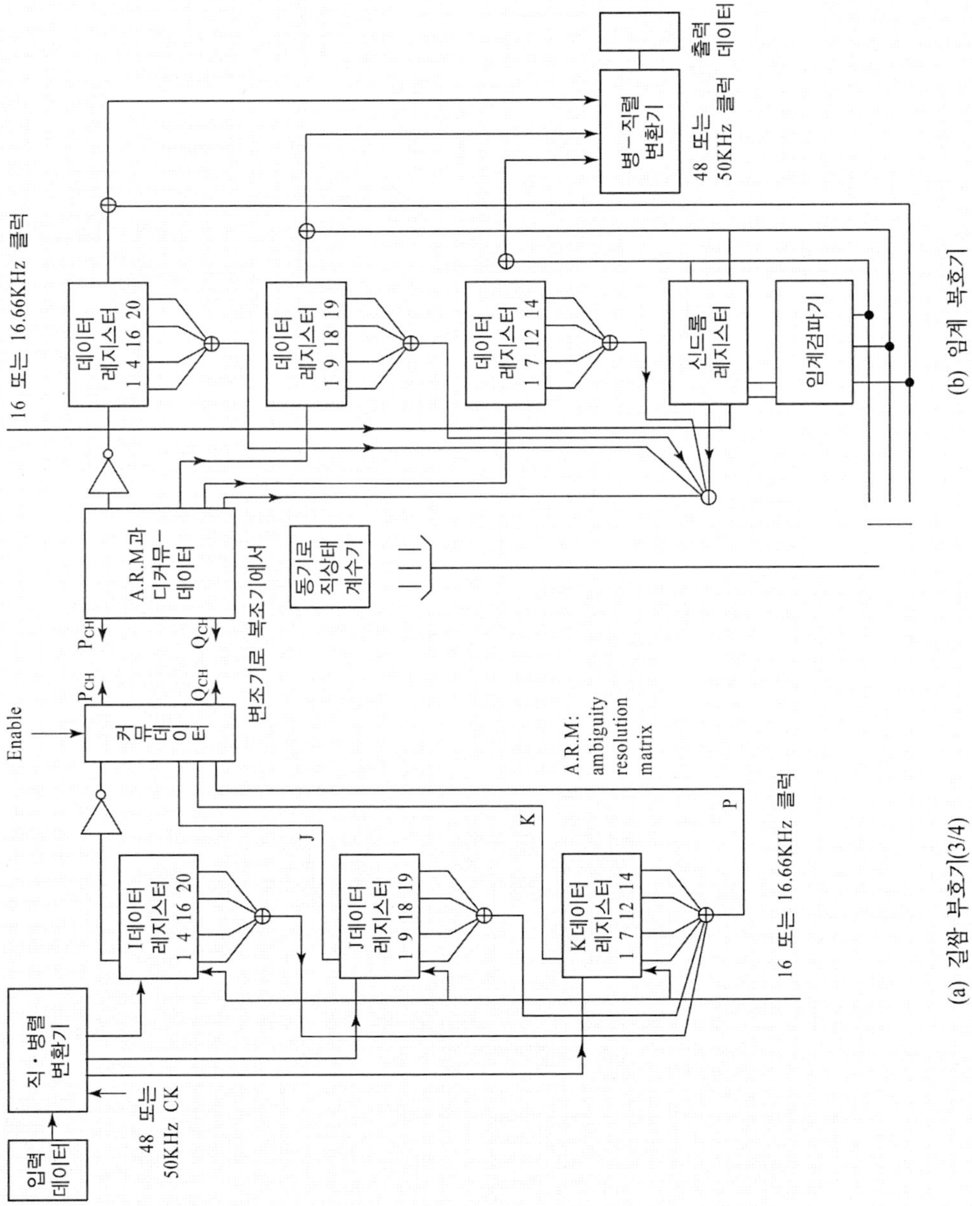

그림 6-14 INTELSAT의 시스템

6.6 SPADE-DAMA방식, SCPC-PSK-FDMA 전치할당 방식과 FDM-FM-FDMA방식의 비교

6.6.1 채널의 효율적 이용에 관한 비교

SPADE-DAMA 방식과 SCPC-PSK-FDMA 전치할당 방식은 음성검파기를 사용해서 위성의 트랜스폰더에서 소비되는 전력을 4 dB정도까지 절약할 수 있다. 따라서 대역폭이 동일한 경우에 소비전력을 절감시키면 절감된 전력을 다른 채널의 사용에 이용할 수 있으므로 채널을 보다 많이 사용할 수 있다. 음성검파기는 하나의 반송파로 하나의 음성대역 채널만을 전송할 때 사용할 수 있으므로 FDM-FM-FDMA 방식에서는 사용할 수 없다. 따라서 동일한 대역폭으로 동일한 전력을 사용해서 신호를 전송할 때에는 FDM-FM-FDMA 방식보다 SPADE-DAMA나 SCPC-PSK-FDMA 전치할당 방식이 채널의 사용면에서 더 효율적이다. 한편, 음성검파기를 아날로그방식인 SCPC-FM-FDMA 방식에서 사용하는 경우보다 디지털방식인 SCPC-QPSK-FDMA 방식에서 사용하는 경우가 보다 효율적이어서 트랜스폰더당 더 많은 채널을 전송할 수 있다. 아날로그방식을 사용하는 경우, 표준지구국의 안테나 직경은 30 m, 수신지구국의 성능지수 G/T는 47 dB/K로 하고 있다.

6.6.2 전력제한과 대역폭 제한

6.6.2.1 FDM-FM-FDMA방식

FDM-FM-FDMA방식을 사용하는 경우에 트랜스폰더의 사용가능한 최대전력이 30W라고 했을 때 그림 6-15(a)에서와 같이 각 지구국에서 5W의 전력이 소모된다고 하면 5개국의 지구국에 전력을 분배하고서도 5W의 여유 사용전력이 남게된다. 그러나 이때의 사용가능한 대역폭을 5개의 지구국에 모두 할당했으므로 사용전력에 여유가 있지만 대역폭을 더 이상 할당 할 수 없게 된다. 이와 같이 사용전력에 여유가 있으나 대역폭이 없는 것을 대역폭제한(band width limited)이라 한다.

한편, 그림 6-15(a)와 같이 대역폭을 할당해준 결과 채널간에 상호변조적이 발생하게 되면 6-15(b)와 같이 1개의 지구국에 대한 대역폭의 할당을 취소하지 않으면 안된다. 이와 같이 사용전력에 제한을 받는 것을 전력제한(power limited)이라고 한다. FDM-FM-FDMA 방식은 SPADE 방식과 SCPC-PSK-FDMA 방식보다 대역폭제한과 전력제한의 영향을 많이 받는다.

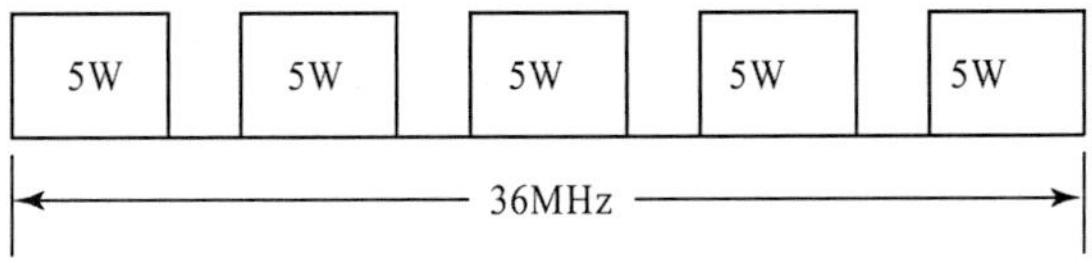

(a) 대역폭제한

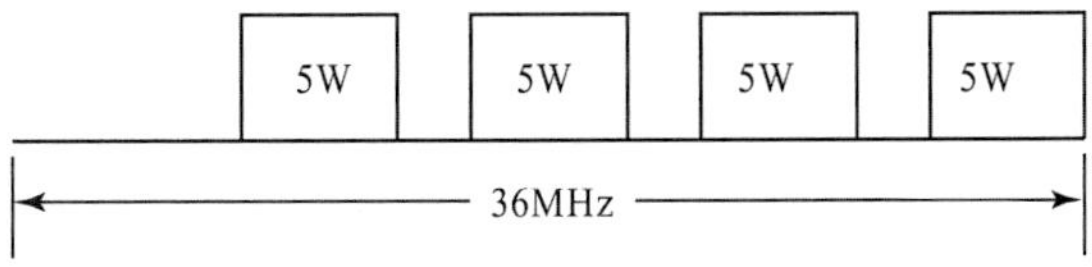

(b) 전력제한

그림 6-15 **대역폭제한과 전력제한**

6.6.2.2 SPADE 방식과 SCPC-PSK-FDMA 전치할당 방식

FDM-FM-FDMA 방식에 비교할 때 이 두 방식은 음성검파기를 사용함으로써 전력제한에 대한 영향을 감소시킬 수 있고 DAMA의 운용 등으로 대역폭제한에 대한 영향을 줄일 수 있다. 그러나 지구국의 장비에 대한 경비와 트래픽량이 많은 지구국 간의 통신면에서는 FDM-FM-FDMA 방식의 경우가 유리하다.

6.6.2.3 SPADE 방식을 표준지구국과 소지구국에서 함께 사용할 경우에 발생하는 전력제한

INTELSAT-Ⅳ의 통신위성시스템에서 표준지구국의 공칭 안테나 직경은 30m이고 수신기 성능지수 G/T 40.7 dB/K이다. 이 경우에 소지구국에 대한 $\frac{G}{T_e}$가 35 dB/K이고 36 MHz의 대역폭중에서 125개 채널이 소지구국용으로 할당된다고 하자. 또한, 트랜스폰더의 전체 사용전력중에서 1/2이 표준지구국에 할당된다고 하자. 즉, 800개의 채널중에 400개의 채널이 표준지구국에 할당되는 것이다. 이 경우 표준지구국과 소지구국 간의 $\frac{G}{T_e}$에 5.7 dB의 차이가 있게 되므로 표준지구국과 동일한 품질을 소지구국에 제공하기 위해서는 소지구국에 할당된 채널에 대해서 위성의 트랜스폰더의 실효 방사전력을 5.7dB만큼 증가시켜야 한다. 여기서 표준지구국에 전체 채널 800개 모두를 할당했을 때의 채널당 소비전력이 kdBW라 하면 전체 소비전력은 800CH×kdBW가 된다. 이때 표준지구국에 400개의 채널을 할당했을 경우를 생각해 보자. 표준지구국에 할당하고 남은 400개의 채널중에서 소지구국용으로 125개의 채널을 사용한다고 하면 전체 사용전력이 (125CH×5.7 dBW)+kdBW만큼 소요된다.

즉, 소지구국을 운용함으로써 125CH×5.7 dBW만큼의 전력이 더 소비되므로 이 전력에 해당하는 사용가능한 채널수가 감소한다. 즉, 사용할 수 있는 대역폭에는 여유가 있지만 이 여유대역폭의 사용에 필요한 125CH×5.7dBW만큼의 전력제한(power limited)이 발생한다. 그림

6-16은 전체 사용가능한 채널수와 소지구국의 운용을 위해 채널을 할당할 경우에 대한 관계를 보여주고 있다.

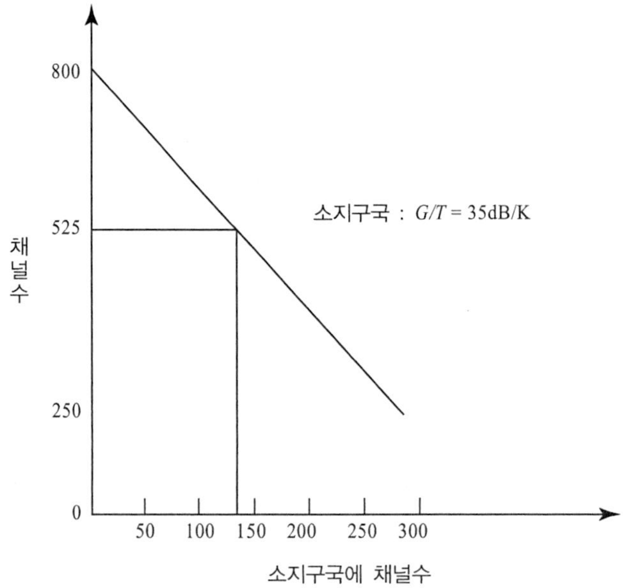

그림 6-16 **혼합 지구국망에서의 SPADE 트랜스폰더 채널용량**

이 그림에서도 알 수 있듯이 소지구국에 채널을 많이 할당해 줄수록 곡선이 우하향함으로써 전체 트랜스폰더의 사용가능한 채널수가 감소함을 알 수 있다.

그림 6-17은 SPADE 시스템망 내에서 운용하고 있는 지구국의 특성과 트랜스폰더의 사용가능한 전체 채널수와의 관계를 보여주고 있는데, 스폿빔안테나를 사용할 때와 신호를 부호하는 경우가 전체 채널의 사용을 보다 효율적으로 할 수 있음을 알 수 있다.

사용안테나	변 조 방 식	*G/T*	사용가능채널수
광역빔안테나 (global beam) : 직경 10m	− Uncoded QPSK	35dB/K	400
	− 3/4 길쌈 임계 부호	35dB/K	600
	− Uncoded QPSK	29dB/K	150
	− 3/4 길쌈 부호	29dB/K	250
	− 1/2 길쌈 부호	29dB/K	350
스폿빔안테나 (spot beam) : 직경 5m	Uncoded QPSK	21dB/K	250

그림 6-17 **SPADE 망에서의 지구국 특성과 사용 채널용량**

CHAPTER 07

시분할 다원접속방식

7.1 시분할 다중방식

7.1.1 개념

주파수 분할 다중방식은 일정한 주파수 범위내에서 기저대역 신호에 일정한 주파수대역을 할당해줌으로써 기저대역 신호를 다중화하는 방식이고 시간분할 다중방식은 기저대역 신호들이 각각 전송로나 주파수 또는 장비들을 사용할 시간을 정해줌으로써 기저대역 신호를 다중화하는 방식을 말한다.

그림 7-1은 시분할 다중방식(time division multiplexing)에 대한 기본개념이다. 이 그림에서 각 채널이 점유하는 시간대역을 타임슬롯(time slot)이라 하고, 각 시간대역간에는 보호시간(guard time)이 존재하는데, 이 보호시간의 설정목적은 어떤 원인에 의해 비트의 타이밍(timing)이 맞지 않아 시간대역이 서로 겹침(overlaping)으로써 발생하는 신호의 왜곡이나 오차를 방지하기 위한 것이다.

그림 7-2(a)는 아날로그신호원과 디지털신호원을 시분할 다중화하는 일례를 보여주고 있다. 그림에서와 같이 음성신호 주파수대역의 아날로그신호는 A/D변환기(analogue/digital converter)에 의하여 PCM(Pulse Code Modulation) 신호로 변환된다. 이 PCM 신호가 1차로 32Kbps로 다중화된 후에 버퍼에 저장된다. 버퍼에 저장된 비트가 8비트씩 스캔되어 2차 시분할 다중화되어 전송된다.

한편, 디지털신호는 필요한 경우에 펄스추가장치(펄스 stuffer)에서 다중화하는 데 요구되는 비트수로 입력 디지털신호를 수정한다.

그림에서 입력 디지털신호가 7.2 Kbps인데 이 기본비트에 800 bps를 추가시킴으로써 8 Kbps가 되었다. 이것이 버퍼에 저장된 후 2 bit씩 시분할 다중화된다.

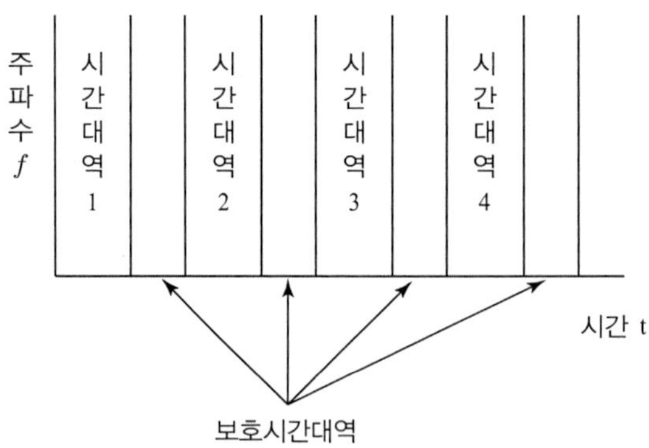

그림 7-1 **시분할 다중방법의 개요도**

이와 같이 기본입력 디지털신호에 펄스를 추가하는 것을 펄스 스터핑(stuffing)이라고 한다. 그림 7-2(b)는 아날로그신호가 PCM 신호로 변환되는 과정을 보여주고 있다. 아날로그 음성신호가 PCM 부호기(coder)에 입력되면 표본화, 양자화, 부호화의 과정을 거쳐 PCM 신호화된다.

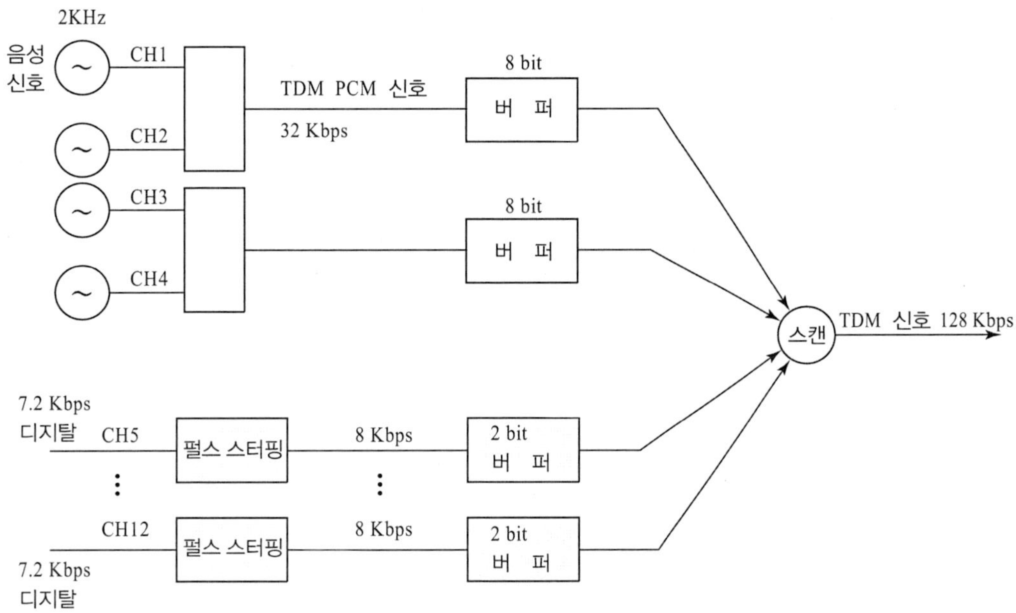

(a) 아날로그신호와 디지털신호의 TDM방법

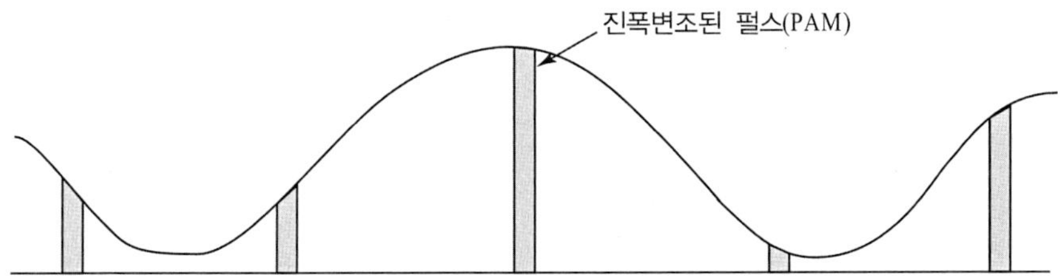

아날로그신호가 일정한 간격으로 표본화(sample)된다. 표본화된 신호를 PAM(pulse samplitude modulation) 신호라고 한다.

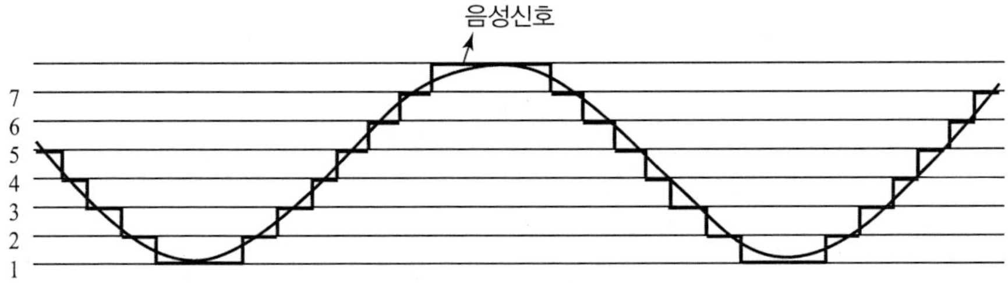

표본화된 PAM 신호가 아날로그신호의 크기를 일정한 기준으로 수평으로 단계화 하여 PAM 신호의 크기를 정하는 양자화기로 입력된다.

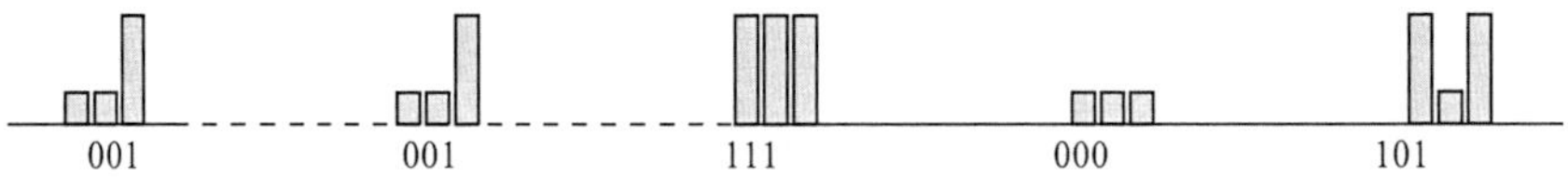

양자화에 의하여 크기가 결정된 PAM 신호가 그 크기에 따라 부호기에서 부호화 되어 출력된다. 이 부호기 출력신호가 PCM 신호이다.

(b) 펄스부호 변조(PCM) 과정

그림 7-2 **아날로그신호와 디지털신호의 TDM 방법과 펄스부호 변조과정**

표본화 간격은 샤논(Shannon)의 이론에 의해 표본화대상 신호주파수의 2배로 한다. 음성신호의 경우 주파수가 4KHz라고 할 때 표본화 주기는 4KHz×2=8000 샘플/초가 된다. 이렇게 표본화된 신호를 PAM 신호라고 한다. 이 PAM 신호를 디지털신호로 부호화하기 위해서 각 PAM 신호의 크기값을 정하는 기준을 정하고 이 기준값에 해당되는 PAM 신호값을 2진값으로 부호화한다. 이 PAM 신호값을 2진값으로 바꾸도록 PAM 기준값을 정하는 것을 양자화라고 한다.

그림 7-2에서는 음성신호를 수평으로 8단계로 나누어서 PAM 신호의 크기가 0일 때는 2진부호 “000”로 부호기에서 부호를 송출하고 크기가 7일 때에는 부호기에서 “111”로 2진부호를 송출한다. 이 2진 부호를 PCM신호라고 한다.

즉, PAM 신호를 2진값으로 바꾼 신호를 PCM 신호라고 한다. 그림 7-3은 PCM 신호를 다중화 할 경우의 프레임 구조를 보여주고 있다.

그림 7-3(a)는 북미에서 사용하는 방식으로 T-캐리어(T-carrier)라고 한다. 각 채널은 8개의 비트로 구성되고 1개 프레임은 24개 채널과 프레임정렬 신호용 비트1개로 구성된다. 프레임정렬 신호용 비트는 매 프레임 순서에 의해 1010……를 반복한다. 1프레임당 전체 비트수는 24 CH×8 bit=193 bit가 된다.

음성신호 주파수대역 4 KHz의 2배, 즉 음성신호 주파수대역을 초당 8,000번 표본화하는 것을 나이키스트 샘플링레이트(Nyquist sampling rate)라고 한다. 이때 각 표본신호의 간격은 시간이 125 ㎲가 된다.

이와 같이 그림 7-3(a)에서 나이키스트 프레임(Nyquist frame) 레이트는 초당 8,000번으로써 125 ㎲마다 1개의 프레임을 전송하므로 초당 8,000개의 프레임이 모두 빠짐없이 전송된다. 이때 전송속도는 193 bit/프레임×8,000 프레임/초=1.544 Mbit/s가 되는 것이다.

그림(b)는 유럽에서 사용하는 방식으로 ITU-T에서 권고하는 방식이다. 북미방식과 같이 각 채널은 8bit로 구성되며 1개의 프레임은 30개의 메시지 채널과 프레임정렬용 프레임 1개, 시그널링(signaling) 정보용 채널 1개, 전체 32개의 채널로 구성된다. 1프레임당 비트수는 32×8 bit =256 비트이다. 프레임의 주기는 초당 8,000번이고 따라서 초당 전송속도는 256 비트/프레임 ×8000프레임/초=2.048 Mbit/s가 된다.

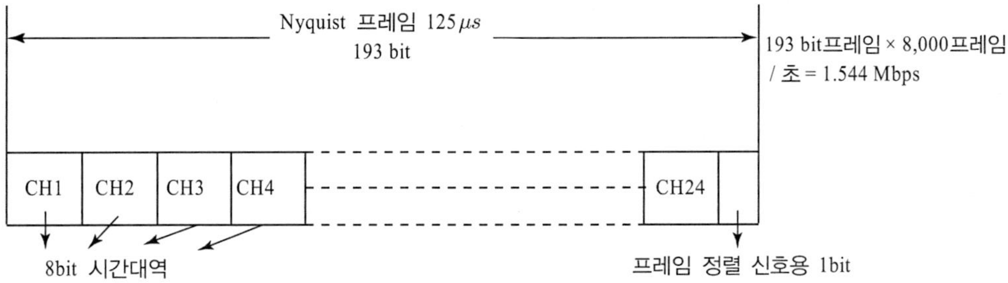

(a) T－반송파방식

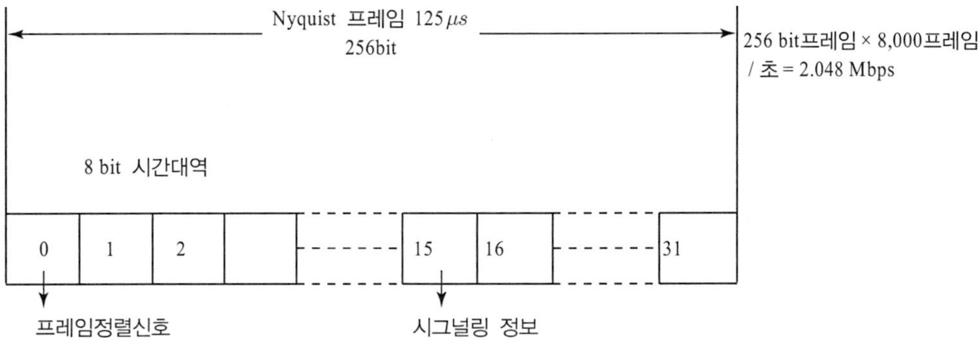

(b) CEPT 다중화신호 프레임 구조

그림 7-3 **PCM 다중화신호 프레임 구조**

이 두 방식을 비교할 때 나이키스트 주기와 프레임 주기가 모두 같은데, 전송신호 속도가 유럽방식이 빠른 것은 초당 채널과 프레임을 스캔하는 속도가 빠름을 나타내고 있다. 북미방식의 경우 비트당 점유시간이 0.6477초이고 각 채널이 점유하는 시간이 0.6477초/bit×8bit＝5.18μsec가 된다.

7.1.2 시분할 다중방식의 반송파 시스템

표 7-1은 북미와 CEPT 그리고 일본에서 사용하는 시분할 다중화용 반송파를 보여주고 있고 그림 7-4는 이것을 그림으로 나타낸 것이다.

표 7-1 **북미, ITU-T 권고 및 일본의 TDM반송파**

북 미 방 식			ITU-T 권 고 방 식			일 본 방 식		
다중화 계위	음성 채널수	전송속도 (Mbps)	다중화 계위	음성 채널수	전송속도 (Mbps)	다중화 계위	음성 채널수	전송속도 (Mbps)
Ds-1	24	1.544	1	30	2.048	1	20	1.544
Ds-1C	48	3.152	2	120	8.448	2	80	6.312
Ds-2	96	6.312	2	480	34.368	3	400	32.064
Ds-3	672	44.736	3	1920	139.264	4	1200	97.728
Ds-4	4032	274.176	4	7680	565.148	5	4800	397.20

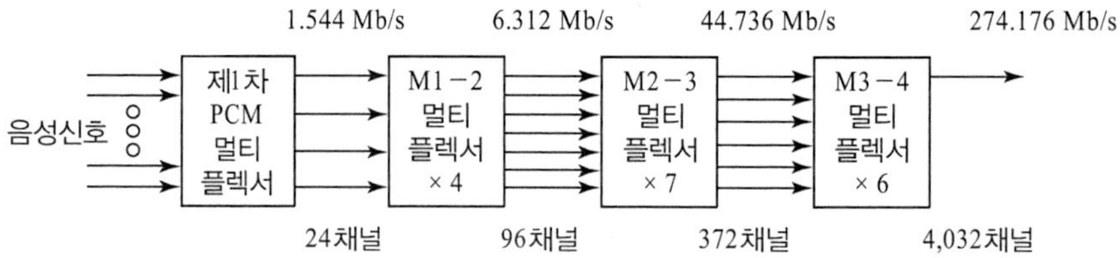

(a) 북미방식

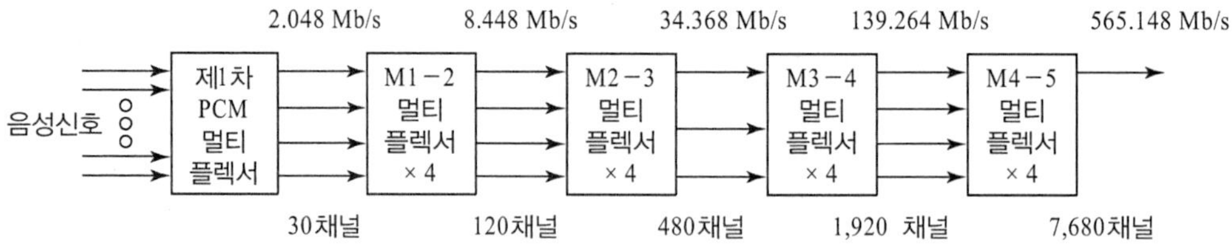

(b) CEPT 방식

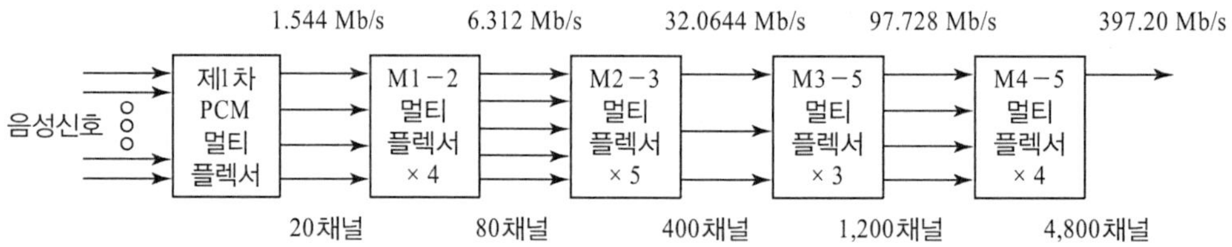

(c) 일본방식

그림 7-4 **시분할 다중화계층**

그림 (a)에서 북미방식을 시분할 다중화 계층이 4단계이고 CEPT 방식은 일본방식과 같이 5단계이다.

그림 7-5는 북미방식과 CEPT 방식에 대한 시분할 다중방식에 대한 계층구조를 좀 더 상세히 나타낸 것이다. 그림 (b)에서 D_s-1이 계층구조내에서 기본 전송포맷이 된다. 이 기본 전송포맷 D_s-1을 다중화함으로써 D_s-1C, D_s-2, D_s-3에 해당하는 데이터 전송속도의 다중신호를 전송하게 된다. 여기서 D_s-1C의 멀티플렉서를 M1－C, D_s-2의 멀티플렉서는 M1－2, D_s-3의 멀티플렉서는 M1－3임을 알 수 있다.

즉, 필요한 경우에는 D_s1에서 D_s-1C나 D_s-2를 거치지 않고 바로 M1－3을 이용하여 D_s-3로 다중화 할 수도 있다. 이러한 순서로 마지막 단계까지 다중화한다.

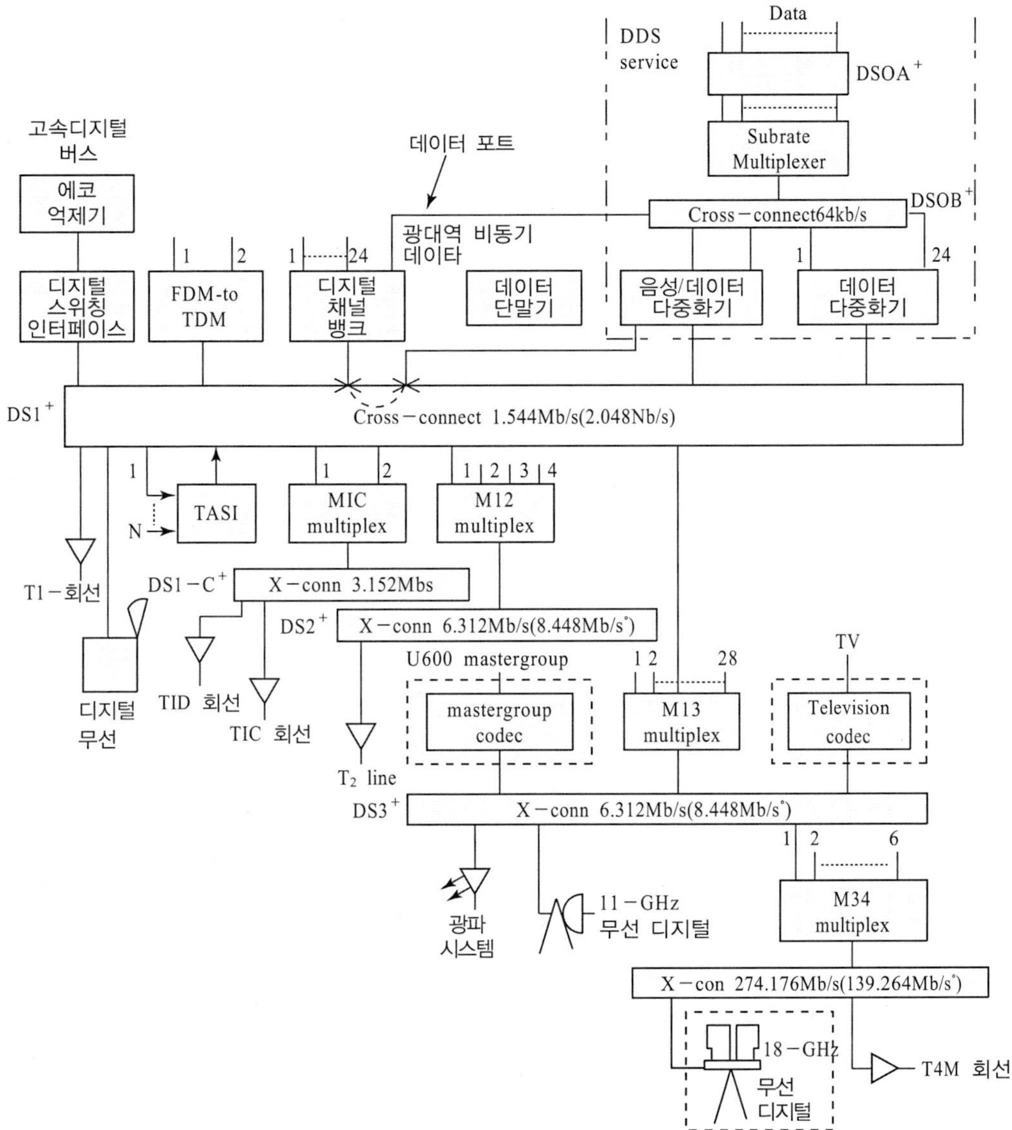

그림 7-5 **북미방식과 CEPT방식에 대한 다중화 계층구조**

D_s-1에서 D_s-2로의 다중화 과정을 살펴보면 D_s-2는 D_s-1의 기본 전송 포맷 4개가 다중화된다. D_s-1의 전송속도가 1.544 Mbit/s이므로 D_s-2의 전송속도는 $D_s-1\times4=$ 6.176 Mbps가 된다. 이때 실제 D_s-2의 전송속도는 6.312 Mbps이므로(6.312−6.176) Mb에 해당하는 비트는 프레임 제어비트, 펄스추가(stuffing) 용으로 사용하기 위하여 사용된 비트이다. 따라서 멀티플렉서에는 이 추가비트의 처리기능이 있게 된다.

그림에서 M_1-2 멀티플렉서에 의해 D_s-1이 D_s-2로 다중화된다. 이와 같이 D_s-1이 D_s-4로 다중화되기 위하여는 M_1-3, M_1-4의 멀티플렉서를 거쳐야 하지만 TV신호나 음성신호대역을 가진 채널 600개를 직접 주군부호기(master group coder)를 이용하여 직접 TDM 신호로 변환할 수도 있다. 또한, 감속 멀티플렉서(subrate multiplex)를 이용하여 D_s-1에 해당하는 데이터속도를 감속시킬 수도 있다. 예를 들면 나이키스트 프레임을 구성하는 각 채널의 구성비트수를 8비트로 하지 않고 7비트로 구성하고 초당 8,000번 프레임을 표본화(sampling)하면 감속 멀티플렉서의 출력데이터속도가 7 bit/샘플×8000 샘플/초=56 Kbit가 된다. 같은 방법으로 채널당 비트수를 6비트로 하면 데이터속도를 48 Kbps로 할 수 있게 된다. 데이터속도가 48 Kbps로 다중화된다면 데이터신호원(data source signal)의 데이터 출력속도(data rate)가 2.4 Kpbs인 경우 채널을 20개 다중화할 수 있다. 데이터원의 데이터 출력속도가 4.8 Kpbs인 경우에는 채널을 10개 다중화할 수 있게 된다. 그림 7-4는 채널당 데이터속도가 9.6 Kbps인 경우로서 48Kbps의 감속(subrate) 멀티플렉서를 이용하여 다중화하는 것을 보여주고 있다.

7.1.3 동기 시분할 다중방식과 비동기 시분할 다중방식

7.1.3.1 동기 시분할 다중방식

동기 시분할 다중방식이라 함은 주파수 분할 다중방식에서 어떤 신호원이나 사용자에게 주파수를 장기간 할당하여 주는 것처럼 어떤 신호원이나 사용자에게 시간대역을 장기간 할당해 주는 것을 말한다. 즉, 신호의 전송을 동기시키는 개념이 아니라 사용시간대역(time slot)이 일정하게 정해져 있음을 의미하는 것이다. 따라서 할당된 시간대역은 전송하고자 하는 신호의 유무에 관계없이 항상 점유 상태가 되어서 신호가 없을 경우에도 해당 시간대역이 불필요하게 점유된다. 이에 따라 통신자원(communication resourses)의 사용에 비효율성이 발생하게 된다. 그림 7-6은 간단한 동기 시분할 다중방식에 대하여 보여주고 있다.

이 그림에서 S_N개의 신호원에서 발생된 디지털신호는 일정한 디지털신호 속도로 다중화되어 전송로로 전송된다. 전송로는 이 디지털신호 속도를 수용할 수 있어야 한다.

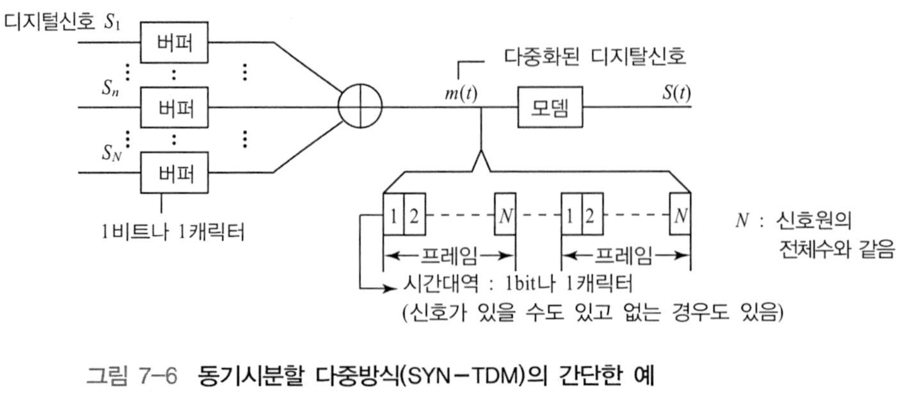

그림 7-6 동기시분할 다중방식(SYN-TDM)의 간단한 예

그림에서 S_1 …… S_N의 각 디지털신호는 각각 자체 버퍼(또는 메모리)에 1bit 또는 몇 개의 비트로 구성된 캐릭터로 저장된다. 이 저장된 캐릭터나 비트를 빠른 속도로 스캔하여 다음 비트나 캐릭터가 버퍼에 입력되기 전에 S_1에서 S_N의 순서로 또는 S_N에서 S_1의 순서로 출력시킨다. S_1에서 S_N까지 스캔한 비트나 캐릭터가 프레임을 구성한다. 다시 말하면 프레임의 시간대역은 S_1에서 S_N까지 저장되었던 비트나 캐릭터의 전체 시간대역과 같게 된다. 이와 같이 구성된 디지털신호 프레임은 디지털신호 그대로 전송되기도 하고 아날로그신호로 전송되기 위하여 모뎀(modem)을 거치기도 한다.

한편 프레임을 구성할 경우에 신호원이 동기원인 경우에는 비트 시간대역을 각각 스캔한다. 신호원이 비동기원인 경우에는 캐릭터의 시간대역으로 각각 스캔하여 프레임을 구성한다. 이 때 캐릭터에 의해 프레임을 구성하면 전송효율을 높이기 위하여 전송전에 캐릭터내의 스타트-스톱(start-stop) 비트를 제거한다.

수신기에서 프레임을 수신하면 각 캐릭터별로 전송전 제거된 스타트-스톱 비트가 재 삽입된다. 이 캐릭터가 각각 원하는 수신측 버퍼에 보내어져서 저장된다. 버퍼에 저장된 데이터가 수신원에 전달되므로 신호의 전송이 완료된다.

7.1.3.2 비동기 시분할 다중방식

비동기 시분할 다중방식은 통계적 TDM(statistical-TDM) 또는 지능 TDM(intelli gent-TDM)이라고도 한다. 이 방식은 어떤 신호원 또는 사용자에게 신호의 전송을 위한 시간대역을 동기 시분할 방식에서와 같이 고정할당해 주는 것이 아니다. 이용자가 필요할 때만 시간대역의 사용을 요구하고 이 요구가 있을 때만 시간대역을 할당해 주는 것을 말한다. 그림 7-7은 간단한 비동기 시분할 다중방식의 원리를 보여주고 있다. 그림에서와 같이 멀티플렉서는 그 기능이 입력부와 출력부로 나누어져 있는데 수신부가 입력부에 해당하고 송신부가 출력부에 해당한다.

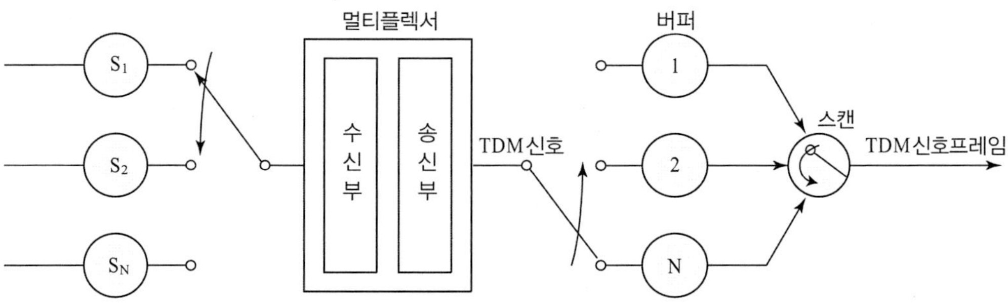

그림 7-7 **비동기 시분할(ASYN-TDM) 다중방식의 간단한 예**

수신부는 입력되는 신호를 스캔해서 1개의 프레임이 구성될 때까지 데이터를 수신한다. 1개의 프레임이 완전하게 구성되면 이것을 송신부에 보낸다.

송신부에서 이것을 받아서 출력측의 버퍼에 데이터를 분배하고 이 버퍼를 마지막으로 다시 스캔함으로써 신호를 다중화하여 전송로에 전송시킬 프레임으로 구성하여 전송시키게 된다. 이 방식은 멀티플렉서에 입력되는 신호원이 n개이고 할당가능한 시간대역이 모두 k개라고 할 경우, 신호원과 시간대역간에는 $n>k$의 관계를 가지고 있다. 즉, 할당할 수 있는 시간대역 k가 신호원의 수 n보다 항상 적은 값을 가지게 되는데, 이것은 모든 입력신호원이 항상 신호를 전송하지 않는 것에 착안한 것이다. 비동기 시분할 다중방식과 동기 시분할 다중방식을 비교해보면, 두 방식의 멀티플렉서의 신호처리 능력이 동일하다면 비동기 시분할 다중방식이 동기시분할 다중방식보다 동일한 시간대역수에서 더 많은 입력신호원을 수용할 수 있게 된다. 즉, 통신자원을 보다 효율적으로 이용할 수 있게 된다.

그림 7-8은 동기 TDM과 비동기 TDM 방식을 그림으로 비교하여 보여주고 있다. 그림 (a)는 입력신호원이 4개인 경우로서 각 신호원에 시간대역이 고정적으로 할당된 경우인데, 입력신호원에서 데이터를 보내지 않을 때도 할당된 시간대역은 항상 프레임 구성요소에 포함되어 전송됨으로써 시간대역이 불필요하게 사용되고 있다.

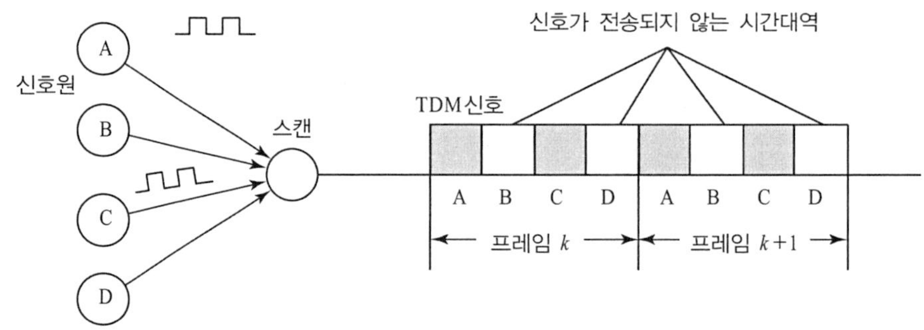

(a) 동기 TDM 방식

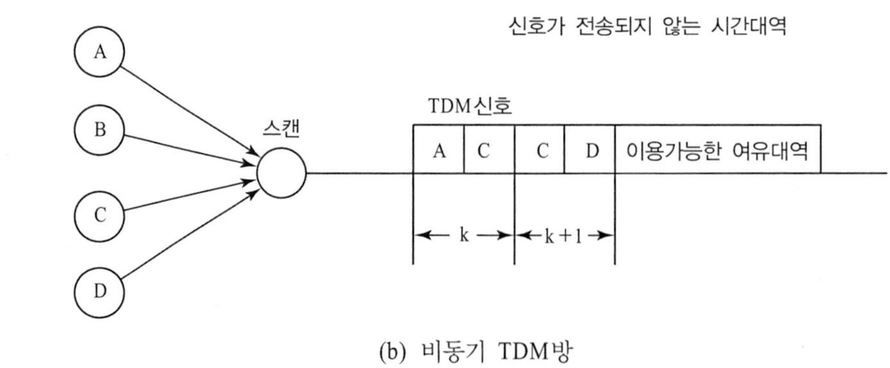

(b) 비동기 TDM방

그림 7-8 **동기 TDM과 비동기 TDM 방식의 사용시간 대역비교**

그림 (b)는 그림 (a)와 같이 입력신호원은 4개로서 동일하지만 사용가능한 시간대역은 2개만 있는 경우이다. 이 준비된 2개의 시간대역을 요구가 있을 때에만 할당해줌으로써 동기 TDM 방식에 비해 시간대역을 반으로 줄일 수 있다. 따라서 사용하지 않는 시간대역을 다른 사용자나 다른 용도를 가진 신호원에 사용함으로써 유한한 통신자원을 효율적으로 이용할 수 있게 된다.

그러나 트래픽량이 많아서 4개의 신호원에서 동시에 채널(시간대역)의 사용을 요구하는 시간이 많은 경우에는 동기 TDM 방식이 비동기 TDM 방식보다 트래픽의 처리 측면에서 더 효율적이 된다. 이 비동기 TDM 방식을 패킷(packet) 방식이라고도 하는데, 이것은 입력데이터를 모았다가 한꺼번에 전송함을 의미하고 있다.

한편, 비동기 TDM 방식은 시간대역의 할당을 임의적으로 불규칙(random)하게 한다. 수신측에서 이것을 인지할 수 있도록 하기 위해서는 각 시간대역에 주소(address)를 정해 주어야 한다. 따라서 각 시간대역은 번지와 데이터로 구성된다.

FLAG	ADDRESS	CONTROL	비동기 TDM 서브프레임	FCS	FLAG

(a) 전체 프레임 구성도

ADD	DATA

(b) 프레임당 1개신호원

ADD	LEN	DATA		ADD	LEN	DATA

(c) 프레임당 다중신호원

그림 7-9 **비동기 TDM 프레임 포맷**

일반적으로 비동기 TDM 방식을 사용하는 시스템에서는 HDLC와 같은 동기 통신규약(protocol)을 사용한다. 그림 7-9(a)는 전체 프레임 구성도이고, 그림 (b)와 그림 (c)는 다중방식 운용을 위하여 데이터 프레임에 제어비트(control bit)를 갖는 구성도이다.

그림 (b)는 HDLC 1개의 프레임에 신호원이 한 개인 경우이다. 이 방식은 트래픽량이 적을 때 효율적인 방법이고 그림 (c)는 데이터에 주소와 데이터의 길이를 나타내는 길이비트(length)가 붙는 경우이다. 이 방식은 트래픽량이 많을 때 다시 말하면 신호원이 많을 때 사용하는 방식이다.

7.2 시분할 다원접속방식

7.2.1 개념

다원접속방식이라 함은 2개 이상의 지구국이 하나의 위성을 액세스(access)하여 지구국 상호간에 통신링크를 설정하는 것을 말한다. 시분할 다원접속방식이라 함은 각 지구국이 디지털 신호로 변조된 반송주파수, 즉 변조주파수를 시분할하여 전송함으로써 통신링크를 설정하는 방식을 말한다. 시분할 다원접속방식(TDMA : Time Division Multiple Access) 시스템은 시분할 다중회선의 루팅방법과 시스템의 운용방법면으로 구분할 수 있다.

시분할 다중회선 루팅방법도 지구국에서 행하는 방식과 위성에서 행하는 방법이 있다. 지구국에서 행하는 방법에는 송신국을 중심기준으로 행하는 방식(source-oriented)과 수신국, 즉 도착지를 중심기준으로 행하는 방식(destination-oriented)이 있다. 위성에서 행하는 방법에는 SS/TDMA(satellite switching-TDMA) 방식이 있다. 한편, 시스템의 운용방법면에서는 각 지구국에 시간대역을 장기간 고정할당해 주는 전치 TDMA(preassigned-TDMA) 방식이 있고, 각 지구국의 요구에 따라 시간대역을 할당해 주는 DAMA-TDMA(demand-assigned multiple access-TDMA) 방식이 있다.

본장에서 후술하는 것과 같이 송신지구국 중심(source-oriented) 방식은 각 송신국에서 자국에 지정된 반송주파수에 의해 각 수신지구국에 가는 트래픽을 하나의 버스트(burst)로 송신하고 모든 수신국에서는 전 송신국에서 송신한 반송파를 수신해서 복조한 후에 자국에 관련된 신호만 수신하는 것이다.

다시 말하면 송신국이 하나의 반송파로 모든 국에 가는 신호를 송신하는 것이다. 수신지구국 중심(destination oriented) 방식은 송신국에서 신호를 송신할 때 각 지구국에서 각각 별도로 지정된 수신주파수로 각 수신국에 가는 신호를 송신하는 것이다. 다시 말하자면 각각의 수신국에 자국에서 수신할 반송주파수를 지정해 주는 방식을 말한다.

전치 TDMA 방식은 송신버스트의 주기와 길이가 항상 같지만 DAMA-TDMA 방식은 각국의 트래픽량에 따라 송신버스트의 주기와 길이가 조정될 수 있다. 한편, SS/TDMA 방식은 각 송신국에서 자국에 지정된 주파수로 신호를 전송하면 위성에 설치된 교환기에서 이 신호를 각 수신국에 해당하는 주파수로 송신하는 것을 말한다. 따라서 각 지구국마다 각국이 상대하는 국별로 설치해야 하는 하위 주파수 변환기(D/C)나 상위 주파수 변환기(U/C)의 수를 감소시킬 수 있어서 지구국의 경비를 절감할 수 있다.

7.2.2 TDMA 시스템의 프레임 포맷

TDMA 프레임은 기준버스트(reference burst)와 트래픽 버스트(traffic burst)로 구성된 고속프레임(high rate frame)의 조합으로 구성된다.

고속프레임내의 기준버스트는 지정된 기준국에서 송신한다. 트래픽 버스트는 각국에 대한 인지데이터 등이 포함된 프리앰블과 데이터로 구성된다. 이 데이터는 각국내의 가입자의 데이터 즉 저속프레임(low rate frame)으로 구성된다. 그림 7-10은 TDMA 프레임의 구성도를 보여주고 있다. 그림 (a)는 T-반송파(Carrier)방식에서 사용하는 TDMA 프레임 구성 과정이다.

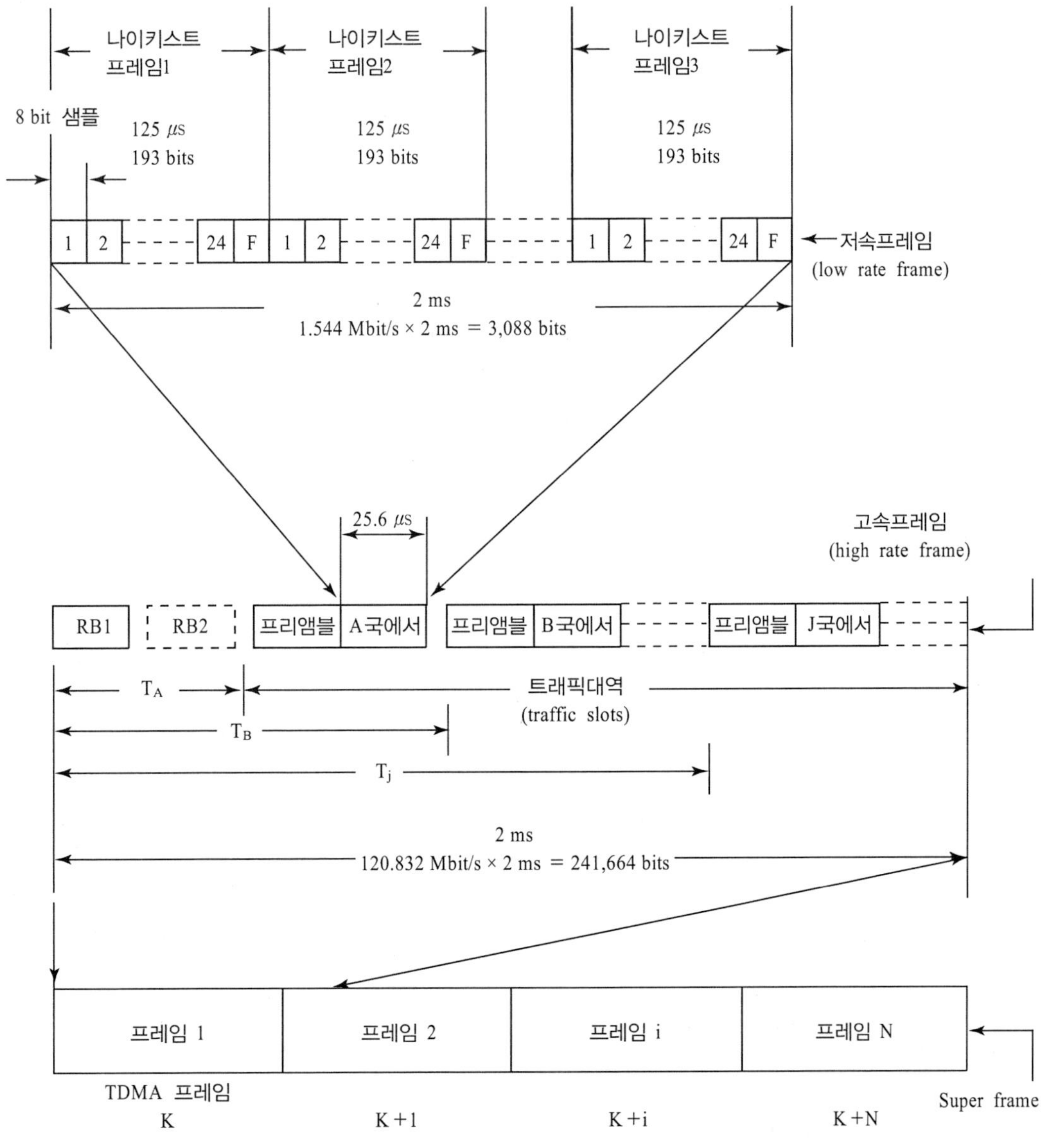

(a) T－반송파용

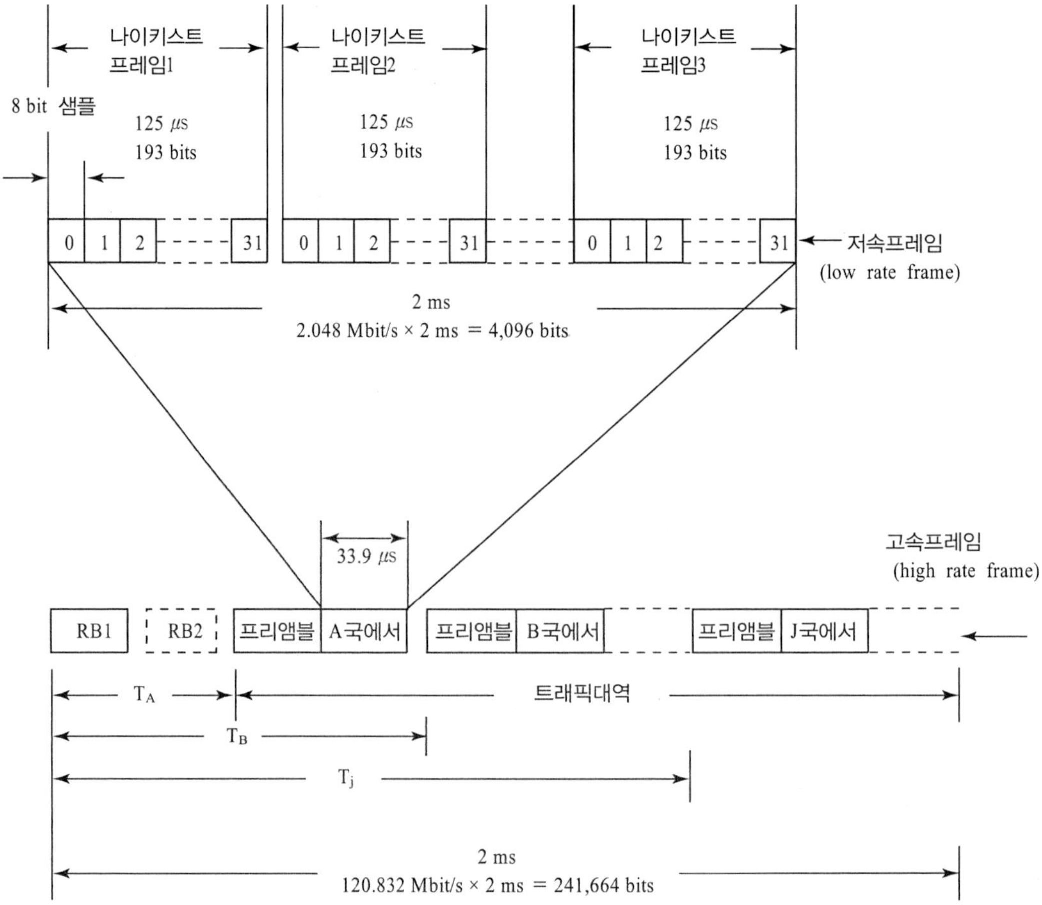

(b) CEPT용

그림 7-10 **INTELSAT 디지털 송신 표준규격**

저속프레임은 16개의 나이키스트 프레임으로 구성되고 고속프레임은 각국의 저속프레임으로 구성된다. 고속프레임에서 RB1과 RB2는 기준버스트이며 기준지구국에서 송신하고 RB2는 RB1과 같은 내용을 가지고 있는데 기준버스트의 신뢰성을 높이고자 송신하는 것이다.

그림에서와 같이 고속프레임은 기준버스트와 트래픽 버스트로 구성된다. 고속프레임을 구성하고 있는 각국의 저속프레임에는 프리앰블(preamble)이 붙어서 완전한 트래픽 버스트가 된다. 이것을 시간과 비트수로 나타내보자.

저속프레임은 16개의 나이키스트 프레임으로 구성된다. 전체 비트수는 16 나이키스트프레임×193 bit/프레임=3,088 bit가 된다. 저속프레임의 시간대역은 16 나이키스트프레임×125 μs/프레임=2 ms가 된다.

고속프레임 내에서 각국의 저속프레임이 차지하는 시간은 25.6 μs가 된다.

고속프레임 1개가 차지하는 시간대역폭은 2 ms인데 INTELSAT 통신위성 시스템의 경우를 예로 들어보면 국제간의 대용량 트래픽을 처리하기 위해 TDMA 프레임 속도를 120.832 Mbit/s로 하고 있으므로 TDMA 프레임을 구성하고 있는 고속프레임 1개의 프레임 속도는 120.832 Mbti/s ×2 ms=241,664 bit가 된다.

따라서 전체 TDMA 프레임을 구성하고 있는 고속프레임수는 120.832 Mbit / 241,664 bit / frame=500개가 된다.

TDMA 프레임의 속도는 지구국 수신 안테나의 성능지수인 G/T, 위성에서 사용 가능한 대역폭 그리고 사용전력을 고려해서 결정된다.

고속프레임에서 각국의 트랙픽 버스트는 데이터버스트에 프리앰블을 합친 것이다. 데이터버스트가 차지하는 시간대역은 다음과 같이 계산할 수 있다.

$$T_{db} = \frac{R_0 T}{R_T} = \frac{1.544\,\text{Mbit/s} \times 2\,\text{ms}}{120.832 \times 10^6\,\text{bit/s}} = 25.6\,\mu\text{s} \tag{7.1}$$

가 된다. 데이터버스트의 시간대역에 프리앰블의 시간대역을 합한 것이 트래픽 버스트 시간대역이 되므로 이것을 식으로 나타내면

$$T_T = T_{db} + T_P \tag{7.2}$$

T_P : 프리앰블 시간대역

이다. 그림 (b)는 CEPT 방식에 의한 INTELSAT 디지털전송의 표준을 보여주고 있다. 이 방식에서도 데이터버스트 시간대역이나 트래픽 버스트 시간대역은 T-반송파 방식의 공식을 준용하여 계산할 수 있다.

7.2.2.1 기준버스트의 포맷(reference burst format)

기준버스트는 각 지구국이 자국에서 송신할 프레임의 동기를 TDMA 프레임의 지정된 시간대역에 맞추는 데 사용된다. 이 기준버스트는 지정된 기준지구국에서 송신한다. 그림 7-11은 기준버스트의 포맷을 보여주고 있다.

CBR	UW	TTY	SC	VOW	VOW	CDC

그림 7-11 **기준버스트 포맷**

CBR(carrier and bit timing recoverty)는 반송파와 비트의 타이밍을 맞추기 위한 것으로 무변조된 반송파의 위상을 심벌속도로 0°와 180°를 교차시켜서 송신한다. 비트타이밍 클럭은 버스트의 비트타이밍 클럭으로서 반송파의 동기중이나 동기후에 이루어진다.

CBR의 길이는 수신기의 반송파대 잡음비가 크거나 인지해야 할 반송주파수의 범위가 작을 경우에는 QPSK 변조파에 대하여 30심벌(symbol)정도가 적정하다. 반송파대 잡음비가 낮거나 인지해야 할 반송주파수의 범위가 넓을 때에는 300심벌 정도로 길게 할 수도 있다.

CBR 다음의 고유어(unique word : UW)는 짧게는 10QPSK 심벌, 길게는 24QPSK 심벌로 구성된다. 수신기에서 고유어가 수신되면 이 수신된 고유어가 상관기(correlator)에 입력되어서 수신기 자체 메모리에 저장된 비트패턴과 비교 되어진다. 이때 비교된 결과치가 기준치 이상이면 정확한 고유어가 수신된 것으로 간주되고, 이때 수신된 고유어의 최종비트의 수신에 의해 버스트가 도착할 정확한 시간을 결정한다.

다시 말하면 고유어 상관기의 출력은 버스트의 시작시간을 기준잡는 데 사용된다. 고유어를 수신하여 고유어에 오류가 없는 것으로 간주될 기준치(상관기 출력값)을 정하는 데는 전송로상태, 오류율, 오류정정 및 오류검파능력 등을 고려해서 정해져야 한다. 고유어가 정확히 수신되지 않으면 트래픽 버스트의 수신에 많은 오류가 발생하게 되어 데이터를 수신할 수 없게 된다.

고유어 다음에는 서비스채널(SC : service channel)과 오더와이어(order wire)로 구성된다. 서비스채널은 시스템 운용을 위한 프로토콜을 유지하는 데 이용되고, 오더와이어는 TTY(teletype)와 음성(vow : voice) 통신을 나타내기 위해 사용되고 있다. 기준버스트를 구성하고 있는 맨 마지막 부분은 제어와 지연채널(control and delay channel : CDC)로서 망내에서 각국의 버스트 위치를 제어하는 데 필요한 정보를 제공하는 데 사용된다.

시스템을 제어하는 제어국이 영구적으로 정해져 있어서 각 트래픽국을 제어하는 시스템이나 트래픽국이 발사한 신호가 위성에서 수신되어서 지구국으로 재송신될 때에, 트래픽자국이 자국이 발사한 신호를 수신할 수 없는 경우에 CDC에 의해서 자국의 트래픽이 정확하게 망내에 진입되고, 또한 진입된 자국의 트래픽 버스트가 정확하게 TDMA 프레임내에 유지될 수 있도록 한다. DA(demand assigned) 시스템에서 TDMA 프레임을 할당함에 따라 트래픽 버스트의 위치와 시간대역이 수시로 변경될 때에는 제어채널(control channel)에 의해 트래픽제어 정보가 전송될 수 있다.

그러나 각국이 TDMA 프레임 내에 있는 자국의 버스트위치를 직접 제어할 수 있는 경우에는 제어채널이 필요없고 트래픽 버스트가 기준버스트로서 이용될 수 있다.

7.2.2.2 트래픽 버스트의 포맷

TDMA 프레임을 구성하고 있는 트래픽 버스트는 데이터와 프리앰블로 구성된다. 데이터 부분은 각국의 트래픽량에 따라 길이가 변할 수 있다. 프리앰블은 각국 간에 트래픽 버스트가 겹치는 것(overlaping)을 방지하기 위한 버스트 보호대역(guard time) 그리고 기준버스트에서와 같이 CBR, 고유어(UW), 서비스채널(SC), 오더와이어 부분으로 구성된다.

버스트대역의 시작위치는 고유어의 마지막 심벌의 발생시간으로 측정되는데, 이것은 전파 시간의 불확실, 시스템 타이밍의 부정확, 즉 버스트 위치를 관찰할 때 예견되는 클로킹(clocking)의 부정확성, 필터응답 특성에 기인되는 인근버스트의 여운 등을 감안하여 적절한 심벌수를 격리대역용으로 설정해야 한다. 서비스채널은 지금까지 기준버스트를 송신해 온 A 국이 어떤 이유에 의해 기준버스트의 송신을 타국에 넘기고저 할 때, 이에 필요한 정보를 전송하는 채널이다. 그림 7-12는 트래픽 버스트의 포맷을 보여주고 있다.

보호대역	CBR	UW	Order Wire	트래픽 데이타

그림 7-12 **트래픽 버스트 포맷**

7.2.2.3 트래픽 버스트의 송·수신방법

그림 7-13(a)는 송신지구국에서 트래픽 버스트를 송신하는 방법을 보여주고 있다. 2개의 버퍼로서 구성된 버스트신장기(expander)인데 버퍼1에 입력되는 연속비트인 저속(low rate)의 1.544 Mbit/s나 2.048 Mbit/s의 데이터가 입력되면 버퍼2에 저장된 데이터가 고속출력 클록에 의해 120.832 Mbit/s의 고속으로 비워진다. 즉, TDMA 프레임의 속도에 맞게 송신된다. 이때 120.832 Mbit/s의 버스트를 송신하기 위한 고속출력 클록은 자국이 송신한 트래픽 버스트가 자국에 지정되어 할당된 TDMA 프레임내의 시간대역내에 정확히 진입되도록 운용되어야 한다. 즉, 타국의 트래픽 버스트와 겹치는 것을 방지하기 위한 것이다. 그림 (b)는 수신기의 경우로서 고속입력 클록에 의해 버퍼1이 구동되면 수신되는 고속의 트래픽 버스트가 버퍼1에 저장된다. 이 동안 버퍼2에 저장된 데이터가 저속출력 클록에 의해 연속저속 출력 1.544 Mbit/s나 2.048 Mbit/s로 출력된다. 이와 같이 고속의 데이터를 저속으로 출력시키므로 버스트 압축기(compander)라고도 한다.

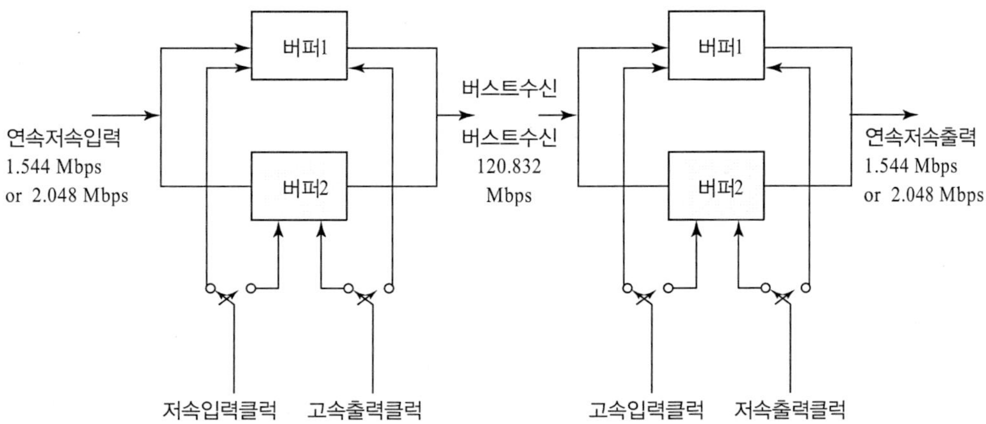

(a) 신장기 (b) 압축기

그림 7-13 **송수신기의 버스트 압신기**

7.2.3 초기설정과 동기

초기설정이라 함은 자국의 트래픽 버스트가 TDMA 프레임내의 자국에 할당된 시간대역내로 정확히 진입되도록 하기 위하여 행하는 통신을 위한 준비단계를 말한다. 한편, 동기는 TDMA 프레임내에 진입된 트래픽 버스트가 항상 정해진 시간대역내에 있도록 하는 것을 말한다. 초기설정과 동기를 위한 정보는 기준버스트의 CDC로 전송되는데, 이 CDC 정보의 송신을 위성에서 보내는 방법과 지구국의 기준국에서 보내는 방법이 있다. 여기서는 이것에 대하여 설명하고자 한다.

7.2.3.1 초기설정

초기설정은 광역빔 시스템(global beam system)과 다중빔 시스템(multibeam system)의 2가지 시스템에 대하여 고려할 수 있다. 보통 광역빔 시스템에서 사용하는 초기설정방법을 궤환루프 방법(loop-back acquisition), 다중빔 시스템에서 사용하는 초기설정방법을 개루프방법(open loop acquisition)이라고 한다.

(1) 궤환루프 초기설정(Loop-back Acquisition)방법

각 지구국은 자국의 초기 설정버스트(initial acquisition burst)를 송신하기 위해 위성이나 제어국에서 송신한 기준버스트를 수신하여 초기 설정버스트의 송신시간을 결정한다. 즉, 기준버스트를 수신한 시간을 비교하여 기준버스트 수신 즉시 버스트를 송신하든지 ΔT시간후에 송신해야 되는지를 결정하는 것이다.

이것을 결정하는 데에는 저전력의 PN연속변조 반송파버스트를 이용하는 방법과 저전력의 무변조파버스트를 이용하는 두 가지 방법이 있다. 저전력의 무변조파 버스트를 이용하여 원하는 시간대역을 검색하고자 할 때에는 첨두전력(peak power)치가 타국의 트래픽 버스트전송에 혼신을 주지 않도록 해야 한다. 이를 위해 통상 트래픽 버스트의 첨두전력레벨 이하로 하든지 25dB로 유지되어진다. 저전력버스트의 대역이 프레임내의 지정된 트래픽 버스트의 시간대역 전체길이와 보통 같기 때문에 협대역필터를 사용해서 그 검파기능을 보강할 수 있다. 이 저전력 무변조파 버스트가 계단톱니파함수(stepping sawtooth function)를 적용해서 TDMA 프레임을 스캔함으로써 검색된다. 이 검색된 결과 무변조파버스트가 자국에 할당된 트래픽 버스트의 중심에 있다고 확인되면 이때의 시간차 ΔT가 궤환루프 초기설정방법의 진행에 이용된다.

한편, 개략의 초기 ΔT값을 얻기 위해 저전력 무변조파버스트 대신에 PN(pseudou random noise) 연속변조파를 사용하는 경우에는 자국의 시간대역내에 이 저전력검색 버스트를 동기시킨다. 이를 위해 상관복조기(correlation demodulator)가 사용된다. 이 PN 연속변조파를 상관기로 수신해서 상관기 첨두치에 의해 전송시간 ΔT를 결정한다. 이와 같이 결정된 초기설정을 위한 값 ΔT에 의해 트래픽 버스트를 TDMA 프레임의 정확한 위치에 설정하기 위한 과정이 수행된다.

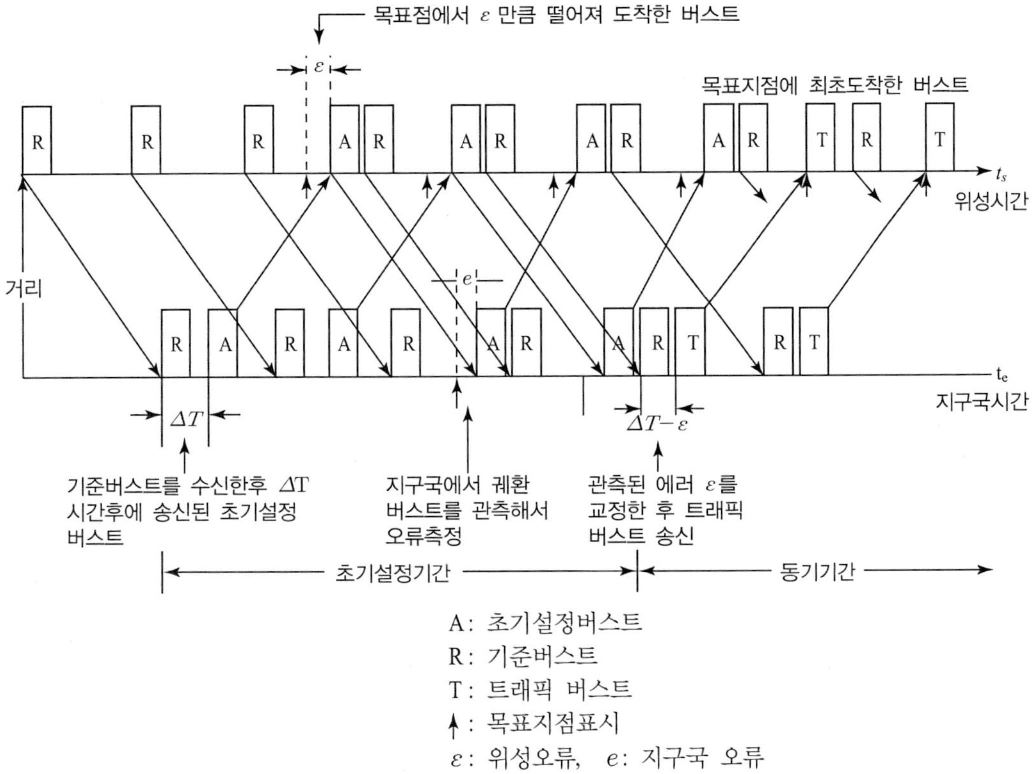

그림 7-14 **직접루프백 초기설정방법**(direct loop-back initial acquisition)

그림 7-14는 이 과정을 그림으로 보여 주고 있다. 이 방법은 모든 지구국이 기준국에서 송신하는 기준버스트의 수신이 가능할 때와 자국이 송신한 버스트가 위성에서 재송신된 것의 수신이 가능할 때 사용되는 방법이다. 따라서 신호가 루프백되지 않는 다중빔 시스템에서는 사용할 수 없다.

그림에서 각 지구국은 초기설정을 위한 대략 예정시간 ΔT가 측정된 후 기준버스트가 수신되면 기준버스트가 수신되기 시작한 순간부터 ΔT시간후에 초기설정버스트(acquisition burst)를 송신한다. 이 초기설정버스트가 위성의 목표시간 대역내에 정확하게 도착했는지 여부는 이 버스트가 위성에서 재송신되어 자국에서 이 버스트를 수신하기 전에는 알 수 없다. 따라서 그 결과를 인지하는 데 신호의 왕복 전파시간이 소요된다.

그림에서 기준버스트 R을 수신 시작한 시간부터 ΔT시간후에 초기설정버스트 A를 송신한 경우, 위성에 도착한 초기설정버스트는 목표지점에서 ε만큼 오차가 발생했다. 즉, 지구국에서 기준버스트 R을 수신한 후 ε에 해당하는 시간만큼 늦게 초기설정버스트 A를 송신한 경우이다. 위성에서 재송신된 초기 설정버스트 R은 지구국에 도착했을 때 e에 해당하는 오차가 목표점에서 발생하는데, $\varepsilon \neq e$가 같지 않은 것은 위성에서 재송신되어 지구국에 도착한 버스트는 위성과 지구국간의 전파전파시간에 해당하는 도착지연이 생긴다.

즉 지구국에서의 목표간의 오차 $e = \varepsilon + f_t$가 된다. 여기서 f_t는 궤환전파전파시간이다. 따라서 기준버스트를 수신하기 시작한 후에 $\Delta T - (e - f_t) = \Delta T - \varepsilon$의 시간이 지난 후 트래픽 버스트를 송신하면 목표지점에 정확하게 도착하게 된다. 이와 같이 트래픽 버스트가 목표지점에 정확히 도착할 수 있도록 하는 데 걸리는 기간을 초기설정기간이라고 한다.

(2) 개루프 초기설정방법(open-loop-acquisition)

개루프 초기설정방법은 보통 자국에서 송신한 신호를, 위성을 경유하여 재수신할 수 없는 경우에 사용되는 방법으로 다중빔 시스템에서 사용한다.

이 방법은 전파의 전파시간을 기초로 하여 트래픽 버스트위치를 TDMA 프레임내에 맞추는 것으로서 정확한 위성의 위치와 지구국의 위치를 알아야 한다.

개루프 제어시스템에 참여하는 모든 지구국은 자국으로부터 위성의 위치를 정확하게 알고 있어야 한다. 위성의 위치를 측정하는 데에는 제어국에서 참여국들의 트래픽 버스트를 제어국의 기준버스트 위치와 비교하는 것이 가능한 경우, 그리고 제어국이 자국에서 송신한 버스트에 관하여 참여국들의 트래픽 버스트를 수신할 수 없는 경우의 두 가지 측정방법이 있다.

전자의 경우 제어국이 기준버스트에 대해 트래픽 버스트의 위치를 직접 관측할 수 있기 때문에 제어국이 트래픽 버스트의 목표지점과 트래픽 버스트의 실제 관측된 지점간의 시차를 계산해서 이것을 광속으로 나눔으로써 위성과 트래픽국간의 거리를 측정한다. 이것은 예정된 D_N값과 실제값간의 차가 TDMA 프레임에서의 실제 트래픽 버스트위치와 목표지점간의 차가 동일하다는 점을 이용한 것이다. 이 측정은 최소한 정확한 버스트 위치제어를 하기 위하여 트래픽터미널이 있는 지역의 부근에 설치된 3개의 서로 멀리 떨어진 지구국에 의해 수행되어야 한다.

후자의 경우는 다중빔 시스템에서 사용하는 방법으로서 그림 7-15는 서비스지역이 동과 서로 분리된 경우이다. 동쪽지역에 있는 트래픽국은 자국의 트래픽을 전송하기 위한 시간을 결정하기 위해 서쪽지역의 기준제어국에서 송신한 기준버스트를 이용한다. 한편, 동쪽지역에 있는 제어국은 타이밍변동을 관측하기 위해 서쪽지역에서 송신한 기준버스트를 이용한다. 이 시스템에서 위성의 위치를 결정하기 위해 대안방식(alternative method)을 채택하고 있다. 대안방식에 의한 위성의 위치를 결정하는 데에는 두 가지 방법이 있다.

하나는 이중-홉 거리측정(double-hop ranging)방법으로 한쪽 빔지역내에 있는 하나의 지구국에서 버스트 송신순간시간과 이 버스트에 응답해서 다른쪽 빔지역내에 있는 지구국에서 송신한 버스트의 수신순간시간간의 지연시간을 측정해서 위성의 위치를 측정한다. 이 방식에서 동쪽지역과 서쪽지역에서 각 2개국씩 1조로 위치측정에 참여하면 4개의 별도의 거리 측정값을 얻을 수 있다. 이 4개값 중에서 3개값 만으로 위성의 위치를 결정한다.

또 다른 대안방식은 텔레메트리, 트래킹 그리고 제어데이터에서 예견된 것으로 예상된 위성의 위치를 이용하는 것이다. 현재 이 정보원은 TDMA 트래픽 버스트 위치를 제어하는 것과 같은 예민한 사항에는 사용을 목적으로 하지 않고 있지만 이로 인해 결과가 좋았을 경우에는

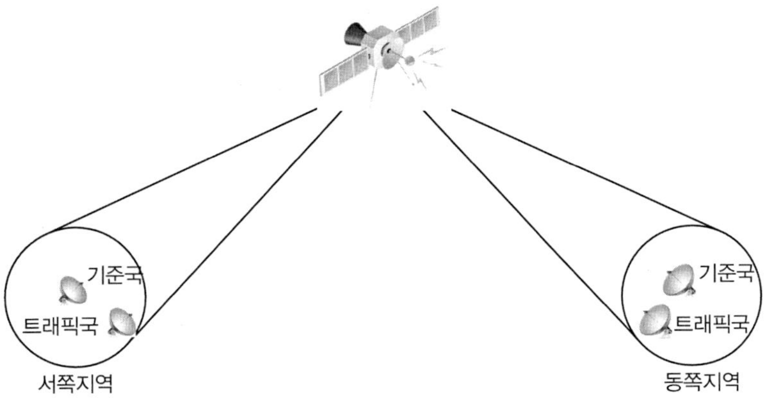

그림 7-15 **다중빔방식에서 위성의 위치를 결정하는 방법**

초기설정을 얻는 데 충분히 정확한 결과를 얻는다.

그러나 이 방법은 위성의 기동중이나 기동후에는 초기설정결과에 대한 정확도가 불충분하다. 이상과 같이 위성의 위치가 각지구국에서 확인되면 기준국에서 송신한 기준버스트를 수신한 후, 얼마 후에 자국의 트래픽 버스트를 송신해야 지정된 TDMA 프레임의 시간대역내에 트래픽 버스트를 진입시켜야 하는가에 대하여는 위성까지의 거리에 대한 전파의 전파시간을 계산하여 트래픽 버스트가 위성의 지정된 프레임내에 정확히 도착되도록 트래픽 버스트를 송신한다. 이때 기준버스트를 수신한 시작 시간부터 자국의 트래픽 버스트를 송신 시작한 시간까지의 시간차를 지연시간(delay time) D_N이라고 한다.

즉, 이 지연시간을 조정해서 TDMA 프레임내의 지정된 시간대역에 트래픽 버스트를 진입시킨다. 이에 대하여 INTELSAT-TDMA 시스템을 예로 해서 설명하기로 한다. INTELSAT-TDMA 시스템에서 고속프레임시간대역 T_H는 2 ms이고, TDMA프레임은 고속프레임 16개로 구성되므로 시간대역은 32 ms가 된다.

TDMA 프레임 시간대역을 T_M이라 하고 광속을 C, 위성에서 지구국간의 거리를 d_N이라 하면 기준버스트를 수신한 직후부터 트래픽 버스트를 송신해야 하는 시간 간격, 즉 지연시간 D_N은

$$D_N = M \cdot T_M - 2\frac{d_N}{C} \tag{7.3}$$

로서 구할 수 있다. 이 공식에서 M은 정수인데 $M \cdot T_M$의 시간은 위성으로부터 가장 멀리 떨어져 있는 지구국에서 발사한 전파가 위성을 경유해서 해당지구국에 수신됐을때까지의 시간, 즉 전파의 왕복전파시간보다 항상 큰 값을 가져야 한다.

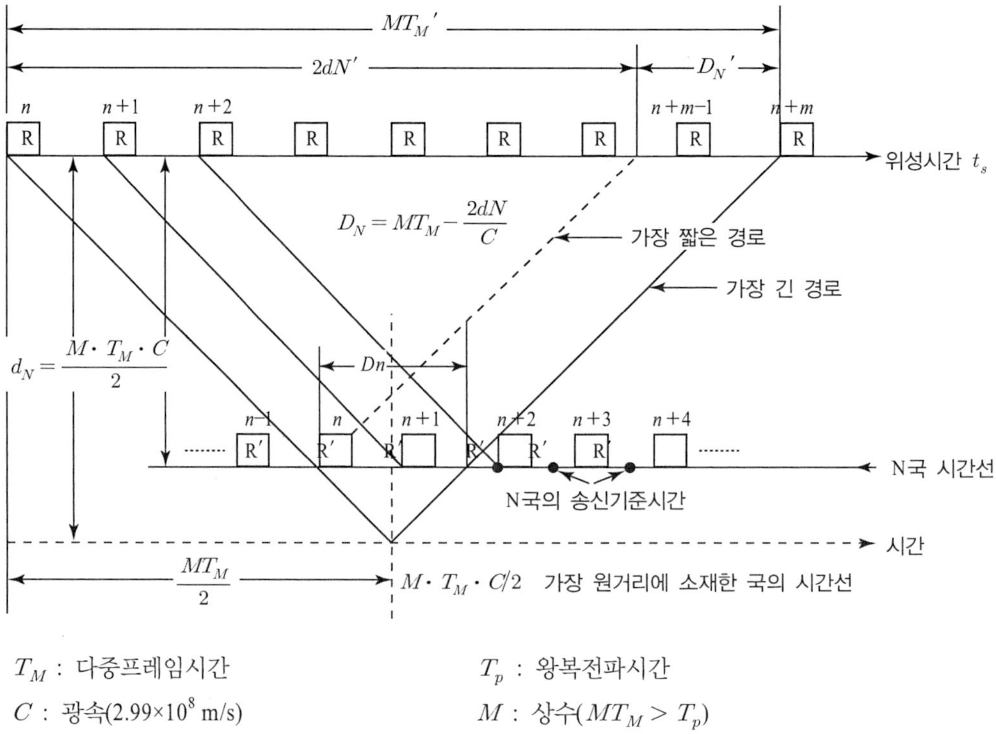

그림 7-16 **전파의 전파시간과 지구국으로부터 위성까지의 거리에 의한 초기설정밥법**

따라서 T_M의 시간대역이 32 ms이므로 $M \cdot T_M$값이 정지궤도상에 있는 위성에 대한 최대 전파왕복시간 283 ms보다 커야 하므로 M값은 최소 9의 값을 가져야 한다. 따라서 $M \cdot T_M$값은 32 ms×9 =288 ms가 된다.

그림 7-16에서와 같이 위성에서 가장 먼 거리에 소재한 지구국, 즉 $M \cdot T_M$이 288 ms인 시간선상에 있는 지구국들은 위성에서 송신된 기준버스트를 수신한 바로 그 순간에 자국의 트래픽 버스트를 송신해야 자국에 할당된 TDMA 프레임내의 시간대역에 트래픽 버스트를 정확하게 진입시킬 수 있다. 이 경우에는 지연시간 D_N이 0이 되는 것이다.

그림에서 N국의 시간선상에 있는 모든 국은 기준버스트 $R_{(N)}$을 수신시작한 후 D_N에 해당하는 시간만큼 지난 후에 자국의 트래픽 버스트를 송신해야 한다. 이 방식은 전파전파시간을 기초로 해서 운용함으로 공간에서의 전파지연상태는 물론 지구국 장비내에서의 도파관, 케이블, 필터에 의해 발생되는 지연시간을 고려해야 한다. 한편, 그림의 경우는 N선상의 지구국이 지연시간 D_N이 경과한 후 자국의 트래픽이 위성의 TDMA 프레임의 기준버스트 시작에 맞추어 진입한 경우지만, 만약 TDMA 프레임내의 지정된 시간대역에 진입하고자 할 때에는 기준버스트에서 해당 시간대역 시작까지의 시간이 지연시간 $D_{(N)}$에 추가되어져서 자국의 트래픽 버스트를 송신해야 한다.

이와 같이 지연시간에 의한 프로세싱시간에 미치는 영향을 감안하여 INTELSAT TDMA 시스템에서는 프로세싱시간에 대비하여 TDMA 프레임을 3개 더 추가하고 있다. 즉, 상수 M의 값이 12가 되어 $M \cdot T_M$은 384ms로 하고 있다.

7.2.3.2 동기(syncronization)

제어국이나 위성에서 기준버스트를 송신할 때에는 각 프레임마다 기준버스트를 송신한다. 각 트래픽국에서 자국의 트래픽을 TDMA 프레임의 지정된 시간대역으로 진입시키기 위한 준비로서 초기설정이 완료되면 각 지구국은 기준버스트를 수신한 후 초기설정시에 측정된 지연시간에 따라 자국의 제어버스트(control burst)를 송신한다. 이 제어버스트를 수신했을 때 오차가 발생된 상태이면 이 오차에 해당하는 시간차만큼 정정하여 기준버스트에 동기를 맞추어 트래픽 버스트를 송신한다. 그림 7-17은 이 방식을 보여주고 있다.

이 그림에서 보듯이 기준버스트와 제어버스트를 수신해서 이에 해당하는 오차를 정정함으로써 동기를 맞춘다. 한편, 자국이 송신한 트래픽 버스트를 수신할 수 없는 다중빔 시스템에서는 개루프 초기설정방법에 의해 측정된 개략의 지연시간 D_N을 기초로 해서 트래픽 버스트를 송신한다. 이 경우에 다른빔 지역에 있는 기준제어국에서 이 트래픽 버스트와 기준버스트(트래픽국이 소재한 지역에 있는 기준제어국에서 송신한 것)를 비교해서 트래픽 버스트의 위치에 오차가 있는 경우에는 앞서 측정된 지연시간 D_N값에서 현재 측정된 오차값을 빼거나 더한 새로운 D_N값을 기준버스트에 의해 트래픽국에 송신하고 트래픽국은 이 새로운 지연시간값 D_N을 근거로 해서 트래픽 버스트를 재송신한다. 이렇게 해서 TDMA 프레임내의 정확한 목표지점에 트래픽 버스트가 항상 동기되도록 하는 것이다.

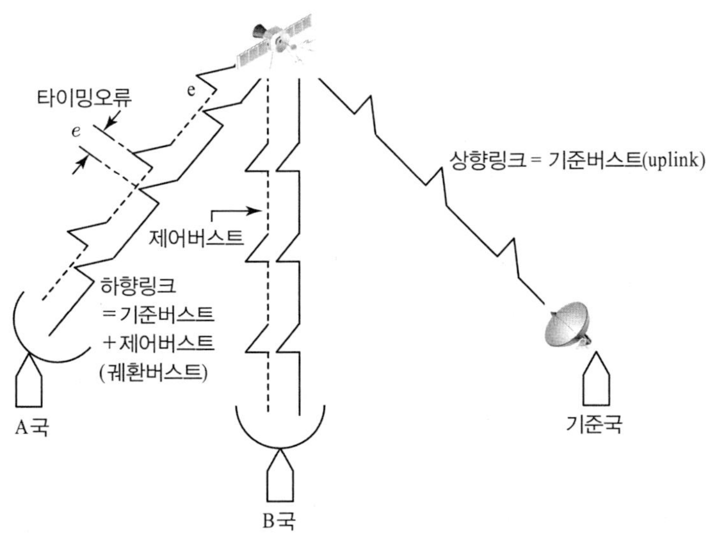

그림 7-17 **트래픽 버스트의 동기방식**

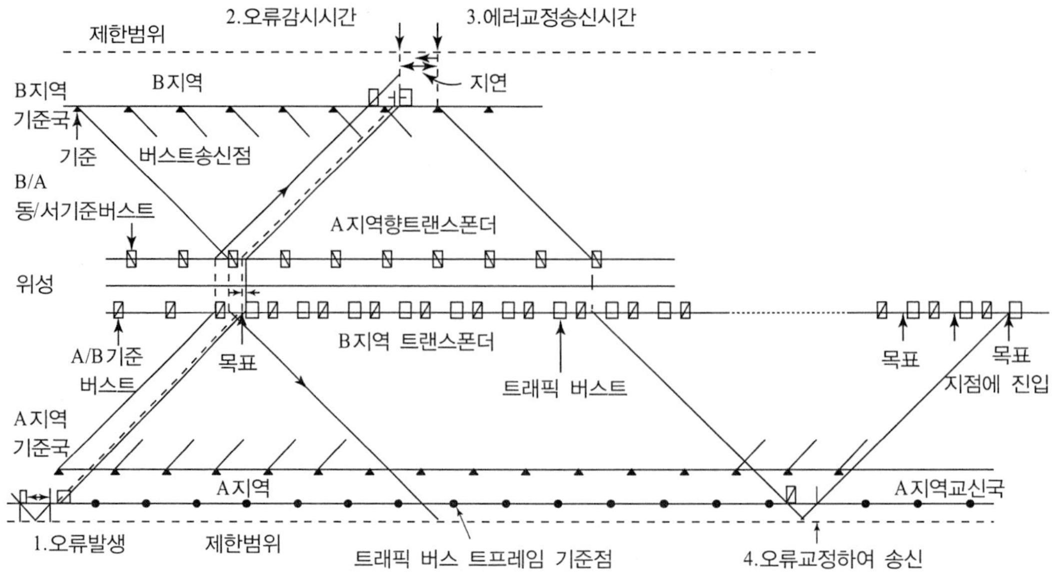

그림 7-18 **다중빔 시스템의 개루프 동기방식**

그림 7-18은 이에 대한 방식을 보여주고 있다. A지역에 있는 트래픽국이 B지역의 기준제어국에서 송신한 기준버스트에 의해 측정된 초기설정값을 기준으로 해서 B지역 기준국의 기준버스트를 수신한 후 D_N만큼 시간이 지난 후 트래픽 버스트를 송신한다. 이때 이 트래픽 버스트가 TDMA 프레임의 목표지점에서 e만큼 오차가 발생했고 이것을 B지역에 있는 기준제어국에서 감지한다.

B지역의 기준제어국은 이 오차에 대한 새로운 지연시간 D_N을 기준버스트를 통해 A지역의 트래픽국에 통보하고 A지역의 트래픽국은 이 새로운 지연시간을 근거로 트래픽 버스트를 송신함으로써 TDMA 프레임내의 목표지점에 진입됐음을 보여주고 있다. 한편, 제어버스트를 이용하여 트래픽 버스트의 동기를 맞추는 경우에 대해 좀더 설명하면, 가령 제어버스트를 송신하는 지구국이 5개 있을 경우에 하나의 기준버스트외에 5개의 제어버스트를 하나의 프레임내에서 차례로 송신하는 방법과 5개 지구국이 모두 동시에 동기를 맞출 필요가 없는 경우에는 5개 지구국이 5개 프레임마다 순서대로 한 번씩 제어버스트를 송신하는 방법이 있다.

전자의 경우 매 프레임마다 동기를 조정할 수 있으나 매 프레임마다 기준버스트와 5개의 제어버스트가 추가되어 시스템의 경비가 높아진다. 후자의 경우에는 매 프레임당 단지 2개의 버스트만 추가시킴으로써 경비면에서 전자보다 유리하다.

한편, 기준버스트와 제어버스트의 구성포맷이 동일하면 구성포맷내에서 고유어(unique word)만이 역관계를 가지고 있다. 이 경우 수신기의 상관기는 제어버스트와 기준버스트의 수신에 공동으로 사용할 수 있다.

7.2.4 TDMA 프레임 효율과 트래픽과의 관계

TDMA 프레임 효율이란 실질정보, 즉 트래픽을 전송하는 데 이용할 수 있는 심벌수대 TDMA 프레임에서 이용할 수 있는 전체 심벌수와의 비를 말한다.

TDMA 프레임은 실제정보에 관한 트래픽, 실제정보를 전송하는 데 요구되는 기준버스트, 트래픽 버스트의 프리앰블 그리고 각 버스트간 시간격리대역(guard time)으로 구성된다. 따라서 TDMA 프레임의 시간대역이 짧아져서 기준버스트가 많이 소요되든지 TDMA 프레임당 트래픽 버스트가 많아져서 이에 필요한 프리앰블이 증가하고, 시간격리대역(grard time)에 소요되는 심벌수가 증가하면 실질 트래픽의 전송에 필요한 심벌수가 적어져서 TDMA 프레임의 효율이 감소하게 된다.

다음 공식은 프레임효율 $\eta_{TF}(\eta_{TDMA\ \ FRAME})$을 구하는 공식이다.

$$\eta_{TF} = \frac{(R_F \cdot T_F/2) - N \cdot S_P - K \cdot S_{RB} - (N+K)S_G}{R_F T_F/2} \times 100\% \qquad (7.4)$$

R_F : 프레임속도

T_F : 프레임시간대역

$R_F T_F/2$: TDMA 프레임 전체 심벌수

N : 프레임내의 트래픽버스트의 수

K : 기준버스트수

S_{RB} : 각 기준버스트의 심벌수

S_P : 트래픽버스트 프리앰블의 심벌수

S_G : 버스트간 시간격리대역의 심벌수

TO \ FM	S_1	S_2	S_3	S_4	E_1	E_2	합계
S_1	476	1173	894	1172	172	236	4123
S_2	1173	370	1425	1145	155	213	4481
S_3	894	1425	242	1454	261	203	4479
S_4	1172	1145	1454	234	193	188	4386
E_1							
E_2							
합계	3715	4113	4015	4005	781	840	17469

TO \ FM	S_1	S_2	S_3	S_4	E_1	E_2	합계
S_1							
S_2							
S_3							
S_4							
E_1	172	155	261	193	+	27	808
E_2	236	213	203	188	27	+	876
합계	408	368	464	381	27	27	1675

그림 7-19 **트래픽 매트릭스(matrix)의 일례**

그림 7-19는 트래픽 매트릭스의 일례를 보여주고 있다. 4개의 스폿(spot)빔과 2개의 광역(regional or global)빔에 대한 트래픽 매트릭스로서 스폿빔은 200MHz의 주파수 대역폭을 할당해서 신호를 전송하고 광역빔은 40MHz의 주파수 대역폭을 할당해서 신호를 전송하는 것이다.

그림 7-20은 이 트래픽 매트릭스에 대한 프레임을 보여주고 있다. 그림 (a)는 각 지구국에서 송신한 트래픽 버스트로 구성된 프레임을 보여주고 있다. 프레임 F_1은 광역빔 E_1에서 스폿빔 S_1, S_2, S_4에 전송되는 트래픽 버스트와 스폿빔 S_1에서 각 스폿빔 S_1, S_2, S_3, S_4에 가는 트래픽 버스트로 구성되어 있다. 이와 같이 각 프레임이 구성되고 이 프레임들이 위성에서 수신되면 그림 (b)와 같이 프레임이 재구성되어 각 해당수신국으로 송신된다.

예를 들어 그림 (b)에서 프레임 F_1은 각국으로부터 S_1 스폿빔 지구국에 가는 트래픽 버스트로 구성된다. 이와 같이 프레임을 구성할 때 하나의 프레임을 구성하는 각국의 트래픽 버스트 수가 많아지면 트래픽 버스트마다 필요로 하는 프리앰블을 구성하는 심벌수가 많아진다. 또한 트래픽 버스트에 대한 주파수 대역폭의 할당을 실제 트래픽 버스트에 필요한 것 보다 많이 하게 되면 대역폭을 효율적으로 사용하지 못하게 된다. 대역폭을 비효율적으로 사용한다는 것은 필요한 트래픽을 전송할 수 없는 것이므로, 트래픽 버스트수의 증가에 따라 프리앰블이 차지하는 심벌수의 증가로 프레임 효율이 감소되는 것과 같은 결과를 가져오게 된다.

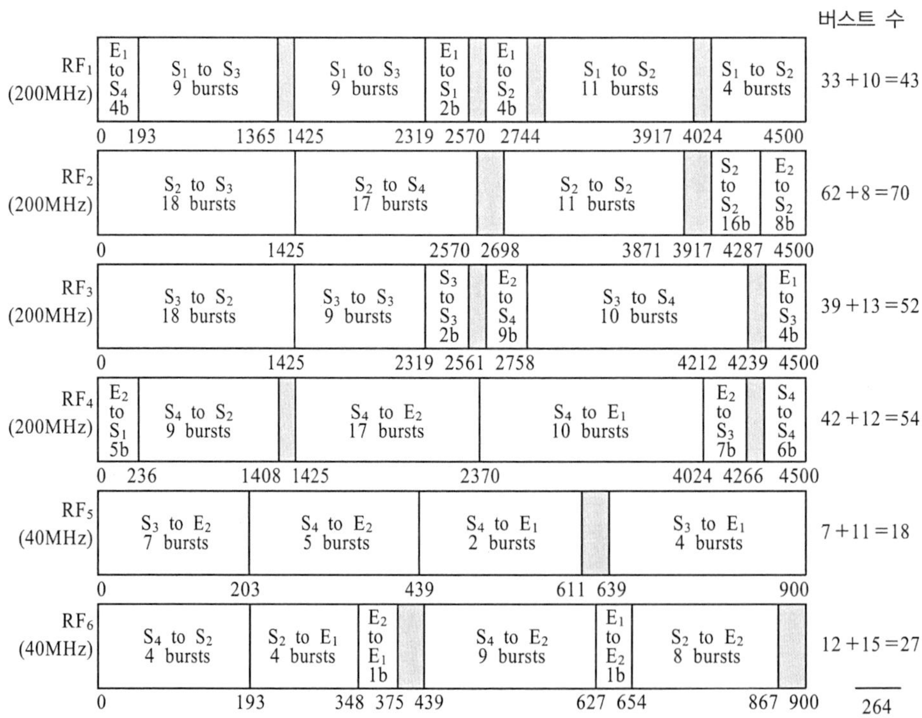

(a) 위성에서 수신된 프레임

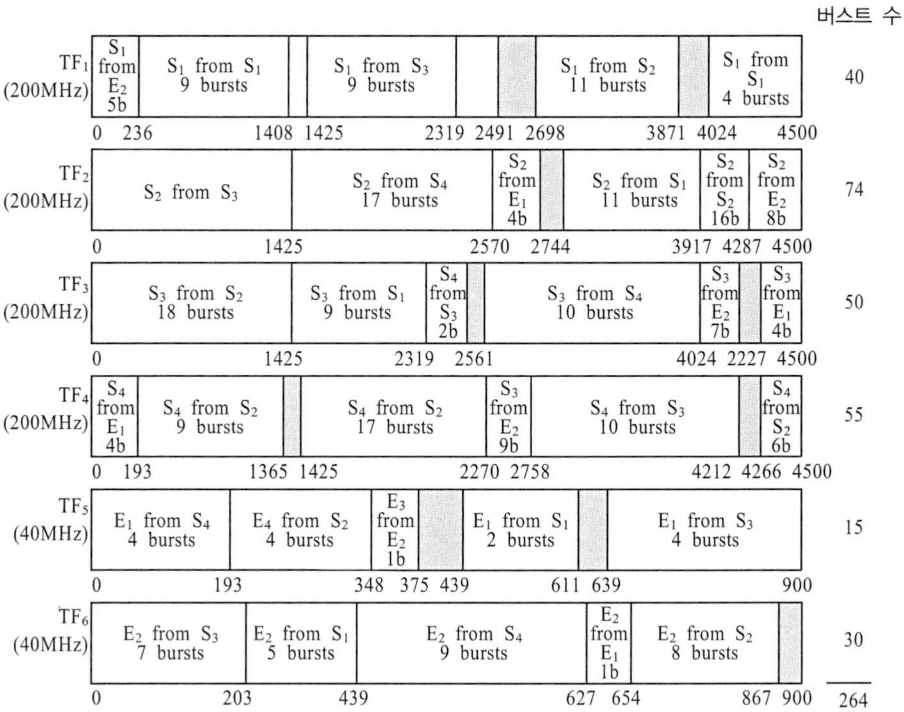

(b) 위성에서 송신된 프레임

그림 7-20 **트래픽 매트릭스에 대한 프레임**

따라서 프레임의 효율을 높이기 위해서는 프레임당 점유하는 트래픽 버스트의 수와 트래픽량에 따라 대역폭을 적절하게 할당해야 한다. 한편, 프레임의 시간대역이 짧아져서 프레임 수가 많아지면 각 프레임마다 필요로 하는 기준버스트에서 차지하는 심벌수의 증가로 식 (7.4)에서 $K \cdot S_{RB}$가 커져서 프레임 효율이 감소됨을 알 수 있다.

7.2.5 시분할 다원접속방식(TDMA)의 시스템

TDMA 시스템은 TDM회선의 루팅방식과 시간대역(time slot)의 할당방식에 따라 구분할 수 있다. 이것을 염두에 두고 각 TDMA 시스템에 대해 설명하고자 한다.

7.2.5.1 단일반송주파수 송신시스템

단일반송주파수 송신시스템은 각 송신지구국이 자국에 지정된 하나의 반송주파수로 모든 수신지구국에 가는 버스트를 송신하는 것이다.

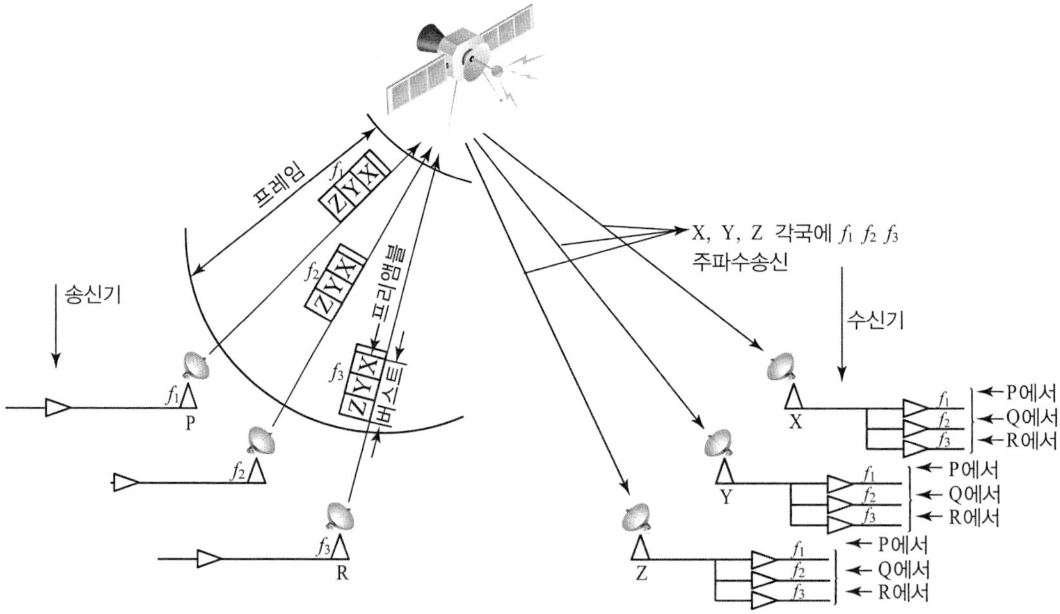

그림 7-21 **단일반송주파수 송신 TDMA 시스템(source-oriented TDMA system)**

그림 7-21은 이 시스템에 대한 개요도이다. 각 송신지구국은 자국에 정해진 반송주파수로 TDMA 프레임의 자국에 할당된 시간대역에 부호화된 디지털신호로 구성된 트래픽 버스트를 송신한다. 위성의 트랜스폰더에서는 이 상향반송주파수로 변조된 트래픽 버스트를 수신하여 수신지구국에서 수신할 하향링크주파수로 변환시킨 후에 이것을 고전력증폭기(high power amplifier : HPA)로 증폭시켜서 지구국에 송신한다. 수신지구국에서는 위성에서 송신한 하향링크주파수 f_1, f_2, f_3를 모두 수신하여 검파한 후 자국에 해당하는 신호만 수신한다. 이 방식은 위성의 트랜스폰더에서 일정한 시간중에 하나의 주파수만 고전력증폭기에서 증폭하므로 주파수분할 다원접속방식(FDMA)에서 발생하는 상호변조적(IMP : inter modulation product)이 거의 발생치 않는다. 따라서 트랜스폰더의 전력사용을 고전력증폭기(TWTA) 동작영역의 포화영역까지 할 수 있게 되어 전력의 사용효율을 높인다.

그림 7-22는 이 방식을 사용하는 지구국 송수신 설비 개요도이다. 송신 지구국의 TDM버스트 발진기에 디지털데이터나 음성 PCM 신호가 입력되면 일정한 길이의 버스트로 작성(format) 되어져서 위상편이방식(PSK) 변조기에 입력되어 시스템이 요구하는 디지털신호 레이트로 위상변조된다.

이 위상변조된 디지털신호가 제1상향 주파수변환기(u/c)에서 중간주파수로 변환되어 중간주파증폭기(IFA)에서 증폭된다. 이 중간주파수를 제2상향 주파수변환기에서 위성에 송신할 상향링크반송주파수로 변환된다. 이 신호는 고주파증폭기(HPA)에서 증폭된 후 안테나에서 방사된다. 수신지구국에서는 위성을 거쳐서 수신된 각 송신지구국에서 송신된 주파수 f_1, f_2, f_3를 정해진 시간순서대로 차례로 수신하여 저잡음 수신기(low noise amplifier)을 거쳐 제1하향 주

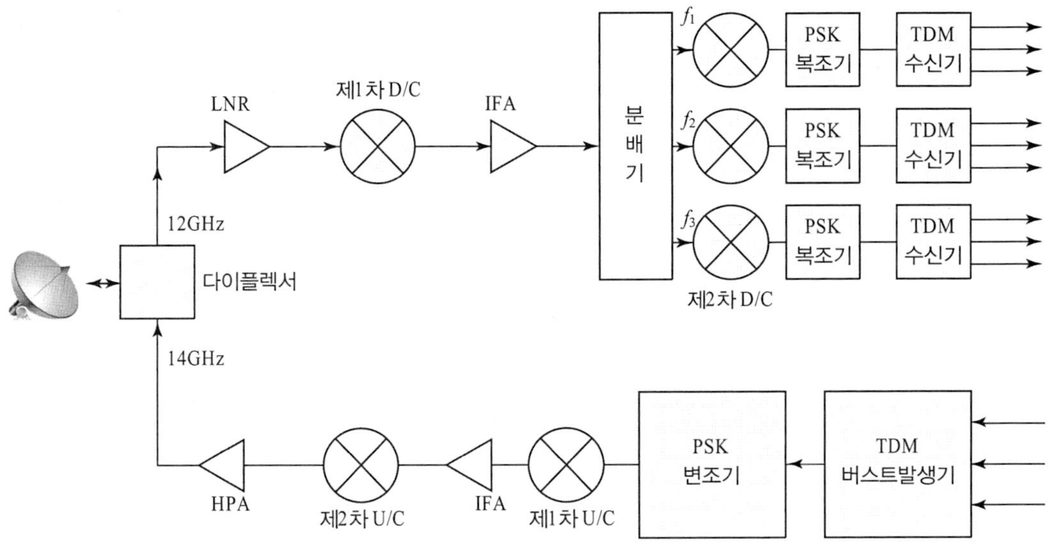

LNR : Low Noise Receiver D/C : Down Conveerter
U/C : Up Converter HPA : High Power amplifier

그림 7-22 **단일반송주파수 수신 TDMA시스템에 대한 지구국 송수신 설비 개요도**

파수변환기(D/C)에서 중간주파수로 변환되고 중간주파증폭기에서 증폭된 후 필터 등으로 구성된 디멀티플렉서(demultiplexer)를 통해 각 신호에 해당하는 제2하향 주파수변환기에 입력되어져서 기저대역의 변조된 디지털데이터나 음성 PCM 신호로 변환된다.

이 변환된 디지털신호가 위상편이방식복조기에서 복조되어 TDM 수신기에 의해 각 해당가입자나 단말기로 전송된다. 이 방식은 지금까지 설명한 것처럼 각 송신 지구국에서 한 개의 반송주파수로 신호를 송신하므로 송신설비가 간단해진다. 한편 수신설비에는 각 해당주파수를 디멀티플렉서하고 복조해야 하므로 복잡해지는 면도 있다. 그러나 수신설비의 대부분을 점유하는 저잡음수신기 제1하향 주파수변환기와 중간주파증폭기가 광대역용을 사용함으로써 해당주파수마다 송신설비를 설치하는 것에 비하여 많은 경비를 절감할 수 있다.

7.2.5.2 단일반송주파수 수신시스템

단일반송주파수 송신시스템은 각국에 가는 신호를 하나의 주파수로 송신하는 반면 단일반송주파수 수신시스템은 각 지구국에서 수신할 주파수가 지정되어 있는 것으로 송신국에서 신호를 송신할 때 각 해당지구국에서 수신할 주파수로 송신하는 시스템이다. 그림 7-23은 수신국 중심 단일반송주파수 수신시스템(destination oriented system)의 개요도이다. 그림에서 알 수 있듯이 송신국에서 송신하는 버스트수는 수신국별로 구성된다. 이 각 버스트의 송신주파수는 모두 상이함을 알 수 있다. 트래픽 버스트의 수가 짧은 길이로 많아지고 TDMA 프레임의

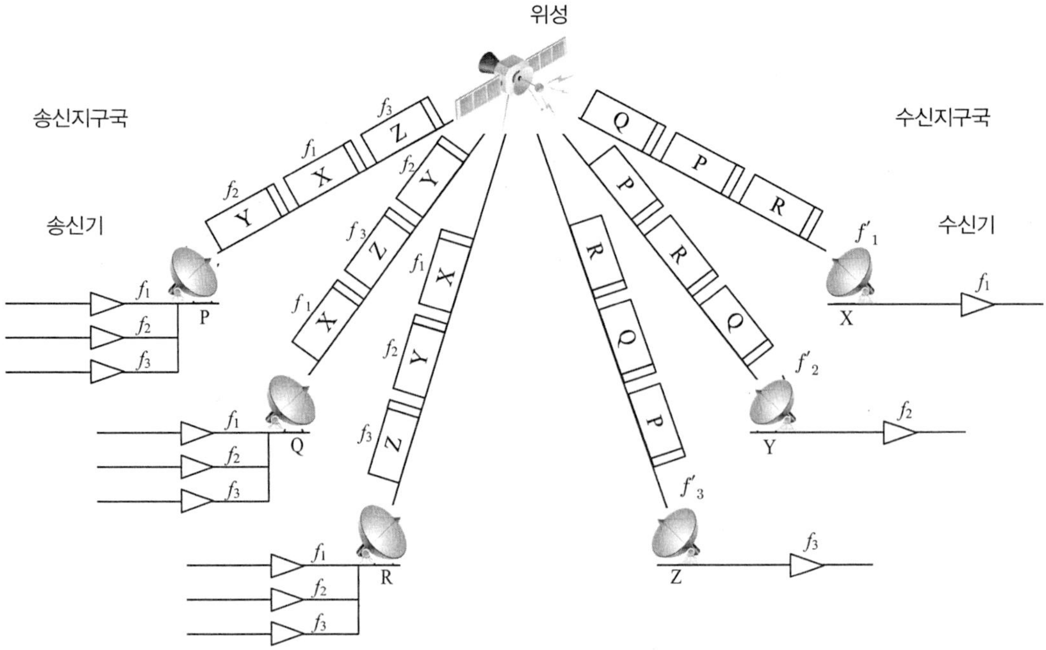

그림 7-23 **단일반송주파수 TDMA 시스템**(destination oriented system)

효율이 떨어지고 단일반송주파수 송신시스템에 비해서 위성의 트랜스폰더수가 많아짐으로 시스템의 신뢰도가 떨어진다. 또한, 그림 7-24의 이 시스템에 대한 지구국의 송수신설비 개요도에서 알 수 있듯이 지구국의 송신설비가 복잡해져서 경비가 매우 많이 소요된다.

그러나 이 방식은 서비스지역이 동일한 빔지역내에 있지 않은 다중 스폿빔(multiple spot beam)에 의해 운용되는 시스템에 적용하는 데 유용한 방식이다. 다음의 버스트 스위칭(burst switching)시스템에서 설명하는 위성내 스위칭 TDMA 방식(SS/TDMA)은 이 방식을 개량하여 지구국에 주는 경비의 부담을 감소시킨 방식이다.

한편, 그림 7-23에서 송신지구국에서 송신하는 주파수 f_1, f_2, f_3는 수신국에서 수신하는, 즉 위성에서 송신한 주파수 f'_1, f'_2, f'_3와 동일한 주파수가 아님은 물론이다.

그림 7-24의 단일반송주파수 수신시스템에 대한 지구국의 송수신설비 개요도에서 데이터단말기나 음성신호가 입자로부터 입력된 디지털데이터나 음성 PCM 신호가 각각 해당 TDM 버스트발진기에 입력되면 일정한 버스트로 구성된 후 위상편이방식 변조기에서 변조된 후 제1상향 주파수변환기에서 중간주파수로 변환된다. 이것이 중간증폭기를 거쳐 제2상향 주파수변환기에서 송신주파수로 변환된 후 고전력증폭기에서 증폭되고 이 증폭된 송신주파수 f_1, f_2, f_3가 정해진 순서대로 안테나를 통해 송신된다. 위성의 중계기에서는 광대역안테나로 f_1, f_2, f_3 주파수를 수신하고 저잡음수신기를 거쳐서 필터로 구성된 멀티플렉서나 분배기를 거쳐 각 신호주파수를 해당 트랜스폰더에 입력시킨다.

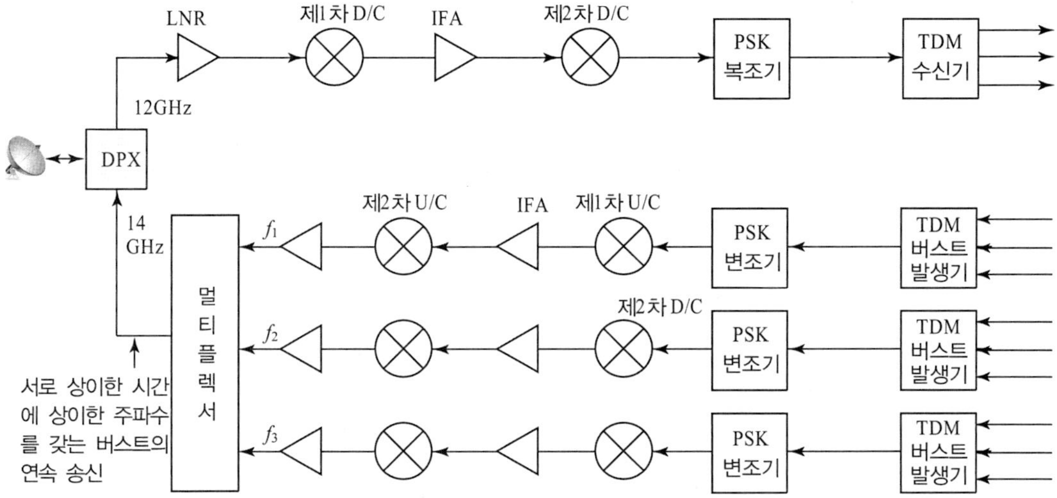

그림 7-24 **단일반송파주파수 수신시스템 송수신설비 개요도**

각 트랜스폰더는 각 입력된 주파수를 지구국에서 수신할 주파수, 즉 하향링크주파수로 변환시켜 고전력증폭시킨 후 해당 스폿빔안테나를 거쳐 해당지역에 버스트를 송신한다. 위성에서 버스트를 처리하는 방법은 후에 서술하기로 한다. 이렇게 하여 수신된 주파수를 지구국에서 프로세싱하는 방법은 단일반송주파수 송신시스템에서 2차주파수 변환 후에 복조부와 TDM 수신기가 다단이지만 이 시스템에서는 단일 단인 것과 또한 저잡음수신단에서 복조단 전까지 광대역일 필요가 없는 것을 제외하고 기타 모든 동작원리는 동일하다.

7.2.5.3 버스트스위칭 시스템

버스트스위칭 시스템은 위성의 중계기(repeater)나 지구국의 송신장치에서 트래픽 버스트를 스위칭함으로써 지구국의 송수신설비를 간략화하여 경비를 절감시키는 방법이다. 버스트의 스위칭장치가 위성에 설치되어 있는 것을 위성-스위칭 TDMA(SS-TDMA) 방식이라 하고 버스트의 스위칭을 지구국에서 행하는 방식을 주파수도약(frequency hoping : FH) 방식이라 한다.

(1) SS-TDMA 시스템(Satellite-Switching TDMA)

SS-TDMA 시스템은 위성의 중계기에 버스트스위칭 시스템이 설치된 것이다. 각 송신지구국에서 자국에 할당된 주파수로 송신한 트래픽 버스트를 이 스위칭장치에 의해 각 수신지구국을 담당하는 트랜스폰더에 연결시킨다. 각 트랜스폰더에서 각 수신 지구국이 수신할 하나의 주파수로 트래픽 버스트를 송신하는 것이다.

그림 7-25는 SS-TDMA 시스템에 대한 개요도이다. A국은 자국에 할당된 주파수 f_1으로 수신지구국 X, Y, Z에 가는 버스트를 송신한다. B국은 주파수 f_2로, C국은 주파수 f_3로 각각

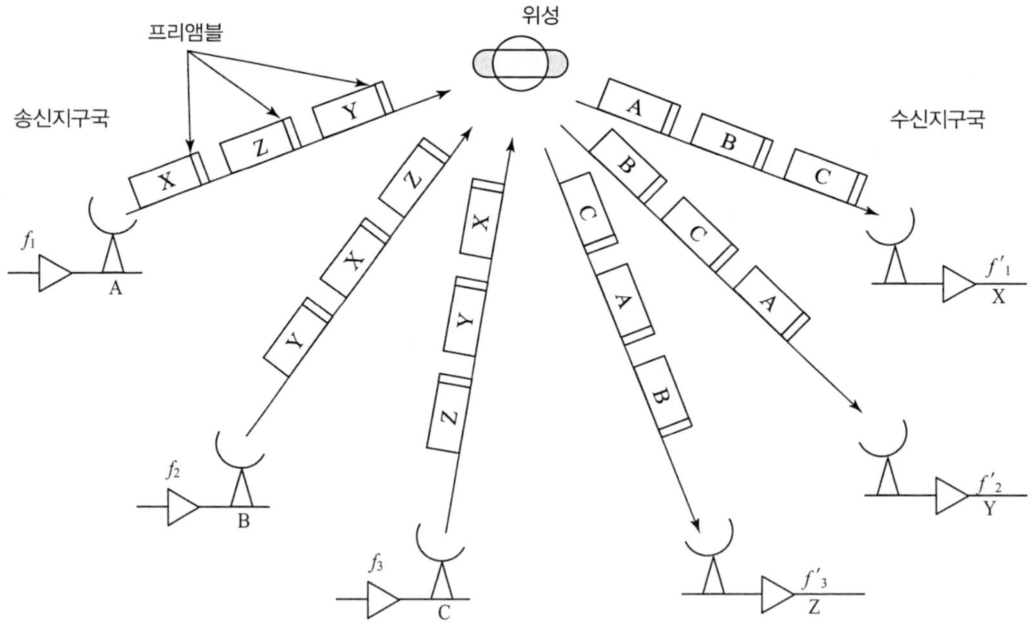

그림 7-25 SS / TDMA시스템 개요도

트래픽 버스트를 송신한다. 위성에서는 시간대역별로 트래픽 버스트를 수신하여 버스트를 스위칭하는 데 적절한 중간주파수로 f_1, f_2 , f_3의 트래픽 버스트 주파수를 변환시킨다. 이와 같이 공통주파수로 변환된 트래픽 버스트 X, Y, Z를 스위칭매트릭스에 의해 해당하는 각 수신지구국을 담당하는 송신 트랜스폰더로 각각 접속시킨다. 트랜스폰더의 송신부에 입력된 중간주파수를 가진 트래픽 버스트는 중간증폭기에서 증폭된 후 수신지구국에서 수신할 주파수, 즉 하향링크(down link)주파수로 변환된다. 이때 중간주파수를 하향링크주파수로 변환시키는 장치를 상향주파수 변환기(up-converter)라고 한다. 하향링크주파수로 변환된 트래픽 버스트가 고전력증폭기에서 증폭된 후에 해당 수신 지구국을 향해서 안테나에서 방사된다.

그림 7-26은 SS-TDMA 시스템의 위성에 설치되는 중계기에 대한 개요도이다. 3개의 트랜스폰더로 구성된 것으로 3개의 스폿빔(spot beam) 안테나에 의해 버스트가 송신되는 것이다. 그림 7-27은 중간주파수로 변환된 트래픽 버스트가 스위칭 매트릭스에 의해 각 해당 송신트랜스폰더에 연결되는 과정을 간단히 보여주고 있다. 이 그림에서 I열은 버스트의 입력이고 Y열은 출력으로서 각 수신국에 해당된다. 즉, Y열의 맨 왼쪽부터 제1열은 Z국 제2열은 Y국 제3열은 X국을 나타내고 있다.

그림 (a)에서처럼 시간대역 1에 A, B, C국에서 Y국, Z국, X국에 가는 트래픽 버스트 Y, Z, X를 송신했을 때 이것을 수신한 위성의 중계기에는 공통중간주파수로 변환시킨 후 스위칭 매트릭스에 Y, Z, X 버스트를 입력시킨다.

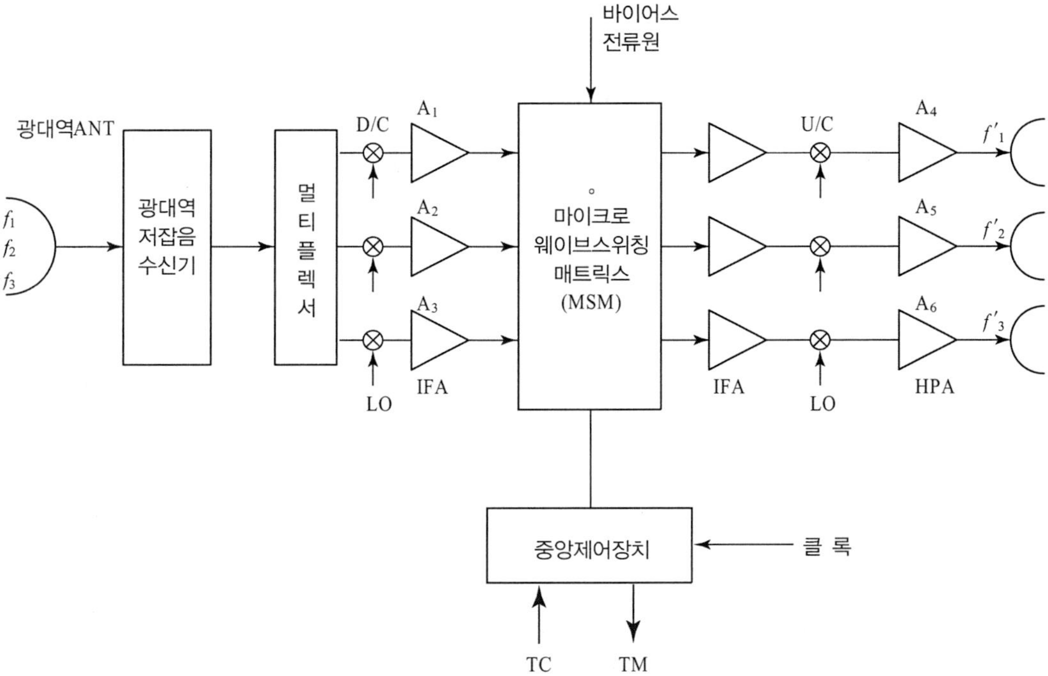

그림 7-26 SS / TDMA 시스템에 대한 트랜스폰더 개요도

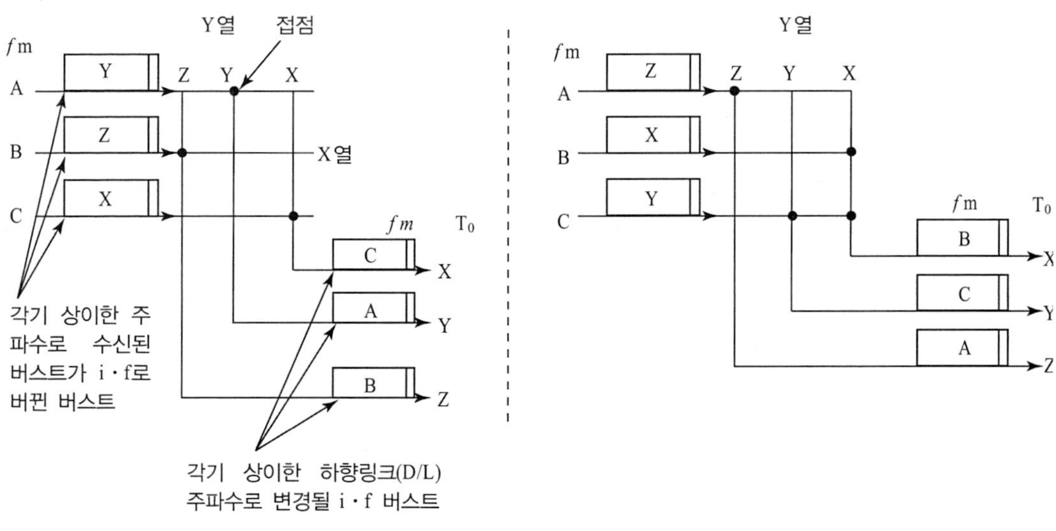

(a) 시간 1

(b) 시간 2

그림 7-27 SS / TDMA 시스템의 스위칭 매트릭스

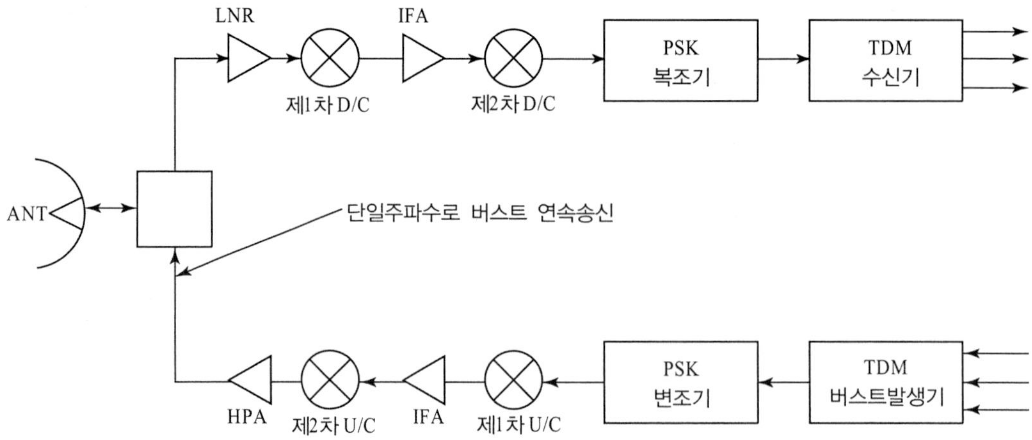

그림 7-28 **SS / TDMA 시스템에 대한 지구국 개요도**

스위칭 매트릭스에 입력된 버스트는 프로그램 메모리에 기록된 정보에 의해 스위칭 매트릭스의 중앙제어장치의 제어를 받아 해당 매트릭스의 접점(crosspoint)에 접속된다. 즉, 각 버스트를 해당 트랜스폰더에 접속시켜주는 것이다. 시간대역2에 해당하는 것은 A, B, C의 송신 지구국에서 Z국, X국, Y국에 가는 트래픽 버스트로 Z, X, Y를 송신했을 때 스위칭 매트릭스의 상태를 보여 주는 것이다. 이때 프로그램 메모리에 기록된 중앙제어장치가 스위칭 매트릭스를 제어하는 스위칭순서 정보는 제어지구국(control station)에서 텔리커맨드에 의해 메모리 프로그램을 바꿈으로써 변경시킬 수 있다. 그림 7-28은 SS-TDMA 시스템에 대한 지구국의 개요도이다. 이 그림에서 보듯이 지구국에서 송・수신하는 주파수가 하나만 필요하므로 송・수신설비가 간단해 졌음을 알 수 있다.

1) 버스트 스위칭

위에서 설명한 것과 같이 위성의 스위칭 매트릭스에서 트래픽 버스트를 스위칭하기 위하여 안테나에서 수신된 주파수를 중간주파수로 변환시킨다. 이것은 고주파수(r・f)를 직접 스위칭할 수 있는 소자가 실용화되지 않은 것이 첫째 이유이다. 둘째 이유는 수신주파수를 기저대역의 주파수로 변환시켜 스위칭할 경우 수신주파수를 복조해야 되므로 복조기가 필요하게 된다. 이 복조된 기저대역데이터를 스위칭한 후에 송신하기 위해서 하향링크주파수로 변조하기 위한 변조기가 부가되어야 한다. 이것은 중계기가 복잡해지고 이로 인한 위성의 무게와 경비가 증가하게 되는 문제가 있기 때문이다. 그러나 기저대역을 스위칭할 경우 전송비트속도나 TDMA 프레임속도가 다른 경우에도 스위칭할 수 있다. 또한 트래픽을 버스트로 구성하여 전송하지 않아도 되는 장점이 있다. 그림 7-29는 기저대역을 스위칭하는 방식을 보여주고 있는데, 그림 (a)는 입력되는 모든 트래픽을 복조하여 일정기간 저장한 후에 기저대역 스위칭 매트릭스에 의해 스위칭한 후 변조하여 송신하는 것이다.

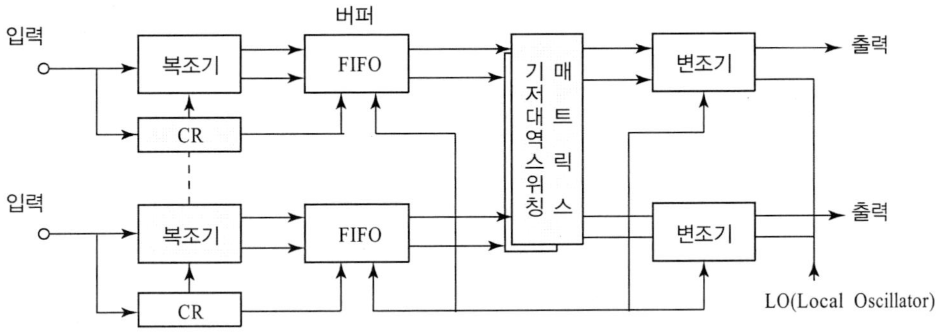

CR : Carrier Recovery

FIFO : First Input First Output

(a) 하향링크(D/L) 반송파의 트래픽이 모두 CW인 경우

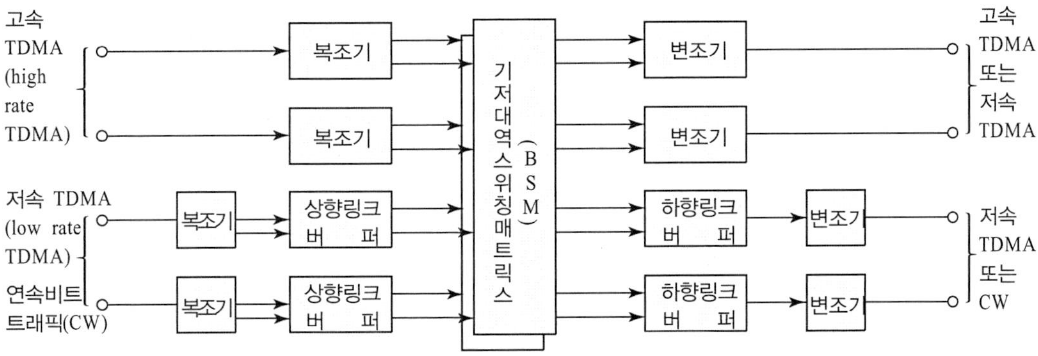

(b) 하이브리드 시스템

그림 7-29 **기저대역 스위칭(base band switchhing)**

그림 (b)는 TDMA 프레임의 속도가 서로 다른 경우와 트래픽을 버스트로 송신하거나 연속 비트스트림(CW)으로 변조된 반송파로 송신하는 혼합형에서 사용하는 방식이다. 입력되는 고속의 TDMA는 복조된 후 메모리에 저장되지 않고 바로 스위칭하여 송수신 주파수로 변조하여 송신된다. 저속의 TDMA나 CW는 복조된 후에 상향링크메모리에서 데이터가 고속의 TDMA와 같게 될 때까지 저장된다. 이 저장된 데이터가 고속의 TDMA나 2배의 고속 TDMA가 됐을 때 고속 TDMA와 같이 스위칭한다. 하향링크메모리에서는 이 스위칭된 고속의 TDMA를 저장시킨 후에 저속의 TDMA(low rate TDMA)나 CW로 출력시켜서 변조기에서 변조한 후 송신한다. 이때 저속 TDMA가 복조된 후에 상향링크(uplink)메모리에 데이터가 고속 TDMA(high rate TDMA)용량으로 채워질 동안 하향링크(down link)메모리에 저장된 고속의 TDMA 버스트는 저속의 TDMA로 송신됨으로써 상향링크메모리와 하향링크메모리에 데이터의 저장기간이 정확히 맞도록 상호 동기를 맞추어야 한다.

이 방식은 저속의 TDMA나 CW의 입력이 고속의 TDMA 트랜스폰더에 접속되어 고속의 TDMA망과 트래픽을 접속(link)시킬 수도 있고 저속 TDMA나 CW의 하향링크메모리에 대한 용량을 충분히 크게 함으로써 고속의 TDMA 입력을 저속 TDMA나 CW의 망에 접속시킬 수도 있다. 즉, 데이터의 비트속도가 서로 다른 다양한 데이터원의 통신망 상호간에 접속될 수 있어서 지구국의 송신설비에 고속의 데이터비트를 처리할 수 있는 기능이 없어도 된다. 예를 들어 동적인 화상을 전송하기 위한 고속의 데이터비트는 고속의 TDMA 트랜스폰더로서 데이터를 전송한다. 저속인 팩시밀리나 텔렉스에 대한 데이터를 위성의 고속 TDMA 트랜스폰더에서 처리할 수 있도록 트래픽 버스트를 구성하여 전송하지 않아도 위성에서 데이터를 프로세싱함으로써 지구국의 설비를 간단하게 하고 데이터비트속도가 서로 다른 터미널이 직접 위성을 액세스할 수 있는 장점을 가지고 있다. 기저대역 스위칭 매트릭스(baseband switching matrix: BSM)는 고속의 디지털 직접회로(HSDIC: high speed digital intergrated circuit)로서 만들어짐으로써 간단한 텔레커맨드에 의해 쉽게 제어될 수 있는 장점도 있다. 그러나 i·f스위칭에 사용되는 마이크로웨이브 스위칭 매트릭스(MSM: microwave switching matrix)가 트래픽을 스위칭하기 위해서는 트래픽이 항상 버스트로 송·수신되어야 하고, 각국이 전송하는 트래픽 버스트의 데이터비트 속도가 동일하고 고속이어야 하는 단점이 있다. 그러나 각국의 트래픽량이 모두 많고 시스템의 복잡성을 피하고자 할 경우에는 기저대역 스위칭 매트릭스에 비해 유리하다.

2) 스위칭 매트릭스의 하드웨어

마이크로웨이브 스위칭 매트릭스(MSM)에 대한 하드웨어는 위성에서 전체 시스템에 매우 중요한 영향을 미치는 스위칭 매트릭스로서 동작속도와 각 접점에서 필요로 하는 격리상태(isolation)에 의해 신뢰성이 정해진다. MSM 스위칭 매트릭스는 PIN다이오드로 구성된다. 이 PIN다이오드는 위성에서 프레임과 버스트를 포매팅하는 데 필요한 스위칭속도를 얻는데 적합한 소자이다.

그림 7-30(a)는 PIN다이오드로 구성된 4×4스위칭 매트릭스이다. 그림 (b)는 PIN다이오드의 등가회로이고 (c)는 PIN다이오드의 주파수대 삽입손실(insertion loss)과 감쇠(attenuation)의 관계를 보여주는 것이다. (d)는 PIN다이오드를 접점(crosspoint)스위치로서 사용되는 예이며 (*f*)는 마이크로웨이브 직접회로(MIC)에 프린트된 접점 1개에 대한 회로구성상태를 보여주고 있다. 그림 (a)에서 전류원(current source)은 다이오드의 바이어스용이고 A_1~A_4는 중간주파입력 증폭기로서 모든 스위치와 I·F 증폭기 입력단 사이의 임피던스와 레벨을 결합(matching)시키는 것이다. 스위칭 매트릭스 출력측에 있는 증폭기 A_5~A_8는 트랜스폰더 송신부에 있는 상향주파수 변환기와 인터페이스 하기 위한 것이다.

그림 (f)의 동작원리를 살펴보면 중앙제어장치의 제어에 따라 다이오드 구동전류 I_d가 D_1에 공급되면 다이오드가 구동상태로 되어 $L_1-D_1-L_2$의 직류회로가 형성된다. 이에 따라 발진기 G의 출력이 $C_1-D_1-C_4$를 통해 부하 Z_{Ly}에 접속된다. 이때 만약 다이오드 구동전류가 공급되지 않으면 발진기 G의 출력이 C_1-C_2을 통해 Z_{Lx}에 접속된다. C_1, C_2, C_3, C_4의 콘덴서는 직류저지용으로서 직류전류가 각 부하와 발진기에 걸리지 않도록 하는 작용을 말한다.

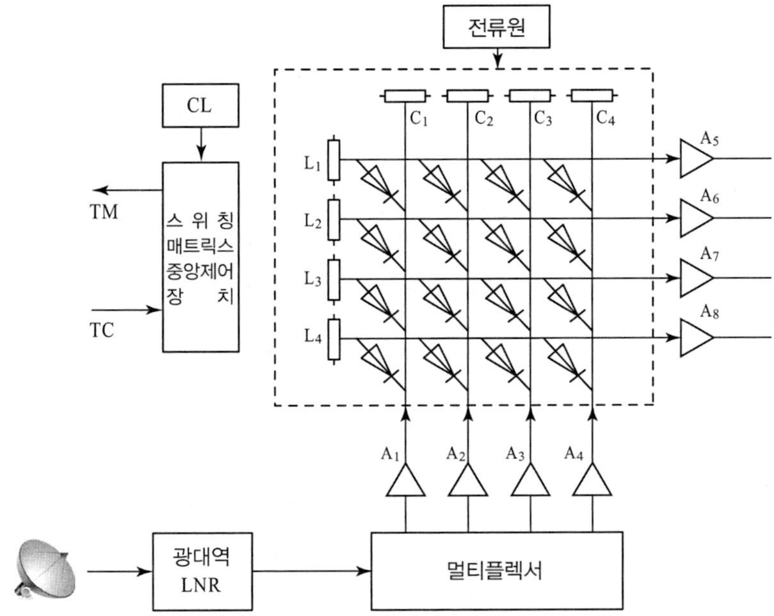

(a) 4 × 4 스위칭 매트릭스

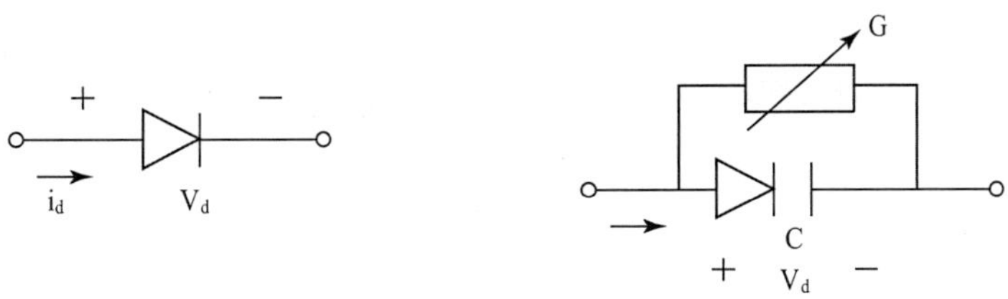

(b) PIN다이오드 등가회로

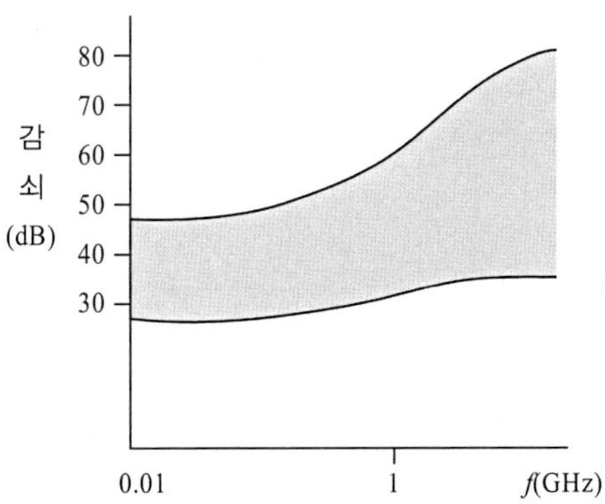

(i) 감쇠대 주파수

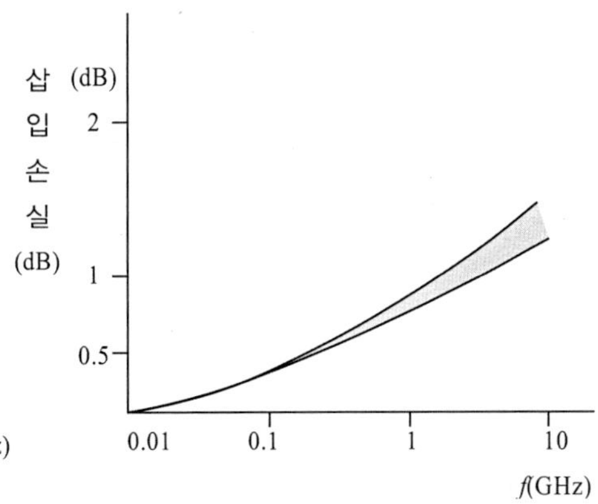

(ii) 삽입손실대 주파수

(c) PIN 다이오드의 주파수에 따른 감쇠와 삽입손실과의 관계

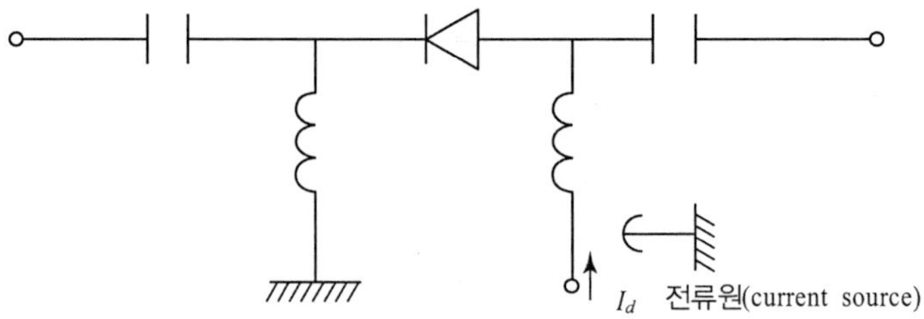

(d) PIN다이오드의 바이어스 회로

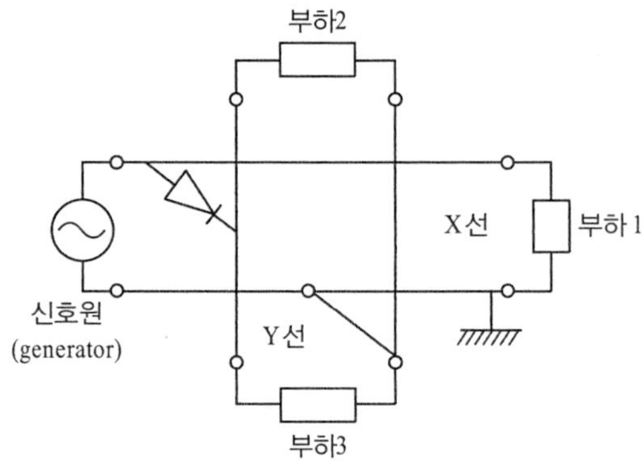

(e) I·f 스위치 1개에 대한 입출력

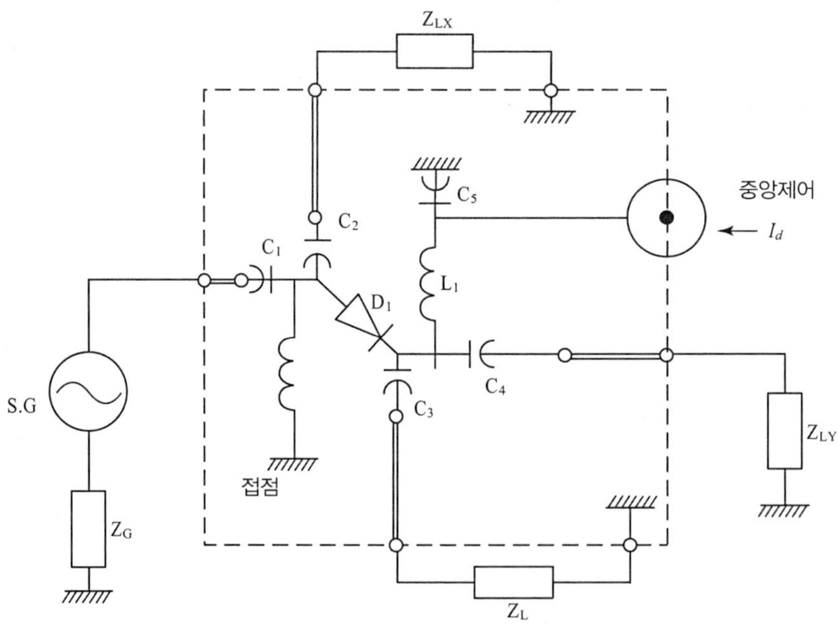

(f) 마이크로 웨이브 집적회로

그림 7-30 **마이크로 웨이브 스위칭 매트릭스에 대한 하드웨어 중앙제어장치**

또한, L_1, L_2는 교류신호에 대해 고저항을 갖게 되므로 L_1에 의해서 구동전류를 제공하는 데 필요로 하는 구동증폭기에 발진기 출력이 흐르지 않도록 하고 있다. 콘덴서 C_5도 발진기 출력이 구동증폭기에 흐르는 것을 방지하기 위한 것이다. 콘덴서 C_3값을 조정해서 중간주파수보다 높은 고주파를 Z_L에 바이패스시킴으로써 정확한 중간주파수만 Z_{Ly}에 흐르도록 할 수 있다.

그림 (f)를 (a)와 비교해보면 발진기 출력은 중간주파 증폭기 A_1~A_4의 출력에 해당되고 Z_{Ly}는 A_5~A_8에 해당된다. 스위칭 매트릭스(SM)의 중앙제어장치(CC: central control unit)에 의해 16개의 각 다이오드에 공급되는 전류원(current source)의 출력, 구동전류(drive current) I_d를 제어한다. 이로써 해당 다이오드를 구동시켜 스위칭 매트릭스의 입출력 중간증폭기간을 접속시키는 것이다. 한편, 스위칭 매트릭스를 설계할 때에 가장 어려운 문제가 다이오드간에 격리(isolation)를 확실히 해야 하는 것이다. 격리가 충분히 되지 않으면 채널간 누화(crosstalk)가 발생한다. 이 누화를 방지하기 위해 다이오드를 2개이상 직렬로 연결하는데, 3개를 직렬로 연결하면 분리도를 약 70 dB까지 높일 수 있다. 그러나 이렇게 다이오드를 몇 개씩 연결하면 스위칭 속도가 느려짐을 감안해야 한다.

(2) 기저대역 스위칭 매트릭스

기저대역의 스위칭 매트릭스는 기저대역의 데이터를 스위칭하는 것으로 위성에서는 지구국으로부터 송신된 주파수를 수신하여 이 디지털신호를 검파(demodulation)한 후에 검파된 데이터신호를 스위칭하는 것이다. 고속의 스위칭 소자로서 ECL(Emitter-Coupled Logic)게이트를 사용한 예를 그림 7-31에서 보여주고 있다.

지구국 A국, B국, C국에서 송신한 디지털신호를 데이터신호로 검파한 후에 스위칭 매트릭

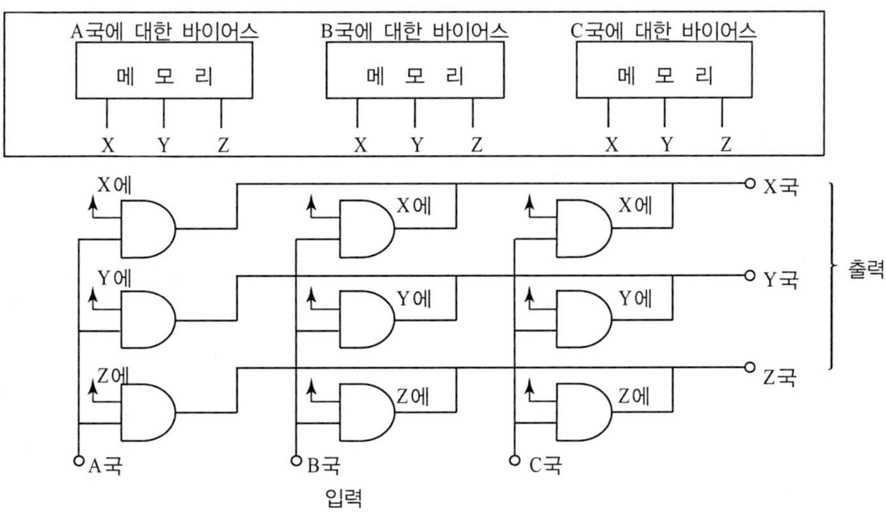

그림 7-31 ECL게이트로 구성된 3 × 3 스위칭 매트릭스의 간단한 예

스의 A, B, C 입력단에 들어오면 이 시간주기에 맞추어서 중앙제어장치에서 정해진 메모리 내용에 따라 해당되는 게이트를 인에이블(enable)시킨다. 예를 들어, 시간대역1에서 A, B, C의 국에서 X, Y, Z국에 가는 버스트를 송신했다고 하면 시간대역1에 중앙제어장치의 A국열에 있는 게이트의 인에이블용 메모리는 X가 "1"상태가 되고 B국열의 메모리는 Y가 "1", C국열의 메모리는 Z가 "1"이 된다.

이 메모리내용이 중앙제어장치의 제어에 의해 각 해당게이트에 공급되어 해당하는 게이트가 인에이블 상태가 되면 A국열에서는 1번게이트, B국열에서는 2번게이트, C국열에서는 3번게이트가 인에이블상태가 되어 A국, B국, C국에서 입력된 데이터에 따라 출력이 X국, Y국, Z국으로 송신된다. 다음 시간대역 2에서 A, B, C국에서 Y, Z, X국에 가는 버스트를 송신하면 중앙제어장치의 메모리내용은 A국열 메모리는 Y가 "1", B국열 메모리는 Z가 "1", C국열 메모리는 X가 "1"이 된다. 이 내용에 따라 중앙제어장치에 의해 해당 게이트를 인에이블 상태로 하면 A, B, C열에 입력되는 Y, Z, X의 데이터에 의해 인에이블된 해당 게이트의 출력이 해당하는 송신 트랜스폰더에 접속된다. 한편, 스위칭 매트릭스를 구성하고 있는 ECL게이트는 스위칭동작속도가 매우 빠른 소자로서 그림 7-32는 ECL게이트의 간단한 회로와 특성을 보여주고 있다.

그림 (a)에서 V_1은 입력, V_0은 출력, $V_2 = V_R$은 기준전압이다. 출력 V_0은 입력과 기준전압의 차이에 의해 발생된다. 입력전압이 기준전압보다 적으면 출력이 나오지 않고 입력전압이 기준전압보다 클 때에만 출력이 나오므로 이 회로를 차동증폭기라고 한다. 그림 (b)에서 기준전압이 0.1V인 경우에 입력전압 V_1이 0.1V의 기준전압보다 크면 그림 (a)의 TR_1이 동작되어 V_{cc}전압은 V_0에 출력되어 정전압성분이 된다. V_1이 V_R보다 0.1V적으면, 즉 기준전압이 입력전압보다 0.1V크면 TR_2가 동작되어 출력 V_0는 나오지 않아 0의 성분이 된다.

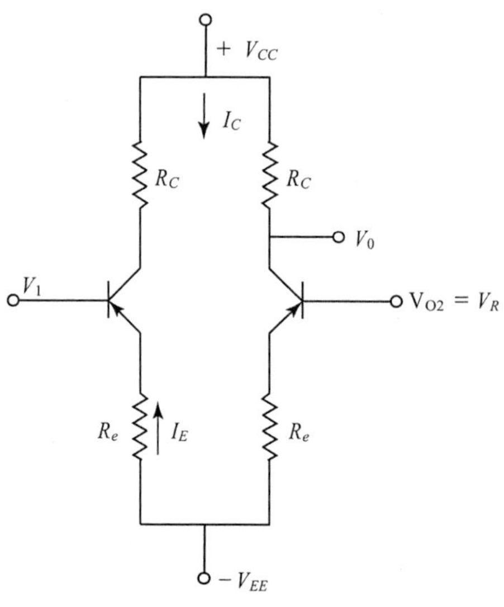

(a) 차동증폭기

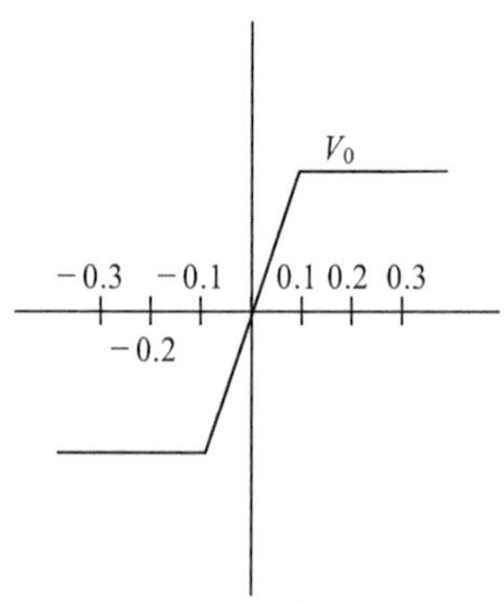

(b) 특성

그림 7-32 ECL게이트의 간단한 회로와 특성

즉, 그림 (b)에서와 같이 출력이 디지털신호성분을 갖게 된다. 이 회로에서 입력트랜지스터를 1개 이상으로 한 것을 에미터 결합로직(emitter coupled logic)이라 한다. 입력트랜지스터가 2개인 경우에는 입력전압이 모두 기준전압 V_R보다 클 경우에만 출력이 나오고 2개중에 하나라도 V_R이 적으면 $V_1 = V_R$이 되어 출력이 나오지 않는다.

1) 스위칭 매트릭스의 제어

스위칭매트릭스는 프로그램된 메모리의 내용에 따라 중앙제어장치가 제어한다. 이때 일반적으로 스위칭시퀀스는 반복되어 지도록 정해진다. 프로그램내용이 변경되지 않는 한 스위칭 시퀀스는 변경되지 않아야 한다. 프로그램 내용의 변경은 텔레커맨드(TC) 채널을 사용하여 가능하다. 그림 7-30(a)는 스위칭매트릭스와 제어장치간의 관계를 보여주고 있다. 제어장치에 입력되는 클럭은 프로그램메모리의 내용의 발생과 더불어 정확한 스위칭시간을 맞추기 위한 것이다.

① 텔레커맨드(TC)와 텔레메트리(TM)

지구국에서 텔레커맨드 채널로 송신된 텔레커맨드를 수신한 위성의 텔레커맨드 복호기(decorder)는 스위칭매트릭스에 쓰기명령(write order)을 보내서 초기프로그램을 저장시킬 때나 프로그램이 잘못되어 정정하고자 할 때 또는 프로그램내용을 변경시키고자 할 때에 메모리에 스위칭 프로그램을 입력시키도록 한다. 또한, 읽기명령(read order)을 사용해서 메모리 내용을 읽어낸다. 한편, 텔레메트리는 프로그램내용을 입력시킨 다음이나 운용중 계속해서 그 상태를 확인하는 것이고 메모리를 제어하는 R/W플립플롭의 상태도 지구국에 전송한다.

② 메모리 회로

그림 7-33은 스위칭 매트릭스 1개열에 대한 메모리회로이다. 이와 같은 메모리회로가 4×4 스위칭 매트릭스에는 4개가 있게 된다. 이 그림에서 중앙제어장치를 구성하고 있는 D−F・F는 1개열당 4개가 있고 4×4매트릭스에서는 16개의 D−F・F이 있게 된다. D−F・F은 메모리 기능을 가지고 있어서 ON/OFF 스위치명령을 메모리한다. 4개의 D−F・F 중에서 하나가 ON되면 나머지 3개는 OFF되도록 지정(address)되어 있다. D−F・F상태는 비교기, 타이밍 그리고 제어모듈에 의해 보내지는 클록신호에 의해 정해진다. MOS메모리 장치는 시프트레지스터로 구성되는데 텔레커맨드에 의해 프로그램이 메모리된다. MOS메모리장치의 메모리 용량은 128bit로써 16비트명령어 8개를 지정할 수 있고 16비트의 1개 명령어는 수용비트(acceptance bit), 복호화 레지스터, 어드레스 비트로 구성된다.

수용비트는 이 명령의 유효여부(validation)를 나타내고 복호화 레지스터를 구성하고 있는 1-12bit는 스위칭을 할 채널번호에 대한 정보를 가진다. 13-15비트는 어드레스비트로서 13, 14의 2개 비트는 4개의 플립플롭중에서 ON상태로 될 플립플롭의 어드레스를 지정하는 데 사용된다. 플립플롭을 4개 모두 OFF 상태로 하고자 할 때에는 3번째 비트를 사용한다.

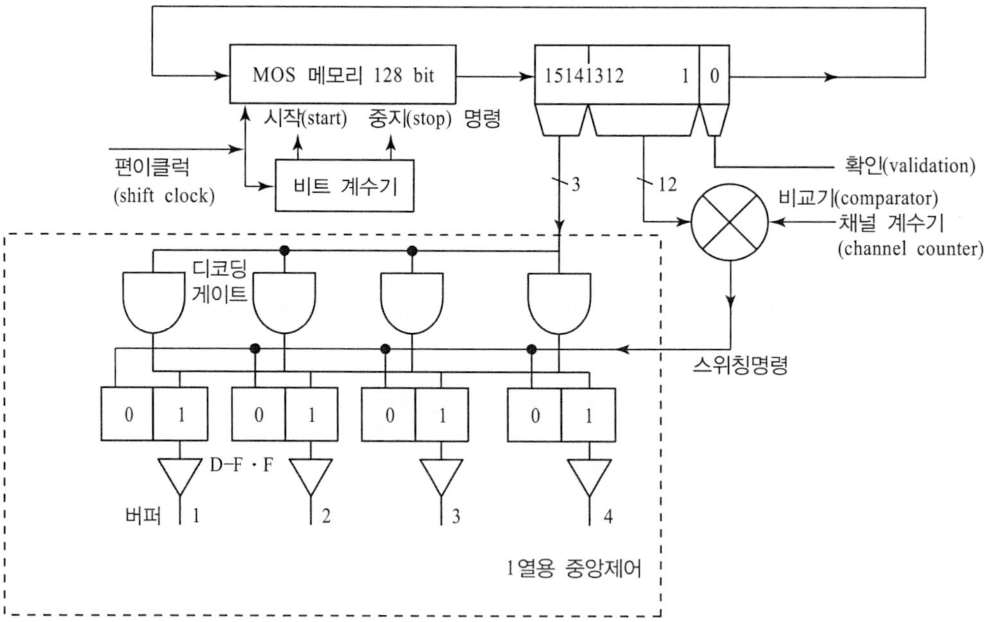

그림 7-33 **스위칭 매트릭스 1열에 대한 메모리회로**

즉, 이 3번째 비트는 모든 송신트랜스폰더에 동시에 프리앰블을 보낼 때 사용하는 매트릭스의 5번째열을 인에이블할 때 사용하는 것이다. 이때에는 스위칭 매트릭스의 4개열이 모두 OFF상태가 되어야 한다. 이 1개 명령어 16비트를 직렬로 받아서 병렬로 출력시키는 레지스터를 바이폴러 레지스터(bipolar register)라고 한다. 이 병렬출력은 스위칭 매트릭스의 여러 부분에서 사용된다. 비트카운터(bit counter)는 메모리와 결합되고 어드레스레지스터로 사용된다. 비트카운터는 시프트레지스터에 공급된 시프트펄스들을 계수(count)한다. 이것은 16포지션(position) 2진 계수기이다. 비트카운터의 쓰기모드(write mode)에서 시프트펄스들이 텔레커맨드 복호기에서 입력된다. 읽기모드(read mode)에서 타이밍과 제어부에서 오는 내부신호가 시프팅을 제어한다. 비교기(comparator)는 12개의 익스클루시브－OR(exclusive－OR)로직회로로 구성된 하나의 모듈로서 채널계수기의 내용과 더불어 메모리에서 읽은 정보를 계속적으로 비교하는 기능을 가지고 있다. 비교결과 부합(coincidence)이 확인되면 제어매트릭스에 시간부합신호(time coincidence signal)를 보낸다.

채널계수기(channal counter)는 12개 플립플롭으로 구성된 2진 계수기이다. 이 계수기는 타이밍과 제어모듈에서 발생된 신호에 위해 매 2개의 채널마다 1개씩 증가된다. 타이밍과 제어모듈은 스위칭매트릭스를 운용하는데 필요한 모든 제어신호를 제공하는 수개의 로직회로로 구성된다. 이 타이밍과 제어모듈은 주(main)클록에 의해 송신된 주파수를 수신함으로써 동기되어진다. 이 주파수는 채널 주파수와 같다. 중앙제어모듈은 매트릭스 근처에 설치되고 4×4 =16개의 이상적인 소자로서 구성된다. 이 로직회로와 PIN다이오드 접점(crosspoint)간에는 기본적으로 임피던스매칭을 해야 하고 구동증폭기가 필요하다. 구동증폭기는 PIN다이오드를 구

동시키는 데 필요한 전압을 얻기 위한 것이다. 전력 증폭기의 입출력특성은 입력이 "0" 레벨일 때 출력은 －10 V(0 mA), 입력이 "1"레벨일 때 출력은 다이오드 구동 최저전압 0.6 V(40 mA)로 한다. 즉, 출력이 －10 V일 때는 접점이 OFF되고 0.6 V일 때는 접점이 ON된다.

2) ESS-TDMA(Earth Station Switching-TDMA) 시스템

그림 7-24의 단일반송주파수 수신시스템에 대한 지구국의 송신설비에서와 같이 지금까지 설명한 지구국의 송신설비는 여러 수신지구국에 할당된 주파수로 신호를 전송하기 위해서는 각 송신주파수마다 각각의 송신설비를 갖추어야 한다. 이것은 지구국의 경비가 대단히 많이 소요되고 송신장치가 복잡해졌다. 그런데 ESS-TDMA 시스템에서는 여러 반송주파수를 만드는 데 필요한 국부발진기의 발진주파수를 시분할하여 공급함으로써 PSK변조된 트래픽 버스트의 주파수를 변환시켜서 여러 다른 송신주파수를 송신함으로써 송신설비를 간략화 한다.

따라서 ESS-TDMA 시스템을 주파수도약(frequency hopping)시스템이라고도 한다. 그림 7-34는 ESS-TDMA 시스템(또는 FM-시스템)에 대한 지구국 송수신설비의 개요도이다. 이 그림에서 PSK변조된 X, Y, Z에 대한 버스트에 대하여 제1국부발진기의 발진주파수에 의해 해당중간주파수로 1차 주파수변환시킨다. 1차 주파수변환된 버스트를 중간주파증폭기로 증폭시킨 후 제2차 주파수변환기에서 제2국부 발진주파수에 의해 송신주파수로 변환하여 송신한다.

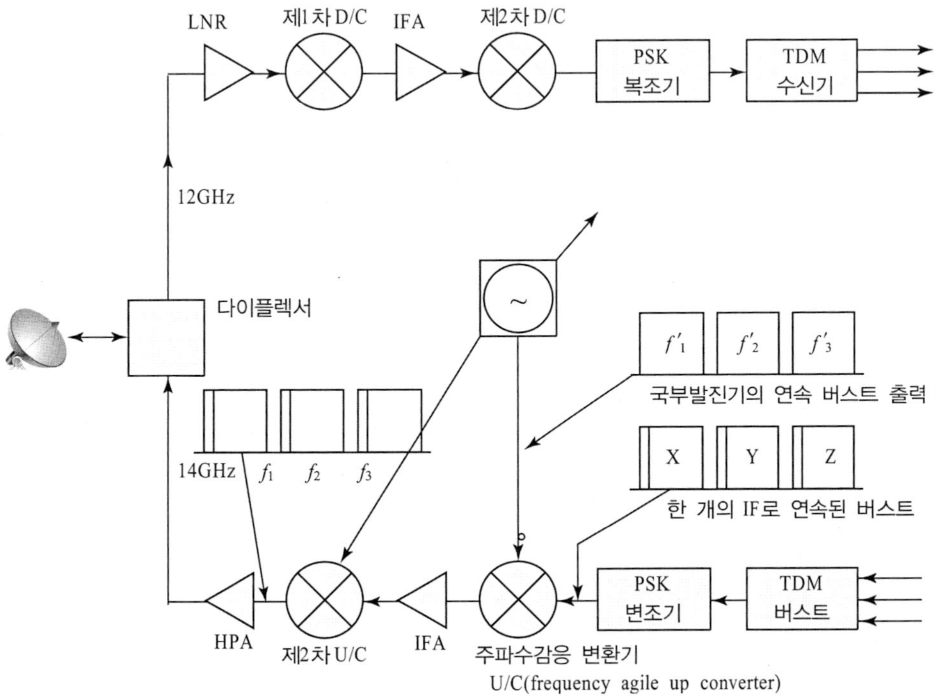

그림 7-34 ESS / TDMA 시스템 송수신설비 개요도

즉, 그림에서와 같이 각 시간대역별로 X, Y, Z의 각 버스트가 서로 다른 주파수 f_1, f_2, f_3로 송신된다. 이 경우에 송신설비의 중간주파증폭기(IFA), 2차 주파수변환기, 고전력증폭기(HPA)는 송신주파수 f_1~f_3의 주파수대역을 처리할 수 있는 광대역용이어야 한다. 그러나 이 시스템에서는 하나의 시간대역에 하나의 주파수만 증폭 또는 변환시키므로 증폭기의 동작영역을 백오프(back-off) 하지 않아도 된다.

위성의 중계기에서는 각 송신지구국에서 송신한 버스트를 수신하여 필터로 구성된 멀티플렉서에 의해 각 수신국을 담당하는 송신트랜스폰더로 해당 트래픽 버스트를 접속하고 이 트래픽 버스트의 주파수를 하향주파수변환기(D/C)에 의해 하향링크주파수(down link frequency)로 변환하여 고전력 증폭시킨 후 각 수신국을 지향하고 있는 안테나로 송신한다.

지구국의 수신국에 대해서는 앞에서 설명했으므로 여기서는 설명을 생략하기로 하고 단, TDM 수신기에 대해 그 기능을 간단히 보충 설명하면 TDM 수신기에 입력된 트래픽 버스트를 버퍼에 메모리한 다음 연속버스트 스트림으로 출력시킨다. 송신설비의 TDM 버스트 발생기는 이것과는 반대로, 연속해서 입력되는 비트스트림을 일단 버퍼에 저장한 후 일정한 길이의 버스트로 만들어 PSK 변조기에 입력시키는 것이다.

그림 7-35는 지구국의 송·수신설비에서 송신 TDM 버스트 발생기에 입력되는 연속 비트스트림이 버스트로 만들어져서 위상변조된 다음, 상향주파수 변환기에 접속되는 과정과 반대로 수신기에 수신된 버스트가 복조된 다음 연속 비트스트림으로 출력되는 과정을 보여주고 있다.

송신설비에 입력되는 음성채널은 PCM 부호기(VFPCM coder)에서 PCM 신호로 부호화되고 PCM채널, 즉 데이터 신호는 비동기 멀티플렉서를 거쳐서 메모리에 저장된다. 이와 같이 병렬로 입력되어서 메모리에 저장된 비트스트림이 송신 멀티플렉서에 의해 일정한 길이를 가진 버

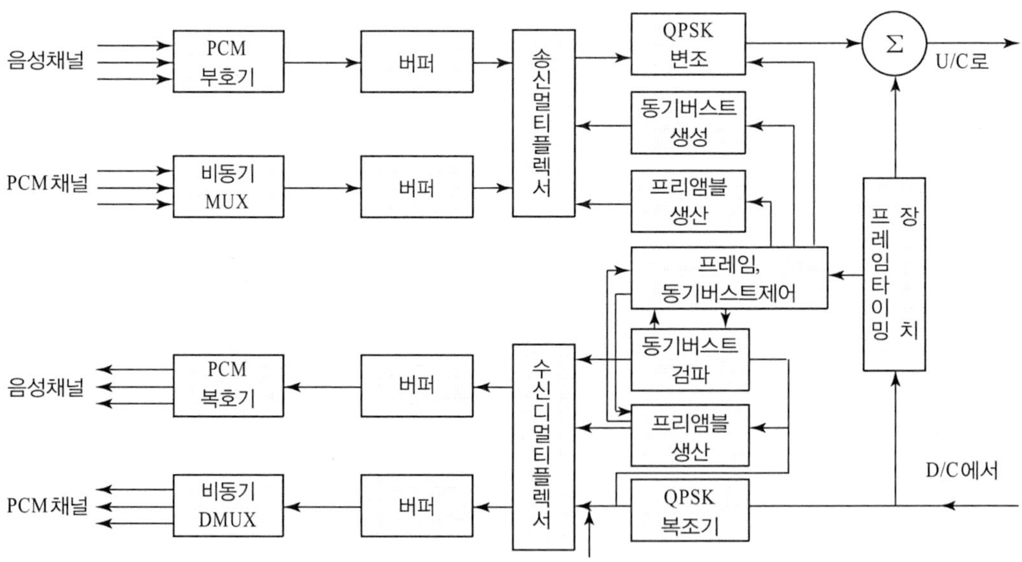

그림 7-35 TDM 송신기와 수신기의 개요도

스트로 구성되어서 직렬로 출력된다. 이때 멀티플렉서에서 각각의 입력신호마다 프리앰블을 추가시키고 이 입력신호로 트래픽 버스트를 만든다. 이 트래픽 버스트에 트래픽 버스트프리앰블을 추가한다. 이와 같이 만들어진 트래픽 버스트를 변조기에서 QPSK(Quadrature Phase Shift Keying)시킨 다음 상향 주파수변환기 U/C로 보낸다.

이때 버스트의 길이의 프리앰블을 발생하는 것은 프레임 동기버스트 제어장치의 제어를 받아서 동기버스트 발생기와 프리앰블 발생기에 의해 이루어진다. 프레임(frame)타이밍장치는 자국의 트래픽 버스트가 TDMA 프레임내의 자국에 할당된 시간대역내에 정확히 진입되도록 트래픽 버스트의 송신시간을 제어한다.

한편, 수신기에서는 하향 주파수변환기 D/C로부터 보내온 QPSK 버스트신호를 복조기에서 검파한다. 이 검파된 버스트가 수신기의 디멀티플렉서에 입력되면 프리앰블 검파기의 제어를 받아 각 디지털신호를 해당메모리에 보내어 병렬로 메모리시킨다.

이 병렬로 메모리된 비트가 음성채널용은 PCM 복호기(decoder)에서 복호되어 출력되고 디지털신호인 PCM 신호는 비동기 디멀티플렉서에 의해 디멀티플렉스되어서 연속 비트스트림으로 출력된다.

(3) SS-TDMA 방식과 ESS-TDMA 방식의 비교

SS-TDMA 방식과 ESS-TDMA 방식을 비교할 때 경제적인 면에서는 큰 차이가 없으나 TDM 버스트의 스위칭방식을 이용하지 않을 경우보다는 경제적이다. 기술적인 면에서는 SS-TDMA 방식이 ESS-TDMA 방식보다 복잡하고, 신뢰성면에서는 SS-TDMA 방식이 ESS-TDMA 방식과 버스트스위칭 방식을 사용하지 않는 경우보다 떨어진다.

7.2.5.4 요구-할당 TDMA시스템

(1) 개념

요구-할당 다원접속방식(DAMA : Demand Assignment Multiple Access)이라 함은 지구국이 다원접속방식에 의해 통신위성을 액세스하여 트래픽을 전송하고자 할 때마다 시간대역이나 주파수대역의 할당을 요구해서 지정받아 트래픽을 전송하는 방식을 말한다. 따라서 DA-TDMA 방식이라 함은 각 지구국이 트래픽을 전송하고자 할 때에 시간대역의 사용을 요구해서 유휴중인 시간대역을 지정받아 트래픽을 전송하는 것을 말한다.

요구-할당 다원접속방식은 집중제어방식과 분산제어방식이 있다. 분산제어방식은 SPADE시스템에서 설명한 것처럼 모든 지구국이 공통 시그널링 채널(Common Signaling Channel : CCS)을 통하여 현재의 채널의 점유여부 상태를 항상 인지한다. 트래픽의 전송을 위해 채널을 사용할 필요가 있을 때에는 유휴중인 채널을 자국에서 직접 점유하고 이 사실을 공통 시그널링 채널을 통해 모든 지구국에 통보하는 것을 말한다. 또한, 교신이 종료했을 때에도 교신국이 공통 시그널링 채널을 통해 모든 국에 종료사실을 통보하는 것이다.

그러므로 분산제어방식은 모든 지구국이 공통 시그널링채널을 항상 검색하고 이에 대한 정보를 계속해서 업데이트(update)시키며 또한 각 시그널링을 자체에서 처리할 수 있는 능력이 있어야 한다. 반면 집중제어방식은 전체 시스템의 망(network)을 관리하는 중앙제어지구국이 있는 것으로 제어지구국에서 전체 시스템의 공통채널을 항상 검색하고 검색된 정보를 항상 인지하고 있어서 각 지구국으로부터 공통채널을 통하여 채널의 사용을 요구할 때마다 유휴중인 채널을 지정해주는 방식이다. 또한, 제어국은 호출국과 피호출국(called station)간에 호를 설정해 주기 위한 시그널링도 수행해야 한다. 따라서 설비가 더 커지고 복잡해진다. 다음에는 집중제어방식의 시스템에 대해 설명하고자 한다.

(2) 집중제어방식 DA-TDMA 시스템

그림 7-36은 집중제어시스템에 대한 개요도이다. 제어국은 컴퓨터를 이용하여 공통 시그널링 채널을 항상 검색한다. 검색한 정보를 가지고 A국에서 B국에 트래픽을 전송하기 위해 채널의 사용요구가 있을 경우에 유휴중인 채널을 지정하여 A국과 B국에 통보한다. 제어국으로부터 채널의 지정을 받은 A국과 B국은 제어국에 채널의 지정통보를 수신했음을 통보한다. 제어국은 A국과 B국에 이에 대한 확인 응답을 하는데 이 과정을 핸드세이크(handshake)라고 한다.

핸드세이크를 한 후에 B국에서는 자국내에 있는 해당 교환기를 점유하고 이 교환기에서 A국에 이 사실을 통보하고 이 통보를 받은 A국내의 가입자와 호(call)가 설정된다. 호가 종료되면 A국과 B국은 제어국에 종료사실을 공통 시그널링 채널을 통해 통보한다. 이 통보를 받은

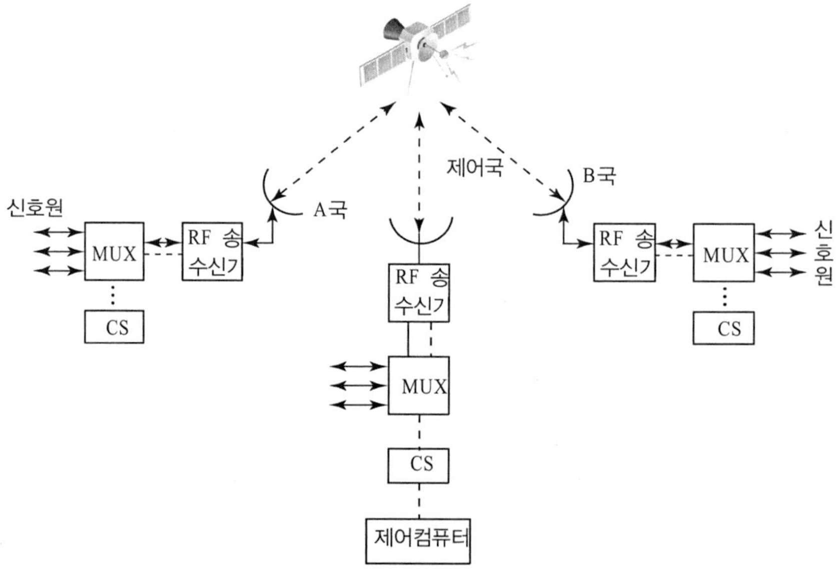

그림 7-36 **집중제어 시스템 개요도**

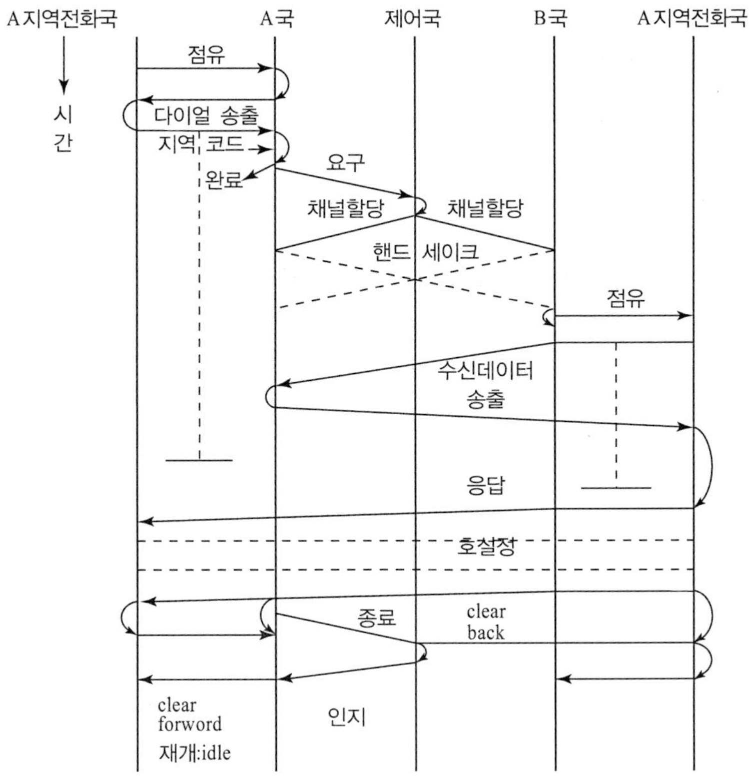

그림 7-37 **호의 설정과정**

제어국에서는 자국에 설치된 컴퓨터를 이용하여 교신지구국에서 교신한 시간, 즉 채널사용시간을 기록함으로써 요금정산을 할 수 있다. 집중제어방식은 제어국의 설비에 고장이 발생하여 그 기능을 수행하지 못하게 되면 전체시스템에 미치는 영향이 크므로 이에 대비해서 필요시에 즉시 사용할 수 있는 제어 설비를 다른 지구국에 설치해야 한다. 이 방식도 공통 시그널링방식을 사용하므로 시그널링방식이 상이한 A국과 B국내의 교환기간에 호의 설정이 가능하게 된다.

7.2.6 시분할 다원접속용 터미널

7.2.6.1 개념

TDMA 터미널은 디지털 전송방식으로 운용되므로 터미널에 입력되는 아날로그신호는 디지털신호로 변환된다. 즉 TDMA 터미널은 아날로그신호와 디지털신호를 프로세싱한다. 디지털신호와 디지털신호로 변환된 아날로그신호는 각 신호마다 지정된 시간대역(time slot)으로 채널을 구성한다. 이와같이 채널로 구성된 신호들은 TDMA 망에 맞도록 부호처리(coding)를 한 다음 일정한 포맷으로 다중화시켜서 전송한다.

다시 말하면 TDMA 터미널의 송신부기능은 지상망과 위성망을 연계해 주는 인터페이스 프로세싱(interface processing) 기능과 각 디지털신호를 버스트형태로 포맷한 다음 이 버스트를 변조하여 전송하는 기능을 가진다. 수신부의 기능은 송신부의 기능과 반대의 기능을 가진다.

7.2.6.2 TDMA 터미널의 기본구성요소

그림 7-38은 TDMA터미널에 대한 개요도이다. TIE(terrestrial interface equipment)는 지상망과 위성망과의 인터페이스 장비이다. CTTE(common TDMA terminal equipment)는 터미널운용자(operator)와 터미널간 인터페이스기능, TIE와 버스트모뎀(burst modem : BM)을 제어하는 기능을 가지고 있다. 버스트모뎀은 버스트화된 디지털신호를 중간주파수로 변조시킨다. 무선주파 터미널(RFT : radio frequency terminal)에서는 중간주파수를 전송주파수로 변환하여 고전력증폭시킨 후 송신하는 기능을 가지고 있다. 또한 수신기능으로써 RFT는 수신된 전송주파수를 중간주파수로 변환시키고 버스트모뎀은 중간주파수에서 버스트화된 디지털신호를 복조하는 기능을 함께 가지고 있다. 여기서는 이 기본구성요소들에 대해서 설명하고자 한다.

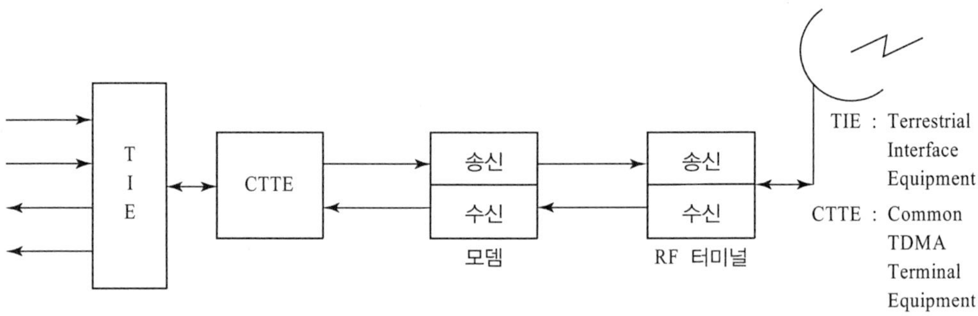

그림 7-38 TDMA 터미널 개요도

(1) TIE(Terrestrial Interface Equipment)

TIE는 TDMA 터미널에서 가장 중요한 부분이다. TIE는 TDMA 터미널과 지상망의 인터페이스 포트(port)간을 연결시키는 장치이다. 그림 7-39는 TIE에 대한 일반적인 개요도이다. 앞서 언급한 것처럼 TDMA는 디지털방식에 의해 운용되는 것이므로 TIE에 아날로그신호를 프로세싱하기 위해 코덱(codec)이 설치된다. 지상망에서 입력되는 아날로그신호를 엔코더(encoder)에 의해 디지털신호로 변환시키고 디코터(decoder)에 의해 검파된 디지털화된 신호를 아날로그신호로 변환시킨다. 압축버퍼는 지상망으로부터 연속해서 입력되는 데이터의 비트스트림을 TDMA 프레임에 적합한 버스트로 구성하기 위한 기능을 가진다. 확장버퍼는 이와는 반대로 위성에서 수신된 버스트를 연속 데이터비트 스트림으로 만들어 지상망에 보내는 기능을 가진다. 인터페이스 결합장치(interface adaptor)는 지상망으로부터 입력되는 여러 종류의 서비스에 대한 시그널링을 TDMA 망에 적합하게 변환시키고 TDMA 망을 지상망과 접속시키기 위한 여러종류의 시그널링을 처리할 수 있어야 한다. 따라서 인터페이스 제어 프로세서는 지

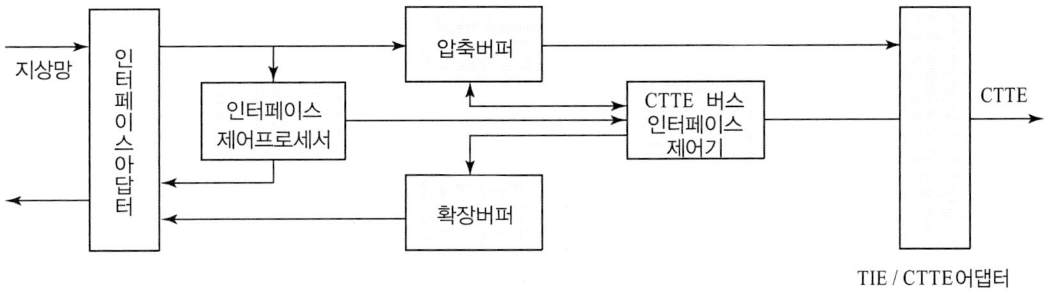

그림 7-39 **TIE모듈 개요도**

상망의 교환장치 등 장비와 관련된 인터페이스 정보를 제어하는 기능을 가진다. CTTE 버스 인터페이스 제어기(CTTE bus interface controller)는 각 인터페이스 장치를 자체진단하고 제어하는 기능을 가진다. TIE / CTTE 결합장치는 자체제어명령(self control command)에 의해 TIE와 CTTE간을 결합시킨다.

(2) CTTE(Common TDMA Terminal Equipment)

CTTE는 디지털장비로 구성된다. 터미널 운용자의 인터페이스, TIE의 제어, 버스트모뎀 등에 필요한 기능을 수행하는 장비들로 구성된다. CTTE가 제어하는 기능은 송신시작시간(transmit start time), 프리앰블 발생(preamble generation), 전진오류정정부호(FEC coding), 데이터 스크램블링에 대한 기능을 제어하는 것이다. 또한, 고유어(UW : unique word)의 검파, 수신버스트검파, 수신된 데이터의 디스크램블러, 그리고 망제어에 사용된 공통 시그널링 채널을 프로세서한다. 또한 TIE에서 입력된 데이터를 멀티플렉싱하고 지상망에 접속된 데이터를 디멀티플렉싱한다. 다시 말하면 TIE에서 입력된 데이터를 TDMA망에 적합하게 프로세싱한다. 수신기의 버스트 모뎀에서 수신한 데이터를 지상망에 맞게 프로세싱하는 것이 CTTE의 기능이다. CTTE의 제어는 실시간(real time) 제어를 해야 한다. 그림 7-40은 CTTE에 대한 개요도이다. 다음은 CTTE의 송·수신기능을 중심으로 하여 설명하기로 한다.

1) 송신기능

CTTE의 송신부는 TIE/CTTE의 결합장치를 거쳐 TIE의 버퍼로부터 데이터를 받고 이 데이터에 대한 송신준비를 한다. 이 준비된 데이터버스트가 위성의 TDMA 프레임내의 자국에 지정된 정확한 시간대역내에 도착하여 적합한 시간에 송신되도록 제어하는 기능을 수행한다. 그림 7-40에서 송신제어 프로세서(transmit control processor)가 이 기능을 수행한다. 송신제어 프로세서에서 기능을 수행하기 위해서는 중앙제어장치에서 위성의 거리(range)에 대한 정보를 받는다. 이 거리에 대한 정보로서 전파가 위성까지 전파하는 데 걸리는 시간을 계산해서 데이터버스트를 송신해야 할 정확한 시간을 결정한다. 송신타이밍 제어장치(TX timing control)는 송신버스

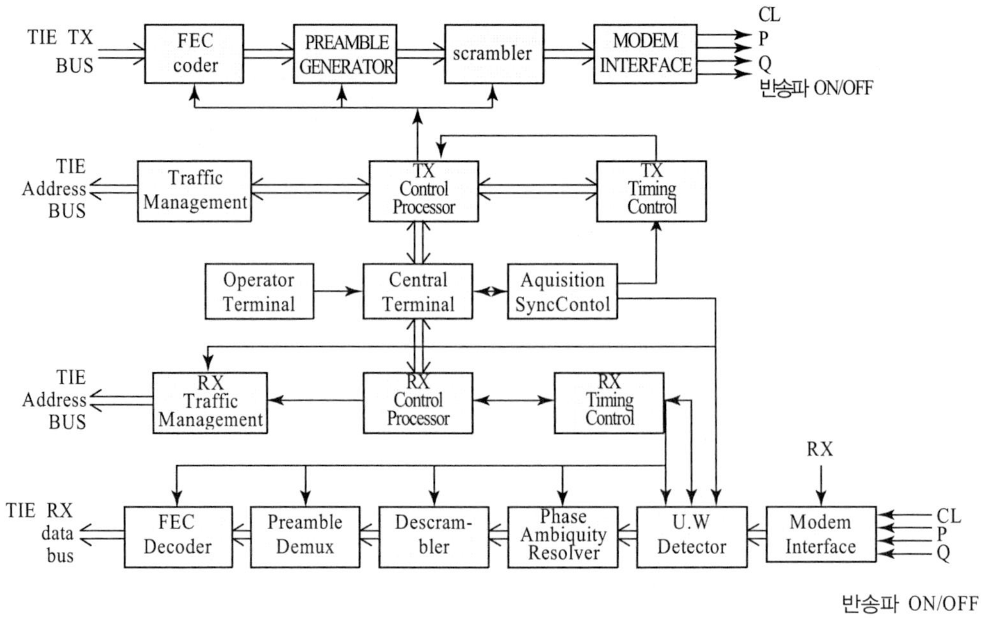

그림 7-40 CTTE 개요도

트의 송신시작을 제어한다. 송신버스트의 각각에 대한 송신 시작시간이 송신타이밍 맵(TX timing map)에 기록된다. 이 기록된 송신타이밍에 의해 타이밍제어신호가 TDMA 버스트 1개마다 발생된다. 이 타이밍제어신호는 TDMA 프레임의 시작점에 맞추어진다.

버스트를 송신하기 위한 시간을 기록하는 송신타이밍 맵(TX timing map)의내용은 그 내용이 변경시에 마이크로프로세서를 이용해서 쉽게 바꿀 수 있다. 송신타이밍 맵의 변경은 시간대역의 장기할당방식에서는 자주 변경되지 않지만 요구-할당 다원접속방식(DA-TDM)에서는 요구-할당시마다 변경되므로 자주 변경된다. 이렇게 하여 송신버스트의 송신시작 시간이 정해지면 TIE에서 입력되는 데이터에는 데이터가 입력되기 전에 프리앰블발생기에서 출력된 반송파회복 및 비트 타이밍 회복 TDMA 프리앰블(CBR : Carrier and Bit timing Recovery)과 데이터시작을 알리는 고유어(UW)가 차례로 선행된다.

프리앰블에서는 시스템 오더와이어(orderwire)와 TTY 통신채널의 보조를 위해 사용된 고정된 포맷 데이터블록이 추가될 수 있다.

그 다음 위성의 링크 특성이나 비트오류 요구도에 따라 전진오류정정부호(FEC code : Forward Error Correction)가 전송전에 TIE 데이터에 추가될 수 있다. 이와 같이 프리앰블, 데이터, FEC로 버스트가 구성된다. 이 버스트는 송신전에 스크램블되는데 이때 프리앰블중 CBR과 UW는 스크램블되지 않고 FEC도 스크램블되지 않는다. 즉, 데이터만 스크램블한다. 모뎀 인터페이스에서는 스크램블러에서 입력된 신호포맷을 버스트모뎀에 맞는 신호포맷으로 바꾼다. 25 Mbit/s이상의 고속 TDMA에서는 케이블 인터페이스에서 생긴 전파지연시간을 보상하기 위해 차동 ECL(differential emitter-coupled logic)을 사용한다. 송신버스트 모뎀은 QPSK시그널링 포맷을 위해 4개의 운용신호가 필요하다.

그림 7-40의 모뎀 인터페이스 출력에서 보듯이 P·Q데이터, TDMA 심벌클록, 송신버스트를 인에이블하는 반송파 ON/OFF 신호가 이에 해당한다. P와 Q데이터 선(line)은 송신클록에 의해 제어되고, 반송파 ON/OFF 신호는 송신프리앰블 발진기, 스크램블러, FEC 부호기를 제어하는 데 사용되는 송신 타이밍제어 회로에서 출력된다. 반송파의 ON은 TDMA 버스트 프리앰블 최초 비트로 인에이블되고 버스트 마지막 비트로 OFF된다. 그림에서 송신트래픽 관리장치는 지상망에서 입력되는 여러 가지 송신데이터를 처리할 TIE모듈을 선택하는 것으로서 어느 TIE 모듈이 어느 TDMA 버스트에 접속되어야 하는지에 대한 TIE/TDMA 버스트맵핑은 송신제어프로세서와 운용자 인터페이스를 통해 결정된다.

2) 수신기능

CTTE의 수신기능은 CTTE의 송신기능과 비슷한 기능을 수행한다. 수신모뎀 인터페이스는 TDMA 버스트에서 입력되는 P와 Q데이터를 비트 스트림으로 회복시키는 기능을 갖는다. 이 기능을 수행하기 위해 수신측 클록이 사용된다. 수신 TDMA 클록은 원거리에 있는 TDMA 터미널에서 송신된 송신클록을 말하는 것이다. 수신클록은 위성의 이동과 전송로의 불확실성 등 때문에 도플러편이된 클럭이 된다. 확률적으로 수신 TDMA 클록이 수신 CTTE에서 사용되는 내부클록과 정확하게 맞지 않으므로 입력되는 데이터를 국부 동기 클록으로 변환할 필요가 있다. 이것을 위해 앞에서 설명한 탄성버퍼(elastic buffer)를 사용한다. 또한, CTTE 수신측에서는 실제 데이터와 랜덤잡음에 의해 발생된 허위 데이터(false data)를 식별하기 위해 수신 고유어 검파기, 수신 타이밍제어, CTTE 인지와 동기프로세싱을 이용한다.

각각의 TDMA 버스트는 송신된 데이터 채널의 시작점을 나타내는 고유어를 가지고 있다. 고유어검파기는 상관기를 이용하여 수신된 고유어와 비교용 고유어 패턴을 비교해서 서로 맞지 않는 심벌수가 임계값 이하이면 고유어가 수신된 것으로 간주한다. 이렇게 해서 고유어가 수신되면 탄성버퍼에 저장된 수신 데이터를 자체 CTTE 클럭과 동기시키기 위해 제어한다. 이때 탄성버퍼는 데이터를 교대로 읽고 쓰는 기능을 가진 1단버퍼를 말한다.

그 다음 TDMA 고유어를 이용하여 고유어 패턴의 P와 Q데이터를 비교해서 수신된 데이터의 위상을 확실하게 회복시킨다. 120Mb/s의 INTELSAT TDMA 시스템에서는 프리앰블에 UW_0, UW_1, UW_2, UW_3의 4개의 고유어를 가지고 있다. 이와 같이 수신위상이 확실해지면서 디스크램블러에 의해 데이터를 디스크램블링하여 원래의 송신된 메시지 데이터를 회복시킨다. 그 다음 고유어를 따르고 있는 첫 번째 데이터가 TDMA 프리앰블 음성 오더와이어(order wire) 그리고 TTY와 조합되어진다. 이 데이터블록이 디멀티플렉서에서 버스트로부터 디멀티플렉스되어 진다. 그 다음 CTTE에서 전진오류 정정(FEC) 복호화가 행해진다. 데이터를 FEC 복호화한 후에 원하는 데이터가 수신기 트래픽관리장치의 제어에 의해 해당하는 TIE 모듈에 접속되어 지상망에 보내진다. 이때 FEC 복호화는 TIE 모듈에서 수행될 수 있다.

3) CTTE의 중앙제어장치

CTTE의 중앙제어장치는 전체 TDMA 터미널에 대한 동기를 맞추고 터미널과 운용자간 인터페이스 기능을 한다. 또한, TDMA 프레임내에 버스트를 정확하게 진입시키는데 필요한 시간계획(time plan)에 관한 정보를 제어한다. 전체 터미널을 동기시키기 위해 2단계 과정을 거친다. 첫째 과정은 수신동기로서 TDMA 프레임 기준버스트를 식별하기 위해 검색하고 이 검색된 TDMA 프레임 기준버스트를 계속해서 추적(track)하는 것이다. 두 번째의 동기과정은 송신동기로서 송신버스트를 ±1심벌의 허용치내로 지정된 TDMA 프레임 장소에 진입시키기 위한 것이다. 송신버스트를 정확한 위치에 진입시키기 위한 초기설정에 대한 방법은 앞에서 설명했다. 이외의 중앙제어장치는 터미널 운용자를 디스플레이(display)하고 데이터베이스(database)를 제어하며 요구할당(DA) 정보를 프로세싱하고 운용자진입, 버스트 시간계획정보의 변경, 원격(remote) 지상 제어링크의 유지에 필요한 기능 등을 수행한다.

(3) 버스트모뎀(burst modem)

TDMA 터미널의 버스트모뎀은 디지털데이터와 제어신호(control signal)를 RF(Radio Frequency) 주파수로 변환하기 위해 적합한 중간주파수(IF)로 변조하는 기능을 한다. 또한, 중간주파수로 변조된 디지털데이터 신호나 제어신호를 수신기의 전단부에서 받아서 기저대역의 디지털데이터 신호나 제어신호로 복조하는 기능을 가진다.

그림 7-41은 모뎀의 송신측기능을 보여주는 개요도이다. 모뎀 인터페이스는 스크램블된 데이터버스트가 입력되면 이 데이터를 P데이터와 Q데이터로 재구성해서 변조기로 보낸다. 클록

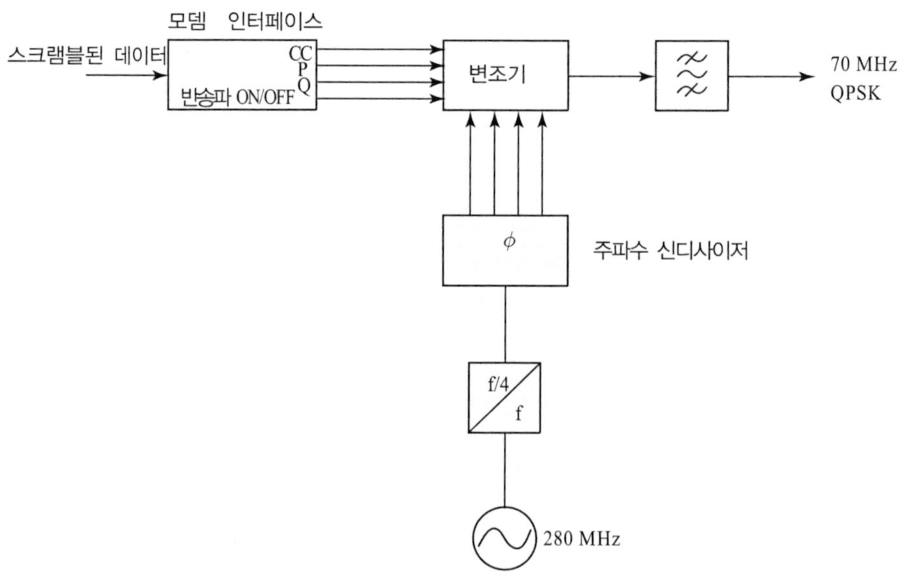

그림 7-41 TDM 송신기와 수신기의 개요도

으로 P데이터 채널을 Q데이터 채널과 동기시킨다. 송신타이밍 제어회로에 의해서 국부발진기에서 변조기에 입력되는 반송파를 ON/OFF한다.

송신타이밍 제어회로는 데이터 버스트의 처음 비트가 입력되면 반송파의 변조기 입력을 ON시켜서 변조를 시작한다. 마지막 데이터 버스트 비트가 변조되면 반송파의 변조기 입력을 OFF시킨다. 변조기에서 출력된 변조파는 필터에 의해서 전송하고자 하는 스펙트럼의 대역폭을 갖게 된다.

그림 7-42는 모뎀 인터페이스 장치에 입력된 스크램블된 데이터가 P데이터채널과 Q데이터채널로 구성되는 과정을 보여주고 있다. P데이터의 채널은 입력 데이터 비트에서 홀수비트에 해당하고 Q데이터의 채널은 입력 데이터비트에서 짝수비트로 구성된다. 그림 7-42(b)에서 Q데이터채널의 d_1 데이터는 P데이터채널의 d_0 데이터보다 T에 해당하는 시간만큼 늦게 출력되므로 클록에 의해 이 지연시간차를 제어해서 P데이터와 Q데이터가 동시에 변조기에 입력되도록 한다. 따라서 1비트에 해당하는 시간만큼 P, Q데이터의 각 비트시간이 길어진다.

이와 같이 출력된 P, Q데이터가 그림 7-43(a)에서와 같이 변조기에 입력되면 그림 (c)에서와 같이 P와 Q데이터의 내용에 따라 위상이 편이되어 변조주파수가 출력된다.

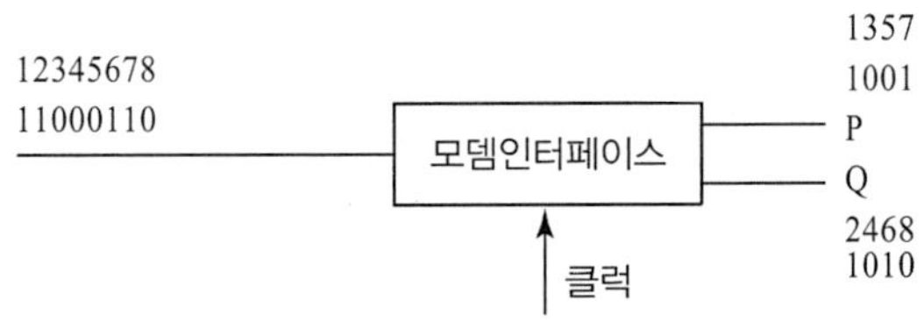

(a)

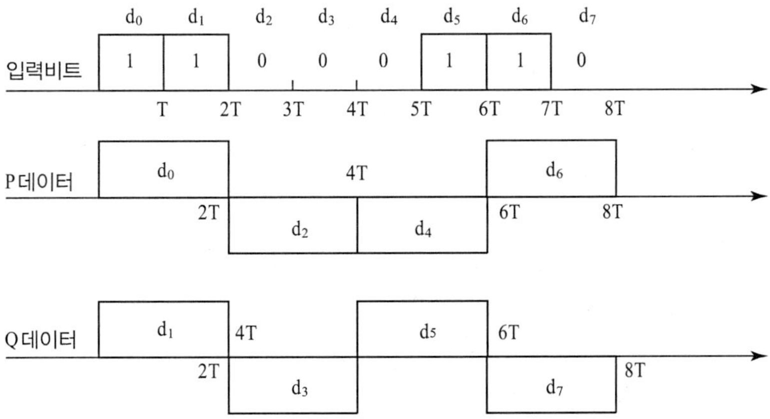

(b)

그림 7-42 **P데이터와 Q데이터 채널구성 진행과정**

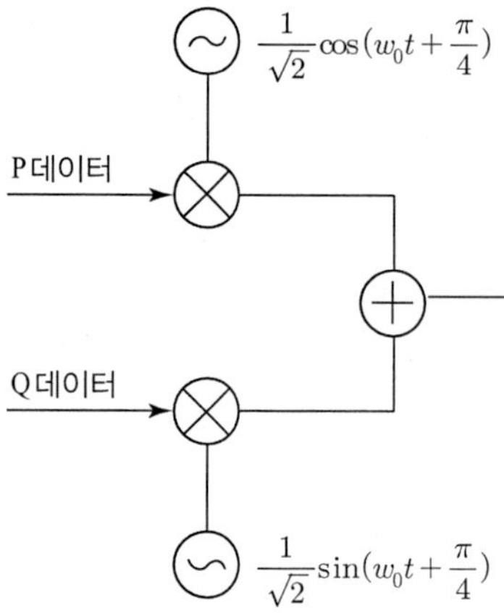

(a) 변조 개요도

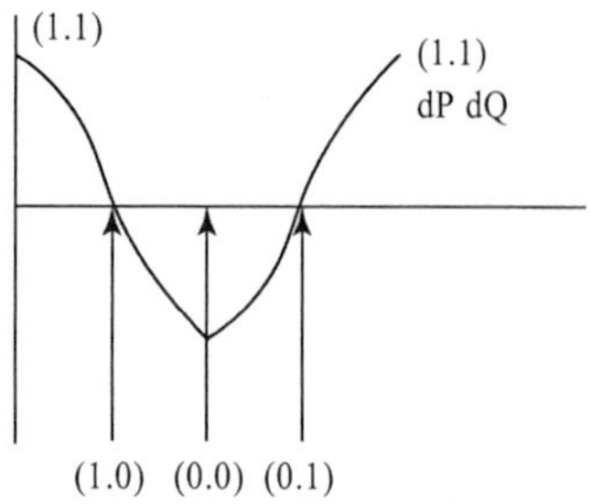

(b) dP, dQ에 따른 위상편이지점

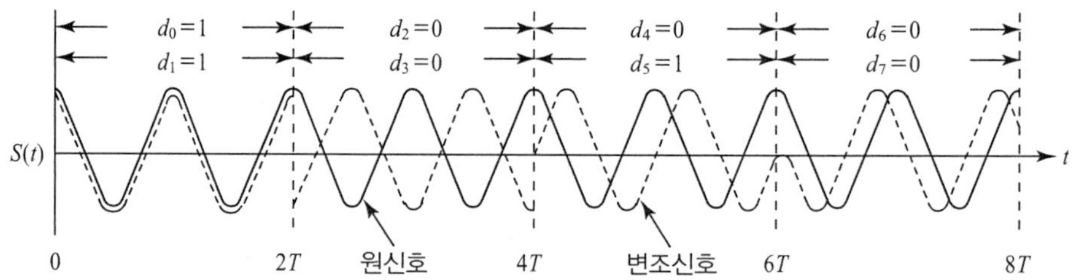

(c) QPSK 변조 출력파형

그림 7-43 데이터와 QPSK 변조과정

P와 Q데이터가 "1", "1"이면 cos $\omega_0 t$의 변조주파수(중간주파수)가 출력된다. 이 변조주파수가 출력중에 P와 Q데이터가 "0", "0"로 입력되면 cos $\omega_0 t$의 변조주파수가 cos $\omega_0 t+180$이 되어 원래의 주파수에서 위상이 편이된 주파수가 출력된다.

즉, QPSK 주파수 cos $(\omega_0 t+\psi)$에서 P와 Q데이터 내용에 따라 ψ값이 변한 주파수가 송신된다. 이와 같이 데이터입력에 따라 변조주파수의 위상이 바뀌는 변조방식이라 하여 위상편이 변조방식(PSK : phase shift keying)이라 한다. 위성편이가 입력데이터 "1"과 "0"의 두 가지 상태에 의해 두 가지 상태로만 편이되는 방식을 BPSK(biphase shift keying) 방식, 위상편이가 "00", "01", "10", "11"에 의해 4가지 상태로 편이되는 방식을 QPSK 방식이라 한다. 한편, 그림 7-43(a)에서 보듯이 P와 Q데이터가 각각 90°차의 ψ값을 갖는 국부발진주파수로서 cos파와 sin파에 의해 변조되므로 수신기에서 P와 Q데이터를 복조할 때에 P와 Q데이터의 식별은 용이하다.

그림 (b)와 (c)에 의해 QPSK 출력파형을 살펴보면 P와 Q데이터가 "1", "1"이면 ψ값이 0인 지점에서 주파수가 출력되므로 원래의 cos $(\omega_0 t+\psi)$파가 나오고 "1", "0"인 경우에는 ψ값이 90°인 곳에서부터 주파수가 출력된다. "0", "0"인 경우에는 ϕ값이 180°인 곳에서 주파수가 출

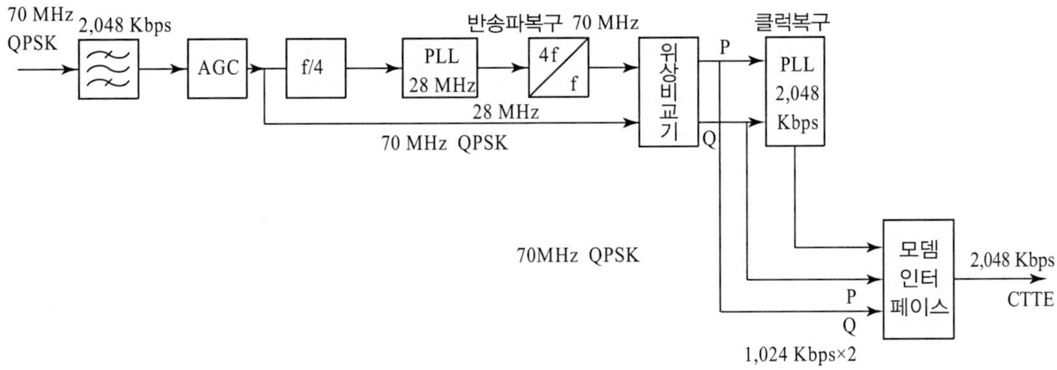

그림 7-44 **수신측 모뎀 개요도**

력된다. "0", "1"인 경우에는 ψ값이 270°인 지점에서 주파수가 출력되는 것을 알 수 있다.

그림 (c)에서 2T의 시간까지는 $\cos \omega_0 t$가 출력되다가 2T의 지점에서 P와 Q데이터가 "0", "0"가 되어서 이 순간부터는 $\cos(\omega_0 t + 180°)$파가 출력된다. 즉 기본파 $\cos \omega_0 t$의 시작 순간 위상에 비해 180°의 위상이 편이된 파가 출력된다.

그림 7-44는 이와 같이 위상편이 송신된 신호를 수신해서 수신기에서 복조하는 과정을 보여주고 있다. 수신기의 고주파 증폭부를 거치고 중간주파수로 변환된 QPSK 신호는 수신모뎀의 필터를 거쳐서 자동이득 제어장치(AGC)에 입력되어 평균레벨로 수신이득이 자동조절된다.

이와 같이 이득이 조절된 신호가 PLL(phase loop lock)에 의해 반송파가 회복(carrier recovery)된다. 이 반송파 70MHz와 70MHz QPSK 신호를 위상 비교기에서 비교해서 90°의 위상차를 갖고 있는 P와 Q데이터를 검파한다. 이 데이터비트에서 클럭을 회복시켜서 순수한 P와 Q데이터만 수신 모뎀 인터페이스에 자체 클록신호에 의해 보낸다. 모뎀 인터페이스는 P와 Q데이터를 받아서 이것을 데이터비트 시스템으로 만들어 CTTE로 보낸다.

7.2.6.3 요구-할당 시분할 다원접속 시스템 터미널(DA-TDMA Terminal)

요구 할당 TDMA 터미널은 앞에서 설명한 DA-TDMA 시스템에서 사용하는 터미널을 말한다. 그림 7-45(a)와 (b)는 DA-TDMA 터미널에 대한 블록다이어그램이다. 그림 (a)는 터미널의 TIE에 대한 개요도이고 그림 (b)는 터미널의 CTTE와 모뎀장치에 대한 개요도이다. 그림 (a)에서 TIE에 입력되는 아날로그신호는 아날로그 트렁크의 제어에 의해 PCM 부호기에 입력되어서 디지털신호로 바꾼다.

데이터 단말기에서 출력된 데이터신호는 데이터서비스장치에서 디지털신호로 되어서 인터페이스 장치를 통해 디지털 스위칭 장치에 입력되면 디지털트렁크의 제어를 받아 CTTE에 보내진다. DAMA제어프로세서는 라인 릴레이와 디지털 터미널의 인터페이스 장치에 접속되어서 지상망에서 호가 입력되면 공통 시그널링 채널 송・수신장치를 통해 제어지구국에 채널의 사용을 요구하고 이에 대한 응답을 수신한다.

이렇게 해서 사용채널을 지정받으면 아날로그 트렁크와 디지털 트렁크를 제어해서 아날로그 스위칭 장치와 디지털 스위칭 장치를 통해 신호를 CTTE에 접속시킨다. DAMA 제어프로세서는 DAMA 인터페이스 장치를 통해 시간대역할당 제어장치에 접속된다. TIE에서 인터페이스 장치를 통해 CTTE에 입력된 신호는 속도변경 버퍼(rate change buffer)에 저장되었다가 멀티플렉서에 의해 버스트로 만들어진다. 이 버스트가 스크램블러에 의해 송신데이터의 에너지밀도를 전대역에 걸쳐 골고루 분산시켜서 고조파(hamonic) 성분의 발생을 방지한다. 또한, 데이터를 수신할 때에 비트타이밍을 안정되게 회복할 수 있도록 스크램블링한다. 스크램블러와 디스크램블러에 대해서는 제10장에서 상세히 설명한다.

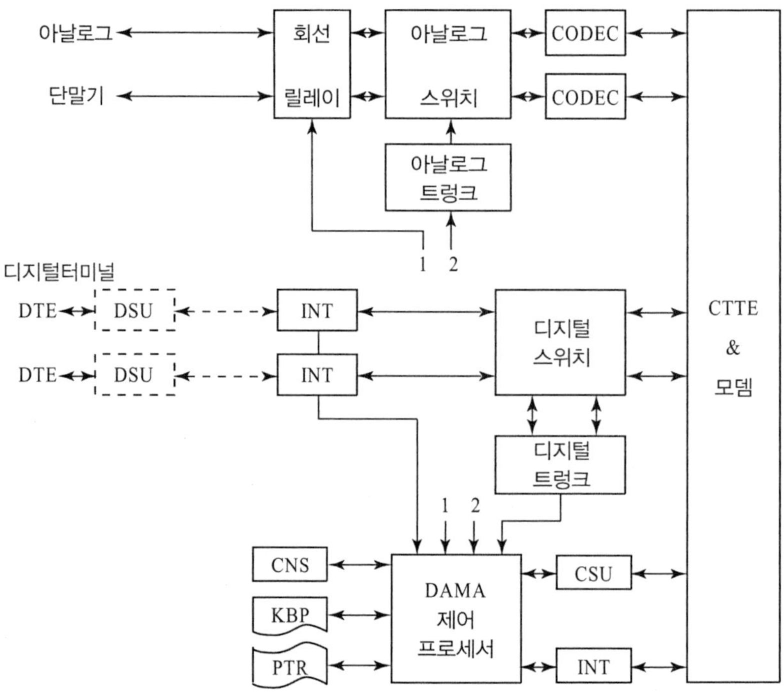

DTE : Data Terminal equipment
DSU : Data Service Unit
INT : Interface Unit
CNS : Console
KBP : Keyboard Printer
PTR : Photo Tape Reader
CSU : Common signaling Channel 송・수신기

(a) TIE 개요도

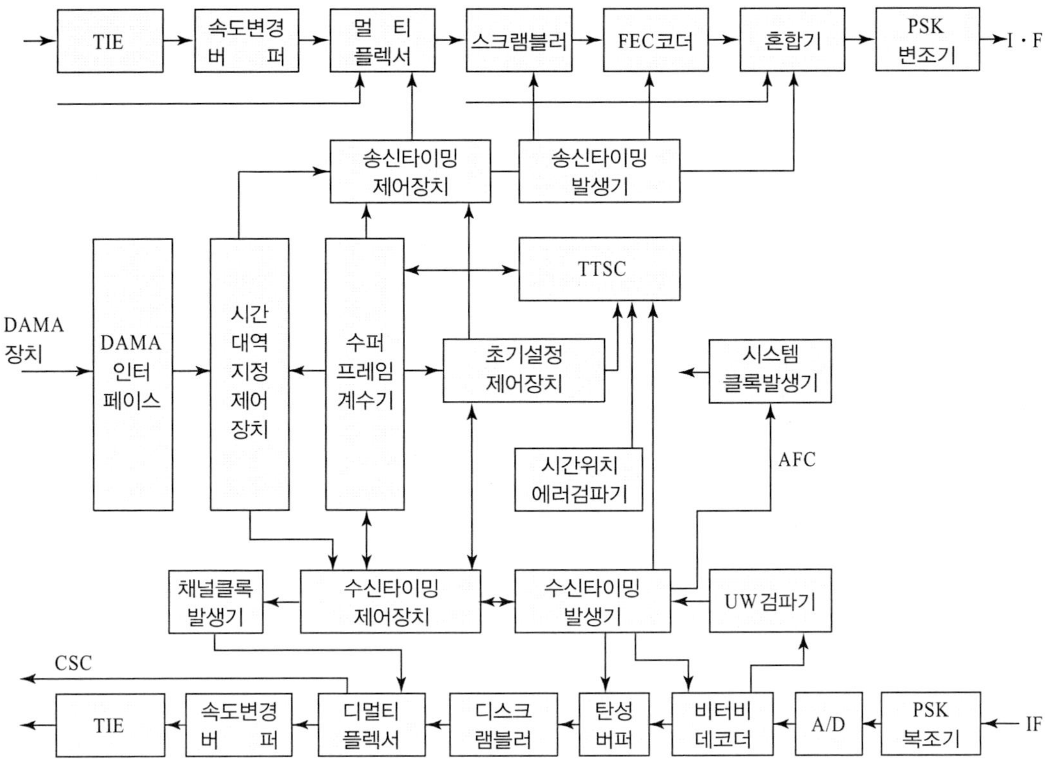

(b) CTTE와 모뎀개요도

그림 7-45 **요구-할당 시분할 다원접속 시스템 터미널(DA-TDMA Terminal)**

이와 같이 스크램블된 신호가 FEC 부호기에서 길쌈(convolution) 부호화 된다. 길쌈 부호화된 데이터 비트에 조합기(combiner)에서 프리앰블(preamble)이 결합되어 트래픽 버스트가 구성되어 위상편이 변조기에 입력돼서 중간주파수로 위상편이 변조된다. 이때 데이터버스트의 제어와 트래픽 버스트의 송신시간 등은 송신타이밍 제어장치에서, 각 지구국이 제어국에서 공통 신호채널을 통해 수신한 제어국에서 측정한 위성의 거리에 대한 데이터를 이용하여, 자국에 대한 위성까지의 거리를 DAMA시스템에서 예측, 시간대역 할당 제어장치를 보낸 정보를 받아 송신타이밍신호를 발생시킴으로써 정해진다.

한편, 수신측에서는 위상편이 복조기에 입력된 중간주파수를 복조해서 데이터신호로 출력시키고 탄성버퍼(elastic buffer)에 저장해서 위성의 이동 등으로 발생한 버스트의 타이밍이 변경된 것을 보상해 준다. 이때 탄성버퍼에 입력되는 데이터에서 고유어를 검파한다. 이에 따라 수신타이밍 발생장치에서 수신타이밍 제어장치의 제어를 받아 수신타이밍 신호를 탄성버퍼에 보내서 동기를 맞춘다. 이에 의해 출력된 데이터버스트가 비터비(Viterbi) 복호기에서 복호화되고 디스크램블된 후, 디멀티플렉서에서 데이터 비트스트림으로 디멀티플렉싱되어 속도변경버퍼에 입력된 다음 지상망에 맞는 데이터 비트속도로 바뀐 다음 지상망과의 인터페이스 장치를 통해 TIE와 접속된다. TIE에서의 수신 데이터처리기능은 송신기능과 역의 관계이다. 이때 수신측의 클록타이밍은 버스트의 비트타이밍 회복 심벌에 의해 이루어진다. 이 클록타이밍은 복조기 출력의 심벌을 회복하는 데 이용된다.

시스템 클록 발진기는 제어국과 각 트래픽국간의 주파수 차를 자동적으로(AFC) 보정하는 장치인데, 시스템 클록의 타이밍기능을 가지고 있다.

이 방식은 제어국이 각국의 동기버스트내 고유어를 모니터해서 전 지구국의 교신상태를 모니터한다. 이때 교신하지 않는 지구국, 즉 고유어가 검색되지 않는 것이 있으면 이 지구국에 초기설정을 하기 위한 하나의 데이터버스트를 지정해 준다. 이 데이터버스트를 지정받은 교신을 하지 않고 있는 지구국은 이것을 이용해서 초기설정을 실시한다.

CHAPTER 08

부호분할 다원접속방식

8.1 개념

부호분할 다중방식(code division multiplexing)이라 함은 FDM 방식과 TDM 방식의 혼합방식이라 할 수 있다. TDM 방식에 의해 여러 신호를 전송할 시간대역을 포매팅하고 각 시간대역에서 FDM 방식에 의해 각 신호를 전송할 주파수대역을 포매팅한다.

그림 8-1은 부호분할 다중방식에 대한 기본개념을 보여 주고 있다. 이와 같이 정해진 시간대역내에서 각 시간대역마다 주파수대역을 달리하여 신호를 전송하는 것이다. 그림 8-1에서 시간대역 1에서 신호 1, 2, 3이 주파수대역 A, B, C로 전송되고 시간대역 2에서는 신호 1, 2, 3이 주파수대역 C, A, B로, 시간대역 3에서는 주파수대역 A, C, B로 신호 1, 2, 3이 전송된다. 이와 같은 방식을 확산스펙트럼(Spread Spectrum)이라고 하고 확산스펙트럼 기법에는 주파수도약(FH : frequency hopping) 확산스펙트럼 방식과 직접 시퀀스 확산스펙트럼 방식이 있다. 부호분할 다원접속방식(CDMA)이라 함은 확산스펙트럼 방식에 의해 전송신호를 다중화하고 이 신호를 다원접속방식에 의해 통신하는 것을 말한다. 부호분할 다원접속방식의 장점을 들어보면 다음과 같다.

첫째, 주파수도약을 하기 위한 의사 불규칙 잡음(pseudo random noise) 부호를 정해진 교신자 상호간에만 알 수 있도록 함으로써 제3자가 전송신호를 쉽게 검파할 수 없으므로 통신보안을 유지할 수 있고 둘째, 주파수분할 다원접속방식에서와 같이 전송신호를 일정한 주파수대역으로 전송할 때에 이 주파수대역에 페이딩(fading)이 발생하면 이로인해 통신에 영향을 많이 받게 된다. 부호분할 다원접속방식은 시간대역마다 전송 주파수대역을 달리함으로 전송신호가 페이딩이 발생한 주파수대역으로 전송될 때에만 페이딩의 영향을 받으므로 전체 전송신호에 미치는 페이딩의 영향을 감소시킬 수 있다. 셋째, 시분할 다원접속방식에서는 신호를 전송할 시간대역이 정해져서 이 시간대역내에서만 신호를 전송하도록 동기를 맞추어야 하지만 CDMA 방식에서는 각 신호가 각자에게 정해진 의사 불규칙 잡음부호(PN code)에 의해 신호를 전송함으로써 전송시간 변화에 의한 영향이 적어서 전송시간에 유연성을 준다.

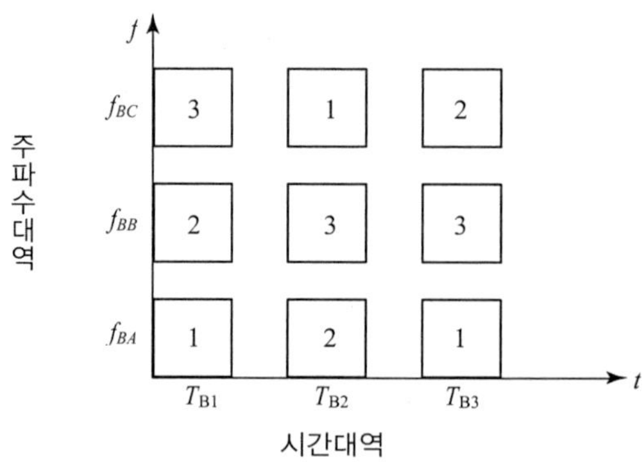

그림 8-1 **부호분할 다중방식에 대한 기본 개념도**

8.2 주파수도약 확산스펙트럼 방식(FHSS : Frequency Hopping Spread Spectrum)

주파수도약 확산스펙트럼 방식이라 함은 변조기에 입력되는 연속 데이터비트스트림을 의사불규칙 잡음발생기의 출력에 따라, 주파수도약기(frequency hopper)에서 출력된 주파수로 변조하여 송신하는 방식을 말한다. 그림 8-2는 주파수도약 확산스펙트럼 방식에 대한 변조과정을 보여주고 있다. PN 부호발생기에 클록이 1개 심벌마다 입력되고 1개의 심벌기간마다 PN 부호발생기에서 출력되는 부호에 의해 주파수도약기에서 1개 또는 2이상의 주파수가 차례로 변조기에 입력되어 1개 심벌내에 있는 데이터비트를 변조한다. 이것을 공식으로 표시하면 데이터비트를 $X(t)$, 주파수도약기에서 출력되는 반송주파수를 $A\cos\,\omega_0(t)t$라고 하면 변조주파수 $S_X(t)$는

$$S_X(t) = A\cos\,[\omega_0(t) + \Delta\,\omega_0\,(t)]t \tag{8.1}$$

이 된다. 여기서 $\Delta\,\omega_0\,(t)$는 입력비트값에 따라 반송주파수의 위상이 편이 되었음을 나타낸다. 그림 8-3은 주파수도약 확산스펙트럼 방식의 일례로서 MFSK(Multi Frequency Shift Keying) 방식에 의한 것이다. 그림은 8FSK 방식으로서 8은 2^K로서 K는 프로세서가 1개의 심벌기간중에 수용하는 비트수로 K가 3비트인 경우이다. MFSK 방식에서 M이 8인 경우는 K가 3이고 변조기는 1개 칩(chip) 시기에 입력되는 데이터비트 레이트는 150 bit/s이다. 1개의 심벌은 3비트로 구성되는데, 1개의 심벌은 4개의 칩으로 구성된다. 1개칩의 시간대역이 5 ms/chip이므로 1개 심벌당 시간대역은 20 ms가 된다.

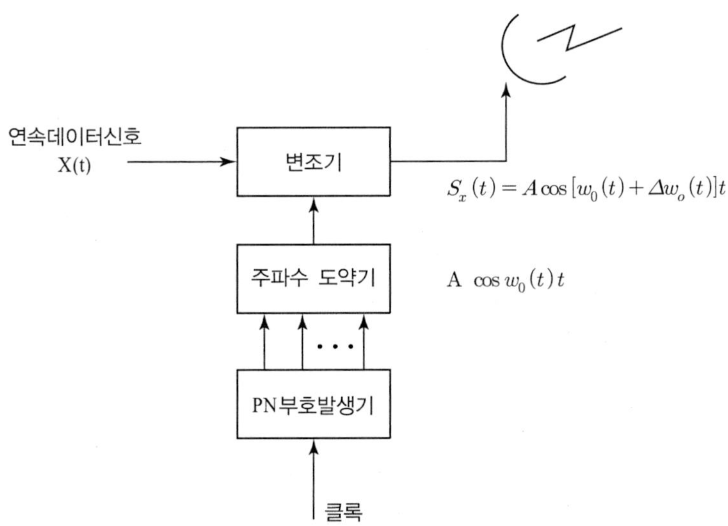

그림 8-2 CDMA 주파수도약(hopping) 변조과정

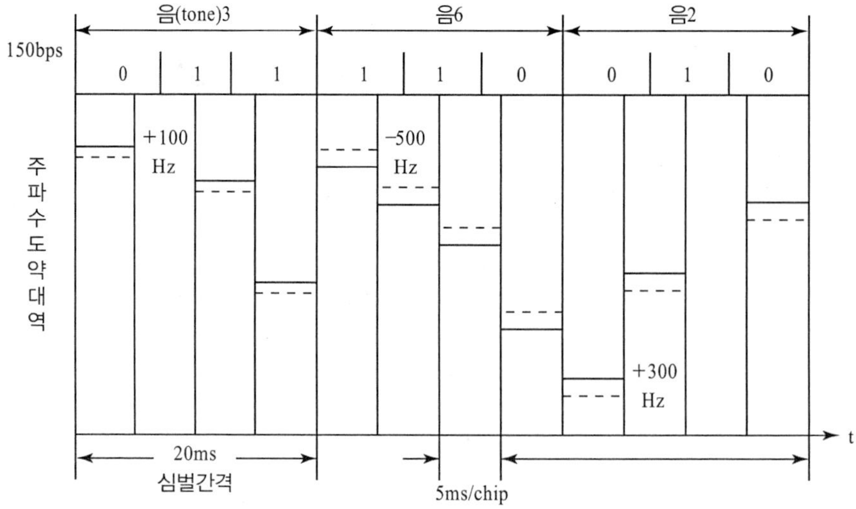

(a)

음(tone)번호	0	1	2	3	4	5	6	7
데이터심벌	000	001	010	011	100	101	110	111
음(tone)	f_0 +700MHz	f_0 +500MHz	f_0 +300MHz	f_0 +100MHz	f_0 −100MHz	f_0 −300MHz	f_0 −500MHz	f_0 −700MHz

(b)

그림 8-3 **주파수도약 확산스펙트럼 방식(심벌당칩이 4개인 8FSK방식)**

즉, 초당 심벌수는 50개가 되고 1초 동안에 주파수가 200번 도약하게 된다. 1개 심벌이 3개 비트로 구성되므로 비트 내용에 따라 8개의 서로 다른 심벌이 존재한다. 8개의 데이터 심벌은 중심주파수 f_0에서 ±로 일정한 대역폭을 갖는데 이것을 음조(tone)라고 한다. 그림 8-3(b)는 데이터심벌과 음조와의 관계를 보여주고 있다. 그림 8-3(a)에서 점선은 중심주파수 f_0, 실선은 송신주파수를 표시한다. 이 그림에서 심벌 011은 3번음조에 해당하는 것으로서 f_0+100 Hz, 즉 f_0 보다 100Hz 높은 단일측음을 송신한다. 심벌 110은 4번음조로서 f_0보다 500 Hz 낮은 실선에 해당하는 주파수가 송신되는데, 수신측에서 각 송신주파수를 알면 이 주파수로부터 ±에 해당하는 단일음을 검파하고 이 검파된 주파수, 즉 음조에 의해서 해당 심벌을 검파할 수 있게 된다. 이 그림에서 각 심벌은 의사 불규칙 부호에 의해 각각 4번 다른 주파수로 도약된 f_0를 갖게 되고 각 심벌에서 각 f_0로부터의 음조는 모두 동일하다. 다시 말하면 3번음조에서 f_0가 네 개 모두 다르지만 f_0+100 Hz의 대역은 4개칩(chip)에 대해 모두 동일하다.

그림 8-3의 방식을 고속도약(fast hopping)방식이라 하고 그림 8-4를 저속도약(slow hopping)방식이라고 한다. 즉, 고속도약방식은 1개의 심벌당 도약하는 횟수가 많고 저속도약방식은 1개 심벌당 1번 도약하는 것이다.

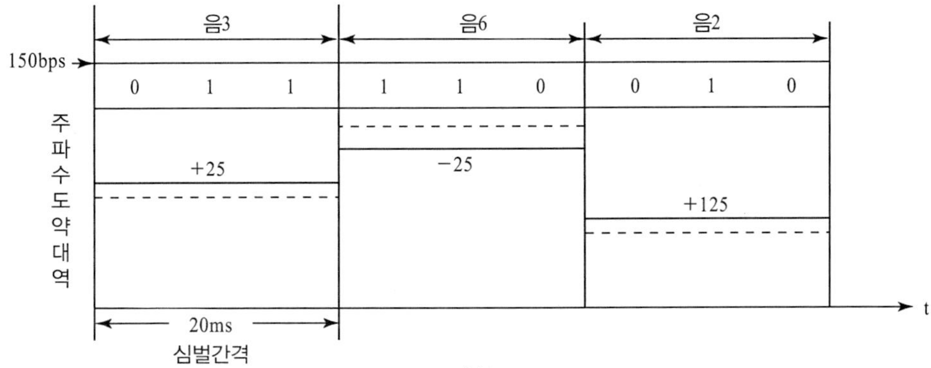

(a)

음(tone)번호	0	1	2	3	4	5	6	7
데이타심벌	000	001	010	011	100	101	110	111
음(tone)	+175	+125	+75	+25	−25	−75	−125	−175(Hz)

(b)

그림 8-4 **심벌당 칩이 1개인 경우의 8FSK 주파수 도약방식**

그림 8-5는 고속도약과 저속도약에 대한 것을 보여주고 있다. 그림 (a)는 고속도약의 예로서 비트당 여러 번 도약하는 것이다. 그림 (b)는 저속도약에 대한 예로서 1칩시간 대역이 1비트 시간 대역과 같고 도약을 3비트 마다 실시한다. 즉, 고속도약은 1개 비트당 4번 도약하나 저속도약은 3개비트 마다 도약하고 있다. 전자를 고속주파수 도약방식(FFH : fast frequency hopping), 후자를 저속주파수 도약방식(SFH : slow frequency hopping)이라고 한다.

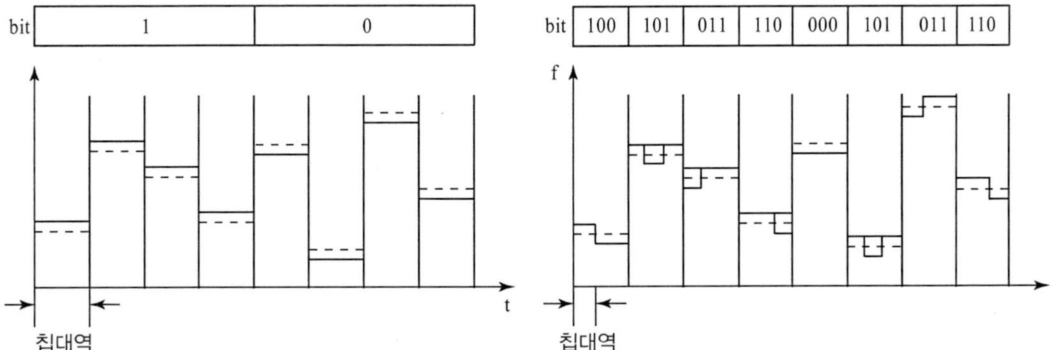

(a) 4 hop/bit 고속도약　(b) 3 bit/hope 저속도약

그림 8-5 **2진 시스템에서의 고속도약과 저속도약에 대한 예**

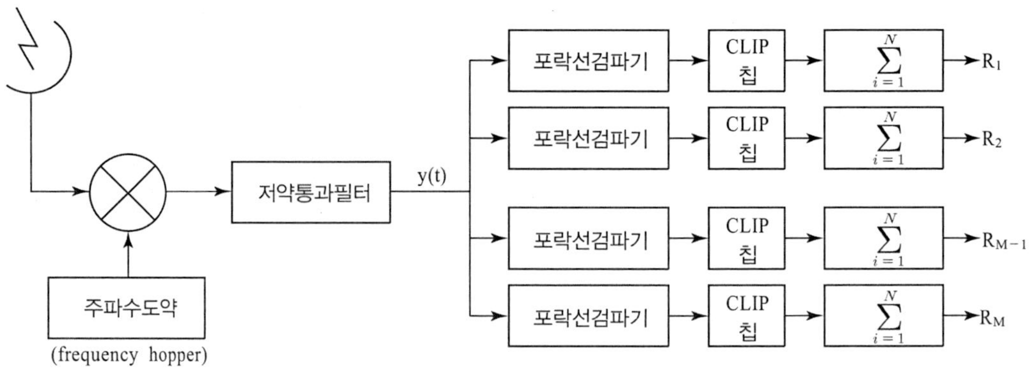

그림 8-6 FH / MFSK 복조기 개요도

그림 8-6은 FH/MFSK 복조기(demodulator)에 대한 개요도이다. FH 확산스펙트럼 방식에 의해 송신된 신호가 수신기에 수신되면 송신측과 같은 PN 부호발생기의 출력 의사 불규칙부호에 의해 주파수도약기(frequency hopper)를 제어하여 송신의 출력 의사 불규칙부호에 의해 주파수도약기를 제어하여 송신측과 역기능을 수행함으로써 송신된 데이터를 복조하고 이것을 저역 통과 필터를 통해 포락선 검파기에 보내면 각 포락선 검파기는 해당하는 데이터가 입력되면 검파해서 칩클러퍼에 보내고 칩클리퍼(chip clipper)는 해당하는 비트에 대한 칩이 모두 입력되면 이에 대한 비트 "1"이나 "0"으로 가산기에 보내서 데이터버스트를 구성해 복호기로 보내든지 송신시에 데이터를 부호하지 않은 경우에는 연속 데이터비트로 칩클리퍼에서 출력시킨다.

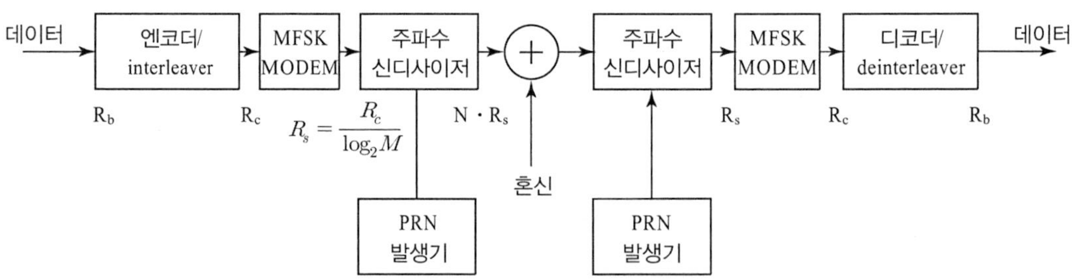

Rb : 데이터 비트레이트

Rc : 부호화한 비트레이트

RcN/log2M : 칩레이트

PRN : 의사 불규칙번호(pseudo random number)

(a) 부호화된 FM/MFSK 시스템 개요도

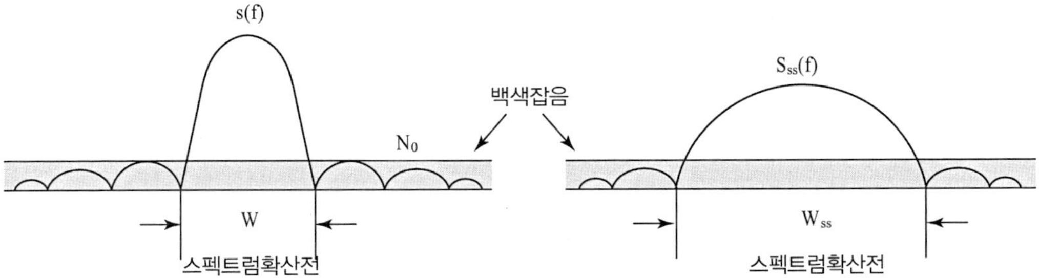

(b) 확산 스펙트럼의 효과

그림 8-7 **부호화된 FH / MFSK 시스템방식과 확산스펙트럼 효과**

그림 8-7(a)는 입력되는 데이터를 부호기해서 다중주파수 편이키잉(MFSK) 방식에 의해 변조한다. 주파수 신디사이저(synthesizer)가 심벌속도(symbol rate)로 출력되는 PRN 발진기의 출력에 의해 제어되어 해당하는 주파수를 출력시킨다. MFSK모뎀 출력주파수를 변조하여 이 변조주파수를 고전력증폭시킨후에 송신한다. 수신기에서는 수신된 변조주파수를 주파수 신디사이저에 의해 중간주파수로 변환시킨 다음 MFSK 모뎀에서 데이터를 복조한 후, 복호기에서 복호화하여 메시지데이터만 출력시키는 FH/MFSK 시스템(coded FH/MFSK)을 보여주고 있다.

그림 8-7(b)에서 보듯이 신호의 대역폭이 신호 S(f)를 확산하기 전보다 스펙트럼 확산을 한 후에 넓어지고 따라서 동일한 잡음레벨에서 분산스펙트럼을 한 경우가 신호강도가 더 작아짐을 알 수 있다.

이 주파수도약 방식의 도약속도는 다음과 같이 계산할 수 있다.

$$H_r = \frac{N-R}{\log_2 M} \tag{8.2}$$

N : 칩수(심벌당)
R : 입력비트 레이트
$\log_2 M$= 심벌구성 비트수

그림 8-3(a)을 예로 들면, 심벌당 칩수가 4개, 입력비트 레이트가 150 bit/s 그리고 M은 8, 즉, 심벌구성 비트수는 3비트이므로 도약속도 H_r은

$$H_r = \frac{4(\text{chip}) \cdot 150(\text{bit/s})}{\log_2 8} \tag{8.3}$$
$$= 200(\text{chip/s})$$
$$= 200(\text{hop/s})$$

가 된다. 한편 그림 8-3(b)에서 보듯이 각 음조간에는 200Hz의 차가 있는데 각 칩의 시간대역이 5msec이므로 칩의 시간대역을 T_c라 하면

$$\begin{aligned} f &= \frac{1}{T_c} \\ &= \frac{1}{5\text{msec}} \\ &= 200(\text{Hz})\text{가 된다.} \end{aligned} \tag{8.4}$$

그림 8-4는 심벌당 칩이 1개인 경우의 8FSK 주파수도약 확산스펙트럼의 예이다. 식 (8.2)에 의해 도약속도 또는 심벌속도 H_r 또는 S_r은

$$\begin{aligned} H_r &= \frac{1(\chi\text{p}) \cdot 150(\text{bit/s})}{3\,\text{bit}} \\ &= 50(\text{chip/s}) \end{aligned}$$

가 되는데 심벌당 칩이 1개이므로 심벌속도 S_r은 50(sym/s)가 된다.

심벌의 시간대역 T_s는 1/50(심벌) = 20(msec)가 되므로 각 음조간의 주파수차는

$$f = \frac{1}{T_c} = \frac{1}{20\text{msec}} = 50(\text{Hz})$$

가 된다. 그림 8-4(b)는 데이터심벌과 음조와의 관계를 보여주고 있다.

8.3 직접 시퀀스 확산스펙트럼 방식

8.3.1 개념

직접 시퀀스 확산스펙트럼 방식이란 반송파를 데이터신호로 변조한 다음 이 변조된 신호를 고속이고 광대역인 확산신호에 의해 다시 변조하는 것을 말한다. 그림 8-8은 이 과정을 보여주고 있다. 진폭이 $\sqrt{2p}$ 인 반송파 $f_c = \sqrt{2p}\,\cos\,\omega_0 t$가 제1차 BFSK 변조기에서 입력되는 데이터 $X(t)$에 의해 BPSK 변조된다. BPSK 변조기는 데이터성분이 “0”인 경우에는 반송파

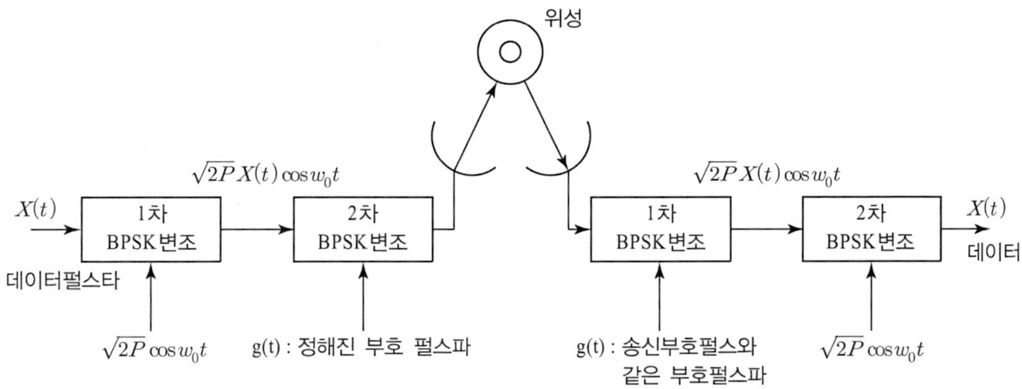

그림 8-8 **직접 시퀀스 확산스펙트럼(direct sequence spread spectrum) 시스템 개요도**

f_c의 위상을 원상태로 유지하고 데이터성분이 "1"인 경우에는 반송파의 위상을 180° 편이시키는 것이다. 다시 말하면 데이터가 "0"이면

변조파, f_m은

$$X(t) \cdot \sqrt{2p}\ \cos\ \omega_0 t \tag{8.5}$$
$$= \sqrt{2p}\ \cos\ \omega_0 t$$

가 된다. 입력데이터가 "1"이면 변조파 f_m은

$$\sqrt{2p}\ (\cos\ \omega_0 t + \pi)$$

가 된다.

즉, 변조기의 출력신호를 $S_X(t)_1$라 하면 그림에서와 같이 $S_X(t)_1$는

$$S_X(t)_1 = \sqrt{2p}\,X(t)\cos\ \omega_0 t \tag{8.6}$$

가 되며 $X(t)$ 값에 따라 $S_X(t)_1$의 신호위상이 변화한다.

이것을 공식으로 표시해보면

$$S_X(t)_1 = \sqrt{2p}\ \cos\ [\omega_0 t + \theta_X(t)] \tag{8.7}$$

가 된다.

다음 두 번째 변조단계에서는 첫 번째 변조과정과 조금 다른 과정으로 변조가 진행된다. 첫 번째 과정에서는 데이터신호 $X(t)$에 의해 반송파 f_c가 위상변조되었는데, 두 번째 과정에서는 제1차 변조파 $S_X(t)_1$가 일정하게 정해진 부호펄스파 $g(t)$에 의해 위상변조된다.

이와 같이 변조된 제2차 변조기의 출력신호 $S_X(t)_2$는 1차 변조과정에서 발생한 위상변화 성분과 2차 변조과정에서 발생한 위상변화 성분을 가지는데, 이것을 식으로 표시하면

$$S_X(t)_2 = \sqrt{2p}\ x(t)\ g(t) \cos\ \omega_0 t \tag{8.8}$$

가 되고 1차 변조시 위상변화 성분을 $\theta x(t)$, 2차변조시 위상변화 성분을 $\theta g(t)$라 하면

$$S_X(t)_2 = \sqrt{2p}\ \cos\left[\omega_0 t + \theta x(t) + \theta g(t)\right] \tag{8.9}$$

로 표시할 수 있다.

즉, 송신기에서 송신되는 출력신호 성분의 위상은 기본반송파 f_c의 위성을 두 번 변화시킨 결과가 된다. 이때에 변조과정에서 $g(t)$와 $X(t)$을 1차 변조시키고 이 출력신호를 f_c와 변조시켜도 $S_x(t)_2$에는 변함이 없다.

8.3.2 직접 시퀀스 확산스펙트럼 시스템

그림 8-9(a)는 직접 시퀀스 확산스펙트럼 송신시스템에 대한 개요도이다.

송신측에서 의사 불규칙 잡음부호 $g(t)$와 입력데이터에 의해 가산되어 새로운 데이터파형 $x(t) \cdot g(t)$가 BPSK 변조기에 입력된다. BPSK 변조기에 입력되는 반송파 $f_c = \sqrt{2p}\ \cos\ \omega_0 t$의 위상이 $x(t) \cdot g(t)$의 내용에 따라 변화된다. 그림 8-9(b)는 이에 대한 진행과정을 보여주고 있다. 이 그림(b)에서 보는 것처럼 $x(t) \cdot g(t)$ 값이 "0"인 경우에는 송신주파수 $S(t)$의 위상이 변하지 않고, $x(t) \cdot g(t)$값이 "1"인 경우에 $S(t)$의 위상이 π만큼 편이 됨을 알 수 있다.

이와 같이 송신된 신호 $S(t)$는 전송중에 위상에 변화가 발생할 수 있고 위성통신에서는 전파의 전파시간에 해당하는 시간만큼 송신시간과 수신시간 간에 시차가 발생한다.

따라서 수신기에서 $S(t)$의 신호를 수신해서 의사 불규칙 부호 $g'(t)$에 의해 $\sqrt{2p}\ \cos\ (\omega_0 t + \theta)$에 해당하는 신호를 검파하기 위해서는 의사 불규칙 부호 $g'(t)$의 출력시간을 $S(t)$의 송신시간 $T_s(t)$에 전파지연시간 T_d을 가산한 시간후로 정해야 한다. 다시 말하면 송신기에서 S(t)를 13:00에 송신했다면 수신기의 의사 불규칙 잡음부호 발생시간은 13:00 + T_d가 되어야 한다.

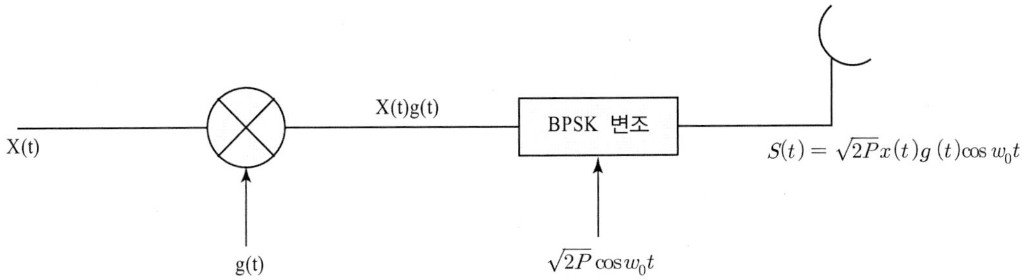

(a)

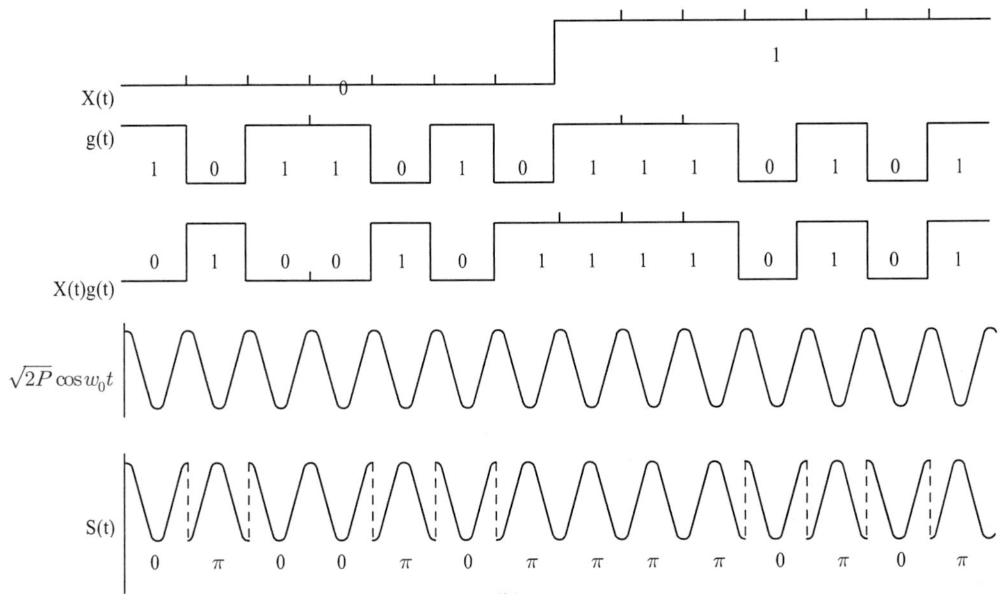

(b)

그림 8-9 **직접 시퀀스 확산스펙트럼 송신과정 개요도**

그림 8-10(a)은 수신시스템을 보여주고 있다. 수신기 안테나에 수신된 신호를 $r(t)$라 하면

$$r(t) = A\sqrt{2p}\,x(t-T_d)g(t-T_d)\cos(\omega_0(t-T_d)) + (\psi_0 + \psi_d) \tag{8.10}$$

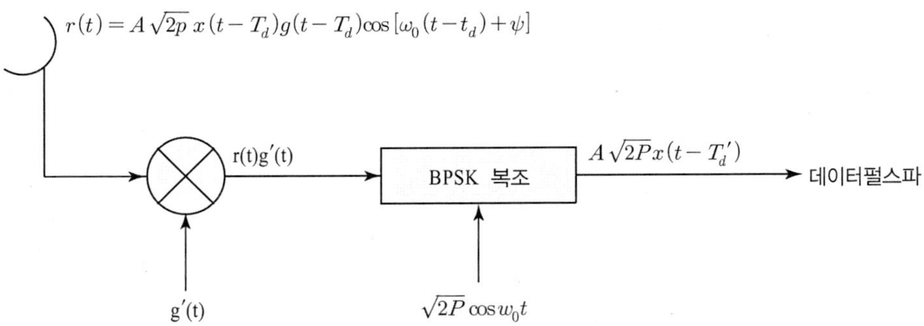

(a)

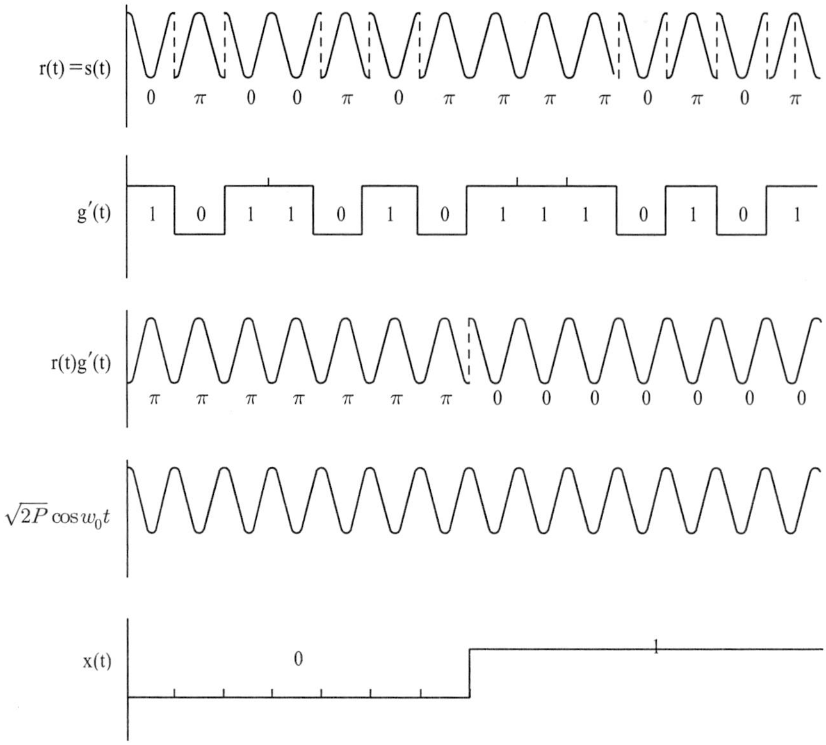

(b)

그림 8-10 **직접 시퀀스 확산스펙트럼 수신과정 개요도**

가 된다. 따라서 의사 불규칙 부호 발생시간은 $g(t-T_d)$가 된다.

수신 $r(t)$ 성분중 A는 시스템이득의 파라미터이다. ϕ_0는 0~2π에서의 불규칙 위상각 그리고 ψ_d는 전송중에 발생한 위상편이값을 말한다. 따라서 전송중 발생한 위상편이값을 보상해야 한다. 이렇게 해서 출력된 $r(t)\cdot g'(t)$같이 BPSK 복조기에 입력되어서 원래의 메시지비트를 복조하게 된다. 이 데이터비트는 시스템이득 A, 반송파 f_c의 진폭값 $\sqrt{2p}$를 갖고 송신시각 T_s(t)보다 T_d만큼 지연되어 수신된 데이터비트값이 된다. 즉,

$$X't = A'\sqrt{2p}\,x(t-T'_d) \tag{8.11}$$

가 된다. 그림 8-10(b)는 수신된 데이터의 검파과정을 보여주고 있다. 수신기에 입력된 $r(t)$가 의사 불규칙 잡음부호 $g'(t)$에 의해 1차 복조되어서 $r(t)$의 위상이 $g'(t)$값에 따라 편이된다. 이 위상편이된 수신신호가 제2차 복조기에서 데이터값, $A'\sqrt{2p}\,x(t-T'_d)$로 복조되어 출력된다.

8.3.3 직접 시퀀스 확산스펙트럼 방식 부호분할 다원접속 시스템 (DSSS-CDMA)

직접 시퀀스 확산스펙트럼 CDMA 시스템은 다원접속 통신을 하기 위하여 지정된 의사 불규칙 잡음부호(PN code)를 각 지구국에 부여한다. 각국에 부여되는 의사 불규칙 부호는 상호간에 직각(orthogonal) 관계를 가지도록 구성되므로 각국 상호간 혼신을 야기시키지 않는다. 따라서 모든 지구국이 비동기로서 통신자원(CR : commnication resource) 전체 스펙트럼을 효율적으로 이용하게 된다. 그림 8-11은 일반적인 DSSS-CDMA 시스템에 대한 개요도이다. 송신측에서 제1차 변조기에 입력되는 데이터는 반송파 f_c와 변조되어 제1차 변조파 $S_1(t)$를 출력시킨다.

$$S_1(t) = A_1(t)\cos[\omega_0 t + \psi_1(t)] \tag{8.12}$$

가 된다. 이 공식에서 $\psi_1(t)$가 입력데이터의 내용에 따라 반송파 f_c의 위상이 편이된 값이다. 제1차 변조파 $S_1(t)$가 제2차 변조기에 입력되는데, 이 $S_1(t)$의 위상이 제2차 변조기에 입력되는 의사 불규칙 부호 $g_n(t)$에 의해 편이된다.

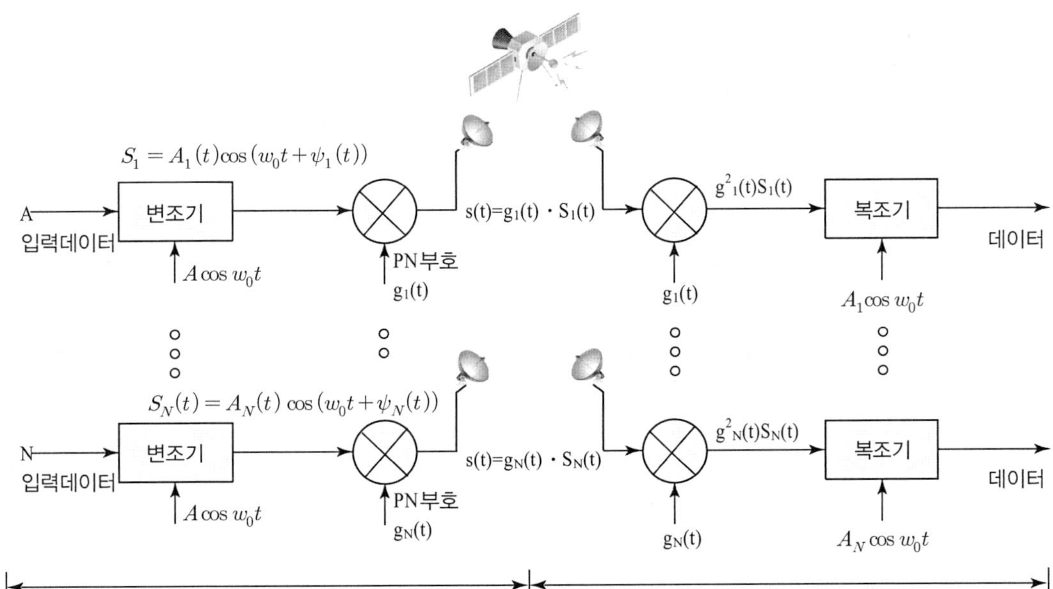

그림 8-11 **부호분할 다원접속 시스템의 개요도**

그림 8-12는 의사 불규칙 부호를 지정해야 할 지구국이 4개국인 경우와 8개국인 경우의 직각 의사 불규칙 부호의 구성과 이에 대한 벡터(vector)를 보여주고 있다. 직각 의사 불규칙 부호를 구성하여 데이터를 복조할 때, 여러 지구국의 신호에서 자국에 해당하는 데이터를 복조한다. 따라서 직각 의사 불규칙 부호를 구성하고자 할 때에는 최소한 지구국이 2개이상 있을 때 필요한 것이다. 또한, 2개이상의 지구국이 참여하면 의사 불규칙 부호는 최소 2비트 이상으로 구성된다. 그림 8-12(a)는 2개지구국에 최소 직각 의사 불규칙 부호를 지정하는 경우이다. A국에는 "0 0"로 구성된 부호, B국에는 "0 1"로 구성된 부호를 지정하고 있다. 이것을 기초로 해서 지구국이 4개국인 때에는 그림(b)와 같이 1, 2, 3상한이 그림(a)의 전체 구성부호로 구성되고 4상한은 3상한의 보수값으로 구성된다. 그림(c)에서 지구국이 8개국인 때에는 그림(b)의 전체 구성부호로 1, 2, 3상한이 구성되고 4상한은 3상한의 보수값으로 정해진다. 이것을 식으로 표시하면 다음과 같다.

$$H_{ENC} = \begin{bmatrix} H_{ENC-1} & H_{ENC-1} \\ H_{ENC-1} & \overline{H_{ENC-1}} \end{bmatrix} \tag{8.13}$$

이 식에서 H_{ENC}는 참여수에 해당하는 불규칙 부호어세트를 말하는 것으로 참여국이 1국만인 경우, H_{1-1}에 해당하는 불규칙부호는 "0"이므로

$$H_{ENC} = \begin{bmatrix} 0 & 0 \\ 0 & 1 \end{bmatrix} \tag{8.14}$$

이 되는데 3개국인 경우는 H_{3-1}에 해당하는 불규칙부호 세트, 즉 2개국에 대한 전체 불규칙부호로 H_{3NC}가 구성되어 그림 (c)와 같이 된다. 이때 2개국에 대한 부호는 4개비트로, 3개국에 대한 부호는 8개비트로 구성된 것을 다음 식 (8.15)와 같이 부호를 구성해서 직각 의사 불규칙 부호에 비해 부호어당 비트수를 반으로 줄일 수 있다. 이 부호어 구성방법을 바이오소고널(biorthogonal) 부호구성방법이라 한다.

$$H_{ENC} = \begin{bmatrix} H_{ENC-1} \\ \overline{H_{ENC-1}} \end{bmatrix} \tag{8.15}$$

	데이터세트	부호어세트
1비트	0	0 0
	1	0 1

구조법칙

$$H_K = \begin{bmatrix} H_{K-1} & H_{K-1} \\ H_{K-1} & \overline{H_{K-1}} \end{bmatrix}$$

K = 1bit, 2bit, 3bit ⋯

(a) 최소 직각의사 불규칙 부호

데이터세트	부호어세트
0 0	0 0 0 0
0 1	0 1 0 1
1 0	0 0 1 1
1 1	0 1 1 0

(b) 4개국에 대한 직각의사 불규칙부호

(부호어 0 0 1 1, 0 1 1 0 → $\overline{H_{K-1}}$)

데이터세트	부호어세트	
0 0 0	0 0 0 0	0 0 0 0
0 0 1	0 1 0 1	0 1 0 1
0 1 0	0 0 1 1	0 0 1 1
0 1 1	0 1 1 0	0 1 1 0
1 0 0	0 0 0 0	1 1 1 1
1 0 1	0 1 0 1	1 0 1 0
1 1 0	0 0 1 1	1 1 0 0
1 1 1	0 1 1 0	1 0 0 1

($\overline{H_{K-1}}$: 1 1 1 1, 1 0 1 0, 1 1 0 0, 1 0 0 1)

(c) 8개국에 대한 직각의사 불규칙부호

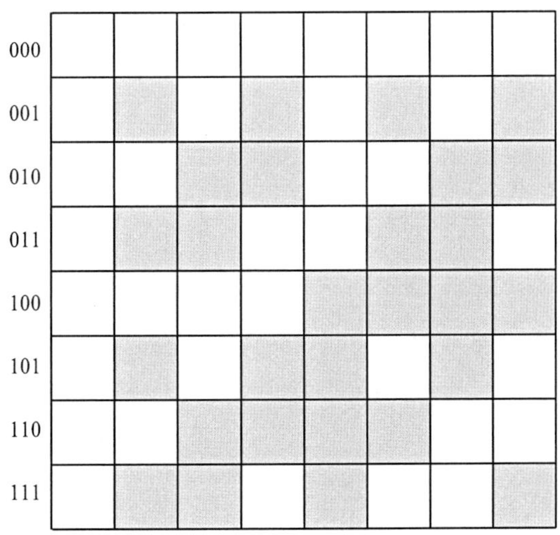

(d) 직각 의사 불규칙부호 벡터

그림 8-12

	데이터세트	부호어세트	구조법칙
3비트	0 0 0	0 0 0 0	$H_K = \begin{bmatrix} H_{K-1} \\ \overline{H_{K-1}} \end{bmatrix}$
	0 0 1	0 1 0 1	
	0 1 0	0 0 1 1	
	0 1 1	0 1 1 0	
	1 0 0	1 1 1 1	
	1 0 1	1 0 1 0	
	1 1 0	1 1 0 0	
	1 0 0	1 0 0 1	

(a) 바이오소고널(biorthogonal) 부호 구성방법

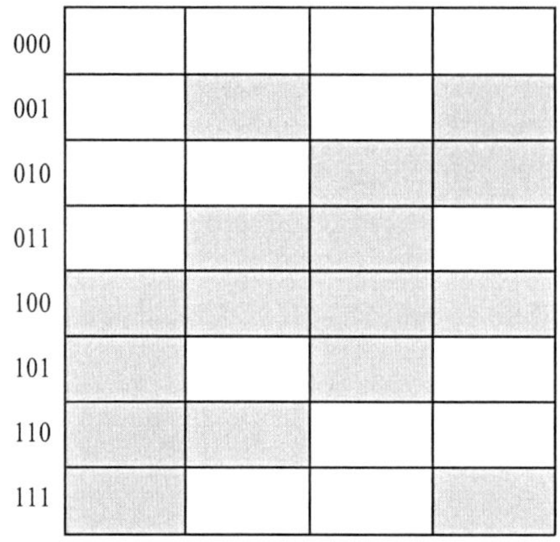

(b) 바이오소고널 부호벡터

그림 8-13

그림 8-13은 8개 지구국에 대한 바이오소고널 부호어 구성방법과 이에 대한 부호벡터를 보여주고 있다.

이와 같이 구성된 의사 불규칙부호에 의해 각 지구국은 제1차 변조기의 출력 $S_1(t)$을 제2차 변조기에서 위상편이시킴으로써 제2차 변조파 $S(t)$를 출력시킨다.

$$
\begin{aligned}
S(t) &= S_1(t) \cdot g_n(t) \\
&= g_n(t) \cdot A_1(t)\cos[\omega_0 t + \psi_1(t)] \\
&= A_1(t) \cdot \cos[\omega_0 t + \psi_1(t) + \psi_2(t)]
\end{aligned}
\tag{8.16}
$$

가 된다. 이 식에서 $\psi_2(t)$가 의사 불규칙 부호 $g_n(t)$에 의해 편이된 위상을 말한다. 이 $S(t)$가 전송주파수로 변조되어 채널을 통해 전송된다. 이것을 $S_n(t)$라 하면 이 $S_n(t)$는 전송중에 잡음이 추가되고 위상편이가 발생하게 된다. 따라서 수신기에서 $S_n(t)$를 수신하면 수신신호 $r_n(t)$는

$$r_n(t) = A_1(t) \cdot \cos[\omega_0 t + \psi_j(t) + \psi_V(t) + n(t)] \tag{8.17}$$

가 된다. 이 식에서 $\psi_j(t)$는 $\psi_1 t + \psi_2(t)$, $\psi_V(t)$의 전송중에 발생한 위상편이, $n(t)$는 잡음이 된다. 이때 전송중 전파지연이 발생했다면 식 8.17에 시간 t는 $t - T_d$가 되는데 T_d는 전파 지연시간이다.

전파 지연시간, 위상편이 등이 보상된 신호 $r_n(t)$는 수신기의 제1차 복조기에서 각 수신국에 지정된 의사 불규칙 부호 $g_n(t)$에 의해 $A_1(t) \cdot \cos[\omega_0 t + \psi_1(t)]$를 복조한다. 다시 말하면 $r_n(t)$는 식 (8.16)의 $S_1(t) \cdot g_1(t)$를 곱하면,

$$g_i(t) \cdot g_j(t) \cdot S_1(t) \tag{8.18}$$
$$g_n^2(t) \cdot S_1(t)$$

이 된다.

$$\text{즉 } f_{D1}(t) = A_n(t)\cos[\omega_0 t + \psi_1(t)] \tag{8.19}$$

가 되는데 식 (8.18)에서 $g_n^2(t)$, 즉 $g_i(t) \cdot g_j(t)$는 다음과 같은 관계를 갖게 된다.

$$Z_{ij} = \frac{1}{E}\int_0^T g_i(t) \cdot g_j(t)dt = 0 \, (i \neq j) \tag{8.20}$$

$$Z_{ij} = \frac{1}{E}\int_0^T g_i(t) \cdot g_j(t)dt = 1 \, (i = j) \tag{8.21}$$

가 된다. 여기서 T는 심벌기간이므로 $g_i(t)$ 신호들은 모두 같은 에너지 E를 가진다.

$$\text{즉 } E = \int_0^T S_i^2(t)dt \tag{8.22}$$

가 된다. 따라서 수신기에 수신되는 신호, $r_n(t)$에 자국의 지정부호 $g_i(t)$를 곱하면 전체 수신신호 $r_n(t)$ 중에서 자국에 해당하는 신호만 수신된다.

이것을 식으로 표시하면 수신되는 전체신호 $r_n(t)$는

$$r_n(t) = g_1(t)S_1(t) + g_2(t)S_2(t) \cdots + g_n(t)S_n(t) \tag{8.23}$$

가 되고 이 식에 A 지구국에서 수신하기 위해 지정부호 $g_1(t)$를 곱하면

$$r_1(t) = g_1(t)g_1(t)\ S_1(t) + g_1(t)g_2(t)S_2(t)\ \cdots\cdots + g_1(t)g_n(t)S_n(t) \tag{8.24}$$

가 된다. 즉, 식 8.20과 식 8.21에 의해 $r_1(t)$는 최초항만 남고 나머지 항은 없어지므로

$$r_1(t) = S_1(t)\ \ (g_1(t) \cdot g_1(t)) = 1 \tag{8.25}$$

가 된다. 이와 같이 식 8.25의 출력이 제2차 복조기에서 $A_1 \cos \omega_0 t$의 반송파 f_c에 의해 복조되어 데이터를 출력시킨다. 그림 8-14는 수신신호의 스펙트럼을 보여주고 있다.

그림 8-14(a)는 제1차 복조전에 수신된 의사 불규칙 부호로 변조된 신호 스펙트럼이다. 그림 (b)는 제1차 복조후의 신호에 대한 스펙트럼이다. 이 그림에서 보는 바와 같이 제1차 복조되지 않은 신호가 대역폭이 넓음을 알 수 있다.

이 그림의 (b)에서 불요파세기(혼신신호)의 스펙트럼과 열잡음 레벨이 (a)보다 감소되었다. 이때 불요파세기가 완전히 제거되지 않는 것은 식 (8.24)에서 제1항 외의 나머지 항에서 $g_i \fallingdotseq g_j$가 되지 않아 이들 신호에 대한 성분이 혼신으로 나타났음을 뜻하는 것이다.

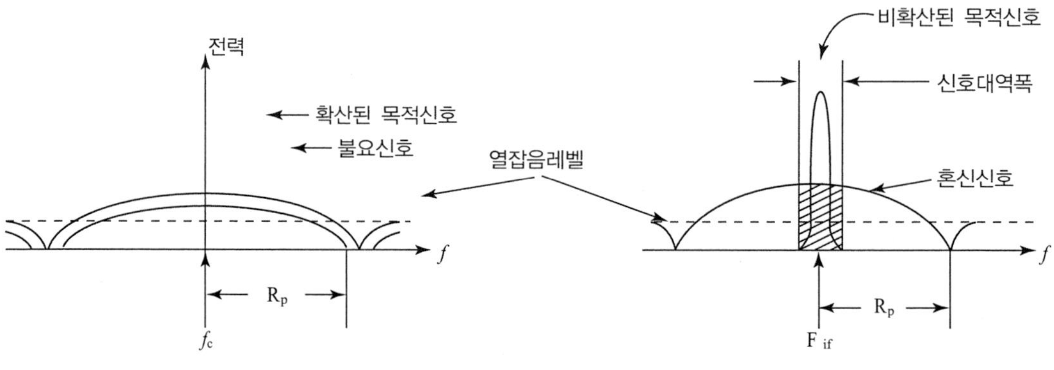

(a) 수신기에 입력된 복조되지 않은 확산신호 스펙트럼

(b) PN부호에 의해 복조된 확산신호 스펙트럼

Rp = PN 부호레이트

전력밀도 $P_d = \text{Sinc}^2(\frac{f}{Rp})$

그림 8-14 **확산스펙트럼 신호검파**

CHAPTER 09

다원접속 프로토콜

9.1 개념

다원 접속망(MAN : Multiple Access Network)에는 여러 지구국이 하나의 위성을 액세스하여 상호교신하는 위성통신망(SAN : Satellite Network), 여러 개의 컴퓨터 터미널이 하나의 주(host) 컴퓨터를 액세스해서 통신하는 구내정보 통신망(LAN : Local Area Network) 그리고 여러 고정무선국이나 이동체무선국이 하나의 중개매체(repeater)를 액세스하여 교신하는 패킷무선망(PRN : packet radio network)이 있다.

이와 같이 여러 지구국이나 터미널이 하나의 중개매체를 액세스해서 상호교신을 할 때에 2개 이상의 지구국이나 터미널에서 동시에 중개매체를 액세스하면 상호충돌(collision)이 발생하여 교신을 할 수 없게 된다. 이러한 충돌의 발생을 방지하거나 감소시켜서 교신을 원활하게 하도록 하는 통신규약(protocol)을 다원접속 프로토콜(MAP : Multiple Access Protocol)이라고 한다. 위성에서 사용하는 다원접속 프로토콜 방식은 각 터미널간에 교신을 설정하고자 할 때 사용하고자 하는 채널을 사전에 예약(reservation)하여 행하는 예약 액세스(reservation access) 방식과 사전에 채널을 액세스하기 위한 별도의 과정을 두지 않고 전송할 메시지가 있을 때마다 바로 채널을 액세스하는 불규칙(random) 액세스 방식이 있다.

불규칙 액세스 방식(random access)은 전송할 메시지가 있을 때마다 다른 지구국의 교신상태나 채널의 액세스상태를 사전에 고려함이 없이 채널을 액세스 하므로 다른 지구국과 충돌이 발생할 수 있다. 특히, 사용가능한 채널이나 시간대역이 얼마남지 않은 때와 트래픽량이 폭주할 경우에는 이 충돌의 확률이 매우 증가하므로 채널을 액세스하기 위한 성공률이 감소한다. 따라서 원활한 교신을 할 수 없게 되어 통신자원의 비효율적인 사용이 발생하게 된다. 한편, 예약 액세스는 불규칙 액세스의 단점을 보완할 수 있지만 채널을 예약하기 위한 과정을 거쳐야 하므로 시스템의 경비가 추가된다. 이 장에서는 알로하(ALOHA) 프로토콜 방식과 요구지정(DA) 시스템에서 사용되는 폴링(polling), 즉 우선순위 지정기법에 대해 설명하기로 한다.

9.2 ALOHA 프로토콜 방식

최초의 ALOHA 프로토콜 방식인 P-ALOHA(Pure-ALOHA) 프로토콜 방식은 1970년 Hawaii 대학의 연구팀이 중앙컴퓨터와 원격지에 있는 터미널간을 접속하여 통신을 하는 데 사용한 방식을 말한다. 이것이 1971년 통신 위성과 대학구내의 수개의 컴퓨터에 접속시키기 위한 시도에 사용되었다.

P-ALOHA 프로토콜의 발전형이 S-ALOHA(Slotted-ALOHA) 프로토콜과 R-ALOHA(Reservation-ALOHA) 프로토콜이다.

9.2.1 P-ALOHA 프로토콜

P-ALOHA 프로토콜은 불규칙 액세스(random access) 방식으로서 지구국에서 자국내지역 교환기로부터 메시지를 수신하면 이것을 에러검파 버스트로 부호화해서 전송한다. 이 오류검파 버스트를 위성에 송신한 후 지구국수신기로 위성에서 궤환하는 자국의 버스트를 수신한다. 이 버스트를 수신함으로써 자국의 버스트가 다른 국의 버스트와 충돌했는지 여부를 확인할 수 있는데, 버스트가 다른 지구국의 버스트와 겹치지 않았을 때, 즉 충돌이 발생하지 않았을 때에는 인지신호 ACK(acknowledge)가 수신된다. 만약 충돌이 발생한 때에는 NAK(non-acknowledge)가 수신된다.

그림 9-1은 P-ALOHA 프로토콜의 진행과정이다. 송신국 C국이 자국의 버스트를 송신한 다음 NAK 신호를 수신하면 불규칙(random)한 시간이 경과한 후에 버스트를 재전송함으로써 다른 지구국의 버스트와의 재충돌을 방지하고 있다.

이와 같이 버스트를 송신하므로 불규칙 액세스(random access) 방식이라 한다. 이때 버스트를 송신하고 일정한 시간이 경과한 후에도 ACK나 NAK를 수신하지 못한 때에는 버스트를 재송신한다.

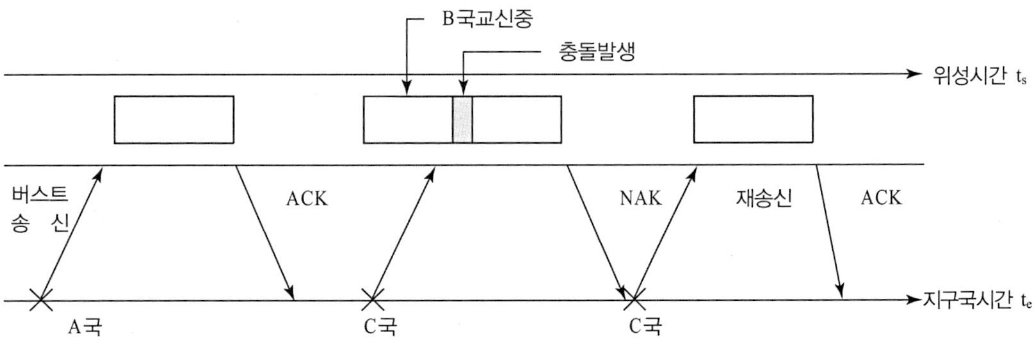

그림 9-1 P-ALOHA(Pre-ALOHA) 액세스과정

9.2.2 S-ALOHA 프로토콜

S-ALOHA 프로토콜도 P-ALOHA 프로토콜과 같이 불규칙 액세스 방식이다. 각 버스트의 길이는 P-ALOHA 방식과 동일하지만 시간대역이 일정하게 정해진다. 그림 9-2는 S-ALOHA 프로토콜의 진행과정을 보여주고 있다. 그림에서와 같이 일정하게 정해진 시간대역을 각 지구

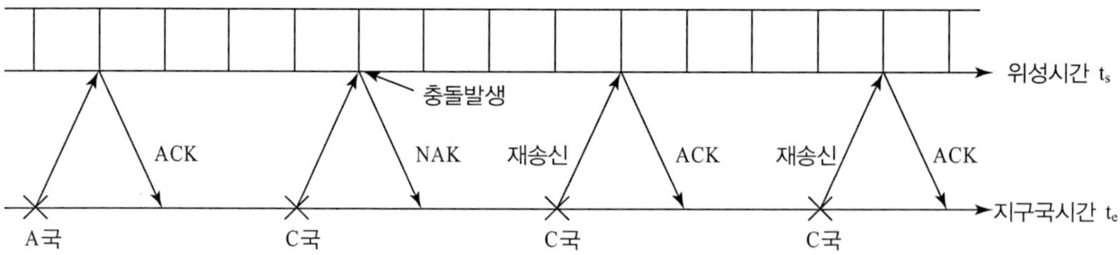

그림 9-2 S-ALOHA(Slotted-ALOHA) 액세스과정

국에서 이용할 수 있도록 위성이나 제어지구국에서 연속 동기펄스가 각 지구국에 전송된다. 각 지구국은 이 동기펄스를 수신해서 이 동기펄스 사이에만 버스트를 송신한다.

이때 버스트를 송신하는 시간은 송신된 버스트가 각 시간대역의 시작과 동시에 위성에 도착되도록 하여야 한다. 제7장의 초기설정 방법을 참고하기 바란다. 또한, 송신버스트의 길이는 다음 시간대역에 겹치지 않도록 주의해야 한다.

9.2.3 P-ALOHA 프로토콜과 S-ALOHA 프로토콜에 대한 버스트 처리능력의 측정과 두 방식의 비교

버스트의 처리능력이라 함은 버스트가 충돌이 발생하지 않고, 단위시간당 몇 개나 성공적으로 전송되었는가를 나타내는 것이다. 또한, 버스트의 길이가 일정할 때에 버스트를 전송한 시간당 성공적으로 전송된 버스트의 수를 의미하기도 한다. 여기서 버스트의 처리능력을 S라고 하면

$$S = G \cdot P \text{「부록참조」} \tag{9.1}$$

G : 재전송된 버스트의 합계

P : 버스트가 서로간 충돌하지 않을 확률, 즉 현재 전송중인 버스트가 다른 버스트와 충돌이 발생하지 않을 확률

위 식 (9.1)에서와 같이 버스트 처리능력 S는 확률 P가 클수록 커진다. 확률 P는 푸아송공식(Poisson process)에 의해 구한다. 버스트 시간대역을 T, 이 버스트 시간대역 T내에 충돌이 발생한 다른 버스트를 K라고 하면 다음과 같이 표시된다.

$$P_{(K)} = \frac{(GT)^K e^{-GT}}{K!} \geq 0 \tag{9.2}$$

이 공식에 의해 P-ALOHA 프로토콜에 대한 확률 P를 구해 보자.

그림 9-3은 P-ALOHA에 대한 버스트길이와 다른 버스트 K가 2개 발생한 경우이다.

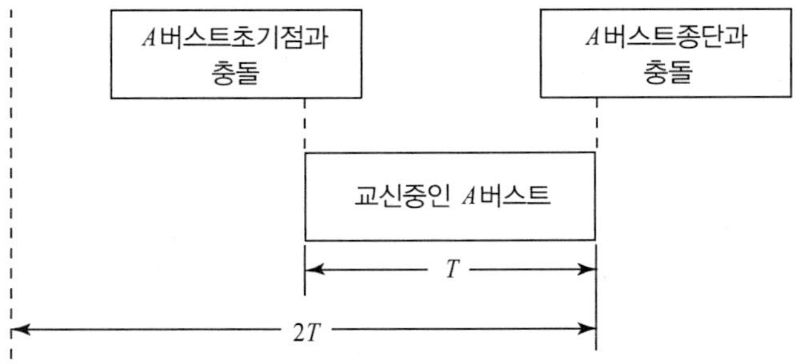

그림 9-3 P-ALOHA방식과 버스트 충돌영역

이 그림에서 보듯이 P-ALOHA 프로토콜에서 A의 버스트가 충돌이 발생하지 않기 위해서는 A의 1개 버스트기간 T의 2배, 즉 $2T$의 시간이 A의 한개 버스트에 할당되어야 한다. 다시 말하면 A의 버스트가 성공적으로 보내지기 위해서는 $2T$의 시간내에는 다른 버스트 K가 발생하면 안된다.

이것을 식 (9.2)로 표시하면

$$P_{(K)} = \frac{(G2)^0 \ e^{-2G}}{0 \ !} \qquad (9.3)$$
$$= e^{-2G}$$

가 된다. 여기서 $2T$ 시간내에서 K는 0이 되고 이때 G는 1이 되므로 식 (9.1)에서 버스트 처리능력 S는

$$S = G \cdot e^{-2G} \qquad (9.4)$$
$$= e^{-2}$$
$$= \frac{1}{e^2}$$
$$= 0.184$$

가 되고 G값이 커질수록, 즉 트래픽량이 많아질수록 트래픽 처리능력 S가 감소됨을 알 수 있다.

한편, S-ALOHA 프로토콜의 경우에는 시간대역이 일정하게 고정되어 있다. 버스트의 길이를 이 시간대역내로 하고 버스트의 송신 시작시간을 시간대역의 시작점에서 버스트가 위성에 정확히 도착하도록 하면 버스트의 충돌을 피할 수 있다.

그림 9-4에서 보듯이 버스트의 시작이 시간대역 시작점에서 시작되면 버스트가 충돌이 발생하는 것은 A버스트의 초기시작점앞의 시간대역 T_1 시간에 버스트가 발생한 경우에만 충돌

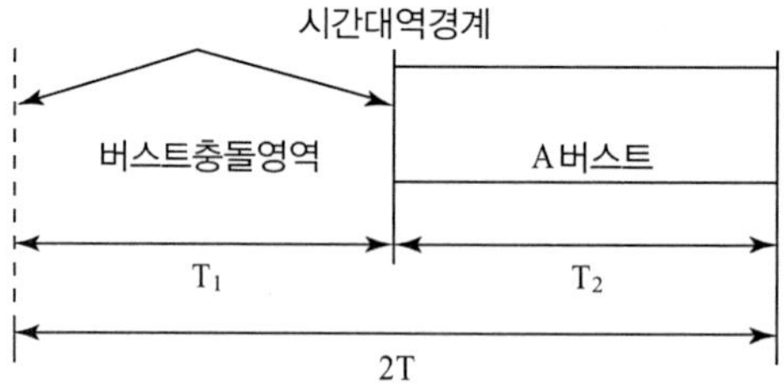

그림 9-4 S-ALOHA 방식의 버스트 충돌영역

이 발생할 수 있으므로 P-ALOHA 프로토콜에 비해 충돌이 발생할 시간이 반으로 줄게 된다. 즉, 식 (9.2)에서 T는 1이 되므로

$$P_{(K)} = \frac{(G1)^0 e^{G1}}{0\ !} = e^{-G1} \tag{9.5}$$

가 되고 식 (9.1)에서

$$S = G \cdot e^{-G} \quad \text{단 } G = 1\text{일 때} = e^{-1} = 0.364 \tag{9.6}$$

가 된다. 따라서 버스트 처리능력에 있어서 S-ALOHA 프로토콜이 P-ALOHA 프로토콜의 2배 정도가 된다. P-ALOHA 프로토콜 방식과 S-ALOHA 프로토콜 방식은 간단하긴 하지만 트래픽량 G가 증가할수록 안정도가 낮아지고 결국에 지연이 무한대로 되어서 교신을 할 수 없게 된다.

9.2.4 R-ALOHA 프로토콜(Reservation-ALOHA)

R-ALOHA 프로토콜 방식은 버스트를 송신하고자 할 때 사전에 시간대역의 사용을 요구하고 이 요구에 의해 지정된 시간대역으로 버스트를 송신하는 것이다. 이 방식은 두 가지의 상태가 존재하는데, 첫 번째 상태는 예약을 하기 위한 준비상태, 두 번째 상태는 예약이 완료된 후의 상태이다.

첫 번째, 준비상태에서는 버스트전송에 사용되는 전체 시간대역에 시간대역이 아주 작은 예약용 시간대역으로 세분된 시간프레임(time frame)이 설정된다.

이와 같이 세분된 예약용 시간대역을 이용하여 버스트를 송신하고자 하는 국은 시간대역을 중앙제어국에 요구한다. 시간대역을 요구할 때에 필요로 하는 시간대역의 길이 등 필요한 정보를 전송한다. 시간대역을 요구한 후에는 중앙제어국에서 전송한 ACK 신호와 사용 시간대역에 관한 정보를 수신하다.

그림 9-5는 R-ALOHA 프로토콜의 진행과정을 보여주고 있다. 준비상태에서 1국이 시간대역 할당을 예약용 시간대역으로 요구하면 시간프레임이 그림에서와 같이 $M+1$대역으로 재구성된다. 이 M대역이 버스트 전송용이 되고 마지막 6번째 1개 시간대역은 시간대역 요구용으로 사용하기 위해 대역을 세분한다. 버스트의 전송을 위해 시간대역의 지정을 요구한 국은 M 대역중에서 제어국에서 지정한 대역에서 버스트를 송신한다.

그림에서 메시지대역 M은 5개의 시간대역을 가진다. 이 예에서는 요구국이 3개의 메시지대역을 요구한 경우로서 사용할 시간대역의 최초 시간대역으로서 4번째부터 지정되고 그 다음 연속해서 5번째 그리고 다음 M대역의 첫 번째 시간대역이 지정된다. 이때 요구국에서는 이미 처음 M대역의 6번째 예약용 시간대역을 인지하고 있으므로 이 대역을 사용하지 않고 다음 시간대역을 사용하는 것이다.

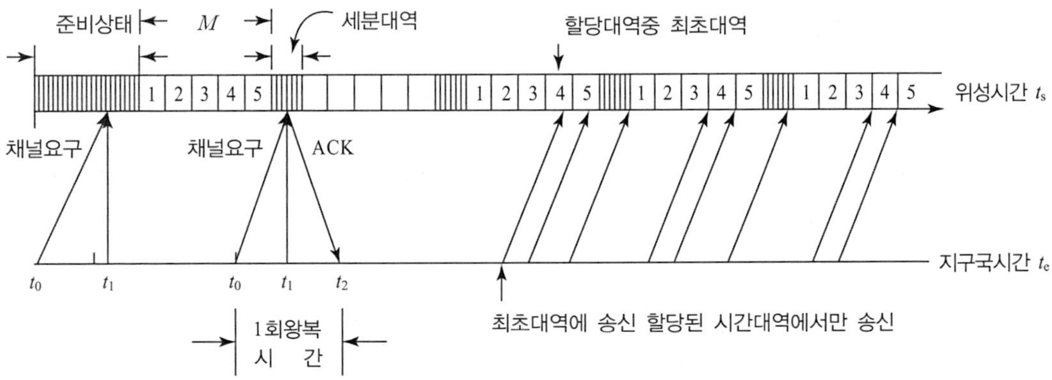

그림 9-5 R-ALOHA(Reservation – ALOHA) 방식의 액세스과정

이렇게 해서 설정된 호가 종료되면 시간프레임이 다시 원래의 준비상태로 된다. 교신이 종료되고 나면 이에 대한 정보가 각국에 통보되어서 각국에서 시간대역할당을 요구하는 데 참고하도록 한다.

9.2.5 S-ALOHA 프로토콜 방식과 R-ALOHA 프로토콜 방식의 비교

그림 9-6은 버스트 처리능력 S와 버스트 처리지연과의 관계를 보여주고 있다. 그림 (a)는 이상적인 경우로서 버스트 처리능력 S가 1일 때 버스트 처리지연이 무한대가 되는 것을 보여주고 있다. 그림 (b)는 일반적인 경우로서 버스트 처리능력 S와 버서트 처리지연과의 관계가

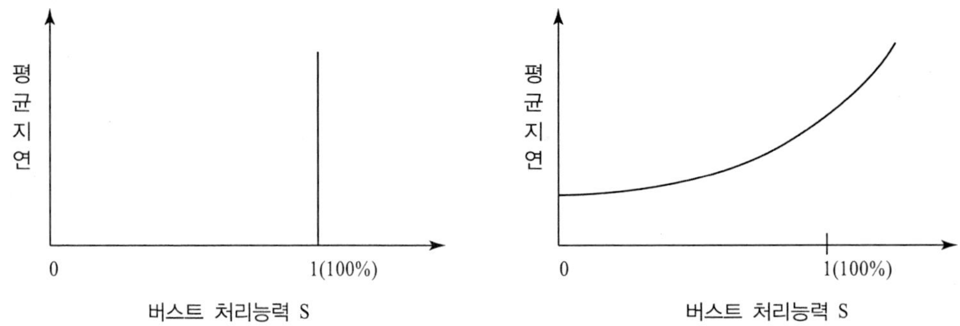

(a) 이상적인 경우의 특성 (b) 전형적인 경우의 특성

그림 9-6 **버스트 처리능력 대 버스트 처리 지연시간의 특성**

우상향하는 곡선의 특성을 가짐을 보여주고 있다. 그림 (a)에서 버스트 처리능력 S가 1이라는 것은 식 (9.2)의 확률 $P(k)$가 1이 되는 것으로 전체 트랙픽양이 모두 요구될 때 까지는 트래픽을 전송하기 위해 버스트를 송신할 때마다 충돌이 발생하지 않고 모두 성공하는 것을 의미한다. 그림 (b)에서는 버스트가 충돌로 인해 처리되지 못하는 확률을 $1-P$로 나타냈을 때 식 (9.2)에서 트래픽량이 증가할수록, 즉 G가 커질수록 확률 $P(k)$ 값이 감소한다. 따라서 $1-P$ 값이 증가하는 결과를 가져와 트래픽량 G의 증가와 더불어 $1-P$ 값의 증가량이 일정한 것이 아니고 그 증가비가 점차 증가하고 있음을 보여주고 있다. 그림 9-7은 S-ALOHA 대 R-ALOHA 프로토콜 방식에 대한 특성을 보여주고 있다.

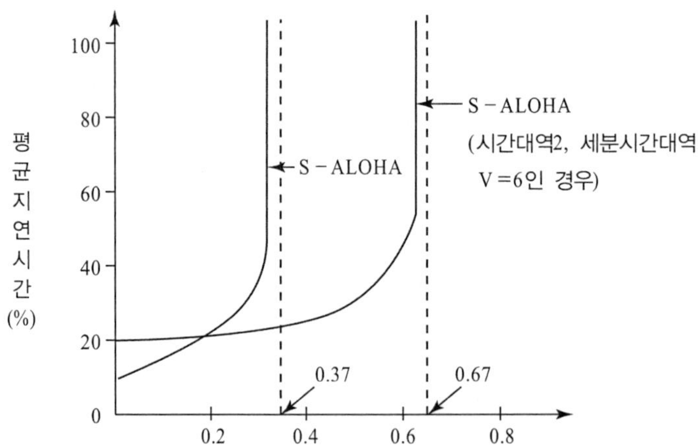

그림 9-7 **S-ALOHA와 R-ALOHA 방식에 대한 버스트 처리능력 대 평균지연시간의 특성비교**

S-ALOHA 프로토콜 방식에서는 버스트 처리능력 S가 0.37인 곳에서 버스트 처리지연이 무한대가 되어서 트래픽을 완전히 처리할 수 없도록 충돌이 많아진다. R-ALOHA 프로토콜 방식은 버스트 처리능력 S가 0.67인 곳에서 버스트 처리지연이 무한대가 돼서 트래픽을 처리할 수 없게 된다. 이 그림에서 버스트 처리능력이 0.2 이하인 경우에는 S-ALOHA 곡선이 R-ALOHA 곡선의 아래에 있다. 이것은 S가 0.2 이하인 곳에서는 S-ALOHA 프로토콜 방식이 R-ALOHA 프로토콜 방식보다 버스트처리능력이 높음을 뜻한다. 이것은 R-ALOHA 프로토콜 방식에서, S-ALOHA 프로토콜 방식에서는 사용하지 않는 시간대역 예약용의 세분된 시간대역이 부가되기 때문에 발생한다.

따라서 트래픽량이 많지 않은 시스템에서는 S-ALOHA 프로토콜 방식이 R-ALOHA 프로토콜 방식보다 유리함을 알 수 있다.

9.3 우선순위지정 프로토콜 방식(Polling method)

우선순위지정 프로토콜 방식은 위성이나 제어국에서 각국에서 송신한 자체 식별부호(ID Code)를 수신한 다음 이중에서 가장 적절한 국의 요구부터 차례로 응답함으로써 각국에서 우선순위별로 시간대역을 할당해 주는 것을 말한다. 우선순위지정 프로토콜 방식을 사용하는 이유로서, DA-TDMA 시스템에서 제어국은 TDMA 프레임을 항상 검색해서 각국으로부터의 시간대역 지정요구에 응해야 한다. SPADE 시스템에서는 공통 신호채널을 검색해서 각국의 상태에 응해야 하는데, 시스템에 참여하는 지구국이나 위성을 직접 액세스할 수 있는 터미널이 증가하고 또한 트래픽량도 많아지면 효율적으로 이에 응할 수 없기 때문이다.

예를 들어 SPADE 시스템에서 공통 신호채널의 각국에 지정된 시간대역이 1ms이고 프레임 하나의 주기가 50ms라면 각국은 채널 지정요구를 50ms마다 1번씩 할 수 있고 제어국도 50ms마다 이 요구를 검색하고 응답할 수 있기 때문에 참여국이 많아지면 신속하게 이에 응할 수 없게 된다. 이에 대처하기 위한 방법이 우선순위지정 프로토콜 방식중 하나인 나무검색(tree search)방식이다. 그림 9-8은 2진 나무검색방식을 보여주고 있다. 이 방식에 참여하는 지구국이나 터미널은 각자 자체 식별부호(ID Code)를 가지고 있는데 위성에서 요구할 때마다 1비트씩 송신한다.

그림에서 우선순위를 지정하기 위해 위성으로부터 자체 식별부호의 첫 번째 비트를 송신할 것을 요구받은 각국 중에서 시간대역의 지정을 요구하고자 하는 국들은 (B, D, F, H 국) 자국의 식별부호 중 맨 왼쪽의 1비트를 송신한다.

즉, B국, D국은 "0", F, H 국은 "1"을 송신한다. 이것을 수신한 위성은 이 비트중에서 신호강도가 가장 큰 비트를 선택하고 이것을 요구에 참여한 각국에 통보한다. 이때 만약 신호강

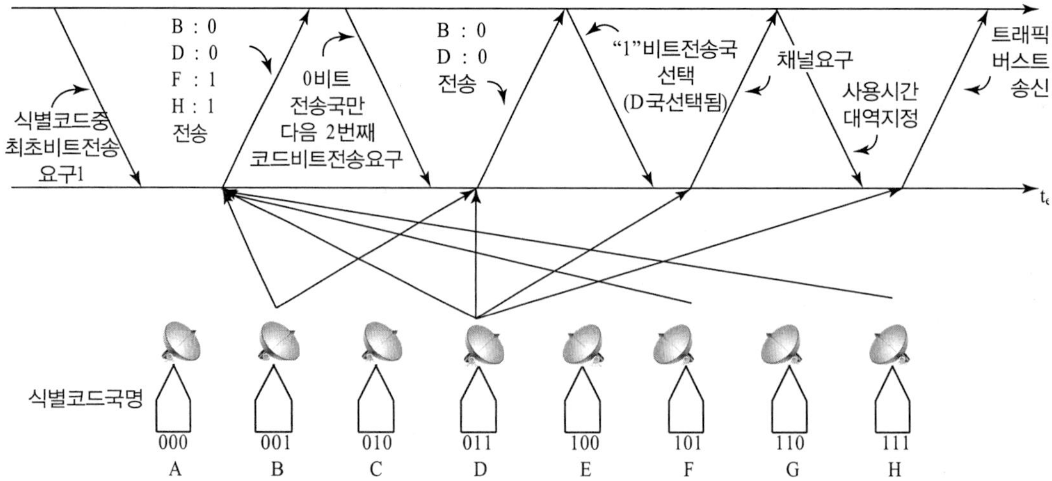

그림 9-8 **2진 나무검색방식 개요도**

도가 가장 큰 비트로서 "1"이 선택되면 이 통보를 받은 B국과 D국은 우선순위지정에서 제외됐음을 인지한다. F국과 H국은 ID부호의 2번째 비트의 송신 준비를 한다. 다음 위성으로부터 ID 부호의 2번째 비트를 요구받은 F국과 H국은 각각 "0" "1"를 송신한다. 이것을 수신한 위성에서는 첫 번째 비트의 선택방법과 동일하게 신호강도가 큰 비트를 선택해서 각국에 통보한다. 두 번째 비트의 선택이 "1"이었다면 H국이 최종선택된 것으로 H국이 시간대역을 지정받게 된다.

H국이 시간대역의 지정을 한 다음, 위성은 이상에서 설명한 우선순위지정 방법에 의해 다음 요구국에 시간대역을 지정해 간다. 이 방식은 참여지구국이나 터미널이 많으나 평균적으로 이들 지구국이나 터미널에서 시간대역의 지정요구가 적을 때, 즉 서비스에 대한 요구가 적을 때 유리한 방식이다.

부록 버스트 처리능력 S의 산출

버스트 처리능력 S=G・P라는 것은 식 9.1에서 이미 언급했다.

G는 보편화된 트래픽률로서 전체 버스트수×버스트당 비트수/채널주기이다. 전체 버스트수를 T_b, 버스트당 비트수를 B_b, 채널주기를 R_c라 하면 다음과 같이 표시된다.

$$G = \frac{T_b \cdot B_b}{R_c} \tag{9.7}$$

P는 확률로서 푸아송공식(Poisson Process)에 의해 구해진다. 요구된 전체 버스트중에 성공적으로수용된 버스트 수에 대한 비이다. 그림 9-9에서 전체 트래픽 버스트수 T_b(burst)는 요구1 버스트 + 요구2 버스트 + 재요구 버스트 + 요구3 버스트가 된다. 충돌이 발생하지 않고 성공적으로 수요된 버스트수 T_a(accepted)는 요구1 버스트 + 재요구 버스트 + 요구3 버스트가 된다. 이때 충돌이 발생해서 수용되지 못한 버스트, 요구2 버스트를 미수용 버스트 T_c(cancel)라고 하면 전체 트래픽 버스트수 T_b를 다음과 같이 나타낼 수 있다.

$$T_b = T_a + T_c \tag{9.8}$$

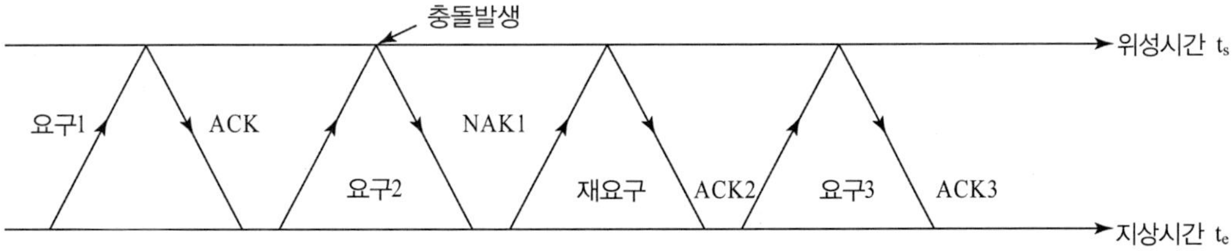

그림 9-9

여기서 각 버스트의 구성비트수를 B_b라고 하면 전체 비트수 B_T(total)와 수용된 비트수 B_a(accepted)는 다음과 같이 된다.

$$B_T = T_b \times B_b \tag{9.9}$$

$$B_a = T_a \times B_b \tag{9.10}$$

이 식에서 B_T나 B_a는 단지 일반적인 비트의 수만 의미하므로 이 B_T와 B_a가 실재 채널용

량과 비교했을 때 어느 정도 처리됐는가를 다음에 의해 계산한다. 트래픽률 G는 식 (9.7)에서와 같이

$$G=\frac{T_b \cdot B_b}{R_c} \tag{9.11}$$

$$=\frac{B_T}{R_c} \quad R_c : \text{채널의 최대 비트레이트}$$

즉, 트래픽률 G는 전체 비트수를 채널용량을 나타내는 비트주기(bit rate)로 나눈 것이다. 또한, 버스트 처리능력 S는

$$S=\frac{T_a \cdot B_b}{R_c} \tag{9.12}$$

가 되어 수용된 비트수를 채널용량을 나타내는 비트주기(bit rate)로 나눈 값이 된다. 식 (9.11)과 (9.12)에서 B_b/R_c는 트래픽 버스트의 비트수를 전체비트 주기(rate)로 나눈값이므로 버스트 1개를 송신하는 데 걸리는 시간이 된다. 이 시간을 t라고 하면 식 (9.11)과 (9.12)를 다음과 같이 나타낼 수 있다.

$$G=T_b \times t \tag{9.13}$$

$$S=T_a \times t \tag{9.14}$$

이상에서 언급된 사항들로부터 충돌이 발생하지 않고 트래픽을 보내기 위한 버스트, 즉 트래픽 버스트가 성공적으로 수용되는 확률을 구해보면 확률 P는

$$P=\frac{T_a}{T_b} \tag{9.15}$$

가 된다.

이 식 (9.15)에서 식 (9.14)를 대입하면 확률 P는

$$P=\frac{S/t}{T_b} \tag{9.16}$$

$$=\frac{S}{T_b \cdot t}$$

가 되고 이 식에서 버스트 처리능력 S를 구하면

$$\begin{aligned} S &= P \cdot T_b \cdot t \\ &= G \cdot P \end{aligned} \tag{9.17}$$

이 되어 버스트 처리능력 S가 구해진다.

식 9.17에서 확률 P는 푸아송공식(Poisson Process)에 의해 보통 구하고 있는데, 푸아송공식에 의한 확률 $P(k)$는

$$P(k) = \frac{(G \cdot t)^k e^{-GT}}{K\,!} \quad K \geq 0$$

이므로 P-ALOHA에서 t가 $2t$일 때 $K=0$이 되므로

$$\begin{aligned} P_p = P_{(k=0)} &= \frac{(G \cdot 2)^0 e^{-2G}}{0\,!} \\ &= e^{-2G} \end{aligned} \tag{9.18}$$

가 되고 따라서 P-ALOHA에서의 버스트 처리능력 S는

$$\begin{aligned} S &= G \cdot 2^{-2G} \\ &= e^{-2} \quad \text{단 } G=1 \end{aligned} \tag{9.19}$$

가 되어 버스트수가 많아질수록 G가 커지고 이에 따라 S가 작아진다. 또한, S-ALOHA인 경우의 버스트 처리능력 S는

$$\begin{aligned} S &= G \cdot \frac{(G \cdot 1)^0 e^{-G}}{0\,!} \\ &= G \cdot e^{-G} \\ &= e^{-1} \quad \text{단 } G=1 \end{aligned} \tag{9.20}$$

이 된다.

CHAPTER 10

길쌈부호

10.1 개념

부호방식은 크게 블록(block) 부호방식과 길쌈(conolutional) 부호방식으로 구분할 수 있다. 블록 부호방식은 연속 데이터 비트열(data stream)을 일정한 길이를 가진 데이터 블록인 부호어(code word)나 프레임(frame)으로 구성하여 송신하고 이것을 수신기에서 복호화(decoding)하는 것으로 k비트의 입력 데이터로 n비트의 부호어나 프레임으로 부호화됐을 때 이 부호방식의 부호비율(code rate)을 k/n으로 나타낸다.

길쌈 부호방식은 블록 부호방식과 같이 부호비율이 k/n로 표시되지만 부호화된 부호어나 프레임이 일정한 길이를 가진 데이터 블록으로 구성되지 않는다. 또한, 블록 부호방식에서는 특성을 나타내는 파라미터가 n, k로 표시되고 길쌈부호방식은 n, k와 길쌈부호에서 가장 중요한 파라미터의 하나인 시프트 레지스터 단수를 나타내는 K로써 특성이 정해진다. 길쌈 부호화된 데이터를 복호화(decoding) 하는 방식은 1967년 Viterbi가 발표한 소위 Viterbi 알고리즘에 입각한 최대 근사값 복호화 알고리즘(maximum-likelihood decoding algorithm)이 이론적으로 가장 능률적인 방식이다. Viterbi 복호화 방식은 시프트 레지스터수 K가 증가하면(보통10이상) 오류정정 능률은 좋아지지만, 장치의 복잡도가 부호길이와 더불어 지수함수적으로 증가한다. 복호화할 때에 수신된 신호를 비교 데이터와 비교하는 횟수가 많아져서 복호화속도가 느려지며 비교신호와 비교가 끝나서 가장 확률이 높은 기억 경로(memory path)를 선택할 때까지 수신된 신호를 기억하고 있어야 하므로 기억용량이 증가해서 복호기가 복잡해진다. 따라서 K는 오류정정 능률과 회로의 양 그리고 복호화 속도 간의 관계를 고려해서 정해져야 한다. 보통 Viterbi 복호기는 K의 값을 6으로 하고 있다. 이것을 보완한 방식이 near maximum likelihood decoding 방식이다.

길쌈 부호방식은 디지털 통신에서 에너지 효율을 높이는 데 좋은 방식으로서 부호화되지 않은 BPSK나 QPSK(uncoded-BPSK 또는 QPSK) 방식에 비해 오류율을 4~6 dB정도 감소시킨다. 또한, 복호기의 시프트 레지스터수를 적게 하여도 100 Mbps까지이다. 복호화할 수 있어 복호기의 구조가 간단해진다. 그러나 이 방식은 전송 비트 레이트(bit rate)가 높아지므로 대역폭이 더 많이 필요하게 된다. 따라서 이 방식은 대역폭에 제한이 크지 않고 반면 전력제한이 많이 요구되는 위성통신 시스템에 적합하다. 또한, Viterbi 복호화방식에 의해 전진 오류정정(FEC : forward error correction) 복호화를 할 수 있다. 임계복호법(threshold decoding), 순차복호법(sequential decoding)도 길쌈부호를 복호화하는 방법이다. 임계복호법은 1963년 Massey에 의해 고안된 것으로 순회(cyclic)부호의 복호방법중 하나인 다수결 논리 복호법과 원리가 같다. 이 복호법은 간단한 것이 특징이며 대수적 취급이 가능하다. 순차복호법은 1961년 Fano가 제안한 Fano 알고리즘에 의한 방법으로 복호에 소요되는 계수회로가 불규칙 변수(random variable)라는 불규칙 과정 방법이다. 길쌈부호를 표현하는 방법에는 임계복호법은 지연소자에 의한 방법과 행렬에 의한 방법이 있고, 최대 근사부호법과 순차복호법에서는 격자상부호(trellis code)와 가지상 부호(tree code)에 의한 방법이 있다.

그림 10-1은 데이터의 부호과정에 대한 개요도이다.

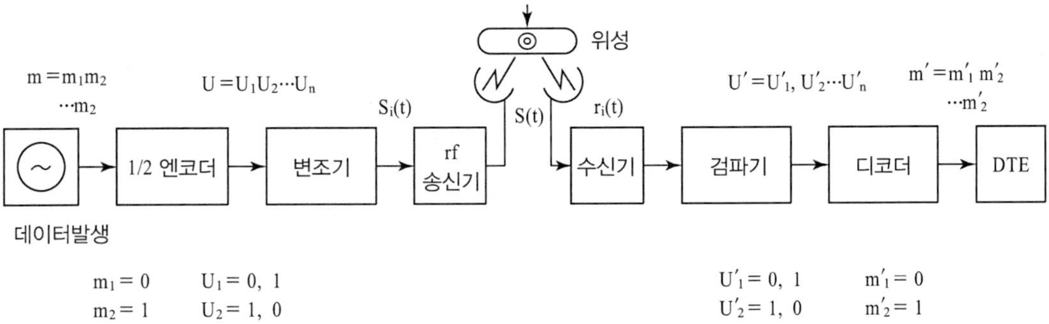

그림 10-1 **데이터의 부호화과정**

10.2 길쌈부호화

길쌈부호화라 함은 길쌈부호기에 입력되는 연속 데이터 비트열을 이보다 빠른 비트 레이트의 데이터 비트열로 부호화하여 출력시키는 것을 말한다. 부호기에 입력되는 연속 데이터 비트열은 정보원(data source)에서 출력된 것인 경우도 있고, 스크램블러에서 출력된 경우도 있다. 이와 같이 부호기에 입력되는 데이터 비트수를 k라 하고 부호기에서 출력된 데이터 비트수를 n이라 할 때 k/n을 부호율(code rate)이라고 한다. 그림 11-2는 길쌈부호기의 기본 구성도이다. 이 부호기는 3개의 시프트 레지스터와 2개의 2원가산기 그리고 1개의 전환스위치(commutator)로 구성된 1/2 길쌈부호기이다.

여기서 1/2이라고 하는 것은 k/n의 부호비율을 말하는 것으로서 입력데이터 비트가 1개 입력될 때 출력에는 2개 비트가 출력되는 것을 말한다. 시프트 레지스터는 맨 왼쪽부터 입력 비트가 1개 입력될 때마다 오른쪽으로 차례대로 1개 비트씩 이동시킨다. 2원가산기는 가산하는 내용이 00이나 11일 때는 출력이 0이고 01, 10일 때 출력이 1이 되는 것으로 ex−OR게이트로 구성된 것이다. 전환스위치는 2원가산기의 출력 G_1과 G_2를 차례로 스위칭하여 데이터를 출력시키는 것이다.

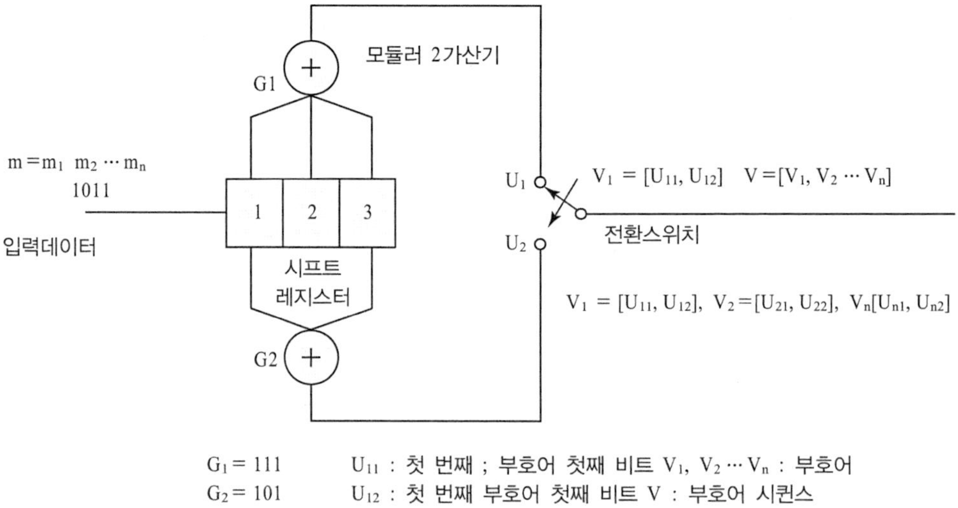

그림 10-2 **길쌈부호기의 기본구성개요도 (k/n=/12, K=3)**

10.2.1 부호기의 동작원리

그림 10-2의 부호기에서 시프트 레지스터의 초기상태를 000이라고 하자. 입력되는 데이터 비트가 1011(왼쪽부터 입력됨)일 때 1번 비트 “1”이 입력되기전 $G_1=0$, $G_2=0$로써 $U_1=0$, $U_2=0$가 되어 있는 상태이다. 지금 1번 비트 “1”이 입력되면 시프트 레지스터 상태는 100가 된다. 따라서 $G_1 = 1_{R1} \oplus 0_{R2} \oplus 0_{R3} = 1$, $G_2 = 1_{R1} \oplus 0_{R3} = 1$이 되어 $U_1 = 1$, $U_2 = 1$이 되고 전환스위치에의 U_1, U_2가 차례로 송신된다. 다음 2번째 입력비트 “0”이 입력되면 시프트 레지스터 상태가 100에서 010으로 바뀐다. 이에 따라 $G_1 = 0_{R1} \oplus 1_{R2} \oplus 0_{R3} = 1$, $G_2 = 0_{R1} \oplus 0_{R3} = 0$가 되어, $U_1 = 1$, $U_2 = 0$이 되어 전환스위치에 의해 U_1, U_2가 차례로 송신된다. 동일한 방법으로 3번째 입력1이 입력되면 시프트 레지스터 상태가 101로 되고 $G_1 = 0$, $G_2 = 0$, 즉 $U_1\ U_2 = [0,0]$가 된다. 4번째 입력1이 입력되면 시프트 레지스터 상태가 110로 되고 $G_1 = 0$, $G_2 = 1$이 되어 $U_1\ U_2 = [0,1]$이 출력된다. 그림 10-3은 이 진행과정을 보여주고 있다. 이때 만약 입력메세지가 4비트 단위로 구성되어 있을 경우에는 다음 메시지의 처음 1번 비트를 부호화하기 위해서는 앞의 메시지 비트 4번을 부호화한 다음에 다음 메시지의 1번 비트가 입력되기 전에 시프트 레지스터의 상태를 초기상태, 즉 000의 상태로 회복(reset)시켜야 한다. 이와 같이 레지스터의 상태를 000의 초기상태로 만드는 것을 플러싱(flushing)이라고 한다. 시프트 레지스터의 상태를 플러싱하는 방법은 메시지의 마지막 비트가 부호화된 다음에 시프트 레지스터의 수에서 1을 뺀, 즉 R_t-1한 수만큼의 “0” 비트가 차례로 시프트 레지스터에 입력됨으로써 이루어진다. 예를 들어 그림 11-2에서는 시프트 레지스터 수가 3개이므로 플러싱비트 수는 3－1=2개가 된다.

시간	입력비트	레지스터 상태	U_1, U_2	비고
t_0	–	0 0 0	– –	
t_1	1	1 0 0	1 1	
t_2	0	0 1 0	1 0	
t_3	1	1 0 1	0 0	
t_4	1	1 1 0	0 1	

그림 10-3 **그림 10-2에 대한 진행과정**

그림 10-4는 입력메세지가 4비트로 구성된 경우에 플러싱되는 과정을 보여주고 있다. 시간 t_4까지의 부호화출력 부호어(code word) 시퀀스 11010100가 실제 부호기에 입력된 메시지 1011에 대해 부호화된 값이 된다.

따라서 시간 t_5와 t_6에서의 부호기출력 부호어(code word) 시퀀스 1011은 실제 부호기에 입력된 메시지와는 상관이 없는 것이다. 이 값은 시프트 레지스터를 초기상태 000로 만들기 위해 R_t-1, 즉 2개의 0을 입력시킴으로써 발생한 부호어 시퀀스이다. 이 2개의 0비트를 원상회복 비트(clearing bit 또는 flushing bit)라고 한다.

이와 같이 원상회복비트는 부호기에 입력되는 메시지데이터 비트와 무관한 것이다. 이 비트수가 많을수록 실제 부호율(code rate)이 감소한다. 이것을 방지하기 위해 메시지의 구성비트수를 많이 하고 있다. 이에 대한 예를 들기 전에 그림 10-4에서 시간 t_7에 출력부호어가 00로 됐는데, 이것은 시프트 레지스터의 상태가 000 상태로 된 것과 이 상태에서 입력된 비트가 0임을 나타내고 수신기의 복호기에서 복호화할 때 다음 메시지의 복호화를 00 상태로부터 시작하도록 해서 오류를 방지하기 위한 것이다. 이것은 10.3의 복호기에서 설명하기로 하고 위에서 언급한 원상회복비트(flushing)와 부호율에 대한 관계를 살펴보자. 첫 번째 예로서 그림 10-2와 같이 부호기가 구성됐을 때에 입력 메시지구성비트가 5개인 경우를 보자. 이 부호기에 의한 출력부호어 시퀀스는 메시지비트 5개를 부호화한, 즉 2개 $(U_1, U_2) \times 5$개 메시지비트 = 10개 비트와, 시프트 레지스터 원상회복비트 0.0, 즉 $R_t - 1 = 2$개에 의한 2개 $(U_1, U_2) \times 2$개 원상회복비트 = 4개를 합친 14개 비트로 구성된다. 따라서 부호율은 k/n=5/14가 된다.

두 번째는 그림 10-2, 즉 첫 번째 예와 동일한 부호기에 입력메세지 구성비트가 10개인 경우를 보면 출력부호어 시퀀스는 메시지비트 10개 × 2개$(U_1, U_2) = 20$개 비트와 시프트 레지스터 원상회복비트 2개 비트 × 2개(U_1, U_2)에 의한 4비트, 즉 24비트로 구성되어 부호율은 10/24가 된다.

즉, 이 예에서 보는 바와 같이 메시지비트가 5개인 경우가 10개인 경우보다 부호비율이 떨어짐을 알 수 있다. 이것은 동일한 수의 메시지비트를 부호화했을 때 메시지비트가 적은 경우가 메시지비트가 많은 경우보다 부호기에서 더 많은 비트를 출력시킴으로써 대역폭을 더 많이 점유하는 결과가 되고, 또한 부호기의 불필요한 동작도 많아지는 결과가 나온다. 그러나 부호

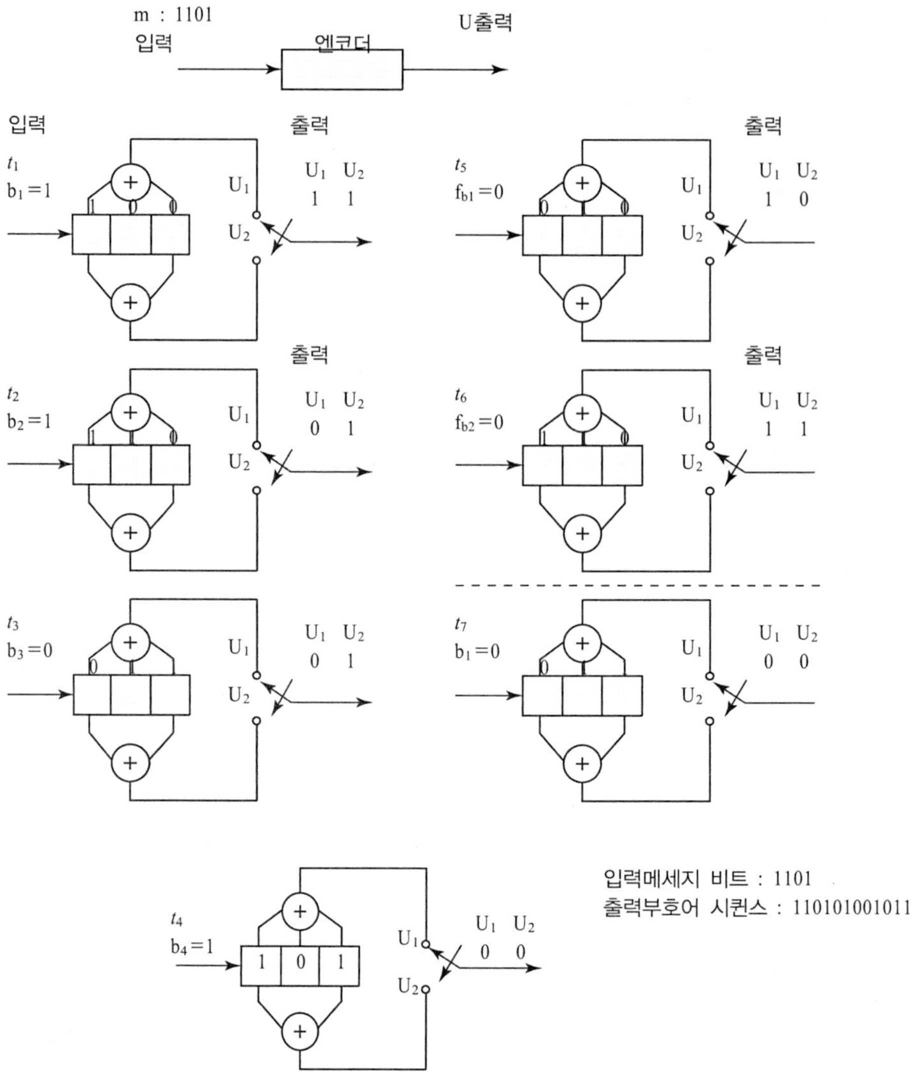

그림 10-4 **길쌈부호기의 진행과정(k/n=1/2, K=3)**

율을 높이기 위해 메시지 길이를 무한정 길게 하면 수신기의 복호기에서 복호화할 때 복호기가 복잡해지고 기억용량도 커지게 되므로 사전에 적정한 메시지 길이를 정해야 한다.

10.2.2 길쌈부호기의 상태도

길쌈부호기의 상태도는 시프트 레지스터의 R_t-1(또는 $K-1$) 상태를 입력되는 비트와 비교함으로써 어느 비트가 입력됐을 때 그 비트값에 의해 부호기의 출력부호어를 추정할 수 있다. 상태도는 각 진행과정에 시간의 경과 상태를 나타낼 수 없는 불편한 점이 있다.

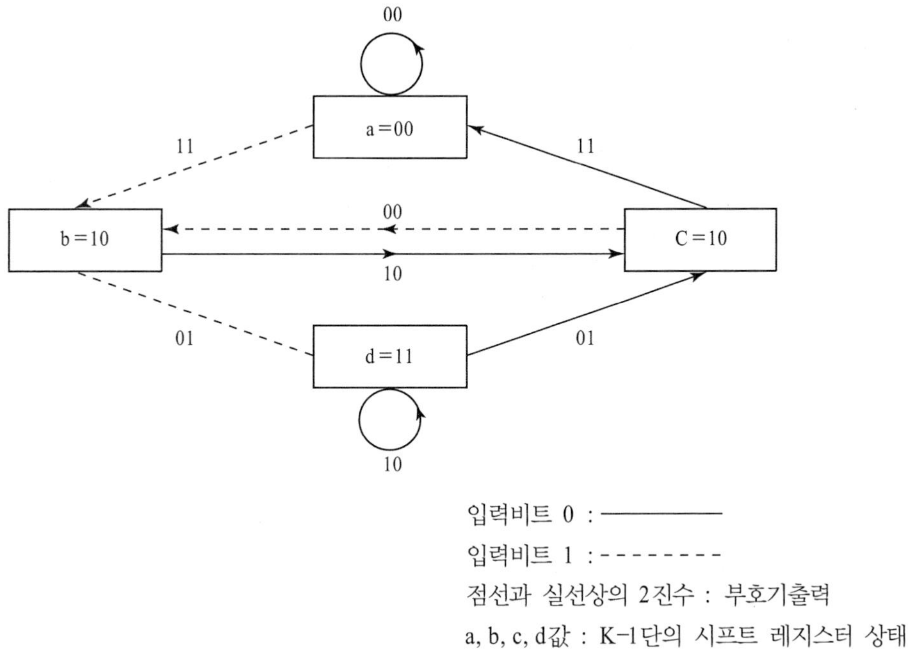

그림 10-5 **부호기의 상태도**

그림 10-5는 부호기의 R_t(또는 K)가 3이고 부호비율이 1/2인 부호기의 상태도(state diagram)이다. 그림에서 직사각형내의 2진수는 레지스터의 상태를 나타내고 점선은 메시지의 입력비트가 1인 경우이고, 실선은 입력비트가 0인 경우이다. 점선과 실선상의 2비트는 2원가산기의 출력, 즉 출력부호어를 나타내고 있다. 그림 10-5에 의해 상태도를 설명하면 부호기에서 레지스터가 3개 있는 경우로 직사각형내의 레지스터상태는 레지스터단의 왼쪽부터 1단과 2단의 상태이다. 이때 마지막 레지스터단, 즉 3단이 상태도에서 제외되는 것은 입력비트가 들어오면 이 마지막 단의 상태는 입력된 비트에 의해 시프트되어 출력되는 부호어와는 무관하기 때문이다.

그림에서 시프트 레지스터의 초기상태가 a, b, c, d 중 어느 상태에서 시작해도 상관없지만 여기서는 a상태, 즉 00인 상태에서 진행을 시작해 보자.

첫째, 시프트 레지스터의 상태가 00에서 입력이 "0"이 들어오면 이때 출력상태가 직사각형 위에 원으로 표시된다. 즉, 원이 실선으로 되어 있으므로 입력이 "0"였음을 나타내고 원상에 "00"로 표시해서 이때 출력이 "00"임을 표시하고 있다. 한편, 이 경우에 입력이 "1"이 입력됐으면 시프트 레지스터상태는 b상태, 즉 "10"이 된다. 이것을 그림에서 점선으로 a와 b를 연결시키고 화살표에 의해 a상태에서 b상태로 변경됐음을 나타냈다. 점선으로 표시함으로써 a상태에서 입력이 "1"이었음을 표시하고 점선상위에 이때의 부호기출력상태를 "11"로 표시하고 있다.

두 번째, b=10상태로 된 시프트 레지스터의 상태는 입력이 "0"이면 c=01상태로 바뀐다. 이때 출력은 10이 되며 b와 c의 연력은 실선으로 하고 있다. 한편, 이때 입력이 "1"이면 d=11상태로 바뀌고 이때 출력은 "01"로서 b와 d를 잇는 점선상위에 표시하고 있다.

세 번째, 시프트 레지스터의 상태가 d=11이라면 입력이 "1"이면 레지스터 상태는 변함없이 "11"이 지속되고 이때 출력은 "10"인 것이 직사각형상의 점선원상에 표시되어 있고, 입력이 0이면 레지스터상태는 c=01상태로 변하고 이때 출력이 실선상위에 "01"로 표시되어 있다. 이상과 같이 상태도에 의해 레지스터상태와 입력비트와의 관계, 그리고 그때의 출력관계를 쉽게 알 수 있다.

10.2.3 부호기의 나무 형태도

부호기의 상태도는 부호화 진행과정을 시간으로 표시할 수 없는 결점이 있다. 따라서 이것을 보완하여 진행과정을 시간상으로 나타내고 진행과정을 좀더 가시적으로 나타낸 것이 나무형태도(tree diagram)이다. 그림 10-6은 그림 10-2에 대한 나무형태도이다. 이 그림은 시프트 레지스터의 초기 상태가 00인 경우이다. 입력비트가 1이 입력되면 아래 화살표 방향으로 추적해 가고, 0이 입력되면 위쪽 화살표 방향으로 추적해 간다. 나뭇가지의 수평선위에 표시된 2개의 비트는 출력부호어를 표시한다. a, b, c, d는 그림 10-5에서와 같이 시프트 레지스터의 상태, a=00, b=10, c=01, d=11을 뜻하고 있다. 그림 10-6에서 보듯이 나무상태도는 그 진행과정을 시간으로 나타낼 수 있고, 또한 현재의 레지스터의 상태를 일일이 주의할 필요없이 단지 입력상태만 가지고 즉시 출력상태를 가시적으로 쉽게 추적해 갈 수 있다.

이 그림에서 보면 시간 t_1의 a점에서 입력비트가 1이 들어오면 진행이 화살표 아랫방향으로 시작된다. 이때 출력은 11이 되고 레지스터 상태는 b상태가 된다. 다음 시간 t_2의 b점에서 2번째 입력비트 1이 들어오면 역시 2개의 가지(branch)중, 아래가지쪽으로 진행해서 출력 01이 나오고 레지스터는 d상태가 된다. 다음 시간 t_3에서 이번에는 입력이 0이 들어오면 2개의 가지중, 위쪽 가지로 진행된다. 따라서 출력은 01임을 알 수 있고 시프트 레지스터 상태는 C의 상태가 된다. 다음 시간 t_4에서도 이상에서와 같이 입력1이 입력됨에 따라 아래쪽 가지로 진행하고 00를 출력시킴을 알 수 있다. 이와 같이 해서 입력메시지 비트에 따라 t_1에서 출력이 11, t_2에서 01, t_3에서 0 1, t_4에서 00가 출력되어 출력부호어 시퀀스 11010100가 출력됨을 쉽게 알 수 있고 입력메시지 비트에 따라 어느 시간에 어떤 출력이 나왔는지 쉽게 알 수 있다. 또한, 이 그림에서 보듯이 a점에서는 다음 시간에 a점과 b점으로, b점에서는 c나 d점으로, c점에서는 a점과 b점으로 a점에서와 같고 d점에서는 b점에서와 같이 c나 d점으로만 가지를 뻗어 갈 수 있다. 나무형태도는 메시지길이 n에 따라 그 가지가 2^n 으로 발생됨으로써 메시지길이가 길어지면 나뭇가지가 많아져서 복잡해지고 그림이 차지하는 지면이 아주 많이 소모됨을 알 수 있다.

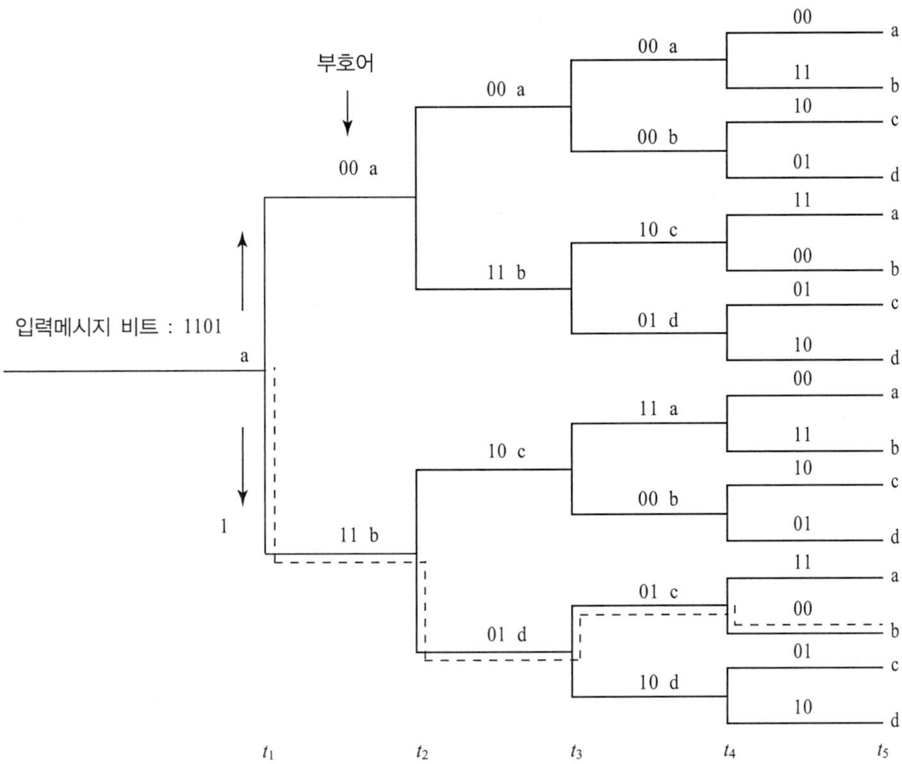

그림 10-6 **부호기의 나무(Tree) 형태도**

10.2.4 부호기의 격자도

부호기의 나무형태도의 복잡성을 피하고 좀더 간단한 형태로 부호기의 진행과정을 나타낸 것이 격자도(格子圖 : trellis diagram)이다. 그림 10-7은 이것을 보여주고 있다. 이 그림은 부호율이 1/2이고 K=3인 부호기의 격자도이다. 실선과 점선은 다른 상태도에서와 같이 입력비트가 0과 1인 것을 나타내는 것이다. a, b, c, d값은 레지스터의 상태이다. 이 예에서는 시프트 레지스터의 초기상태가 00인 경우이다.

그림 10-4에서와 같이 부호기에 메시지 비트 1101(m_1, m_2, m_3, m_4)과 플러싱비트 0,0이 차례로 입력되는 경우를 생각해 보면 t_1의 a=00 상태에서 메시지 비트 m_1=1이 입력되면 점선을 따라 b=10점으로 진행하고 이때 출력은 점선상에 11로 표시되어 있다.

따라서 t_2에서 시프트 레지스터의 상태는 b=10이고 이때 메시지 비트 m_2=1이 입력되면 역시 점선을 따라 t_3점으로 진행해서 d=11점으로 진행하고 이때 출력은 점선상의 01이 된다. 다음 t_3에서 시프트 레지스터 상태는, d=11이다. 이 시간 t_3에서 메시지 비트 m_3=0이 입력되면 실선을 따라 t_4점으로 진행하고 c=01점에 연결된다. 이때 출력은 직선상의 01이 된다. 다음 시간 t_4에서 시프트 레지스터 상태 c=01이고 이때 메시지 비트, m_4=1이 입력되면 t_4점에서 점선을 따라

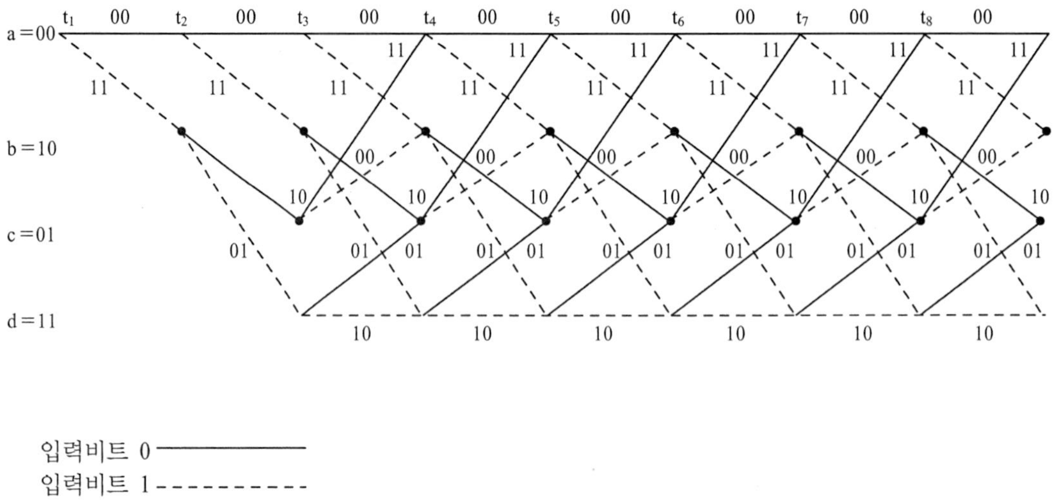

그림 10-7 **부호기의 격자도(trellis diagram) (k/n=1/2, K=3)**

시간 t_5점, 시프트 레지스터 상태가 b=10이 되는 점으로 진행하고 점선상의 00를 출력시킨다. 이렇게 해서 메시지 비트 1101이 모두 입력되고 다음 플러싱 비트 0가 t_5점의 b=10 상태에서 입력되면 t_6의 c=01의 시프트 레지스터 상태가 되는 점으로 실선을 따라 진행하면서 직선상의 10을 출력시킨다. 다음 t_7에서 마지막 플러싱 비트 0이 입력되면 시프트 레지스터 상태가 00가 되어야 한다. 이때 출력이 11이 나와야 한다. 즉, 시간 t_6에서 플러싱 비트 0에 의해 2개의 진행 방향중 실선을 따라 시간 t_7으로 진행한다. 이 출력은 직선상의 11이 되고 t_7에서 시프트 레지스터 상태는 a=00가 되어서 그림 10-4에서와 같이 출력 부호어 시퀀스가 t_1에서 11, t_2에서 01, t_3에서 01, t_4에서 00, t_5에서 10, t_6에서 11, 즉 110101001011이 출력된다. 이렇게 해서 하나의 메시지가 부호화되면 시간 t_7에서 비트 0를 입력시킴으로써 00를 출력시킨다. 이것은 t_7에서의 시프트 레지스터 상태 a=00가 플러싱 비트에 의해 시프트 레지스터 상태가 00로 플러싱된 것이며 메시지 1개가 부호화되고 다음 메시지가 시작됨을 알리기 위한 것이다.

10.2.5 길쌈부호기의 다항식과 출력부호의 시퀀스

길쌈부호기에서 다항식을 이용하여 출력부호어 시퀀스를 계산하는 방법과 또한 다항식을 만드는 방법에 대해 설명하고자 한다. 부호기에 대한 다항식은 2원가산기의 수와 동일하다.

그림 10-8의 부호기는 2원가산기가 2개로 구성되어 있으므로 2개의 다항식이 구해진다. 이 그림에서 2원가산기 1번에서 구해지는 다항식을 $P_1(x)$, 2번에서 구해지는 다항식을 $P_2(x)$라 하면

$$P_1(x) = 1 \oplus 1x \oplus 1x^2 \tag{10.1}$$

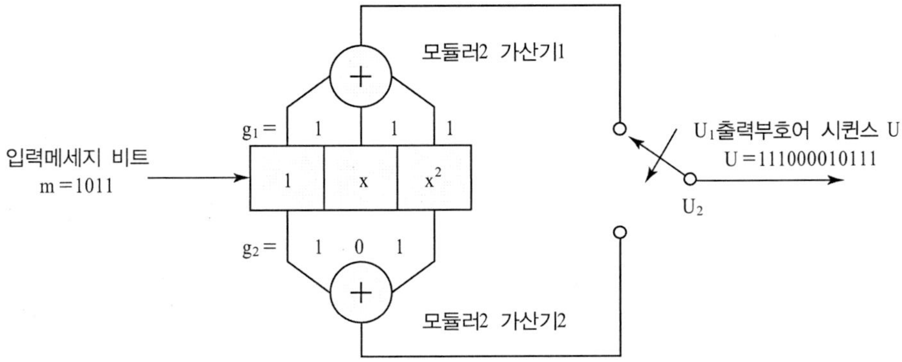

입력 메시지 다항식 $P_m(x) = 1 \oplus x^2 \oplus x^3$

모듈러 2가산기 1번 다항식 $P_1(x) = 1 \oplus x \oplus x^2$

모듈러 2가산기 2번 다항식 $P_2(x) = 1 \oplus x^2$

그림 10-8 **g_1=111, g_2=101, k/n=1/2, K=3인 부호기**

$$P_2(x) = 1 \oplus 1x^2 \tag{10.2}$$

이 된다. 다항식에서 가장 낮은 차수는 입력 레지스터단에 대한 것이고 1차항은 2단, 2차항은 3단에 대한 것이다.

식 (10.1)에서 모든 레지스터단이 2원가산기와 접속되어 있고, 식 (10.2)에서는 제1단과 제3단만 2원가산기에 접속되어 있으므로 제1차항에 대한 계수가 0이 되어 제1차항은 다항식 $P_2(x)$에서 제외된 것이다.

이 그림에서 입력비트 1011(b1, b2, b3, b4)에 대한 메시지 벡터를 다항식으로 표시하면

$$P_m(x) = 1 \oplus 1x^2 \oplus 1x^3 \tag{10.3}$$

이 되어 메시지비트값이 0인 것은 계수값이 0이 되어 1차항은 다항식 $P_m(x)$에 포함되지 않는다. 이와 같이 다항식 $P_1(x)$, $P_2(x)$ 그리고 $P_m(x)$가 정해지면 이 식으로부터 출력부호어 시퀀스를 계산해 낼 수 있다. 출력부호어 시퀀스를 V라고 하면 P_1에 대한 출력다항식 $V_1(x)$는

$$V_1(x) = P_m(x) \cdot P_1(x) \tag{10.4}$$

가 되고 P_2에 대한 출력다항식 $V_2(x)$는

$$V_2(x) = P_m(x) \cdot P_2(x) \tag{10.5}$$

가 된다. 이 두 식 (10.4)와 (10.5)에서 동일한 차수항에 속하는 계수를 $V_1(x)$, $V_2(x)$의 순서대로 차례로 정리하면 출력부호어 시퀀스 V가 구해진다.
식 (10.1)과 (10.3)에 의해

$$\begin{aligned} V_1(x) &= (1 \oplus 1x^2 \oplus 1x^3)\ (1 \oplus 1x \oplus 1x^2) \\ &= 1 \oplus x \oplus x^2 \oplus x^2 \oplus x^3 \oplus x^4 \oplus x^3 \oplus x^4 \oplus x^5 \\ &= 1 \oplus x \oplus x^2(1 \oplus 1) \oplus x^3(1 \oplus 1) \oplus x^4(1 \oplus 1) \oplus x^5 \\ &= 1 \oplus x + 0x^2 \oplus 0x^3 \oplus 0x^4 \oplus x^5 \end{aligned} \tag{10.6}$$

이 되고 식 (10.2)와 식 (10.3)에 의해

$$\begin{aligned} V_2(x) &= (1 \oplus 1x^2 \oplus 1x^3)\ (1 \oplus 1x^2) \\ &= 1 \oplus 1x^2 \oplus 1x^2 \oplus 1x^4 \oplus 1x^3 \oplus 1x^5 \\ &= 1 \oplus\ 0x^2 \oplus 1x^3 \oplus 1x^4 \oplus 1x^5 \end{aligned} \tag{10.7}$$

식 (10.6)과 식 (10.7)로부터 동차항의 계수를 $V_1(x)$, $V_2(x)$의 순으로 정리하면

$$\begin{aligned} V_1(x) &= 1 \oplus x + 0x^2 + 0x^3 \oplus 0x^4 \oplus 1x^5 \\ V_2(x) &= 1 \oplus 0x^2 + 1x^3 \oplus 1x^4 \oplus 1x^5 \\ & (11)(10)x(00)x^2 \quad (01)x^3(01)x^4(11)x^5 \end{aligned} \tag{10.8}$$

가 되어 출력부호어 시퀀스 V는

$$V = 11\ \ 10\ \ 00\ \ 01\ \ 01\ \ 11 \tag{10.9}$$

이 된다.

식 (10.8)에서 x^4항과 x^5항에서의 01 11은 시프트 레지스터 원상태 000 회복비트 0가 2개 입력됐음을 나타낸다. 식 (10.9)의 출력부호어 시퀀스 V의 계산결과를 그림 10.6과 그림 10.7에 의해 확인하기 바란다. 그리고 입력메시지 비트가 1101(m_1, m_2, m_3, m_4)인 경우에 출력부호어 시퀀스 V가 11 0101 1010 11이 되도 다항식을 이용하여 계산해 보기 바란다.

10.2.6 조직적 길쌈부호기(systematic convolutional encoder)

조직적 길쌈부호화는 부호기의 출력부호어 시퀀스에 입력메시지 비트가 규칙적인 형태로

들어가는 것을 말한다. 그림 10.9(a)는 부호율이 1/3인 조직적 길쌈부호기이다. 시프트 레지스터 K가 3개이고 출력이 2개의 2원가산기와 1개의 직접 출력에 의해 3비트로 부호어가 구성된다. 다시 말하면 부호어는 U_1, U_2, U_3로 구성되는데, U_1은 R_1에서 직접 출력되어서 입력되는 비트값을 그대로 가지며 U_2는 $R_1 \oplus R_2 \oplus R_3$의 1번 2원가산기 값, U_3는 $R_1 \oplus R_3$의 2번 2원가산기 값을 가진다. 즉, 출력 U_1값은 다른 레지스터 R_2와 R_3의 상태와 무관함을 알 수 있다. 출력값 U_2, U_3는 오류교정비트(parity)로서 간주할 수 있다. 이 부호기를 10.2.5에서와 같이 다항식으로 나타내면 다음 그림과 같다. 그림에서 $g_1 = 100$, $g_2 = 111$, $g_3 = 101$이므로 출력 U_1에 대한 다항식을 $P_1(x)$라 하고 1번 2원 가산기 출력 U_2에 대한 다항식을 $P_2(x)$, 2번 2원 가산기 출력 U_3에 대한 다항식을 $P_3(x)$라고 하면

$$P_1(x) = 1 \tag{10.10}$$

$$P_2(x) = 1 \oplus x \oplus x^2 \tag{10.11}$$

$$P_3(x) = 1 \oplus x^2 \tag{10.12}$$

이 된다.

이때 입력메시지 비트는 1101(m_1, m_2, m_3, m_4)이므로 입력메시지에 대한 다항식 $P_m(x)$

$$P_m(x) = 1 \oplus x \oplus x^3 \tag{10.13}$$

가 된다. 따라서 출력부호어는 식 (10.13)을 식 (10.10)과 (10.11), (10.12)에 각각 곱하여 이 3개의 결과식의 각 항에서 동차항의 계수를 P_1, P_2, P_3의 순서대로 차례로 배열하면 된다.

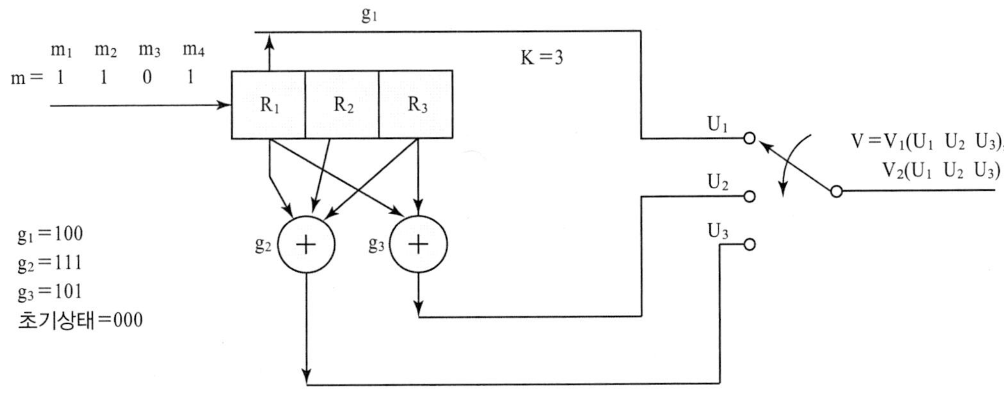

(a) 개요도

시간	입력메시지비트	레지스터상태			출력상태			비고
		R_1	R_2	R_3	U_1	U_2	U_3	
t_0	–	0	0	0	–	–	–	
t_1	1	1	0	0	1	1	1	
t_2	1	1	1	0	1	0	1	
t_3	0	0	1	1	0	0	1	
t_4	1	1	0	1	1	0	0	
t_5	0	0	1	0	0	1	0	플러싱
t_6	0	0	0	1	0	1	1	비트
t_7	0	0	0	0	0	0	0	

(b) 부호화 진행상태

t_7 상태 : t_6 입력이 0이고 하나의 메시지가 끝났음을 확인하는 것.

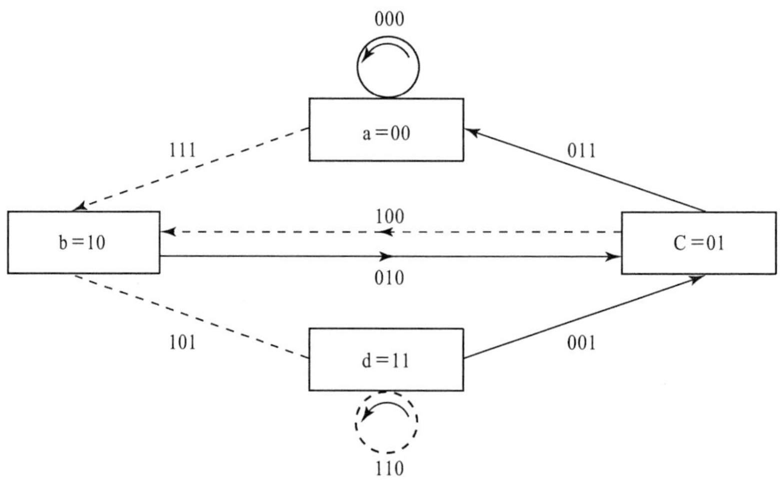

(c) 상태도

그림 10-9 **조직적 길쌈부호기(k/n=1/3, K=3)**

식 (10.10)과 (10.13)을 곱하면 $U_1(x)$는

$$\begin{aligned} U_1(x) &= P_m(x) \cdot P_1(x) \\ &= (1 \oplus x \oplus x^3)1 \\ &= 1 \oplus x \oplus x^3 \end{aligned} \tag{10.14}$$

으로 식 (10.11)과 (10.13)을 곱하면 $U_2(x)$는

$$\begin{aligned} U_2(x) &= P_m(x) \cdot P_2(x) \\ &= (1 \oplus x \oplus x^3)(1 \oplus x \oplus x^2) \\ &= 1 \oplus x \oplus x^2 \oplus x \oplus x^2 \oplus x^3 \oplus x^3 \oplus x^4 \oplus x^5 \\ &= 1 \oplus x(1 \oplus 1) \oplus x^2(1 \oplus 1) \oplus x^3(1 \oplus 1) \oplus x^4 \oplus x^5 \\ &= 1 \oplus 0x \oplus 0x^2 \oplus 0x^3 \oplus x^4 \oplus x^5 \end{aligned} \tag{10.15}$$

이 되고 식 (10.12)와 (10.13)을 곱하면 $U_3(x)$는

$$\begin{aligned} U_3(x) &= P_m(x) \cdot P_3(x) \\ &= (1 \oplus x \oplus x^3)(1 \oplus x^2) \\ &= 1 \oplus x^2 \oplus x \oplus x^3 \oplus x^3 \oplus x^5 \\ &= 1 \oplus x \oplus x^2 \oplus 0x^3 \oplus x^5 \end{aligned} \tag{10.16}$$

이 된다. 따라서 출력부호어 시퀀스 V는 식 (10.14), (10.15), (10.16)에서

$$\begin{array}{llllll} 1 \oplus x & & \oplus x^3 & & & \\ 1 \oplus 0x & \oplus 0x^2 & \oplus 0x^3 & \oplus x^4 & \oplus x^5 \\ 1 \oplus x & \oplus x^2 & \oplus 0x^3 & & \oplus x^5 \end{array} \tag{10.17}$$

$$V_1(1.1.1)\, V_2(1.0.1)\, V_3(0.0.1)\, V_4(1.0.0)\, V_5(0.1.0)\, V_6(0.1.1)$$
$$V = (111\ 101\ 001\ 100\ 010\ 011)$$

이 된다.

이와 같이 출력부호어가 (U_1, U_2, U_3)의 3개비트로 구성되므로 8개의 서로 다른 출력부호어를 갖게 된다. 그림 10-9(b)는 입력과 출력상태 그리고 시프트 레지스터의 각상태를 나타낸 것이고 그림 10-9(c)는 이에 대한 상태도(state diagram)이다.

10.3 길쌈복호화

10.3.1 개념

길쌈복호화는 길쌈부호화 방식에 의해 부호화된 부호어 시퀀스를 복호화하여 부호화되기 전의 비트시퀀스, 즉 메시지비트 시퀀스를 재생시키는 것을 말한다. 길쌈복호화 방식에는 최

대 근사복호화방식(MLH : maximum likelihood decoding)을 이용한다. 최대 근사복호화방식이라 함은 디지털 신호가 전송중에 전송로상에서 오류가 발생한다는 가정하에 수신기에 수신된 부호어 시퀀스를 복호화하는 방식이다. 수신기에 반송파로 변조된 부호어, 즉 디지털 신호가 입력되면 복조기에서 부호어 시퀀스를 복조하고 이 부호어 시퀀스가 복호기에 입력되면 이 부호어를 송신기에서 전송가능한 모든 부호어로 비교하고 이 비교치중에서 가장 비슷한(또는 같은) 비교부호어를 선택해서 이 비교부호어가 송신기에서 송신된 오류가 없는 부호어라고 가정하고 이 선택된 부호어에 의해 메시지비트를 재생시키는 것이다.

이와 같이 수신된 부호어를 비교부호어와 비교해서 가장 비슷한 것을 선택하여 복호화한다 해서 최대 근사복호화방식(MLH)이라고 한다.

10.3.2 최대 근사복호화방식

최대 근사복호화방식은 입력되는 부호어 하나마다 복호화해서 메시지비트를 1비트씩 비교하는 것이 아니다. 일정한 길이를 가진 부호어, 즉 부호어 시퀀스의 일정한 길이를 모두 비교한 후에 이중에 가장 비슷한 비교부호어 시퀀스를 선택해서 이 비교부호어 시퀀스에 해당하는 메시지 비트시퀀스를 출력시킨다. 따라서 하나의 부호어시퀀스를 모두 비교한 후에, 한 개의 비교부호어 시퀀스를 선택할 때까지는 이 동안에 발생된 모든 정보를 기억하고 있어야 한다. 이 방식을 설명하기 위해 송신기에는 1/2부호비율을 가진 부호기에 의해 메시지비트가 부호화 된다고 가정하자. 따라서 부호기에서는 메시지비트 1비트에 의해 2비트로 구성된 부호어를 출력시킨다.

이 부호어로 구성된 부호어시퀀스가 변조기에서 변조되어 전송로를 전송중에 부호어시퀀스를 구성하는 각각의 비트마다 서로 독립적으로 부가되는 잡음, 백색잡음(additive gaussion white noise : AGWN)이 부가된다고 하면 전송부호어 시퀀스에 오류가 발생할 수 있게 된다. 따라서 오류가 발생한 부호어 시퀀스를 그대로 복호화하면 메시지비트에 오류가 발생한다. 지금 부호기의 시프트 레지스터의 상태가 000이라면 입력비트 내용에 따라 2가지 상태의 부호어를 출력시킨다. 메시지비트가 0이면 부호어는 00, 1이면 부호어는 11이 된다. 이 경우에는 메시지비트 1에 의해 부호어 11이 출력됐다고 하자.

이 부호어 복호기에서 복호화할 때에 복호기에서 미리 부호기의 시프트 레지스터 상태를 인지하고 있다. 따라서 전송로에서 디지털 신호에 오류가 발생하지 않아 복호기 입력에 11이 들어오면 메시지비트 1을 정확하게 출력시킨다. 그런데 디지털 신호가 전송중 오류가 발생하여 부호기의 출력 11이 01로 변이되어 복호기에 입력되면, 복호기에서 01을 복호화할 수 없어 메시지비트를 1로 재생시키지 못해 메시지비트에 오류가 발생하게 된다. 또한, 만약 복호기에 입력된 부호어가 11이 아니고 00로 변이됐다고 하면 복호기는 메시지비트를 0로 간주하여 출력시킴으로 메시지비트에 오류가 발생하게 된다. 따라서 이것을 방지하기 위해 일정한 길이의 수신부호어 시퀀스를 부호기에서 출력가능한 모든 부호어, 즉 1/2부호율에서는 00, 01, 10, 11

의 4개의 부호어로 비교해서 이중 가장 비슷한 비교부호어 시퀀스를 선택하여 오류가 없는 수신부호어 시퀀스라고 간주하여 이 비교부호어 시퀀스에 해당하는 메시지비트를 차례로 복호화해서 출력시킨다. 따라서 최대 근사복호화 방식은 일정한 길이의 수신부호어 시퀀스를 수신해서 비교부호어로 비교를 완료한 후 가장 비슷한 비교부호어를 선택해서 복호화할 때까지 수신된 부호시퀀스를 기억하고 있어야 한다. 또한, 이 기간중에 계속 입력되고 있는 수신부호어를 기억하고 있어야 하므로 기억 용량이 커지고 비교가 완료될 때까지 비교부호어시퀀스(1/2 부호율에서는 4개의 비교부호어가 있음)를 모두 기억하고 있어야 하므로 장비가 복잡해진다. 이와 같은 최대 근사복호화 방식의 복잡성을 개선한 방식이 10.3.3에 설명하는 Viterbi 복호화 방식이다.

10.3.2.1 최대 근사값의 산출방법

최대 근사값을 산출하는 것은 수신기에서 실질적으로 수신된, 즉 오류발생의 가능성이 있는 수신부호어를 부호기에서 출력가능한 모든 상태와 비교해서 근사값을 구한다. 이 비교값에 의해 구해지는 수신부호어 시퀀스에 대한 비교값을 구해서 이중에서 가장 비교값이 최대인 값을 선택하는 방법을 말한다. 즉, 비교값이 최대라고 하는 것은 이 값에 해당하는 비교부호어 시퀀스가 오류가 가장 적은 것으로, 부호기에서 출력된 부호어 시퀀스와 가장 근사한 값을 가졌다 해서 최대 근사값이라고 한다. 이때 최대 근사값을 갖는다는 것은 비교부호어간의 거리가 최소라고도 하는데, 거리가 짧을수록 근사값이 높다. 따라서 오류확률이 가장 낮은 것을 말한다. 다시 말하면 최대 근사값이 클수록 메시지비트를 충실하게 재생시키게 된다. 이 최대값을 산출하는 방법을 알아보자. 위에서 언급한 비교부호어 시퀀스 거리를 D라고 하면

$$D_i = \sum_{i=1}^{n} | r_i - S_j |^2 \tag{10.18}$$

r_i = i번째 수신된 부호어($i = 1.2.3 \cdot \cdot$ n)

= $S_i + \omega_i$(송신된 부호어 + 잡음성분)

S_j = 부호기의 서로 다른 출력상태($j = 1.2 \cdot \cdot$ M)

(1/2부호비율에서는 00, 10, 01, 11의 4가지 상태)가 된다.

이때 부호기의 출력부호어 벡터성분을 복소수면상에 표시하면 그림 10-10과 같이 된다. 각 부호어와 각 부호어에 의해 변조되는 반송파의 위상을 보면 QPSK 변조기에 부호어 10이 입력되면 반송파 위상을 $\frac{3\pi}{2}(-90°)$, 11은 $\pi(180°)$편이시킨다. 각 부호중에서 첫째 비트가 I비트로서 $\frac{1}{\sqrt{2}}$만큼 진폭을 억압시킨 반송파, 즉 $\frac{1}{\sqrt{2}}\cos(\omega_0 t + \frac{\pi}{4})$와 변조된다. 두 번째 비트는 Q－비트(quadrature bit)로서 역시 진폭을 $\frac{1}{\sqrt{2}}$만큼 억압시킨 반송파 $\frac{1}{\sqrt{2}}\sin(\omega_0 t + \frac{\pi}{4})$와

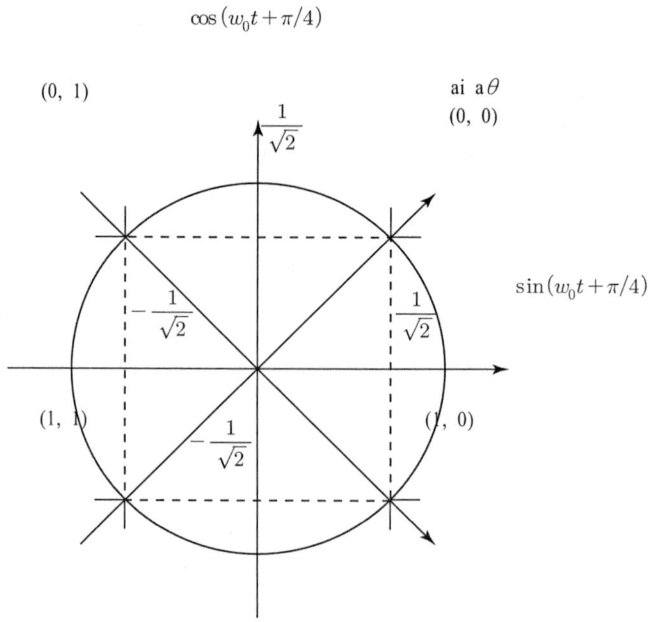

그림 10-10 **복소수면에 표시한 부호기출력 부호어 벡터성분**

변조된다.

이 두 개의 출력이 합쳐져서 출력변조파 f_m이 되고 이 변조파가 송신반송파 RF와 변조되어 송신신호 S_i로 안테나에서 송신된다. 따라서 부호기 출력부호어를 변조시킨 변조파 f_m은

$$f_m = I \cdot \frac{1}{\sqrt{2}} \cos(\omega_0 t + \frac{\pi}{4}) + Q \frac{1}{\sqrt{2}} \sin(\omega_{0t} + \frac{\pi}{4}) \tag{10.19}$$

$$= K\cos(\omega_0 t + \theta) \quad (K = \sqrt{I(\frac{1}{\sqrt{2}})^2 + Q(\frac{1}{\sqrt{2}})^2})$$

이 된다.

여기서 θ값은 I와 Q값에 의해 그림 10-10에서와 같이 0°, $\frac{\pi}{2}$, π, $\frac{3}{2}\pi$ 값을 갖게 된다.

식 (10.19)에서 I와 Q가 각각 (1. 1)일 경우를 계산해 보자.

$$f_{m(1.1)} = I \cdot \frac{1}{\sqrt{2}} \cos(\omega_0 t + \frac{\pi}{4}) + 1 \cdot \frac{1}{\sqrt{2}} \sin(\omega_0 t + \frac{\pi}{4}) \tag{10.20}$$

$$= \frac{1}{\sqrt{2}} [\cos(\omega_0 t + \frac{\pi}{4}) + \cos(\omega_0 t + \frac{\pi}{4})]$$

$$= \frac{1}{\sqrt{2}} [(\cos\omega_0 t \cos\frac{\pi}{4} - \sin\omega_0 t \sin\frac{\pi}{4}) +$$

$$(\cos\omega_0 t\ \cos\frac{\pi}{4} + \sin\omega_0 t\ \sin\frac{\pi}{4})]$$
$$= \frac{1}{\sqrt{2}}(2\cos\omega_0 t\ \frac{\pi}{4})$$
$$= \frac{2}{\sqrt{2}}(\frac{1}{\sqrt{2}}\cos\omega_0 t)$$

이 된다. 이와 같이 I가 Q가 (0.0), (0.1), (1.0)인 경우를 차례로 식으로 표현하면

$$f_{m(0.0)} = \cos(\omega_0 t + \pi) \tag{10.21}$$
$$f_{m(0.1)} = \cos(\omega_0 t + \frac{3\pi}{2}) \tag{10.22}$$
$$f_{m(1.0)} = \cos(\omega_0 t + \frac{\pi}{2}) \tag{10.23}$$

가 된다. 이 식 (10.21), (10.22), (10.23), (10.24) 값이 식 (10.18)의 S_j값이 된다.

따라서 S_j는

$$S_j = (f_{m(1.1)},\ f_{m(0.0)},\ f_{m(0.1)},\ f_{m(1.0)}) \tag{10.24}$$

로 표현할 수 있다.

따라서 식 (10.18)에 의해 비교부호어 시퀀스의 거리를 구하기 위해 수신기에 수신된 부호 시퀀스 r을

$$r = [11^{(1)},\ 10^{(2)},\ 00^{(3)},\ 01^{(4)}] \tag{10.25}$$

라고 가정하자. $r_1 = 11$에 대한 비교부호어 식 (10.21), (10.22), (10.23), (10.24)와 비교해서 구해보면, r_1은 $f_{m(1.1)} + \omega_i$이지만 여기서는 잡음성분 ω_i가 없다고 가정하고 $r_1 = f_{m(1.1)} = \cos\omega_0 t$라고 하면 식 (10.18)에 의해 r_1을 식 (10.24)의 S_j로 네 번 비교해 보면

$$D_1 = |r_1 - f_{m(1.1)}|,\ \ |r_1 - f_{m(0.0)}|,\ r_1 - f_{m(0.1)}|,\ |r_1 - f_{m(1.0)}| \tag{10.26}$$

에 의해

$$D_1\ f_{m(1.1)} = |\cos\omega_0 t - \cos\omega_0 t|^2 = 0 \tag{10.27}$$

$$D_1\ f_{m(0.0)} = |\cos\omega_0 t - \cos(\omega_0 t+\pi)|^2 \quad (10.28)$$
$$= 2\cos\omega_0 t$$
$$= 2$$

$$D_1\ f_{m(0.1)} = |\cos\omega_0 t - \cos(\omega_0 t - \frac{3}{2}\pi)|^2 \quad (10.29)$$
$$= |\cos\omega_0 t + \sin\omega_0 t$$
$$= 1$$

$$D_1\ f_{m(1.0)} = |\cos\omega_0 t - \cos(\omega_0 t - \frac{\pi}{2})|^2 \quad (10.30)$$
$$= |\cos\omega_0 t + \sin\omega_0 t$$
$$= 1$$

가 되고 다음 r_2에 대한 D를 같은 방법으로 구하면, $r_2 = 10$이므로

$$D_2\ f_{m(1.1)} = 1 \quad (10.31)$$
$$D_2\ f_{m(0.0)} = 1$$
$$D_2\ f_{m(0.1)} = 2$$
$$D_2\ f_{m(1.0)} = 1$$

이 된다. 다음 r_3에 대한 D를 구하면 $r_3 = 00$이므로

$$D_3\ f_{m(1.1)} = 2 \quad (10.32)$$
$$D_3\ f_{m(0.0)} = 0$$
$$D_3\ f_{m(0.1)} = 1$$
$$D_3\ f_{m(1.0)} = 1$$

이 되며 다음 $r_4 = 01$에 대한 D값을 구하면

$$D_4\ f_{m(1.1)} = 1 \quad (10.33)$$
$$D_4\ f_{m(0.0)} = 1$$
$$D_4\ f_{m(0.1)} = 0$$
$$D_4\ f_{m(1.0)} = 2$$

가 된다.

그림 10-11(a)는 복호기에 입력가능한 수신부호어 시퀀스 r에 대한 S_j와의 비교부호길이값 D를 보여주고 있다. 수신부호어가 00일 때 $f_{m(0.0)}$와 비교한 길이값이 0이고 $f_{m(0.1)}$과

부호기출력	비교부호 길이값	복호기 입력			
		00	01	10	11
	00	0	1	1	2
	01	1	0	2	1
	10	1	2	0	1
	11	2	1	1	0

(a) 부호기출력대 복호기입력의 비교부호 길이값

비교부호 길이값 D			수신부호어			
			r_1	r_2	r_3	r_4
			11	10	00	01
비교코드어	S_1	00	2	1	0	1
	S_2	01	1	2	1	0
	S_3	10	1	0	1	2
	S_4	11	0	1	2	1

(b) 수신부호어 시퀀스가 11100001일때의 비교부호길이 계산값

순서	비교부호어				길이값
1	S_4	S_3	S_1	S_2	0
2	S_2	S_1	S_2	S_1	4
2	S_3	S_4	S_3	S_4	4
3	S_1	S_2	S_4	S_3	16

(c) 그림 (b)에 대한 근사값을 가진 비교부호어 시퀀스 검색

그림 10-11 **최대 근사값에 의한 비교부호길이 D**

$f_{m(1.0)}$와 비교한 값이 1 그리고 $f_{m(1.1)}$과 비교한 길이값이 2로서 근사값이 가장 작은 것이다. 이 경우 알 수 있는 것처럼 수신부호와 비교코드어가 같을 때 비교부호 길이값이 가장 작고, 그림 10-10에서 보면 이 경우에 위상각에 차가 없음을 알 수 있으며, 비교부호어가 11일 때 비교부호값이 2로서 가장 크고 이때 그림 10-10에서 위상각의 차가 가장 큼을 알 수 있다.

그림 10-11은 (a)에 의해서 수신부호어 $r_1 = 11$, $r_2 = 10$, $r_3 = 00$, $r_4 = 01$인 경우의 비교부호 길이값을 보여주고 있다. 그림(c)는 비교부호 길이값을 작은 값부터 차례로 정리한 것이다. 그림(c)에서 보듯이 수신부호어 시퀀스 $[r_1, r_2, r_3, r_4]$를 수신한 결과, 이 수신부호어 시퀀스에 대해 비교부호 길이값이 가장 작은 것, 즉 오류율이 가장 작은 것의 비교부호 시퀀스는 $[S_4, S_3, S_1, S_2]$로서 수신부호어 시퀀스와 같음을 알 수 있다. 복호기에서는 비교부호 시퀀스 $[S_4, S_3, S_1, S_2]$를 선택해서 이 부호시퀀스가 송신기의 부호기에서 출력된 부호어 시퀀스로 간주하고 이 부호어 시퀀스를 복호해서 메시지비트를 출력시킨다.

10.3.2.2 나무형태도를 이용한 최대 근사 복호화방법

그림 10-12에서와 같이 나무형태도를 이용한 최대 근사 복호화방식은 메시지 입력비트수가 N일 때 경로수가 2^N개로서 메시지비트 5개를 복호화하기 위해 $2^5 = 32$개의 경로에 대한 가지길이를 계산하고 또 이것을 합한 다음에 비교하여 선택해야 하므로 가산-비교-선택장치(ACS : add-compare-select)가 매우 복잡한다. 메시지비트가 1비트 추가되면 경로수가 2^N의 수로 많아짐으로써 ACS장치가 굉장히 복잡해진다.

예를 들면 메시지비트수가 5개이면 경로수가 $2^5 = 32$개인데, 메시지비트가 1비트 추가되어서 메시지시퀀스가 6비트로 구성되면 경로수가 $2^6 = 64$개로 배로 늘어난다.

이 방식은 이 모든 경로수마다 근사값을 계산하고 이 중에서 근사값이 최대인 것을 선택한다고 하여 맹목적 최대 근사 복호화방식(bruteforce) 이라고 한다. 그림에서 가지위에 있는 괄호내의 부호어는 시프트 레지스터 상태 a, b, c, d에서 메시지비트 0이나 1이 입력되었을 때의 부호기 출력부호어이다.

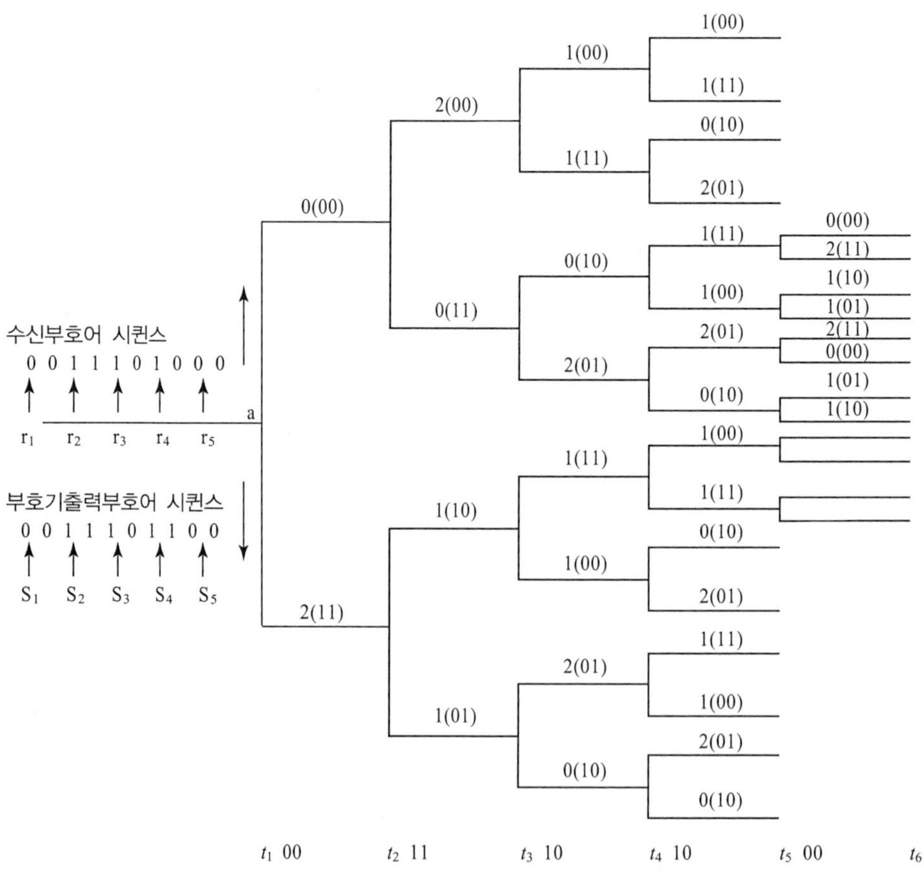

그림 10-12 나무형태도를 이용한 최대 근사 복호화방법

각 가지 위에 표시된 비교부호어 길이는 그림 10-11(a)에 의한 것이다. 수신부호어 상태에 따라 각 가지마다 길이가 달라진다. 부호기에 입력된 메시지비트가 01000이고 부호기출력이 0011101100이었다. 전송중 오류가 발생해서 복호기에 입력된 부호어 시퀀스는 0011101000로서 4번째 부호어 둘째 비트에 오류가 발생한 것이었다. 그런데 복호기에서 모든 경로의 비교부호어 길이를 계산해서 이중에 길이가 가장 짧은 것을 선택한 결과, 선택된 비교부호어 시퀀스가 부호기 출력부호어 시퀀스와 같다. 따라서 이것을 복호기한 결과, 오류가 발생했었음에도 불구하고 부호기에 입력되었던 메시지비트 01000가 오류없이 재생되었다.

3) 격자도(trellis diagram)를 이용한 최대 근사 복호화방법

그림 10-13은 격자도에 의한 최대 근사 복호화방법을 보여 주고 있다. 이 방법도 나무형태에 의한 방법과 같이 모든 가지 길이마다 비교값을 구하고 t_6점에서 모든 경로(path)에 대한 비교부호어 길이를 계산해서 이중에서 가장 비교부호어 길이값이 짧은 경로, 즉 최대 근사값을 가진 경로만 선택해서 이 경로에 해당하는 비교부호어 시퀀스를 복호화하여 메시지비트를 출력시킨다.

이 방법은 나무형태도에 의한 방법보다 각 가지길이를 계산하는 횟수가 매우 감소한다. 나무형태도에서는 그림 10-13에서와 같이 t_2에 2번, t_3에 4번, t_4에 8번, t_5에 16번, t_6에 32번으로 모두 62번 가지 길이를 계산했지만 격자도에 의한 방법에서는 t_2에 2번, t_3에 4번 그리고 $t_4 \sim t_6$에서는 각각 8번씩으로 모두 30번 가지길이를 계산한다. 즉, 전자에 비해 가지길이 계산횟수가 절반정도밖에 되지 않음을 알 수 있다. 경로수도 전자가 32인데 비해 후자는 24개이며 전자와 같이 경로수가 메시지비트의 증가와 더불어 배수적으로 증가하지 않는다.

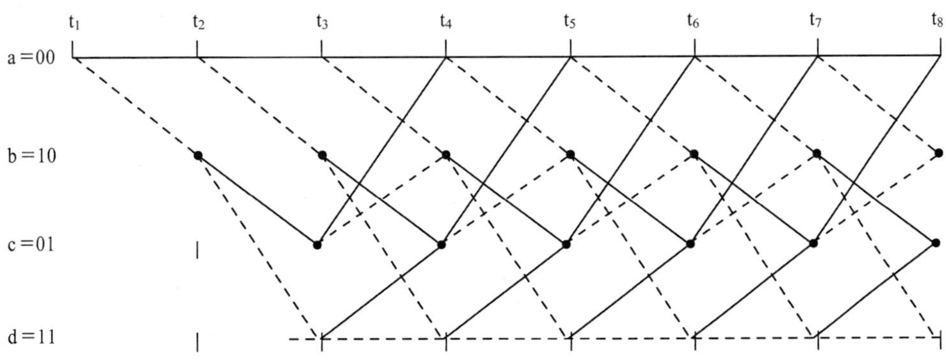

부호기 출력 부호어	00	11	10	11	00
수신 부호어	00	11	10	10	00
메시지 부호어	0	1	0	0	0

그림 10-13 **격자도에 의한 최대 근사 복호화방법**

10.3.3 Viterbi 복호화방식

Viterbi 복호화방식은 최대 근사 복호화방식을 기초로 해서 발전된 것이며 최대 근사 복호화방식의 복잡성을 매우 감소시킨 것이다. 1967년 Viterbi에 의해 최초로 Viterbi 복호화 알고리즘이 개발·분석되었으며 Viterbi 복호화에 대한 효율적이고 실제적인 기법은 헬러(Heller)에 의해 최초로 제시되었다. Viterbi 복호화는 FEC(forward error correcting) 길쌈부호에 대한 최대 근사 복호화기법으로서, 통신채널에서 높은 불규칙오류(random error) 정정능력을 가지므로 위성통신에 적합한 방식이다.

Viterbi 복호기의 오류정정은 부호기에서 출력된 모든 부호어 시퀀스에서 수신된 부호어에 가장 근접한 부호어 시퀀스를 선택함으로써 이루어진다.

Viterbi 최대 근사 복호기의 가장 큰 장점으로는 N개의 메시지비트를 복호화하는 데 최대 근사 복호기에서와 같이 메시지비트수에 의해 복호기의 동작이 지수함수적으로 급격히 증가하지 않고 단지 $N2^{K-1}$만큼만 증가하는 데 있다. 즉, 메시지비트수와는 선형적인 관계를 가진다. 여기서 시프트 레지스터의 단수 K와는 지수함수적 관계를 가지므로 K값을 많이 할 수 없으나 다행히 이 방식은 K값이 작아도 기능을 충분히 발휘할 수 있다.

10.3.3.1 Viterbi 복호기의 기본 동작원리

Viterbi 복호화 알고리즘은 어느 시점에서 서로 다른 경로를 가진 2개의 경로가 만나면 이 2개의 경로에 대한 경로길이(hamming distancd)를 비교해서 경로길이가 짧은, 즉 오류 발생확률이 낮은 하나의 경로만 선택한다. 이 중 경로길이가 긴 것은 경로기억(path memory)에서 지워버리는 것이다.

이때 남은 경로를 유지경로(surving path)라고 한다. 유지경로의 결정은 매 시점에서 수행된다. 이때마다 경로길이가 긴 경로는 삭제시킴으로써 복호화의 복잡성을 피하고 기억 용량의 증가를 방지할 수 있다. 이렇게 하여 어느 시점에서 맨 처음 t_1에서 수신된 부호어에 해당하는 가지(branch)가 현재 남은 각 경로에 공유된다. 이때에 최초로 t_1의 가지 부호어를 복호화하여 메시지비트의 최초 비트를 출력시킨다. 여기서 최적의 경로를 선택하는 것은 최대 근사값을 가진 부호어를 선택하여 가는 것으로 1969년 Omura는 Viterbi 알고리즘은 사실 최대 근사(maximum-likeihood) 알고리즘이라고 발표하기도 했다. 그림 10-14는 Viterbi 복호기를 기능별로 나타낸 것이다.

그림 10-14 Viterbi 복호기의 기능별 개요도

이 그림에서 입력단에 들어오는 데이터는 단계별로 연속해서 통과한다고 가정하자. 가지길이계산단(branch metric calculator)은 입력데이터를 받아서 각 가지에 대한 길이를 계산한다. 가지길이계산단은 수신부호어의 길이, 즉 부호기의 출력부호어의 길이와 직접 관계가 있는 것으로 부호어의 구성비트수가 많을수록 회로가 복잡해진다.

예를 들면 부호어가 2비트로 구성되면 수신된 부호어 2비트를 비교하기 위한 비교부호어는 2^2개, 즉 4개가 필요하고 4번 비교한다. 부호어가 3비트로 구성되면 하나의 수신부호어를 비교해서 가지길이를 계산하는 데는 2^3개, 즉 8개의 비교부호어가 필요하게 된다. 즉, 3비트로 구성된 부호어가 전송중에 다른 부호어로 바뀔 가능성이 7번 있으므로 하나의 부호어를 수신하는 데 8번 비교해야 하기 때문이다. 또한, 부호어길이가 길어지면 부호어길이가 짧을 때보다 가지길이의 결과값이 커지게 된다. 결국 가지길이값이 크다는 것은 이 가지길이값이 커진 만큼 가지길이를 기억하기 위한 기억용량이 커져야 하므로 다음 단의 ACS(Adder Comparator Selector) 연산단이 복잡해지게 된다.

ACS연산단에서는 가지길이계산단에서 계산한 가지길이값을 받아서 바로 전의 경로길이(path distancee) 값에 더하고(adder) 이때 서로 만나는 두 개의 경로중에서 경로길이값이 긴 것을 삭제하고 나머지 경로길이값이 작은 것만 유지경로(surving path)로서 기억시킨다. 이때 ACS기능은 2^{k-1}의 시프트 레지스터의 상태의 각각, 즉 각 노드(node)점에서 행해진다. 복호화 속도가 높은 것이 요구될 때에는 ACS장치를 2^{k-1}개, 즉 각 노드점마다 별도로 설치해야 하므로 복호화 속도가 높을 경우에는 ACS장치가 복잡해진다. 따라서 복호기를 간단히 하려면 ACS장치가 이상적으로 동작하고 ACS 장치를 구성하는 회로가 적정하게 설계되어야 한다.

이와 같이 ACS장치에서 선택된 유지경로들이 경로기억(path memory)에 저장되었다가 경로기억에서 경로길이값이 가장 작은 경로를 선택한다. 이 경로에 의해 메시지를 출력시킬 때에 ACS로부터 이에 대한 경로선택신호를 받아 해당경로의 부호어 시퀀스를 복호화해서 메시지 비트를 출력시킨다.

그림 10-14의 복호기 기본장치에 인터페이스 회로, 오류검파용 동기회로, 타이밍회로 그리고 일반적으로 부호기를 포함시켜야 완전한 복호기가 된다.

10.3.3.2 근사함수에 의한 근사값 계산

근사값을 결정하는 것은 가지길이를 계산하는 것이다. 10.3.2의 1)항에서 설명한 근사값을 근사함수를 이용하여 구하는 방법을 설명하고자 한다. 우선 부호기의 출력부호어가 2비트로 구성되어 00, 01, 10, 11중에 하나로 구성된다고 하고 $00 = S_1$, $01 = S_2$, $10 = S_3$, $00 = S_4$라고 하자. 이때 수신기에서 수신한 부호어 시퀀스를 r이라 하면

$$r = (r_1\ r_2\ r_3\ \cdots\cdots\ r_j) \tag{10.34}$$

이 되고 위에서 설명한 부호기 출력부호어를 $S_i(i=1,\ 2,\ 3,\ 4)$라 하면 이에 대한 조건적 확률밀도함수(probability density function:pdf)는

$$pdf = P(\frac{r_j}{S_i}) \tag{10.35}$$

가 된다. 이것은 채널에 잡음이 없다고 가정한 pdf, 즉 AWGN이 없을 때의 pdf이다. 그림 10-11(a)를 예로 들면 식 (10.35)에 의해서 수신된 부호어 $r_j = 00$에 대한 조건적 pdf를 구하면

$$P(00/00) = 1,\ P(00/01) = \frac{1}{2},\ P(00/11) = 0,\ P(00/10) = \frac{1}{2} \tag{10.36}$$

로 간주할 수 있고 이것을 그림으로 나타내면 그림 10-15와 같이 나타낼 수 있다. 그런데 이 확률은 채널에 잡음이 없다고 가정했지만 실제 채널에는 백색잡음이 각 비트마다 독립적으로 존재하므로 이 채널에 대한 확률(postercori probability)를 계산해야 하는데 이 확률을 $P(S_i/Z)$라 하면

$$P(S_i/r) = \frac{P(r/S_i)P(S_i)}{\sum_i P(r/S_i)P(S_i)} \tag{10.37}$$

$$i = 1 \cdots\cdots\cdots\cdots\cdots\cdots M$$

가 된다.

위의 예에서 S_i는 S_1, S_2, S_3, S_4의 4개 상태가 있으며 모든 수신 부호어는

조건적 확률값 pdf		수신부호어 n				
		00	01	10	11	
비교부호어 S_i	00	1	$\frac{1}{2}$	$\frac{1}{2}$	0	S_1
	01	$\frac{1}{2}$	1	0	$\frac{1}{2}$	S_2
	10	$\frac{1}{2}$	0	1	$\frac{1}{2}$	S_3
	11	0	$\frac{1}{2}$	$\frac{1}{2}$	1	S_4
		r_1	r_2	r_3	r_4	

그림 10-15 **수신부호어 r_i대 비교부호어 S_i의 조건적 확률값**

이 4개의 S_i중에 1개라고 할 때 $P(S_i)$는 1/4이 된다. 따라서 1개의 r에 대해 4개의 $P(S_i/r)$이 구해진다. 지금 r이 "00"라고 할 때 그림 10-15에서 각 S에 대한 조건적 확률 $P(r_i/S_i)$가 구해져 있으므로 식 (10.37)에 의해

$$P(S_4/r) = 0 \tag{10.38}$$

$$P(S_2/r) = \frac{(\frac{1}{2})(\frac{1}{4})}{(\frac{1}{2})(\frac{1}{4}) + \frac{1}{2}(\frac{1}{4}) + 1(\frac{1}{4}) + 0} = \frac{1}{4}$$

$$P(S_1/r) = \frac{1(\frac{1}{4})}{(\frac{1}{2})(\frac{1}{4}) + (\frac{1}{2})(\frac{1}{4}) + 1(\frac{1}{4}) + 0} = \frac{1}{2}$$

$$P(S_3/r) = \frac{(\frac{1}{2})(\frac{1}{4})}{(\frac{1}{2})(\frac{1}{4}) + (\frac{1}{2})(\frac{1}{4}) + 1(\frac{1}{4}) + 0} = \frac{1}{4}$$

이 된다. 식 (10.38)의 결과로써 알 수 있듯이 채널에 잡음을 발생시키는 전송선로를 통과했을 때의 확률과 잡음이 없다고 가정했을 때의 조건적 확률값 사이에는 50%정도의 차이가 생긴다. 결국 이것은 신호가 전송중에 잡음 등에 의해 찌그러지든지 위상편이 등이 발생했음을 뜻한다. 예를 들어 송신기에서 데이터 비트 1.1을 송신하기 위해 반송파를 데이터 비트 1.1에 의해 변조시켜 $S(t) = \cos\omega_0 t$를 송신했는데, 이것이 전송중 잡음 등의 영향을 받아 수신기에서 수신했을 때는 $r(t) = \cos(\omega_0 t \pm \theta)$가 되어 있음을 의미하는 것이다. 이와 같이 계산된 각 노드에서의 가지길이값을 바로전의 경로길이에 더해 감으로써 새로운 경로길이를 발생시킨다.

10.3.3.3 경로 기억용량과 복호화

Viterbi 복호기에서 강 경로(path)를 기억하기 위한 기억용량은 시프트 레지스터단수 K에 의해 멱급수적으로 증가한다. 따라서 부호이득을 증가시키기 위해 K를 증가시키게 되면 기억요구량과 이에 따라 복호기의 복잡성이 멱급수적으로 증가하게 된다. 경로의 기억량과 K와의 관계는 다음과 같다. 기억량을 m_p라고 하면,

$$m_p = h2^{K-1} \tag{10.39}$$

h : 메시지비트수

가 된다. 이 식에서 K값이 증가하면 경로기억량 m_p가 증가하는 것은 수신부호어의 상태를 비교해야 하는 시프트 레지스터 상태수가 증가해서 이에 따라 비교해야 할 경로가 증가하고 증가된 경로를 기억해야 할 기억량이 증가하는 것이다. 위 식 (10.40)에서 h값은 최초의 메시지 비트를 복호화해서 출력시킬 때까지 수신된 부호어를 몇 개나 비교해야 하는지를 결정하는 것이다. 이렇게 해서 최초의 수신부호어를 복호화한 다음, 이때부터 각 수신부호어의 가지길이를 계산해서 유지경로를 선택하고 나면 항상 2^{K-1}에 해당하는 경로만 남게 된다. 이와 같이 남은 유지경로 2^{K-1}의 내용은 다음 메시지비트를 복호화하는 데에 계속 관계를 가지므로, 계속해서 유지경로의 선택과정을 진행해가고 진행상태를 복호기에서 모두 기억하면 어느 시점에서 기억된 가지길이의 가장 오래된 하나가 2^{K-1}의 유지경로 모두에게 공유된다. 이때 비로소 공유된 가지길이에 대해서 복호화하여 메시지비트 1개를 출력시킨다. 이와 같이 메시지 1비트를 출력시키기 위해 복호화 과정을 시작한 시간부터 최초의 가지길이 1개가 2^{K-1}의 유지경로에 모두 공유되는 시점까지 2^{K-1}의 유지경로를 기억하고 있어야 한다. 두 번째 비트를 복호화해서 출력시키기 위해서도 마찬가지로 2^{K-1}의 유지경로를 기억하고 있어야 한다. 이 과정을 메시지 시퀀스비트가 모두 복호화 될 때까지 계속해야 하는데, K값이 증가함에 따라 기억해야 될 유지경로수가 멱급수적으로 증가해서 기억량이 커져야 한다.

보통 적당한 K값을 감안해서 h값은 4~5회로 하는데, 이때 h값은 10 이상으로 하는 것은 복호기 운용에 적합하지 않음으로 10 이하로 제한하고 있다.

10.3.3.4 Viterbi 복호화방식의 예

Viterbi 복호화를 할 때에 복호기에서 부호기의 초기 시프트 레지스터의 상태를 인지하고 있는 경우와 초기 시프트 레지스터 상태를 인지하지 못하고 있는 두 가지 경우에 대해서 설명하고자 한다.

(1) 부호기의 초기 시프트 레지스터를 인지하고 있는 경우

그림 10-16은 Viterbi 길쌈복호화 방식을 설명하기 위한 격자도(trellis diagram)이다. 부호기의 초기 시프트 레지스터 상태가 00인 경우로써 복호화의 진행이 a노드(node)에서 시작된다. r은 수신기에 복조된 수신부호어 시퀀스이다. V는 부호기에서 메시지 비트 m에 의해 부호화되어 출력된 부호어 시퀀스이다. 이 방식은 K=3이고 부호비율은 1/2이다.

따라서 시프트 레지스터 상태는 K−1=2 비트로 표시된다. 그림에서 a, b, c, d가 각 시프트 레지스터 상태를 나타내고 있다. 각 가지를 나타내는 점선은 메시지비트 1을, 실선은 메시지 비트 0을 나타내는 것이다. 각 가지선상의 2비트는 부호기의 출력상태로서 수신부호어가 부호어들과 비교된다. 또한, 각 가지선상의 숫자는 다음에 설명하는 해밍거리(hamming distance)값을 표시하고 있는 것으로 값이 클수록 근사값이 작음을 의미한다.

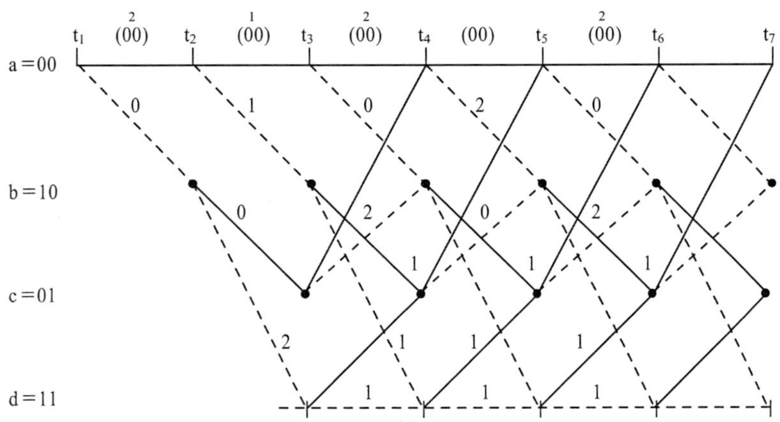

수신 부호어	11	10	01	00	11
부호기 출력 부호어	11	10	11	00	11
입력메세지	1	0	0	0	1

그림 10-16 Viterbi 복호화의 격자도

해밍거리를 계산하는 방법은 2개의 부호어를 비교해서 2개 부호어중에서 서로 상이한 비트 수가 몇 개인가를 계산하는 것이다. 예를 들어 $V_1=1101011$, $V_2=1010111$이라면 해밍거리 HD는

$$\begin{array}{l} V_1 = 1101011 \\ V_2 = 1010111 \\ \hline \quad 1111 \qquad \text{4개} \end{array} \tag{10.40}$$

가 되어 해밍거리는 4가 된다. 해밍거리는 1개의 부호어내에서 "1"이 몇 개인가를 나타내는 해밍무게(hamming weight)에 의해서도 알 수 있다.

식 (10.40)에서 V_1에 대한 해밍무게는 "1"이 5개로써 5가 되고 V_2에서도 "1"이 5개로써 5가 된다. 한편, 2개 부호어간의 해밍무게는 2개 부호어간의 해밍길이값과 동일한데 2개 부호어간의 해밍무게는 2개 부호어를 2원가산함으로써 구해진다.

예를 들어 식 (10.40)에서와 같이 $V_1=1101011$이고 $V_2=1010111$이라면 이 2개의 부호간 해밍무게는

$$\begin{array}{rl} & V_1 = 1101011 \\ \oplus\,) & V_2 = 1010111 \\ \hline & \quad 0111100 \longrightarrow \text{해밍무게 4} \end{array} \tag{10.41}$$

와 같이 되어서 (10.41)의 해밍길이와 같음을 알 수 있다. 그림 10-16의 가지선상의 해밍길이 값은 수신된 부호어를 부호기에서 출력가능한 모든 부호어와 비교해서 계산된 것이다. 시간 t_2에서 수신부호어 r_1이 11이라면 실선상의 해밍길이는

수신부호어 11
⊕) 부호기출력상태 00
11 ⟶ 2

로써 2가 되고 점선상의 해밍길이는

수신부호어 11
⊕) 부호기출력상태 11
00 ⟶ 01

로써 0이 된다.

해밍길이		수신부호어 r_i			
		00	01	10	11
부호기출력 Si	00	0	1	1	2
	01	1	0	2	1
	10	1	2	0	1
	11	2	1	1	0

그림 10-17 **1/2 길쌈복호화를 위한 해밍길이값**

t_3의 경우에는

수신부호어 10 10 10 10
⊕) 부호기출력상태 00 01 10 11
10 11 00 01

해밍길이(해밍무게)1 2 0 1

이 된다. 이것을 그림 10-17에 그림으로 보여주고 있다. 이 값을 그림 10.11의 가지길이값과 그림 10-15의 조건부 확률값과 비교해 보기 바란다. 동일한 상태의 결과를 가지고 있음을 알 수 있다. 즉, 해밍길이가 크다는 것은 최대 근사 복호화방식에서 근사치가 작음을 나타내어 가지길이가 큰 값을 가지는 것과 근사함수에서 조건부확률 $P(r_i/s_i)$값이 작음을 의미한다. 따라

서 그림 10-16에서 각 경로의 해밍길이를 계산했을 때 해밍길이가 적은 경로들이 유지경로로 선택된다. 이 경로들로부터 메시지비트를 복호화한다. 그림 10-17에서 시간 t_3에 부호기에서 출력된 부호어 11이 수신기에서 수신한 결과가 전송중오류가 발생해서 01로 수신됐다. 즉, 수신부호어에 오류가 발생한 것이다. 수신부호어 시퀀스에 오류가 발생했음에도 불구하고 복호화의 진행이 계속되고 발생된 오류가 정정되는 것을 그림 10-16에 의해 살펴보자. 위에서 설명한 것처럼 부호기의 초기 시프트 레지스터 상태가 00라고 했을 때 복호화 진행이 t_1의 a점에서 시작된다. t_1에서 수신부호어 11을 수신하면 부호기의 시프트 레지스터가 00상태에서 출력시킬 수 있는 2개의 부호어 00과 11에 의해 이 수신부호어에 대한 해밍길이를 계산한다. 이 2 개의 해밍길이값을 ACS(adder comparator selector) 장치에 보내서 기억시킨다. 다음 t_2에 수신부호어 r_2, 10가 수신되면 t_1의 시프트 레지스터 상태에서 변경될 수 있는 시프트 레지스터 상태 00와 10에서 출력가능한 부호어$(00, 11)_a$, $(10, 01)_b$로써 수신부호어 r_2에 대한 해밍길이를 계산한다. 이 해밍길이값을 ACS장치에 보내서 t_1에서 계산된 해밍길이값과 더해진다. 그림에서 t_3의 초기점 a노드의 해밍길이는 2+1=3, b점에서는 2+1=3, c점에서는 0+0=0, d점에서는 0+2=2가 된다. 따라서 t_3점에서 경로는 4개가 발생됐다. 다음 t_3에서 수신부호어 r_3=01이 수신되면 t_2에서와 같이 t_3의 각 노드 a, b, c, d에서 가지가 발생하고 각 가지에 해당하는 부호기의 출력부호어와 비교해서 해밍길이를 구한다. t_3에서는 가지가 8개가 발생했는데 t_3후에는 각 시점마다 8개의 가지가 발생한다. 여기서 계산된 해밍길이값이 ACS장치에 보내져서 t_3에 저장되어 있는 경로길이값과 더해진다.

이렇게 해서 t_4에서는 8개의 경로가 발생됐다. 그런데 t_4점에서 각 노드 a, b, c, d에서 처음으로 서로 다른 경로에서 온 경로들이 2개씩 합쳐지므로 t_4점에 입력되는 2개의 경로중에서 해밍거리가 짧은 경로만 유지경로(surving path)로 선택한다. 해밍길이가 긴 다른 하나의 경로는 경로기억에서 지운다. t_4점에서 볼 때 노드에는 at_3와 ct_3에서 온 경로, b노드에서는 at_3와 ct_3에서 온 경로, c노드에는 bt_3와 dt_3. 그리고 d노드에서는 bt_3와 dt_3에서 온 경로들이 서로 만나는데, 각 노드에서 해밍길이가 짧은 것만 선택하면 결국 4개의 경로만 남고 이 남은 경로를 앞에서 말한 t_4에서의 유지경로라고 한다. t_5에서도 t_4에서와 동일한 상황이 발생하므로 t_4에서와 동일한 과정을 수행한다. 이때 t_5에서 이 과정을 수행하고 나면 그림 10-18(c)에서와 같이 4개의 남은 유지경로의 t_1에 대한 가지가 4개경로에 모두 공유됨을 알 수 있다.

이때 처음으로 수신된 부호어 r_1을 복호화하여 메시지비트 m_1을 출력시키게 된다. 다시 말하면 처음으로 수신된 부호어 r_1을 복호화하기까지는 t_5에서 4개 경로가 선택될 때까지 t_1에서 t_5까지 존재하고 있는 모든 경로에 대한 정보를 복호기에서 기억하고 있어야 한다. 식 (10.40)에서 h값은 t_5까지 해밍길이값이 비교된 수신부호어 r에 대한 수 또는 메시지비트수로서 그림 10-13(c)에서는 수신부호어 11, 10, 01, 00의 4개 또는 메시지비트 1, 0, 0, 0의 4개를 의미한다. 오류가 발생할 확률이 많을 경우에는 h값을 많이 해서 더 많은 횟수, 해밍길이값을 계산해서 이

중 해밍길이값이 작은 것, 즉 조건부확률값이 큰 것을 택해서 오류정정능력을 증가시킬 수 있지만 이상에서 설명한 것과 같이 h값이 많아지면 경로기억용량이 커진다. 따라서 장비가 복잡해진다. 채널이 극히 이상적이어서 오류가 발생할 확률이 없을 경우에는 경로를 비교하기 위한 해밍길이를 계산할 필요가 없으므로 h값도 0이 되어 경로저장용 기억이 필요없게 된다.

부호기 출력	11	10	11	00	11
수신부호어	11	10	01	00	11

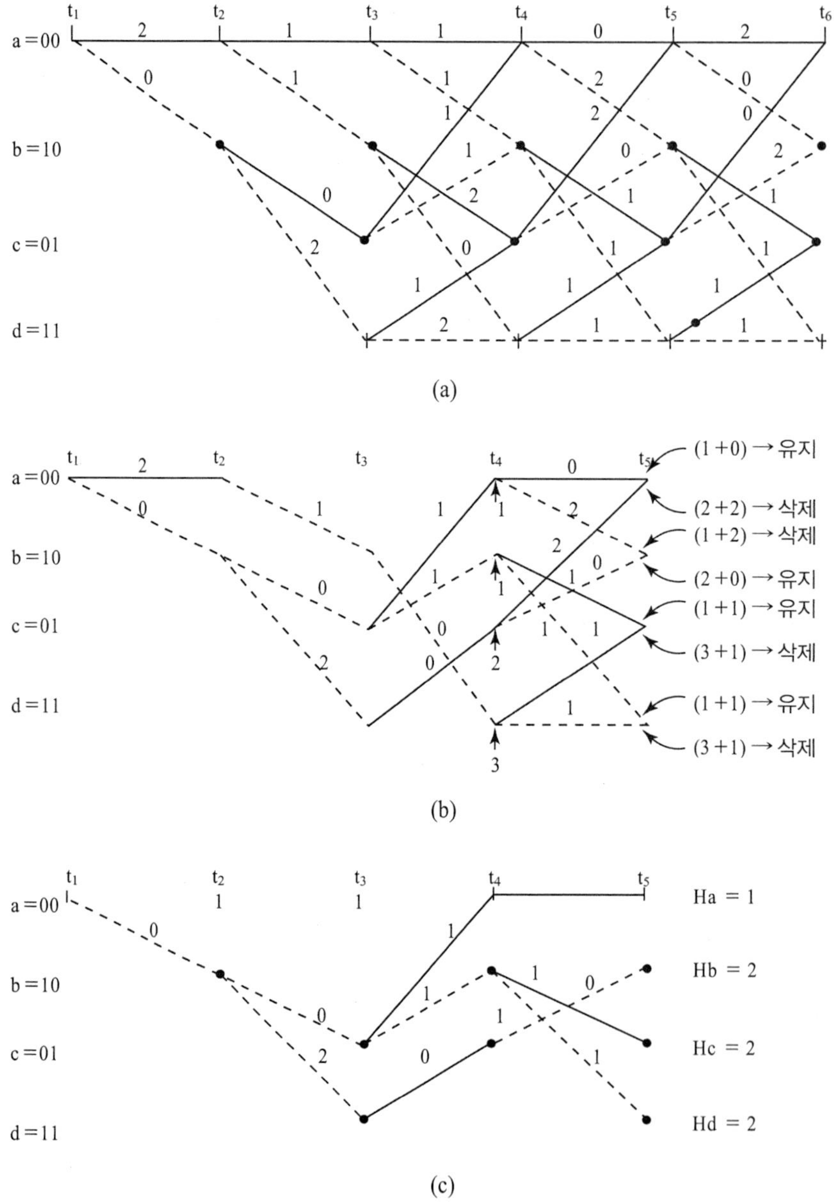

그림 10-18 Viterbi 길쌈복호화 과정

(2) 부호기의 초기 시프트 레지스터의 상태를 모를 경우

그림 10-16의 Viterbi복호화방식은 부호기 시프트 레지스터의 초기상태가 00인 것을 복호기에서 사전에 알고서 복호화를 진행하는 방식이었다. 그림 10-19는 이와는 달리 부호기의 초기 시프트 레지스터 상태를 알지 못할 때, 임의의 레지스터상태에서 복호화를 시작하게 되면 어떤 결과가 나오는지를 보여주고 있다. 이 방식에 대한 결과는 t_1에서 각 노드의 해밍길이가 0으로 되어 있는 경우에는 a, b, c, d의 어느 상태에서 시작해도 최초의 6~8개 비트에 대해서는 초기 시프트 레지스터 상태와 관계가 있지만 8비트 정도 이후에는 시프트 레지스터의 초기 상태와 관계없이 안정된 상태의 복호화를 할 수 있는 것으로 되어 있다.

그림 10-19에서 보면 t_1에서 b=10상태로부터 시작된 경로는 t_2점에서 유지경로로부터 제외된다. t_1의 c=01에서 시작된 경로는 t_7에서 유지경로에서 제외된다. t_1의 d=11 상태에서 시작된 경로는 t_2에서 제외되어 오직 t_1의 a=00상태에서 시작된 경로만이 t_7이후부터 유지경로로 남는다. 따라서 부호기 초기상태가 00였음을 알지 못하는 상태에서 복호화를 시작했지만 결국 t_7상태에서부터는 t_1의 a=00인 상태에서 시작된 경로만 남게 되므로 부호기의 초기상태와 관계없이 t_7부터는 부호기의 초기상태가 확실히 인지되므로 안정된 복호화를 진행할 수 있다.

다시말하면 그림 10-18(c)에서 유지경로 4개의 t_1에 대한 가지가 유지경로 4개에 공유되어질 때 부호가 시작된다. 그림 10-19에서도 t_7에서 이와 같은 상태로 되므로 이때부터 유지경로에 공유된 가지들을 복호화하기 시작하는 것이다. 이때 t_1의 c=01 상태에서 시작된 경로가 삭제되는 바로 전시간 t_6까지를 복호화지연시간이라고 한다. 그림 10-19의 경우는 수신부호어에 오류가 발생치 않은 경우이지만 만약 t_7시간내에서 오류가 발생하면 오류 메시지 비트를 복호화할 수 없다. 오류가 발생하는 채널에서는 보통 $6 \times k$에 해당하는 가지길이를 t_1으로부터 연속해서 계산한 후에 메시지비트를 복호화하기 시작한다.

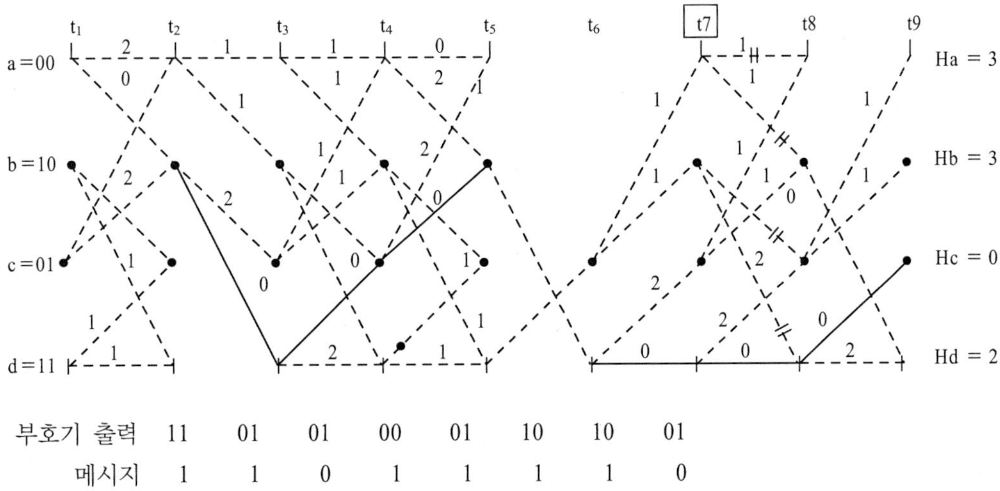

그림 10-19 **부호기의 시프트 레지스터 초기상태를 모를 경우의 Viterbi 복호화 과정**

즉, 충분한 시간동안 각 경로에 대한 해밍길이를 계산한 후에 안정한 상태에서 복호화를 시작한다. 따라서 보통 이 시간내에서는 메시지비트 대신에 전송로의 상태를 점검하기 위한 시험용 부호어를 전송하든지 동기용신호 등을 전송할 수 있다.

10.3.4 길쌈부호의 오류확산

길쌈부호를 복호화할 때에 오류가 발생하지 않은 경로 이외의 다른 경로는 시간이 경과함에 따라 해밍길이값이 많아지는 것이 원칙이다. 그런데 오류가 발생하는 경로임에도 불구하고 경로길이가 길어지는 것에 관계없이 해밍길이가 누적되지 않는 경우가 있다. 그림 10-20은 이 경우에 대한 부호기 구성도와 격자도이다. 이러한 현상은 복호기에서 부호기의 초기상태를 알지 못하고 복호화를 진행할 때 발생할 수 있다.

그림 10-20(b)에서 복호기에서 부호기의 초기상태를 모른다고 할 때에 수신부호어 r_i=00가 연속 입력된다고 하면 a에서 시작된 경로의 해밍길이와 d에서 시작된 경로의 해밍길이값이 시간의 진행에 관계없이 2개 모두 0으로 동일하므로 해밍길이값을 비교해서 하나의 경로를 선택할 수 없게 되어 초기상태를 인지할 수 없게 된다. 이때 만약 부호기의 초기 메시지비트가 0이었다면 복호기에서 복호화한 메시지비트 0과 같으므로 오류가 발생되지 않은 상태이다. 그러나 실제 부호기의 초기 상태가 11일 때 메시지비트가 1이 입력된 결과 수신부호어가 00이었다면 실제 복호기에서는 메시지비트 1을 복호화하지 않았으므로 오류가 발생된다. 이 결과 메시지비트 시퀀스에 오류가 확산되게 된다. 이러한 현상이 발생되도록 그림 10-20(b)의 격자도에서 d=11에서 메시지비트 1이 입력되었을 때 부호기출력 00가 나올 수 있는 경우는 그림 10-20(a)의 부호기 구성도에서와 같이 시프트 레지스터에 접속된 2원가산기의 접속단자수가 짝수로 구성된 경우에 발생한다.

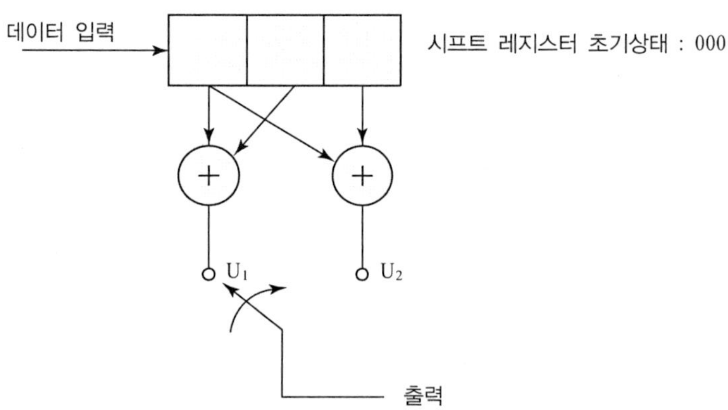

(a) 오류확산 길쌈부호기

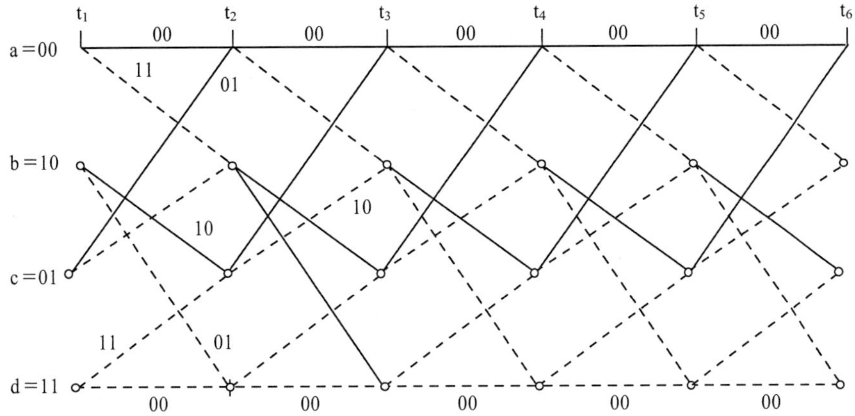

(b) 격자도

그림 10-20

따라서 접속된 2원가산기중에 1개라도 시프트 레지스터단과 접속단자가 홀수로 되어 있으면 이런 현상이 발생하지 않는다. 다시 말하면 1/n정보속도의 부호기에서 K−1상태가 모두 1일 때 입력 메시지비트 1에 의해 출력부호어가 0성분만으로 구성되지 않도록 부호기를 구성해야 한다.

10.3.5 길쌈부호의 특성

길쌈부호는 일정한 특성을 가지고 있다. 그림 10-21의 격자도에서와 같이 송신부호어 시퀀스가 S_i 00의 연속일 때 채널의 잡음이 발생하지 않아 수신부호어 시퀀스 r_i에 오류가 발생되지 않는다고 하면, 복호기에서는 a=00 상태 t_1에서 복호화를 시작해서 해밍길이가 없는 격자도의 최상측 실선경로를 따라 진행해 갈 것이다. 그러나 채널에 잡음이 있어서 수신부호어에 오류가 발생된다고 가정하면, t_1의 a=00상태에서 복호화를 시작한 복호기의 진행경로는 오류 발생률에 따라 다른 경로를 따라 진행한다. 예를 들어 오류가 적을 때는 해밍길이가 작은 경로를 따라 진행하고 오류가 많을 경우에는 오류가 적은 경로보다 해밍길이값이 많은 경로를 따라 진행한다. 그림 10-21(a)의 격자도에서 보면 t_1의 a=00 상태에서부터 수신부호어 시퀀스에 오류가 발생함에 따라 여러 경로를 따라 복호화가 진행된다. 지금 t_1의 a=00 상태에서 수신부호어 r_1가 U_1이었다고 하면 t_1의 a=00 상태에서 진행할 수 있는 2개의 가지중에서 해밍길이값이 작은 점선을 따라 b=10 상태로 진행을 시작한다. 이렇게 b=10 상태로 진행을 시작하면 t_2에서 수신부호어 r_2에 오류가 발생하지 않는다 해도 다음 진행이 직접, 원래의 목적하는 진행경로인 t_3의 a=00 상태로 진행하는 것이 아니고 일정한 경로를 진행한 후에 원래 진행하고자 하는 경로에 진입할 수 있게 된다. 그림의 격자도에서 t_2에서부터 수신부호어 r_2, r_3에 오류가 발생하지 않는다고 했을 때 원래의 목적하는 진행경로로 진입하기 위해서는 t_2의 b=10 → t_3, c=01 → t_4, a=00의 경로를 거치지 않으면 안된다.

이와 같이 t_1의 a=00 상태에서 b=00 상태로 진행했을 때 원래의 목적하는 경로로 진입하는 경로는 이외에도 t_5의 a=00 상태로 진입하는 t_1의 a=00 → t_2, b=10 → t_3, d=11 → t_4, c=01 → t_5, a=00 경로에서 해밍길이 6인 것과, t_6의 a=00 상태로 진입하는 2개의 경로로 해밍길이가 t_5와 같은 6인 t_1의 a=00 → t_2, b=10 → t_3, c=01 → t_4, b=10 → t_5, c=01 → t_6, a=00 경로와 해

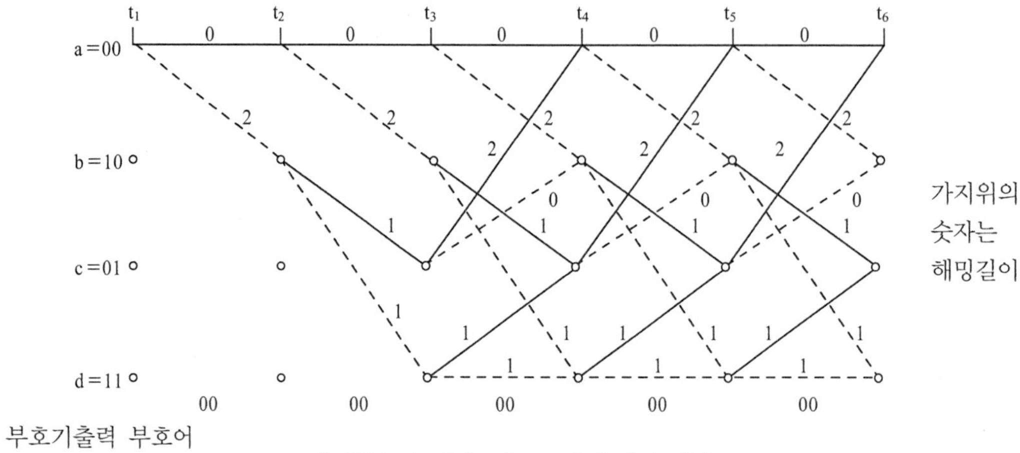

(a) 출력부호의 시퀀스가 00 만일 때의 격자도

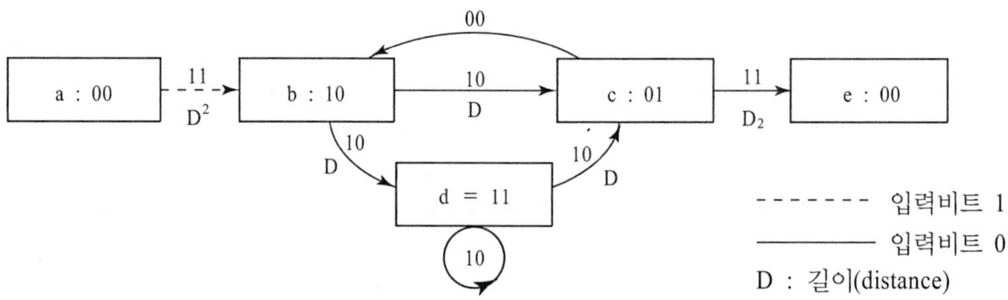

(b) 그림 (a)에 대한 상태도로써 길이를 표시한것

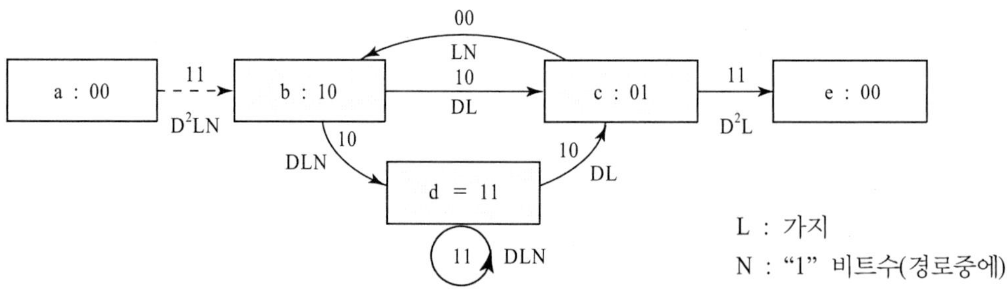

(c) 그림(a)에 대한 상태도로써 가지경로에서의 "1"비트수를 표시한것

그림 10-21 **길쌈부호의 특성**

밍길이가 7인 t_1의 a=00 → t_2, b=10 → t_3, d=11 → t_4, d=11 → t_5, c=01 → t_6, a=00인 경로가 있다. 이때 t_4의 a=00 상태로 진입한 경로는 경로중에 메시지비트 1, 즉 오류를 표시하고 있는 가지가 1개로써 오류가 1개 발생됐음을 알 수 있다. t_5의 a=00 상태로 진입한 경로는 그 경로를 복호화하면 t_1과 t_2의 가지에서 오류가 발생한다. t_6의 a=00 상태로 진입된 2개의 경로중 하나는 t_1, t_2, t_3가지에서 오류가 발생한다. 다른 하나의 경로에서는 t_1, t_3가지에서 오류가 2개 발생한다. 즉 t_1, t_3가지에서 오류가 발생한다는 것은 송신 메시지비트가 00000인데 수신기에서 수신부호어를 복호화한 결과 메시지비트가 101 00로 된다는 것을 말하고, 위에서 볼 때 원래의 목적하는 a=00인 경로로 진입하는 시간이 t_5와 t_6에서 다른 경로일지라도 해밍길이값이 동일하면 오류발생량은 같고 두개의 서로 다른 경로가 t_6에서 진입시간이 동일해도 해밍길이값에 따라 오류발생량이 서로 다른 것을 알 수 있다. 이상에서 4개의 경로중에서 경로 가지수가 가장 적은 t_4에 복귀한 경로의 해밍길이를 최소 자유길이(free distance)라고 하고 해밍길이값과 같은 5를 말한다. 그림 10-21(b)는 그림 10-21(a)에 대한 상태도이다. 여기서 D는 길이(distance)이고 D에 대한 지수는 해밍길이값이다.

여기서 a=00 상태에서 시작된 경로가 b→c→e가 되면 해밍길이 $D = D^2 \cdot D \cdot D^2 = D^5$가 된다. 이때 이 경로를 구성하는 가지(BRANCH)는 $a^1 \rightarrow b^2 \rightarrow c^3 \rightarrow e$ 3개가 된다. 이와 같은 길쌈부호에 대한 특성을 부호생성함수(code generate function) 또는 전달함수(transfer function)를 이용해서 나타낼 수 있다. 그림(b)에서 a, b, c, d, e 각 점에서 각 가지에 대한 의사변수를 X_a, X_b, X_c, X_d, X_e라고 하고 이에 대한 상태방정식을 구해보자.

즉

$$\begin{aligned} X_a &= 0 \\ X_b &= D^2 X_a + X_c \\ X_c &= DX_b + DX_d \\ X_d &= DX_b + DX_d \\ X_e &= D^2 X_c \end{aligned} \tag{10.42}$$

가 된다.

이 식에서 전달함수, $T_{(D)}$를 구하면,

$$\begin{aligned} T_{(D)} &= X_e / X_a \\ &= \frac{D_5}{1-2D} \\ &= D^5 + 2D^6 + 4D^7 + 5D^8 \cdots\cdots 2^e D^{e+5} + \cdots\cdots \ (\ell = 0,\ 1,\ 2 \cdots\cdots) \end{aligned} \tag{10.43}$$

가 된다.

이 식에서 최초항의 D에 대한 지수값은 자유길이(free distance)를 나타내고 각 항의 상수 2, 4 ……2 L은 각 해당길이를 가지고 있는 경로수로서 $2D^6$에서 해밍길이값이 6인 경로가 2개 있음을 뜻한다. 그림 10-24(c)는 그림 (b)의 상태도에 가지 L과 비트 1에 의해 다음 상태를 변경시킬 수 있는 것을 나타내는 N을 추가시킨 것이다.

따라서 경로를 구성하고 있는 가지수와 이 경로에서 "1" 비트로써 상태가 몇 번 변경되었는가를 알 수 있다. 즉 오류수를 알 수 있다. 그림 (e)에 대한 상태방정식을 구해서 전달함수를 구해보자. 상태 방정식은

$$
\begin{aligned}
X_b &= D^2LNX_a + LNX_e \\
X_c &= DLNX_b + DLX_d \\
X_d &= DLNX_b + DLX_d \\
X_e &= D^2LX_c
\end{aligned}
\tag{10.44}
$$

이 된다. 이 식에서 전달함수, $T_{(D,L,N)}$, X_e/X_a를 구하면

$$
\begin{aligned}
T_{(D,L,N)}, &= D^5L^3N/1 - DL(1+L)N \\
&= D^5L^3N + D^6N^4(1+L)N^2 + D^7L^5(1+L)^2N^3 + \cdots\cdots D^{\ell+5} \\
&\quad D^{\ell+3}N^{\ell+1}(1+L)^{\ell} \\
&\quad \ell = 0,\ 1,\ 2\cdots\cdots
\end{aligned}
\tag{10.45}
$$

이 된다. 이 식에서 최초항 D^5L^3N은 해밍길이가 5인 경로가 1개이고 이 경로의 가지수는 3개이며 "1" 비트에 의해 상태가 변하는 것이 1개로써 오류가 1개 발생함을 뜻하며, 둘째 항은 해밍길이가 6인 경로가 2개이고 이중 1개는 가지수가 4개이고 1개는 가지수가 5개인 것으로 2개의 경로에서 각각 오류가 2개 발생했음을 뜻한다. 한편, 이 전달함수에 의해서 부호특성을 평가하는 것은 시프트 레지스터의 수가 많아지면 $T_{(D)}$가 멱급수적으로 증가함으로 매우 복잡해지는 것을 고려해야 한다.

10.3.6 순차 길쌈복호화 방식

순차 길쌈복호화 방식은 Viterbi 복호화 방식이 발표되기 전에 사용됐던 방식이다. Wozemcraft에 의해 처음으로 만들어지고 Fano에 의해 개선된 방식이다. 순차 길쌈방식도 Viterbi 복호화 방식에서와 같이 복호화 할 때 수신부호어를 부호기에서 출력가능한 모든 부호어와 비교해서 해밍길이가 가장 짧은 부호기부호어, 즉 비교부호어 중 하나를 선택해서 이 비교부호어에 해당

하는 메시지비트를 복호화하는 것이다. 그러나 순차 길쌈방식은 Viterbi 방식과는 조금 다르게 복호화를 진행한다. Viterbi 복호화 방식에서는 수신부호어를 부호기에서 출력가능한 모든 부호어, 즉 부호비율이 1/2인 경우 4개의 부호어로 수신부호어를 4번 비교해서 이 비교부호어 중에서 해밍길이가 가장 적은 것을 선택하는 것이다. 순차 길쌈복호화 방식은 수신부호어를 4개의 비교부호어 중에서 2개만 사용하여 비교하고 이중 해밍길이가 적은것 1개를 선택해 가는 것이다. 이와 같이 순차 복호화 방식은 부호기의 비교부호어를 모두 사용하여 복호화하지 않으므로 시프트 레지스터의 상태를 모두 고려할 필요가 없어서 시프트 레지스터의 수 K를 많이 사용할 수 있다.

그림 10-22는 시프트 레지스터의 수 K와 E_b/N_0(dB)와의 관계를 보여 주고 있는 것이다. 시프트 레지스터수 K가 많아지면 E_b/N_0가 작아도 비트오류율이 작아져서 부호이득을 높일 수 있음을 알 수 있다.

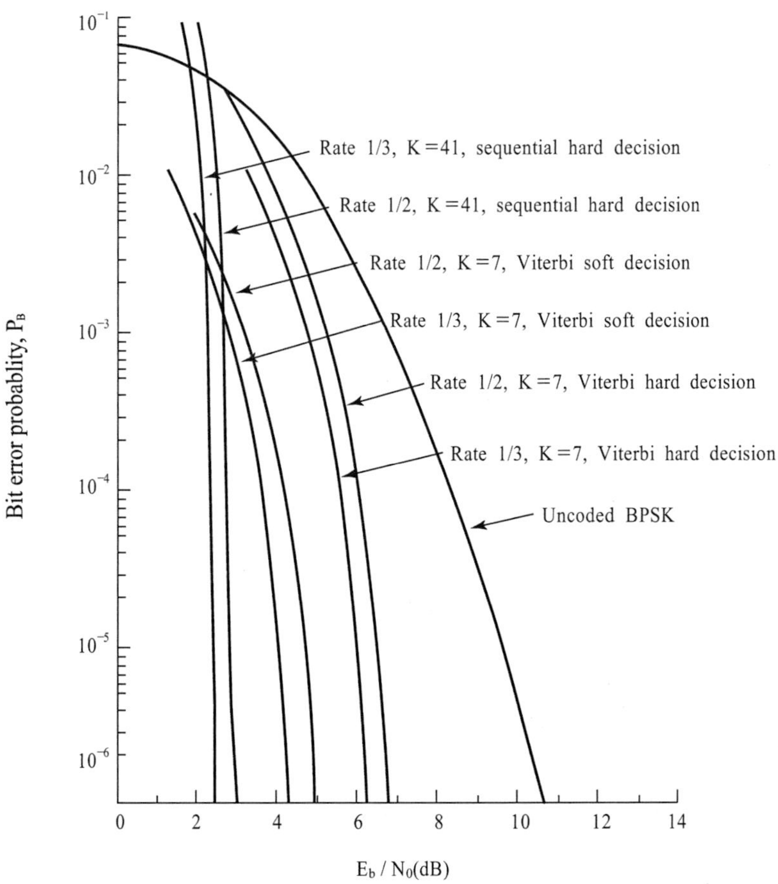

그림 10-22 AWGN 채널에서 코헤런트(coherent) BPSK를 사용하는 여러 비터비와 순차 복호화(sequential decoding) 방식에 대한 비트 오류확률 PB대 E_b/N_0(dB)

10.3.6.1 순차 길쌈복호화의 원리

순차 길쌈복호화의 원리는 복호기에서 수신부호어를 비교부호어 2개와 비교해서 해밍길이 값이 0인 비교부호어 방향으로 복호화를 진행해가고 비교결과 해밍길이가 두 비교부호어 모두 같으면 이러한 경우에 어느 경로를 선택해서 진행을 계속할 것인지는 사전에 정해두고, 정해진 경로롤 진행을 한다. 수신부호어와 비교부호어가 해밍길이를 갖게 되면, 그 때마다 해밍길이를 기억시키고 복호화를 진행하면서 해밍길이가 발생할 때마다 발생한 해밍길이값을 기억된 해밍길이값과 더해서 기억시킨다. 이렇게 복호화를 진행해가면서 합산된 해밍길이값이 정해진 일정한 값 이상이 되면 현재 진행중인 경로로 계속 진행하지 않고, 지금 진행중인 경로의 바로 직전 경로로 되돌아와서 아직 복호화가 진행되지 않은 경로를 따라 복호화를 진행시켜간다. 이때 해밍길이값은 먼저 경로에서 발생한 것을 뺀 것, 즉 이 새로운 경로의 바로 직전 경로의 해밍길이값이 된다. 이와 같이 복호화 진행을 계속하지 않고 바로 직전 경로로 되돌아와서 새로운 경로에서 복호화를 시작하기 위한 해밍길이값은 전송로의 상태, 즉 오류발생확률에 따라 그 값을 사전에 정해야 한다. 오류발생확률이 많을 경우에는 궤환 해밍길이(feedback hamming distance) 값을 크게 하고 각 경로의 가지검색횟수를 많게 하여 이 중에서 근사값이 가장 큰, 즉 해밍길이값이 가장 작은 경로를 선택해서 복호화하고 반대로 신호 대 잡음비(S/N)가 커서 전송품질이 좋은 전송로를 사용함으로써 오류발생확률이 작을 경우에는 궤환 해밍길이값을 작게 정해서 각 경로의 가지 검색횟수를 줄인다. 신호 대 잡음비가 커서 오류발생확률이 작을 때에 궤환해밍길이값을 작게 하면 수신부호어를 복호화하는 데에 많은 시간이 걸리지 않지만 오류발생확률이 높아서 궤환 해밍길이값을 많게 하면 복호화하는 데 시간이 많이 걸린다. 따라서 복호화하는 동안 계속해서 입력되는 수신부호어 시퀀스를 저장해야 할 버퍼(기억 : buffer)가 필요하게 된다. 이때 평균 부호어 수신 주기가 평균복호화 주기보다 클 경우에는 버퍼가 이를 수용할 수 없게 돼서 데이터의 손실이 발생한다. 순차부호방식에서는 버퍼(buffer)의 용량을 결정하는 데 신호 대 잡음비 S/N이 중요한 요소로 작용한다.

그림 10-23은 궤환 해밍길이값이 3인 경우의 순차 길쌈복호화 과정을 보여주고 있다. 시간 t_1에서 수신부호어 11이 수신되면 상측의 비교부호어 00와 하측의 비교부호어 11과 비교해서 해밍길이값이 0인 아랫방향으로 진행한다. 다음 시간 t_2에서 수신부호어가 00이 수신되면 b노드의 2개 비교부호어에 대한 해밍길이값이 모두 1로 동일하다. 이 경우를 대비해서 미리 정하여진 상측방향으로 진행하고, 이때 처음으로 해밍길이값이 1로써 저장된다. 다음 시간 t_3에서 수신부호어 01이 수신되면, 이때도 t_2에서와 같이 가지해밍길이가 비교 부호어 11, 00에 대해 모두 1이 되므로 $t-2$에서처럼 상측으로 진행하고 이때 가지해밍길이 1이 t_2에서 발생된 가지해밍길이 1과 더해져서 2가 되어 기억된다. 다음 시간 t_4에서 수신부호어 10가 수신되면 이때에도 역시 t_2와 t_3와 같이 가지해밍길이값이 모두 1이 되므로 상향으로 진행한다. 이때 발생한 해밍길이값 1이, 기억된 해밍길이값 2와 더해져서 3이 된다. 위에서 정해진대로 해밍길이값 3은 궤환 해밍길이값에 해당되므로 이 상태로 진행을 계속하지 않고 이 가지의 시작점

a점으로 되돌아 오고 이 a점에서 해밍길이값은 다시 2로 내려가고, 이 상태에서 아랫방향으로 진행해서 비교부호어 11과 비교해서 가지해밍길이를 구한다. 이때에도 해밍길이가 1이 되도록 다시 궤환 해밍길이값 3이 된다. 이 상태에서 바로 전의 상태로 돌아오는데 이때에는 t_3의 c점까지 궤환한다.

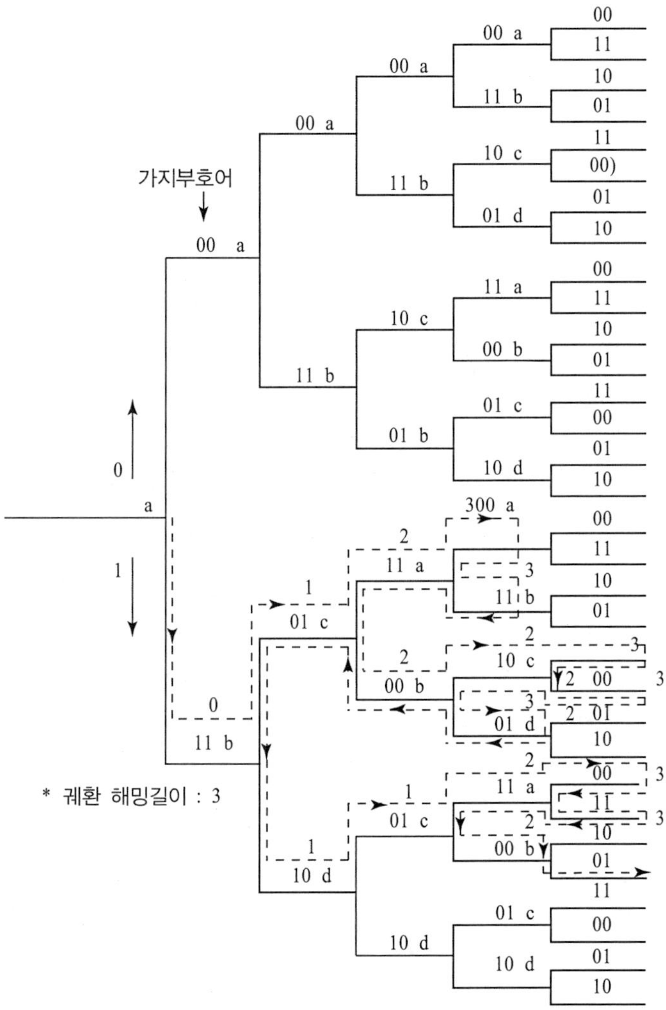

시간	t_1	t_2	t_3	t_4	t_5	t_6
수신 부호어		11	00	01	10	01
부호기출력 부호어		11	01	01	00	01

그림 10-23 **순차 길쌈복호화 과정**(sequential decoding)

왜냐하면 복호기에서는 이미 이제까지 진행된 모든 경로를 기억하여 둠으로써 이제까지 진행된 경로를 다시 반복하지 않도록 하기 때문이다. 이때 c점에서는 해밍길이값이 1이므로 이 값을 가지고 아랫방향으로 진행해가는데 이 경로에서도 t_5의 c점까지 진행했을 때 다시 해밍길이값이 3이 되고 다시 궤환을 시작한다. 이것을 그림에서와 같이 계속해서 t_6시간점까지 해밍길이값이 궤환 해밍길이값 3을 초과하지 않는 경로를 택해서 메시지비트를 복호화한다. 이 그림에서는 부호기의 출력부호어 시퀀스가 11 01 01 00 01로 메시지비트가 011011일 때 수신부호어 시퀀스가 11 00 01 10 01이므로 2개의 수신부호어에 오류가 발생하였음을 알 수 있다.

이 경우에 t_2에서만 오류가 발생한 경우에 궤환 해밍길이값을 3으로 하게 되면 복호화 시간이 최소한 T_{17}(각 가지 처리시간의 합)이 걸린다. 이때 궤환 해밍길이값을 2로 했을 경우에는 T_8의 시간밖에 걸리지 않는다. 한편, 그림과 같이 t_2와 t_4에서 오류가 발생할 수 있는데도 복호화시간을 줄이기 위해 궤환 해밍길이값이 2가 되어 t_2점으로 궤환해서 하측방향으로 진행한다.

t_3점에서 상향, t_4점에서 상향, t_4점으로 궤환, t_4점 하측방향으로 진행, t_3점으로 궤환, t_3점 하측방향으로 진행했을 때 이 마지막 경로의 가지점에서 더 이상 진행할 수 있는 경로가 없게 되어 복호화를 할 수 없게 된다. 이와 같이 이 방식에서는 오류의 발생확률에 따라 궤환 해밍길이값을 잘 선정해야 최적인 상태로 복호화할 수 있게 된다. 여기서 오류와 복호화시간에 관해서 주의해야 될 사항이 있는데, 복호화 처리시간은 오류발생시간과 오류발생 내용에 따라 달라지는 것이다.

위에서는 t_2와 t_4에서 오류가 발행한 경우였는데, 만약 오류가 t_3와 t_4에서 발생했다고 하면 궤환 해밍길이값이 3일 경우, t_3=11, t_4=10이라면 t_3에서 상향 01로 진행한다. 이때 해밍길이 1이 발생하고, t_4에서도 상향 11로 진행한다. 이때에도 해밍길이가 1이 발생해서 t_5, a점에서 해밍길이가 2가 되고, t_5에서도 상향으로 진행한다. 이때 발생한 해밍길이값 1과 기억된 해밍길이값 2와 더해져서 해밍길이값이 궤환 해밍길이값 3이 되어 t_5, a점으로 진행이 궤환하고 t_5점 하측으로 진행해도 역시 궤환 해밍길이값이 되므로 t_4, C점으로 궤환해서 하측방향으로 진행하고 t_5 하측방향으로 진행을 계속해서 궤환 해밍길이값에 미치지 않는 해밍길이값 2로써 t_6까지 진행한다.

이로써 복호화시간이 T_8 밖에 걸리지 않는다. 또한, t_3에서만 오류가 발생했다면 복호화시간이 T_5밖에 걸리지 않아 t_2에서 오류가 발생한 경우에 비해 복호화시간이 덜 걸렸음을 알 수 있다. 또한, t_4와 t_5에서, 또는 t_5에서 오류가 발생하면 해밍길이값이 궤환 해밍길이값 이하가 됨에도 불구하고 메시지 경로에 오류가 발생해서 메시지 비트의 복호화 결과에 오류가 발생한다. 또한, 오류 발생이 수신부호어 2비트에 모두 발생한 경우, 예를 들어 01→10, 11→00 또는 역으로 오류가 발생하면 오류의 정정이 되지 않는다.

10.3.6.2 순차 길쌈복호화 진행시간의 경감

그림 10-23을 자세히 살펴보면 궤환 해밍길이값이 3이 되는 가지에서 궤환해서 해밍길이값이 2가 되는 점에서 궤환 해밍길이값이 3이 되는 가지에 대응하는 가지로 진행하면, 언제나 이 가지에서 해밍길이값 1이 발생해서 먼저 진행한 가지에서와 같이 궤환 해밍길이값 3에 도달됨을 알 수 있다. 또한, 궤환 해밍길이값이 3에 도달했을 때 바로 전 가지에서의 해밍길이값이 0이었다면, 이 해밍길이값이 0인 가지에 대응하는 가지어의 해밍길이값은 언제나 2의 값을 갖는 특성을 가지고 있다. 이와 같은 특성에 착안해서 볼 때, 궤환 해밍길이값 3에 도달했을 때 전자는 2단계를 궤환해서 해밍길이값이 전체 1인 점에서 아직 진행하지 않은 남은 경로로 진행하고, 후자의 경우에는 3단계 궤환에서 역시 해밍길이 전체값이 1인 점에서부터 아직 진행하지 않은 경로로 진행을 계속해간다. 이렇게 함으로써 그림 10-23의 경우에는 복호화시간 T_7에서 T_{13}으로 T_4에 해당하는 만큼 시간을 절약한다.

10.3.6.3 TDMA 프레임의 고유어를 이용한 궤환 해밍길이값의 제어

제7장에서 설명한 것처럼 TDMA 프레임의 기준버스트와 트래픽 버스트에는 고유어(UW : unique word)가 있어 이 고유어에 의해 트래픽 버스트의 시작시간과 트래픽 버스트내의 시작시간을 예측하고 있다. 즉 수신된 고유어가 상관기에 입력되어서 수신기 기억에 저장된 비트 패턴과 비교되고, 비교된 결과치가 기준치 이상일 때 정확한 고유어가 수신된 것으로 간주해서 이 고유어의 마지막 비트의 수신에 의해 트래픽 버스트의 시작시간과 데이터의 시작시간을 예측한다.

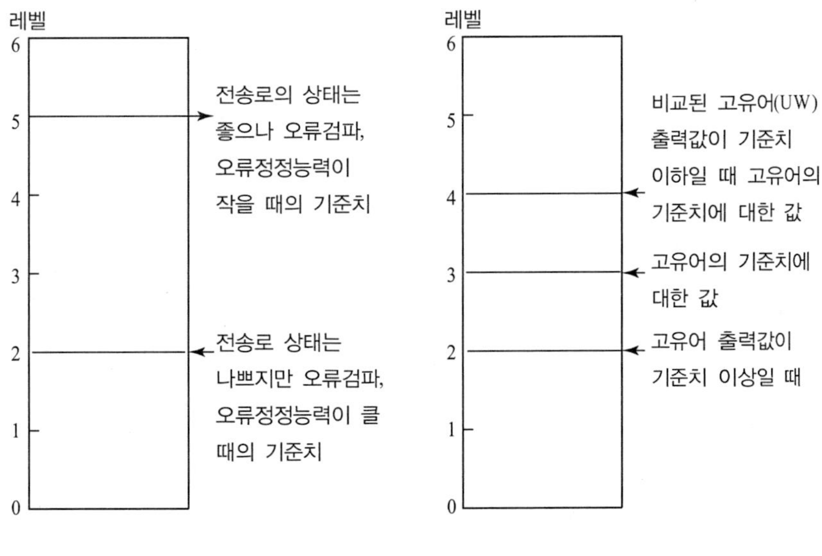

(a) 고유어(UW)의 기준값 결정방식　　(b) 궤환 해밍길이값의 제어방식

그림 10-24 TDMA프레임의 고유어(UW)를 이용한 해밍길이값의 제어

이때 상관기에서 비교된 비트들은 결과치가 전압레벨로 나타난다. 이 전압레벨이 기준치이상일 때 고유어에 오류가 없는 것으로 간주한다. 따라서 이 기준치는 전송로상태 오류정정 및 오류검파능력에 의해 정해진다. 전송로 상태가 좋아 오류발생률이 작을 경우 오류정정 및 오류검파능력이 부족하면 기준치를 높게 해서 수신고유어 비트패턴과 비교비트패턴이 많이 일치되는 값으로 정하다. 전송로 상태가 좋지 않아 오류발생률은 높지만 오류정정 및 오류검파능력이 좋으면 기준치를 낮게 잡아 고유어에 오류가 많이 발생했어도 고유어가 정확하게 수신된 것으로 간주한다.

이와 같이 기준치를 정했을 때 순차 길쌈복호화의 궤환 해밍길이값이 4였다고 하자. 그런데 어느 시점에 고유어를 수신한 결과, 상관기(corrector)의 출력값이 기준값 이상이었다고 하면, 고유어에 오류가 적게 발생했음을 뜻하는 것으로 전송로 상태가 기준치를 정했을 때보다 좋은 것을 의미하므로 이때에는 데이터에도 오류가 적게 발생한다고 간주해서 궤환 해밍길이값을 4에서 3으로 내려준다.

따라서 복호화 시간을 절약할 수 있고 반대로 상관기의 출력값이 기준치 이하였다면 궤환 길이값을 4에서 5로 높여도 궤환 해밍길이값이 작아서 메시지비트를 복호화하지 못하는 것을 방지한다. 또한 오류 발생시마다 재요구에 의해 오류를 정정하는 데 걸리는 위성통신에서의 전파전파에 걸리는 지연시간으로 인한 데이터처리 지연시간의 영향을 방지할 수 있다. 그림 10-24는 이것을 그림으로 나타낸 것이다.

10.3.7 궤환 길쌈복호화 방식 (feedback convolution decoding method)

궤환 길쌈복호화 방식은 t_1 시간내에 수신한 수신부호어 시퀀스 r_i를 비교부호어에 의해 t_1 시간내의 모든 경로에 대해 해밍길이를 계산하고 이 각 경로를 상측부분과 하측부분으로 구분해서 양 부분중에 해밍길이값이 가장 작은 경로가 속한 부분을 선택하고 이 부분에 속한 경로의 최초시간에 대한 비교부호어에 해당하는 메시지비트를 복호화한다. 이때 t_1에서 t_i까지의 부호어 시퀀스길이를 룩-어헤드(look-ahead) 길이라고 하고 여기서는 이것을 L_L라고 하자. 그림 10-25는 궤환복호화방식에 대한 나무도이다. 이때 수신부호어 시퀀스는 1100010001이고 룩-어헤드길이 $L_L = 3$이다. 이 룩-어헤드 길이 L_L과 해밍길이값을 구하는 경로수 P_c간에는 다음의 관계가 있다.

$$P_c = 2^{L_L} \tag{10.46}$$

이 식에서 볼 때 해밍길이값을 구해야 하는 경로수 P_c는 룩-어헤드길이 L_L이 1개 증가함에 따라 멱급수적으로 증가한다. 그림에서 L_L이 3인 경우로서 110001이 입력되면 해밍길이값을 구해야 하는 경로수 P_c는 8개가 된다. 이 8개의 경로를 상위부분과 하위부분으로 각 4개씩 구분해서 해밍길이를 계산한다. 즉, 해밍길이는

$$\begin{aligned}&\text{상위부분 } 3.\ 3.\ 6.\ 4\\&\text{하위부분 } 2.\ 2.\ 1.\ 3\end{aligned} \tag{10.47}$$

가 된다. 이 2개의 부분에서 해밍길이가 가장 짧은 경로를 가진 하위부분을 선택한다. 이 경우에는 식 (10.47)에 의해 하위부분이 선택된다. 이 하위부분의 t_1에 해당하는 가지어 11을 복호화해서 메시지비트 m_1을 출력시킨다.

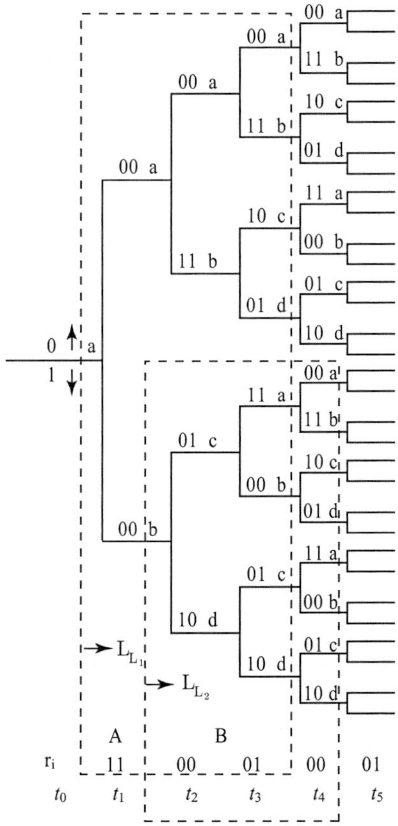

그림 10-25 **궤환 길쌈복호화 방식의 나무형태도**

다음 두 번째 메시지비트 m_2를 복호화하기 위해 다시 L_L이 3인 B블록을 구성해서 앞의 과정과 동일하게 복호화를 시작한다. 두 번째 B블록이 $t_{2-}t_4$까지 수신된 부호어 00 01 00로 구성된다. B블록내의 8개의 경로를 상위부분과 하위부분으로 구분해서 해밍길이를 계산하면 된다. 따라서 하위부분에 해밍길이가 가장 작은 경로가 존재하므로 하위부분을 선택해서 위부분 4개의 경로에 공통으로 점유되는 t_2의 가지어 01을 복호화해서 메시지 비트 $m_2=1$을 출력시킨다. 이러한 복호화 방식을 궤환길쌈복호화 방식이라고 한다.

상위부분 2. 4. 3. 3 (10.48)
하위부분 3. 1. 4. 4

CHAPTER 11

우주환경

11.1 개념

인공위성이 활동하는 우주환경은 위성의 궤도, 구조, 부품, 재질 등에 여러 가지 영향을 준다. 따라서 위성통신 시스템의 신뢰성을 확실히 보장하기 위해서는 위성활동에 영향을 주는 우주환경에 대하여 이해하고 이에 대한 대책을 마련해야 한다.

11.2 에너지 분자속 (flux)

태양전지, 트랜지스터, 다이오드 등 반도체 소자에 많은 영향을 미치는 태양선, 우주선 및 반 알렌 벨트 등이 우주에 존재하므로 위성 설계시 이들을 고려해야 한다.

11.2.1 VAN ALLEN BELT

이 벨트는 1958년 발사된 엑스플로어(Explorer) 위성의 관측 결과로부터 미국의 반 알렌(Van Allen)에 의해 발견된 것이다. 중력과 지구장의 영향에 의해 방사분자들이 집중되어 충전되는 것이다. 이 벨트는 지구를 도너츠와 같이 겹으로 둘러싸는데, 고에너지 양자로 구성된 내부 벨트와 고에너지 전자로 구성된 외부 벨트로 구성된다.

내부 벨트의 양자 에너지는 40~100 MeV이고, 그 범위는 남・북위 35° 내로서 고도는 적도상공 2,000~5,000 Km이다. 외부 벨트의 전자 에너지는 50 KeV~5 MeV이며, 양자 에너지는 1 MeV 이하이다. 외부 벨트의 범위는 남・북위 55~70°에 걸쳐 있고 고도는 적도상공 10,000~20,000 Km이다.

통상 최대 에너지는 고도 16,000 Km에 존재한다. 따라서 정지궤도는 양자벨트 외부에 있어 정지궤도 위성은 주로 태양섬광에 의한 고에너지 양자에 의해 영향을 받는다. 자속은 태양활동 크기에 의해 정해지는데 태양활동이 매우 큰 경우로는 위성 수명중 7년~10년 중에 일어난다. 정지궤도 위성은 전자자속의 외부영역에 있게 된다.

11.2.2 태양방사

태양방사는 적외선, 자외선, X선과 기타 방사 에너지로 구성된다. 적외선과 태양 X선은 화학구조를 파괴시키고 화학 반작용을 일으킬 정도의 에너지를 가지고 있다. 적외선은 기본적으로 열선(thermal ray)이고, 위성은 이 영향을 코팅(coating) 등에 의해 막을 수 있다.

소규모 태양활동 기간중 양자의 밀도는 속도 400 Km/s로 5 p/Cm^3 정도이다. 지구궤도에 관한 평균 자속은 수 KeV의 평균 에너지와 더불어 2×10^8 p/Cm^2이다. 태양 활동에 따른 이 값의 변화지수는 20이고 강한 태양활동 기간중 양자속은 수 MeV~수백 MeV이다.

11.2.3 우주선

우주선(cosmic ray)은 일반적으로 양자 80%, 알파분자 19%, 고원자 1% 및 기타 소량의 전자로 구성된다. 우주선 에너지는 10MeV~1GMeV 내이다.

그러나 우주선의 속(flux)은 낮아 2.5분자/Cm^2S 정도 된다. 표 11-1은 정지위성궤도 내에서 예상되는 방사선 데이터이다.

표 11-1 **정지위성 궤도 내 방사선**

분 자	밀 도	에너지(MeV)
전 자	1.5×10^{15} e/Cm^2 · year 1.5×10^{13} e/Cm^2 · year 2.0×10^{12} e/Cm^2 · year	E > 0.04 E > 0.23 E > 1.6
양 자	3×10^{14} p/Cm^2 · year < 10^7 p/Cm^2 · year	0.1 < E < 4 E < 40
태양섬광	2×10^{10} p/Cm^2	E > 10

11.2.4 위성에 미치는 영향

위성이 충전된 분자속에 있게 되면 금속과 반도체가 원자의 전자레벨 정도의 여진을 하고 플라스틱은 이온화되며 절연 무기물은 이들 여진과 이온화, 두 가지의 영향을 받는다. 태양섬광은, 특히 반도체내 전자, 유리의 광전송, 일부 중합체에 영향을 준다. 위성 장치내 전자회로의 능동소자는 적정한 차폐에 의해 이 영향을 막을 수 있다. 여진되는 소자를 포함하고 있는 장치의 케이스는 두께가 1 Cm 정도인 알루미늄 구조물로 제작한다.

고에너지 분자의 기본적인 영향은 속(flux)에 직접 노출된 태양전지 성능을 감소시키고 열제어에 영향을 주는 thermo-optical 클래딩(clading) 특성을 변화시킨다.

11.3 방사(radiation)

11.3.1 개요

물체에서 방사되는 에너지는 그 물체의 온도와 방사율에 의해 결정된다.
볼쯔만의 물체 방사 M에 대한 정의에 의하면

$$M = \varepsilon \sigma T^4 (\mathrm{W/m^2}) \tag{11.1}$$

여기서 $\sigma = 5.67 \times 10^{-8} (\mathrm{Wm^{-2}K^{-4}})$로써 볼쯔만 상수이고 ε은 방사율이다.

흑체의 경우 $\varepsilon = 1$이다. 물체의 방사율은 동일 온도에서 이 물체의 방사와 흑체방사와의 비이다. 우주는 온도 5K 정도의 흑체(black body)로서 간주된다. 이것은 모든 방사열 에너지를 모두 흡수하는 것이다.

위성에서 수신되는 방사는 태양과 지구로부터 오는 것이 일반적이다.

11.3.2 태양방사

태양은 온도 6,000K의 흑체로 볼 수 있다. 태양에서 1AU 내에 있는 표면에 대한 투사속은 1353 $\mathrm{W/m^2}$이다. 이것은 지구궤도 위성이 춘분 이후에 연간 10일 정도 받는 속(flux)이다. 이 속은 태양과 지구거리의 변화함수로써 연중 변화한다.

위성의 표면소자가 받는 전력은 태양 경사의 함수로서 적도면상의 궤도내 위성에 대해 표면이 태양쪽인 적도면에 영구히 수직이라 하면 투사속은 경사의 cosine에 의해 체배되고 표면이 적도면에 평행이면 투사속은 경사의 sine에 의해 체배된다. 식(eclipse) 중에는 수신전력이 0이고 이 기간은 표면이 북쪽을 향하는 봄과 여름의 6개월 중이다. 반면 가을과 겨울은 표면이 남쪽을 향하는 6개월 동안 수신전력이 0이다.

11.3.3 지상방사

지상방사는 지상자체의 방사와 태양방사의 반사에 의한 것이다. 전자는 250K 흑체로 간주되고 발광은 10~12μm의 적외선 대역에서 최대이다. 정지궤도 위성에 대해 전체 속(flux)은 40 $\mathrm{W/m^2}$ 이하로서 이것은 태양방사와 비교해 무시할 수 있는 것이다.

11.3.4 위성에 미치는 영향

방사에 의한 영향은 열 영향과 재료에 미치는 영향이 있다. 태양방사를 받는 위성면은 온도가 높고 그 반대면은 온도가 낮다. 따라서 전도, 복사에 의한 열교환이 일어난다. 위성이 태양쪽을 향해 고정되어 있다면 태양으로부터 흡수되는 전력과 복사되는 열 사이에 균형이 이루어진다. 이 평균온도는 열 균형을 이룬다.

즉, $P_S + P_1 = P_R + P_A$

P_S : 직접 태양 속(flux)으로부터 흡수되는 전력
P_1 : 내부소비 전력
P_R : 방사 열속(thermal flux)
P_A : 온도 변화중 교환에 의해 축적되는 전력

평형온도 T는

$$T = (\alpha\ W/4\varepsilon\ \sigma)^{1/4} \tag{11.2}$$

σ : 볼쯔만 상수
α : 흡수, W : 태양속(solar flux)

위성장비는 0~45°C내에서 만족한 동작이 이루어진다. 따라서 위성체의 클래딩은 이것을 염두에 두고 이루어져야 한다. 태양전지는 위성면의 상당부분을 차게하므로 thermo-optical 특성이 매우 중요하다.

스펙트럼 100~1,000 Å 의 자외선 방사는 물질을 이온화시키는데, 이 현상은 애자의 전도율을 증가시키고 thermo-optical 클래딩의 흡수와 방사계수를 변화시킨다. 또한, 태양전지의 효율을 감소시켜 실리콘셀의 경우 7~10년 후에 30% 정도의 크기를 감소시킨다.

1,000 Å 이상의 파장에서는 고체가 여기될 수 있고 기계적 특성이 약해지며 3,000 Å 이상에서 금속과 반도체에 대한 영향은 실제로 0이다.

11.4 진공

11.4.1 개요

진공(vacuum)은 우주환경의 기본 특성으로서 분자밀도가 고도와 함께 급속히 없어진다. 이

것은 위도, 하루 중 시간, 태양활동 등에 의해 결정된다. 정지궤도 내에서의 압력은 10^{-13} Torr 이하이다.

11.4.2 위성에 미치는 영향

타원궤도의 원지점 고도가 원형궤도의 고도와 같이 낮아질 수 있으며 3,000 Km 이상에서 대기장애는 무시될 수 있다.

진공중에서 물질은 승화와 가스를 방출한다. 질량 손실은 온도에 의해 정해지는데, 마그네슘의 경우 연간 110°에서 10^3 Å, 170°C에서 10^{-3} Cm, 240°C에서 10^{-1} Cm이다.

이러한 현상보다 차가운 표면에서 가스가 충전되는 것이 보다 큰 문제가 되는데, 이것은 절연 표면의 회로를 단락시키고 thermo-optical 특성을 약화시킨다.

따라서 아연과 세슘 같은 승화하기 쉬운 재료는 사용을 피하는 것이 좋다. 진공의 장점으로는 부식의 영향이 없다는 것이다.

11.5 중력장

지구 중력장의 비대칭과 태양 및 달의 인력은 위성궤도의 요란을 일으킨다. 지구 중력장의 강도는 고도와 더불어 변화하는데, 지구 중심으로부터 먼 위성 부분은 가까운 부분보다 인력이 적게 미친다. 따라서 중력이 위성 질량 중심을 지나지 않으므로 구동력이 발생하게 된다.

$$T = 3(\mu/r^3)(I_Z - I_x)\mathrm{Q} \tag{11.3}$$

μ는 지구의 중력정수, r은 지구 중심에서 위성까지의 거리, I_Z는 Z축에 대한 관성 모멘트, I_x는 Z축에 수직인 축에 관한 관성 모멘트이다. θ는 Z축과 궤도면 사이의 각이다. 이 구동력은 저궤도 내에서 위성을 안정화 시키는데는 이용될 수 있으나 정지궤도 위성의 안정화에는 이용하기 어렵다. 즉, 지구 중력장이 정지궤도 위성에 미치는 영향은 무시할 수 있다.

11.6 지구자장

지구자장 H는 장거리의 모멘트 $M_E = 7.5\times10^{15}$ Wb · m 인 마그네틱 다이폴이다.

이 다이폴은 지구 회전축과 11.5° 각을 이루고 있어 다음과 같은 2가지 성분의 유도 B를 만든다.

정상성분

$$B_N = (M_E \sin\theta)/r^3 \ (\mathrm{Wb/m^2}) \tag{11.4}$$

반경성분

$$B_R = (2M_E \cos\theta)/r^3 \ (\mathrm{Wb/m^2}) \tag{11.5}$$

여기서 r은 지구 중심으로부터 관련점과의 거리이고, θ는 반경 벡터와 다이폴축 사이의 각이다.

정지궤도 위성에 대해 정상 성분은 $1.03\times10^{-7} \sim 1.05\times10^{-7}$ Wb/m^2 사이에서 변하고 반경 성분은 $\pm0.42\times10^{-7}$ Wb/m^{2}이다.

적도면에 수직인 성분은 1.03×10^{-7} Wb/m^{2}로 일정하다.

지상의 마그네틱 유도 B는 마그네틱 모멘트 M의 위성에 구동력 C를 발생시킨다.

즉, $C = M \wedge B(N/\mathrm{m})$C = M (11.6)

정지궤도에 대해 적도에 수직인 유도성분은 매우 크고 일정하지만 아주 적은 장기 편이를 일으킨다. 관련 구동력이 적도면내에 있고 위성이 1일당 극축(polar axis)에 병렬로 자체축을 회전하므로 구동력의 합이 매 24시간마다 없어진다.

자장이 지구 중심으로부터 거리의 세제곱에 역비례하므로 정지궤도 내 구동력은 $(42165/6378)^3 = 289$ 로 나누어진다. 즉, 3.5×10^{-7}(N/m)이다.

지구 자장은 적정한 구동자(마그네틱 코일)를 이용해 위성자세제어 구동력을 발생시키기 위한 능동적 방법에 이용될 수 있다.

CHAPTER 12

디지털 위성방송 DVB-S2

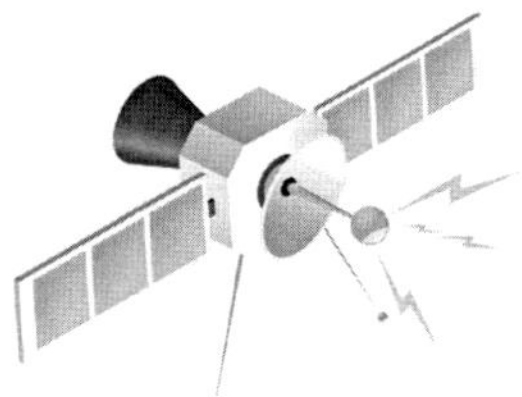

12.1 디지털 위성방송 기술

12.1.1 ITU-R 표준화

2006년 8월 26일 서울에서 개최된 ITU-R WP 6S회의에서는 정지궤도위성의 방송위성서비스에 대한 서비스 간 공유기준에 대하여 논의하였다. 이 공유기준은 지역1과 지역3에 적용하는 것이다. 주파수 대역은 Ka대역에 대한 것으로 2007년 WRC의제 6과 7.1과 관련이 된다. 이 문서는 신규권고문을 생성하기 위하여 제안된 초안이다. 제목은 1지역과 2지역에서의 주파수 대역 21.4~22.0 GHz에 있어서의 정지궤도위성방송위성서비스 시스템에 대한 서비스 간 공유기준(Intra-service sharing criteria for GSO BSS systems in the band 21.4~22.0 GHz in Regions 1 and 3)이다. 이 문서의 생성배경을 살펴보면 WARC-92에서 결의된 주파수 대역 21.4~22 GHz를 방송위성서비스에 할당하는 것에 대한 것이 2007년 1월부터 효력을 발생하게 된다. 따라서 WRC-03에서 이에 대한 진행상황을 WRC-07에서 전파국장이 의제 6과 7.1로 보고 토록되어 있다. 2007년 1월부터 이 대역에 대한 사용지침을 제공하기 위하여 이 문서가 생성되게 된 것이다. 이 문서의 생성과 관련하여 고려되는 사항은 다음과 같다.

2007년 1월 부터 지역1과 지역3에서 주파수대역 21.4~22.0 GHz가 방송위성 서비스로 할당되는 것이 효력을 발생한다. 이 주파수대역의 사용은 WRC-03의 결의 525의 규정에 따른 것이다. 이 주파수대역에 대한 방송위성서비스 시스템은 광대역 무선주파수신호를 전송할 수 있다. 높은 E.I.R.P 가 매우 큰 감쇠를 보상하기 위하여 필요하게 된다. 이 주파수대역에서 방송서비스가 운용되기 위하여, 새로운 서비스간 공유기준이 필요하다. 이와 같은 공유기준은 pfd마스크라고 표현되어 질 수 있다. 이 pfd마스크를 생성하기 위하여 기준 상호극 안테나 패턴이 요구된다. 이 주파수대역에 대한 수신지구국안테나 패턴에 대한 기준 설정이 안 되었다. 이 주파수대역에 대하여 설정되어 있지 않은 기준 패턴은 권고 ITU-R BO.1213이 사용될 수 있다.

2006년 8월 28일 제네바에서 개최된 WP 4B회의에서는 권고 ITU-R S.1709의 개정안에 대하여 논의하였다. 권고 ITU-R S.1709은 무선인터페이스표준에 대한 특성들을 보여 주는 것으로 광대역위성통신망의 설계를 위한 지침으로 사용될 수 있는 것이다. TIA-1008표준이 요약되어 기술되어 있는데, 최근 이 표준이 TIA-1008-A로 개정되었다. 개정된 내용은 고속의 데이터로 운용되는 리턴 반송파가 포함되었다. 개정된 내용을 토대로 하여 이 권고에 대하여 다음과 같이 요약 정리하였다.

표 12-1 ETSI EN 301 790 V.1.3.1, TIA 1008A과 ETSI RSMA비교

항 목	ETSI EN 301 790	TIA-1008	ETSI RSMA
네트워크 토폴로지	Star/mesh	Star	Star/mesh
변조방식	QPSK	CEOQPSK	CEOQPSK
상향링크 접속방식	DVBS	DVBS	High rate TDMA
상향링크 데이터속도(Mbit/s)	1~45	1~45	100, 133.33, 400
하향링크 데이터접속 포맷	MF TDMA	MF TDMA	FDMA, TDMA
하향링크 데이터 속도	무제한	64 kbit/s, 128 kbit/s, 256 kbit/s, 512 kbits/s, 1024 kbits/s, 2048 kbits/s.	128 kbit/s, 512 kit/s, 2 Mbit/s, 16 Mbit/s
통신규약	DVB/MPEG2 TS 상향, AP/AAL5/ATM 하향	다층통신규약	IETF IP 통신망 통신규약

위 표 12-1은 ETSI EN301 790 V.1.3.1, TIA1008-A와 ETSI RSMA의 특성들을 비교한 것이다. 무선인터페이스 규격인 TIA-1008은 Internet Protocol over Satellite (IPoS)에 대한 것으로 네트워크 구조, 네트워크 세그먼트, 네트워크 인터페이스, 원격단말기 특성, IPoS에 대한 위성인터페이스, 통신규약모델, 물리층, 상향링크 위성전송, 하향링크 위성전송, 데이터링크계층, 위성링크 제어 부계층, 매체접근 제어 부계층, 상향링크 다중화계층, 네트워크 정합계층에 대하여 기술되어 IPoS의 상향캐리어는 중심국이나 방송단말기로부터 다수의 원격지까지의 방송캐리어를 말하는 것으로 DVB데이터 포맷과 DVB다중통신규약의 인캡슐레이션을 토대로하는 원격 단말기에 대한 IP트래픽 배분에 적합한 지능형 다중화기법을 사용한다. 상향캐리어의 다중화 부계층은 중심국에서 수개의 트래픽 종류, 프로그램 및 서비스들을 동일한 상향링크 캐리어로 전송하도록 허용하며 각 개별 프로그램의 전송을 제어한다. IPoS 다중화 부계층은 Digital Video Broadcast/Motion Pictures Expert Group (DVB/MPEG) 지능형 다중화기법을 토대로 하고 있다.

네트워크 구조에 대하여 살펴보면, 네트워크 세그먼트의 경우 IPoS가 세개의 주요 세그먼트로 구성되는 성형망에 사용되도록 설계되어 있다. 주요 세그먼트 중 중심국은 위성을 통하여 많은 인터넷단말기를 지원하며 지구국과 관련장비들로 구성되어 있다.

우주 세그먼트는 정지궤도위성으로 비재생중계기로 구성되어 있으며 중심국과 단말기 간에 양방향으로 데이터를 전송한다. 물리계층에 대한 인터페이스는 iPOS서비스가 14/10~11 GHz 위성으로 고정위성업무서비스를 위해 설계되어진 스펙트럼과 함께 사용된다고 가정한다. 이용자 세그먼트는 일반적으로 수천 개의 이용자 단말기로 구성된다. 이 각각의 단말기는 광 대역

IP통신이 가능하다. 원격단말기는 이용자 호스트나 PC를 지원한다. 단일 억세스 포인트는 호스트와 원격단말기가 범용 시리얼버스, 즉 USB인터페이스를 통하여 지원된다. 그림 12-1은 최고레벨의 IPoS구조에 대한 구성요소들을 보여 주는 것으로 IpoS시스템에서 주요 내외부 인터페이스를 식별한다.

네트워크 인터페이스에 있어서는 IpoS 시스템 내에서 주 인터페이스는 단말기 LAN인터페이스로서 이것은 이용자 호스트의 컴퓨터나 PC와 원격 단말기 간의 인터페이스이다. 이 단말기 LAN인터페이스는 이 표준에 해당되지 않는 이더넷 통신규약을 사용한다. IPoS 위성인터페이스는 단말기, 중심국 교환이용자, 제어 및 관리정보를 인터페이스한다. 중심국 지상인터페이스는 중심국과 중심국을 외부 패킷 데이터망, 공중인터넷, 사설 데이터망에 접속하는 백본간을 인터페이스한다. 중심국 지상인터페이스는 IP 통신규약을 사용한다.

IPoS 위성인터페이스는 두 개의 전송 방향간을 식별한다. 상향링크방향으로 IPoS로부터 이용자 단말기간은 상향캐리어에 할당된 전 대역폭을 사용하여 방송한다. IPoS상향링크가 여러 전송채널로 다중화되어 질 수 있기 때문에 이것은 다수의 원격단말기에 전송된다. 하향링크로서 원격단말기로부터 IPoS중심국 간은 점대점으로서 중심국에 의하여 개별 원격단말기에 할당된 대역폭을 사용하거나 모든 단말기들에 의하여 공유되는 대역폭을 사용한다.

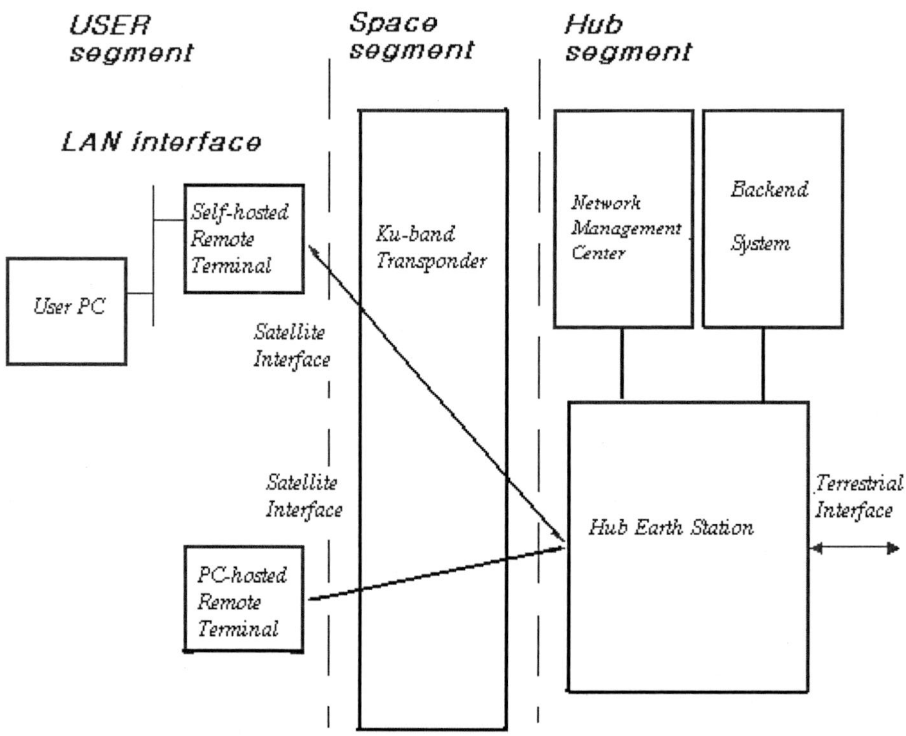

그림 12-1 IpoS 시스템 구조

원격단말기의 특성에 있어서 원격단말기는 액세스 플랫폼으로 IPoS시스템의 서비스를 이용자 호스트가 액세스 하는 것에 대한 것이다. 단말기가 PC의 지원을 요구하는가의 여부는 IPoS 단말기를 구분하는 데 사용되는 매우 중요한 방법중의 하나이다. 이들 기준에 따라서 두 개의 원격단말기 종류가 있게 되는데, 하나는 PC가 호스트가 되는 것으로서 단말기 유형이 고객의 응용관점에서 매우 중요하게 지향되어 있다. 이에 대하여 자체호스트의 방법은 자체호스트 단말기가 모든 유형의 고객을 목표로 하는 것으로 소비자, 소규모사무소, 가정과 기업마켓영역에 대한 것이다. 이 방법은 IPoS 시스템을 운용을 지원하기 위하여 외부 PC를 필요로 하지 않는다. 즉 중심국에 의하여 완전히 관리되어 질 수 있으며 중심국에 의하여 소프트웨어가 다운로드 되고 구조파라미터를 설정될 수 있다. 원격단말기를 구분하기 위한 다른 기준은 리턴채널의 형식으로서 단말기가 데이터를 중심국에 보내는 데 사용하는 것이다. 따라서 원격 단말기는 위성리턴채널과 지상리턴채널로 구분되어 질 수 있다. 위성리턴채널은 IPoS 시스템의 하향링크 위성채널 일부를 통하여 송신되는 것이고 수신 전용 지상리턴채널은 위성에 대하여 수신만을 하는 것으로 다이얼업 등 몇 개의 지상 리턴 기술을 사용한다.

표 12-2는 현재 IPoS시스템에서 정의된 여러 유형의 원격단말기의 전형적인 특성을 보여주는 것이다.

표 12-2 IPoS 단말기의 전형적 특성

단말기 이름과 특징	호스팅	회귀채널
저비용, 양방향, 광대역위성PC 주변기기	PC	위성
저비용, 양방향, 광대역 자체호스트 단말기	자체	위성
수신전용 최저비용 위성광대역, PC주변장치	PC	다이얼업

IPoS 위성인터페이스에 있어서 IPoS 통신규약 기준은 IpoS 통신규약이 중심국과 원격 단말기 간에 시스널링정보와 IP트래픽을 교환하기 위한 메커니즘을 제공하는 다층 피어투 피어이다. IpoS통신규약은 광대역 위성멀티미디어 통신규약 구조에 따라 구조를 갖게 되는데, 이 광대역위성멀티미디어 통신규약구조는 TR 101 984에 정의되어 있다. 이 구조는 그림 12-2에서와 같이 위성연계기능과 위성비연계기능 간의 분산을 제공한다.

이 통신규약 구조는 SISAP을 위하여 지정된 인터페이스를 통하여 위성연계와 위성비연계 기능으로 분리된다. 이것을 나누는 목적은 위성비연계 상층으로부터 위성의 특정한 특성을 분리하는 것이고, 이 분리는 IP향상 등에 따른 향후의 시장 발전에 따르도록 설계된다. 또한, PEP (performance enhancing proxy) 등과 같은 솔루션을 토대로 하여 더 복잡한 마켓영역을 추가하는 데 유연성을 갖도록 하는 것이다. SISAP상의 요소들은 새로운 위성시스템에 아주 쉽게 구현되어 질 수 있다. 또한, 기존 설계의 중요한 재설계를 하지 않고 새로운 상층 기능들을

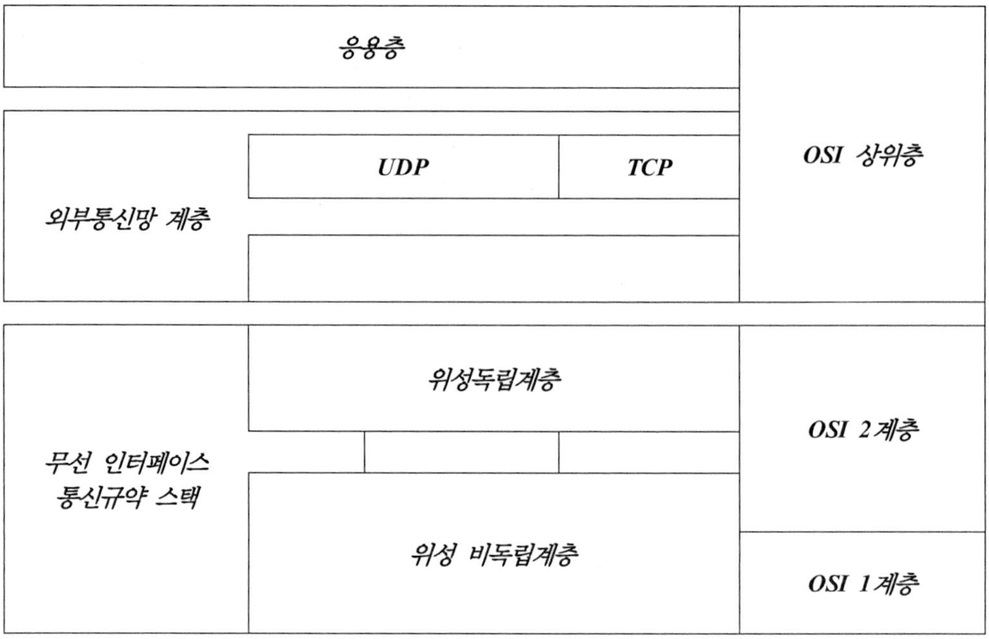

그림 12-2 **통신규약 기준모델**

지원하기 위한 확장성을 가진다.

그림 12-2에서와 같이 SISAP은 데이터링크와 네트워크계층 간에 위치한다. SISAP상의 요소들은, 지원되는 위성링크층의 특정한 지식이 없이 설계될 수 있으며 그렇게 되어져야 한다. 그림 12-2에서 위성비연계층은 IntServ, DiffServ와 Ipv6와 같은 현재 지정되어 있지 않은 서비스가 포함된다. IPoS 인터페이스는 플랜, 계층 및 위성상의 전송방향으로 조직된다.

Plane 1은 이용자플랜 (UPlane)으로서 위성인터페이스에 걸쳐 이용자 정보를 포함하고 있는 IP트래픽의 신뢰성있는 전송을 위하여 필요한 통신규약이다. Plane 2는 제어플랜(CPlane)으로서 이용자트래픽을 전송하는데 필요한 위성억세스 접속과 자원을 지원하고 관리하는데 필요로 하는 시그널링 통신규약을 가지고 있다. Plane 3는 관리플랜(M-Plane)으로서 원격단말기의 위임, 이용자의 과금, 성능과 경고 보고등과 관련된 관리와 통보에 관련된 것이다.

각각의 IPoS플랜은 세 개 통신규약 부계층으로 논리적으로 나누어진다. 통신규약 부계층은 동일한 레벨의 기능으로 그룹화하는 데 있어서 전체 시스템을 재구성하는 데 사용된다. 물리계층은 인터페이스를 걸쳐 전송되는 변조, 오류제어 및 시스널링신호와 관련된 하위 레벨기능을 제공하는 것이다. 데이터링크제어 (DLC) 계층은 여러 가지 신호의 다중화는 물론이고 신뢰성있고 효율적인 전송서비스를 제공한다. 네트워크 정합 계층은 위성에 대한 이용자 접근을 제어하고 이 액세스에 필요로 하는 전파자원을 제어한다.

물리층기능은 위성에 걸쳐서 데이터링크와 상층에 의하여 제공되는 데이터를 전송하는 데 사용되는 변조파형의 전송과 수신을 제공한다. 물리계층에서, UPlane과 CPlane이나 MPlane정보을 위하여 제공되는 전송방법 간을 식별하는 것은 없다. 이러한 식별은 상층에서 이루어진다. 물리계층에서 제공되는 서비스들은 다음과 같이 그룹화된다.

- 초기인지 동기와 레인징 절차로서 중심국에서 행하여지는 것으로 하향링크 캐리어의 프레임 구조와 더불어 전송 타이밍 정렬 ALD 원격단말기에 의하여 송신되는 전력의 조정.
- 변조, 코딩, 오류정정, 스크램블링, 타이밍과 주파수 동기로서 상향링크와 하향링크캐리어에 DLC의 UPlane과 CPlane에 의하여 제공된다.
- 수신된 Ebt/N0와 같은 성능, 회복된 클록, 물리적 파라미터의 상태와 감시 그리고 상층에 대한 보고 등 상향링크의 위성전송과 관련하여 IPoS상향캐리어는 DVB데이터 포맷과 부합되는 지능형 다중화 기법을 사용하고 원격단말기에 대한 IP트래픽의 분배는 DVB 멀티플 통신규약을 기반으로 한다. 지원되는 심볼레이트는 lMSymbol/s ~ 45 Msymbol. 이때의 전진에러정정레이트는 1/2, 2/3, 3/4 5/6와7/8인데 DVB-S 변조와 코딩을 사용하며 DVB-S2의 경우에는 1/4~9/10을 사용한다.

하향링크 위성 전송에 관하여는 IPoS 하향링크가 OQPSK변조방식을 사용하고 전송레이트는 64, 128, or 256 ksymbol/s이며 이때의 코딩율은 1/2 convolutional 또는 전송레이트 128 or 256 ksymbol/s 512, 1,024 및 2,048 kSymbol/s에서 Turbo FEC와 BCH 엔코딩방식을 사용한다.

IPoS는 요구할당 MFTDMA 방식을 하향링크에서 사용하며 이것은 단말기가 중심국에 전송하도록 하는 것이다. 또한 하향링크는 45 ms TDMA 프레임 길이를 갖는 데 이것은 여러 슬롯으로 나누어진 것이다. 단말기로 부터 중심국으로의 전송은 버스트로 송신된다. 이 버스트는 오버헤드용의 슬롯과 데이터슬롯으로 구성된다. 이때의 오버헤드 슬롯은 버스트 프리앰블을 제공하는 데 사용되고 연속적인 버스트가 시간 내에 중첩이 되지 않도록 하기 위하여 버스트 간에 적정한 시간이 필요로 하게 된다.

데이터링크계층은 IPoS 네트워크상에서 실제 전송서비스를 제공하는 것으로 위성링크 제어, 매체접근 제어 및 상향링크 다중화 부계층으로 나누어진다.

위성링크 제어 부계층은 DLC의 부계층으로서 이것은 원격단말기와 중심국 간의 패킷전송을 책임지는 것이다. IpoS는 상향링크와 하향링크방향에 있어서 다른 전달방식을 지원한다.

신뢰할 수 있는 오류 없는 전달방식이 선택형 재전송방식을 사용하는 하향링크방향에서 사용된다. 이 신뢰할 수 있는 전달방식에 있어서 수신 SLC는 상층에 오류가 없는 패킷만을 전달한다.전송오류가 매우 작은 즉 BER = 10^{-10}인경우에는 상향링크는 오류가 발생한 패킷을 재전송하지 않고 데이터 패킷을 한번만 전송한다.

SLC의 기능적 역할은 세션을 발생시키고 관련 세션에 들어오는 패킷을 매핑하며 특정한 IP PDU을 암호화하고 작은 PDU로 상층 데이터 패킷으로 가변적인 길이를 가진 것을 세그멘트하거나 재조립한다. 신뢰성 있는 그리고 그 반대의 전달모드를 사용하는 단말기에 연속적으로 데이터를 전달한다. 매체접근 제어 (MAC) 부계층에 의하여 제공되는 서비스는 그룹으로 다음과 같이 만들어진다.

- 데이터전달 : 이 서비스는 피어MAC 간에 MAC상호 작용을 전달한다. 이 서비스는 어떤

데이터 세그먼테이션도 수행하지 않는다.

- 전파자원과 MAC파라미터의 재할당 : 이 서비스는 식별자에 대한 제어절차를 수행하는 것으로 정해진 시간동안 또는 영구적으로 네트워크 계층에 의하여 특정한 DLC 계층에 할당된다. 또한, DLC 계층에 걸쳐 전달 모드의 설정과 종료에 대한 절차를 수행한다.
- 오류정정 프레임의 전송중에 발생하는 오류의 검색을 위한 절차를 수행한다.

상향링크 다중화계층에 대하여는 상향링크 방향에 있어서 이 계층은 중심국이 몇 개 형식의 트래픽, 프로그램, 서비스 등을 송신하도록 한다. 이것은 상향링크 캐리어로 송신되고 개별적 프로그램의 전송을 제어한다. IPoS-다중화 계층은 Digital video broadcast/motion pictures expert group (DVB/MPEG) 지능적 다중화포맷을 지원한다. 이 DVB/MPEG 포맷에 있어서, 모든 프레임과 패킷은 트래픽 종류의 하나와 관련이 있게 되는데, 동일한 프로그램 식별자인 PID를 갖는다.

원격단말기에서 역다중화는 단말기에서 정해져 있는 PID주소와 부합되는 것만 원격단말기 필터링을 사용하여 특정 전달스트림으로 상향링크 다중화를 역다중화한다. IPoS 원격단말기는 두 종류의 PID를 식별하는데 Type 1은 PSI테이블로서 이것은 IPoS와 비 IPoS 단말기에 대한 것이다. IPoS 단말기는 IPoS시스템의 특정한 구조를 갖기 위하여 PSI테이블을 수신한다. Type 2는 IPoS이용자와 제어정보로서 IPoS 논리채널로 전송된다. 이 IPoS논리 채널에 포함되어 있는 정보는 모든 단말기, 한 개의 그룹 또는 개별 IPoS단말기에 대한 것이 될 수 있다.

상향링크의 DVB/MPEG 패킷은 저체 주소와 맞지 않는 이들 패킷들을 걸러내는 IPoS단말기로 전체 상향링크 캐리어 대역폭을 사용하여 방송된다. 주소를 정리하는 것에 대한 기법은 전송패킷 헤버와 MAC헤더의 일부로 포함된다.

네트워크 정합 부계층은 다음과 같은 기능을 수행한다. 즉 IP패킷을 전송하는 것으로 이 기능은 페킷 형식, 응용형식, 착지 그리고 내부 구조를 토대로 하여 IP패킷의 서비스 등급을 결정하는데 필요로 하는 기능이다. 트래픽관리기능은 트래픽이 IPoS서비스에 제공되기 전에 트래픽을 정렬하는 기능이며, PEP는 위성링크에 걸쳐서 서비스를 개선하기 위하여 응용들의 성능을 개선하는 기능이다. 이것은 흔히 위성링크에서의 지연과 손실에 기인하는 TCP에 의하여 경험되는 출력의 악화를 줄이는 데 사용된다. 멀티캐스트 프록시는 멀티캐스트를 제공하기 위하여 적정한 IPoS전송서비스에 IP멀티캐스트 통신규약을 정합하는 것이다.

12.1.1.3. 주파수 분배 현황

표 12-3은 18 GHz~22 GHz간의 주파수에 대한 국제 주파수 분배표이다. 이 표에서와 같이 1 지역과 우리나라가 속하는 3지역은 21 GHz주파수 대역이 방송위성용으로 분배되어 있음을 알 수 있다.

표 12-3 **18 GHz~22 GHz 국제 주파수 분배표**

<table>
<tr><th>1지역</th><th>2지역</th><th>3지역</th></tr>
<tr><td colspan="3">18.4~18.6 고정통신, 고정위성(우주대 지구) 5.484A 5.516B, 이동통신</td></tr>
<tr><td>18.6~18.8
지구탐사-위성(수동),
고정통신,
고정-위성(우주대 지구) 5.522B
이동통신(항공이동제외)
우주탐사(수동)
5.522A 5.522C</td><td>18.6~18.8
지구탐사-위성(수동),
고정통신,
고정-위성(우주대 지구) 5.522B
이동통신(항공이동제외)
우주탐사(수동)
5.522A</td><td>18.6~18.8
지구탐사-위성(수동),
고정통신,
고정-위성(우주대 지구) 5.522B
이동통신(항공이동제외)
우주탐사(수동)
5.522A</td></tr>
<tr><td colspan="3">18.8~19.3 고정통신, 고정-위성(우주대 지구) 5.516B, 5.523A, 이동통신</td></tr>
<tr><td colspan="3">19.3~19.7 고정통신, 고정-위성(우주대 지구) (지구대 우주) 5.523B, 5.523A, 이동통신</td></tr>
<tr><td>19.7~20.1
고정-위성(우주대 지구)
5.484A 5.516B
이동-위성(우주대 지구)

5.524</td><td>19.7~20.1
고정-위성(우주대 지구)
5.484A 5.516B
이동-위성(우주대 지구)
5.524 5.525 5.526 5.527
5.528 5.529</td><td>19.7~20.1
고정-위성(우주대 지구)
5.484A
5.516B
이동-위성(우주대 지구)

5.524</td></tr>
<tr><td colspan="3">21.2~21.2 고정-위성(우주대 지구) 5.484A 5.516B, 이동-위성(우주대 지구) 524 5.525 5.526 5.527 5.528</td></tr>
<tr><td colspan="3">20.2~20.2 고정-위성(우주대 지구) 이동-위성(우주대 지구), 표준주파수와 시간신호-위성(우주대지구) 5.524</td></tr>
<tr><td colspan="3">21.4~24 지구탐사-위성(수동), 고정통신, 이동통신, 우주탐사(수동)</td></tr>
<tr><td>21.4~22
고정통신, 이동통신,
방송-위성 5.347A 5.530</td><td>21.4~22
고정통신, 이동통신</td><td>21.4~22
고정통신, 이동통신,
방송-위성 5.347A 5.530 5.531</td></tr>
</table>

12.1.2 ETSI 기술

다음은 2005년 2월 ETSI에서 공개한 DVB(Digital Video Broadcasting)관련 대화형방송서비스의 2세대시스템에 대한 이용자 지침과 방송위성애플리케이션(DVB-S2)(ETSI TR 102 376 V1.1.1 2005-02)에 대한 것과 2005년 10월 공개한 DVB-S2 Adaptive Coding and Modulation for Broadband Hybrid Satellite Dialup Applications(ETSI TS 102 441 V1.1.1 2005-10)에 대한 주요 내용이다.

12.1.2.1 ETSI TR 102 376 V1.1.1 2005-02

이 표준문서에 대한 전체적인 구성을 살펴보고 이 중에서 본 연구와 관련하여 특별히 참고가 되어야 할 사항에 대하여 설명하고자 한다. 전체구성에 대한 주요 사항을 보면 전체 7장 6개부록으로 구성되어 있다 제4장은 DVB-S2시스템의 기술적 특성에 대한 일반적 사항으로서 상업적인 요구조건들, 비 방송서비스에 대한 상업적 요구조건들, 공통적인 상업적 요구조건들, 애플리케이션 시나리오가 기술되어 있고 시스템구조에 대하여는 시스템의 블록 다이어그램, 기준성능분야에는 단일 캐리어당 트랜스폰더의 구조, 멀티플 캐리어당 트랜스폰더의 구조가 기술되어 있고 후방 호환성 모델로서는 구조적인 변조, 적응형코딩과 변조에 있어서는 ACM에 대한 DVB-S2 서브시스템의 기능적 설명을 하고 있다. 이외에 제4장에서는 시스템 구조에 대하여 기술하고 있다.

제5장에서는 방송애플리케이션으로서 SDTV 방송, SDTV와 HDTV방송으로 상이한 채널보호에 대한 것이며, 후방 호환성서비스에 대하여 기술하고 있다. 제6장에서는 대화형 애플리케이션에 대한 것으로 IP 유니캐스트 서비스VCM/ACM의 패킷스트림에 대한 독립적인 프레임구조로서 MPEG-TS 등에 대하여 기술하고 있다. 제7장에서는 기여 서비스, 데이터 내용의 분배와 중계 및 기타 전문적인 애플리케이션에 대한 것으로 디지털 지상 TV송신기에 멀티플 VPEG다중의 분배, DSNG와 응용분야, 위성잡음권고, DSNG반송파 이격 등에 대하여 기술하고 있다. 부록에서는 부록1에서 저밀도 패리티검사 코드, 부록 2에서 DVB-S2물리층 프레임과 파일럿 구조, 부록3에서 전형적인 위성채널에서의 모뎀알고리즘 설계와 성능에 대하여 그리고 부록 4에서 ACM모드에서의 용량 평가, 부록 5에서 ACM시스템내에서의 물리층 정합, 부록 6에서 ACM수신기 구현에 대한 것이 기술되어 있다.

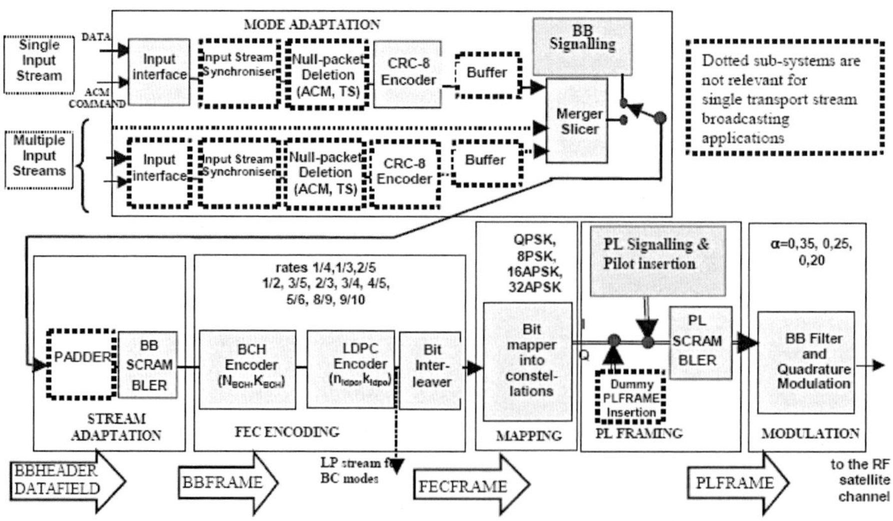

그림 12-3 DVB-S2시스템 기능도

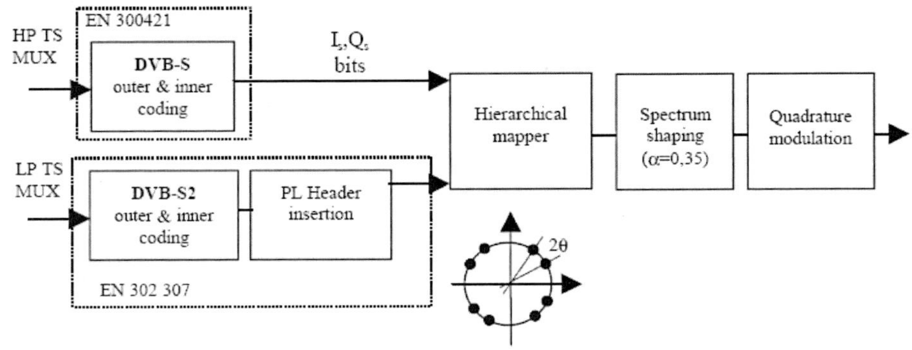

그림 12-4 계층적 후방 호환 DVB-S2시스템 기능 개요도

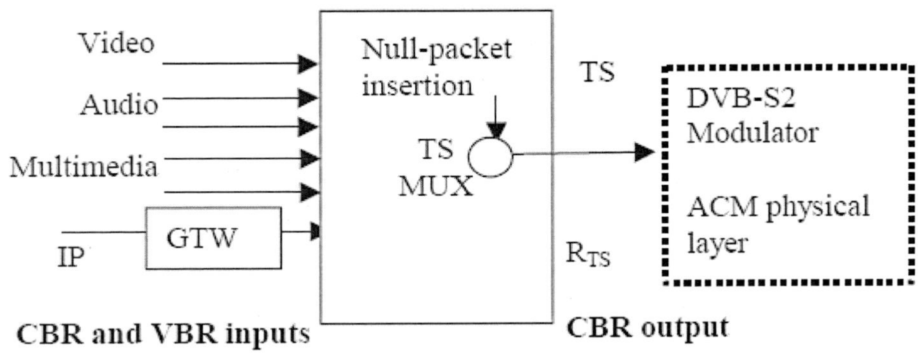

그림 12-5 MPEG TS 다중화기법

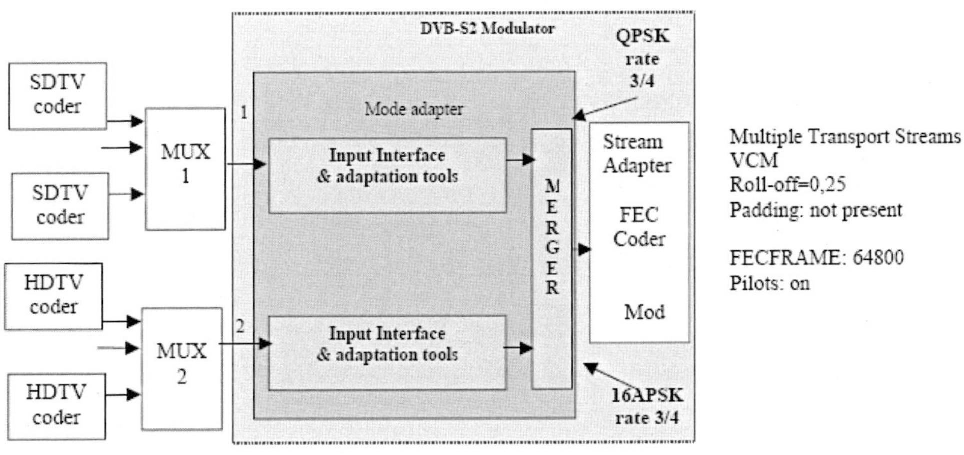

그림 12-6 VCM을 이용한 TV와 HDTV방송용 DVB-S2시스템

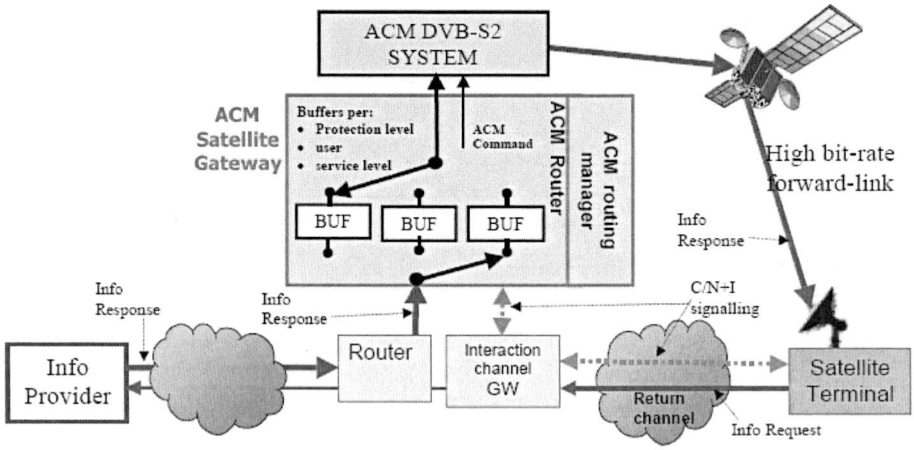

그림 12-7 DVB-S2 ACM 링크를 이용한 IP서비스 기능도

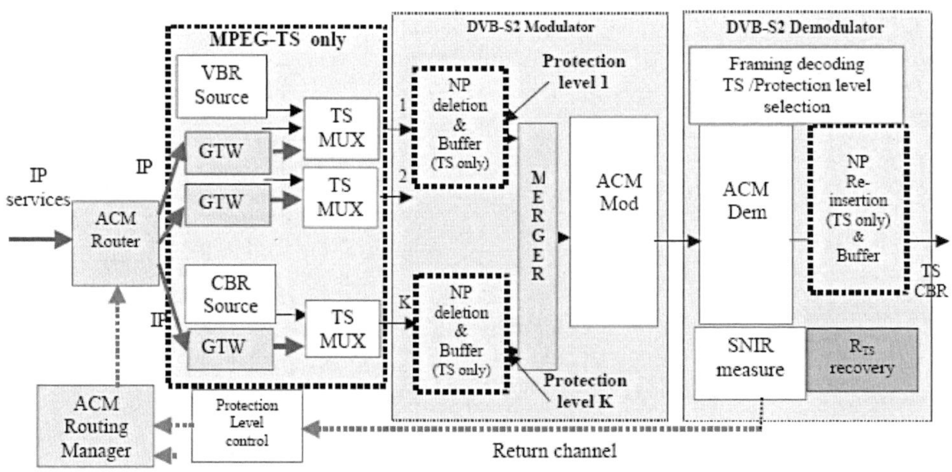

그림 12-8 IP 유니캐스팅과 ACM: 다중입력-스트림당 균일 보호

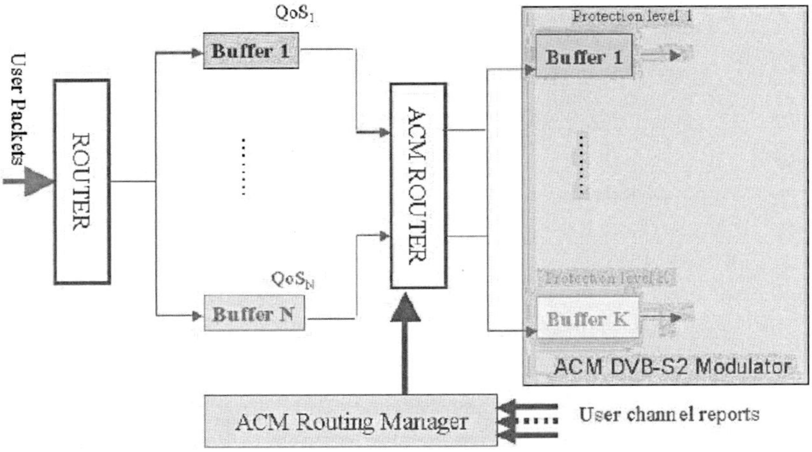

그림 12-9 다중 DVB-S2 입력스트림 시스템구성도

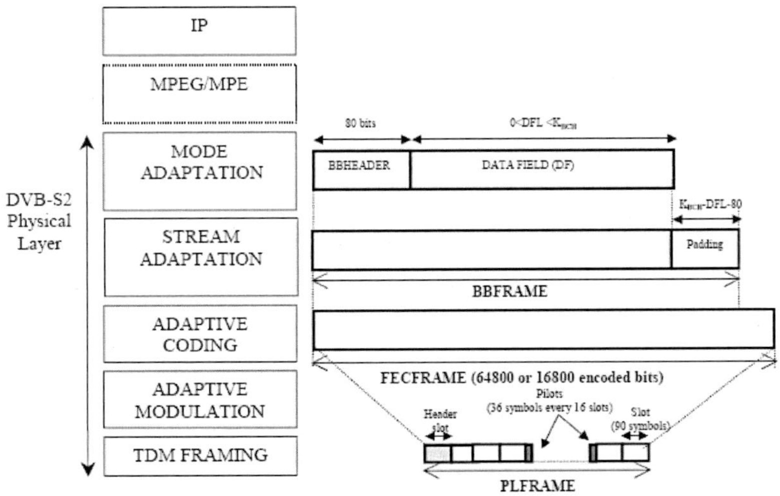

그림 12-10 ACM을 사용하는 DVB-S2의 무선인터페이스 기능도

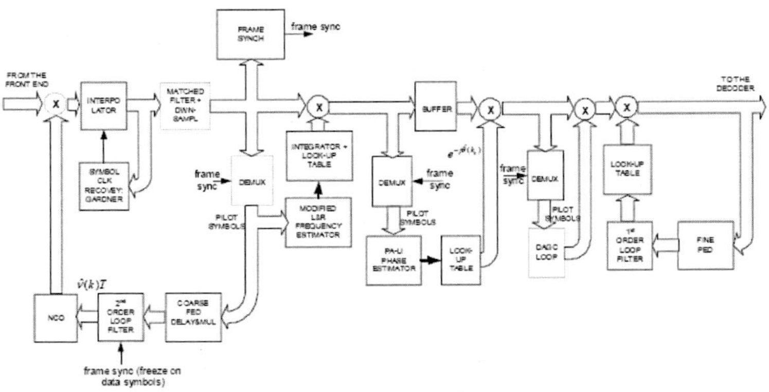

그림 12-11 DVB-S2 디지털 변조 기능도

표 12-4 **주 시스템 파라미터**

Carrier Rate	90 Msymbol/s
Uplink frequency	28.2 GHz
Gateway parameters	
Gateway antenna diameter	4.5 m
Gateway HPA	120 dBW
Gateway EIRP per carrier	74 dBW
Gateway NPR	21 dB
Satellite parameters	
Satellite EIRP per carrier (EOC)	60.5 dBW
OBO	0.5dB
EOC Gain	49.5 dBi
Satellite Input Losses	3 dB
Terminal parameters	
Terminal Antenna diameter	0.75 m
Terminal G/T	16.5 dB/K
Intersystem Interferences	
Adjacent Satellite Systems	25% (of thermal noise level)
Intra-system interferences	
Co-frequency Co-polarization (95% of coverage)	21 dB

표 12-5 **변조와 코딩률 및 Es/N0**

Mode	Spectral efficiency including all overhead [bit/s/Hz]	Required E_S/N_0 [dB]
QPSK 1/4	0.357	−1.5
QPSK 1/3	0.616	−0.3
QPSK 2/5	0.745	0.6
QPSK 1/2	0.831	1.9
QPSK 3/5	1,132	3.1
QPSK 2/3	1,261	4.0
QPSK 3/4	1,390	4.9
QPSK 4/5	1,476	5.6
QPSK 5/6	1,562	6.1
QPSK 8/9	1,691	7.1
8PSK 2/3	1,885	7.8
8PSK 3/4	2,078	9.1
8PSK 5/6	2,335	10.5
16APSK 3/4	2,762	11.5
16APSK 4/5	2,933	12.3
16APSK 5/6	3,104	12.9

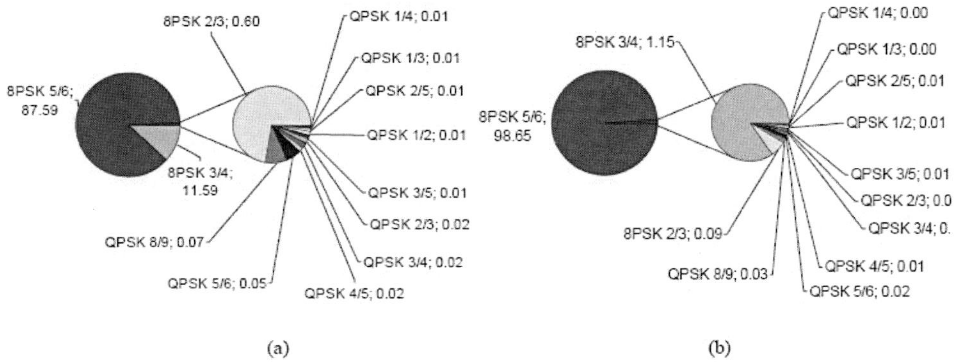

(a) 위성 HPA EIRP (57,8 dBW 위성EIRP EOC)
(b)위성 HPA EIRP (60,5 dBW 위성EIRP EOC)

그림 12-12 **기준시스템의 변조와 코딩 사용 분포(QPSK , 8PSK)**

12.1.2.2 ETSI TS 102 441 V1.1.1 2005-10

이 표준문서의 제목은 Digital Video Broadcasting (DVB); DVB-S2 Adaptive Coding and Modulation for Broadband Hybrid Satellite Dialup Applications이다. 이 문서의 주요 구성을 살펴보면 제4장에서 시스템개요에 대하여 기술하고 있으며, ACM시스템의 개요, 위성단말기에

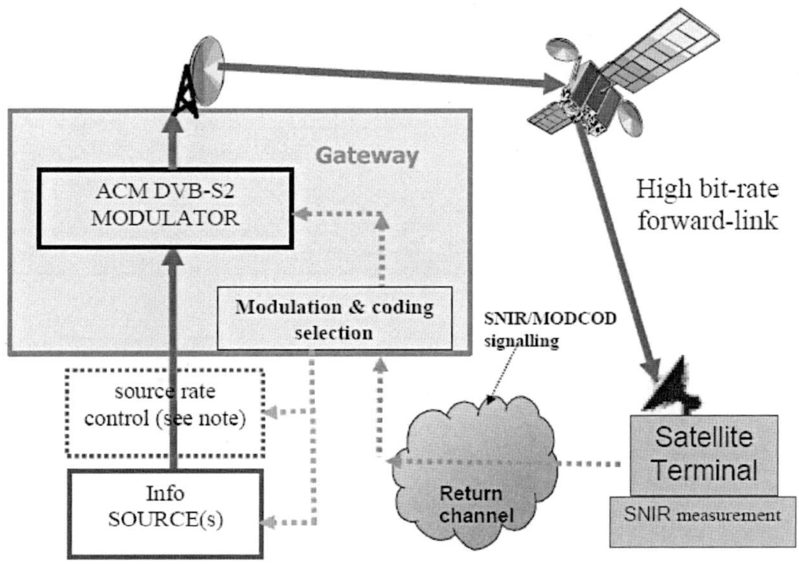

그림 12-13 **DVB-S2 ACM 링크 블록 다이어그램**

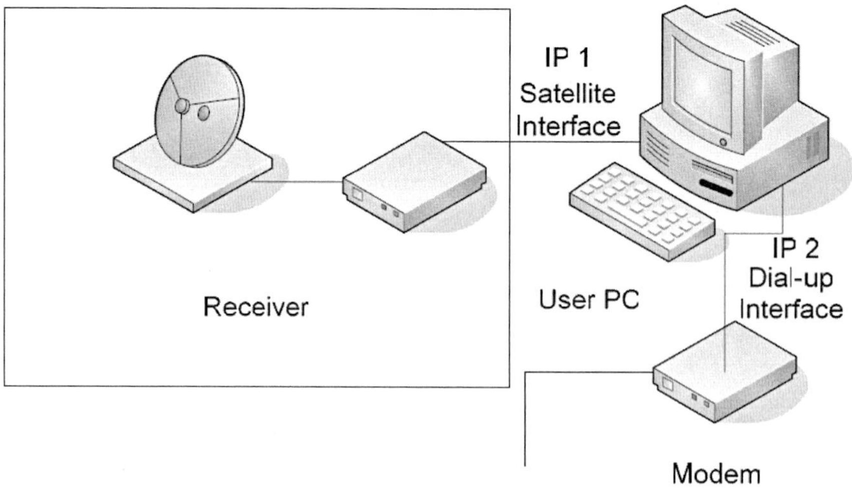

그림 12-14 DVB-S2 위성단말기구성개요

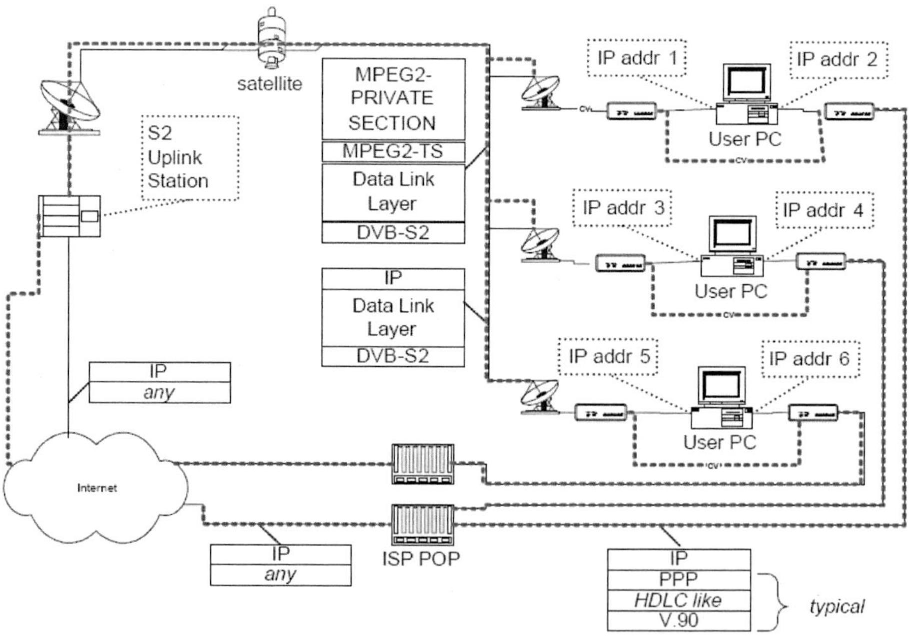

그림 12-15 DVB-S2 ACM 혼합 위성 다이얼업 시스템 네트워크 토폴로지

대한 개요, 네트워크 토폴로지에 대하여 기술하고 있다. 제5장은 통신규약 스택으로서 세션 제어시그널링, DVB-S2 ACM MODCOD 능력전달, 제6장은 DVB-S2 ACM 대화형에 있어서의 세션 제어에 대한 것이 기술되어 있다. 부록1에는 중심국에 대한 조건, 부록2에서는 입력정

보의 스트림정의, 부록3에서는 SI와 PSI에 대하여 기술하고 있다.

12.1.3 국내 디지털 위성방송기술기준

12.1.3.1 디지털 위성방송 기술기준

다음은 위성방송 관련한 국내의 제도를 개관한 것이다. 구 정보통신부에서 고시한 디지털 위성방송용무선설비의 기술기준으로서 현재의 11/12 GHz 대역에 적용하는 것이다. 이 기준에 따르면 방송신호는 비디오 및 오디오로 구성되는 텔레비전 프로그램 신호, 오디오로 구성되는 오디오 프로그램 신호 또는 데이터 신호로 구성되며 각 신호는 보조데이터를 포함할 수 있을 것으로 규정하고 있고 그 외 방송신호는 비디오, 오디오, 데이터 등의 여러 조합으로 프로그램 신호를 구성할 수 있을 것으로 되어 있다.

비디오 신호의 포맷은 SDTV급 또는 HDTV급을 수용하도록 하고 있고 SDTV의 해상도는 화면의 가로×세로가 최대 720×480이고, HDTV의 해상도는 화면의 가로×세로가 최대 1920×1080로 규정하고 있다. 표본화 비트수는 8비트 또는 10비트로 하며 오디오 신호의 포맷은 스테레오 또는 멀티채널 오디오를 수용하고 표본화 비트수는 최대 24비트로 규정하고 있다.

데이터방송 신호의 경우는 데이터방송의 표현 및 전송 방식을 "위성데이터방송표준"을 따르도록 하고 있으며, 비디오 신호 및 오디오 신호의 압축조건은 SDTV급 비디오 신호의 압축 기본 알고리즘은 ISO/IEC13818-2 (MPEG-2 Video)의 MP@ML을 따르고, 압축된 비디오 신호의 최대 비트율은 15Mbps로 하며 HDTV급 비디오 신호의 압축 기본 알고리즘은 ISO/IEC13818-2 (MPEG-2 Video)의 MP@HL을 따르고, 압축된 비디오 신호의 최대 비트율은 80Mbps로 규정하고 있다. 오디오 신호의 압축 기본 알고리즘은 ISO/IEC 13818-3(MPEG-2 Audio) 방식을 따르고, 압축된 오디오 신호의 최대 비트율은 1,066 kbps로 하며 다중화 조건은 ISO/IEC 13818-1(MPEG-2 System)을 따르고 서비스 정보의 처리는 DVB SI(EN 300 468)를 따르도록 하고 있다. 제한수신 기능은 ISO/IEC 13818-1(MPEG-2 System)을 따르도록 하고 있고 오류정정부호 및 방식은 리드-솔로몬 부호와 길쌈부호를 연결한 연접 부호방식을 사용하고 오류분산 방법은 길쌈 인터리빙 방식을 사용하도록 하고 있으며, 변조방식은 QPSK 방식, 펄스정형 필터의 롤-오프 계수는 0.35이내로 규정하고 있다. 기타 이 기준에서 정하지 않은 사항은 국제전기통신연합의 기준에 따르도록 하고 있다.

12.1.3.2 위성데이터 방송표준규격

위성데이터방송표준규격은 정보통신단체표준(TTAS.ET-TS101812. 2005.9.28)으로 제정되어 사용되고 있다. 이 표준은 위성방송데이터 서비스를 제공하기 위한 전송 시스템 및 수신 단말에 적용되는 애플리케이션 규격, 전송 및 시그널링 규격 등의 제반 사항을 기술하고 있다. 그 주요내용을 살펴보면 다음과 같다. 제2장의 일반적인 요구사항으로 개방형 국제표준 정립, 상호 운용성 보장, 인터넷과의 연계, 향후 기술발전의 수용성 및 확장성, 저렴한 가격의 가입자 단말장치 보급 가능성, 콘텐츠의 다용도(Multi-Use) 허용에 대하여 기술되어 있다. 제3장에서는 데이터방송서비스 프로파일의 정의에 대한 것으로 배경, 프로파일, 기본구조, 전송통신규약이 기술되어 있다. 제6장은 콘텐츠 형식에 대한 것으로 정적형식, 방송 스트리밍형식, 내장형 폰트, 다운로드형 폰트, 색의 표현 등에 대하여 기술되어 있다. 제7장은 DVB-HTML, 제8장은 응용 모델, 그리고 제9장은 응용신호방식에 대하여 기술되어 있고 제10장은 보안에 대하여 그리고 제11장은 그래픽모델, 제12장은 SYSTEM INTEGRATION, 제13장은 DETAILED PROFILE DEFINITION에 대하여 기술되어 있다.

12.1.3.3 디지털 위성방송 송수신 정합표준

이 표준은 국내의 디지털위성방송표준화를 위하여 제정된 정보통신단체표준(TTAS.KO-07_0008/R1)으로으로 1996년 12월 20일 제정되어 2000년 12월 20일 개정되었다. 주파수대역 11.7 GHz ~ 12.2 GHz에 적용하기 위한 것으로 국제 표준(권고)과의 관련성을 볼 때 이 표준은 송수신을 위하여 다중화 방식은 ISO/IEC 13818-1[MPEG-2 System]을, 비디오 부호화 방식은 ISO/IEC 13818-2[MPEG-2 Video]을, 오디오 부호화 방식은 ISO/IEC 13818-3[MPEG-2 Audio]을, 채널 전송방식은 EN 300 421[DVB Channel Coding]을, SI 구성 방식은 EN 300 468[DVB SI]을 기준으로 작성되었다. 전체적인 구성을 살펴 보면, 제2장은 비디오에 대한 것으로 수신기의 비디오 복호, SDTV 급, HDTV급 비디오 신호와 자막방송이 기술되어 있다.

3장은 오디오에 대한 것으로 수신기의 오디오 복호, MPEG-2 오디오 신호, 오디오 신호의 레벨에 대하여 기술되어 있다. 4장은 다중화 및 서비스 정보에 대한 것으로 다중화, 서비스정보, *PSI*/*SI* 테이블, *D*ESCRIPTOR IDENTIFICATION, 한글 코드 Hangul (Korean alphabet) code 코드 다운로드 및 데이터방송에 대하여 기술되어 있다. 제5장은 전송시스템에 대한 것으로 시스템 정의, 위성중계기 특성별 적용, 인터페이싱, 채널 부호화, 베이스밴드 SHAPING 및 변조, 에러 성능 요구사항에 대하여 기술하고 있다. 부록으로는 무궁화위성3호 일반 특성, 링크 설계 (방송용 중계기에 적용한 예), 한글 코드, CRC 디코더 모델, 시간 및 날짜의 변환, 코드 다운로드의 구현 예, *PSI*/*SI* 의 확장, 데이터 방송, 양방향 서비스가 부록으로 되어 있다.

12.2

위성방송망 구축 추진 현황

12.2.1 Ka 대역 위성발사 계획

아래 표 12-6은 Ka대역 위성의 발사계획에 대한 것이다. 발사예정인 위성들에 대한 특성과 서비스제공계획 등에 대하여 기술하고자 한다.

표 12-6 Ka 대역 위성발사 계획

발사일자 (UTC)	위성명	발사체	궤도위치	비 고
'06 11-26	Anik F3	Proton	118.7°W	
'06 10-12	WildBlue 1	Ariane 5	109.2°W	
'07 01-03	Spaceway 3	Zenit 3	95.0°W	
'07 01-03	Nigcomsat 1	Long March 3B		4 Ka / 18 Ku/4 C/ 2 L tps
'07 04-06	DirecTV 10	Proton		
'07 04-06	Sirius 4	Proton	5.0°E	2 Ka tp / 52 Ku tps Sirius 2/Sirius 3대체
'07	Apstar 6B	Long March 3B		4 Ka/18 Ku/4 C tps
'07 여름	DirecTV 11			
'07 10-12	Amos 3	Zenit 3	4.0°W	Amos 1 footprint map 대체
'08	Nimiq 4	Proton	82.0°W	8 Ka tps / 32 Ku tps
'08	COMS	Long March 3B		
'08 년말	Hylas		33.5°W	수명 15년

(1) HYLAS

이 위성은 유럽을 커버하는 Ka 대역과 Ku 대역의 혼합위성으로서 발사 주 목적은 주로 광대역 인터넷서비스를 제공하고 고해상도(HDTV) TV를 분배하여 방송하는 것이다. ESA와 Avanti 간에 이 위성시스템의 혁신적인 소자 개발을 위한 계약을 하였으며 HYLAS위성의 공급자는 EADS Astrium Limited이다. ESA는 전체 프로젝트 비용 €120m중에서 €34m을 제공한다. 발사중량은 약 2,100 kg정도이고 수명기간 전력은 3.5 KW로 설계된다.

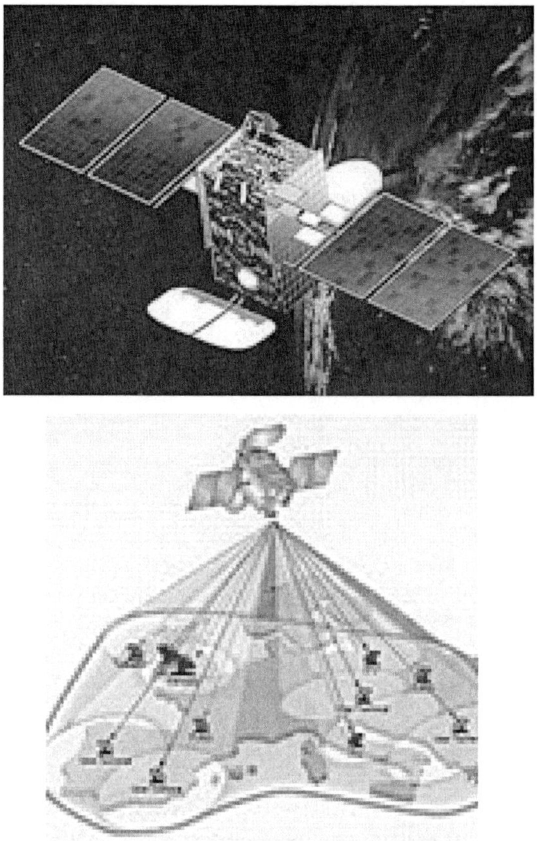

그림 12-16 **HYLAS 위성 개념도 및 통신가능지역**

광대역 HYLAS의 트래픽 처리용량은 동시에 150,000에서 300,000명 정도이며 고이득 Ka 대역 스폿빔을 사용함으로써 8개의 스폿이 동시에 사용될 수 있는데 이 용량은 전통적인 40개의 33 MHz 트랜스폰더와 맞먹는 것이다.

이에 더하여 EADS Astrium 사의 일반적으로 유연성이 있는 패이로드와 TSAT의 진행파관이 함께 사용될 경우 위성자원인 전력과 스펙트럼의 할당에 있어서 최적으로 만들 수 있게 된다고 주장하고 있다. 이에 더하여 두 개의 유연성 있는 Ku 대역 트랜스폰더는 유럽대륙에 있는 Avanti Screenmedea 고객에게 고해상도 프로그램들을 분배하고 방송할 수 있을 것으로 보고 있다. Avanti의 지상장비들은 DVB 패밀리인 DVB S-S2/DVB RCS의 표준을 적용할 계획이라고 한다.

(2) AMOS

이 위성은 이스라엘에서 발사하고자 하는 위성으로 제조자는 ISI(Israel Aircraft Industries)이고 수명은 12년이며 15개의 트랜스폰더를 탑재하며 트랜스폰더당 대역폭은 72 MHz이다.

빔은 중동지역, 유럽지역, 미국지역 및 이동성비임을 가지고 있으며 편파는 Ku 대역은 선형편파 (V &H), Ka대역은 원형편파 (RHCP &LHCP)를 사용한다. 주파수대역은 다음과 같다.:

- Ku-대역 상향링크 : 14.00 to 14.50 GHz
- Ku-대역 하향링크 : 10.95 to 11.45 GHz
- Ka-대역 상향링크: 29.40 to 30.60 GHz
- Ka-대역 하향링크: 19.60 to 20.80 GHz

빔 중심에서의 EIRP 값은 Ku 대역 56 dBW, Ka 대역 56 dBW이며 수신성능지수 G/T는 중동 빔 통신가능지역의 경우 15 dB/k, 유럽 지역 빔 통신가능지역인 경우 14.5 dB/k, 미국지역에 대한 것은 9 dB/k이다. AMOS위성시스템은 이상적으로 다중 고품질 방송과 통신서비스를 전달하는데 적합하게 설계된다. 위성의 고전력 트랜스폰더와 유연성 있는 통신가능지역 할당이 DBS/DTH시스템, 케이블사업자에 대한 TV와 오디오채널 배분, 인터넷 서비스, 방송통신, 기업과 정부네트워크 및 비상/SNG애플리케이션에 적합하다.

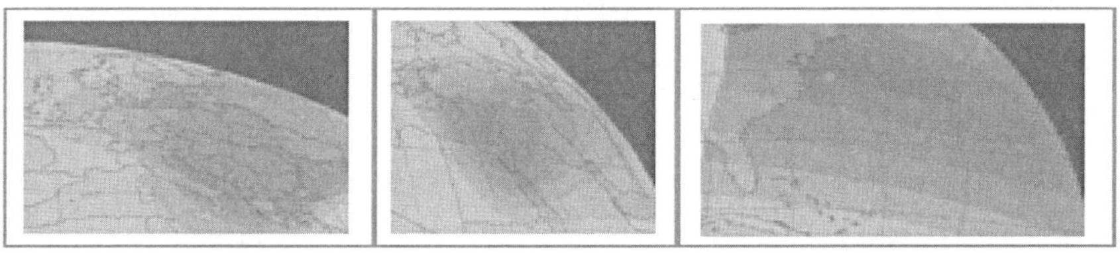

(a) 중동빔 (b) 유럽빔 (c) 미국빔

그림 12-18 **AMOS위성의 빔 통신가능지역**

AMOS-1 &AMOS-2위성은 co-located 위성으로서 고전력 트랜스폰더를 가지고 있으며 상호 백업할 수 있는 체재를 갖추고 있다. 이것은 고품질의 DBS서비스와 DTH 디지털 TV서비스를 유럽과 중동의 여러 다채널 방송사업자들에게 제공 할 수 있게 된다. 이스라엘의 DBS사업자인 "YES"에 의하여 플랫홈으로 선정되어 이 방송사업자의 500,000가입자에게 소형의 안테나를 사용하여 100개의 고품질 디지털 TV채널을 제공하게 된다.

또한, 이 위성시스템은 빔 통신가능지역 내에서 TV &Audio채널 분배에 완벽한 플랫폼이 될 것으로 보고 있다. 이 위성은 케이블 헤드엔드와 재전송센터를 통하여 중앙-동구와 중동에 있는 수백만 가정에 텔레비전과 라디오 프로그램을 전달하게 된다. 또한, 이 위성은 고속의 일방향 인터넷 서비스를 제공하게 된다. 또한, 점대 다점 스트리밍데이터, 멀티캐스팅에 의한 멀티미디어 파일의 안정한 전달 및 여러 요구서비스를 제공할 계획이다.

한편 전기통신사업자와 서비스 제공자로서 정보와 전화를 고속으로 전달하는 사업자는 지상네트워크의 확장과 광대역통신서비스를 고도화하는 데 장점을 가지게 될 것으로 보고 있다.

(3) DirecTV

DirecTV는 MPEG-4 AVC HD 코덱을 사용하여 26개의 고해상도 텔레비전 채널의 방송을 시작하였다. 최근 DirecTV는 앞으로 4년간에 걸쳐 HDTV용의 4개의 위성을 발사할 것이라고 발표하였다. 처음 2개는 Spaceway 1 & 2로서 500개 이상의 지역 HDTV 채널을 전송하고, 다음 2개는 DIRECTV 10 & 11이라고 하는 위성이 2007년에 발사되어 1000개 이상의 로컬 채널을 150개 국내 HDTV채널과 함께 전달하고 있다. DirecTV는 TANDBERG EN5990을 사용하는데 이것은 세계최초의 MPEG-4 AVC 실시간 HD 엔코더로서 잡음을 줄이고 수평영상 재편집 및 프레임의 스킵이 발생되지 않도록 하기 위하여 전치 프로세싱을 수행하는 것이다. DirecTV는 TANDBERG Television으로부터 2004년 하반기 중에 성공적으로 완전한 MPEG-4 AVC HD 엔코딩 시스템을 평가하였다.

(4) Anik F2

이 위성은 Boeing 702형으로 무게가 5,950 kg으로 트랜스폰더는 38개의 Ka-대역, 32개의 Ku-대역, 24개의 C-대역을 가지는 것으로 설계되어 있다. 2004년 7월 17일에 발사되었으며 발사체는 Ariane 5G Rocket으로 수명은 15년이다. 운용자는 캐나다의 텔스타이다. 이 위성은 세계에서 가장 큰 상업용 통신위성으로서 세계최초로 Ka 주파수대역을 완전히 상업화 하기 위한 첫 번째 위성이다.

(5) Spaceway

SPACEWAY는 차세대 위성시스템으로 글로벌하게 할당된 Ka-대역 스펙트럼을 사용하여 고성능, 온보드 디지털 프로세잉, 패킷 스위칭과 스폿빔기술은 512 Kbps~16 Mbps 속도의 사이트대 사이트 접속을 하도록 한다. 이 위성은 전통적인 위성의 장점, 즉 고속이고 망형의 접속으로 고객에게 고속, 효율적, 유연성 있고 비용을 절감할 수 있는 통신을 제공한다. 멀티 스폿빔안테나의 장점과 온보드프로세싱 기술을 사용함으로써, 이 위성들은 가장 진전된 차세대 고용량 Ka 대역 위성의 선봉에 서 있다. 이 위성은 기존의 Ku 대역을 사용하는 경우에 비하여 5~8배의 용량을 갖으며 완전한 망형 디지털 IP망을 가짐으로써 여러 종류의 단말이용자 장비와 상호접속될 것으로 보고 있다. 이 위성의 특징인 스폿빔기술은 위성이 소형단말기로 서비스를 제공할 수 있도록 하며 온보드 라우터는 망형접속을 할 수 있도록 할 것이다. 시스템의 이용자는 직접 중심국을 거치지 않고 다른 이용자와 통신을 할 수 있게 된다. 다음 표 12-7은 이 위성의 특성을 보여 주는 것이다.

표 12-7 SPACEWAY 특성

PAYLOAD		POWER	
Ka-band	재생중계기 – 도약 하향링크 스폿비임 – 위성당 10 GBps 용량	태양전지 – 수명말기 – Panels	소스전력 : 12.3 kW – 날개 2개 (각 w/5판넬)- gallium arsenide 솔라셀
		바테리	45 cell NiH_2

추진기		크 기	
액체원지점엔진	100 lbf (445 N)	궤도내	L, 태양판: 134.2 ft (40.9 m) W, 안테나: 24.0 ft (7.3 m)
궤도유지추진기-XIPS	4x25 cm 0.018 lb (79 mN) (저전력) 0.038 lb (165 mN) (고전력)	Stowed	H: 16.6 ft (5.1 m) W: 11.2 ft × 10.6 ft (3.4 m × 3.2 m)
이중연료 축 이중연료 E-W	45 lb (22 N) 42 lb (10 N)	질량(발사)	5993 kg (13201 lbs)
안테나		궤도내 -수명초기 -수명말기	3832 kg (8441 lbs) 3691 kg (8130 lbs)
수신	다중 빔 – 이중옵셋 카세그린 반사기		
송신	– 1500개 위상어레이 – 2 m 직경 – 다중구성 도약 스폭빔		

12.3 위성링크 공유기준 계산

12.3.1 위성간 공유기준

2007년 1월 부터 지역1과 지역3에서 주파수대역 21.4-22.0 GHz가 방송위성 서비스가 제공 가능하게 된다. 이 주파수대역에 대한 위성간 간섭기준을 계산하는 방법은 아직 결정되지 않고 있으며 ITU-R BO.1213을 준용하는 기고문이 제출되어 있는 상태이다. 이 기준으로 할 경우에 이 주파수대역에서 정지궤도 방송위성서비스 시스템간의 공유를 위한 기준은 청명한 날씨에 다음과 같은 pfd(power flux density)값을 갖게 된다.

$-143.2\text{dB}(\text{W}/(\text{m}^2\cdot\text{MHz}))$	; $0° \le \theta < 0.268°$
$-131.8 + 20\log\theta\,\text{dB}(\text{W}/(\text{m}^2\cdot\text{MHz}))$	; $0.268° \le \theta < 1.18°$
$-134.7 + 3.12\theta^2\text{dB}(\text{W}/(\text{m}^2\cdot\text{MHz}))$	; $1.18° \le \theta < 2.59°$
$-124.5 + 25\log\theta\,\text{dB}(\text{W}/(\text{m}^2\cdot\text{MHz}))$	; $2.59° \le \theta < 6.03°$
$-105.0\text{dB}(\text{W}/(\text{m}^2\cdot\text{MHz}))$	; $6.03° \le \theta$

이 공식에서 θ는 지구를 중심으로 하여 통신하는 위성과 혼신을 주는 위성간의 최소 이격을 나타내는 각도로서 동-서 궤도유지확도를 고려한 것이다.

이 pfd 값은 주파수대역 21.4-22.0 GHz을 사용하는 방송위성서비스에 대한 공유기준에 관한 것으로 *C/I* 로 부터 얻어진다. 직경이 45 cm ~ 120 cm인 안테나의 보호는 원하는 pfd가 수신안테나 이득을 증가시키므로 서 dB/dB로 감소된다는 가정을 전제로 한 것이다. 이러한 방법으로 링크의 성능이 일정하게 유지된다. 보호 조건은 궤도의 이격이 6도인 경우 $-105\text{dB}(\text{W}/(\text{m}^2\cdot\text{MHz}))$로 설정된다. 따라서 보호기준은 단일 경로의 경우 *C/I* 가 29.7dB가 된다. 이로부터 허용 할 수 있는 혼신 pfd 한계치는 모든 경우에 다음과 같은 공식을 이용하여 계산된다.

$$\text{혼신 pfd 한계치 }(\theta) = \text{원하는 pfd} - 29.7 + \Delta G(\Phi)$$

여기서 $\Delta G(\Phi)$는 탈축각 판별로서 안테나크기를 고려하는 것에 대한 관련 지표면각 ($\Phi = 1.1°$)에 대한 것이다. 이 pfd 마스크는 그림 12-19와 같다. 이 pfd마스크는 그림 12-20의 곡선 그룹의 낮은 경계에 대한 것이다.

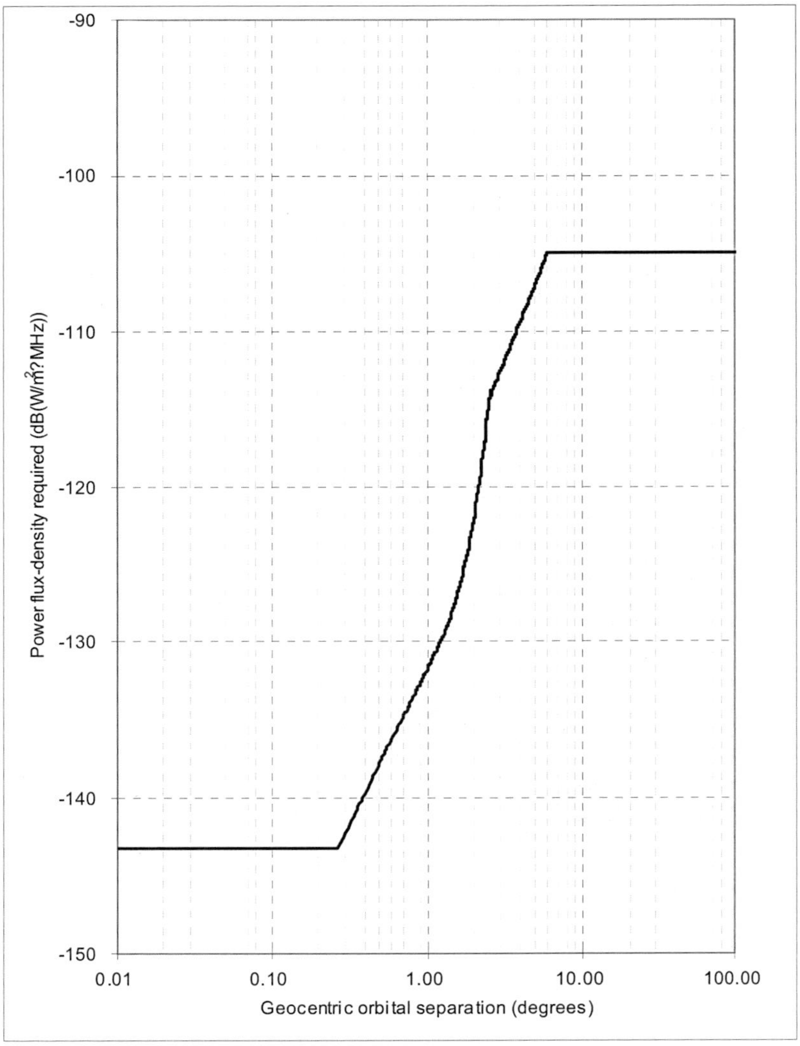

(C/I = 29.7 dB, 기준 −105 dB(W/(m^2 · MHz)))

그림 12-19 **주파수대역 21.4-22.0 GHz의 방송위성서비스 임계 pfd**

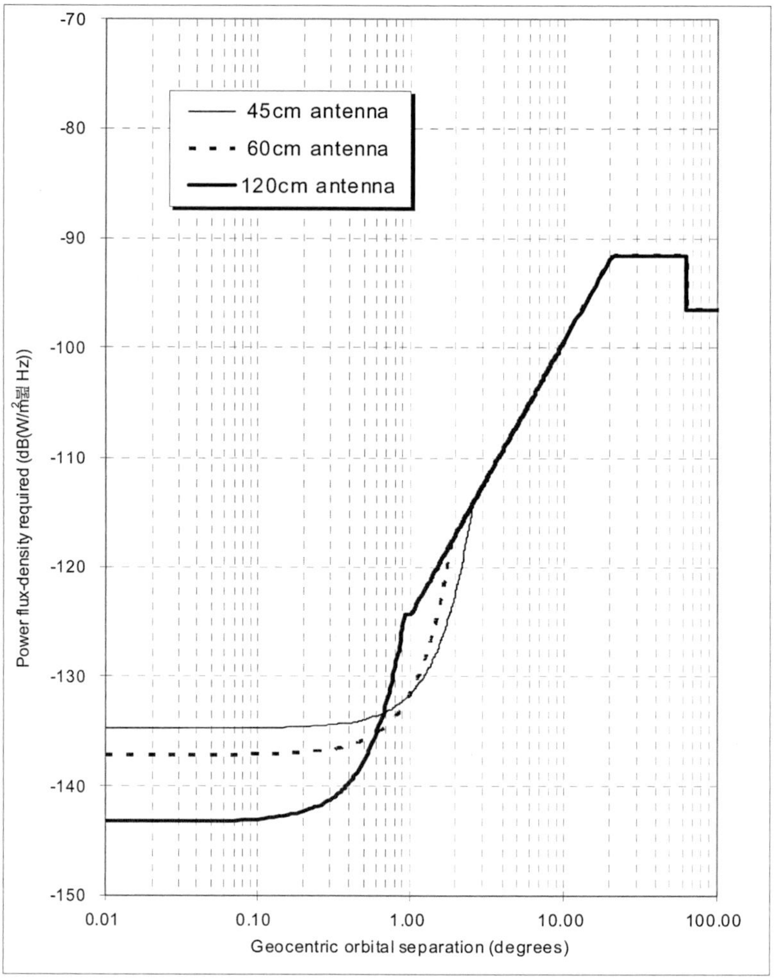

(C/I조건 = 29.7 dB, 기준 -105 dB(W/(m^2 · MHz)))

그림 12-20 보호조건; 안테나 45 cm ~ 120 cm

12.3.2 위성지구국과 지상무선국간 공유기준

전파규칙 제21조의 위성지구국과 지상무선국간의 공유기준에 의하면 공유조건을 만족하도록 하는 기준으로 지상국 전력 제한, 지구국 전력 제한, 우주국 전력속밀도 제한하는 방법과 지구국의 최소 앙각을 제한하는 방법을 제시하고 있다.

위성지구국과 지상무선국간의 공유에 대한 시나리오는 위성우주국과 지상무선국간, 지상무선국과 위성 우주국간, 지상 무선국과 위성 지구국간 그리고 위성 지구국과 지상 무선국간에 대한 것으로 구분할 수 있다.

공유를 위한 간섭을 분석하는데 필요한 파라미터는 무선국의 고도, 무선국간 앙각 및 입

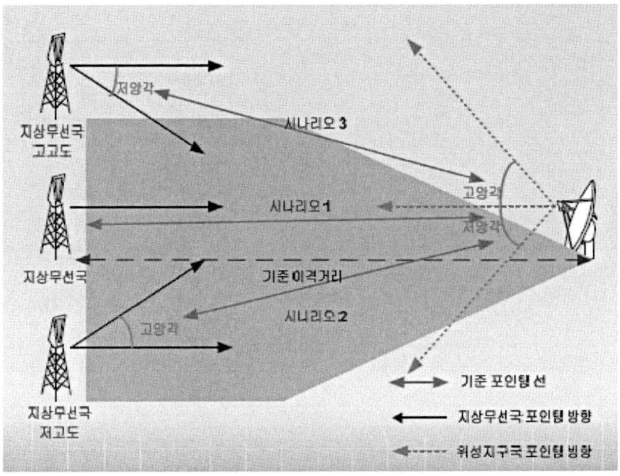

그림 12-21 **위성지구국과 지상무선국간 간섭분석 시나리오**

사각이 된다. 그림 12-21은 이들 파라미터에 의한 세가지의 경우에 대한 것을 보여 주는 것이다.

그림 12-21로부터 위성지구국과 지상무선국간의 간섭의 발생은 각 무선국에서 송신되는 신호전력이 지향하는 방향을 벗어나 다른 무선국의 안테나에 인입되는 것에 의해 발생된다. 즉 안테나의 비임축이 중심축에서 벗어나게 되어 다른 무선국의 안테나에 비임중심이 있게 되는 경우로서 이것을 비임이 축을 이탈하였다고 하며 이때 이탈되는 각을 탈축각(off-axis angle)이라고 한다.

그림 12-22, 12-23 및 12-24는 각각 그림 12-17의 시나리오1, 2 및 3에 대한 경우에 대한 포인팅각도와 탈축각에 대하여 보여 주는 것이다.

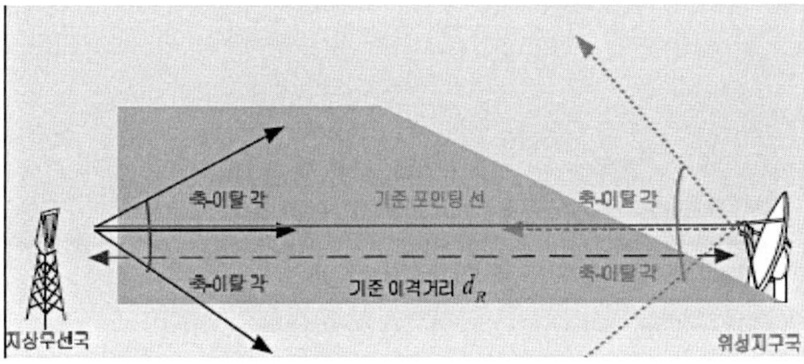

그림 12-22 **시나리오1의 경우**

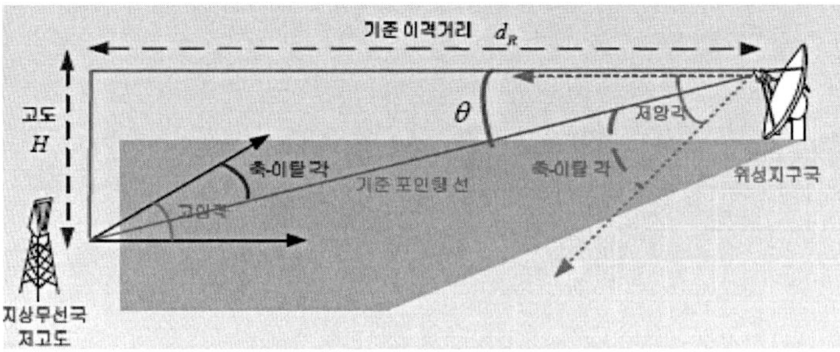

그림 12-23 **시나리오2의 경우**

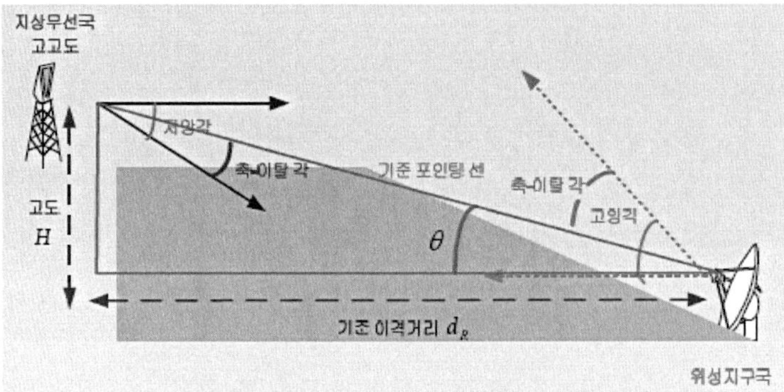

그림 12-24 **시나리오3의 경우**

12.3.3 공유기준 분석

공유조건을 분석하기 위하여 위성지구국에 대한 안테나특성은 ITU-R S.465을 기준으로 하였고 지상무선국은 ITU-R F.699과 ITU-R F.1245를 근거로 하였다.

간섭에 대한 허용전력 마진과 무선국간의 이격거리는 다음과 같이 계산하였다.

$$I_{FS} = P_T + G_T - L_{path} + G_R$$

P_T =위성지구국의 송신 전력밀도(dBW/Hz)

G_T =위성지구국 송신 안테나이득(dBi)

L_{path}=지상무선국과 위성지구국간 자유공간 손실(dB)

G_R=지상무선국의 수신 안테나이득(dBi)

이 공식으로부터 간섭에 대한 허용전력마진을 다음과 같이 계산한다.

$$M_1 = I_{FS} - I_{R'} ; \quad I_R = \text{수신혼신전력}$$

이 공식으로부터 위성지구국과 지상무선국간의 이격거리는 다음과 같이 계산한다.

$$d_S = 10^{(M1/20)} \times d_R \, (\mathrm{dB}); \; d_R = \text{기준 이격거리 (Km)}$$

간섭분석을 위하여 지상무선국에 대한 파라미터는 채널 대역폭 1 MHz, 최대 안테나 이득 46 dBi, 안테나 패턴은 앞에서 언급한 바와 같이 ITU-R F.699, ITU-R F.1245를 적용하였다. EIRP는 70 dBW, 간섭허용레벨은 -165 dBW/Hz 그리고 경로손실은 자유공간손실을 적용하였다.

표 12-12 **전세계 방송위성망 등록 현황**

주관청	위성망 소유자	위성명	경도	접수일자	주파수 대역 (GHz)					
					AP30			AP30 B		
					지역1&3	지역1	지역2	지역1&3		지역2
					11.7-12.2	12.2-12.5	12.2-12.7	14.5-14.8	17.3-18.1	17.3-17.8
RUS		RST-4	110.00	29/07/2003					X	
KOR		KOREASAT-2	113.00	12/05/2000	X					
KOR		KOREASAT-2	113.00	12/05/2000				X		
KOR		KOREASAT-1	116.00	06/06/1995	X					
KOR		KOREASAT-1	116.00	06/06/1995				X		
KOR		KOREASAT-1	116.00	20/11/1995	X					
KOR		KOREASAT-1	116.00	20/11/1995				X		
KOR		KOREASAT-3	116.00	05/08/2005	X					
KOR		KOREASAT-3	116.00	05/08/2005				X	X	
CHN		ASIASAT-ABS	122.00	07/04/2005	X					
LAO		LSTAR4B	126.00	03/05/2000	X					
LAO		LSTAR4B	126.00	03/05/2000					X	
F	EUT	EUTELSAT B-48E	48.00	07/03/2002					X	
F	EUT	EUTELSAT B-48E	48.00	27/02/2003	X	X				
RUS		RST-2	56.00	01/05/2000		X				
RUS		RST-2	56.00	01/05/2000					X	
G		INTELSAT KUEXT 60E	60.00	12/09/2003	X					

주관청	위성망 소유자	위성명	경도	접수일자	주파수 대역 (GHz)					
					AP30			AP30 B		
					지역1&3	지역1	지역2	지역1&3		지역2
					11.7–12.2	12.2–12.5	12.2–12.7	14.5–14.8	17.3–18.1	17.3–17.8
G		INTELSAT KUEXT 66E	66.00	25/03/2004	X					
J		BS-3N	109.85	03/01/1996	X					
J		BS-3N	109.85	03/01/1996					X	
J		BSAT-2N	109.85	30/11/2000	X					
J		BSAT-2N	109.85	30/11/2000					X	
J		JBSS-1N	109.85	04/07/2003	X					
J		JBSS-1N	109.85	04/07/2003					X	
J		BS-3	110.00	09/03/1990	X					
J		BS-3M	110.00	03/01/1996	X					
J		BS-3M	110.00	03/01/1996					X	
J		BSAT-2	110.00	30/11/2000	X					
J		BSAT-2	110.00	30/11/2000					X	
J		JBSS-1	110.00	04/07/2003	X					
J		JBSS-1	110.00	04/07/2003					X	
RUS		RST-4	110.00	29/07/2003	X	X				
ARS	ARB	ARABSAT-BSS1	26.00	12/05/2000	X					
ARS	ARB	ARABSAT-BSS1	26.00	12/05/2000					X	
ARS	ARB	ARABSAT-BSS1	26.00	12/05/2000	X	X				

주관청	위성망 소유자	위성명	경도	접수일자	주파수 대역 (GHz)					
					AP30			AP30 B		
					지역1&3	지역1	지역2	지역1&3		지역2
					11.7–12.2	12.2–12.5	12.2–12.7	14.5–14.8	17.3–18.1	17.3–17.8
ARS	ARB	ARABSAT-BSS1	26.00	12/05/2000					X	
LUX		DBL-28.2E	28.20	12/05/2000					X	
LUX		DBL-28.2E	28.20	31/01/2000	X	X				
F	EUT	EUTELSAT B-36E	36.00	02/06/2000	X	X				
F	EUT	EUTELSAT B-36E	36.00	25/04/2000					X	
RUS		RST-1	36.00	01/05/2000	X	X				
RUS		RST-1	36.00	01/05/2000					X	
RUS		RST-1	36.00	01/05/2000		X				
RUS		RST-1	36.00	01/05/2000					X	
RUS		RST-1	36.00	22/12/1998		X				
RUS		RST-1	36.00	22/12/1998					X	
RUS		RST-1	36.00	22/12/1998		X				
RUS		RST-1	36.00	22/12/1998					X	
TUR		TURKSAT-BSS	42.00	13/06/2000	X					
TUR		TURKSAT-BSS	42.00	13/06/2000					X	
TUR		TURKSAT-BSS	42.00	16/04/2003	X	X				
TUR		TURKSAT-BSS	42.00	16/04/2003					X	
NOR		BIFROST-13	-0.80	20/12/2004	X	X				
NOR		BIFROST-13	-0.80	20/12/2004					X	

주관청	위성망 소유자	위성명	경도	접수일자	주파수 대역 (GHz)					
					AP30			AP30 B		
					지역1&3	지역1	지역2	지역1&3		지역2
					11.7–12.2	12.2–12.5	12.2–12.7	14.5–14.8	17.3–18.1	17.3–17.8
NOR		BIFROST-16	-0.80	17/02/2005	X	X				
NOR		BIFROST-16	-0.80	17/02/2005					X	
NOR		BIFROST-17	-0.80	17/02/2005	X	X				
NOR		BIFROST-17	-0.80	17/02/2005					X	
NOR		BIFROST-18	-0.80	17/02/2005	X	X				
NOR		BIFROST-18	-0.80	17/02/2005					X	
NOR		BIFROST-19	-0.80	19/08/2005	X	X				
NOR		BIFROST-19	-0.80	19/08/2005					X	
NOR		BIFROST-2	-0.80	21/10/1997					X	
NOR		BIFROST-2	-0.80	21/10/1997	X	X				
NOR		BIFROST-6	-0.80	04/08/2004	X					
NOR		BIFROST-6	-0.80	04/08/2004					X	
NOR		BIFROST-7	-0.80	04/08/2004	X	X				
NOR		BIFROST-7	-0.80	04/08/2004					X	
NOR		BIFROST-8	-0.80	04/08/2004	X	X				
NOR		BIFROST-8	-0.80	04/08/2004					X	
NOR		BIFROST-9	-0.80	31/08/2004	X					
NOR		BIFROST-9	-0.80	31/08/2004					X	
S		SIRIUS-13W	-13.00	13/08/2004					X	

주관청	위성망 소유자	위성명	경도	접수일자	주파수 대역 (GHz)					
					AP30			AP30 B		
					지역1&3	지역1	지역2	지역1&3		지역2
					11.7–12.2	12.2–12.5	12.2–12.7	14.5–14.8	17.3–18.1	17.3–17.8
S		SIRIUS-13W	-13.00	13/08/2004					X	
S		SIRIUS-W	-13.00	04/02/2000	X					
S		SIRIUS-W	-13.00	04/02/2000					X	
F	EUT	EUTELSAT B-12W	-12.00	21/02/2006	X	X				
F	EUT	EUTELSAT B-12W	-12.00	21/02/2006					X	
EGY		NILESAT-1S	-7.00	12/05/2000	X					
EGY		NILESAT-1S	-7.00	12/05/2000					X	
F		RADIOSAT-5	-7.00	03/05/2000	X	X				
F		RADIOSAT-5	-7.00	03/05/2000					X	
F		RADIOSAT-5A	-7.00	03/05/2000	X	X				
F		RADIOSAT-5A	-7.00	12/05/2000					X	
NOR		BIFROST	-0.80	03/12/1999					X	
NOR		BIFROST	-0.80	03/12/1999	X					
NOR		BIFROST-10	-0.80	17/09/2004	X	X				
NOR		BIFROST-10	-0.80	17/09/2004					X	
NOR		BIFROST-11	-0.80	17/09/2004	X	X				
NOR		BIFROST-11	-0.80	17/09/2004					X	

주관청	위성망 소유자	위성명	경도	접수일자	주파수 대역 (GHz)					
					AP30			AP30 B		
					지역1&3	지역1	지역2	지역1&3		지역2
					11.7–12.2	12.2–12.5	12.2–12.7	14.5–14.8	17.3–18.1	17.3–17.8
NOR		BIFROST-12	-0.80	20/12/2004	X	X				
NOR		BIFROST-12	-0.80	20/12/2004					X	
S		SIRIUS-13W	-13.00	13/08/2004					X	
S		SIRIUS-13W	-13.00	13/08/2004					X	
S		SIRIUS-W	-13.00	04/02/2000	X					
S		SIRIUS-W	-13.00	04/02/2000					X	
F	EUT	EUTELSAT B-12W	-12.00	21/02/2006	X	X				
F	EUT	EUTELSAT B-12W	-12.00	21/02/2006					X	
EGY		NILESAT-1S	-7.00	12/05/2000	X					
EGY		NILESAT-1S	-7.00	12/05/2000					X	
F		RADIOSAT-5	-7.00	03/05/2000	X	X				
F		RADIOSAT-5	-7.00	03/05/2000					X	
F		RADIOSAT-5A	-7.00	03/05/2000	X	X				
F		RADIOSAT-5A	-7.00	12/05/2000					X	
NOR		BIFROST	-0.80	03/12/1999					X	
NOR		BIFROST	-0.80	03/12/1999	X					
NOR		BIFROST-10	-0.80	17/09/2004	X	X				

주관청	위성망 소유자	위성명	경도	접수일자	주파수 대역 (GHz)					
					AP30			AP30 B		
					지역1&3	지역1	지역2	지역1&3		지역2
					11.7–12.2	12.2–12.5	12.2–12.7	14.5–14.8	17.3–18.1	17.3–17.8
NOR		BIFROST-10	-0.80	17/09/2004					X	
NOR		BIFROST-11	-0.80	17/09/2004	X	X				
NOR		BIFROST-11	-0.80	17/09/2004					X	
NOR		BIFROST-12	-0.80	20/12/2004	X	X				
NOR		BIFROST-12	-0.80	20/12/2004					X	
CAN		CAN-BSS3	-72.70	15/12/2004			X			X
G		INTELSAT KUEXT 304.5	-55.50	09/03/2006			X			X
G		INTELSAT KUEXT 304.5	-55.50	19/09/2005			X			X
E		HISPASAT-1	-30.00	16/08/1999	X	X				
E		HISPASAT-1	-30.00	16/08/1999					X	
E		HISPASAT-1	-30.00	18/10/1999					X	
E		HISPASAT-1	-30.00	18/10/1999	X	X				
E		HISPASAT-1	-30.00	26/05/1992	X	X				
E		HISPASAT-1	-30.00	26/05/1992					X	
E		HISPASAT-2	-30.00	12/05/2000	X					
E		HISPASAT-2	-30.00	18/10/2001					X	
E		HISPASAT-2	-30.00	25/07/1995	X					

주관청	위성망 소유자	위성명	경도	접수일자	주파수 대역 (GHz)					
					AP30			AP30 B		
					지역1&3	지역1	지역2	지역1&3		지역2
					11.7–12.2	12.2–12.5	12.2–12.7	14.5–14.8	17.3–18.1	17.3–17.8
E		HISPASAT-2	-30.00	25/07/1995					X	
E		HISPASAT-3	-30.00	12/05/2000	X	X				
E		HISPASAT-3	-30.00	16/05/2002					X	
F	EUT	EUTELSAT B-24W	-24.00	24/02/2006	X	X				
F	EUT	EUTELSAT B-24W	-24.00	24/02/2006					X	
F	EUT	EUTELSAT B-18W	-18.00	22/02/2006	X	X				
F	EUT	EUTELSAT B-18W	-18.00	22/02/2006					X	
S		SIRIUS-13W	-13.00	13/08/2004	X	X				
USA		USABSS-9	-148.00	22/12/2005			X			X
CAN		CAN-BSS4	-129.00	15/07/2005			X			X
USA		USABSS-3	-119.20	04/05/2000			X			X
USA		USABSS-3	-119.20	22/12/2005			X			X
USA		USABSS-7A	-119.00	16/12/2005			X			X
USA		USABSS-4	-118.80	22/12/2005			X			X
USA		USABSS-4	-118.80	22/12/2005			X			X
USA		USABSS-4	-118.80	22/12/2005			X			X

주관청	위성망 소유자	위성명	경도	접수일자	주파수 대역 (GHz)					
					AP30			AP30 B		
					지역1&3	지역1	지역2	지역1&3		지역2
					11.7–12.2	12.2–12.5	12.2–12.7	14.5–14.8	17.3–18.1	17.3–17.8
USA		USABSS-6	-110.20	12/09/2005			X			X
USA		USABSS-1M	-110.00	01/03/2004			X			X
USA		USABSS-5	-109.80	12/09/2005			X			X
USA		USABSS-1	-101.20	20/04/2000			X			X
USA		USABSS-13	-101.20	23/11/2004			X			X
USA		USABSS-1R	-101.20	01/03/2004			X			X
USA		USABSS-19	-100.85	01/08/2005			X			X
USA		USABSS-2A	-100.85	20/04/2000			X			X
USA		USABSS-2	-100.80	20/04/2000			X			X
CAN		CAN-BSS2	-91.10	03/07/2002			X			X
CAN		CAN-BSS1	-82.00	03/07/2002			X			X
MEX		MEX-TDH1	-77.00	05/07/2005			X			X

Appendix

부록

I 국내 위성망 등록 현황

우리나라는 현재 170개의 위성망을 ITU-R에 접수하여 놓고 있다. 동일한 궤도를 기준으로 할 경우 30개의 궤도위치, 위성명을 기준으로 할 경우 8개가 된다. 위성명은 COMS, DACOMSAT, EASTSAT, HYUNDAI, IMTSAT, INFOSAT, KOREASAT-2A, SKDAB, SKSAT가 있다.

궤도의 확보를 기준으로 할 경우 사전공표된 것이 83개, 조정중인 것이 62개, 무효된 것이 3개 그리고 조정완료되어 등록된 것이 25개이다. 이는 정지궤도위성에 대한 것으로 우리별, 다목적실용위성 등을 고려할 때 이보다 더 늘어날 것이다. 표 I-1은 우리나라의 궤도확보추진 현황을 보여 주는 것이다.

표 I-1 우리나라의 정지궤도 확보추진현황

위 성 명	등록 현황	궤도위치
COMS-110E	A	110
COMS-116.2E	A	116.2
COMS-116.2E	C	116.2
COMS-128.2E	A	128.2
COMS-128.2E	C	128.2
COMS-146E	A	146
COMS-158E	A	158
COMS-170E	A	170
COMS-182E	A	-178
COMS-74E	A	74
COMS-86E	A	86
COMS-98E	A	98
DACOMSAT-10C	A	129
DACOMSAT-10C	C	129
DACOMSAT-10KA	C	129
DACOMSAT-10KA	A	129
DACOMSAT-10KU	U	129
DACOMSAT-10KU	C	129

위 성 명	등록 현황	궤도위치
DACOMSAT-10KU	A	129
DACOMSAT-10LC	A	129
DACOMSAT-10X	C	129
DACOMSAT-10X	A	129
DACOMSAT-11C	C	155
DACOMSAT-11C	A	155
DACOMSAT-11KA	C	155
DACOMSAT-11KA	A	155
DACOMSAT-11KU	U	155
DACOMSAT-11KU	C	155
DACOMSAT-11KU	A	155
DACOMSAT-11LSC	A	155
DACOMSAT-11X	C	155
DACOMSAT-11X	A	155
DACOMSAT-2	U	154
DACOMSAT-3	U	151
DACOMSAT-3	A	151
DACOMSAT-3	C	151
DACOMSAT-4	C	154
DACOMSAT-4	U	154
DACOMSAT-4	A	154
DACOMSAT-5	U	151
DACOMSAT-6	A	142
DACOMSAT-6	C	142
DACOMSAT-8C	C	107
DACOMSAT-8C	A	107
DACOMSAT-8KA	C	107
DACOMSAT-8KA	A	107
DACOMSAT-8KU	U	107
DACOMSAT-8KU	A	107
DACOMSAT-8KU	C	107
DACOMSAT-8LSC	A	107

위 성 명	등록 현황	궤도위치
DACOMSAT-8X	C	107
DACOMSAT-8X	A	107
DACOMSAT-9C	C	109
DACOMSAT-9C	A	109
DACOMSAT-9KA	C	109
DACOMSAT-9KA	U	109
DACOMSAT-9KA	A	109
DACOMSAT-9KU	U	109
DACOMSAT-9KU	A	109
DACOMSAT-9KU	C	109
DACOMSAT-9LSC	A	109
DACOMSAT-9X	C	109
DACOMSAT-9X	U	109
DACOMSAT-9X	A	109
EASTSAT-KA-116	C	116
EASTSAT-KA-116	A	116
HYUNDAI-AA	C	120
HYUNDAI-AA	A	120
HYUNDAI-AC	A	120
HYUNDAI-AC	C	120
HYUNDAI-AL	A	120
HYUNDAI-AL	C	120
HYUNDAI-AS	A	120
HYUNDAI-AS	C	120
HYUNDAI-AU	A	120
HYUNDAI-AU	C	120
HYUNDAI-BA	A	126
HYUNDAI-BA	C	126
HYUNDAI-BC	A	126
HYUNDAI-BC	C	126
HYUNDAI-BL	A	126
HYUNDAI-BL	C	126

위 성 명	등록 현황	궤도위치
HYUNDAI-BS	A	126
HYUNDAI-BS	C	126
HYUNDAI-BU	A	126
HYUNDAI-BU	C	126
HYUNDAI-TTC	A	113
IMTSAT-1	A	98
IMTSAT-2	A	110
IMTSAT-3	A	116
IMTSAT-3	C	116
IMTSAT-4	A	128.2
IMTSAT-4	C	128.2
IMTSAT-5	A	144
IMTSAT-5	C	144
IMTSAT-6	A	158
INFOSAT-B	U	113
INFOSAT-B	C	113
INFOSAT-B	A	113
INFOSAT-C	C	116
INFOSAT-C	N	116
INFOSAT-C	U	116
INFOSAT-C	A	116
KOREASAT-1	C	116
KOREASAT-1	U	116
KOREASAT-1	N	116
KOREASAT-103E	U	103
KOREASAT-103E	C	103
KOREASAT-103E	A	103
KOREASAT-103KU	C	103
KOREASAT-103KU	A	103
KOREASAT-103L	C	103
KOREASAT-103L	A	103
KOREASAT-103X	U	103

위 성 명	등록 현황	궤도위치
KOREASAT-103X	C	103
KOREASAT-103X	A	103
KOREASAT-113	C	113
KOREASAT-113	A	113
KOREASAT-113E	A	113
KOREASAT-113E	U	113
KOREASAT-113E	C	113
KOREASAT-113L	C	113
KOREASAT-113L	A	113
KOREASAT-113X	U	113
KOREASAT-113X	C	113
KOREASAT-113X	A	113
KOREASAT-116D	C	116
KOREASAT-116D	A	116
KOREASAT-116E	A	116
KOREASAT-116E	U	116
KOREASAT-116E	C	116
KOREASAT-116L	C	116
KOREASAT-116L	A	116
KOREASAT-116X	U	116
KOREASAT-116X	C	116
KOREASAT-116X	A	116
KOREASAT-123.7E	A	123.7
KOREASAT-123.7E	C	123.7
KOREASAT-123.7KA	A	123.7
KOREASAT-123.7KA	C	123.7
KOREASAT-123.7KU	A	123.7
KOREASAT-123.7KU	C	123.7
KOREASAT-123.7L	C	123.7
KOREASAT-123.7L	A	123.7
KOREASAT-123.7X	C	123.7
KOREASAT-123.7X	A	123.7

위 성 명	등록 현황	궤도위치
KOREASAT-148	A	148
KOREASAT-164	A	164
KOREASAT-1A	A	116
KOREASAT-2	A	113
KOREASAT-2	N	113
KOREASAT-2	C	113
KOREASAT-2	U	113
KOREASAT-2A	A	113
KOREASAT-2A	C	113
SKDAB-1	A	135
SKDAB-2	U	144
SKDAB-2	A	144
SKDAB-2	C	144
SKDAB-3	A	154
SKSAT-1	C	111.5
SKSAT-1	A	111.5
SKSAT-1	U	111.5
SKSAT-2	C	117.5
SKSAT-2	U	117.5
SKSAT-2	A	117.5
SKSAT-3	C	147
SKSAT-3	U	147
SKSAT-3	A	147
TOTAL:		

II 국제 방송위성 등록 현황

아래 표 II-1은 ITU-R에 등록된 전세계의 방송위성망의 등록 현황을 보여주고 있다. 등록된 방송위성망이 총 152개이다. 표 I-1은 우리나라의 방송위성망 등록 현황을 보여 주고 있다.

표 II-1 **우리나라의 방송위성망 등록 현황**

위성명	경도	접수일자	주파수 대역 (GHz)		
			AP30	AP30 B	
			11.7–12.2	14.5–14.8	17.3–18.1
KOREASAT-2	113.00	12/05/2000	X		
KOREASAT-2	113.00	12/05/2000		X	
KOREASAT-1	116.00	06/06/1995	X		
KOREASAT-1	116.00	06/06/1995		X	
KOREASAT-1	116.00	20/11/1995	X		
KOREASAT-1	116.00	20/11/1995		X	
KOREASAT-3	116.00	05/08/2005	X		
KOREASAT-3	116.00	05/08/2005		X	X

표 II-2 **전세계 방송위성망 등록 현황**

주관청	위성망 소유자	위성명	경도	접수일자	주파수 대역 (GHz)					
					AP30			AP30 B		
					지역1&3	지역1	지역2	지역1&3		지역2
					11.7–12.2	12.2–12.5	12.2–12.7	14.5–14.8	17.3–18.1	17.3–17.8
RUS		RST-4	110.00	29/07/2003					X	
KOR		KOREASAT-2	113.00	12/05/2000	X					
KOR		KOREASAT-2	113.00	12/05/2000				X		
KOR		KOREASAT-1	116.00	06/06/1995	X					
KOR		KOREASAT-1	116.00	06/06/1995				X		
KOR		KOREASAT-1	116.00	20/11/1995	X					
KOR		KOREASAT-1	116.00	20/11/1995				X		
KOR		KOREASAT-3	116.00	05/08/2005	X					
KOR		KOREASAT-3	116.00	05/08/2005				X	X	
CHN		ASIASAT-ABS	122.00	07/04/2005	X					
LAO		LSTAR4B	126.00	03/05/2000	X					
LAO		LSTAR4B	126.00	03/05/2000					X	
F	EUT	EUTELSAT B-48E	48.00	07/03/2002					X	
F	EUT	EUTELSAT B-48E	48.00	27/02/2003	X	X				
RUS		RST-2	56.00	01/05/2000		X				
RUS		RST-2	56.00	01/05/2000					X	
G		INTELSAT KUEXT 60E	60.00	12/09/2003	X					

주관청	위성망 소유자	위성명	경도	접수일자	주파수 대역 (GHz)					
					AP30			AP30 B		
					지역1&3	지역1	지역2	지역1&3		지역2
					11.7–12.2	12.2–12.5	12.2–12.7	14.5–14.8	17.3–18.1	17.3–17.8
G		INTELSAT KUEXT 66E	66.00	25/03/2004	X					
J		BS-3N	109.85	03/01/1996	X					
J		BS-3N	109.85	03/01/1996					X	
J		BSAT-2N	109.85	30/11/2000	X					
J		BSAT-2N	109.85	30/11/2000					X	
J		JBSS-1N	109.85	04/07/2003	X					
J		JBSS-1N	109.85	04/07/2003					X	
J		BS-3	110.00	09/03/1990	X					
J		BS-3M	110.00	03/01/1996	X					
J		BS-3M	110.00	03/01/1996					X	
J		BSAT-2	110.00	30/11/2000	X					
J		BSAT-2	110.00	30/11/2000					X	
J		JBSS-1	110.00	04/07/2003	X					
J		JBSS-1	110.00	04/07/2003					X	
RUS		RST-4	110.00	29/07/2003	X	X				
ARS	ARB	ARABSAT-BSS1	26.00	12/05/2000	X					
ARS	ARB	ARABSAT-BSS1	26.00	12/05/2000					X	
ARS	ARB	ARABSAT-BSS1	26.00	12/05/2000	X	X				

주관청	위성망 소유자	위성명	경도	접수일자	주파수 대역 (GHz)					
					AP30			AP30 B		
					지역1&3	지역1	지역2	지역1&3		지역2
					11.7–12.2	12.2–12.5	12.2–12.7	14.5–14.8	17.3–18.1	17.3–17.8
ARS	ARB	ARABSAT-BSS1	26.00	12/05/2000					X	
LUX		DBL-28.2E	28.20	12/05/2000					X	
LUX		DBL-28.2E	28.20	31/01/2000	X	X				
F	EUT	EUTELSAT B-36E	36.00	02/06/2000	X	X				
F	EUT	EUTELSAT B-36E	36.00	25/04/2000					X	
RUS		RST-1	36.00	01/05/2000	X	X				
RUS		RST-1	36.00	01/05/2000					X	
RUS		RST-1	36.00	01/05/2000		X				
RUS		RST-1	36.00	01/05/2000					X	
RUS		RST-1	36.00	22/12/1998		X				
RUS		RST-1	36.00	22/12/1998					X	
RUS		RST-1	36.00	22/12/1998		X				
RUS		RST-1	36.00	22/12/1998					X	
TUR		TURKSAT-BSS	42.00	13/06/2000	X					
TUR		TURKSAT-BSS	42.00	13/06/2000					X	
TUR		TURKSAT-BSS	42.00	16/04/2003	X	X				
TUR		TURKSAT-BSS	42.00	16/04/2003					X	
NOR		BIFROST-13	-0.80	20/12/2004	X	X				
NOR		BIFROST-13	-0.80	20/12/2004					X	

주관청	위성망 소유자	위성명	경도	접수일자	주파수 대역 (GHz)					
					AP30			AP30 B		
					지역1&3	지역1	지역2	지역1&3		지역2
					11.7–12.2	12.2–12.5	12.2–12.7	14.5–14.8	17.3–18.1	17.3–17.8
NOR		BIFROST-16	-0.80	17/02/2005	X	X				
NOR		BIFROST-16	-0.80	17/02/2005					X	
NOR		BIFROST-17	-0.80	17/02/2005	X	X				
NOR		BIFROST-17	-0.80	17/02/2005					X	
NOR		BIFROST-18	-0.80	17/02/2005	X	X				
NOR		BIFROST-18	-0.80	17/02/2005					X	
NOR		BIFROST-19	-0.80	19/08/2005	X	X				
NOR		BIFROST-19	-0.80	19/08/2005					X	
NOR		BIFROST-2	-0.80	21/10/1997					X	
NOR		BIFROST-2	-0.80	21/10/1997	X	X				
NOR		BIFROST-6	-0.80	04/08/2004	X					
NOR		BIFROST-6	-0.80	04/08/2004					X	
NOR		BIFROST-7	-0.80	04/08/2004	X	X				
NOR		BIFROST-7	-0.80	04/08/2004					X	
NOR		BIFROST-8	-0.80	04/08/2004	X	X				
NOR		BIFROST-8	-0.80	04/08/2004					X	
NOR		BIFROST-9	-0.80	31/08/2004	X					
NOR		BIFROST-9	-0.80	31/08/2004					X	
S		SIRIUS-13W	-13.00	13/08/2004					X	

주관청	위성망 소유자	위성명	경도	접수일자	주파수 대역 (GHz)					
					AP30			AP30 B		
					지역1&3	지역1	지역2	지역1&3		지역2
					11.7–12.2	12.2–12.5	12.2–12.7	14.5–14.8	17.3–18.1	17.3–17.8
S		SIRIUS-13W	-13.00	13/08/2004					X	
S		SIRIUS-W	-13.00	04/02/2000	X					
S		SIRIUS-W	-13.00	04/02/2000					X	
F	EUT	EUTELSAT B-12W	-12.00	21/02/2006	X	X				
F	EUT	EUTELSAT B-12W	-12.00	21/02/2006					X	
EGY		NILESAT-1S	-7.00	12/05/2000	X					
EGY		NILESAT-1S	-7.00	12/05/2000					X	
F		RADIOSAT-5	-7.00	03/05/2000	X	X				
F		RADIOSAT-5	-7.00	03/05/2000					X	
F		RADIOSAT-5A	-7.00	03/05/2000	X	X				
F		RADIOSAT-5A	-7.00	12/05/2000					X	
NOR		BIFROST	-0.80	03/12/1999					X	
NOR		BIFROST	-0.80	03/12/1999	X					
NOR		BIFROST-10	-0.80	17/09/2004	X	X				
NOR		BIFROST-10	-0.80	17/09/2004					X	
NOR		BIFROST-11	-0.80	17/09/2004	X	X				
NOR		BIFROST-11	-0.80	17/09/2004					X	

주관청	위성망 소유자	위성명	경도	접수일자	주파수 대역 (GHz)					
					AP30			AP30 B		
					지역1&3	지역1	지역2	지역1&3		지역2
					11.7–12.2	12.2–12.5	12.2–12.7	14.5–14.8	17.3–18.1	17.3–17.8
NOR		BIFROST-12	-0.80	20/12/2004	X	X				
NOR		BIFROST-12	-0.80	20/12/2004					X	
S		SIRIUS-13W	-13.00	13/08/2004					X	
S		SIRIUS-13W	-13.00	13/08/2004					X	
S		SIRIUS-W	-13.00	04/02/2000	X					
S		SIRIUS-W	-13.00	04/02/2000					X	
F	EUT	EUTELSAT B-12W	-12.00	21/02/2006	X	X				
F	EUT	EUTELSAT B-12W	-12.00	21/02/2006					X	
EGY		NILESAT-1S	-7.00	12/05/2000	X					
EGY		NILESAT-1S	-7.00	12/05/2000					X	
F		RADIOSAT-5	-7.00	03/05/2000	X	X				
F		RADIOSAT-5	-7.00	03/05/2000					X	
F		RADIOSAT-5A	-7.00	03/05/2000	X	X				
F		RADIOSAT-5A	-7.00	12/05/2000					X	
NOR		BIFROST	-0.80	03/12/1999					X	
NOR		BIFROST	-0.80	03/12/1999	X					
NOR		BIFROST-10	-0.80	17/09/2004	X	X				

주관청	위성망 소유자	위성명	경도	접수일자	주파수 대역 (GHz)					
					AP30			AP30 B		
					지역1&3	지역1	지역2	지역1&3		지역2
					11.7–12.2	12.2–12.5	12.2–12.7	14.5–14.8	17.3–18.1	17.3–17.8
NOR		BIFROST-10	-0.80	17/09/2004					X	
NOR		BIFROST-11	-0.80	17/09/2004	X	X				
NOR		BIFROST-11	-0.80	17/09/2004					X	
NOR		BIFROST-12	-0.80	20/12/2004	X	X				
NOR		BIFROST-12	-0.80	20/12/2004					X	
CAN		CAN-BSS3	-72.70	15/12/2004			X			X
G		INTELSAT KUEXT 304.5	-55.50	09/03/2006			X			X
G		INTELSAT KUEXT 304.5	-55.50	19/09/2005			X			X
E		HISPASAT-1	-30.00	16/08/1999	X	X				
E		HISPASAT-1	-30.00	16/08/1999					X	
E		HISPASAT-1	-30.00	18/10/1999					X	
E		HISPASAT-1	-30.00	18/10/1999	X	X				
E		HISPASAT-1	-30.00	26/05/1992	X	X				
E		HISPASAT-1	-30.00	26/05/1992					X	
E		HISPASAT-2	-30.00	12/05/2000	X					
E		HISPASAT-2	-30.00	18/10/2001					X	
E		HISPASAT-2	-30.00	25/07/1995	X					

주관청	위성망 소유자	위성명	경도	접수일자	주파수 대역 (GHz)					
					AP30			AP30 B		
					지역1&3	지역1	지역2	지역1&3		지역2
					11.7–12.2	12.2–12.5	12.2–12.7	14.5–14.8	17.3–18.1	17.3–17.8
E		HISPASAT-2	-30.00	25/07/1995					X	
E		HISPASAT-3	-30.00	12/05/2000	X	X				
E		HISPASAT-3	-30.00	16/05/2002					X	
F	EUT	EUTELSAT B-24W	-24.00	24/02/2006	X	X				
F	EUT	EUTELSAT B-24W	-24.00	24/02/2006					X	
F	EUT	EUTELSAT B-18W	-18.00	22/02/2006	X	X				
F	EUT	EUTELSAT B-18W	-18.00	22/02/2006					X	
S		SIRIUS-13W	-13.00	13/08/2004	X	X				
USA		USABSS-9	-148.00	22/12/2005			X			X
CAN		CAN-BSS4	-129.00	15/07/2005			X			X
USA		USABSS-3	-119.20	04/05/2000			X			X
USA		USABSS-3	-119.20	22/12/2005			X			X
USA		USABSS-7A	-119.00	16/12/2005			X			X
USA		USABSS-4	-118.80	22/12/2005			X			X
USA		USABSS-4	-118.80	22/12/2005			X			X
USA		USABSS-4	-118.80	22/12/2005			X			X

주관청	위성망 소유자	위성명	경도	접수일자	주파수 대역 (GHz)					
					AP30			AP30 B		
					지역1&3	지역1	지역2	지역1&3		지역2
					11.7–12.2	12.2–12.5	12.2–12.7	14.5–14.8	17.3–18.1	17.3–17.8
USA		USABSS-6	-110.20	12/09/2005			X			X
USA		USABSS-1M	-110.00	01/03/2004			X			X
USA		USABSS-5	-109.80	12/09/2005			X			X
USA		USABSS-1	-101.20	20/04/2000			X			X
USA		USABSS-13	-101.20	23/11/2004			X			X
USA		USABSS-1R	-101.20	01/03/2004			X			X
USA		USABSS-19	-100.85	01/08/2005			X			X
USA		USABSS-2A	-100.85	20/04/2000			X			X
USA		USABSS-2	-100.80	20/04/2000			X			X
CAN		CAN-BSS2	-91.10	03/07/2002			X			X
CAN		CAN-BSS1	-82.00	03/07/2002			X			X
MEX		MEX-TDH1	-77.00	05/07/2005			X			X

저자 소개

1955년 충청남도 홍성군 홍동면 출생 (아호: 진현 목산)

한세대학교 정보통신공학과 교수
순복음선교교회 담임목사

- 서울과학기술대학교 전자공학과 공학사
- 연세대학교 공학대학원 전자공학전공 공학석사
- 광운대학교 대학원 전자공학과 공학박사
- 논문 : 국내외 논문지 및 학술발표 논문 100여편
- 저서 : 무선통신기본원리, 무선통신시스템, 전파감시기술, 인공위성과 위성통신, 지극히 작은자에게, 사도행전으로의 여행, 요한복음으로의 여행
- 자격 : 정보통신기술사, 무선설비기사, 정보통신기사, 전파전자산업기사, 기술지도사, 행정사 을종선박통신사, 신지식인

정보통신부 통신정책국 통신사무관, 삼성전자(주) 통신사업부 전송영업그룹장,
Bell Telephone Manufacturing Co(Belgie) Defense and Aerospace Dept.

USC(University of Sourthern California) 동북아언어문화학과 방문학자,
광운대학교 연구전담교수, 순복음대학원대학교 교수(P.T)

한국정보통신기술사협회장, 한국직능단체총연합회부회장, 한국정보통신감리협회부회장,
한국엔지니어링협회 자문위원, 엔지니어링공제조합 정보화자문위원, 도시철도공사자문위원

행정자치부 정부청사 및 세종시건설 설계자문위원, 미래창조과학부 국가지도통신자문위원,
소방방재청 자문위원, 서울시 정보화추진 및 건설기술심의위원, 송파구청 미래비전 자문위원

저서를 가진 공직자모임 부회장, 한국정보학회 부회장,
한국전자통신학회 상임이사/서울지부장, 한국항행학회 이사

정가 35,000원

실용위성통신공학

2016년 1월 4일 초판 인쇄
2016년 1월 10일 초판 발행

저 자 : 홍완표
발행자 : 우명찬 · 송 준
발행처 : 홍릉과학출판사
주 소 : 서울시 강북구 인수봉로 50길 10
01093
등 록 : 1976년 10월 21일 제5-66호
전 화 : (02) 999-2274~5, 903-7037
팩 스 : (02) 905-6729
e-mail: hongpub@hongpub.co.kr
http://www.hongpub.co.kr
ISBN: 979-11-5600-405-9

저자와의 협의하에 인지생략